普通高等教育"十一五"国家级规划
"浙江大学首届优秀教材奖"特等奖

电力系统分析

POWER SYSTEM ANALYSIS

（第六版）

韩祯祥◎主编

ZHEJIANG UNIVERSITY PRESS
浙江大学出版社
·杭州·

图书在版编目（CIP）数据

电力系统分析 / 韩祯祥主编. —6 版. —杭州：浙江大学出版社，2023.7
ISBN 978-7-308-23168-8

Ⅰ.①电… Ⅱ.①韩… Ⅲ.①电力系统—系统分析—高等学校—教材 Ⅳ.①TM711

中国版本图书馆 CIP 数据核字(2022)第 192058 号

电力系统分析(第六版)
韩祯祥　主编

策划编辑　黄娟琴
责任编辑　黄娟琴　汪荣丽
责任校对　沈巧华
数字编辑　傅宏梁
封面设计　雷建军
出版发行　浙江大学出版社
　　　　　(杭州市天目山路 148 号　邮政编码 310007)
　　　　　(网址:http://www.zjupress.com)
排　　版　杭州青翊图文设计有限公司
印　　刷　杭州宏雅印刷有限公司
开　　本　787mm×1092mm　1/16
印　　张　26.25
字　　数　671 千
版 印 次　2023 年 7 月第 6 版　2023 年 7 月第 1 次印刷
书　　号　ISBN 978-7-308-23168-8
定　　价　79.00 元

浙江大学出版社市场运营中心联系方式:0571－88925591;http://zjdxcbs.tmall.com

《电力系统分析》编委会名单

序

　　电力系统是由发电、输电、配电、变电、用电设施以及为保障其正常运行所需的继电保护和安全自动装置、计量装置、调度自动化和电力通信等二次设施构成的统一整体，它是目前世界上人类建造的最大、最复杂的工程系统之一。当前，我国已建成全球规模最大的电力系统。截至 2022 年底，总发电量和总装机容量分别为 8.85 万亿 kWh 和 25.64 亿 kW，均居世界首位。在新能源发电方面，我国同样拥有全球最大的风力及光伏发电量和装机容量。在输配变电方面，我国是全球唯一的特高压输电商业化运行的国家，已有几十项 1000kV 交流特高压和 ±800kV 直流特高压输电工程投入运行。

　　电力系统分析是电力系统规划、设计和运行的基础。自 19 世纪末电力系统形成以来，电力系统分析技术虽然也在不断发展，但直到 20 世纪五六十年代引入电子计算机技术后，电力系统分析技术才获得长足发展。目前，已形成电力系统潮流计算、有功功率和频率以及无功功率和电压控制、短路电流计算、安全稳定性计算等较成熟的电力系统分析技术。

　　韩祯祥院士是我国电力系统分析理论、方法和新技术研究的主要开拓者之一。他是国内最早从事计算机在电力系统中应用的研究人员之一，参编了 1978 年出版的专著《电力系统计算——电子数字计算机的应用》，该著作全面地反映了当时电力系统分析的全球最新研究成果，极大地促进了我国电力系统分析理论和方法的研究。他在我国率先开发了整套电力系统分析工程应用软件，对提高电力系统的经济安全运行作出了重要贡献，并荣获 1985 年国家教委科技进步奖二等奖（项目名称：电力系统同时性故障分析方法及程序）和 1987 年国家教委科技进步奖一等奖（项目名称：电力系统潮流、暂态稳定及负荷预测计算方法及程序）。

　　韩祯祥院士和浙江大学电力系统分析课程教学团队编著的《电力系统分析》教材首次出版于 1993 年，并于 2023 年修订出版了第 6 版。该教材是我国高等学校电气工程及其自动化专业的主流教材。近 30 年来，该教材在全国各地高校的教学和培训中获得了广泛使用，发挥了重要的经济和社会效益。

　　该教材涵盖了电力系统分析的基础内容，主要包括电力系统基本知识、电力系统元件的特性和模型、电力系统潮流的计算分析方法、电力系统的有功功率和频率控制、电力系统的无功功率和电压控制、电力系统故障分析和电力系统稳定，能满足电力系统稳态分析和电力系统暂态分析 2 门专业主干课程的教学需求，可作为高等学校电气工程及其自动化专业的本科教材，还可作为在电力系统工作的技术和科研人员的重要参考书。尽管该教材涉及的内容及知识点众多，但内容编排科学，脉络清晰，各知识点深入浅出，较好地融合了科学研究思想及物理分析思路，平衡了内容的系统性和行文的简洁性，能与后继研究生课程的内容较好地衔接。

修订版教材针对我国"碳达峰"和"碳中和"的"双碳"目标需求，以及由此延伸而来的新型电力系统建设需求，增加了新能源发电和并网、特高压交直流输电、智能电网等新型电力系统技术的前沿知识，满足了多元化、创新型专业人才的培养需求。此外，该教材深入贯彻党的二十大精神，通过我国电力工业取得的成就及面临的挑战，培养学生的文化自信和使命感。教材的编写还融合了现代信息技术，以二维码的形式呈现习题和相关专业知识点，符合"四新"教材建设的内涵与要求。

希望新修订版教材能促进我国电气工程及其自动化专业的教学，能为学习电力系统分析基础理论和方法的广大学生和工程师带来帮助。

是为序。

教育部高等学校电气类教学指导委员会主任

胡 敏 强

2023 年 7 月

前　言

本教材是高等学校电气工程及其自动化专业的主流教材。自1993年首次出版以来,经过多次修订,于2011年修订出版了第5版,并于2023年完成了第6版的修订工作。近30年来,各版教材在全国各地高校的教学和培训中获得了广泛的使用,培养了数以万计的学生,发挥了重要的经济和社会效益。

2011年至今,我国电力工业发展迅猛,取得了举世瞩目的成就。首先,总发电量于2011年跃居世界首位;截至2022年底,我国发电量为8.85万亿kWh,接近排名第二国家的2倍。其次,总发电装机容量于2013年跃居世界首位;截至2022年底,我国装机容量为25.64亿kW,超过排名第二国家的1倍。为了满足发用电的增长,输变电规模和技术也同样取得了跨越式发展。截至2022年底,我国已累计投入运行30余条特高压交直流输电线路,总长超3万公里;累计特高压变电容量逾4亿kW,年跨省(区)输送电量超2万亿kWh;同时,在"十四五"和"十五五"期间,特高压输电建设需求仍将保持旺盛态势。2011年至今,也是我国能源生产和消费的革命时期。早在2014年,习近平总书记就创造性地提出了包含能源消费革命、能源供给革命、能源技术革命、能源体制革命等四个革命的能源安全新战略。2022年,党的二十大报告提出了积极稳妥推进碳达峰碳中和(简称"双碳")。为了推动能源清洁低碳转型、助力"双碳"目标实现,我国正在建设全球规模最大的新型电力系统,以满足新能源发电和消纳的需求。

本教材全面介绍了电力系统从理论到设计和运行的基础知识。全书主要阐释电力系统基本知识、电力系统元件的特性和模型、电力系统潮流的计算分析方法、电力系统的有功功率和频率控制、电力系统的无功功率和电压控制、电力系统故障分析和电力系统稳定等。希望学生通过本课程的学习,能对电力系统有一个全面的了解。

本教材第1章由汪震编写,第2章由黄民翔编写,第3章由吴浩编写,第4章由林振智编写,第5章由郭瑞鹏编写,第6章由江全元编写,第7章由王建全编写;韩祯祥、吴浩负责统稿工作。

由于编者水平有限,书中错误和不当之处在所难免,欢迎读者批评指正。

编者

2023年5月

目　录

第 1 章　电力系统概述 ·· **1**

1.1　电力系统及其发展　// 2

　1.1.1　电力系统　// 2

　1.1.2　电力系统发展简史和我国的电力系统　// 3

　1.1.3　电力系统的负荷和负荷曲线　// 15

　1.1.4　电力系统中的发电厂　// 18

　1.1.5　电力网的结构与结线　// 19

　1.1.6　电压等级和额定电压　// 20

　1.1.7　电力系统运行的特点和要求　// 23

　1.1.8　电力系统中性点接地方式　// 25

　1.1.9　直流输电与柔性交流输电　// 25

1.2　电力系统基本元件概述　// 30

　1.2.1　发电机　// 30

　1.2.2　电力变压器　// 31

　1.2.3　电力线路　// 32

　1.2.4　无功功率补偿设备　// 44

第 2 章　电力系统元件数学模型 ······························· **45**

2.1　三相电力线路　// 46

　2.1.1　电力线路电阻　// 46

　2.1.2　电力线路电感　// 47

　2.1.3　电力线路并联电导　// 51

　2.1.4　电力线路并联电容　// 51

　2.1.5　电力线路的稳态方程和等值电路　// 56

2.2　变压器　// 62

　2.2.1　双绕组变压器等值电路　// 64

　2.2.2　三绕组变压器等值电路　// 67

　2.2.3　自耦变压器等值电路　// 71

2.3　同步发电机和调相机　// 76

2.3.1 同步发电机 // 76

2.3.2 同步调相机 // 80

2.4 无功功率补偿设备 // 81

2.4.1 并联电容器 // 81

2.4.2 并联电抗器 // 82

2.4.3 静止补偿器 // 83

2.5 电力系统负荷 // 84

2.6 多级电压电力系统 // 86

2.6.1 多级电压电力网的等值电路 // 86

2.6.2 三相系统的标幺制 // 90

2.6.3 多电压级电力网等值电路参数的标幺值 // 92

2.6.4 具有非标准变比变压器的多电压级电力网等值电路 // 94

第3章 电力系统潮流计算 ·· 100

3.1 简单电力系统正常运行分析 // 101

3.1.1 电力线路的电压损耗与功率损耗 // 101

3.1.2 变压器的电压损耗与功率损耗 // 103

3.1.3 辐射型网络的分析计算 // 104

3.1.4 电力网的电能损耗 // 107

3.2 复杂电力系统潮流计算基础 // 109

3.2.1 节点电压方程与节点导纳矩阵和阻抗矩阵 // 109

3.2.2 功率方程和节点分类 // 113

3.3 复杂电力系统潮流计算方法 // 115

3.3.1 高斯—塞德尔法潮流计算 // 115

3.3.2 牛顿—拉夫逊法潮流计算 // 118

3.3.3 P-Q 分解法潮流计算 // 125

3.3.4 潮流计算的有关问题 // 135

3.4 静态安全分析的直流潮流法 // 139

3.4.1 直流法潮流计算 // 140

3.4.2 基于补偿法的直流潮流开断处理 // 141

3.5 潮流灵敏度分析及最优潮流概念 // 143

3.5.1 潮流灵敏度分析 // 144

3.5.2 最优潮流的概念 // 146

第4章 电力系统的有功功率和频率控制 ·················· 148

4.1 电力系统的有功功率平衡 // 149

4.1.1 有功功率和频率控制的必要性 // 149

4.1.2 电力系统有功负荷的变化 // 150

4.1.3 有功功率平衡与备用容量 // 151

　4.2　电力系统的频率特性与频率调整　// 152
　　4.2.1　电力系统负荷的静态频率特性　// 153
　　4.2.2　发电机组的频率特性　// 155
　　4.2.3　电力系统的功率频率静态特性　// 162
　　4.2.4　频率的一次调整　// 163
　　4.2.5　频率的二次调整　// 164
　　4.2.6　频率的三次调整　// 166
　　4.2.7　联合电力系统的频率调整　// 167
　4.3　电力系统的自动调频方法　// 169
　　4.3.1　频率二次调整的积差调节法　// 169
　　4.3.2　联合电力系统的二次调频方法　// 172
　　4.3.3　自动发电控制　// 174
　4.4　电力系统有功功率的经济分配　// 175
　　4.4.1　发电设备的经济特性　// 176
　　4.4.2　面向负荷最优分配的等耗量微增率准则　// 177
　　4.4.3　火电厂之间负荷的经济分配　// 181
　　4.4.4　水火电厂之间负荷的经济分配　// 183
　　4.4.5　机组的经济组合　// 184

第5章　电力系统的无功功率和电压控制 ·························· 189
　5.1　电力系统的无功功率平衡　// 190
　　5.1.1　无功功率和电压的关系　// 190
　　5.1.2　无功功率电源、负荷及损耗　// 191
　　5.1.3　无功功率的平衡　// 193
　5.2　电力系统电压控制　// 194
　　5.2.1　电压控制的必要性　// 194
　　5.2.2　中枢点电压管理　// 195
　　5.2.3　应用发电机调节电压　// 197
　　5.2.4　改变变压器变比调压　// 198
　　5.2.5　应用无功功率补偿装置调节电压　// 202
　　5.2.6　线路串联电容补偿改善电压质量　// 205
　　5.2.7　复杂系统的电压无功控制和调压措施的组合　// 208
　5.3　电力系统无功功率的最优分布　// 210
　　5.3.1　无功功率的最优分配　// 210
　　5.3.2　无功功率的最优补偿　// 211
　　5.3.3　自动电压控制　// 212

第6章　电力系统故障分析 ····································· 214
　6.1　电力系统暂态及故障的基本概念　// 215

6.2　同步电机的数学模型　// 216

6.2.1　电压方程和磁链方程　// 218

6.2.2　坐标变换　// 221

6.2.3　用 d、q、0 坐标表示的同步电机方程式　// 223

6.2.4　用标么制表示的派克方程式　// 227

6.2.5　同步发电机的稳态运行　// 230

6.3　同步电机三相短路电磁暂态过程　// 232

6.3.1　无阻尼绕组同步电机三相短路　// 233

6.3.2　有阻尼绕组同步电机三相短路　// 246

6.3.3　强行励磁对同步电机三相短路的影响　// 259

6.3.4　短路电流最大瞬时值和有效值　// 263

6.3.5　异步电动机的三相短路电流　// 264

6.4　电力系统三相短路实用计算　// 266

6.4.1　三相短路起始次暂态电流的计算　// 266

6.4.2　复杂电力系统起始次暂态电流的计算　// 275

6.4.3　应用运算曲线计算三相短路电流周期分量　// 278

6.5　电力系统不对称运行分析方法——对称分量法　// 283

6.5.1　对称分量法及其应用　// 284

6.5.2　同步电机负序和零序阻抗　// 287

6.5.3　异步电动机和综合负荷的负序及零序阻抗　// 288

6.5.4　三相变压器零序参数和等值电路　// 288

6.5.5　电力线路零序参数和等值电路　// 295

6.5.6　电力系统的零序等值网络　// 302

6.6　电力系统不对称短路分析　// 303

6.6.1　各种不对称短路的故障点电流和电压　// 304

6.6.2　不对称短路时网络中电流和电压的分布　// 310

6.6.3　复杂电力系统简单不对称短路电流的计算　// 315

6.6.4　应用运算曲线计算任意时刻的不对称短路电流　// 316

6.7　电力系统非全相运行　// 320

6.8　电力系统复杂故障分析概述　// 325

第 7 章　电力系统稳定性 ··· **329**

7.1　动态系统稳定性的基本概念　// 330

7.2　电力系统稳定性概述　// 333

7.3　同步发电机的机电模型　// 337

7.3.1　同步发电机的转子运动方程　// 337

7.3.2　同步发电机的电磁功率　// 339

7.4　电力系统静态稳定　// 349

7.4.1　静态稳定分析的基本方法　// 349

　　　7.4.2　简单电力系统的静态稳定分析　// 353

　　　7.4.3　多机电力系统的静态稳定分析　// 365

　7.5　电力系统暂态稳定　// 366

　　　7.5.1　简单系统暂态稳定分析的等面积定则　// 367

　　　7.5.2　暂态稳定分析的数值积分法　// 371

　　　7.5.3　暂态稳定分析的李雅普诺夫直接法浅述　// 380

　7.6　提高电力系统稳定性的措施　// 383

　　　7.6.1　发电机励磁调节系统　// 384

　　　7.6.2　原动机的调节特性　// 384

　　　7.6.3　开关设备和继电保护　// 384

　　　7.6.4　输电线　// 386

　　　7.6.5　改善系统的结构和采用中间补偿设备　// 388

　　　7.6.6　变压器中性点经小电阻接地　// 389

　　　7.6.7　电气制动　// 390

　　　7.6.8　切除部分发电机及部分负荷　// 391

　　　7.6.9　直流输电和柔性交流输电装置对稳定性的影响　// 391

　　　7.6.10　系统暂态稳定破坏后的应对措施　// 392

　7.7　电力系统电压稳定　// 394

参考书目 ……………………………………………………………… **398**

附录　短路电流运算曲线 …………………………………………… **400**

第1章
电力系统概述

1.1 电力系统及其发展

▶▶▶ 1.1.1 电力系统

发电机把化石能、水能、核能、风能和太阳能等转化为电能，电能经变压器、变换器和电力线路输送并分配到用户，在那里经电动机、电炉和电灯等设备又将电能转化为机械能、热能和光能等。这些生产、变换、输送、分配、消费电能的发电机、变压器、变换器、电力线路及各种用电设备等联系在一起组成的统一整体称为电力系统，如图1.1所示。

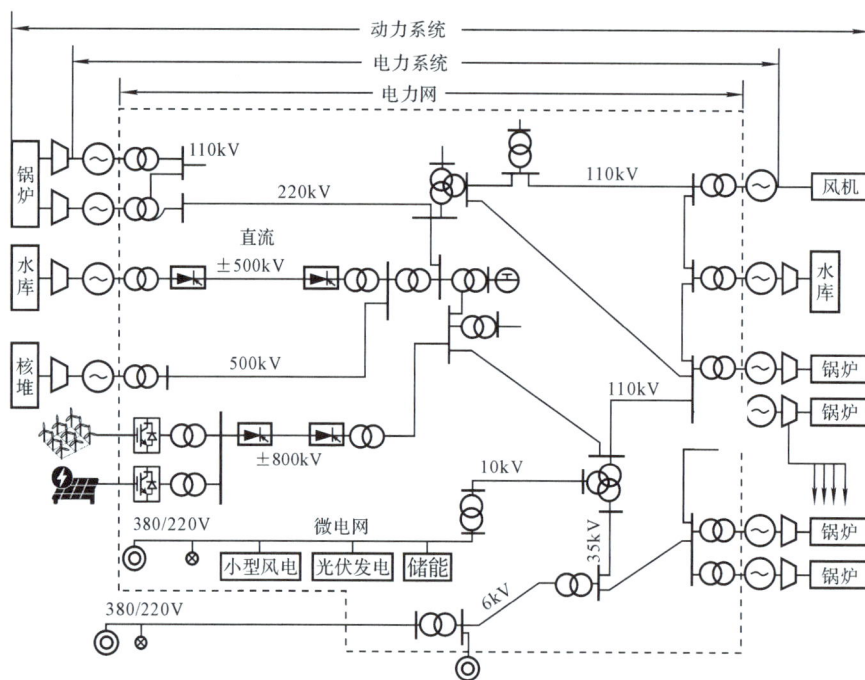

图 1.1 动力系统、电力系统和电力网示意

与"电力系统"一词相关的还有"电力网"和"动力系统",前者指电力系统中除发电机和用电设备外的部分,包括用于风电、光伏等并网的电力电子变流等接口设备;后者指电力系统和"动力部分"的总和。所谓"动力部分",包括火力发电厂的锅炉、汽轮机、热力网和用电设备,或水力发电厂的水库和水轮机,风电机组的叶片、齿轮等机械传动设备,或核电厂的反应堆等。因此,电力网是电力系统的组成部分,电力系统是动力系统的组成部分。

▶▶▶ 1.1.2　电力系统发展简史和我国的电力系统

1.电力系统的发展简史

（1）火电

从 1831 年法拉第发现电磁感应定理,到 1875 年巴黎北火车站发电厂的建立,电从理论研究阶段进入了实用阶段。从历史发展进程来看,火力发电在所有的电能中占比最大。按照热力学原理,火力发电通过不断提高蒸汽温度和压力来提高蒸汽的热效率。高温、高压火力发电机组按蒸汽的压力与温度参数的不同,又可分为亚临界、超临界和超超临界发电机组。蒸汽压力大于 300 大气压、温度大于 600℃ 的称为超超临界机组。超超临界燃煤发电机组煤耗低、环保性能好、技术含量高,是目前国际上先进的燃煤发电机组类型,也是国际上高效燃煤发电机组的发展方向。我国首台国产单机容量为 100 万 kW 的超超临界机组于 2006 年 11 月在浙江玉环电厂投入运行,图 1.2 为国产 100 万 kW 的超超临界机组实物。

图 1.2　100 万 kW 的超超临界机组实物

在高效燃煤发电技术应用等方面,中国发展迅猛,经过长期追赶,当前已逐渐接近世界先进水平。中国已是世界上 1000MW 超超临界机组发展最快、数量最多、容量最大和运行性能最先进的国家之一[①]。目前，中国和部分欧美发达国家都在抓紧攻克蒸汽温度在700℃的先进超超临界发电机组技术。该项技术的主要难点之一在于，寻求合适的耐高温合金材料。如果该项技术能够得到突破，那么火电的发电效率将有望提升到50%以上，其发电成本也将大大降低。

（2）水电

水电的发展是水能开发的结果，早期一般都是小型水电厂，随着用电需求的增长和水电建设技术的提高，逐步向中型和大型水电厂发展。由于超高压输电技术和水轮发电机制造水平的提高，水电厂的建设规模也越来越大。2008年10月，我国三峡水电站建设完工，到2012年7月所有机组建成投产，共计安装了32台70万kW水电机组及2台5万kW站内电源，总容量达2250万kW，是世界上最大的水电站。目前，世界前十二大水电站中，有五座在中国。2021年7月，全球第二大水电站——中国白鹤滩水电站首批机组投产发电，总装机容量达1600万kW，其中单机容量为100万kW的水轮发电机组是目前世界上已投产的单机容量最大的水轮发电机组，其工程综合技术指标居世界前列。图1.3为三峡工程大坝。

图1.3　三峡工程大坝（发电机组安装在坝体内）

（3）核电

核电是电力工业的重要组成部分，由于核电不会造成大气的污染排放，所以积极推进核电建设对保障能源供应与安全、实现"双碳"（"碳达峰""碳中和"）目标对保护环境具有重要的意义。

核电站的开发与建设始于20世纪50年代。1954年，苏联建成电功率为5MW的实验性核电站。1957年，美国建成电功率为90MW的希平港原型核电站。这些成就证明了利用核能发电的技术可行性。国际上把上述实验型和原型核电机组称为第一代核电机组（Gen-I）。

20世纪60年代后期，在实验性和原型核电机组基础上，陆续建成了电功率在300MW以上的压水堆、沸水堆和重水堆等核电机组。在进一步证实核能发电技术可行性的同时，核电的经济性也得以证明，它可与火电、水电相竞争。国际上把这些技术标准化、系列化和商用化的百万千瓦级核电机组称为第二代核电机组（Gen-II）。目前在运行的核电机组绝大部分属于第二代核电机组。

---

① 王倩,王卫良,刘敏,等.超（超）临界燃煤发电技术发展与展望[J].热力发电,2021,50(2):5.

1979 年以前,人们普遍认为核电是安全清洁的能源。然而,1979 年和 1986 年分别在美国三里岛核电站和苏联切尔诺贝利核电站发生的两次较为严重的核电泄漏事故,给核电开发利用带来了严重的负面影响。20 世纪 90 年代,在全球核电技术研究和攻关的基础上,美国和欧洲先后出台了《先进轻水堆用户要求》和《欧洲用户对轻水堆核电站的要求》两份文件。国际上,通常把满足这两份文件之一的核电机组称为第三代核电机组(Gen-Ⅲ)。第三代核电机组的特征是安全性和功率水平更高,并在设计中明确了防范与缓解严重事故、提高安全可靠性和改善人因工程等方面的要求。

2000 年 1 月,在美国能源部的倡议下,美国、法国、日本、英国等核电发达国家联合组建了"第四代核能国际论坛"(GIF),并于 2001 年 7 月签署联合研发第四代核能系统及发电机组(Gen-Ⅳ)。第四代核电机组的主要特征是经济性高、安全性好、废物量极小、不易出现核扩散。目前,第四代核电机组仍处于原型堆技术研发阶段,预计 2030 年可投入商运。

截至 2019 年底,全球共有在运行的反应堆 450 座,总装机容量达 392.1GW[①],已积累了 1.83 万堆年的运行经验,绝大部分为第二代核电机组;在建反应堆 53 座,总装机容量547.3 万 kW;有 12 个国家的核能发电超过总发电量的 1/4;目前,世界上最大的核电站是日本柏崎·刘羽核电站,该核电站的总装机容量为 796.5 万 kW。另外,中国的"华龙一号"和"国和一号"、欧洲 EPR 机组、日本的 NP.21 型核电机组、俄罗斯的 VVER 型和美国西屋的 AP 型及 System80+型机组,它们都属于第三代核电机组,单机容量均在 100 万 kW,最大可达 170 万 kW。

过去 10 年间,在"清洁能源""双碳"目标等愿景的驱动下,中国的核电技术及核电装机规模都有了长足进步,呈现稳步增长趋势。核电将在保障我国的能源安全、促进能源结构调整和低碳转型等方面发挥重要作用。图 1.4 为 2012—2021 年的核电总装机容量发展变化情况。

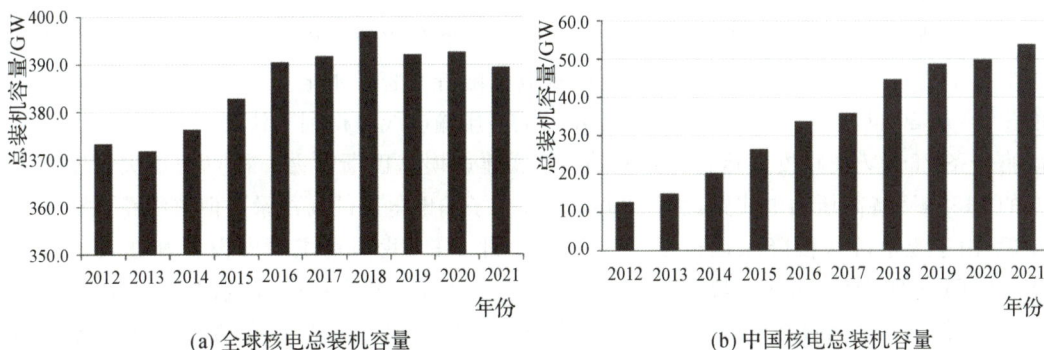

(a) 全球核电总装机容量　　　　　　　　(b) 中国核电总装机容量

图 1.4　核电总装机容量发展变化情况

(4)输变电技术

发电技术的发展促进了输电技术的发展。

第一次高压输电技术出现于 1882 年。当时,马塞尔·德普勒(Marcel Deprez)用装载

---

① 　1GW＝100 万 kW。

米斯巴赫煤矿的功率为 3hp[①] 的直流发电机,以 1500～2000V 电压,沿 57km 的电报线(直径为 4.5mm 的钢线)把电能输送到慕尼黑国际博览会会场,给一台电动机供电并带动装饰喷泉的水泵转动。这个输电系统虽小,却可以认为是世界上第一个电力系统。早期的输电技术采用的是直流电,要提高效率,必须提高电压,可是当时高压直流发电机和电动机的制造面临很大的困难。

19 世纪 80 年代以后,随着交流电力变压器的实际应用,直流技术的地位受到交流技术的挑战,并被其取代。1891 年 8 月 25 日,世界上第一条三相交流高压输电线在德国投入运行。在该线始端劳芬水电站安装了一台 230kVA、90V 的三相交流发电机和一台 200kVA、95/15200V 的变压器;在线路末端的法兰克福建造了两座 13800/112V 降压变压器,其中一座供慕尼黑国际电工展览会用电,另一座供电 100hp 三相异步电动机,输电效率达 80%。

进入 21 世纪后,为了满足大容量、远距离电力传输的需求,在全世界范围内以中国为代表的特高压输电技术有了跨越式发展。特高压输电技术是指交流 1000kV、直流 ±800kV 及以上电压等级的输电技术,具有输电损耗低、输电走廊利用率高等特点,适合超大容量、超远距离的电力传输,是实施中国大规模跨区域能源优化配置的一项重大关键技术。我国在 750kV 电网的发展滞后西方国家 40 年的情况下,超越发达国家发展特高压输电技术,提升一个电压等级至交流 1000kV、直流 ±1100kV,突破现有的工业基础极限,建成了特高压交、直流输电工程,并实现商业化运行。

①交流输电技术

最早形成的交流电力系统出现在伦敦,发电厂厂址在远离市区的伊尔福德,厂内安装了一台容量为 1000kW,电压为 2.5kV 的交流发电机,通过升压变压器把电压提高到 10kV,经 12km 的输电线送到伦敦市区的四个变电所再降为 2.4kV,经配电变压器降为 100V 后再向用户供电。

为了减少线路的功率损失,提高输电电压是一个有效的解决办法。因此,输电线路的输电技术的发展始终伴随输电电压的不断提高。随着大容量水电厂、矿口火电站和核电站的建设,从 20 世纪 50 年代开始,330kV 及以上高压输电线路得到了快速发展。1969 年,美国第一条 765kV 线路投入运行。1985 年,苏联建成埃基巴斯图兹—科克切塔夫—库斯坦奈的 1150kV 特高压输电线路,总长 900km,开创了输电电压的新纪录。但该线路运行了几年后,由于无电可送便降压运行了。2009 年 1 月 6 日,我国自主研发设计和建设的晋东南—南阳—荆门的 1000kV 特高压交流试验示范工程正式投入运行,标志着我国在远距离、大容量、低损耗的特高压输电核心技术和设备国产化上取得重大突破,是我国能源基础研究和建设领域取得的重大成果,也是世界电力发展史上的重要里程碑。图 1.5 是交流输电发展史上的电压等级变化(成熟投入商业运行)。迄今为止,中国境内建造的多条 1000kV 特高压交流输电工程,仍是世界上现役电压等级最高的输变电工程。图 1.6 为 1000kV 特高压试验示范工程输电线路(采用八分裂导线,间隔距离达 32m)。

---

① hp 表示英制马力。1hp＝0.735kW。

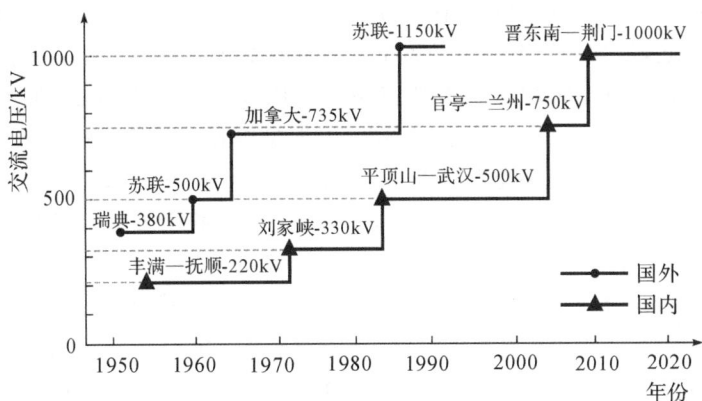

图 1.5　交流输电电压等级变化

图 1.6　1000kV 特高压交流线路

②直流输电技术

由于交流输电在海底电缆送电、运行稳定性等方面的局限性,所以直流输电在 20 世纪 30 年代又东山再起,在 20 世纪 50 年代中期进入工业应用阶段。这时已不用原来的直流发电机,而是在送端将交流整流为直流,在受端又将直流逆变为交流。1954 年,瑞典在本土与哥特兰岛(Gotland)之间建成了世界上第一条工业用直流输电线(海底电缆),采用汞弧阀作为变流装置。可控硅整流元件的出现,促进了高压直流输电技术的进一步发展。在直流输电工程中,巴西伊泰普(Itaipu)水电厂的直流输电工程是 20 世纪的标志性工程,它包括两个独立的双极系统,每个系统额定输出容量为 3150MW,额定电压为±600kV。21 世纪以来,为满足中国经济和社会发展的强劲电力需求,一系列服务于"西电东送"跨区远距离、大容量特高压交直流输变电工程应运而生,引领了全世界范围内直流输电工程的发展。值得一提的是,2017 年 12 月由中国国家电网承建的拉美首条特高压直流输电工程——巴西美丽山±800kV 特高压直流输电工程投入运营,它是中国首个海外特高压直流输电项目,也是目前全球距离最长的±800kV 特高压直流输电工程,两期额定容量共计 8000MW。

20 世纪 90 年代中期,基于绝缘栅双极型晶体管(insulated gate bipolar transistor,

IGBT)等全控型电力电子器件的新一代电压源型直流输电技术——柔性直流输电技术(简称"柔直")迅速崛起,给高压直流输电技术的发展带来深远影响。其后,随着电力电子器件及变换技术的进步,柔直技术越来越多地应用于高压大容量电力传输,在新能源并网等应用场景下具备控制灵活、向无源交流系统供电、占地少等显著优势,成为传统直流输电技术的有益补充,更是代表了直流输电技术的未来发展方向。1997 年,世界上首个采用 IGBT 阀的柔直示范工程在瑞典试验成功。1999 年,世界上首个商用柔直工程在瑞典哥特兰岛投入运行,直流电压±80kV,额定功率 54MW,应用于风电并网。其后,全世界范围内先后有数十个柔直工程投入运行,其中,我国在相关技术和应用方面后来居上。2014 年 7 月,世界首个五端柔直工程——舟山五端柔直工程投入运行,额定电压±200kV,最大单站容量400MW。2015 年 12 月,世界上电压等级最高、输送容量最大的真双极柔直工程——厦门柔直工程投运,额定电压±320kV,额定容量 1000MW。2020 年 6 月,世界首个柔性直流电网工程——张北可再生能源柔性直流电网试验示范工程投运,额定电压±500kV,额定容量4500MW,每年可输送约 140 亿 kWh 清洁能源至北京,助力 2022 年北京冬奥会场馆实现奥运史上首次 100%清洁能源供电。

　　图 1.7 举例说明了自 20 世纪 60 年代以来,国内外的直流输电工程电压和容量变化情况(仅列举部分有代表性的工程),从中可以看出,直流输电工程向高压大容量电力传输的发展趋势。

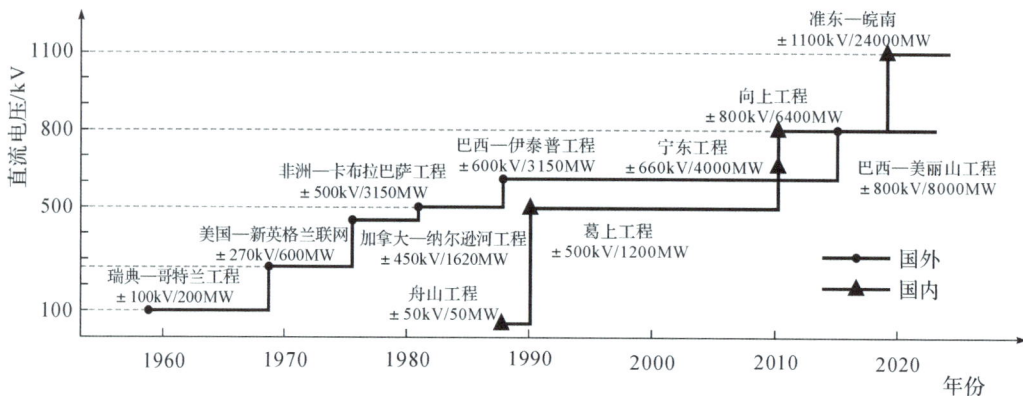

图 1.7　直流输电工程电压及容量变化

　　大型发电厂的建设和高压输电线路的架设使电力系统的规模日益扩大。初期分散的、孤立的小系统逐渐发展、合并成统一的或联合的大系统。这些系统有的甚至跨越国界和州界。如俄罗斯统一电力系统与部分欧亚国家的电力系统互联。这个电力系统横跨欧亚大陆,东西跨越 7000km,南北跨越 3000km,是目前世界上最大跨度的联合电力系统。

　　电力系统的发展还体现在自动化水平的提高上。目前,世界上几乎所有的电力系统监视和控制中心都配备了电子计算机系统,它们具有对系统进行自动监控、安全分析和安全控制,实现经济调度和调度员培训等功能,保证了系统运行的安全性和经济性。

2. 我国的电力系统

　　1882 年 7 月 26 日,上海电气公司一台 12kW 的蒸汽发电机组开始发电,点亮了上海南京路上 15 盏弧光灯,这是中国的第一座发电厂,也是中国电力工业的开端。

到中华人民共和国成立前夕,全国发电装机容量只有 185 万 kW,年发电量 43 亿 kWh,人均年用电量只有 9kWh,发电装机容量和发电量分别居世界第 21 位和第 25 位。到 1978 年,全国发电装机容量达到 5712 万 kW,年发电量达到 2566 亿 kWh,发电装机容量和发电量分别跃居世界第 8 位和第 7 位。

进入 21 世纪后,伴随着中国经济持续增长,我国电力工业已完成了跨越式发展。截至 2020 年底,全国发电装机容量达到 22 亿 kW,全国全年发电量 7.42 万亿 kWh,均居世界首位。我国发电装机容量逐年增长趋势如图 1.8 所示。

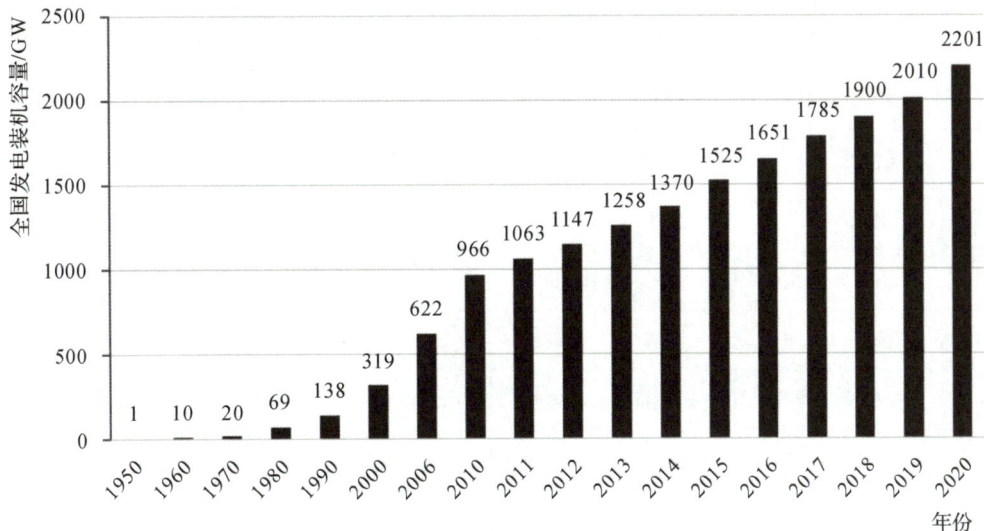

图 1.8 我国发电装机容量逐年增长趋势

(1)中国的输电技术

从 20 世纪 80 年代开始,中国电力工业进入大容量发电机组、高电压大电网阶段,目前我国 31 个省(区、市)已形成六大跨越电网,即东北、华北、华东、华中、西北和南方电网。其中,最后一个孤立电网——西藏电网,也于 2011 年 12 月通过青藏联网工程实现与全国大电网互联互通,彻底结束了西藏电网长期孤网运行的历史。

在交流系统方面,500kV 输电网络已成为电网的主干网络。西北电网的 750kV 输变电工程已投入运行,连接晋东南—荆门的 1000kV 特高压输电工程,已于 2009 年 1 月投入运行。

在直流系统方面,我国从 20 世纪 70 年代初开始对直流输电技术进行研究,起步较晚,但起点较高,特别是 1987 年我国自行研制设备、自行建设的第一条 ±100kV 高压直流输电线路——舟山直流输电工业性试验工程的顺利投入运行,标志着我国直流输电技术开始进入工程应用阶段。1989 年,我国第一条大型直流输电工程——葛洲坝至上海 ±500kV、1080km 高压直流输电线路投入运行,至此,高压直流输电技术逐步在我国推广应用。21 世纪初,随着三峡水电站的建成,三峡至华东电网的两条 ±500kV 直流线路和三峡至广东的一条 ±500kV 直流线路也先后建成并投入运行。2010 年,我国第一批 ±800kV 特高压直流输电线路工程投入运行,包括西南地区溪洛渡和向家坝水电站至上海(向上直流)、云南至广州(云广直流)两项工程,前者西起四川宜宾,东至上海奉贤,途经 8 省市,四次跨越长江,输送距离达 1907km,额定输送容量 640 万 kW,最大容量可达 700 万 kW。2019 年,我国建成了准东—皖南±1100kV 特高压直流工程,输送距离达 1907km,额定输送功率 2400 万 kW(双极)。这是目前世界上最高电压等级的直流输电工程。近 10 年我国投入运行的部分特高压直流输电工程,如表 1.1 所示。

表 1.1　近 10 年我国投入运行的部分特高压直流输电工程

序号	工程名称	起点	落点	电压等级/kV	输送容量/（万 kW/极）	长度/km	投运时间/年
1	锦屏—苏南	锦屏	苏南	±800	720	2059	2012
2	哈密—河南	哈密	郑州	±800	760	2210	2014
3	溪洛渡—浙江	溪洛渡	浙西	±800	760	1680	2014
4	宁东—浙江	灵州	绍兴	±800	800	1720	2016
5	酒泉—湖南	酒泉	湘潭	±800	800	2300	2017
6	锡盟—泰州	锡盟	泰州	±800	1000	1600	2017
7	扎鲁特—青州	扎鲁特	青州	±800	1000	1200	2018
8	锡盟—江苏	锡盟	泰州	±800	1000	1600	2018
9	上海庙—临沂	鄂尔多斯	临沂	±800	1000	1230	2019
10	准东—皖南	准东	皖南	±1100	1200	3293	2019
11	乌东德	广西	广东	±800	800	1452	2020
12	雅中—江西	雅中	新余	±800	800	1700	2021

注:锡盟为锡林郭勒盟的简称。

直流输电除承担"西电东送"的任务外,还起到网络连接的作用。连接西北 330kV 交流电网和华中 500kV 交流电网的灵宝"背靠背"直流输电工程是我国第一个直流联网工程,该工程采用 120kV 单极结构。2016 年 6 月,世界首次采用大容量柔性直流与常规直流组合模式的±350kV 鲁西"背靠背"直流工程建成投运,实现云南电网主网与南方电网主网异步联网,有效提高了南方电网主网架的安全稳定运行。

（2）中国的发电技术

中国的发电设备制造水平近年来得到不断提高,国内 30 万 kW 和 60 万 kW 机组已经可以批量生产,25～31MPa/600℃等级超超临界 100 万 kW 机组制造技术已经逐步成熟,同时具备了 630℃超超临界机组的研发能力。我国在超超临界发电技术方面取得了一系列突破和进展,实现了火电行业技术的飞跃,其标志性工程包括:

①2019 年,中电建核电公司大唐东营 2×100 万 kW 六缸六排汽一号机汽轮发电机组顺利扣缸完成。这是世界首台超超临界运行、六缸六排汽、单轴、超长轴系的发电机组,其

单位发电煤耗降至 258 克左右,属于国际领先水平。

②2020 年,广东华夏阳西电厂的 6 号机组竣工投产。这是世界首个 124 万 kW 的超超临界火电机组。

在水电建设方面,经过多年发展,中国水电实现了从无到有、从追赶到领跑,跻身世界水利水电工程科研、设计、施工、制造和管理的强国行列[①]。2008 年 10 月,我国三峡水电站建成后实现了向华中、华东和华南电网送电并促成全国联网;2020 年,三峡水电站全年发电量高达 1118 亿 kWh,刷新了世界单座水电站年发电量的最新纪录。经过多年持续性的水电工程建设,中国现已建成世界上最大的绿色能源基地——乌东德、白鹤滩、溪洛渡、向家坝梯级水电站群。整体来看,我国在水利枢纽总体布置和枢纽工程、巨型水轮发电机组设计制造、工程运行和生态环境保护、工程管理等方面已经达到世界先进水平。

1991 年投产的秦山核电站的第一台 30 万 kW 的核电机组是我国自行设计和建造的,它结束了中国境内无核电的历史。随后秦山第二和第三核电站、大亚湾核电站、岭澳核电站和田湾核电站相继投产。截至 2022 年,我国最大的核电站是辽宁省的红沿河核电站,它安装了 6 台 CPR1000 核电机组,总装机容量为 671 万 kW。2020 年 11 月 27 日,由中核集团研发设计的具有完全自主知识产权的中国第三代压水堆核电"华龙一号"全球首堆——福清核电 5 号机组并网成功,标志着我国打破了国外核电技术的垄断,正式进入核电技术先进国家的行列。这对我国实现由核电大国向核电强国的跨越具有重要意义。截至 2021 年底,我国核电机组的总容量达 5464 万 kW,仅次于美国与法国,位居世界第三位。按照我国核电发展规划,到 2030 年,核电装机容量有望突破 1 亿 kW 或更多,核能发电量可占全国发电量的 7% 以上。图 1.9 和图 1.10 分别为秦山核电站和"华龙一号"福清核电站的全貌。

图 1.9　秦山核电站

---

① 中国能源建设集团有限公司. 闪耀世界的中国水电名片[EB/OL]. (2020-11-02)[2022-11-10]. http://www.sasac.gov.cn/n2588025/n2588124/c15847610/content.html.

图 1.10 "华龙一号"福清核电站

中国水能资源居世界首位,理论蕴藏量为 6.76 亿 kW,年发电量 5.92 万亿 kWh,其中可开发装机容量 3.78 亿 kW,年发电量 1.92 万亿 kWh,居世界首位。但能源分布极不均匀,水能资源大部分集中在西南、中南和西北地区,仅四川和云南两省的可开发装机容量就达 1.6 亿 kW,约占全国的 43%,煤炭能源集中在华北和西北地区。而能源消耗却相对集中在经济发达的东部沿海地区,仅北京、上海、江苏、广东等 7 个省、直辖市的电力消费就占全国电力消费总量的 40% 以上。因此,"西电东送、南北互供、全国联网"是我国电网的发展战略。

根据国家能源局和国家统计局最新数据,截至 2021 年底,全国发电装机容量已达 23.8 亿 kW,发电量 8.5 万亿 kWh,其中,火电装机容量 12.9 亿 kW,水电装机容量 3.9 亿 kW,风电装机容量 3.3 亿 kW,太阳能装机容量 3.1 亿 kW,非化石能源发电装机首次超过煤电占比。预计随着我国新能源发展战略的规划实施,2030 年,我国风电、太阳能发电总装机容量达 12 亿 kW 以上[①]。

3. 新能源发电迅速发展

能源根据其可再生性可分为不可再生和可再生两种。煤、石油、铀等化石能源属不可再生能源,而水能、风能、太阳能、生物质能、海洋能和地热能等属可再生能源。可再生能源发电是指将可再生能源转化为电能的过程。在"能源危机""双碳"目标等因素或目标的驱动下,自 20 世纪 90 年代以来,可再生能源开发和利用在全世界范围内有了长足进步。

在可再生能源中,风力发电和太阳能发电(又称光伏发电)发展最快。根据国际可再生能源署(IRNEA)最新统计数据,2021 年底全球风电装机容量(累计,下同)达到 8.23 亿 kW,比上一年增长 12.6%,位居世界风电装机前 3 位的中国、美国和德国的风电总装机容量占全球总容量的 64%。我国的风电和太阳能发电经历了飞跃式发展,总装机容量分别从 2009 年和 2016 年开始一直居于世界首位。截至 2021 年底,我们的风电总装机容量达到 3.29 亿 kW,占全球风电总装机容量近 40%;我国的太阳能总装机容量达 3.07 亿 kW,占全

---

① 国家发展改革委,国家能源局. 关于促进新时代新能源高质量发展实施方案 [EB/OL]. (2022-05-14) [2022-11-10]. http://www.gov.cn/zhengce/content/2022-05/30/content_5693013.htm.

球太阳能总装机容量的近 36%。为全面贯彻落实党的二十大精神,坚定落实"碳达峰""碳中和"已成为我国能源电力领域的重大发展目标。为此,未来相当长的时间内,我国的新能源发电将迎来持续性地高速增长。图 1.11 展示了近 10 年我国在新能源发电装机容量方面的增长趋势。

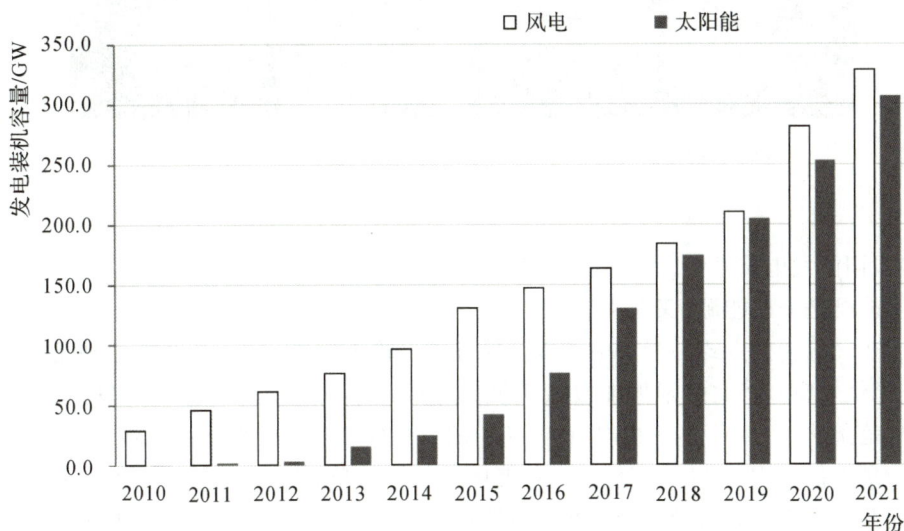

图 1.11　我国风电和太阳能发电的装机容量逐年增长趋势

(1)风力发电技术

风力发电技术(简称风电)是利用风机桨叶捕捉风的动能,将其驱动发电机发电的技术。考虑到风速的波动性,目前主流的商业化大型风力发电机(简称风机)均采用变速发电机设计,并通过电力电子设备与电网相连。风电的核心技术包括机械传动、旋转电机以及变流技术等。与传统的同步发电机相比,大多数主流的风力发电机都采用异步发电机进行发电,通过电力电子设备与电网相连。目前,现代大型风力发电机的主流机型包括双馈异步发电机(doubly fed induction generator,DFIG)或永磁同步发电机(permanent magnet synchronous generator,PMSG)。变速风力发电机具有机械结构应力较小、噪声低,可实现有功功率和无功功率独立控制等优点,甚至可模拟传统同步机提供调频、调压等电力辅助服务。风力发电机动态特性异于同步机,加上风力资源的可变性,使得理解和评价风电并网对电力系统的影响更加复杂,需要考虑的因素更多。

随着技术的不断革新和进步,风机的制造水平提升很快,其中,中国风机厂商的技术进步尤为显著。2021 年 8 月,风机制造商明阳智能推出了单机 16MW 的全球最大海上风机。而上海电气、东方电气、金风等多家国内风机厂商都已推出单机容量超过 10MW 的成熟风机产品。在十几年的风电发展过程中,我国已建成或正在兴建数十个千/百万千瓦级的集中式风电/光伏基地,范围涵盖西北五省等风光资源丰富的地区,其中,第一个千万千瓦级风电基地——酒泉风电基地装机容量已突破 200 万 kW;单个最大容量风电场是位于青海的莫合风电场,装机容量达 85 万 kW。在陆地风电高速建设的同时,我国海上风力资源也在积极开发中。2010 年 9 月,上海东海大桥海上风电项目投入商业运行,它是亚洲首个大型海上风电项目,装机 34 台 3MW 海上风电机组。图 1.12(a)为新疆达坂城风电厂,

图1.12(b)为上海东海大桥海上风电机组。

（a）新疆达板城风电厂　　　　　　（b）上海东海大桥海上风电机组

图1.12　风电场

（2）太阳能发电技术

太阳能既是一次能源，又是可再生能源。太阳能发电有两种方式：光—电直接转换方式和光—热—电转换方式。光—电直接转换方式也称太阳能发电，其基本原理是利用光电效应（或光伏效应），将太阳辐射能直接转换成电能。中国工业和信息化部发布的《光伏制造行业规范条件（2021年本）》指出，目前商用的单晶硅和多晶硅太阳能电池，其平均光电转换效率分别不低于19%和22.5%。太阳能电池使用简单、维护方便，为人类未来大规模利用太阳能开辟了广阔的前景。光—热—电转换方式也称光热发电，一般是由太阳能集热器将水加热至高温、高压的水蒸气，再驱动汽轮机发电。与光伏发电相比，光热发电的优势在于，后者可以利用化石燃料补燃，也可以储热，更易实现发电功率平稳、可控输出，甚至可作为调峰电源；缺点在于，投资成本及场地要求更高，不易于家庭推广使用。

自1969年世界上第一座太阳能发电站在法国建成以来，太阳能发电的比例在全世界范围内逐渐提高，太阳能光伏技术也得到了不断发展。相比风电，太阳能发电对场地要求更少、使用范围更广，一般家庭都可以使用太阳能光伏装置发电。近年在装机容量增速方面，光伏更胜风电。在过去十年中，随着太阳能电池制造技术的改进以及新的光—电转换装置的发明，光伏发电成本迅速下降至与传统电源发电成本相当的水平——这也是近年来太阳能发电迅猛发展的重要原因之一。

统计数据表明，2020年，中国是世界上光伏发电量最大的国家，在全球光伏发电总量占比高达31%；欧盟地区排名第二，占全球光伏发电总量近20%，其中，德国和西班牙的光伏发电量排在欧盟地区前列；美国排第三，占全球光伏发电总量的14%。近年来，日本和印度的太阳能发电装机也增长较快。

2009年9月，我国首个10MW级太阳能光伏发电项目在宁夏石嘴山市建成，它是我国首个并网发电的大型光伏电站。2020年9月投产建成的中国青海省共和县光伏电站群，是全球最大的集中发电光伏电站群，其总容量超过2200 MW。图1.13为青海省共和县光伏电站群一角。

此外，可再生能源发电还包括生物质能、海洋能、地热能和氢能发电等，在此不一一赘述。

图 1.13 青海省共和县光伏电站群一角

▶▶▶ 1.1.3 电力系统的负荷和负荷曲线

1.电力系统的负荷

电力系统的负荷是系统中千万个用电设备消费功率的总和,也称电力系统综合用电负荷。它包括异步电动机、同步电动机、电热炉、整流设备、照明设备等若干类。在不同的行业中,这些用电设备的比重也不同。表1.2是几种工业部门中各种用电设备比重的统计数据,有一定的代表性。

表 1.2　几种工业部门用电设备比重的统计　　　　单位:%

类型	综合性中小工业	棉纺工业	化学工业(化肥厂、焦化厂)	化学工业(电化厂)	大型机械加工工业	钢铁工业
异步电动机	79.1	99.8	56.0	13.0	82.5	20.0
同步电动机	3.2		44.0		1.3	10.0
电热炉	17.7	0.2			15.0	70.0
整流设备				87.0	1.2	
合计	100.0	100.0	100.0	100.0	100.0	100.0

注:1.比重按功率计;2.照明设备的比重很小未统计在内。

综合用电负荷加上电力网中损耗的功率就是系统中各发电厂供应的功率,因而统称为电力系统的供电负荷。供电负荷再加上发电厂本身的消耗功率——厂用电,就是系统中所有发电机应发的总功率,称电力系统的发电负荷。

各用电设备的有功功率和无功功率随受电电压和系统频率的变化而变化，其变化规律不尽相同。综合用电负荷随电压和频率的变化规律，是各用电负荷变化规律的合成。图 1.14(a) 和 (b) 分别是某电力系统综合用电负荷的电压特性曲线和频率特性曲线（标么值）。

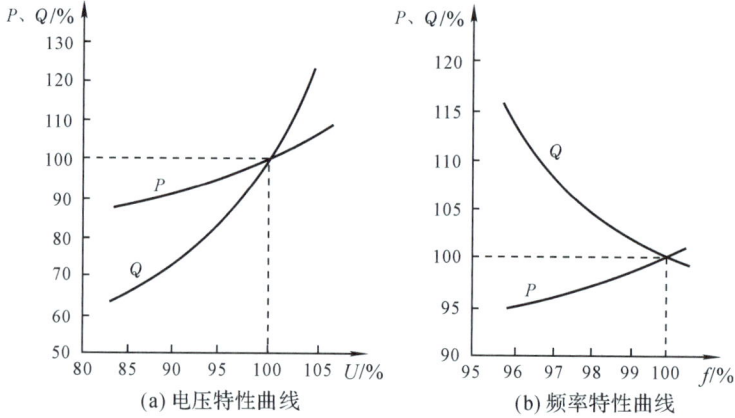

(a) 电压特性曲线　　(b) 频率特性曲线

图 1.14　某电力系统综合用电负荷的特性曲线

2. 负荷曲线

负荷曲线是指某一时间段内负荷随时间变化的规律。按负荷种类不同，可分为有功功率负荷和无功功率负荷曲线；按时间长短，可分为日负荷和年负荷曲线；按计量地点不同，可分为个别用户、电力线路、变电所、发电厂甚至整个系统的负荷曲线。将上述三种分类相结合，就确定了某一种特定的负荷曲线。图 1.15 为电力系统有功功率日负荷曲线。

有功功率日负荷曲线所包的面积即为电力系统负荷的日用电量 A：

$$A = \int_0^{24} P\mathrm{d}t \qquad (1.1)$$

其平均负荷 P_{av} 为

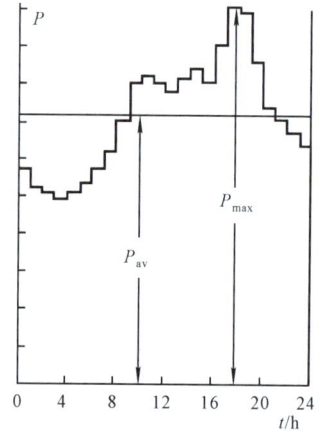

图 1.15　有功功率日负荷曲线

$$P_{\mathrm{av}} = \frac{A}{24} = \frac{1}{24}\int_0^{24} P\mathrm{d}t \qquad (1.2)$$

负荷率定义为平均负荷 P_{av} 与最大负荷 $P_{\max}$ 之比，表示负荷曲线平坦的程度，即

$$负荷率 = P_7/P_{\max} \times 100\% \qquad (1.3)$$

不同行业的有功功率日负荷曲线差别很大，三班制连续生产的重工业负荷，如图 1.16(a) 所示的钢铁工业负荷，负荷曲线较平坦，最小负荷达最大负荷的 85%；一班制生产的轻工业负荷，如图 1.16(b) 所示的食品工业负荷，负荷变化的幅度较大，最小负荷仅为最大负荷的 13%～14%；在农业负荷中，如图 1.16(c) 所示的农村加工负荷，每天用电仅 12h，但在夏季出现的农业排灌负荷，却有相当平坦的日负荷曲线；市政生活负荷曲线如图 1.16(d) 所示，其特点是有明显的照明电力高峰。尽管不少行业的负荷曲线有较大的变化幅度，但整个电

力系统的负荷曲线却比较平坦。因不同行业负荷曲线的高峰不可能都在同一时刻出现,换言之,系统负荷曲线上的最大值恒小于各行业负荷曲线上最大值的总和。各行业最大负荷相加后,应乘以小于1的"同时率",方为系统的最大综合用电负荷。

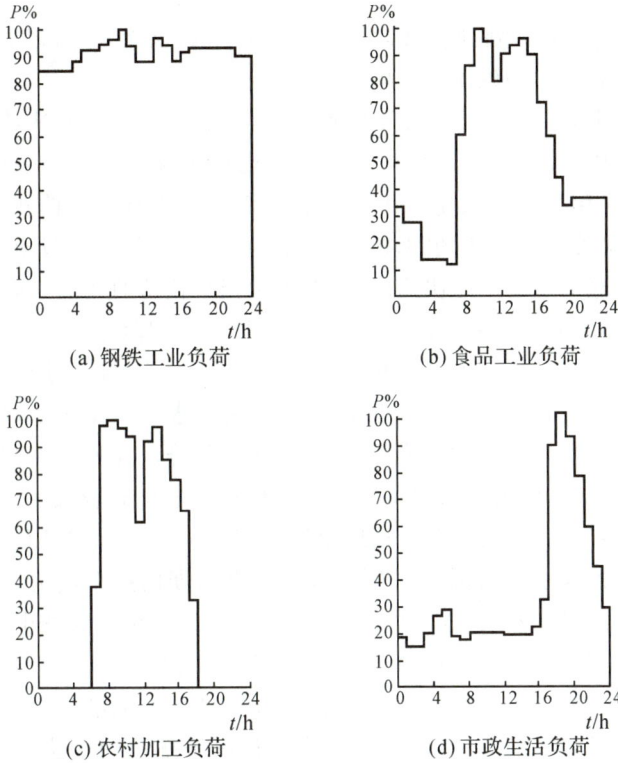

(a) 钢铁工业负荷

(b) 食品工业负荷

(c) 农村加工负荷

(d) 市政生活负荷

图 1.16　几种行业的有功功率日负荷曲线(冬季)

负荷曲线对电力系统的运行有重要的意义,它是安排发电计划,确定各发电厂发电任务以及确定系统运行方式等的重要依据。

有功功率年负荷曲线一般指一年内每月最大有功功率负荷变化的曲线,如图 1.17 所示。年末最大负荷大于年初最大负荷的部分为年增长,低谷时段常用于安排发电设备的检修。

无功功率负荷曲线不如有功功率曲线那样用得普遍,它只在进行系统无功功率平衡时才受到重视。

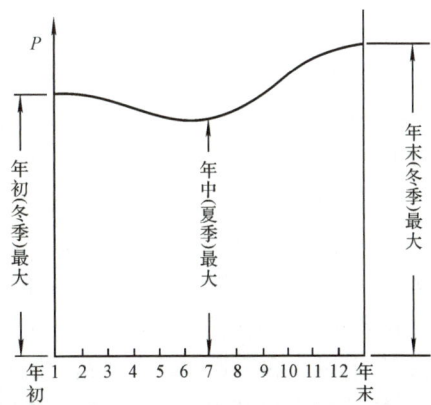

图 1.17　电力系统的有功功率年负荷曲线

▶▶▶ 1.1.4 电力系统中的发电厂

发电的方式按一次能源划分有火力发电、水力发电、核能发电、风力发电、太阳能发电等，在研究中还有燃料电池和磁流体发电等。

火力发电厂利用煤、石油、天然气等燃料所产生的热能，在锅炉中将水变成高温、高压的水蒸气，推动汽轮机，带动发电机发电。火力发电机组又分为专供发电的凝汽式汽轮机组及兼供热的抽气式和背压式汽轮机组。供热式机组承担日负荷曲线的基本负荷。凝汽式汽轮机组承担基本负荷，需要时也承担部分尖峰负荷。燃气轮机发电厂和柴油机发电厂也属于火力发电厂，这类发电厂能快速启动，故可承担日负荷曲线的尖峰负荷。

水力发电厂利用河流的水能发电，其发电功率与流量和落差的乘积成正比。水力发电厂又可分为径流式水电厂、坝式水电厂和抽水蓄能发电厂。径流式水电厂利用有高落差的急流河道建坝，使水通过管道进入水轮机来发电。它的水库容量很小，发电功率基本上由河流的流量来决定，承担电力系统日负荷曲线的基本部分。在河道中建大坝，拦断河流利用上下游的落差来发电的水电厂叫坝式水电厂。坝式水电厂有较大的库容，可按库容的大小进行日、周、年或多年调节，以便有计划地使用水能。它通常承担日负荷曲线上的尖峰部分，在洪水期间则承担基本负荷部分。利用深夜或丰水期的剩余电力，使水轮机以水泵方式工作，将下游的水抽到上游水库内，再在需要时发电，以这种方式发电的水电厂叫抽水蓄能发电厂。它承担日负荷曲线上的尖峰部分。此外，潮汐发电厂和波浪发电厂也属水力发电厂。潮汐发电厂一般在海湾或河口修建堤坝建成水库，于涨潮时放海水入库，利用库水位低于潮位的水位差发电；待潮位下降，利用库水位高于潮位的水位差和库内蓄存的水量发电。把海洋的波浪能转化为电能的发电方式称为波浪发电，目前，波浪发电尚处于起步阶段，实际的工程应用示例较少。

核能发电厂利用核燃料在反应堆中产生的热能，将水变为水蒸气，推动汽轮机带动发电机发电，又叫原子能发电厂。反应堆是核能发电厂的关键设备。常用的反应堆有轻水堆（又分压水堆和沸水堆）、重水堆和石墨堆。一般来说，核能发电厂的设备费用较高，燃料费较便宜。为了提高发电厂的经济性和反应堆的安全性，核能发电厂一般按恒功率负荷运行，承担日负荷曲线的基本负荷部分。

风力发电厂利用自然界的风力推动风电机组发电。风电机组有多种形式，可以按照其运行方式、控制原则或拓扑结构等不同方法进行分类。按叶片数量的多少，分单叶片、双叶片和多叶片风电机组；按转轴方向的不同，分水平轴和垂直轴风电机组；按叶片与风向的关系，分上风向和下风向风电机组；按风力机叶片控制方式的不同，分定桨距和变桨距风电机组；按转速变化情况，分恒速和变速风电机组；按采用的发电机的不同，分异步、同步、双馈和永磁直驱风电机组；按运行方式的不同，分离网型和并网型风力发电机组等。经过长时间研究与实践，风电机组当前发展的主流趋势为：三叶片、水平轴、上风向、变桨距、变速、双馈和永磁直驱风力发电机组。

太阳能发电方式有两种：一种是光—热—电转换方式，一般由太阳能集热器将所吸收的热能转换成工质的蒸气，再驱动汽轮机发电；另一种是光—电直接转换方式，其基本原理是利用光电效应,将太阳辐射能直接转换成电能,也称光伏发电,我们常说的太阳能发电一般指光伏发电。考虑到运行成本较低及风光本身的波动性、间歇性等综合因素以及清洁低碳能源政策激励,正常工况下风电和太阳能发电均采用最大功率点跟踪控制技术(maximum power point tracking,MPPT)来尽可能多发电,同时根据系统并网导则(Grid Code)要求在适当时候提供调频、调压等电力辅助服务。

核能发电厂利用核燃料在反应堆中产生的热能,将水变为蒸气,推动汽轮机带动发电机发电,又叫原子能发电厂。核电在发电过程中,不产生二氧化碳等温室气体,因此与水电、风电和光电等均被列入清洁(绿色)能源。为了提高发电厂的经济性和反应堆的安全性,核能发电厂一般按恒功率负荷运行,承担日负荷曲线的基本负荷部分,但部分国家如法国等,已开始尝试将核能发电厂当作调峰电源主动支持电力系统运行。

▶▶▶ 1.1.5　电力网的结构与结线

1. 电力网的结构

实际的电力网结构非常复杂。一个大的电力网(联合电力网)总是由许多子电力网发展、互联而成,因此,分层结构是电力网的一大特点。一般电力网可分为一级输电网、二级输电网、高压配电网和低压配电网,如图 1.18 所示。

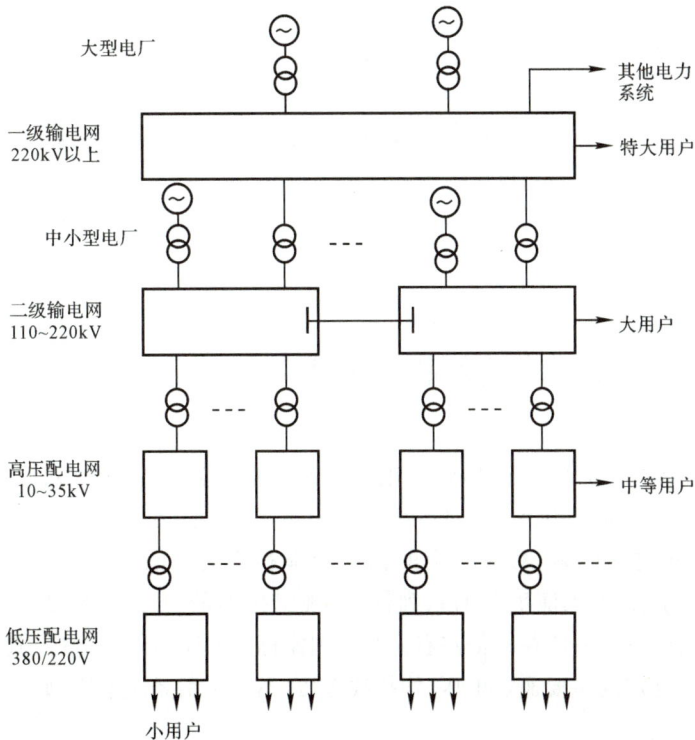

图 1.18　电力网的结构

一级输电网一般是由电压为 220kV 以上的主干电力线路组成,它连接大型发电厂、大容量用户以及相邻子电力网。二级输电网的电压一般为 110～220kV,它上接输电网,下连高压配电网,是一个区域性的网络,连接区域性的发电厂和大用户。配电网是向中等用户和小用户供电的网络,10～35kV 的称高压配电网络,1kV 以下的称低压配电网络。

2. 电力网的结线方式

电力网的结线方式大致可分为无备用和有备用结线两类。无备用结线包括单回路放射式、干线式和链式供电网络,如图 1.19 所示。有备用结线包括双回路放射式、干线式、链式、环式和两端式供电网络,如图 1.20 所示。

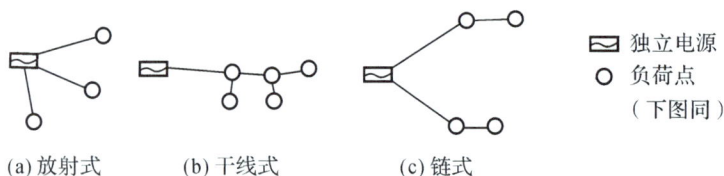

独立电源
○ 负荷点
（下图同）

(a) 放射式　　(b) 干线式　　(c) 链式

图 1.19　无备用结线方式

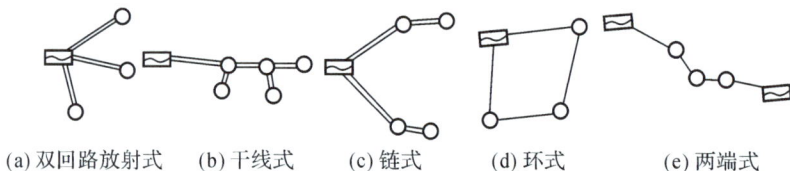

(a) 双回路放射式　(b) 干线式　(c) 链式　(d) 环式　(e) 两端式

图 1.20　有备用结线方式

无备用结线方式简单、经济、运行方便,但供电可靠性低。架空线路的自动重合闸装置在一定程度上能弥补上述的缺点。

相反,有备用结线供电可靠性高,一条线路的故障或检修一般不会影响对用户的供电,但投资成本高,且操作较复杂。其中,环式和两端式供电方式较为常用。

▶▶▶ 1.1.6　电压等级和额定电压

众所周知,在输送功率一定时,输电电压愈高,电流愈小,导线等载流部分的截面积愈小,投资成本亦愈小。但电压愈高,对绝缘的要求愈高,杆塔、变压器、断路器等的投资成本也愈大。综合考虑这些因素,对应一定的输送功率和输送距离有一最合理的线路电压,但从设备制造角度考虑,为保证生产的系列性,应规定标准的电压等级,即额定电压[①]。相邻电压等级之比不宜过小,一般在 2 倍左右。我国国家标准 GB 156—1980 及其最新版国家标准 GB/T 156—2017 规定的主要额定电压(均指线电压,不含牵引系统电压)如表 1.3 所示。

---

①　最新版国家标准为 GB/T 156—2017,其中将系统额定电压改称为系统标称电压,在不影响理解的前提下,本书仍沿用旧版习惯说法。

表 1.3 1kV 以上额定电压等级

线路及用电设备 额定线电压/kV	交流发电机线 电压/kV	变压器线电压/kV	
		一次绕组	二次绕组
3	3.15	3 及 3.15	3.15 及 3.3
6	6.3	6 及 6.3	6.3 及 6.6
10	10.5	10 及 10.5	10.5 及 11
	13.8，15.75		
20	18，20，22，24，26	……	……
35		35	37 及 38.5
66		66	69
110		110	115 及 121
220		220	231 及 242
330		330	363
500		500	550
750		750	788 及 825
1000		1050	1050

注：1. 变压器一次绕组栏内 3.15、6.3、10.5、13.8、15.75kV 电压适用于与发电机端点直接连接的升压变压器和降压变压器；2. 如证明在技术经济上有特殊优点时，水轮发电机的额定电压允许用非标准电压；3. 表中前两组(行)数值不得用于公共配电系统。

在表 1.3 中，用电设备、发电机、变压器的额定电压不一致的原因以及它们与线路额定电压之间的关系，说明如下。线路输送功率时，沿线的电压分布往往是始端高于末端，如图 1.21 所示，沿线 ab 的电压分布可以如直线 U_a-U_b 所示。从而，图 1.21 中用电设备 1～6 的端电压将各不相同。所谓线路的额定电压 U_N 实际上就是线路的平均电压$(U_a+U_b)/2$，而各用电设备的额定电压则取与线路额定电压相等的数值，使所有用电设备能在接近它们

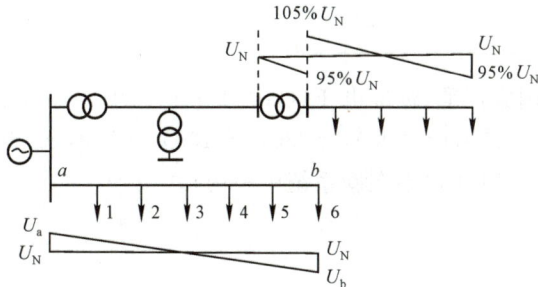

图 1.21 电力网络中的电压分布

的额定电压下运行。

由于用电设备允许的电压偏移为±5%，而沿线路的电压降落一般为10%，这就要求线路始端电压为额定值的105%，以使其末端电压不低于额定电压的95%。因为发电机往往接在线路始端，所以发电机的额定电压为线路额定电压的105%。

变压器额定电压的规定略微复杂。根据变压器在电力系统中传输功率的方向，我们规定变压器接收功率的一侧为一次绕组，输出功率的一侧为二次绕组。一次绕组的作用相当于用电设备，二次绕组的作用相当于电源设备，因此，变压器一次侧额定电压应等于用电设备的额定电压(直接和发电机相连的变压器一次侧，额定电压应等于发电机的额定电压)；二次侧额定电压，规定为变压器空载时一次侧加额定电压时的二次侧电压。由于带负荷时变压器内部有一定的电压降落，所以二次侧额定电压应高于线路的额定电压。升压变压器二次侧额定电压定为较线路额定电压高10%；降压变压器二次侧额定电压则有较线路额定电压高10%和5%两种。我国以前都采用前一种，现在新建的工程均采用后一种。

一般说来，输电线输电网的主干线和相邻电网间的联络线多采用500kV、330kV和220kV三个等级；二级输电网采用220kV和110kV两个等级；35kV既用于城市和农村的配电网，也用于大工业企业的内部电网。10kV是最常用的较低一级的高压配电电压；只有负荷中高压电动机的比重很大时，才考虑6kV的配电方案(高压电动机的额定电压一般为6kV)；3kV只限于工业企业内部使用，且正在被6kV所代替。显然，这种划分不是绝对的，也不是一成不变的，随着系统的扩大，以及更高一级电压的出现，原电压等级有可能退居到次一级电网中使用。

各级电压线路输送能力(送电容量和送电距离)的大致范围，如表1.4所示。

表 1.4　架空线路在不同电压等级下输送功率和输送距离的大致范围

线路电压/ kV	输送功率/ MW	输送距离/ km	线路电压/ kV	输送功率/ MW	输送距离/ km
3	0.1～1.0	1～3	220	100～500	100～300
6	0.1～1.2	4～15	330	200～800	200～600
10	0.2～2.0	6～20	500	1000～1500	150～850
35	2.0～10.0	20～50	750	2000～2500	500 以上
110	10.0～50.0	50～150	1000	2500 以上	1000 以上

除此之外，最新版国家标准《标准电压》(GB/T 156—2017)还规定了高压直流输电系统的标准电压系列(kV)：±160，(±200)，±320，(±400)，±500，(±660)，±800，±1100，其中，括号中的为非优选数值(建议不在新系统中采用)。

▶▶▶ 1.1.7　电力系统运行的特点和要求

电力系统运行的特点有以下三点。

1. 与国民经济各部门的关系密切

电是重要的能源,各行各业都要使用它,若中断供电,将影响国民经济正常运行。因系统设备故障而少供一度电给国民经济造成的损失远大于一度电的电费。有人说,电力系统故障是国民经济的一大灾难,这话一点也不过分。

2003 年 8 月 14 日,美国中西部和东北部地区以及加拿大的安大略地区经历了一场电力史上最大的停电事故。事故殃及美国的俄亥俄州、密歇根州、宾夕法尼亚州、纽约州、费蒙特州、马萨诸塞州、康涅狄格州、新泽西州和加拿大的安大略地区,停电区域居住的人口约 5000 万人,用电负荷约 6180 万 kW。事故始于美国东部时间下午 4 时,直到 4 天后美国某些地区的供电才得以恢复,而加拿大安大略地区在一周后才完全恢复供电。据估计,美国的总损失在 40 亿~100 亿美元;加拿大 8 月份的 GDP 下降了 0.7%,安大略地区损失了1890 万个工作时,制造业产品的出厂量产值减少了 23 亿加元。

2. 过渡过程非常短促

电力系统内某一处的故障将以光速波及全系统。电力系统从一种运行方式过渡到另一种运行方式的过程非常短促。

3. 电能一般不能储存

电能的生产、输送、分配和消费实际上是同时进行的,目前电能还不能大量储存,即发电厂在任何时刻生产的功率都必须等于该时刻用电设备消耗和网络损失功率之和。

根据以上特点,对电力系统运行的基本要求总结如下。

1. 运行的安全可靠性

电力系统发生事故的原因是多方面的,有自然灾害、设备损坏、自动装置误动作、人员过失、管理水平低等。除提高管理水平和人员素质以外,提高电力系统的安全可靠性还可从以下三个方面着手:

(1)保证一定的备用容量。系统中发电设备容量除满足用电负荷的需要外,还应配备一定的负荷备用、事故备用和检修备用。

(2)提高电力系统的整体可靠性。电源的布局和电力系统的结构必须合理,设备元件必须安全可靠。

(3)加强对电力系统运行的监控。除提高运行人员的责任心以外,还应采用现代化的计算机监控系统以提高系统运行的可靠性。

2. 保证电能质量

频率和电压是电能质量的两个基本指标。此外,电能质量还包括谐波、三相电压不平衡度、电压的波动和闪变,以及暂时过电压和瞬时过电压。电能质量不但是电力用户的要求,而且关系到用电设备和电网自身的安全。为此,原国家质量监督检验检疫总局颁布了

一系列有关电能质量的标准,简述如下:

(1)电力系统的频率。我国电力系统的额定频率为 50Hz,国家标准《电能质量——电力系统频率偏差》(GB/T 15945—2008)规定,电力系统正常频率偏差为±0.2Hz,当系统容量较小时偏差可以放宽到±0.5Hz。

频率的过度偏差与延续时间过长对电力系统本身的运行安全也是一种威胁,国家电网公司在《电业生产事故调查规程》(2003 年)中规定,频率偏差超出如下数值属于电网事故:

①装机容量在 3000MW 及以上电网,频率偏差超过(50±0.2)Hz,且延续时间在 30min 以上;或频率偏差超过(50±0.5)Hz,且延续时间在 15min 以上。

②装机容量在 3000MW 及以下电网,频率偏差超过(50±0.5)Hz,且延续时间在 30min 以上;或频率偏差超过(50±1)Hz,且延续时间在 15min 以上。

(2)供电电压。国家标准《电能质量——供电电压偏差》(GB/T 12325—2008)规定,电力系统在正常运行的条件下,供电电压对系统额定电压的允许偏差,如表 1.5 所示。

表 1.5　供电电压允许偏差

供电电压	允许偏差
35kV 及以上	正负偏差的绝对值之和不超过系统额定电压的 10% 注:供电电压上下偏差同号(均为正或负)时,按较大偏差的绝对值作为衡量依据
20kV 及以下	±7%
220V	+7%,−10%

(3)谐波。电压和电流的波形也是电能质量的重要指标,正弦波形的畸变是由三相不平衡负载、可控硅或其他非线性元件等形成的谐波所致,谐波将影响电力用户的正常用电,并对通信系统产生干扰。国家标准《电能质量——公共电网谐波》(GB/T 14549—93)对谐波的电压和电流限值作出规定。表 1.6 为谐波电压限值。

表 1.6　公共电网谐波电压限值

电网额定电压/kV	电压总谐波畸变率/%	各次谐波电压含有率/%	
		奇次	偶次
0.38	5.0	4.0	2.0
6	4.0	3.2	1.6
10			
35	3.0	2.4	1.2
66			
110	2.0	1.6	0.8

(4)三相电压不平衡度。这里指的是电力系统正常运行方式下,负序分量引起的公共连接点的电压不平衡。国家标准《电能质量——三相电压不平衡度》(GB/T 15543—2008),对电力系统公共连接点不平衡度限值作出规定。电网正常运行时,负序电压不平衡度不超过 2%,短时不得超过 4%;接于公共连接点的每个用户引起该点负序电压不平衡度允许值

一般为 1.3%,短时不超过 2.6%。

(5)电压的波动和闪变。这里指的是电力系统正常运行方式下,由波动负荷引起的公共连接点电压的快速变动及由此可能引起人对灯闪的明显感觉。国家标准《电能质量——电压波动和闪变》(GB/T 12326—2008)对此作出规定,此处不予详述。

(6)暂时过电压和瞬态过电压。国家标准《电能质量——暂时过电压和瞬态过电压》(GB/T 18481—2001)对有关暂时和瞬态过电压要求、与之相适应的电气设备绝缘水平,以及过压保护方法作出规定,此处不予详述。

▶▶▶ 1.1.8　电力系统中性点接地方式

电力系统中性点接地方式指电力系统中的变压器和发电机的中性点与大地之间的连接方式。中性点接地方式的选择是一个涉及电力系统许多方面的综合性技术问题,对电力系统的设计和运行有着多方面的影响。在选择中性点接地方式时,应该考虑的主要因素有:①供电可靠性;②绝缘水平与绝缘配合;③对电力系统继电保护的影响;④对电力系统通信与信号系统的干扰;⑤对电力系统运行稳定性的影响。

中性点接地方式有:不接地(绝缘)、经电阻接地、经电抗接地、经消弧线圈接地(谐振接地)、直接接地等。就主要运行特征而言,可将它们归纳为两大类:①中性点直接接地或经小阻抗接地。采用这种中性点接地方式的电力系统,称为有效接地系统或大接地电流系统。②中性点不接地或经消弧线圈接地,或者中性点经高阻抗接地,因而接地电流被控制在较小数值的中性点接地系统。采用这种中性点接地方式的电力系统,称为非有效接地系统或小接地电流系统。需要指出的是,阻抗或接地电流的大小是相对的,因而有必要采用确切的指标加以区分。相当多的国家(包括中国)都规定:零序电抗(x_0)和正序电抗(x_1)的比值(x_0/x_1)≤3 的系统,属于有效接地系统;反之属非有效接地系统。

现代电力系统中,采用较多的中性点接地方式有直接接地、不接地和经消弧线圈接地。在绝缘水平方面的考虑占首要地位的 110kV 及以上的高压电力系统中,均采用直接接地方式。在绝缘投资所占比重不太大的 110kV 以下中低压系统中,出于供电可靠性等方面的考虑,大都采用不接地或经消弧线圈接地方式。不过,当城市配电系统中电缆线路的总长度增大到一定程度时,它会给消弧线圈的灭弧带来困难,系统单相接地易引发多相短路。所以,近几年来,有些大城市的配电系统改用中性点经低值(不大于 10Ω)或中值(11~100Ω)电阻接地,它们也属于有效接地系统。

▶▶▶ 1.1.9　直流输电与柔性交流输电

多年来,一直都在不断探索新的输电方式,如高压直流输电(high voltage direct current,HVDC)和柔性交流输电(flexible AC transmission system,FACTS)都是应用电力电子技术改善电网输电能力的技术。它们的共同特点是控制迅速。HVDC 和 FACTS 目前已在电力系统中得到广泛应用。

1. 高压直流输电（HVDC）

从 1954 年瑞典建成第一条跨海峡工业性直流输电线路开始，至今已有近 70 年的历史了。高压直流输电因其在超高压远距离大功率输电、海底电缆输电、不同频率或相同频率交流系统之间的非同步联络，以及在提高大系统运行的安全稳定性等方面，具有交流输电所不具备的优越之处，加上 20 世纪 70 年代初大功率可控硅换流器的问世，以及电子和计算机技术应用于直流输电控制系统后，对其控制性能的改善，使得直流输电技术迅速发展。

（1）直流输电系统的构成和结线方式

直流输电系统由整流站、直流线路和逆变站三大部分组成，图 1.22 为直流输电系统的构成原理。下面简要介绍各主要器件与设备在直流系统中的作用。

换流装置：它由一个或数个换流单元串联组成，每个换流单元通常由几十到数百个大功率可控硅晶闸管器件串（并）联构成三相六脉动桥式换流电路（Graetz 桥），其接线原理如图 1.23(a) 所示。正常运行时，控制系统按等 60°电角度间隔分别发出触发脉冲 P1～P6，触发相应的阀 V1～V6 并使之导通，从而实现交、直流电力的转换。按具体的变换作用，交流变为直流的换流装置称为整流器，反之则称为逆变器。图 1.23(b) 为 HVDC 的可控硅换流装置的实物。

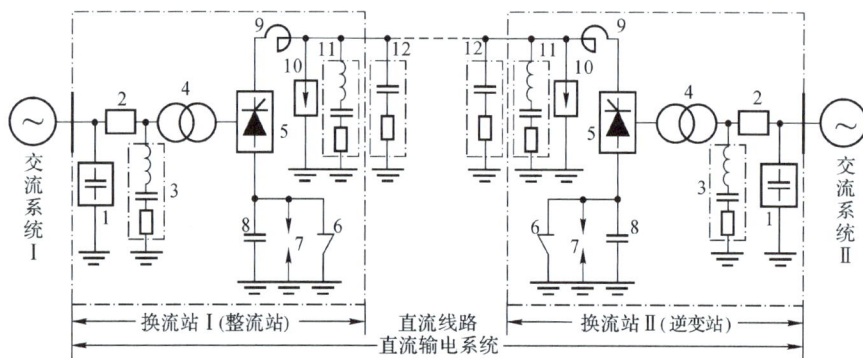

图 1.22 直流输电系统构成原理

1—无功功率补偿装置；2—交流断路器；3—交流滤波器；4—换流变压器；5—换流装置；6—隔离开关；
7—保护间隙；8—过电压吸收电容；9—直流电抗器；10—直流避雷器；11—直流滤波器；12—线路用阻尼器

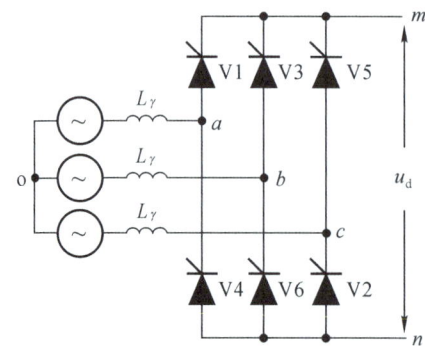

(a) 换流器换流桥单元　　　　(b) 可控硅换流装置实物

图 1.23 直流输电的换流装置

换流变压器：在直流输电系统中起着改变交流电压和隔离交/直流电的作用，一般可以带负荷调压。

直流电抗器：安装在换流装置和直流线路之间，其作用是抑制直流电压、电流的谐波分量和直流故障电流上升率。

交流/直流滤波器：换流装置会在交流侧和直流侧产生多种谐波分量，从而导致其周围电气设备产生附加谐波损耗和通信干扰，因此必须采取滤波措施。交流侧滤波器一般并联安装在换流变压器第三绕组上或交流侧系统母线上，用以吸收谐波电流；采用架空直流线路时，直流侧通常也会简单地安装一阶或二阶高通滤波器以吸收经直流电抗器平滑后的谐波残余分量。

无功功率补偿装置：换流装置在工作过程中所消耗的无功功率一般需要由同步调相机、静止补偿器或者移相电容器供给。

直流避雷器：它是直流输电系统绝缘配合的基础，其保护水平决定设备的绝缘水平。与交流系统不同，直流系统中的电压、电流无自然过零点，所以直流避雷器的工作条件与灭弧原理和交流避雷器有很大差别，目前多采用直流氧化锌避雷器。

直流输电的结线方式可分为单极结线和双极结线两大类。图 1.24(a) 为单极结线方式，由两根导线构成，一根是高压的极导线，另一根是一端接地的低压回流导线（单极两线制）。

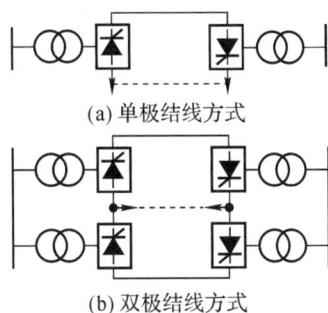

(a) 单极结线方式

(b) 双极结线方式

图 1.24　直流输电结线方式

如果大地或海水允许长期流通电流（地下或海水中的金属构件少或电腐蚀很轻），则可将两端换流站的低压端都接地，利用大地或海水做回流通路，从而可省去金属回流导线（单极一线—地制），单极直流输电一般采用负极性运行，即其高压极导线的电位低于地电位。

图 1.24(b) 为双极结线方式，相当于由两个单极结线的直流输电系统（其中一个运行在正极性、另一个运行在负极性），在交流侧并联、直流侧串联构成，因此具有两根高压极导线（一根为正极性，另一根为负极性）。当两端换流装置的中性点（两个换流单元的串连接点）都接地（双极两线—地制）或只单端接地但有中性点金属回流导线（双极三线制）时，两极均可独立运行，当其中一极因故障退出运行时，另一极可继续带一半负荷正常运行；但当采用双极两线—地制结线方式时，一般不允许长期运行，以免地下或海水中的金属构件受到过度腐蚀。由于正常运行时两极线通常以相同的直流电流工作，中性点回流线路中没有电流流过，因此，双极直流输电系统还有另外一种结线方式，即没有中性点金属回流导线且两端换流装置中只有一端中性点接地（双极两线制），但这种结线方式在其中任何一极发生故障时，另一极也不能运行，其运行灵活性和供电可靠性都较差，因此很少被采用。

现代高压直流输电普遍采用双极结线方式，单极结线方式通常是双极直流工程中一个极建成后的临时输电方式。

(2) 直流输电系统的优缺点

直流输电与交流输电相比，具有下列优点：

①直流线路造价低。假设直流系统采用双极两线—地制结线方式，交直流线路对地绝缘水平、导线截面和电流密度都相等，则直流线路与交流线路所输送的（有功）功率基本相同。但对于架空线路，前者的造价大约只有后者的 2/3。如果是电缆线路，这种优势将更为明显。

②直流输电沿线电压分布平稳，无线电干扰少，线路损耗低。

③直流输电不存在两端交流系统之间的同步运行稳定性问题，其两端的交流系统不需要同步运行，因此，其输送容量和距离都不受同步运行稳定性的限制。

④直流输电系统具有快速调节控制功率潮流的特点，便于电力系统的分区调度管理。用直流输电联网不会明显增大两端交流系统的短路容量，有利于故障时两端交流系统之间的快速紧急支援，并限制事故发展。

⑤双极直流输电系统在一极故障时，另一极仍可输送 50% 的功率，因此，可以有效提高两端交流系统的运行可靠性和稳定性。

⑥直流联网还可避免电磁环网引起的线损增大，避免了某些线路因电流越限而影响系统安全运行情况的发生。

直流输电与交流输电相比，具有下列缺点：

①换流站造价高，抵消了一部分线路造价低的经济效果。计算线路造价及年运行费用等经济指标后，直流输电比交流输电经济的等价距离为：架空线路一般为 640～960km，电缆线路一般为 24～48km。目前，这一指标随着可控硅等换流站主设备价格的下降已有所下降。

②两侧换流装置都需要补偿大量的无功功率，一般为直流线路输送功率的 40%～60%。

③可控硅过载能力低，设计时需要考虑留有足够的余量，否则容易因过载而损坏。

④利用大地或海水作为回流线路时，直流输电对沿途金属设施会造成电腐蚀，需要采用一定的防护措施。

⑤直流电不像交流电，没有自然过零点，因而直流灭弧较交流困难，目前，高压大容量直流断路器技术虽然有所突破，但仍存在技术欠成熟、工程造价高等问题，从而限制了多端直流输电系统的发展。

（3）直流输电的适用范围

①大型电站向远距离负荷中心的高压远距离大功率输电。

②通过海底电缆向海岛输电。

③区域交流电网采用直流联网时，可解决它们之间的同步运行稳定性和短路容量等问题。

④对于用电密集且采用地下电缆供电的大城市，可采用直流输电。

此外，直流输电还可以作为太阳能发电、磁流体发电、燃料电池等多种新能源发电方式和超导储能等的配套技术。

2. 柔性交流输电（FACTS）

电力负荷的不断增长，使得已有的交流输电系统在现有运行控制技术下，难以满足长距离、大容量输送电能的需要。由于环境保护的需要，架设新的输电线路受到线路走廊短缺的制约,因此,挖掘已有输电网络的潜力、提高其输送能力,成为解决输电问题的一个重要途径。

虽然一个已经建成的传统电力系统可通过调整有载调压变压器分接头位置、串联补偿电容器和并联补偿电抗(或电容)器值来改变网络参数,以及通过开断或投入某条线路来改变网络拓扑结构,但由于相应的控制操作是通过机械装置完成的,因此,调整速度往往不能满足系统在暂态过程中的要求。另外,传统电力系统线路的参数不可调控,网络中的线路潮流通常都不能按最佳经济电流密度分布,出现了某些线路已经满载甚至过载,而另一些线路仍然轻载运行的情况,因此,其输电能力一般都不能得到充分的利用。

柔性交流输电正是针对传统电力系统的上述情况,在输电网络中引入由大功率电力电子器件构成的自动控制装置,对输电网络(包括网络参数和线路运行参数)实现快速、灵活的调控,从而与发电机的各种快速控制相匹配,达到优化已有交流系统线路潮流分布和提高输电能力的目的。大功率电力电子器件的制造技术日益发展,价格日趋低廉,使得应用柔性输电技术改造已有电力系统在经济上成为可能;计算机和控制技术的快速发展和广泛应用,为柔性输电技术发挥其对电力系统快速、灵活的调节与控制作用提供了有力的技术支持。

属于柔性输电技术的装置很多,可以说,除了直流输电外,其他所有利用电力电子器件构成的电力系统调控设备或装置都属于柔性输电技术的范围。目前常用的 FACTS 装置,按其在电力系统中的安装连接方式不同,可分为串联型、并联型和混合型三种。目前,已经成熟并广泛应用于电力系统的 FACTS 装置,主要有静止无功补偿器(static var compensator,SVC,并联型)、晶闸管控制串联补偿器(thyristor controlled series compensator,TCSC,串联型)、静止无功发生器(static var generator,SVG)也称静止同步补偿器(static synchronous compensator,STATCOM,并联型)等,还有一些 FACTS 装置,如统一潮流控制器(unified power flow controller,UPFC,混合型)等也在逐步推广应用。其中,SVC 和 STATCOM 将在 2.4.3 节详细介绍。

TCSC 主要由电容器及受晶闸管控制的并联电抗器组成,其原理结构如图 1.25 所示。由于半可控功率晶闸管的引入,TCSC 能够快速、连续地改变所补偿输电线路的等值阻抗,因而在一定的运行范围内,它可以将该输电线路的输送功率控制在期望值范围。

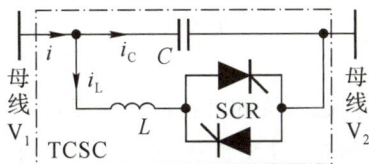

图 1.25 TCSC 原理结构示意

UPFC 原理结构示意如图 1.26 所示,主要由全控型并联换流器、串联换流器、并联变压器、串联变压器和耦合电容器构成。与前述几种 FACTS 装置相比,UPFC 的结构和控制策略都要复杂得多,当然其功能也要强大得多。

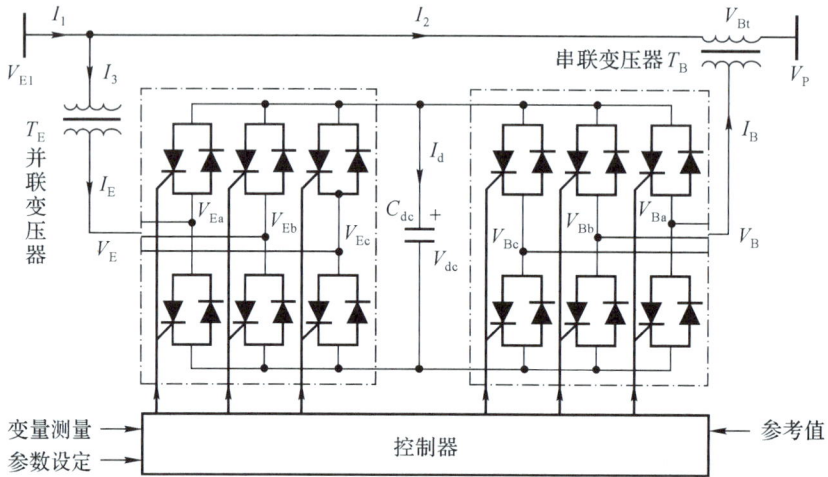

图 1.26　UPFC 原理结构示意

1.2　电力系统基本元件概述

▶▶▶ 1.2.1　发电机

在现代电力工业中，无论是火力发电、水力发电还是核能发电，几乎全部采用同步交流发电机。电机的电枢布置在定子上，励磁绕组布置在转子上，做成旋转式磁极。同步发电机的转速 n（转/min）和系统频率 f（Hz）之间有着严格的关系，即

$$n = 60f/p \qquad\qquad (1.4)$$

式中，p 为电机的极对数。

根据转子结构的不同，可分为隐极式和凸极式发电机。前者转子没有显露出来的磁极，后者则有。

转子的励磁型式有直流机励磁系统和可控硅励磁系统两种，后者利用同轴交流励磁机或由同步发电机本身发出的交流电，经整流后供给转子。直流励磁机有换向问题，因其制造容量受到限制，所以在大容量发电机中均采用可控硅励磁系统。

以下简单介绍汽轮发电机和水轮发电机及其特点。

汽轮发电机由汽轮机拖动，大、中容量汽轮发电机的转速均为 3000 转/min（50Hz）。由于转速较高，所以过转子做成隐极式，形状细长。转子本体长度对转子直径的比例为 3～6.5，随发电机容量的增大而增大。发电机结构无一例外都是卧式的。

早期的汽轮发电机采用空气冷却,第二次世界大战前后出现了氢冷技术,20 世纪 50 年代末发展了定子、转子双水内冷技术,把冷却技术提高到了一个新的水平。功率超过 50MW 的汽轮发电机广泛采用空气、氢气和水等几种不同冷却介质分别冷却有关部件。

水轮发电机主要结构型式有卧式和立式两种。通常小容量水轮发电机多采用卧式结构;中容量的采用立式和卧式结构;大容量则采用立式结构。立式结构又可分为悬式和伞式两种;发电机推力轴承位于转子上部的称为悬式,位于转子下部的称为伞式。

因为水轮机属于低速机械,故水轮发电机只能做成多极的,并要求转子具有一定的飞轮转矩,使电机在负荷突然去掉后转速不会升高太快,自动控制系统来得及动作,减少进水量,以防止转子达到危险转速。低速大型水轮发电机,当定子内径达 15m 时,转子本体长对转子直径的比值一般为 0.15~0.20。

另外,水电厂一般离负荷中心较远,需要通过长距离高压线路与系统连接,因此,电力系统对水轮发电机有较高的暂态稳定和静态稳定要求。

水轮发电机一般采用空气冷却,但特大容量的水轮发电机则采用水内冷较为经济合理。

▶▶▶ 1.2.2 电力变压器

电力变压器是电力系统中广泛使用的升压和降压的设备。据统计,电力系统中变压器的安装总容量一般为发电机安装总容量的 6~8 倍。按用途的不同,电力变压器可分为升压变压器、降压变压器、配电变压器和联络变压器(作连接几个不同电压等级的电网用)。

国产电力变压器的容量等级基本是 R10 容量系列,如 6300kVA、8000kVA、10000kVA、12500kVA……通常,容量为 630kVA 及以下的统称为小型变压器;800~6300kVA 的称中型变压器;8000~63000kVA 的称大型变压器;90000kVA 及以上的统称为特大型变压器。

按相数的不同,变压器可分为单相式和三相式。现生产的电力变压器大多是三相式的,但特大型变压器鉴于运输上的考虑有制成单相式的,安装好后再连接成三相式变压器组。

按每相线圈数的不同,又有双绕组和三绕组之分。前者联络两个电压等级,后者联络三个电压等级。三绕组变压器三个绕组的容量可以不同,以最大的一个绕组的容量作为变压器的额定容量。三绕组变压器可能的容量分配如表 1.7 所示。

表 1.7 三绕组变压器的容量分配

类别	高压	中压	低压	备注
普通三绕组	100 100 100	100 50 100	100 100 50	以变压器额定容量的百分比表示
自耦变压器	100	100	50	

线圈排列方式主要考虑漏电抗大小、出线方便、绝缘结构合理等因素,特大型变压器的线圈排列还关系到变压器的高度和重量等问题。排列方式有同心式和交叠式两种。对于

同心式排列的双线圈变压器，一般将低压线圈放在里面，因它与铁心所需的绝缘距离比较小，有利于缩小线圈尺寸；高压线圈套在外面，因分接头一般设置在高压线圈上，这样出线方便。交叠式排列的高、低压线圈是沿高度方向相互交叠放置的，其优点是机械强度较好，出线的布置和焊接较方便。

油浸式变压器是生产量最大、应用最广的一类电力变压器，其冷却方式有油浸自冷、油浸风冷、油浸水冷、强迫油循环风冷和强迫油循环水冷等。图1.27为高电压、大容量的三相电力变压器实物。

图1.27 三相电力变压器实物

电力变压器的高压侧及中压侧除主接头外还引出多个分接头，并装有分接头开关，以改变有效的匝数，进行分级调压。根据分接开关是否可在带负荷情况下操作，电力变压器又可分为有载调压变压器和不加电压时方可切换分接头的普通变压器。

按线圈耦合方式的不同，电力变压器又可分为普通变压器和自耦变压器。电力系统中的自耦变压器一般设置有补偿绕组，它是一个低压绕组。高压、中压绕组之间存在自耦联系，而低压绕组与高、中压绕组之间只有磁的耦合。自耦变压器的损耗小、重量轻、成本低，但其漏抗较小，短路电流较大。此外，由于高、中压绕组在电路上相通，为了过电压保护，自耦变压器的中性点必须直接接地。

▶▶▶ 1.2.3　电力线路

电力线路按结构不同，可分为架空线路和电缆线路两大类。

1. 架空线路

架空线路由导线、避雷线、杆塔、绝缘子和金具等构成,如图 1.28 所示。它们的作用分别为:

导线——传输电能;

避雷线——又称架空地线,用于将雷电流引入大地以保护电力线路免受雷击;

杆塔——支撑导线和避雷线;

绝缘子——使导线和杆塔间保持绝缘;

金具——支撑、接续、保护导线和避雷线,连接和保护绝缘子。

图 1.28 架空线路

(1)架空线路的导线和避雷线

架空线路的导线和避雷线都架设在空中,要承受自重、风压、冰雪荷载等机械力的作用和空气中有害气体的侵蚀,同时还受温度变化的影响,运行条件相当恶劣。因此,它们的材料应有相当高的机械强度和抗化学腐蚀能力,而且导线还应有良好的导电性能。

导线主要由铝、钢、铜等材料制成,在特殊条件下也可使用铝合金。导线和避雷线的材料型号,以不同的拉丁字母表示,如铝——L、钢——G、铜——T、铝合金——HL。

由于多股线优于单股线,所以架空线路一般采用绞合的多股导线。多股导线的型号为 J,其结构如图 1.29 所示,每股芯线的截面积相同时,多股导线的股数是这样安排的:除中心一股芯线外,由内向外数,第一层 6 股,第二层 12 股,第三层 18 股,以此类推。

由于多股铝绞线的机械性能差,故往往将铝和钢组合起来制成钢芯铝绞线,将铝线绕在单股或多股钢线外层作主要载流部分,机械荷载则由钢线和铝线共同承担。

图 1.29 多股导线

在钢芯铝绞线中,因铝线部分与钢线部分截面积的比值不同,机械强度也不同,所以又可将其分为三类:

①普通钢芯铝绞线,型号为 LGJ,铝线和钢线部分截面积的比值为 5.2~6.1。

②加强型钢芯铝绞线,型号为 LGJJ,铝线和钢线部分截面积的比值为 4.0~4.5。

③轻型钢芯铝绞线,型号为 LGJQ,铝线和钢线部分截面积的比值为 7.6~8.3。

无论单股或多股、一种或两种金属制成的导线,其型号后的数字总是代表主要载流部分(并非整根导线)额定截面积的平方毫米数。例如,LGJQ-400 表示轻型钢芯铝绞线主要载流部分(铝线部分)的额定截面积为 $400mm^2$。架空线路广泛采用钢芯铝绞线,低压线路在机械强度允许时多采用铝绞线。避雷线一般采用钢绞线,也有采用钢芯铝绞线的。

线路电压超过 220kV 时,为减少电晕损耗或线路电抗,常需采用直径很大的导线,但就载流容量而言,却又不必采用如此大的截面积。较理想的方案是采用扩径导线或分裂导线。

扩径导线是人为扩大导线直径但又不增大载流部分截面积的导线。例如,扩径导线 K-272 铝线部分截面积为 $300.8mm^2$,相当于 LGJQ-300;直径为 27.44mm,又相当于 LGJQ-400。扩径导线的结构如图 1.30 所示。它和普通钢芯铝绞线的不同之处在于,支撑层并不为铝线所填满,仅有 6 股,而这 6 股主要起支撑作用。

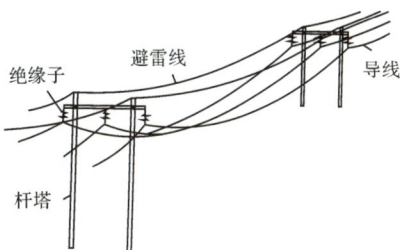

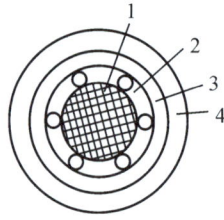

图 1.30　扩径导线

1—钢芯(钢线 19 股)；2—支撑层(铝线 6 股)；3—内层(铝线 18 股)；4—外层(铝线 24 股)

分裂导线又称复导线，就是将每相导线分成若干根，相互之间保持一定的距离。如图 1.31 所示，这种分裂可使导线周围的电磁场发生变化，减少电晕和线路电抗，但与此同时，线路电容也将增大。我国 220kV 线路多采用二分裂，500kV 线路普遍采用四分裂，750kV 线路采用六分裂，而 1000kV 线路则采用八分裂。

二分裂　　　　三分裂　　　　四分裂

图 1.31　分裂导线

(2)架空线路的杆塔

架空线路的杆塔形式极多，分类方法也各异。按受力特点的不同，可分为直线杆塔、耐张杆塔、转角杆塔、直线转角杆塔、终端杆塔以及换位杆塔、跨越杆塔等特殊杆塔。按使用材料的不同，又可分为钢筋混凝土杆、木杆、铁塔。按结构、导线排列方式等的不同，还可分成各种类型。图 1.32 分别为钢筋混凝土杆和铁塔。

(a)钢筋混凝土杆　　　　　　　(b)铁塔

图 1.32　杆塔实物

下面将按受力特点对几种杆塔作进一步说明。

①耐张杆塔

耐张杆塔是允许承受较大的两侧导线拉力差的杆塔。因此,其强度要求较高,结构也较为复杂。耐张杆塔将线路分成若干千米长的耐张段,使断线故障的影响范围限制在与断线点相邻的两耐张杆塔之间,便于施工、检修。在耐张杆塔上,同相的两侧导线各用一绝缘子串连接,再以跳线相连。图 1.33 为一个耐张段内的线路,图 1.34 为耐张铁塔。

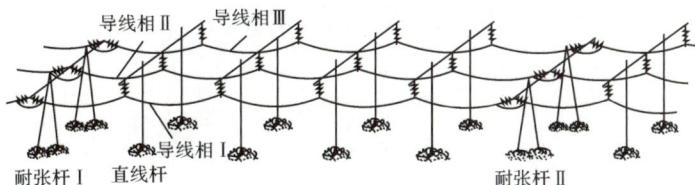

图 1.33　一个耐张段内的线路

图 1.34　耐张铁塔

图 1.35　转角铁塔

②直线杆塔

相邻两耐张杆塔之间的杆塔称直线杆塔,它允许承受的两侧导线拉力差远小于耐张杆塔。因此,其强度要求较低,造价也低。线路上,直线杆塔数量最多。直线杆塔在线路正常运行时,承受的力是垂直方向的导线自重、覆冰重以及水平方向的风压。在直线杆塔上,绝缘子串和导线相互垂直。图 1.32 即为直线杆塔。

③转角杆塔和直线转角杆塔

这两种杆塔都用于线路转角处。做成耐张杆塔形的,其外形和耐张杆塔相似,仅导线走向有转折的称转角杆塔;做成直线杆塔形的,其外形和直线杆塔相似,仅绝缘子串不完全垂直地面而略有倾斜的称直线转角杆塔。前者用于转角较大处,后者则用于转角较小处。它们在结构上都要考虑到导线的转折和承受侧向力的要求。图 1.35 为转角铁塔。

④终端杆塔

终端杆塔是装设在发电厂或变电所线路末端的杆塔,由它承受最后一个耐张段内的导线的拉力。如不设置这种杆塔,这种拉力将施加在发电厂或变电所的建筑物或配电结构上,使它们的造价增加。终端杆塔不同于耐张杆塔,它在正常运行时承受的两侧拉力差就相当大。图 1.36 为 500kV 终端铁塔,导线采用四分裂。

图 1.36　终端铁塔

⑤换位杆塔

架空线路的换位是为了减少三相参数的不平衡。例如,长度为 50~250km 的 220kV 架空线路,有一次整换位循环的线路与不换位的线路相比,前者的三相参数不平衡引起的不对称电流仅为后者的 1/10。所谓整换位循环是指在一定长度内使三相导线的每 1/3 长度分别处于三个不同的位置,以便完成一次完整的循环,如图 1.37 所示。按规定,长于 200km 的线路应进行换位。

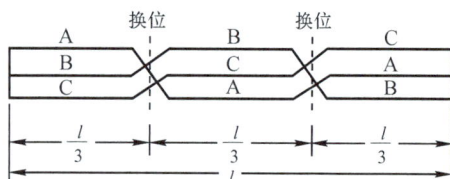

图 1.37　一次完整的换位循环

换位的方式有滚式换位和换位杆塔换位两种。滚式换位如图 1.38 所示。这种换位方式已在我国 110kV 及以上线路上广泛使用,且运行情况良好。图 1.39 为换位铁塔。运用换位杆塔换位时,布线复杂,绝缘子串和横担数量多,因此,它主要用于滚式换位有困难的地方。

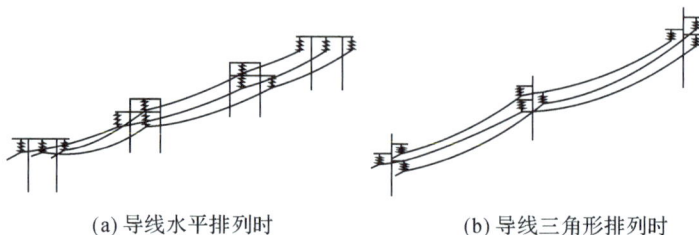

(a) 导线水平排列时　　　　　　(b) 导线三角形排列时

图 1.38　滚式换位

图 1.39　换位铁塔

⑥跨越杆塔

线路跨越河流、山谷等地时,如跨越宽度很大,就需采用特殊设计的跨越杆塔。跨越杆塔一般都高于普通杆塔,因地形不同,也有高达一两百米的。图 1.40 为跨越杆塔。

图 1.40　跨越杆塔

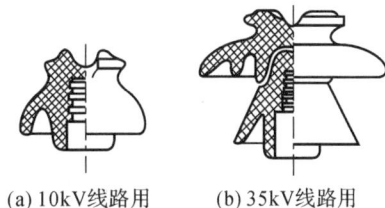

(a) 10kV线路用　　(b) 35kV线路用

图 1.41　针式绝缘子

(3)架空线路的绝缘子、瓷横担和金具

①绝缘子

架空线路使用的绝缘子分为针式和悬式两种。针式绝缘子使用在电压不超过 35kV 的线路上,如图 1.41所示。悬式绝缘子是成串使用的绝缘子,用于电压为 35kV 及以上的线路上,型号为 X,X 后的数字表示允许承受的荷重,单位为吨。线路电压不同,每串绝缘子的片数也不同。规程规定:使用 X-4.5 型时,35kV 不少于 3 片;60kV 不少于 5 片;110kV 不少于 7 片;220kV 不少于 13 片;330kV 不少于 19 片。因此,通常可根据绝缘子的片数判断线路的电压等级。图 1.42(a)为最常用的悬式绝缘子 X-4.5,图 1.42(b)则为专用于易污染地区的防污悬式绝缘子 XW-4.5;图 1.43 为悬垂绝缘子串。

(a) X-4.5   (b) XW-4.5

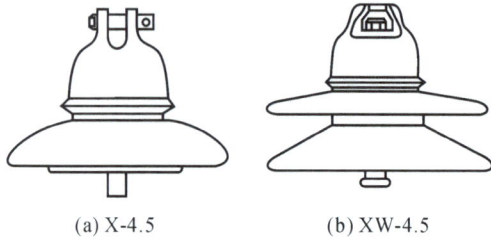

图 1.42 悬式绝缘子

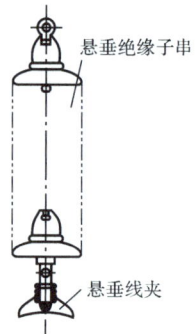

图 1.43 悬垂绝缘子串

②瓷横担

瓷横担是同时起绝缘作用及横担支撑作用的瓷质新元件，目前已大量用于 60kV 及以下线路，并逐步推广使用于 110kV 及以上线路。图 1.44 为两种不同电压等级的瓷横担。

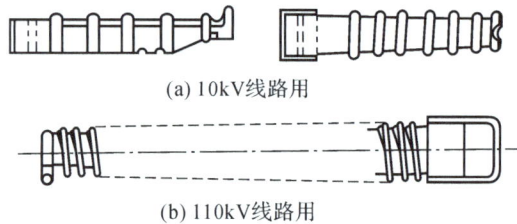

(a) 10kV线路用

(b) 110kV线路用

图 1.44 瓷横担

瓷横担之所以能被迅速推广使用，在于它有如下优点：可节约材料消耗和投资 30%～40%；可就地取材且制造工艺简单；运行安全，维护简单。瓷横担的主要缺点为，机械抗弯强度差，但可将两段或四段瓷横担联成 V 形以提高它们承受垂直荷载的能力，如图 1.45 所示。

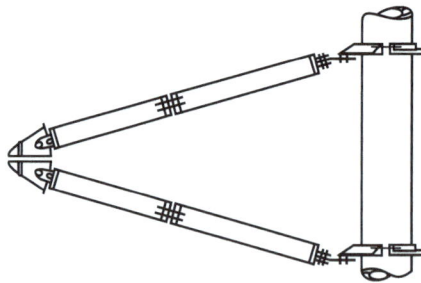

图 1.45 220kV 线路用瓷横担组

③金具

架空线路的金具可分为悬垂线夹、耐张线夹、接续金具、连接金具、保护金具等几大类。品种极多，不胜枚举。

悬垂线夹：悬垂线夹的主要作用是，将导线固定在直线杆塔的悬垂绝缘子串上或将避雷线固定在非直线杆塔上。图 1.46(a)为一种常用的悬垂线夹，这种线夹的作用示意如图 1.43所示。

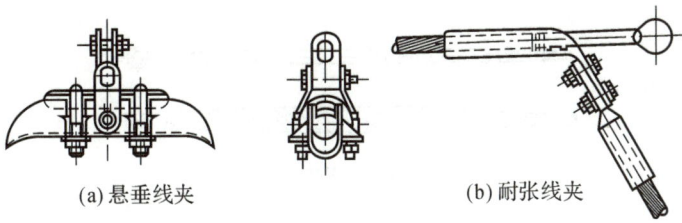

(a)悬垂线夹　　　　　　　　(b)耐张线夹

图 1.46　常见金具

耐张线夹:耐张线夹的主要作用是,将导线固定在非直线杆塔的耐张绝缘子串上或将避雷线固定在非直线杆塔上。图 1.46(b)为一种常用的耐张线夹。这种线夹的作用则如图 1.47所示。

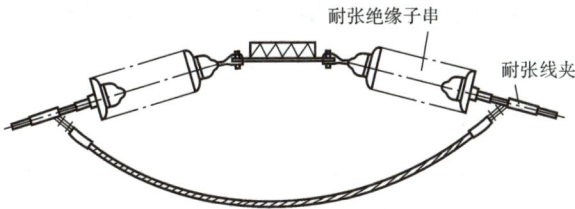

图 1.47　耐张线夹的作用

接续金具:接续金具用于二段导线或避雷线的连接处,如图 1.48 所示的压接管、钳接管等。

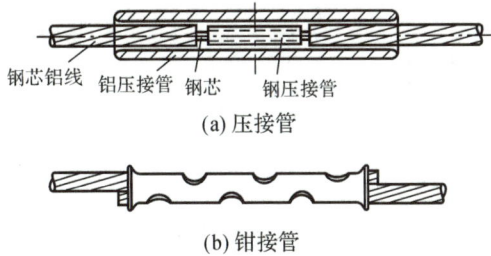

(a)压接管

(b)钳接管

图 1.48　几种接续金具

连接金具:连接金具用来将悬式绝缘子组装成串,或将线夹、绝缘子串、杆塔横担相互连接,图 1.49 为绝缘子的连接金具。

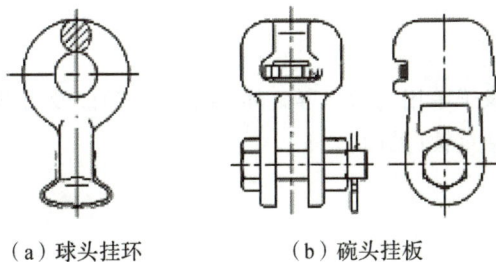

（a）球头挂环　　　　　　（b）碗头挂板

图 1.49　连接金具

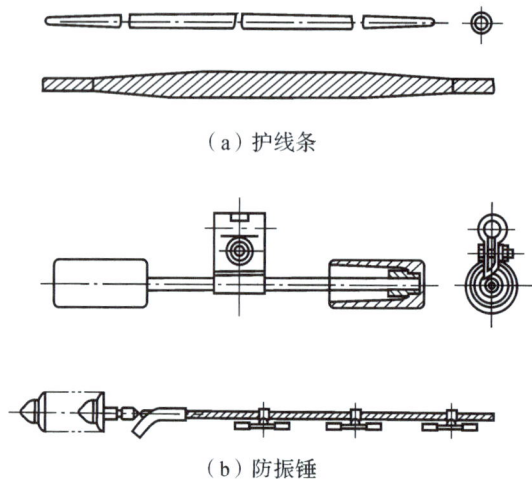

（a）护线条

（b）防振锤

图 1.50　护线条和防振锤

防护金具：防护金具包括用于导线和避雷线的机械防护金具及用于绝缘子的电气防护金具两大类。机械防护金具有防止风引起的周期性导线或避雷线振动的防护条[见图 1.50(a)]、防振锤[见图 1.50(b)]及用于保持分裂导线各子线间的相互距离的间隔棒(见图 1.51)等。图 1.52 是以阻尼线、护线条和防振锤等器件通过不同形式的组合,应用于大跨越档距导线的联合防振体。

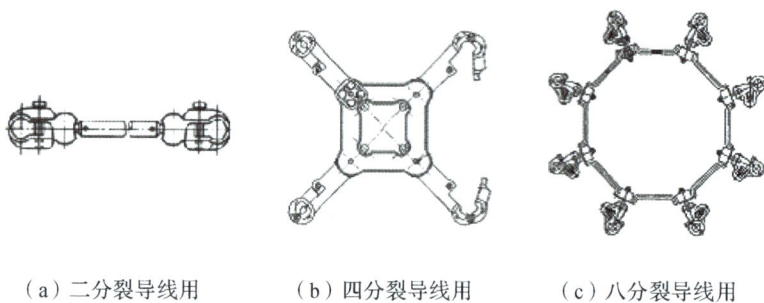

（a）二分裂导线用　　　　（b）四分裂导线用　　　　（c）八分裂导线用

图 1.51　间隔棒

图 1.52　联合防振体

电气防护金具有绝缘子串用的均压屏蔽环(见图 1.53)以及可减少悬垂绝缘子的偏移,防止其过分靠近杆塔的悬重锤(见图 1.54)。

图 1.53　均压屏蔽环

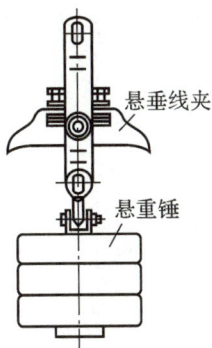

图 1.54　悬重锤

2. 电缆线路

用于电缆线路的电力电缆由导线、绝缘层、保护层等构成。它们的作用分别为：

导线——传输电能；

绝缘层——使导线与导线、导线与保护层互相绝缘；

保护层——保护绝缘层，并有防止绝缘油外溢和水分侵入的作用。

电缆线路的价格较架空线路高，电压愈高，两者差别愈大，检修电缆线路越费工时。但电缆线路具有不需在地面上架设杆塔，占地面积少，供电可靠，不易受外力破坏，较安全以及不影响环境美观等特点。因此，在城市、发电厂和变电所内部或附近以及需要穿过江河、海峡时，往往采用电缆线路。

（1）电缆的构造

电缆的导体用铝或铜的单股或多股线，通常用多股线。

电缆绝缘层有橡胶、沥青、聚乙烯、聚丁烯、棉、麻、绸、纸、黏性浸渍纸和矿物油、植物油等液体绝缘材料，目前大多用浸渍纸。

保护层分内护层和外护层两部分。内护层由铝或铅制成，用于保护绝缘材料体不受损伤，防止浸渍剂的外溢和水分的侵入。外护层的作用在于，防止外界的机械损伤和化学腐蚀。外护层由内衬层、铠装层和外被层组成。内衬层一般由麻绳或麻布带经沥青浸渍后制成，用做铠装的衬垫，以避免钢带或钢丝损伤内护层。铠装层一般由钢带或钢丝绕包而成，是外护层的主要部分。外被层的制作与内衬层相同，作用是防止钢带或钢丝的锈蚀。

常用的电力电缆的构造如图 1.55 所示，图 1.55（a）为铝芯（或铜芯）浸渍纸绝缘铝（或铅）包钢带铠装电力电缆。它的特点是扇形导线，三个芯线组成电缆后再外包铝（或铅）内护层。这是 10kV 及以下电压级电缆常用的结构。图 1.55（b）为铝芯（或铜芯）纸绝缘分相铝（或铅）包裸钢带铠装电力电缆。它的特点是每根圆形芯线绝缘后分别包铝（或铅）层屏蔽电场，最后组成电缆。这是 20kV 和 35kV 电压级电缆常用的结构。

110kV 及以上电压级的电缆采用单芯充油结构，如图 1.56 所示，其中用粗钢丝铠装的能承受较大拉力，适宜在水中铺设。这种电缆的最大特点是导体中空，内部充油。此外，还有塑料电缆，它的绝缘层采用挤压成型的聚乙烯或交联聚乙烯，结构简单而坚固，制造工艺也简单。

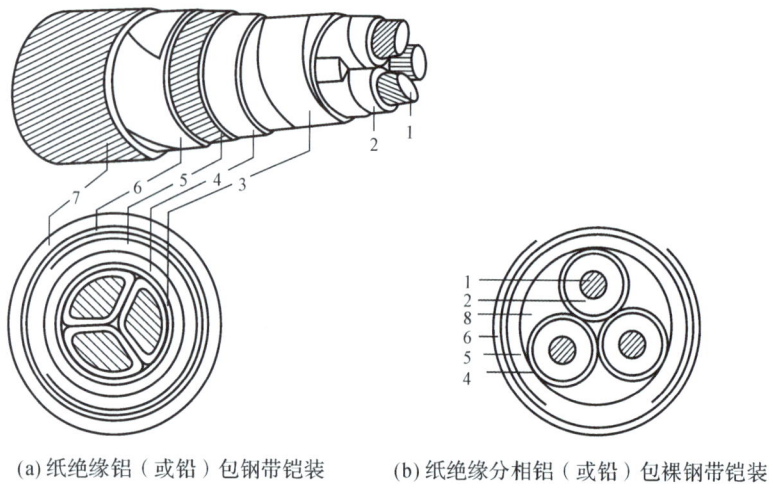

(a) 纸绝缘铝（或铅）包钢带铠装　　　(b) 纸绝缘分相铝（或铅）包裸钢带铠装

图 1.55　常用的电力电缆的构造
1—导体；2—相绝缘；3—带绝缘；4—铝（铅）包；5—麻衬；6—铜带铠装；7—麻被；8—填麻

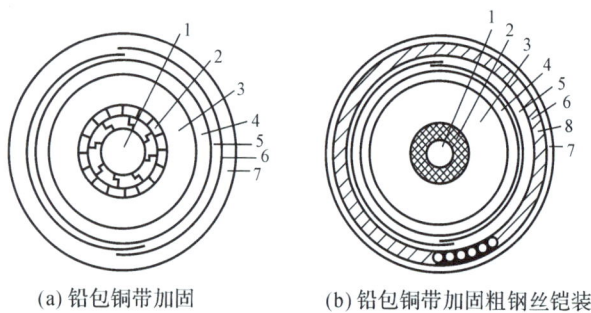

(a) 铅包铜带加固　　　(b) 铅包铜带加固粗钢丝铠装

图 1.56　充油电缆的构造
1—油道；2—导体；3—绝缘；4—铅包；5—内衬层；6—铜带加固；7—外被层；8—粗钢丝铠装

（2）电缆的附件

电缆的附件主要有连接头（盒）和终端头（盒），而充油电缆则还有一整套供油系统。电缆连接头是连接两段电缆的部件，电缆终端头则是电缆线路末端用以保护缆芯绝缘并将缆芯导体与其他电气设备相连的部件。它们都是电缆线路的薄弱环节，应注意保护。

10kV 及以下电缆的附件有用铸铁、铸铝制成的连接盒和终端盒，也有用尼龙、环氧树脂制成的连接头和终端头。其中，以环氧树脂制成的连接头和终端头最有用途。环氧树脂连接头是将导体部分对接并裹以绝缘材料后，以环氧树脂浇注而成。终端头则是将导体裹以绝缘材料后，套以预制的环氧树脂外壳，再以环氧树脂浇注而成。它们有工艺简便、机械强度高、密封性能好、体积小、重量轻、成本低等优点。图 1.57 为环氧树脂连接头和户外型终端头。

20kV、35kV 分相电缆的连接盒和终端盒也是分相的，和单芯电缆相似，其中连接盒由铸铝制成，三个为一组；瓷质终端盒结构简单，体积很小。

110kV 及以上电压等级充油电缆的连接盒和终端盒结构较复杂，如图 1.58 所示。它们要保证连接处和终端处有足够的绝缘和油路的畅通，此外，还需为充油电缆线路配置一套供油装置，以形成完整的油路系统，并保持绝缘油压为一定值。

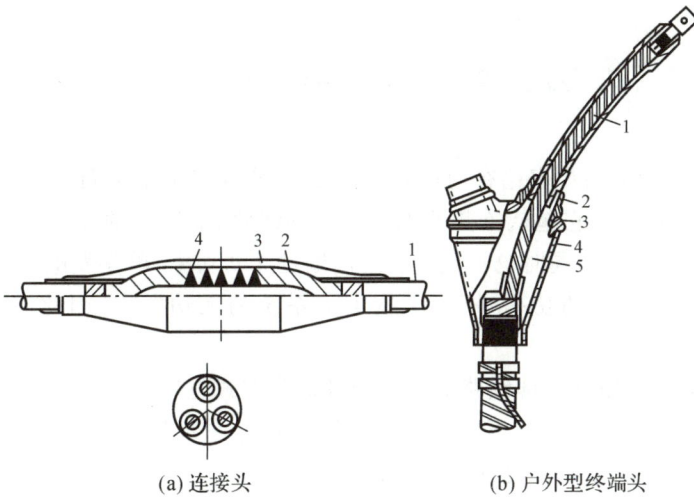

(a) 连接头　　　　　　　　　(b) 户外型终端头

图 1.57　环氧树脂连接头和终端头

(a):1—铝(或铅)包;2—线芯绝缘;3—环氧树脂;4—压接管

(b):1—缆芯;2—预制袖口套管;3—预制模盖;4—预制底壳;5—环氧树脂

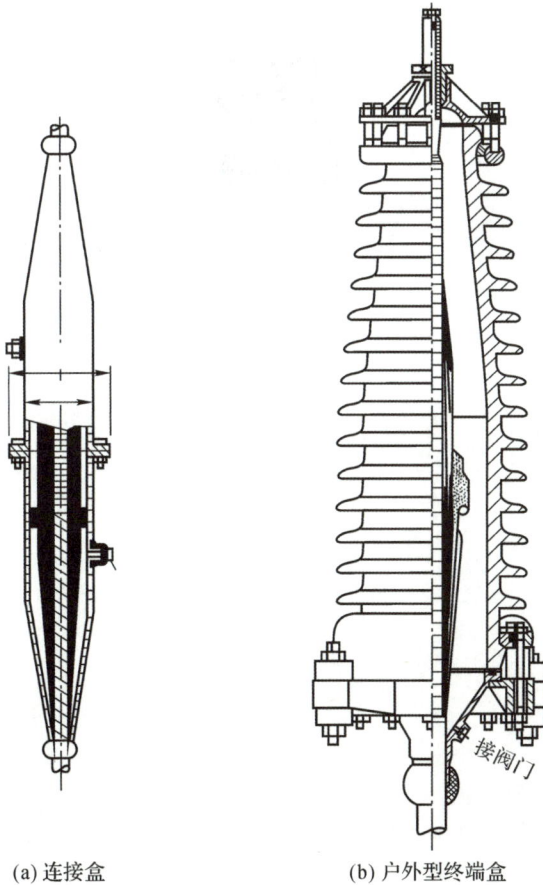

(a) 连接盒　　　　　　　　　(b) 户外型终端盒

图 1.58　充油电缆的连接盒和终端盒

▶▶▶ 1.2.4 无功功率补偿设备

电力系统需要的无功功率比有功功率大，若综合有功发电最大负荷为 100％，则无功总需要量为 120％～140％，它包括负荷的无功功率和线路、变压器的无功损耗。发电机的额定功率因数一般大于 0.8，同时也不允许长距离输送无功功率，单靠发电机发出的无功功率（加上线路电容产生的无功功率）不能平衡电力系统的无功需求，因此，要进行无功功率补偿。

另外，高压架空线路和电缆线路的相间和对地分布式电容都会产生较大的充电无功功率，在系统处于负荷低谷的情况下，由于无功功率过剩，系统局部地区的电压可能过高，这时也需要有相应的设备来消耗这些过剩的无功功率。

主要的无功功率补偿设备有并联电容器、并联电抗器、同步调相机、静止无功补偿器和静止无功发生器，它们的特性和模型将在 2.4.3 节中详细介绍。

本章习题

第 1 章习题及解析

第2章
电力系统元件
数学模型

2.1 三相电力线路

三相电力线路分为架空线路和电缆线路两类，一般选用电阻率低、资源丰富的材料做导电部分。目前，架空线路普遍使用钢芯铝绞线，对机械强度要求不高的低压线路多用铝绞线，仅在跨越江河等特大跨距、导线承受的机械应力很大的这一段，才使用合金绞线或钢绞线。电力电缆的导电芯线只采用铜或铝绞线。根据上述情况，本节只讨论以铝和铜为导体的电力线路。

三相电力线路实质上是分布参数的电路，沿导线每一长度单元各相都存在电阻、自感、对地电容和漏电导，各相之间有互感、电容和漏电导。本节将讨论三相电压及电流对称情况下，线路各相的单位长度的等值电阻、电感以及对地等值电容和电导，然后从分布参数长线方程出发，推导出集中参数的等值电路。

▶▶▶ 2.1.1 电力线路电阻

电力线路每相导线的单位长度电阻与导体的材料和截面积有关。当交流电流通过导线时，由于趋表效应，导线的有效电阻与直流电流下的直流电阻的比值，随频率的升高而增大，随导线截面积的增大而上升。对于使用铜、铝绞线的架空线和电缆，除非截面积特别大，否则频率在 $50\sim60\,\text{Hz}$ 时的有效电阻与直流电阻相差甚微，且钢芯铝绞线的有效电阻也与铝线部分的直流电阻差别很小。图 2.1 为钢芯铝绞线在工频下的有效电阻 R_{ac} 与直流电阻 R_{dc} 的比值随导线额定截面积 S（相当于铝部分的截面积，mm^2）变化的曲线。可见，频率为 $50\sim60\,\text{Hz}$

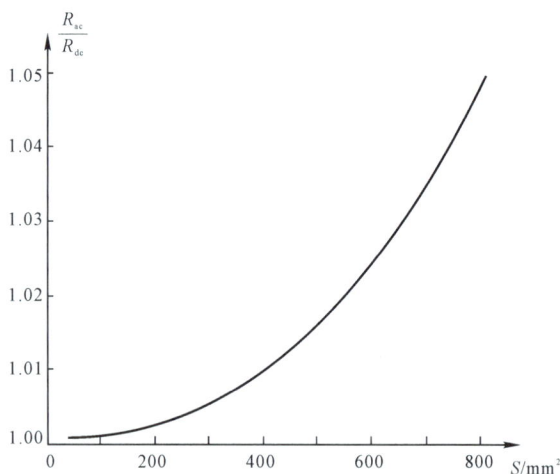

图 2.1 钢芯铝绞线有效电阻与直流电阻的比值

时，有效电阻与直流电阻差别很小；而常用导线的额定截面积大多在 $400\,\text{mm}^2$ 以下，其差别就更小了。因此，在一般电力系统计算中均可用直流电阻代替有效电阻。各类导线和电缆的单位长度电阻可从产品手册中查到，但大多只提供温度在 $20\,℃$ 时的直流电阻。

在缺乏手册资料时，可用下式计算各种铜、铝导线和电缆在 $20\,℃$ 时的单位长度电阻：

$$r_1 = \frac{\rho}{S} \quad (\Omega/\text{km}) \tag{2.1}$$

式中,S 为导线的额定(标称)截面积(mm^2);ρ 为 20℃时的电阻率,它应采用下列数值代入计算。

$$\text{铝}:\rho=31.2(\Omega \cdot mm^2/km)$$

$$\text{铜}:\rho=18.8(\Omega \cdot mm^2/km)$$

这些数值略大于材料本身的电阻率,绞线每股长度稍大于导线的长度(一般长 2%～3%),而导线的额定截面积一般也略大于实际截面积。

铜和铝的电阻率是温度的函数,温度每变化 10℃,电阻率约变化 4%。当导线的实际温度与 20℃相差很大时,可用下式求 t℃时的电阻值:

$$r_1 = r_{1(20)}[1+\alpha(t-20)] \tag{2.2}$$

式中,$r_{1(20)}$ 是 20℃时的电阻,α 是电阻温度系数。铜的电阻温度系数 $\alpha=0.0036(1/℃)$,铝的电阻温度系数 $\alpha=0.00382(1/℃)$。

▶▶▶ 2.1.2 电力线路电感

高压电力线路主要采用架空线路,本节着重讨论三相架空线路的电感。由于架空线路的三相导线可认为是平行架设的,而且线路的长度远大于导线之间的距离,所以可作为三根无限长的平行导线来处理。当三相电流对称或 $i_a+i_b+i_c=0$ 时,电流只在三相导线中流通,所以导线周围的磁场只取决于三相导线和其中的电流,本节只讨论这种情况。下面先讨论各相导线的磁链,然后计算它们的电感。

三相导线中,每根导线的磁链包括本相导线电流产生的磁链(以下简称自感磁链)和另两相电流产生的互感磁链。下面分别计算自感和互感磁链。

1. 单根长导线的磁链

单根无限长导线中的电流所产生的磁场,在导线任一处横截面上都是相同的,如图 2.2 所示。每一横截面中,距离导线圆心 x 处的同心圆上,磁场强度 H_x 都相同,或者说磁力线是一簇同心圆。以下分别计算导线内部和外部的磁链。

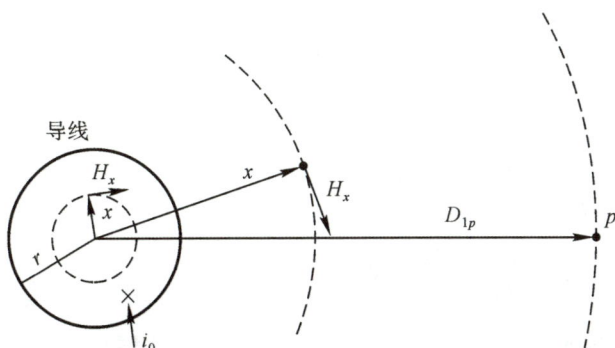

图 2.2　单根长导线的磁场

设导线内电流是均匀分布的,所以半径为 x 的圆内电流为

$$i_x = \frac{i_a}{\pi r^2}\pi x^2 = \frac{x^2}{r^2}i_a \tag{2.3}$$

式中, i_a 为导线的总电流, r 为导线的半径。导线内 x 处的磁场强度

$$H_x = \frac{i_x}{2\pi x} = \frac{1}{2\pi x} \quad \frac{x^2}{r^2} i_a = \frac{x}{2\pi r^2} i_a \tag{2.4}$$

x 处的磁感应强度（磁通密度）为

$$B_x = \mu_0 \mu_r H_x = \frac{\mu_0 \mu_r}{2\pi r^2} i_a x \tag{2.5}$$

式中, $\mu_0 = 4\pi \times 10^{-7}$ (H/m)，为真空的磁导率; μ_r 为导线的相对磁导率，铜和铝的 $\mu_r = 1$。对于导线内 x 处径向厚度为 $\mathrm{d}x$、长度为 1m 的"圆管"，管壁中的磁通

$$\mathrm{d}\Phi_x = B_x \mathrm{d}x = \frac{\mu_0}{2\pi r^2} i_a x \mathrm{d}x \tag{2.6}$$

此磁通只围绕导线的一部分面积，相当于只有 $\pi x^2/(\pi r^2)$ 匝，所以，单位长度（1m）导线内部的磁链为

$$\psi'_{aa} = \int_0^r \frac{x^2}{r^2} \mathrm{d}\Phi_x = \int_0^r \frac{\mu_0}{2\pi r^4} i_a x^3 \mathrm{d}x = \frac{\mu_0}{2\pi} \frac{i_a}{4} (\mathrm{Wb/m}) \tag{2.7}$$

导线外部 x 处的磁感应强度

$$B_x = \mu_0 H_x = \frac{\mu_0}{2\pi} \frac{i_a}{x} \tag{2.8}$$

单根导线的匝数为 1，所以单位长度导线在半径 D_{1p} 以内的外磁链为

$$\psi''_{aap} = \int_r^{D_{1p}} B_x \mathrm{d}x = \frac{\mu_0}{2\pi} i_a \ln \frac{D_{1p}}{r} (\mathrm{Wb/m}) \tag{2.9}$$

包括导线内部磁链在内，单位长度导线 D_{1p} 以内的磁链为

$$\psi_{aap} = \psi'_{aa} + \psi''_{aap} = \frac{\mu_0}{2\pi} i_a \left(\ln \frac{D_{1p}}{r} + \frac{1}{4} \right) (\mathrm{Wb/m}) \tag{2.10}$$

2. 两根平行长导线的互感磁通

两根半径为 r 相距 D_{12} 的平行长导线 a 和 b，导线 b 中电流 i_b 产生的磁场，如图 2.3 所示。由于 D_{12} 远大于半径 r，因此在考虑电流 i_b 对导线 a 的互感磁通时，可以将两根导线的半径看作无限小。

距离导线 b 圆心 x 处圆周上任一点的磁感应强度

$$B_x = \mu_0 H_x = \frac{\mu_0}{2\pi} \frac{i_b}{x} \tag{2.11}$$

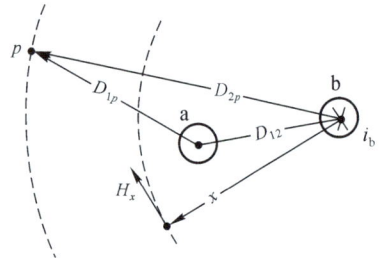

图 2.3 两根平行长导线磁场

由于在两导线之间的磁通没有穿链导线 a，所以在导线 a 的外侧 p 点与导线 a 间穿链导线 a 的单位长度互感磁链为

$$\psi_{abp} = \int_{D_{12}}^{D_{2p}} B_x \mathrm{d}x = \frac{\mu_0}{2\pi} i_b \ln \frac{D_{2p}}{D_{12}} (\mathrm{Wb/m}) \tag{2.12}$$

3. 三相线路的电抗

三相导线（见图 2.4）分别有电流 i_a、i_b 和 i_c，它们的方向相同。应用式（2.10）和（2.12）可以得到围绕各相导线的磁链。

在 p-a 之间穿链单位长度 a 相导线的磁链为

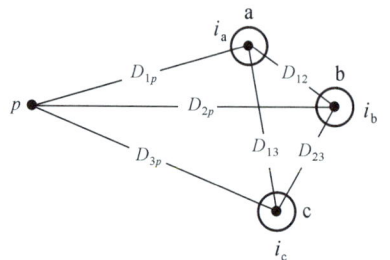

图 2.4 三相导线

$$\psi_{ap} = \frac{\mu_0}{2\pi} \left[i_a \left(\ln \frac{D_{1p}}{r} + \frac{1}{4} \right) + i_b \ln \frac{D_{2p}}{D_{12}} + i_c \ln \frac{D_{3p}}{D_{13}} \right]$$

$$= \frac{\mu_0}{2\pi} \left[i_a \left(\ln \frac{1}{r} + \frac{1}{4} \right) + i_b \ln \frac{1}{D_{12}} + i_c \ln \frac{1}{D_{13}} \right.$$

$$\left. + i_a \ln D_{1p} + i_b \ln D_{2p} + i_c \ln D_{3p} \right] \tag{2.13}$$

考虑到 $i_c = -(i_a + i_b)$，将它代入式(2.13)最后一项，可得：

$$\psi_{ap} = \frac{\mu_0}{2\pi} \left[i_a \left(\ln \frac{1}{r} + \frac{1}{4} \right) + i_b \ln \frac{1}{D_{12}} + i_c \ln \frac{1}{D_{13}} \right.$$

$$\left. + i_a \ln \frac{D_{1p}}{D_{3p}} + i_b \ln \frac{D_{2p}}{D_{3p}} \right] \tag{2.14}$$

　　将 p 点(见图 2.4)移到无穷远处，就可得到 a 相单位长度的全部磁链 ψ_a。因为 $\lim\limits_{p \to \infty} \left(\ln \frac{D_{1p}}{D_{3p}} \right) = 0$，$\lim\limits_{p \to \infty} \left(\ln \frac{D_{2p}}{D_{3p}} \right) = 0$，所以

$$\psi_a = \frac{\mu_0}{2\pi} \left[i_a \left(\ln \frac{1}{r} + \frac{1}{4} \right) + i_b \ln \frac{1}{D_{12}} + i_c \ln \frac{1}{D_{13}} \right] \tag{2.15}$$

同理可得，b、c 相的磁链

$$\psi_b = \frac{\mu_0}{2\pi} \left[i_b \left(\ln \frac{1}{r} + \frac{1}{4} \right) + i_a \ln \frac{1}{D_{12}} + i_c \ln \frac{1}{D_{23}} \right] \tag{2.16}$$

$$\psi_c = \frac{\mu_0}{2\pi} \left[i_c \left(\ln \frac{1}{r} + \frac{1}{4} \right) + i_a \ln \frac{1}{D_{13}} + i_b \ln \frac{1}{D_{23}} \right] \tag{2.17}$$

　　一般三相导线之间的距离不相等，即 $D_{12} \neq D_{23} \neq D_{31}$，因此，三相导线之间的互感不相同。为了克服这一缺点，较长的架空线路普遍采用整换位循环，如第 1 章中图 1.37 所示，特别长的线路可采用多个整换位循环。

　　采用整换位循环后，a 相单位长度的平均磁链为

$$\psi_a = \frac{1}{3} \frac{\mu_0}{2\pi} \left\{ \left[i_a \left(\ln \frac{1}{r} + \frac{1}{4} \right) + i_b \ln \frac{1}{D_{12}} + i_c \ln \frac{1}{D_{13}} \right] \right.$$

$$+ \left[i_a \left(\ln \frac{1}{r} + \frac{1}{4} \right) + i_b \ln \frac{1}{D_{23}} + i_c \ln \frac{1}{D_{12}} \right]$$

$$+ \left. \left[i_a \left(\ln \frac{1}{r} + \frac{1}{4} \right) + i_b \ln \frac{1}{D_{13}} + i_c \ln \frac{1}{D_{23}} \right] \right\}$$

$$= \frac{\mu_0}{2\pi} \left[i_a \left(\ln \frac{1}{r} + \frac{1}{4} \right) + i_b \ln \frac{1}{D_m} + i_c \ln \frac{1}{D_m} \right]$$

$$= L i_a + M i_b + M i_c \tag{2.18}$$

式中，$D_m = \sqrt[3]{D_{12} D_{23} D_{13}}$，称为三相导线之间的几何平均距离(以下简称几何均距)；$L = \frac{\mu_0}{2\pi} \left(\ln \frac{1}{r} + \frac{1}{4} \right)$，为各相导线的单位长度自感；$M = \frac{\mu_0}{2\pi} \ln \frac{1}{D_m}$，为经过换位后两相导线之间的单位长度平均互感。

　　同理可得：
$$\psi_b = M i_a + L i_b + M i_c \tag{2.19}$$
$$\psi_c = M i_a + M i_b + L i_c \tag{2.20}$$

计及 $i_a + i_b + i_c = 0$，式(2.18)、(2.19)和(2.20)可简化为

$$\psi_a = (L - M) i_a = L_1 i_a \tag{2.21}$$

$$\psi_b = L_1 i_b \tag{2.22}$$

$$\psi_c = L_1 i_c \tag{2.23}$$

式中，$L_1 = L - M$，为各相的等值电感，又称为正序电感。根据上述 L 和 M 的定义可得：

$$L_1 = \frac{\mu_0}{2\pi}\left(\ln\frac{D_m}{r} + \frac{1}{4}\right)(\text{H/m}) \tag{2.24}$$

式(2.24)表明，三相电流 $i_a + i_b + i_c = 0$ 时，实际的三相线路可以用一条各相电感为 L_1 而三相导线之间没有互感的线路来等值，因而可以取一相进行计算分析。需要说明的是，当 $i_a + i_b + i_c = i_n \neq 0$ 时，电流 i_n 将经三相电力系统的中性点入地流通，且在避雷线（多点接地的架空地线）中也有感应电流，故这时三相导线周围的磁场将受到地中电流以及避雷线中电流的影响，上述各式所求得的自感和互感都有很大的变化。关于这种情况将在第 6 章中讨论。

当频率为 50Hz 时，各相的等值电抗（正序电抗）$x_1 = 2\pi \times 50 L_1$。

将 $\mu_0 = 4\pi \times 10^{-7}$（H/m）代入式(2.24)，并将单位长度改用 km 表示，则有

$$x_1 = 0.06283\ln\frac{D_m}{r} + 0.0157(\Omega/\text{km}) \tag{2.25}$$

4. 分裂导线线路的电抗

在 220kV 及以上的超高压架空线路上，为了减小电晕放电和单位长度电抗，普遍采用分裂导线。这是由数根相同的钢芯铝绞线并联构成的复导线，各根导线之间每隔一定长度均用金具支撑，以固定尺寸。所用的导线根数称分裂数，常用的有二分裂、三分裂和四分裂。

分裂导线的采用改变了导线周围的磁场分布，等效地增大了导线半径，从而减小了导线电抗。可以设想，如将每相导线分裂成很多根，并将它们布置在半径为 r_{eq} 的圆周上，则决定每相导线电抗的将不再是每根导体的半径，而是圆的半径 r_{eq}。虽然在实际应用中，由于结构上的不同，每相导线的分裂数不可能有很多，但都布置在正多角形的顶点。

可以证明，每相具有 n 根的分裂导线线路电抗仍可按式(2.25)计算，但式中的第一项中导线的半径应以等值半径 r_{eq} 替代，即

$$r_{eq} = \sqrt[n]{r(d_{12}d_{13}\cdots d_{1n})} = \sqrt[n]{r d_m^{n-1}} \tag{2.26}$$

式中，r 为每根导线的半径，$d_{12}, d_{13}, \cdots, d_{1n}$ 为某根导线与其余 $n-1$ 根导线之间的距离，d_m 为各根导线之间的几何均距；式(2.26)中第二项应除以 n。

因此，分裂导线线路的每相等值正序电抗（感）为

$$x_1 = 0.06283\ln\frac{D_m}{r_{eq}} + \frac{0.0157}{n}(\Omega/\text{km}) \tag{2.27}$$

因为分裂导线的 r_{eq} 明显大于单导线的半径，所以电抗 x_1 小于单导线线路。分裂数愈多，x_1 愈小，不过由于 $n > 3$ 以后，x_1 的减少量便愈来愈不明显（见图 2.5），因此通常只取 $n = 2 \sim 4$。

在同一杆塔上架设两回或多回三相线路时，由于各回线路各相之间都存在互感，故比只有一回线路要复杂得多。但因当各回线路都满足 $i_a + i_b + i_c = 0$ 时，各回线路之间的互感磁通相对很小，所以在

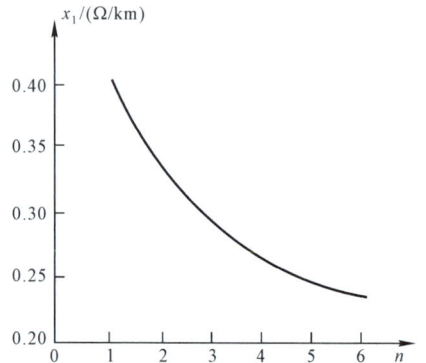

图 2.5　x_1 与分裂数的关系

一般工程计算中,仍可用式(2.25)或式(2.27)计算各回路的正序电抗。

最后,简单介绍电缆线路的电抗。因为电缆品种很多、结构各异,三芯电缆的导线截面多压成扇形,又有外包层(铝或铅)及钢铠,而且导体与导体之间和导体与外包层的距离都很小(厘米级)等,因此,电感的计算相当复杂。在电力网计算时,可使用电缆产品手册提供的电阻、正序电抗 x_1 等参数的典型数据,已投入运行的线路最好应用实测的数据。需要说明的是,由于电缆截面的尺寸很小,所以其单位长度的电抗比架空线路要小得多。例如,单导线架空线路 $x_1 \approx 0.4\,\Omega/\mathrm{km}$,500kV 三分裂导线架空线路 $x_1 \approx 0.29\,\Omega/\mathrm{km}$,而 10.5kV 三芯电缆 $x_1 \approx 0.08\,\Omega/\mathrm{km}$,115kV 单相电缆 $x_1 \approx 0.18\,\Omega/\mathrm{km}$。

▶▶▶ 2.1.3　电力线路并联电导

在三相线路中,凡是线路电压作用引起的有功功率损耗都可用并联电导表示。电压为 110kV 以下的架空线路,与电压有关的有功功率损耗主要是绝缘子表面泄漏电流引起的,一般可以略去不计。110kV 及更高电压的架空线路与电压有关的有功功率损耗,主要是电晕放电引起的。电晕则是强电场作用下导线周围空气的电离现象。三相电压对称时,如已知三相线路每公里的电晕有功功率损耗 $\Delta P_0\,(\mathrm{kW})$,可用下式计算每相等值对地电导:

$$g_1 = \frac{\Delta P_0}{U^2} \times 10^{-3}\,(\mathrm{S/km}) \tag{2.28}$$

式中,U 为线路的线电压(kV)。

电晕损耗的计算和测量将在"高电压技术"课程中讨论。超高压线路的电晕放电不仅会产生有功功率损耗,而且还会引起对无线电通信的干扰。在设计超高压架空线路时,选择的导线半径或分裂导线要满足在晴天基本上不产生电晕。而要在非晴天产生电晕虽是难免的,但也应使有功功率损耗和无线电干扰低于一定水平。由于电晕损耗随天气变化而变化,所以 g_1 难以准确计算,但因其数值相对很小,所以在一般计算时可取 $g_1 = 0$。

电缆线路与电压有关的有功功率损耗主要是绝缘介质损耗。高压电缆介质损耗颇大,可通过实测或查阅产品说明书获取。如电缆线路不长,且缺乏介质损耗数据时,可近似取 $g_1 = 0$。

▶▶▶ 2.1.4　电力线路并联电容

先讨论没有避雷线的三相单导线的电容。三相导线可看作三根并行的长导线,它的电容可用镜像法计算(详见"电磁场原理"课程)。图 2.6 为三相导线和它们的镜像,图中 H_{11} 为导线 a 与其镜像 a′ 间的距离,即导线 a 对地距离的 2 倍;H_{12} 为导线 a 与导线 b 的镜像 b′ 间的距离,而

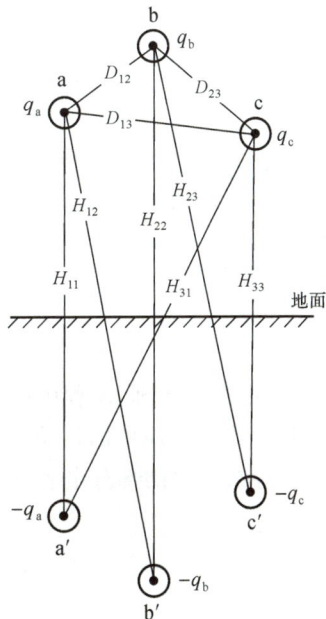

图 2.6　三相导线及其镜像

导线 b 与导线 a 的镜像 a' 间的距离 H_{21} 显然等于 H_{12}；其余类推。设 u_a、u_b 和 u_c 为各相导线的电位或相电压(V)，q_a、q_b 和 q_c 为各相导线单位长度的电荷(C)，则 u_a 和各相导线电荷的关系为

$$u_a = \frac{1}{2\pi\varepsilon_0}\left(q_a\ln\frac{H_{11}}{r} + q_b\ln\frac{H_{12}}{D_{12}} + q_c\ln\frac{H_{13}}{D_{13}}\right) \tag{2.29}$$

式中，r 为导线的半径；ε_0 为真空的介电常数(电容率)，$\varepsilon_0 = 10^{-6}/(36\pi)$(F/km)。

考虑三相导线有整换位循环，则

$$u_a = \frac{1}{2\pi\varepsilon_0}\left(q_a\ln\frac{H_{sm}}{r} + q_b\ln\frac{H_{mm}}{D_m} + q_c\ln\frac{H_{mm}}{D_m}\right) \tag{2.30}$$

式中，$D_m = \sqrt[3]{D_{12}D_{23}D_{13}}$ 是三相导线之间的几何均距；$H_{sm} = \sqrt[3]{H_{11}H_{22}H_{33}}$ 是三相导线与本身镜像之间的几何均距；$H_{mm} = \sqrt[3]{H_{12}H_{23}H_{13}}$ 是三相导线与不同相导线镜像间的几何均距。

同理，可写出 u_b 和 u_c 的方程式。三个方程式用矩阵表示：

$$\begin{bmatrix} u_a \\ u_b \\ u_c \end{bmatrix} = \begin{bmatrix} \alpha_d & \alpha_m & \alpha_m \\ \alpha_m & \alpha_d & \alpha_m \\ \alpha_m & \alpha_m & \alpha_d \end{bmatrix}\begin{bmatrix} q_a \\ q_b \\ q_c \end{bmatrix} \tag{2.31}$$

式中，

$$\alpha_d = \frac{1}{2\pi\varepsilon_0}\ln\frac{H_{sm}}{r}\,(\text{km/F}) \tag{2.32}$$

$$\alpha_m = \frac{1}{2\pi\varepsilon_0}\ln\frac{H_{mm}}{D_m}\,(\text{km/F}) \tag{2.33}$$

α 系数矩阵称为电位系数矩阵，一般是对称方阵，在三相导线整换位循环条件下，三个对角线元素相等，非对角线元素全部相同。

由式(2.31)可求得：

$$\begin{bmatrix} q_a \\ q_b \\ q_c \end{bmatrix} = \begin{bmatrix} \beta_d & \beta_m & \beta_m \\ \beta_m & \beta_d & \beta_m \\ \beta_m & \beta_m & \beta_d \end{bmatrix}\begin{bmatrix} u_a \\ u_b \\ u_c \end{bmatrix}\,(\text{C/km}) \tag{2.34}$$

式中，β 系数矩阵是电位系数矩阵的逆矩阵。

对三相导线有整换位循环的特殊情况，不难求出 β 系数矩阵各元素的一般式：

$$\beta_d = \frac{\alpha_d + \alpha_m}{(\alpha_d - \alpha_m)(\alpha_d + 2\alpha_m)}\,(\text{F/km}) \tag{2.35}$$

$$\beta_m = \frac{-\alpha_m}{(\alpha_d - \alpha_m)(\alpha_d + 2\alpha_m)}\,(\text{F/km}) \tag{2.36}$$

"电磁场原理"课程中已详细研究了 β 系数矩阵与多导体系统部分电容的关系，现针对三相线路再作简单的讨论。整换位循环三相导线的部分电容如图 2.7(a)所示，其中 C_0 为三相导线对地的部分电容，C_m 为三相导线之间的部分电容。根据该图可知：

$$\begin{aligned} q_a &= C_0 u_a + C_m(u_a - u_b) + C_m(u_a - u_c) \\ &= (C_0 + 2C_m)u_a - C_m u_b - C_m u_c \\ &= C_s u_a - C_m u_b - C_m u_c \end{aligned} \tag{2.37}$$

式中，$C_s = C_0 + 2C_m$。

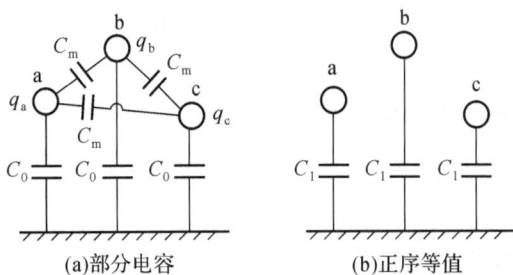

图 2.7　三相线路电容

同理,可写出 q_b 和 q_c 的方程式。此三个方程式可用矩阵表示为

$$\begin{bmatrix} q_a \\ q_b \\ q_c \end{bmatrix} = \begin{bmatrix} C_s & -C_m & -C_m \\ -C_m & C_s & -C_m \\ -C_m & -C_m & C_s \end{bmatrix} \begin{bmatrix} u_a \\ u_b \\ u_c \end{bmatrix} (C/m) \tag{2.38}$$

与式(2.34)比较可知:$C_s = \beta_d$,$C_m = -\beta_m$。由于 $C_s = C_0 + 2C_m$,所以可得 $C_0 = C_s - 2C_m = \beta_d + 2\beta_m$。计及式(2.35)和(2.36),可得到部分电容:

$$C_0 = \frac{1}{\alpha_d + 2\alpha_m} \tag{2.39}$$

$$C_m = \frac{\alpha_m}{(\alpha_d - \alpha_m)(\alpha_d + 2\alpha_m)} \tag{2.40}$$

将式(2.32)、(2.33)和 $2\pi\varepsilon_0 = 10^{-6}/18$ 代入式(2.39)、(2.40),可得:

$$C_0 = \frac{10^{-6}}{18\ln\dfrac{H_{sm}H_{mm}^2}{rD_m^2}} (F/km) \tag{2.41}$$

$$C_m = \frac{\ln\dfrac{H_{mm}}{D_m}}{18\ln\dfrac{D_m H_{sm}}{rH_{mm}}\ln\dfrac{H_{sm}H_{mm}^2}{rD_m^2}} \times 10^{-6} (F/km) \tag{2.42}$$

现在讨论三相线路所加的电压满足 $u_a + u_b + u_c = 0$ 时,每相的等值电容。在这种情况下,式(2.38)可简化为

$$q_a = (C_0 + 2C_m)u_a - C_m(u_b + u_c) = (C_0 + 3C_m)u_a = C_1 u_a \tag{2.43}$$

$$q_b = C_1 u_b \tag{2.44}$$

$$q_c = C_1 u_c \tag{2.45}$$

式中,$C_1 = C_0 + 3C_m$,称为 $u_a + u_b + u_c = 0$ 时,三相线路每相的等值电容或正序电容。

式(2.43)~(2.45)说明图 2.7(a)可以用图 2.7(b)等值,在等值图中,各相导线只有对地电容 C_1,各相之间没有耦合电容。因此,在三相交流电压对称时,可以取其一相进行计算。需要指出的是,在 $u_a + u_b + u_c \neq 0$ 的情况下,以上三式是不成立的。

应用式(2.41)和式(2.42),正序电容可表示为

$$C_1 = \frac{10^{-6}}{18\ln\dfrac{D_m H_{sm}}{rH_{mm}}} (F/km) \tag{2.46}$$

对于各种电压等级的架空线路,都有 $H_{sm} \approx H_{mm}$,所以用下式计算 C_1 是准确的:

$$C_1 \approx \frac{10^{-6}}{18\ln\dfrac{D_m}{r}} \ (\text{F/km}) \tag{2.47}$$

当频率为 50Hz 时，相应的正序电纳为

$$b_1 = 2\pi f C_1 = \frac{17.45}{\ln\dfrac{D_m}{r}} \times 10^{-6} \ (\text{S/km}) \tag{2.48}$$

分裂导线的采用也改变了导线周围的电场分布，等效地增大了导线半径，从而增大了每相导线的电纳。使用分裂导线的架空线路，也可以用半径为 r_{eq}（见式 2.26）的等值单导线来计算电容参数，所以只要将式 (2.41)、(2.42)、(2.47) 和式 (2.48) 中的 r 换为 r_{eq}，就可求得相应的电容和电纳（分裂导线的电纳 b_1 与分裂数的关系参见图 2.8）。

具有避雷线的架空线路，各相导线与接地的避雷线之间均有部分电容，而部分电容 C_m 和 C_0 因受避雷线的影响都将发生变化。这部分电容可用上述方法分析，只是复杂一些。不过，在 $u_a + u_b + u_c = 0$ 的情况下，每相的正序电容和正序电纳变化很小，仍可用式 (2.47) 和式 (2.48) 计算。

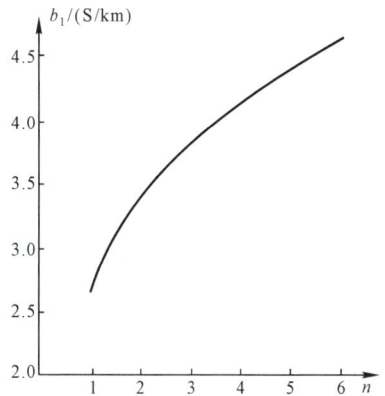

图 2.8 b_1 与分裂数的关系

同一杆塔上有多回三相线路时，因各回线路的各相之间都有部分电容耦合，所以分析起来相当复杂。但是，在各回线路都满足 $u_a + u_b + u_c = 0$ 的条件时，各回线路的正序电容和正序电纳也可以用式 (2.47) 和式 (2.48) 计算，误差不大。

关于电缆线路的电容，因不易计算，一般通过测量取得，或利用产品手册提供的典型数据。由于电缆的横向几何尺寸很小，绝缘的介电常数较大，所以它的电容比架空线大得多。例如，110kV、185mm² 的电缆，$b_1 \approx 72 \times 10^{-6}$ S/km，而普通架空线路的 $b_1 \approx 2.58 \times 10^{-6}$ S/km，两者相差 20 多倍。

【例 2.1】 某一 220kV 的架空线路，三相导线水平排列，有关尺寸如图 2.9 所示，导线采用轻型钢芯铝绞线 LGJQ-500，直径为 30.16mm。试计算该线路单位长度的正序阻抗和电容。

【解】 (1)计算正序阻抗

每相电阻：

$$r_1 = \frac{\rho}{S} = \frac{31.2}{500} = 0.0624 \ (\Omega/\text{km})$$

三相导线之间的几何均距：

$$D_m = \sqrt[3]{7 \times 7 \times 14} = 8.82 \ (\text{m})$$

每相正序电抗：

$$x_1 = 0.06283 \ln\frac{8.82}{15.08 \times 10^{-3}} + 0.0157 = 0.416 \ (\Omega/\text{km})$$

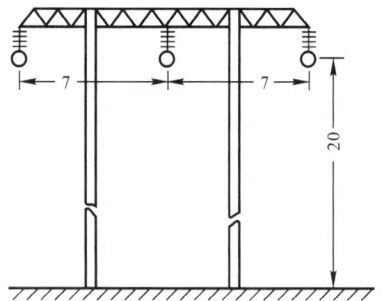

图 2.9 220kV 线路杆塔示意
（尺寸单位：m）

(2)计算电容

根据图 2.9 的尺寸可得：

$$H_{11}=H_{22}=H_{33}=40(\text{m})$$

$$H_{12}=H_{23}=\sqrt{40^2+7^2}=40.61(\text{m})$$

$$H_{31}=\sqrt{40^2+14^2}=42.38(\text{m})$$

$$H_{\text{sm}}=\sqrt[3]{H_{11}H_{22}H_{33}}=40(\text{m})$$

$$H_{\text{mm}}=\sqrt[3]{H_{12}H_{23}H_{31}}=41.19(\text{m})$$

按式(2.41)、(2.42)计算各相导线对地的部分电容：

$$C_0=\frac{10^{-6}}{18\ln\dfrac{40\times41.19^2}{15.08\times10^{-3}\times8.82^2}}=5.066\times10^{-9}(\text{F/km})$$

各相间的部分电容：

$$C_{\text{m}}=\frac{\ln\dfrac{41.19}{8.82}\times10^{-6}}{18\ln\dfrac{8.82\times40}{15.08\times10^{-3}\times41.19}\times\ln\dfrac{40\times41.19^2}{15.08\times10^{-3}\times8.82^2}}$$

$$=1.231\times10^{-9}(\text{F/km})$$

每相正序电容：

$$C_1=C_0+3C_{\text{m}}=8.76\times10^{-9}(\text{F/km})$$

用式(2.47)近似计算：

$$C_1=\frac{10^{-6}}{18\ln\dfrac{8.82}{15.08\times10^{-3}}}=8.72\times10^{-9}(\text{F/km})$$

误差约为 0.5%。

正序电纳：

$$b_1=100\pi\times8.76\times10^{-9}=2.75\times10^{-6}(\text{S/km})$$

【例 2.2】　例 2.1 的 220kV 线路改用二分裂导线，每相用两根 LGJQ-240 型导线，每根导线外直径为 21.88mm，两根导线之间的距离 $d=400$mm。试计算该线路的单位长度正序阻抗和电容。

【解】　每相电阻：

$$r_1=\frac{1}{2}\ \frac{\rho}{S}=\frac{1}{2}\ \frac{31.2}{240}=0.065(\Omega/\text{km})$$

分裂导线的等值半径：

$$r_{\text{eq}}=\sqrt{rd}=\sqrt{21.88\times0.5\times400}=66.15(\text{mm})$$

正序电抗：

$$x_1=0.06283\ln\frac{8.82}{0.06615}+\frac{0.0157}{2}=0.315(\Omega/\text{km})$$

与例 2.1 相比，x_1 约减小 25%；线路的其他尺寸同例 2.1，$H_{\text{sm}}=40$m，$H_{\text{mm}}=41.19$mm。

各相对地电容：

$$C_0 = \frac{10^{-6}}{18 \ln \dfrac{40 \times 41.19^2}{0.06615 \times 8.82^2}} = 5.856 \times 10^{-9} \, (\text{F/km})$$

相间电容：

$$C_m = \frac{\ln \dfrac{41.19}{8.82} \times 10^{-6}}{18 \ln \dfrac{8.82 \times 40}{0.06615 \times 41.19} \times \ln \dfrac{40 \times 41.19^2}{0.06615 \times 8.82^2}}$$

$$= 1.856 \times 10^{-9} \, (\text{F/km})$$

正序电容：

$$C_1 = C_0 + 3C_m = 11.42 \times 10^{-9} \, (\text{F/km})$$

与例 2.1 比较，C_0 增大 15%，C_m 增大 50%，C_1 增大 30%。

正序电纳：

$$b_1 = 100\pi C_1 = 3.59 \times 10^{-6} \, (\text{S/km})$$

▶▶▶ 2.1.5 电力线路的稳态方程和等值电路

电力线路正常运行时，三相电压和电流都可认为是完全对称的。前面已讨论过，在这种条件下，每一单位长度的线路，各相都可以用等值阻抗 $Z_1 = r_1 + jx_1$ 和等值对地导纳 $Y_1 = g_1 + jb_1$ 来表示，因此可以取其一相进行分析。下面将讨论线路单相回路的方程式及其等值电路。

1. 稳态方程

电力线路是分布参数的均匀传输线，线路任一处无限小长度 dx 都有阻抗 $Z_1 dx$ 和并联导纳 $Y_1 dx$，如图 2.10 所示。

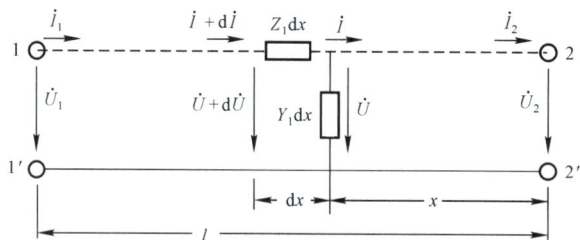

图 2.10 分布参数线路

设离线路末端(2 端)x 处的电压和电流为 $\dot{U}$ 和 $\dot{I}$，$x + dx$ 处为 $\dot{U} + d\dot{U}$ 和 $\dot{I} + d\dot{I}$，则 dx 段的电压降 $d\dot{U}$ 和 dx 两侧电流增量 $d\dot{I}$ 可表示为

$$d\dot{I} = \dot{U} Y_1 dx \tag{2.49}$$

$$d\dot{U} = (\dot{I} + d\dot{I}) Z_1 dx \tag{2.50}$$

略去二阶无限小量后可得：

$$\frac{\mathrm{d}\dot{I}}{\mathrm{d}x} = \dot{U}Y_1 \tag{2.51}$$

$$\frac{\mathrm{d}\dot{U}}{\mathrm{d}x} = \dot{I}\,Z_1 \tag{2.52}$$

式(2.51)和式(2.52)分别对 x 求导数,则得:

$$\frac{\mathrm{d}^2\dot{I}}{\mathrm{d}x^2} = Y_1\,\frac{\mathrm{d}\dot{U}}{\mathrm{d}x} = Z_1 Y_1\dot{I} \tag{2.53}$$

$$\frac{\mathrm{d}^2\dot{U}}{\mathrm{d}x^2} = Z_1\,\frac{\mathrm{d}\dot{I}}{\mathrm{d}x} = Z_1 Y_1\dot{U} \tag{2.54}$$

这就是稳态时分布参数线路的微分方程式。已知线路末端电压 $\dot{U}_2$ 和电流 $\dot{I}_2$ 时,式(2.53)和式(2.54)的解为

$$\dot{U} = \dot{U}_2\cosh\gamma x + \dot{I}_2 Z_c\sinh\gamma x \tag{2.55}$$

$$\dot{I} = \frac{\dot{U}_2}{Z_c}\sinh\gamma x + \dot{I}_2\cosh\gamma x \tag{2.56}$$

式中,$Z_c = \sqrt{\dfrac{Z_1}{Y_1}}$,$\gamma = \sqrt{Z_1 Y_1} = \beta + \mathrm{j}\alpha$。$Z_c$ 称为线路特征阻抗或波阻抗(Ω);γ 称为线路传播系数,实部 β 称为衰减系数,虚部 α 称为相位系数;γ 的量纲为 $1/\mathrm{km}$,α 的单位为 $\mathrm{rad/km}$(弧度/千米)。

由电路原理知识,无损耗线路($g_1 = 0$,$r_1 = 0$)末端接有纯有功功率负荷,且功率 $P = P_e = U_2^2/Z_c$(称为自然功率)时,沿线各点的电压和电流有如下特点:

$$\dot{U} = \dot{U}_2\mathrm{e}^{\mathrm{j}\alpha x} \tag{2.57}$$

$$\dot{I} = \dot{I}_2\mathrm{e}^{\mathrm{j}\alpha x} \tag{2.58}$$

即全线电压有效值相等,电流有效值相等;而且同一点电压和电流都是同相的,即通过各点的无功功率都为零。这是由于线路的每一单位长度中电感消耗的无功功率与接地电容提供的无功功率完全平衡。另外,各点电压的相位都不相同,从线路末端起每公里相位前移 α 弧度,如图 2.11(a)所示;电流相位的变化和电压相同。

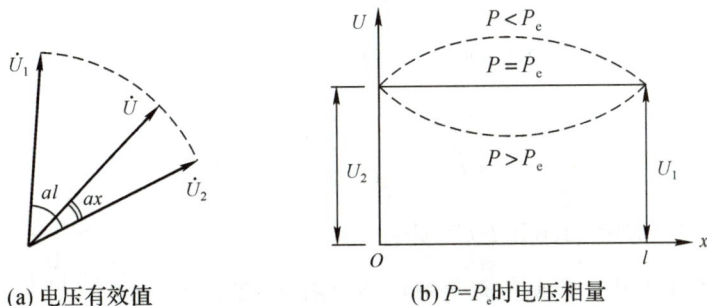

(a) 电压有效值　　　　　(b) $P = P_e$ 时电压相量

图 2.11　线路沿线电压变化情况

$50\,\mathrm{Hz}$ 的三相架空线路,$x_1 b_1 \approx 1.1 \times 10^{-6}\,(1/\mathrm{km}^2)$,所以 $\alpha = \sqrt{x_1 b_1} \approx 1.05 \times 10^{-3}\,(\mathrm{rad/km})$

≈0.06(deg/km,度/千米),即每 100km 相位改变 6°。所以 50Hz 架空线的波长 $\lambda = 2\pi/\alpha \approx$ 6000km。线路长度与波长可比时,称为远距离输电线(如架空线长度为 500～600km)。因为电缆线路的 $x_1 b_1$ 乘积随额定电压和芯线截面积的不同,变化范围比较大,且比架空线路要大好几倍,所以电缆线路的波长比架空线路要短得多。经济上和技术上的原因,到现在为止还不能用电缆线路作交流远距离输电。

在线路输送功率不等于自然功率时,线路各点电压有效值将不再相同。设线路两端有电源保持各端口的电压不变,则当输电功率大于自然功率时,线路中间的电压将降低[见图 2.11(b)],线路两端都要输入无功功率;如果输电功率小于自然功率,则线路中间电压将升高,两端电源都要从线路吸取无功功率。这两种现象随线路长度的增大而愈加严重。所以,长输电线路必须采取措施解决这个问题。至于短线路,这种现象就不明显,其输电功率一般都可大于自然功率,且轻负荷时线路中间电压的上升值一般也不会超过允许范围。

自然功率 P_e 常用来衡量长距离输电线路的输电能力,220kV 及以上电压等级的架空线路的输电能力大致接近于自然功率。远距离输电线路由于运行稳定性的限制,输电能力往往达不到自然功率,因此必须采取措施加以提高。表2.1列出超高压架空线路的波阻抗和自然功率的典型值。

表 2.1 架空线路波阻抗和自然功率

额定电压/kV	导线分裂数	Z_c/Ω	P_e/MW(三相)
220	1	380	127
220	2	300	160
330	2	300	360
500	3	280	893
500	4	260	962

2. 等值电路

在电力系统分析中,一般只考虑电力线路两侧端口的电压和电流,把电力线路作为无源的双口网络来处理。将线路长度 l(km)代入式(2.55)和(2.56),即可得到线路的双口网络方程:

$$\begin{bmatrix} \dot{U}_1 \\ \dot{I}_1 \end{bmatrix} = \begin{bmatrix} \cosh\gamma l & Z_c\sinh\gamma l \\ \dfrac{1}{Z_c}\sinh\gamma l & \cosh\gamma l \end{bmatrix} \begin{bmatrix} \dot{U}_2 \\ \dot{I}_2 \end{bmatrix} \tag{2.59}$$

用双口网络传输参数 A、B、C 和 D 表示时:

$$\begin{bmatrix} \dot{U}_1 \\ \dot{I}_1 \end{bmatrix} = \begin{bmatrix} A & B \\ C & D \end{bmatrix} \begin{bmatrix} \dot{U}_2 \\ \dot{I}_2 \end{bmatrix} \tag{2.60}$$

式中,$A = D = \cosh\gamma l$;$B = Z_c\sinh\gamma l$;$C = \dfrac{1}{Z_c}\sinh\gamma l$。

上述双口网络可用 π 形或 T 形等值电路表示,但 T 形等值电路多一个中间节点,在电力系统计算中一般不采用它。电力线路的 π 形等值电路如图2.12所示,图中两端的并联支

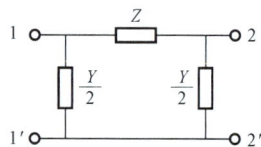

图 2.12 电力线路的等值电路

路用导纳 $Y/2$ 表示，因为 $A=D$（对称网络），所以两者相等。等值电路的参数与传输参数的关系为

$$Z=B=Z_c \sinh \gamma l \tag{2.61}$$

$$\frac{Y}{2}=\frac{A-1}{B}=\frac{\cosh \gamma l-1}{Z_c \sinh \gamma l} \tag{2.62}$$

由于 $Z_c=\sqrt{Z_1/Y_1}=Z_1/\gamma$ 或 γ/Y_1，所以式（2.61）、（2.62）可表示为

$$Z=\frac{\sinh \gamma l}{\gamma l}Z_1 l=K_Z Z_1 l \tag{2.63}$$

$$\frac{Y}{2}=\frac{2(\cosh \gamma l-1)}{\gamma l \sinh \gamma l}\frac{Y_1 l}{2}=K_Y \frac{Y_1 l}{2} \tag{2.64}$$

式中，

$$K_Z=\frac{\sinh \gamma l}{\gamma l} \tag{2.65}$$

$$K_Y=\frac{2(\cosh \gamma l-1)}{\gamma l \sinh \gamma l}=\frac{\tanh(\gamma l/2)}{\gamma l/2} \tag{2.66}$$

式（2.63）和式（2.64）表明，π 形等值电路中的串联阻抗 Z 等于线路单位长度阻抗的总和（$Z_1 l$）乘以系数 K_Z，两端的并联导纳 $Y/2$ 等于线路单位长度导纳总和的一半（$Y_1 l/2$）乘以系数 K_Y。这两个系数可称为 π 形等值电路阻抗和导纳的修正系数，或称金耐黎系数。

将正弦和正切双曲线函数展开为级数

$$\sinh \gamma l=\gamma l+\frac{(\gamma l)^3}{3!}+\frac{(\gamma l)^5}{5!}+\frac{(\gamma l)^7}{7!}+\cdots \tag{2.67}$$

$$\tanh \frac{\gamma l}{2}=\frac{\gamma l}{2}-\frac{1}{3}\left(\frac{\gamma l}{2}\right)^3+\frac{2}{15}\left(\frac{\gamma l}{2}\right)^5-\frac{17}{315}\left(\frac{\gamma l}{2}\right)^7+\cdots \tag{2.68}$$

架空线路的 $\gamma \approx j10^{-3}(1/km)$，当线路长度小于 1000km 时，$|\gamma l|<1$；当电缆线路长度小于 300km 时，$|\gamma l|<1$。在这种情况下，上面两个级数收敛很快，取它们的前两项就够了。取两级数的前两项代入式（2.65）和式（2.66），就可得到修正系数的近似式：

$$K_Z \approx 1+\frac{(\gamma l)^2}{6}=1+\frac{Z_1 Y_1}{6}l^2 \tag{2.69}$$

$$K_Y \approx 1-\frac{(\gamma l)^2}{12}=1-\frac{Z_1 Y_1}{12}l^2 \tag{2.70}$$

为了便于计算，可令

$$Z=K_Z(r_1 l+jx_1 l)=k_r r_1 l+jk_x x_1 l \tag{2.71}$$

$$\frac{Y}{2}=K_Y\left(\frac{g_1 l}{2}+j\frac{b_1 l}{2}\right)=k_g \frac{g_1 l}{2}+jk_b \frac{b_1 l}{2} \tag{2.72}$$

将 K_Z 和 K_Y 的近似式代入，可解得电阻、电抗、电导和电纳的修正系数：

$$k_r=1-\frac{l^2}{3}x_1 b_1-\frac{l^2}{6}g_1\left(\frac{x_1^2}{r_1}-r_1\right) \tag{2.73}$$

$$k_x=1-\frac{l^2}{6}b_1\left(x_1-\frac{r_1^2}{x_1}\right)+\frac{l^2}{3}r_1 g_1 \tag{2.74}$$

$$k_g=1+\frac{l^2}{6}x_1 b_1+\frac{l^2}{12}r_1\left(\frac{b_1^2}{g_1}-g_1\right) \tag{2.75}$$

$$k_b = 1 + \frac{l^2}{12}x_1 b_1 - \frac{l_2}{12}g_1\left(2r_1 + g_1\frac{x_1}{b_1}\right) \tag{2.76}$$

这四个系数都是实数。当线路并联电导 $g_1 = 0$ 时，k_g 可以不必计算，其他系数只剩下前两项，计算更为方便。

但架空线路长于 1000km，电缆线路长于 300km 时，仍要用式(2.65)和式(2.66)计算修正系数。

当线路长度较短，例如架空线路短于 300km、电缆线路短于 50～100km 时，各修正系数均可取 1。

35kV 及更低电压的架空线路，由于线路短、电压低，并联导纳小且其中的电流比起端口电流可以略去不计，因而可以不计并联导纳。这样，等值电路就只有一个串联阻抗 $Z = Z_1 l$。

【例 2.3】 一长度为 600km 的 500kV 架空线路，使用 $4 \times$ LGJQ-400 四分裂导线，$r_1 = 0.0187\Omega/\text{km}$，$x_1 = 0.275\Omega/\text{km}$，$b_1 = 4.05 \times 10^{-6}\text{S/km}$，$g_1 = 0$。试计算该线路的 π 形等值电路的参数。

【解】 （1）准确计算

先计算系数 K_Z 和 K_Y：

$$Z_1 = r_1 + jx_1 = 0.0187 + j0.275$$
$$= 0.2756\angle 86.11°(\Omega/\text{km})$$
$$Y_1 = jb_1 = 4.05 \times 10^{-6}\angle 90°(\text{S/km})$$
$$\gamma l = \sqrt{Z_1 Y_1}\, l$$
$$= 600\sqrt{0.2756 \times 4.05 \times 10^{-6}}\angle(86.11° + 90°)/2$$
$$= 0.6339\angle 88.06° = 0.02146 + j0.6335$$
$$e^{\gamma l} = e^{0.02146}e^{j0.6335} = 1.0217\angle 36.30°$$
$$= 0.8234 + j0.6049$$
$$e^{-\gamma l} = 1/(1.0217\angle 36.30°) = 0.9788\angle -36.30°$$
$$= 0.7888 - j0.5795$$
$$\sinh\gamma l = 0.5(e^{\gamma l} - e^{-\gamma l}) = 0.0173 + j0.5922$$
$$= 0.5924\angle 88.33°$$
$$K_Z = \frac{\sinh\gamma l}{\gamma l} = \frac{0.5924\angle 88.33°}{0.6339\angle 88.06°}$$
$$= 0.9345\angle 0.27°$$
$$\cosh\gamma l = 0.5(e^{\gamma l} + e^{-\gamma l}) = 0.8061 + j0.0127$$
$$K_Y = \frac{2(\cosh\gamma l - 1)}{\gamma l \sinh\gamma l}$$
$$= \frac{2(0.8061 + j0.0127 - 1)}{0.6339\angle 88.06° \times 0.5924\angle 88.33°}$$
$$= \frac{0.3886\angle 176.25°}{0.3755\angle 176.39°} = 1.035\angle -0.14°$$

再计算 π 形等值电路参数：

$$Z = K_Z Z_1 l$$

$$=0.9345\angle0.27°\times0.2756\angle86.11°\times600$$
$$=154.53\angle86.38°=9.76+j154.2(\Omega)$$
$$Y/2=K_Y(jb_1/2)l$$
$$=1.035\angle-0.14°\times4.05\times10^{-6}\angle90°\times300$$
$$=1.258\times10^{-3}\angle89.86°\approx j1.258\times10^{-3}(S)$$

等值电路如图 2.13(a)所示。

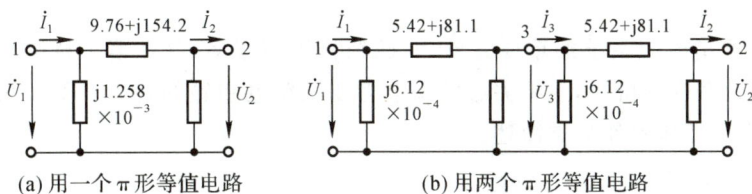

(a) 用一个 π 形等值电路 (b) 用两个 π 形等值电路

图 2.13 例 2.3 架空线路的等值电路

(2)实用(近似)计算

$$k_r=1-\frac{l^2}{3}x_1b_1=1-\frac{600^2}{3}\times0.275\times4.05\times10^{-6}=0.866$$

$$k_x=1-\frac{l^2}{6}b_1\left(x_1-\frac{r_1^2}{x_1}\right)=0.933$$

$$k_b=1+\frac{l^2}{12}x_1b_1=1.033$$

$$Z=k_rr_1l+jk_xx_1l$$
$$=0.866\times0.0187\times600+j0.933\times0.275\times600$$
$$=9.72+j153.9(\Omega)$$

$$Y/2=j4.05\times10^{-6}\times300\times1.033=j1.255\times10^{-3}(S)$$

与准确计算比较,电阻误差为 -0.4%,电抗误差为 -0.12%,电纳误差为 -0.24%。本例线路长度小于 1000km,用实用公式计算已足够准确。

如果取 $K_Z=K_Y=1$,则

$$Z=(r_1+jx_1)l=11.22+j165(\Omega)$$
$$Y/2=jb_1l/2=j1.215\times10^{-3}(S)$$

这时,电阻误差为 15%,电抗误差为 7%,电纳误差为 -3.4%。

本例的线路,如果要求计算线路中间点的电压和电流,则可将线路分为相等的两段,各用一个 π 形电路等值,如图 2.13(b)所示。每个 π 形等值电路的参数计算如下:

$$k_r=1-\frac{300^2}{3}x_1b_1=0.967$$

$$R=k_rr_1\times300=5.42(\Omega)$$

$$k_x=1-\frac{300^2}{6}b_1\left(x_1-\frac{r_1^2}{x_1}\right)=0.983$$

$$X=k_xx_1\times300=81.1(\Omega)$$

$$k_b=1+\frac{300^2}{12}x_1b_1=1.008$$

$$B/2=k_bb_1\times150=6.12\times10^{-4}(S)$$

由于每段线路不太长，修正系数都接近 $1(k_r$ 差别大些，约 $3\%)$，所以可以不作修正。

2.2　变压器

电力变压器是电力系统的重要元件，它的结构类型很多，这在第 1 章中已作了简要介绍。在进行电力系统分析时，主要关心的是电力变压器电和磁的特性。下面从电磁特性出发，将常用的电力变压器作分类简述。

1. 按三相变压器磁路系统分类

按这种分类可分为单相变压器组和三相变压器两类。单相变压器组是由三个单相变压器连接而成，各相的磁路（铁心）是完全分开的。三相变压器普遍采用三柱式铁心，如图 2.14所示，三相的磁路是互相关联的。在电压和电流三相对称时，由于三相铁心柱上作用的磁势向量之和为零，所以它的电磁特性与单相变压器组相同；但当不对称运行时，三相磁势向量和不等于零，将使各绕组的漏磁通分布发生变化，这种变化还与三相绕组的连接方式有关（详见第 6 章）。由于三相变压器与同容量单相变压器组相比价格要低很多，所以得到优先采用。只有在变压器容量很大，制造或运输有困难的场合，才考虑用单相变压器组。

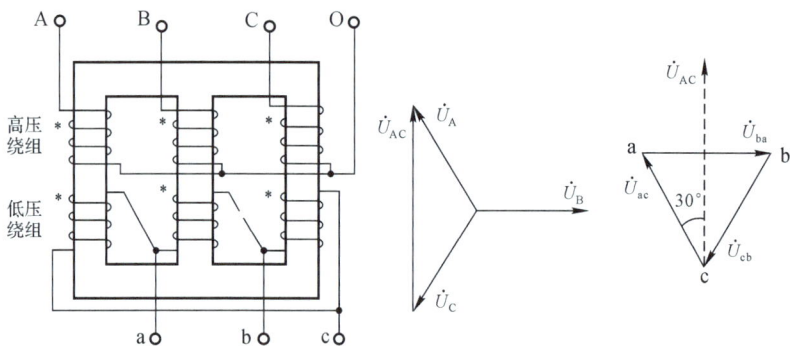

图 2.14　三相三柱式 $Y_0/\triangle$-11 变压器及空载电压相量

2. 按三相绕组连接方式分类

按这种分类可分为双绕组变压器和三绕组变压器两类。双绕组变压器的连接方式主要有：$Y_0/\triangle$-11，$Y/\triangle$-11，Y_0/Y_0-12 和 $\triangle/Y_0$-11 等。其中第一个符号表示高压绕组的接法，斜线后的符号为低压绕组的接法，最后的数字表示高、低压空载电压的相位关系。符号 Y 表示三相绕组为星形接法，而且中性点不出线，用于中性点不接地的场合；Y_0 也是星形接法，但有中性点出线，用于中性点直接接地或经过阻抗接地的场合；$\triangle$ 表示三角形接线。高低压侧空载电压的相位关系，用时钟方法表示。它以高压侧线电压（或相电压）的相量作为长针，并固定在钟面数字 12 上，而以低压侧同名的线电压（或相电压）的相量作为短针。这样,钟面上的时数就表示了相位的关系。例如图 2.14 的 $Y_0/\triangle$-11 变压器,低压侧线电压 $\dot{U}_{ac}$ 比高压侧 $\dot{U}_{AC}$ 超前 30°,所以称为"11(时)点"接法。又如 Y_0/Y_0-12 表示相位关系是 12 时,即两侧同名相电压或线电压是同相的。三绕组变压器的连接方式主要有 $Y_0/Y_0/\triangle$-12.11,$Y_0/\triangle/\triangle$-11.11 两种,另外 $Y_0/Y_0/Y_0$-12.12 的接法也有少量使用。这种表示法中第一、第二、第三个符号依次表示高压、中压、低压绕组的接法,点前面的数字表示高—中压空载电压相位的时数,点后面的数字表示高—低压相位的时数。

电力变压器中有一侧的三相绕组为 $\triangle$ 接法时,能有效地削弱变压器中的三次谐波分量,所以得到广泛的使用。

对于各种接法的电力变压器,制造厂都不提供各侧绕组的匝数比,实用上可由各侧的额定(线)电压计算变比。

3. 按电磁耦合的方式分类

按这种分类可分为普通变压器和自耦变压器两类。普通变压器高、低压绕组间只有磁的耦合关系,自耦变压器除了磁耦合外,还有电的联系。当变比小于 3~4 时,自耦变压器比同容量普通双绕组变压器要经济,但需用在两侧电力网的中性点都是直接接地的场合。自耦变压器一般还带有磁耦合的另一个低压绕组,采用 $Y_0/Y_0/\triangle$-12.11 连接方式,个别也有使用所谓"全星形"的 $Y_0/Y_0/Y_0$-12.12 接法,但低压绕组的容量一般只有额定容量的 30%~50%(与高、中压侧变比有关)。

4. 按用作升压或降压分类

按这种分类可分为升压变压器和降压变压器两类。双绕组的升压变压器和降压变压器在结构上并无区别,只是额定电压不同。三绕组变压器则除了额定电压有所不同外,绕组的布置也不相同(见图 2.15)。升压变压器由于功率是从低压侧送往高、中压侧,所以希望低压绕组与高压和中压绕组都有紧密的耦合,以减小电压降落,因此将低压绕组放在高、中压绕组之间[见图 2.15(a)]。降压变压器的功率流向是自高压至中、低压侧,一般中压侧负荷较大,所以中、低压绕组位置对调[见图 2.15(b)],使高、中压绕组有较强的磁耦合。

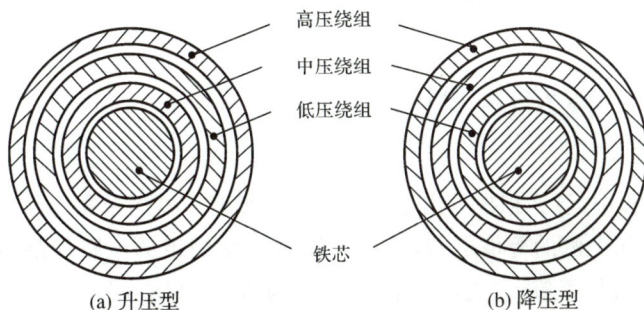

高压绕组
中压绕组
低压绕组
铁芯
(a) 升压型
(b) 降压型

图 2.15 三绕组降压和升压变压器绕组布置示意(横截面)

5. 按调压方式分类

按这种分类可分为普通分接头的变压器和有载调压变压器两类。普通电力变压器的高压绕组（三绕组变压器还包括中压绕组）除了主接头外，还有若干个分接头，并设有切换开关用以选接一个合适的接头。容量为 6300kVA 及以下的变压器，高压绕组只设 $U_N \pm 5\%$ 两个分接头。通常所说的变压器高压侧额定电压是指 U_N 为主接头的额定电压。大容量变压器的高压绕组一般有四个分接头，它们的工作电压（空载）为 $U_N \pm 2 \times 2.5\%$；中压侧绕组有两个分接头：$U_{2N} \pm 5\%$，U_{2N} 为中压主接头额定电压。根据需要，有四个分接头的还可选用如下两个方案：①$U_N + (2.5\%, 0, -2.5\%, -5\%, -7.5\%)$；②$U_N + (0, -2.5\%, -5\%, -7.5\%, -10\%)$。有两个分接头的还可选 $U_N + (0, -5\%, -10\%)$。不过，接在 -7.5% 分接头运行时，低压侧额定电流要降低 2.5%，接在 -10% 时要降低 5%。

普通变压器的分接头切换开关只允许在不加电压的情况下由手动操作切换，所以必须事先选择适当的分接头，使运行时变压器的输出电压保持在所要求的范围内。

有载调压变压器高压绕组的分接头切换开关，能够在变压器带负荷运行时进行切换，所以负荷变化时能够随时调整变压器的输出电压，它特别适用于电压变化范围很大的场合。同时，这种切换开关除了在箱体旁有手动操作机构外，还设有电动操作机构，可以由远方操作，便于实现自动控制电压。这种变压器高压绕组的调节范围一般有 $U_N \pm 3 \times 2.5\%$（六个分接头）和 $U_N \pm 4 \times 2\%$（八个分接头）两种。在特殊情况下，调节范围还可扩得更大。目前，220kV 和 110kV 变压器已广泛使用有载调压技术以控制电压。

还有一种有载调压变压器，它不但能调节输出电压的大小，还可以调节电压的相位，通常称作移相变压器。它用于需要通过改变电压相位来控制有功功率的特殊场合，这里不作具体介绍。

在电力系统计算中，主要关注变压器各侧电压、电流和功率的关系，所以一般常用等值电路来描述。本章将讨论正常运行（三相对称稳态运行）情况下，变压器的等值电路，至于不对称运行方式的等值电路将在第 6 章讨论。

电力系统正常运行状态的计算，只需对一相进行计算就可以了，这就需要建立变压器的单相等值电路。为此，将变压器接成三角形的三相绕组用星形接法的来等值，也就是将所有变压器都看作 Y_0/Y_0-12 或 $Y_0/Y_0/Y_0$-12.12 接法，当然，这种等值必须保证变压器内部的功率损耗和电压降落相同。这样处理并不会影响变压器外电力网中电压和电流的大小，以及两者之间的相位角即功率因数角，也不会改变有功功率和无功功率的大小，因此不会影响电力系统计算结果的正确性。

▶▶▶ 2.2.1　双绕组变压器等值电路

在"电机学"课程中，已详细推导出正常运行时三相变压器的单相等值电路，如图 2.16(a) 所示。该图是归算到 1 侧的等值电路，R_1 和 X_1 为 1 侧绕组的电阻和漏抗，R'_2 和 X'_2 为 2 侧绕组电阻和漏抗的归算值，它与实际值的关系为 $R'_2 = k^2 R_2$，$X' = k^2 X_2$。k 为变比，可用变压器两侧的额定电压 U_{1N} 和 U_{2N} 计算，即 $k = U_{1N}/U_{2N}$。2 侧电压和电流归算值与实际值关系分别为 $\dot{U}'_2 = k\dot{U}_2$，$\dot{I}'_2 = \dot{I}_2/k$。

电力变压器的励磁电流 I_m 很小，一般为额定电流的 $0.5\% \sim 2\%$，新产品大都小于 1%。为了简化计算，可将励磁支路 Y_m 移到外侧（一般移至近电源的一侧）。因此，得到

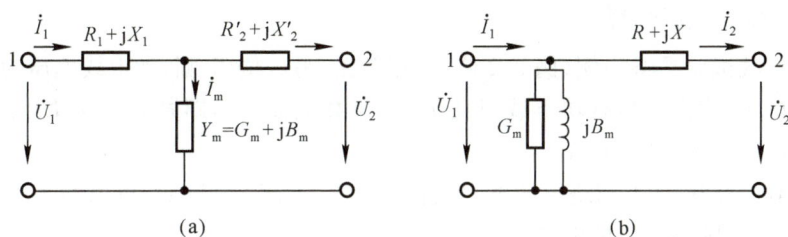

图 2.16 双绕组变压器单相等值电路

图 2.16(b)的等值电路,其中 $R = R_1 + R'_2$,$X = X_1 + X'_2$,简称变压器的绕组电阻和漏抗。变压器产品均提供短路试验和空载试验的数据,根据这些数据就可决定 R、X、G_m 和 B_m 四个参数。

1. 短路试验与绕组的电阻和漏抗

变压器的短路试验是将一侧(例如 2 侧)三相短接,在另一侧(1 侧)加上可调节的三相对称电压,逐渐增加电压使电流达到额定值 I_{1N}(2 侧为 I_{2N})。这时测出三相变压器消耗的总有功功率称为短路损耗功率 P_k,同时测得 1 侧所加的线电压值 U_{1k},称为短路电压。通常用额定电压的百分数表示:

$$U_k\% = \frac{U_{1k}}{U_{1N}} \times 100 \tag{2.77}$$

对于 35kV 的双绕组变压器 $U_k\% \approx 6.5 \sim 8$;110kV 变压器 $U_k\% \approx 10.5$;220kV 的 $U_k\%$ $\approx (12 \sim 14)$。

短路电压比额定电压低很多,这时的励磁电流及铁心损耗可以忽略不计,所以短路损耗 P_k 可看作额定电流时高低压三相绕组的总铜耗,即

$$P_k = 3I_{1N}^2 R \tag{2.78}$$

三相变压器的额定容量定义为 $S_N = \sqrt{3}U_{1N}I_{1N} = \sqrt{3}U_{2N}I_{2N}$,因此有

$$P_k = 3\left(\frac{S_N}{\sqrt{3}U_{1N}}\right)^2 R = \frac{S_N^2}{U_{1N}^2}R \tag{2.79}$$

通常,S_N 用 MVA、U_{1N} 用 kV、P_k 用 kW 表示,由上式可推得:

$$R = \frac{P_k}{1000} \times \frac{U_{1N}^2}{S_N^2}(\Omega) \tag{2.80}$$

电力变压器绕组的漏抗 X 比电阻 R 大许多倍,例如 110kV、2.5MVA 的变压器,$X/R \approx$ 9;110kV、25MVA 的变压器,$X/R \approx 16$,相应的 $\sqrt{R^2 + X^2}/X$ 分别约为 1.006 和 1.002,因此,短路电压和 X 上的电压降相差甚小。所以

$$U_k\% = \frac{U_{1k}}{U_{1N}} \times 100 = \frac{\sqrt{3}I_{1N}X}{U_{1N}} \times 100 = \frac{S_N}{U_{1N}^2}X \times 100 \tag{2.81}$$

由此可得:

$$X = \frac{U_k\%}{100} \frac{U_{1N}^2}{S_N}(\Omega) \tag{2.82}$$

2.空载试验和励磁导纳

变压器空载试验是将一侧（例如 2 侧）三相开路，另一侧（1 侧）加上线电压为额定值 U_{1N} 的三相对称电压，测出三相有功空载损耗 P_0 和空载电流 I_{10}，即励磁电流 I_m。空载电流常用百分数表示：$I_0\% = (I_{10}/I_{1N}) \times 100$。

由于空载电流很小，1 侧绕组的电阻损耗 $I_{10}^2 R_1$［见图 2.15(a)］可以略去不计，P_0 接近于铁心损耗，所以励磁支路的电导

$$G_m = \frac{P_0}{U_{1N}^2} \times 10^{-3} \,(\text{S}) \tag{2.83}$$

式中，P_0 用 kW 表示、U_{1N} 用 kV 表示。

励磁支路导纳中，电导 G_m 远小于电纳 B_m，空载电流与 B_m 支路中的电流有效值几乎相等，因此

$$I_0\% = \frac{I_{10}}{I_{1N}} \times 100 = \frac{U_{1N} B_m}{\sqrt{3}} \times \frac{1}{I_{1N}} \times 100 = \frac{U_{1N}^2}{S_N} B_m \times 100 \tag{2.84}$$

所以

$$B_m = \frac{I_0\%}{100} \times \frac{S_N}{U_{1N}^2} \,(\text{S}) \tag{2.85}$$

本书中复导纳定义为 $Y = G + jB$，所以感纳取负值，容纳取正值。变压器的 B_m 是感纳，式(2.85)只表示它的大小。

以上推导了归算到 1 侧的变压器参数计算式，将式(2.80)至式(2.85)中的 U_{1N} 换为 U_{2N}，即得到归算到 2 侧的参数值。

【例 2.4】 一台 242/13.8kV，容量为 80MVA 的三相双绕组升压变压器，短路电压 $U_k\% = 13$，短路损耗 $P_k = 430\text{kW}$，空载电流 $I_0\% = 2$，空载损耗 $P_0 = 78\text{kW}$。试作出单相等值电路并求归算到低压侧的阻抗和并联导纳。

【解】 绕组电阻：

$$R = \frac{P_k}{1000} \times \frac{U_{2N}^2}{S_N^2} = \frac{430}{1000} \times \frac{13.8^2}{80^2} = 0.0128\,(\Omega)$$

绕组电抗：

$$X = \frac{U_k\%}{100} \times \frac{U_{2N}^2}{S_N} = \frac{13}{100} \times \frac{13.8^2}{80} = 0.309\,(\Omega)$$

励磁支路电导：

$$G_m = \frac{P_0}{U_{2N}^2} \times 10^{-3} = \frac{78}{13.8^2} \times 10^{-3} = 4.1 \times 10^{-4}\,(\text{S})$$

励磁支路电纳：

$$B_m = \frac{I_0\%}{100} \times \frac{S_N}{U_{2N}^2} = \frac{2}{100} \times \frac{80}{13.8^2} = 8.4 \times 10^{-3}\,(\text{S})$$

变压器的等值电路见图 2.17。

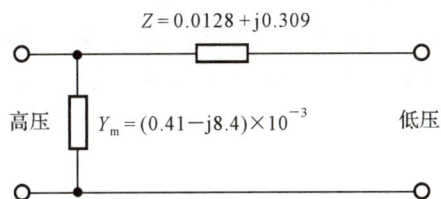

图 2.17 例 2.4 变压器的等值电路

▶▶▶ 2.2.2 三绕组变压器等值电路

正常运行时,三绕组变压器的单相等值电路如图 2.18(a)所示。图中 R_1 和 X_1 为 1 侧绕组的电阻和等值漏抗;R_2、X_2 和 R_3、X_3 分别为归算到 1 侧的 2 侧和 3 侧绕组电阻和等值漏抗;变比 $k_{12}=U_{1N}/U_{2N}$,$k_{13}=U_{1N}/U_{3N}$;所以这是参数归算到 1 侧的等值电路。图 2.18(b)将励磁并联支路移到端部,是电力系统分析中常采用的等值电路。

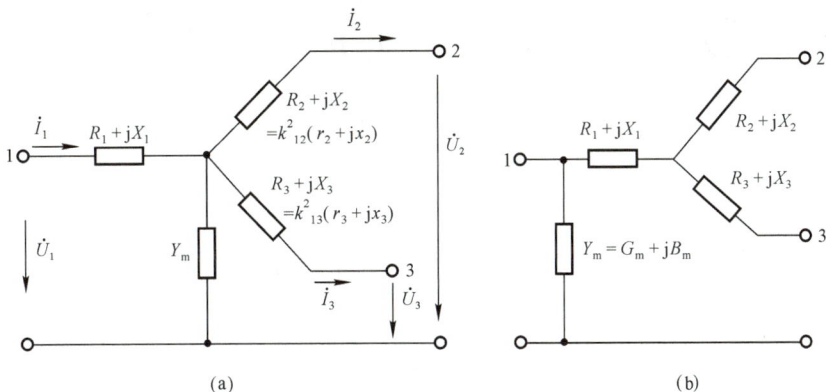

图 2.18 三绕组变压器单相等值电路

三绕组变压器中同相的三个绕组漏磁通分布比较复杂,每个绕组的漏磁通可分为三个部分,其中一部分只穿链本身,称为自漏磁,可用自漏感(抗)表示;另两部分则分别穿链到另外两个绕组,称为互漏磁,也就是说与另两个绕组分别有漏磁互感(互漏感)。图 2.18 实质上是将实际变压器用一个只有自漏磁而没有互漏磁的变压器等值,所以得到的是各绕组的等值漏抗。等值漏抗与三个绕组的布置方式有关(见图 2.15),居于中间的绕组受另两组互漏磁的影响最大,使它的等值漏磁链很小甚至反向,所以它的等值漏抗很小或为负值。

图 2.18 中励磁并联支路的导纳 Y_m 用空载损耗 P_0 和空载电流 $I_0\%$ 计算,与双绕组变压器相同。

三侧绕组的电阻和等值漏抗取决于短路试验的数据。由于有三个待求的阻抗,所以要做三个短路试验。在讨论这个问题之前,先介绍三绕组变压器各侧绕组的额定容量问题。我国制造的变压器,三侧绕组的额定容量有如下三类:

Ⅰ类容量比为 $100/100/100$。这类变压器高/中/低压绕组的额定容量都等于变压器的额定容量，即 $S_N = \sqrt{3} U_{1N} I_{1N} = \sqrt{3} U_{2N} I_{2N} = \sqrt{3} U_{3N} I_{3N}$，它只作为升压型变压器。

Ⅱ类容量比 100/100/50。与Ⅰ类不同之处是，低压绕组的导线截面积减小一半，额定电流也相应减小，所以低压绕组的额定容量为变压器额定容量的 50％。此类变压器价格较低，适用于低压绕组负载小于高、中压绕组负载的场合。

Ⅲ类容量比 100/50/100。即中压绕组的额定容量为 50％。

我国制造的降压型三绕组变压器只有Ⅱ和Ⅲ两类，升压型变压器则三类都有。

先讨论Ⅰ类容量比 100/100/100 变压器的短路试验。共进行三次额定电流短路试验：①3 侧开路，1、2 侧短路试验，测得短路损耗 P_{k1-2} 和短路电压 U_{k1-2}％，等值电路见图 2.19(a)。②2 侧开路，1、3 侧短路试验[见图 2.19(b)]，测得短路损耗 P_{k1-3} 和短路电压 U_{k1-3}％。③1 侧开路，2、3 侧短路试验[见图 2.19(c)]，测得短路损耗 P_{k2-3} 和短路电压 U_{k2-3}％。

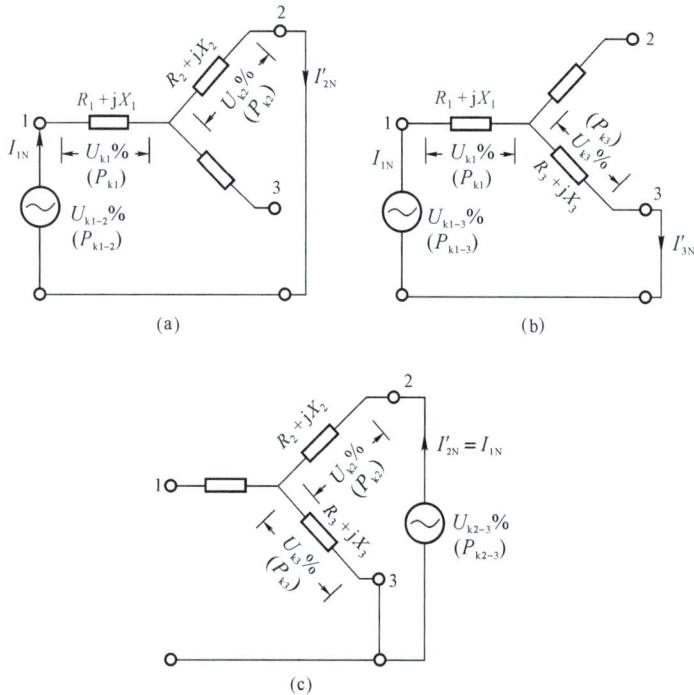

图 2.19　三绕组变压器短路试验等值电路

设 P_{k1}、P_{k2} 和 P_{k3} 分别为三侧绕组额定电流下的电阻功率损耗，则有

$$\left.\begin{array}{l} P_{k1-2} = P_{k1} + P_{k2} \\ P_{k1-3} = P_{k1} + P_{k3} \\ P_{k2-3} = P_{k2} + P_{k3} \end{array}\right\} \tag{2.86}$$

由式(2.86)可解得：

$$\left.\begin{array}{l} P_{k1} = 0.5(P_{k1-2} + P_{k1-3} - P_{k2-3}) \\ P_{k2} = 0.5(P_{k1-2} + P_{k2-3} - P_{k1-3}) \\ P_{k3} = 0.5(P_{k1-3} + P_{k2-3} - P_{k1-2}) \end{array}\right\} \tag{2.87}$$

参照式(2.80),可得三侧绕组的电阻:

$$\left.\begin{array}{l} R_1 = \dfrac{P_{k1}}{1000} \times \dfrac{U_{1N}^2}{S_N^2}(\Omega) \\[2mm] R_2 = \dfrac{P_{k2}}{1000} \times \dfrac{U_{1N}^2}{S_N^2}(\Omega) \\[2mm] R_3 = \dfrac{P_{k3}}{1000} \times \dfrac{U_{1N}^2}{S_N^2}(\Omega) \end{array}\right\} \tag{2.88}$$

设 $U_{k1}\%$、$U_{k2}\%$ 和 $U_{k3}\%$ 为短路试验时各侧绕组的短路电压百分数值,则有

$$\left.\begin{array}{l} U_{k1-2}\% = U_{k1}\% + U_{k2}\% \\ U_{k1-3}\% = U_{k1}\% + U_{k3}\% \\ U_{k2-3}\% = U_{k2}\% + U_{k3}\% \end{array}\right\} \tag{2.89}$$

解得:

$$\left.\begin{array}{l} U_{k1}\% = 0.5(U_{k1-2}\% + U_{k1-3}\% - U_{k2-3}\%) \\ U_{k2}\% = 0.5(U_{k1-2}\% + U_{k2-3}\% - U_{k1-3}\%) \\ U_{k3}\% = 0.5(U_{k1-3}\% + U_{k2-3}\% - U_{k1-2}\%) \end{array}\right\} \tag{2.90}$$

参照式(2.82),可得各侧绕组的等值漏抗:

$$\left.\begin{array}{l} X_1 = \dfrac{U_{k1}\%}{100} \times \dfrac{U_{1N}^2}{S_N}(\Omega) \\[2mm] X_2 = \dfrac{U_{k2}\%}{100} \times \dfrac{U_{1N}^2}{S_N}(\Omega) \\[2mm] X_3 = \dfrac{U_{k3}\%}{100} \times \dfrac{U_{1N}^2}{S_N}(\Omega) \end{array}\right\} \tag{2.91}$$

现在讨论Ⅱ、Ⅲ类(容量比为 100/100/50 或 100/50/100)三绕组变压器的短路试验。为了便于叙述,设 3 侧绕组的额定容量 $S_{3N}=0.5S_N$,1、2 两侧均为 S_N。如果三个短路试验均按上述条件进行,即 1 侧或 2 侧均调节到额定电流,测出 P_{k1-2}、$U_{k1-2}\%$、P_{k1-3}、$U_{k1-3}\%$ 和 P_{k2-3}、$U_{k2-3}\%$,则完全可按上述方法计算各电阻和等值漏抗。实际上,只有 1、2 侧短路试验能按额定电流进行,而 1、3 侧及 2、3 侧的短路试验[见图 2.19(b)、(c)],由于受到 3 侧额定电流的限制,1 侧或 2 侧绕组电流只能调节到额定电流的一半,短路损耗和短路电压 P'_{k1-3} 和 $U'_{k1-3}\%$ 及 P'_{k2-3} 和 $U'_{k2-3}\%$ 是在这种条件下测出的。因此,在使用这些数据时要先归算到额定电流时的值。因为短路损耗与电流的平方成正比,短路电压与电流成正比,所以归算到额定条件下的值为

$$P_{k1-3} = 4P'_{k1-3} \tag{2.92}$$
$$P_{k2-3} = 4P'_{k2-3} \tag{2.93}$$
$$U_{k1-3}\% = 2U'_{k1-3}\% \tag{2.94}$$
$$U_{k2-3}\% = 2U'_{k2-3}\% \tag{2.95}$$

当 2 侧绕组的额定容量 $S_{2N}=0.5S_N$ 时,也可用同样的方法归算。

短路损耗和短路电压按上述方法归算后,就可应用式(2.87)、(2.88)和式(2.90)、(2.91)计算各电阻和等值漏抗。

我国制造厂提供的短路损耗有的已经归算,有的未归算,而给出的短路电压则大多已经归算。使用这些数据时,务必注意阅读它的说明。

另外，产品手册中有的只提供一个短路损耗数值，称为最大短路损耗 P_{kmax}，它指的是两个 100% 容量绕组的短路损耗值。所以根据 P_{kmax} 只能求得两个 100% 绕组的电阻之和，而这两个绕组的电阻以及另一个绕组的电阻就只能估算了。假设各绕组导线的截面积是按同一电流密度选择的，各绕组每一匝的长度相等，则不难证明，归算到同一侧时，容量相同绕组的电阻相等，容量为 50% 的绕组电阻比容量为 100% 的绕组大一倍。按此原则可估算得：

$$R_{(100)} = \frac{1}{2} \frac{P_{kmax}}{1000} \frac{U_{1N}^2}{S_N^2} \tag{2.96}$$

$$R_{(50)} = 2R_{(100)} \tag{2.97}$$

式(2.96)中的 U_{1N} 换为 U_{2N} 或 U_{3N}，即得到归算到 2 侧或 3 侧的参数。

最后需要指出的是，制造厂给出的短路损耗和短路电压是当分接头切换开关放在主接头上进行试验时的数据，所以求出的阻抗和导纳参数只适用于主接头。当切换开关转到其他分接头时，这些参数将有所变化。一般变压器分接头调节的范围有限，所以可忽略这些变化。对于有些分接头调节范围很大的有载调压变压器，可要求制造厂提供各分接头的短路和空载试验数据。

【例 2.5】 一台 220/121/10.5kV、120MVA、容量比 100/100/50 的 $Y_0/Y_0/\triangle$ 三相三绕组变压器(升压型)，空载电流 $I_0\% = 0.9$，空载损耗 $P_0 = 123.1$kW，短路损耗和短路电压见表 2.2。试计算励磁支路的导纳，各绕组电阻和等值漏抗。（各参数归算到中压侧。）

表 2.2　短路损耗和短路电压

	高压—中压	高压—低压	中压—低压	
短路损耗/kW	660	256	227	未归算到 S_N
短路电压/%	24.7	14.7	8.8	已归算

【解】 高、中、低压侧分别编为 1、2、3 侧。

(1)励磁支路导纳

$$G_m = \frac{123.1}{121^2} \times 10^{-3} = 8.41 \times 10^{-6} \text{(S)}$$

$$B_m = \frac{0.9}{100} \times \frac{120}{121^2} = 73.8 \times 10^{-6} \text{(S)}$$

(2)各绕组电阻

$$P_{k1} = 0.5(660 + 4 \times 256 - 4 \times 227) = 388 \text{(kW)}$$

$$P_{k2} = 0.5(660 + 4 \times 227 - 4 \times 256) = 272 \text{(kW)}$$

$$P_{k3} = 0.5(4 \times 256 + 4 \times 227 - 660) = 636 \text{(kW)}$$

$$R_1 = \frac{388}{1000} \times \left(\frac{121}{120}\right)^2 = 0.394 \text{(}\Omega\text{)}$$

$$R_2 = \frac{272}{1000} \times \left(\frac{121}{120}\right)^2 = 0.277 \text{(}\Omega\text{)}$$

$$R_3 = \frac{636}{1000} \times \left(\frac{121}{120}\right)^2 = 0.647 \text{(}\Omega\text{)}$$

（3）各绕组等值漏抗

$$U_{k1}\% = 0.5(24.7 + 14.7 - 8.8) = 15.3$$

$$U_{k2}\% = 0.5(24.7 + 8.8 - 14.7) = 9.4$$

$$U_{k3}\% = 0.5(14.7 + 8.8 - 24.7) = -0.6$$

$$X_1 = \frac{15.3}{100} \times \frac{121^2}{120} = 18.67(\Omega)$$

$$X_2 = \frac{9.4}{100} \times \frac{121^2}{120} = 11.47(\Omega)$$

$$X_3 = \frac{-0.6}{100} \times \frac{121^2}{120} = -0.73(\Omega)$$

▶▶▶ 2.2.3 自耦变压器等值电路

自耦变压器高压绕组与低压绕组之间除了有磁的耦合之外，还存在电的联系。三相自耦变压器只能用 Y_0/Y_0-12 接法，现取其一相进行分析。

图 2.20 为单相自耦变压器的原理，其中高低压公用的绕组（2～0）称为公共绕组，匝数为 w_c；端子 1～2 之间的绕组称为串联绕组，匝数为 w_s；两个绕组绕在同一铁心柱上，它们的同名端已标在图上。

空载运行时，1 侧加额定电压 U_{1N}，2 侧电压 U_{2N} 称为低压侧额定电压，可见，变比

$$k_{12} = \frac{U_{1N}}{U_{2N}} = \frac{w_c + w_s}{w_c} \tag{2.98}$$

图 2.20 自耦变压器原理

自耦变压器带负载运行时，公共绕组的电流

$$\dot{I}_{com} = \dot{I}_2 - \dot{I}_1 \tag{2.99}$$

不计励磁电流，按磁动势平衡关系可得，$w_s \dot{I}_1 = w_c \dot{I}_{com}$，由此可得：

$$\frac{\dot{I}_{com}}{\dot{I}_1} = \frac{w_s}{w_c} = k_{12} - 1 \tag{2.100}$$

$$\frac{\dot{I}_{com}}{\dot{I}_2} = \frac{\dot{I}_{com}}{\dot{I}_{com} + \dot{I}_1} = \frac{1}{1 + \dot{I}_1/\dot{I}_{com}} = 1 - \frac{1}{k_{12}} = K_b \tag{2.101}$$

式中，

$$K_b = 1 - \frac{1}{k_{12}} = \frac{U_{1N} - U_{2N}}{U_{1N}} = \frac{w_s}{w_c + w_s} \tag{2.102}$$

称为效益系数。由于 $k_{12} > 1$，所以 K_b 恒小于 1。k_{12} 愈接近 1 则 K_b 愈小。例如 $k_{12} = 3$，$K_b = 2/3$；$k_{12} = 1.5$，$K_b = 1/3$。可见，公共绕组电流小于 2 侧端口的电流 I_2 与同容量的双绕组变压器比较，公共绕组的用铜量为双绕组变压器低压绕组用铜量的 K_b 倍；串联绕组的用铜量为双绕组变压器高压绕组用铜量的 K_b 倍；自耦变压器总用铜量为同容量双绕组变压器

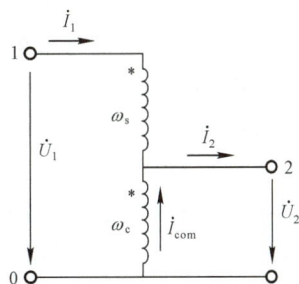

总用铜量的 K_b 倍。

再观察 2 侧端口输出的复功率

$$\widetilde{S}_2 = \dot{U}_2 \overset{*}{I}_2 = \dot{U}_2 (\overset{*}{I}_1 + \overset{*}{I}_{com}) = \dot{U}_2 \overset{*}{I}_1 + \dot{U}_2 \overset{*}{I}_{com} \tag{2.103}$$

它有两个分量：第一个分量 $\dot{U}_2 \overset{*}{I}_1$ 是 1 侧通过串联绕组由电路传递到 2 侧的功率；第二个分量 $\dot{U}_2 \overset{*}{I}_{com}$ 是通过磁耦合由公共绕组传递到 2 侧的功率，它还可表示为

$$\dot{U}_2 \overset{*}{I}_{com} = \dot{U}_2 \overset{*}{I}_2 K_b = K_b \widetilde{S}_2 \tag{2.104}$$

这表明，由磁耦合传递的容量仅为总容量的 K_b 倍。

当 2 侧电压和电流均为额定值 U_{2N} 和 I_{2N} 时，通过磁耦合传递的最大功率为

$$S_{st} = K_b U_{2N} I_{2N} = K_b S_N \tag{2.105}$$

称为自耦变压器的标准容量，即设计容量。显然，S_{st} 小于变压器的额定容量 S_N（$= U_{2N} I_{2N} = U_{1N} I_{1N}$）。标准容量也就是公共绕组的额定容量。

自耦变压器的磁路系统（铁心）是按照标准容量设计的，所以理论上铁心材料用量亦为同容量双绕组变压器用量的 K_b 倍。K_b 因与自耦变压器的经济效益直接相关，所以称为效益系数。当变比 $k_{12} = 1.5 \sim 3$ 时，$K_b = 1/3 \sim 2/3$，经济效益最为显著。

自耦变压器的等值电路与双绕组变压器相同，它的参数也是由空载和短路试验的数据决定，但计算时要用额定容量，而不是标准容量。需要说明的是，自耦变压器绕组的电阻和漏抗都比同容量的双绕组变压器小，比较两者的短路试验回路就不难理解这一特点。图 2.21(a) 为自耦变压器的短路试验回路。图 2.21(b) 是它的等值回路，与变比为 ω_c/ω_s 的双绕组变压器的短路试验回路相同，设短路电压为 U_{kA}，短路损耗为 P_{kA}。图 2.21(c) 为同容量双绕组变压器的短路试验回路，设短路电压为 U_k，短路损耗为 P_k。如果两种变压器的漏磁系数相同（单位匝数所对应的漏抗相同），显然有

$$\frac{U_{kA}}{U_{1N} - U_{2N}} = \frac{U_k}{U_{1N}} \tag{2.106}$$

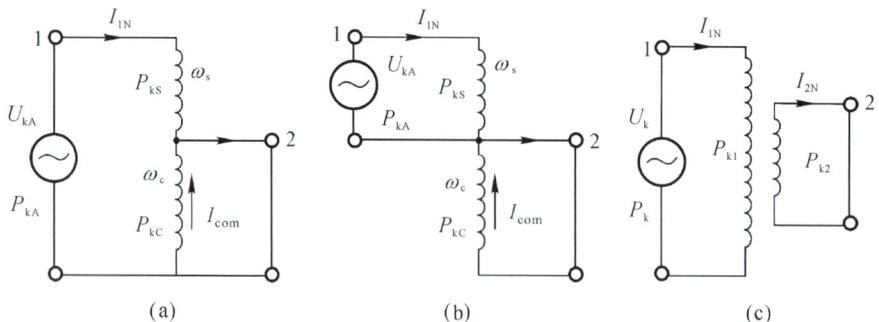

图 2.21　自耦变压器与双绕组变压器短路试验回路

U_{kA} 归算到以 U_{1N} 为基准时，则

$$\frac{U_{kA}}{U_{1N}} = \frac{U_{1N} - U_{2N}}{U_{1N}} \frac{U_{kA}}{U_{1N} - U_{2N}} = K_b \frac{U_{kA}}{U_{1N} - U_{2N}} = K_b \frac{U_k}{U_{1N}} \tag{2.107}$$

这表明，$U_{kA}\% = K_b U_k \%$，即 $U_{kA}\%$ 较小。

　　再比较短路损耗。图 2.21(b) 的串联绕组与图 2.21(c) 的 1 侧绕组相比,这两绕组电流相同但匝数不同,而电阻与匝数成正比,所以 $P_{kS}=\omega_s P_{k1}/(\omega_c+\omega_s)=K_b P_{k1}$。而图 2.21(b) 的公共绕组与图 2.21(c) 的 2 侧绕组相比,前者的电流和导线截面积均为后者的 K_b 倍,所以 $P_{kC}=K_b P_{k2}$。两者总的短路损耗关系为 $P_{kA}=K_b P_k$,即 P_{kA} 较小。

　　自耦变压器省铜、省铁,价格低,而且功率和电压损耗都较小,所以在变比不大于 3~4 的场合得到普遍使用。不过,自耦变压器的中性点必须直接接地或经很小的电抗接地,否则,在高压侧电力网发生单相接地故障而使中性点电压偏移时,低压侧电力网将发生严重的过电压。因此,它只能用于两侧电力网都是中性点直接接地的场合,这就限制了它的应用范围。另外,高压电力网发生大气过电压(雷击)或操作过电压时,会通过公共绕组进入低压电力网,所以变压器两侧各相出线端都要装设避雷器,而且在任何情况下都不允许不带避雷器运行。

　　三相自耦变压器通常还有磁耦合的第三绕组,如图 2.22 所示。第三绕组一般接成三角形,因为它具有削弱三次谐波电压等优点。但在第三绕组接到 35kV 及以下的电力网,而又要求中性点经高电抗(消弧线圈)接地的情况时,则要采用星形接法。第三绕组的额定容量不得大于该变压器的标准容量,一般等于标准容量,即 $S_{3N}=S_{st}=K_b S_N$。

　　带有第三绕组的三相自耦变压器称三绕组自耦变压器,它的等值电路和三绕组变压器相同,各侧电阻、等值漏抗以及并联导纳也是

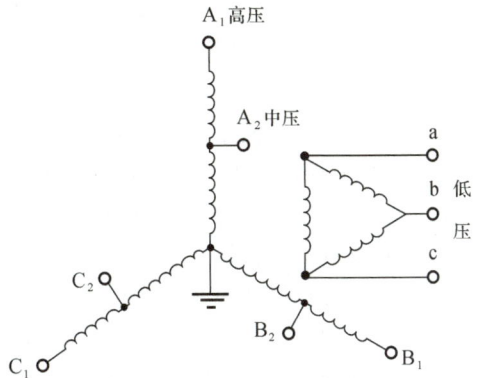

图 2.22　具有第三绕组的三相自耦变压器

根据额定容量(不是标准容量)、额定电压、三个短路损耗和短路电压以及空载电流和损耗来计算的。必须注意的是,制造厂或产品手册给出的短路损耗大多未归算到额定容量,甚至连短路电压也未归算。

　　最后,有必要讨论三绕组自耦变压器运行的一个特殊问题:公共绕组过载问题。这种变压器在某些运行方式下,高压和中压侧的负载(视在功率)都没有超过额定容量 S_N,低压绕组也没有超过它的额定容量 S_{3N},但公共绕组的视在功率却有可能超过它的额定容量 S_{st},即 $K_b S_N$。

　　现按图 2.23 的单相图进行讨论。图中有功功率 P 和滞后无功功率 Q 为三相的值,U 为相电压,

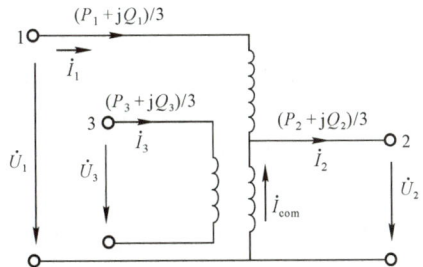

图 2.23　自耦变压器单相原理

各侧 P、Q 和 I 的参考方向已标在图中,即设高压侧和低压侧是输入的,中压侧是输出的。不计变压器的有功和无功功率损耗和电压降时,则有

$$P_2=P_1+P_3,\ Q_2=Q_1+Q_3\ 和\ U_1=k_{12}U_2$$

高压侧的三相复功率为

$$\widetilde{S}_1=3\dot{U}_1\overset{*}{I}_1=3k_{12}\dot{U}_2\overset{*}{I}_1=P_1+jQ_1 \qquad (2.108)$$

可得：

$$3\dot{U}_2 \overset{*}{I}_1 = (P_1 + jQ_1)/k_{12} \tag{2.109}$$

中压侧的三相复功率为

$$\widetilde{S}_2 = 3\dot{U}_2 \overset{*}{I}_2 = P_2 + jQ_2 = P_1 + P_3 + j(Q_1 + Q_3) \tag{2.110}$$

公共绕组的三相复功率为

$$\widetilde{S}_{com} = 3\dot{U}_2 \overset{*}{I}_{com} = 3\dot{U}_2(\overset{*}{I}_2 - \overset{*}{I}_1)$$
$$= P_1 + P_3 - P_1/k_{12} + j(Q_1 + Q_3 - Q_1/k_{12}) \tag{2.111}$$

考虑式(2.102)，则有

$$\widetilde{S}_{com} = K_b P_1 + P_3 + j(K_b Q_1 + Q_3) \tag{2.112}$$

公共绕组的负荷即视在功率为

$$S_{com} = \sqrt{(K_b P_1 + P_3)^2 + (K_b Q_1 + Q_3)^2} \tag{2.113}$$

运行时，必须满足公共绕组不过载的条件：

$$S_{com} \leqslant K_b S_N \tag{2.114}$$

现在讨论两种典型的运行方式：

(1)高压侧和低压侧同时向中压侧送有功和滞后无功功率或中压侧同时向高压和低压侧送有功和滞后无功功率。根据图 2.23 的参考方向，这类运行方式 P_1 和 P_3 及 Q_1 和 Q_3 同为正值或负值，由式(2.113)可知，有可能出现 $S_{com} > K_b S_N$，即公共绕组过载，这是不允许的。在运行时和设计中选择变压器时，都要注意这种情况。

(2)高压侧同时向中压和低压侧送有功和滞后无功功率或中、低压侧同时向高压侧送有功和滞后无功功率。这类运行方式的 P_1 和 P_3 及 Q_1 和 Q_3 总是一正一负的，由式(2.113)可知，公共绕组不会过载。对于其他各种运行方式，均可根据图 2.23 的参考方向和式(2.113)进行具体计算和分析。

【例 2.6】 一台三相三绕组升压型自耦变压器额定值为 242/121/10.5kV、120MVA，容量比为 100/100/50；空载电流 $I_0\% = 0.5$，空载损耗 $P_0 = 90$kW；短路损耗：$P_{k1-2} = 430$kW，$P'_{k1-3} = 228.8$ kW，$P'_{k2-3} = 280.3$kW(未归算)；短路电压：$U_{k1-2}\% = 12.8$，$U_{k1-3}\% = 11.8$，$U_{k2-3}\% = 17.58$(已归算)。试求：

(1)等值电路及各参数(归算到中压侧)。

(2)变压器某一运行方式，高压侧向中压侧输送功率 $P_1 + jQ_1 = 108 + j15.4$(MVA)，低压侧向中压侧输送功率 $P_3 + jQ_3 = -6 + j42.3$(MVA)，中压侧输出 $P_2 + jQ_2 = 101.8 + j40.2$(MVA)。试检查变压器是否过载。

【解】 该变压器额定容量 $S_N = 120$(MVA)，低压绕组额定容量 $S_{3N} = 0.5S_N = 60$(MVA)，自耦部分变比 $k_{12} = 242/121 = 2$，效益系数 $K_b = 1 - 1/2 = 0.5$，公共绕组额定容量 $S_{st} = 0.5 \times 120 = 60$(MVA)。

(1)等值电路

励磁并联支路导纳：

$$G_m = \frac{90}{121^2} \times 10^{-3} = 6.15 \times 10^{-6} \text{(S)}$$

$$B_m = \frac{0.5}{100} \times \frac{120}{121^2} = 41.0 \times 10^{-6} \text{(S)}$$

各绕组电阻:

短路损耗归算:$P_{k1-2}=430(kW)$,$P_{k1-3}=(S_N/S_{3N})^2 P'_{k1-3}=4\times228.8=915.2(kW)$,
$P_{k2-3}=4\times280.3=1121.2(kW)$

$$P_{k1}=0.5(430+915.2-1121.2)=112(kW)$$

$$P_{k2}=0.5(430+1121.2-915.2)=318(kW)$$

$$P_{k3}=0.5(915.2+1121.2-430)=803.2(kW)$$

$$R_1=\frac{112}{1000}\left(\frac{121}{120}\right)^2=0.1139(\Omega)$$

$$R_2=\frac{318}{1000}\left(\frac{121}{120}\right)^2=0.323(\Omega)$$

$$R_3=\frac{803.2}{1000}\left(\frac{121}{120}\right)^2=0.817(\Omega)$$

各绕组等值漏抗:

$$U_{k1}\%=0.5(12.8+11.8-17.58)=3.51$$

$$U_{k2}\%=0.5(12.8+17.58-11.8)=9.29$$

$$U_{k3}\%=0.5(11.8+17.58-12.8)=8.29$$

$$X_1=\frac{3.51}{100}\times\frac{121^2}{120}=4.28(\Omega)$$

$$X_2=\frac{9.29}{100}\times\frac{121^2}{120}=11.33(\Omega)$$

$$X_3=\frac{8.29}{100}\times\frac{121^2}{120}=10.11(\Omega)$$

等值电路见图 2.24。与例 2.5 同电压等级
同容量的三绕组变压器相比:自耦变压器自耦部
分电阻 $R_1+R_2=0.437\Omega$,$X_1+X_2=15.61\Omega$;上
例的三绕组变压器 $R_1+R_2=0.671\Omega$,漏抗 $X_1+X_2=30.14\Omega$。可见,自耦变压器电阻和漏抗分
别减小了 34.9% 和 48.2%。

(2)负载检查

高压侧负载　$S_1=\sqrt{108^2+15.4^2}$
　　　　　　　$=109.1(MVA)<S_N$

中压侧负载　$S_2=\sqrt{101.8^2+40.2^2}=109.4(MVA)<S_N$

低压侧负载　$S_3=\sqrt{6^2+42.3^2}=42.7(MVA)<0.5S_N$

公共绕组负载　$S_{com}=\sqrt{(K_bP_1+P_3)^2+(K_bQ_1+Q_3)^2}$
　　　　　　　$=\sqrt{(0.5\times108-6)^2+(0.5\times15.4+42.3)^2}$
　　　　　　　$=69.3MVA>K_bS_N(60MVA)$

可见,变压器三侧均未过载,但公共绕组过载约 15%。

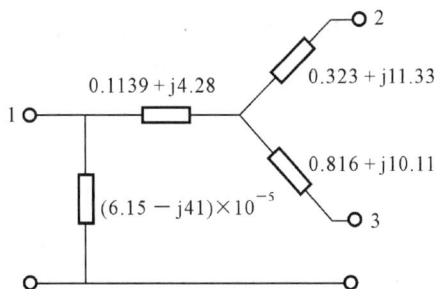

图 2.24　例 2.6 的等值电路

2.3 同步发电机和调相机

三相同步发电机是电力系统的电源，其功能是将原动机（汽轮机或水轮机）通过转轴传送来的旋转机械功率变换为电的功率。迄今为止，同步电机仍是电力系统主要的有功功率电源，同时，它也是电力系统中提供无功功率（滞后）的重要电源。三相同步调相机又称同步补偿机，相当于空载运行的同步电动机，是电力系统的一种无功功率电源，用于控制系统的电压，提高运行性能。

描述同步电机各种运行状态的数学模型是相当复杂的，我们将在第 6、7 章中讨论，本节只介绍正常运行即三相对称同步稳态运行的数学模型。为便于建立一相的数学模型，把同步电机的定子三相绕组都看作星形接法，实际上电力系统用的同步电机都采用星形接法。

▶▶▶ 2.3.1 同步发电机

本节将讨论正常运行时同步发电机的模型和允许运行范围两个问题。

1. 数学模型

三相同步发电机正常运行时，定子某一相空载电势 E_q（或电势 E_0），输出电压或称端电压 U 和输出电流 I 间的相位关系，如图 2.25 所示。$\dot{E}_q$ 与 $\dot{U}$ 的相位差 δ 称为功率角，$\dot{U}$ 和 $\dot{I}$ 的相位差 φ 即功率因数角。取 d-q 直角坐标轴系，使 q 轴与 E_q 重合；d 轴称为纵轴或直轴，q 轴称为横轴或交轴。$\dot{U}$ 和 $\dot{I}$ 的 d、q 分量为：

$$U_q = U\cos\delta \tag{2.115}$$
$$U_d = U\sin\delta \tag{2.116}$$
$$I_q = I\cos(\delta+\varphi) \tag{2.117}$$
$$I_d = I\sin(\delta+\varphi) \tag{2.118}$$

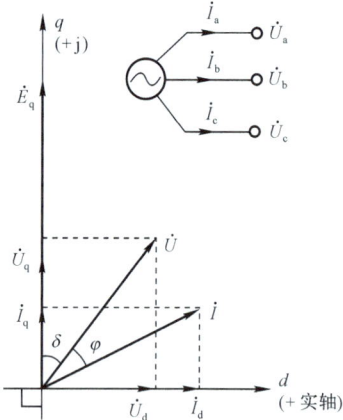

图 2.25 电势、电压和电流的相量图

"电机学"课程中已讨论过，端电压和电流的分量与 E_q 间的关系为

$$U_q = E_q - x_d I_d - r I_q \tag{2.119}$$
$$U_d = x_q I_q - r I_d \tag{2.120}$$

式中，r 为定子每相绕组的电阻；x_d 为定子纵轴同步电抗；x_q 为定子横轴同步电抗。

除式（2.119）和（2.120）外，还已知空载电势 E_q 与转子励磁绕组中的励磁电流成正比，其比例系数可从空载试验得到。

为便于绘制相量图，令 d 轴作正实轴，q 轴作正虚轴，则各相量可表示为

$$\dot{E}_q = jE_q \tag{2.121}$$

$$\dot{U} = U_d + jU_q \tag{2.122}$$

$$\dot{I} = I_d + jI_q \tag{2.123}$$

所以

$$\dot{U} = jE_q - j(x_d - x_q)I_d - (r + jx_q)\dot{I} \tag{2.124}$$

隐极同步发电机(汽轮发电机)$x_d = x_q$,上式变为

$$\dot{U} = jE_q - (r + jx_d)\dot{I} \tag{2.125}$$

此即表示隐极同步发电机的方程式,由此可作出它的等值电路和相量图,如图 2.26所示。

凸极同步发电机(水轮发电机),由于 x_d $\neq x_q$,只能用式(2.124)表示。为了便于计算,定义了一个与 E_q 同相的虚构电势

$$\dot{E}_Q = jE_q - j(x_d - x_q)I_d \quad (2.126)$$

这样,式(2.124)可表示为

$$\dot{U} = \dot{E}_Q - (r + jx_q)\dot{I} \quad (2.127)$$

上式称为隐极化的凸极同步发电机回路

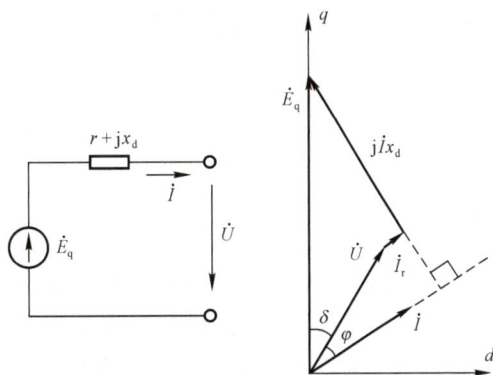

图 2.26　隐极同步发电机等值电路和相量图

方程,E_Q 称为隐极化电势。但要注意 E_Q 与励磁电流不存在简单的正比关系。

按照式(2.126)和(2.127)可作出凸极同步发电机的等值电路和相量图,如图 2.27所示。

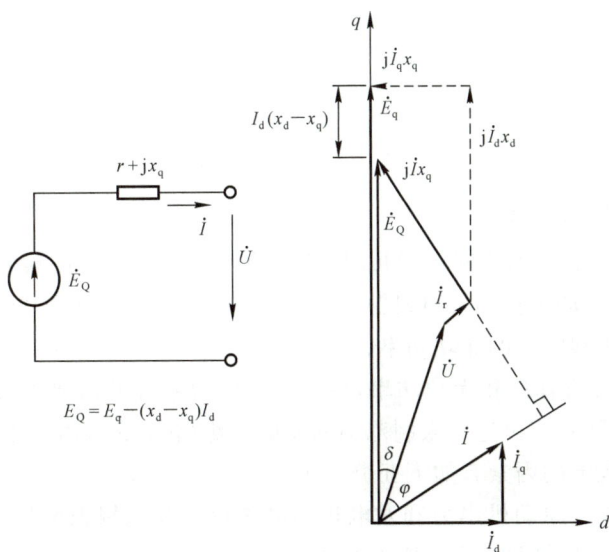

图 2.27　凸极同步发电机的等值电路和相量图

同步发电机的输出功率（一相）为

$$P+\mathrm{j}Q=\dot{U}\overset{*}{I}=(U_{\mathrm{d}}+\mathrm{j}U_{\mathrm{q}})(I_{\mathrm{d}}-\mathrm{j}I_{\mathrm{q}}) \qquad (2.128)$$

所以

$$P=U_{\mathrm{d}}I_{\mathrm{d}}+U_{\mathrm{q}}I_{\mathrm{q}} \qquad (2.129)$$

$$Q=U_{\mathrm{q}}I_{\mathrm{d}}-U_{\mathrm{d}}I_{\mathrm{q}} \qquad (2.130)$$

不计很小的定子电阻 $r(r\approx0)$ 时，将式(2.115)~(2.118)代入式(2.129)、(2.130)可得凸极同步电机的功率方程：

$$P=\frac{E_{\mathrm{q}}U}{x_{\mathrm{d}}}\sin\delta+\frac{U^2}{2}\ \frac{x_{\mathrm{d}}-x_{\mathrm{q}}}{x_{\mathrm{d}}x_{\mathrm{q}}}\sin2\delta \qquad (2.131)$$

$$Q=\frac{E_{\mathrm{q}}U}{x_{\mathrm{d}}}\cos\delta-\frac{U^2}{2}\ \frac{x_{\mathrm{d}}+x_{\mathrm{q}}}{x_{\mathrm{d}}x_{\mathrm{q}}}+\frac{U^2}{2}\ \frac{x_{\mathrm{d}}-x_{\mathrm{q}}}{x_{\mathrm{d}}x_{\mathrm{q}}}\cos2\delta \qquad (2.132)$$

对于隐极同步电机，则有

$$P=\frac{E_{\mathrm{q}}U}{x_{\mathrm{d}}}\sin\delta \qquad (2.133)$$

$$Q=\frac{E_{\mathrm{q}}U}{x_{\mathrm{d}}}\cos\delta-\frac{U^2}{x_{\mathrm{d}}} \qquad (2.134)$$

以上各定子回路方程和功率方程就是同步发电机正常运行状态的数学模型。

制造厂提供的同步发电机参数通常有：额定（线）电压 U_{N} (kV)、三相额定容量 S_{N} (MVA)、额定功率因数 $\cos\varphi_{\mathrm{N}}$ (滞后)，以及定子电阻和同步电抗的标幺值或百分值 r_* 或 $r\%$、$x_{\mathrm{d}*}$ 或 $x_{\mathrm{d}}\%$、$x_{\mathrm{q}*}$ 或 $x_{\mathrm{q}}\%$ 等。这些标幺值或百分值均以 U_{N} 和 S_{N} 为基准。

额定容量定义为 $S_{\mathrm{N}}=\sqrt{3}U_{\mathrm{N}}I_{\mathrm{N}}$ (MVA)，由此即可求出额定电流 I_{N}。而额定有功功率 $P_{\mathrm{N}}=S_{\mathrm{N}}\cos\varphi_{\mathrm{N}}$ (MW)，额定无功功率 $Q_{\mathrm{N}}=S_{\mathrm{N}}\sin\varphi_{\mathrm{N}}$ (Mvar)。

电阻和电抗的实际值用下式计算：

$$r=r_*\ \frac{U_{\mathrm{N}}^2}{S_{\mathrm{N}}}=\frac{r\%}{100}\ \frac{U_{\mathrm{N}}^2}{S_{\mathrm{N}}}(\Omega) \qquad (2.135)$$

$$x_{\mathrm{d}}=x_{\mathrm{d}*}\ \frac{U_{\mathrm{N}}^2}{S_{\mathrm{N}}}=\frac{x_{\mathrm{d}}\%}{100}\ \frac{U_{\mathrm{N}}^2}{S_{\mathrm{N}}}(\Omega) \qquad (2.136)$$

$$x_{\mathrm{q}}=x_{\mathrm{q}*}\ \frac{U_{\mathrm{N}}^2}{S_{\mathrm{N}}}=\frac{x_{\mathrm{q}}\%}{100}\ \frac{U_{\mathrm{N}}^2}{S_{\mathrm{N}}}(\Omega) \qquad (2.137)$$

2. 同步发电机的运行范围

同步发电机接到电力系统同步运行时，调节原动机蒸汽或水的输入量，使原动机输出的机械功率发生变化，即可控制发电机输出的有功功率；通过改变发电机的励磁电流，可以调节发电机的端电压和输出的无功功率。

同步发电机输出的有功和无功功率，可以根据电力系统的需要进行调节，但两者都有最大值和最小值的限制，超出这些限制范围的发电机组（包括原动机）将不能正常运行。限制同步发电机运行范围的因素有如下五个方面。

有功功率的限制　原动机出力和发电机的电磁负荷及机械强度都是根据额定有功功率 P_{N} 设计的，虽有一些裕度（过载能力），但运行中不宜超出 P_{N}。另外，还有最小功率 P_{min} 的限制，运行时也不能小于此值。P_{min} 的限制不是来自发电机本身，而是原动机和锅炉(火电厂)方面的原因。汽轮机的最小允许功率为额定值的 $10\%\sim20\%$，与汽轮机的类型和容量有关。水轮机的最小允许功率比汽轮机小一些。当火电厂采用锅炉—发电机组发电方式时，$P_{\min}$ 还受锅炉的限制，因为锅炉在低负荷时燃烧不稳定，特别是燃煤的锅炉。一般锅炉允许的最小输出为额定值的 $25\%\sim70\%$，视锅炉类型和燃料(煤或油)而定。

定子三相绕组电流的限制　发电机三相绕组导体的截面积、发电机的冷却系统都是按照额定电流设计的，运行中定子电流不可大于额定值 I_N。

励磁电流的限制　发电机励磁绕组导体截面积、冷却设施、励磁系统等是按照发电机额定运行条件(S_N、U_N 和滞后的 $\cos\varphi_N$)下所需的励磁电流——额定励磁电流而设计的，所以运行中励磁电流不可大于它的额定值。

定子端部发热的限制　发电机在进相运行，即超前功率因数、吸收无功功率运行时，定子端部的漏磁将大于滞后功率因数运行状态，会在定子端部铁心及金属压板等处感生过大的涡流电流，导致温度升高。当温度超过允许值时，就要限制吸收无功功率。

发电机同步稳定性的限制　一般发电机在进相运行时容易发生不稳定情况，这时就要限制输出有功功率或吸收无功功率。

现以汽轮发电机(隐极机)为例，具体说明其允许的运行范围。在图 2.28 中，作出了额定运行条件时的相量图(不计定子电阻 r)，各相量均乘以相同比例的系数 K。相量 AO 为额定相电压 U_N 的 K 倍；AM 为额定电流 I_N 的 K 倍，它滞后 U_N 的角度即额定功率因数角 φ_N；AN 为额定空载相电势 E_{qN} 的 K 倍，与额定励磁电流成正比。再以 O 为原点作 P-Q 直角坐标轴，使纵轴(P 轴)垂直于 AO。

取系数 $K=3U_N/x_d$，则 ON 的长度为 $(3U_N/x_d)I_Nx_d=S_N$，即发电机额定视在功率。ON 在 P 及 Q 轴的投影 $OC=S_N\cos\varphi_N=P_N$ 及 $OD=S_N\sin\varphi_N=Q_N$，即为发电机的

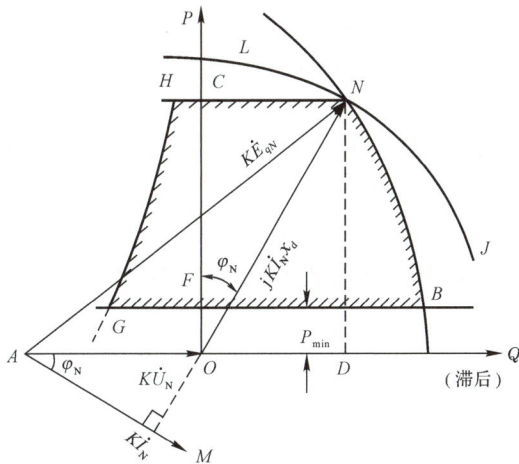

图 2.28　发电机允许的运行范围

额定有功和无功功率。因此，在 P-Q 坐标平面上，N 为额定的运行点。

发电机的 $\cos\varphi$ 不等于额定 $\cos\varphi_N$ 运行时，以定子电流(即视在功率)不超过额定值为条件，运行点应限制在以 O 点为圆心，以 ON 为半径的圆弧 LNJ 以内；以励磁电流不超过额定值为条件，则运行点应限制在以 A 点为圆心，以 AN 为半径的圆弧 NB 之内；以不超过额定有功功率 P_N 为条件，则运行点应在水平线 HCN 以下；以不小于最小允许功率 $P_{\min}$ 为条件，则运行点应在水平线 GFB 以上。同时考虑上述四个条件，并在滞后功率因数运行时，P 和 Q 的允许运行范围为 FB—BN—NC—CF 所包围的面积。

同步发电机进相运行时，定子和励磁绕组的额定电流已不再是限制因素，除了受额定有功功率和最小允许有功功率限制外，首先受定子端部发热的限制。以前制造的发电机一般不考虑进相运行，能否允许进相运行及进相能力的大小，需要通过试验，测量定子端部有关部件的温升来确定。近年来制造的发电机，对定子端部的结构作了改进，允许

一定程度的进相运行。例如，大容量汽轮发电机带额定有功功率时，超前功率因数一般可达到 0.95，即吸收的无功功率达到额定容量的 32%；水轮发电机超前功率因数则可运行到 0.95～0.90。

同步发电机进相运行的另一个限制因素是系统的运行稳定性。发电机带一定的有功功率时，吸收的无功功率愈大，励磁电流和与其成正比的空载电势 E_q 就愈小。由式（2.133）可知，当有功功率一定时，E_q 愈小功率角 δ 愈大，因而稳定性愈差。但是，稳定性问题不仅与该发电机运行状态有关，还与整个系统的结构、参数、其他各台发电机运行状态以及发电机自动电压调节器的性能等密切相关，很难作出一般性的结论，例如有的发电机在滞后功率因数接近 1 时已不能稳定运行。所以，发电机进相运行的允许范围就不像相位滞后运行那样具有确定性。图 2.28 中给出的进相运行范围 $CH—HG—GF$ 只是一个大致情况。

▶▶▶ 2.3.2　同步调相机

同步调相机是电力系统的一种无功功率电源。实质上，它是专用的空载运行的大容量同步电动机。同步调相机运行时，由电力网供给的有功功率一般为其额定容量的 1.5%～3.0%，功率因数 $\cos\varphi \approx 0.015 \sim 0.030$。

同步调相机正常运行时的数学模型与同步发电机的相同。现在介绍它的实用简化模型。简化的条件是忽略它所需要的有功功率，认为 $\cos\varphi = 0$，即电压和电流的相量正交。因此，它输出的电流只有纵轴分量，$I = I_d$，$I_q = 0$；电压只有横轴分量，$U = U_q$，$U_d = 0$。根据式（2.124）可得到调相机的简化回路方程：

$$\dot{U} = \dot{E}_q - jx_d\dot{I} \tag{2.138}$$

图 2.29 给出它的相量图，其中图 2.29（a）为过励磁（相位滞后）运行时的相量图，图 2.29（b）为欠励磁（进相）运行时的相量图。

调相机输出的无功功率（滞后）为

$$Q = UI = \frac{(E_q - U)U}{x_d}$$
$$= \frac{E_q U}{x_d} - \frac{U^2}{x_d} \tag{2.139}$$

当 E_q 和 U 用线电势和线电压表示时，Q 为三相无功功率。

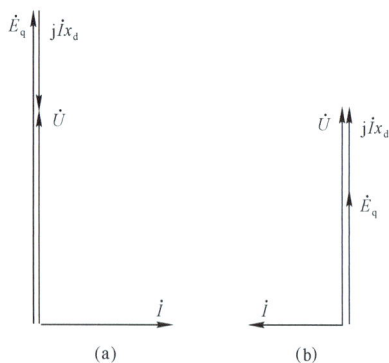

图 2.29　调相机相量图

式（2.139）表明，当 $E_q > U$ 即过励磁时，Q 为正值，调相机输出滞后的无功功率，起着电容器的作用。调相机的额定容量 $S_N = \sqrt{3}U_N I_N$ 是指过励磁时的额定无功功率。当 $E_q < U$ 即欠励磁进相运行时，Q 为负值，调相机输出超前的无功功率或吸收滞后的无功功率，起着电抗器的作用。欠励磁的极限为励磁电流为零，$E_q = 0$，这时 $Q = -U^2/x_d$，达到极限值。

式（2.139）也可用标幺值表示。取 S_N 为功率的基准值，U_N 为线电势和线电压的基准

值,阻抗的基准值为 $Z_N = U_N/\sqrt{3}I_N = U_N^2/S_N$,则式(2.139)可表示为

$$Q_* = \frac{E_{q*}U_*}{x_{d*}} - \frac{U_*^2}{x_{d*}} \tag{2.140}$$

调相机过励磁运行时输出的最大无功功率取决于它的额定容量;进相运行时吸收的最大无功功率则为 U_*^2/x_{d*},通常,$x_{d*} = 1.5 \sim 2.0$,所以吸收的最大无功功率 $Q_* = 0.50 \sim 0.65$,即为额定容量的 $50\% \sim 65\%$。有些调相机的进相运行还受定子端部发热的限制,最大进相容量小于由 x_d 决定的值。

调相机及其他无功补偿设备控制电压的作用,常用 dQ_*/dU_* 表示,称为电压调节效应。此导数为负值时,说明电压升高时输出的无功功率减小,因而能抑制电压升高的幅度;或者当电压降低时输出的无功功率增加,能减小电压的下降值。导数为正值时的控制电压性能不好,正值愈大控制电压性能愈差。根据式(2.140)可求得调相机的电压调节效应:

$$\frac{dQ_*}{dU_*} = \frac{E_{q*}}{x_{d*}} - \frac{2U_*}{x_{d*}} = \frac{1}{U_*}\left(\frac{E_{q*}U_*}{x_{d*}} - \frac{U_*^2}{x_{d*}}\right) - \frac{U_*}{x_{d*}}$$

$$= \frac{Q_*}{U_*} - \frac{U_*}{x_{d*}} \tag{2.141}$$

$U_* = 1$、$x_{d*} = 2$ 和 E_q 无自动控制时,调相机的电压调节效应如图 2.30 所示。可见,在无功功率小于 $0.5S_N$ 时,电压调节效应均为负值;大于 $0.5S_N$ 时,虽为正值但不大。

一般调相机均设有自动电压调节器,它根据电压的变化自动改变励磁电流,从而改变输出的无功功率,保持电压在给定的范围内。有自动电压调节器时,调相机的电压调节效应大为改善。

调相机的优点是,它不但能输出无功功率,还能吸收无功功率,而且具有良好的电压调节特性,对提高电力系统运行性能和稳定性都有作用。它的缺点是,价格高、运行维护复杂、有功功率消耗较大。

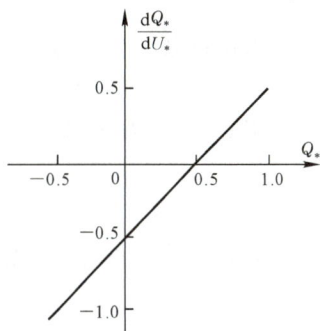

图 2.30 调相机电压调节效应

2.4 无功功率补偿设备

电力系统中常用的无功功率补偿设备,除了同步调相机外,还有并联电容器、并联电抗器和静止补偿器等。相对于旋转机械的同步调相机而言,后三种可称为静止的设备。

▶▶▶ 2.4.1 并联电容器

并联电容器又称移相电容器,广泛地应用于改善负荷的功率因数,是电力系统中一种重要

的无功功率电源。我国生产的移相电容器额定电压有 10.5kV、6.3kV、3.15kV、525V、400V 等多种。额定电压 U_N＝3.15～10.5kV 的移相电容器均为单相式的，单台容量 $Q_N = U_N^2 \omega C$ 可达数百 kvar；额定电压在 525V 及以下的多为三相式。由于单台容量有限，一般要用多台电容器并联，用以组成三相并联电容装置；用于 35kV 电力网时，除了并联以外还要多个串联电容器。大容量并联电容装置一般还分为数组，各设有开关，操作开关就可分级调节输出的无功功率。

在电力系统常用的无功功率补偿设备中，并联电容器的单位容量费用最低，有功功率损耗最小（为额定容量的0.3%～0.5%），运行维护最简便。它可以分散安装在用户处或靠近负荷中心的地点，实现无功功率就地补偿，获得最好的技术经济效果。此外，并联电容器改变容量方便，还可根据需要分散拆迁到其他地点。由于有上述优点，所以并联电容器得到广泛的应用。它的主要缺点：首先是电压调节效应差，其次是不能像同步调相机那样可以连续调节无功功率和吸收滞后的无功功率。

在电力系统正常运行计算中，可将三相并联电容器组看作星形接法，每相用并联导纳 $Y_c = jB_c$ 表示。已知三相电容器组的总容量 $Q_N(\text{Mvar})$ 和额定线电压 $U_N(\text{kV})$ 时，

$$B_c = \frac{Q_N}{U_N^2}(\text{S}) \tag{2.142}$$

当运行电压 $U \neq U_N$ 时，电容器组输出的无功功率

$$Q = U^2 B_c \tag{2.143}$$

用 $Q_N = U_N^2 B_c$ 除上式可得：

$$Q_* = U_*^2 \tag{2.144}$$

式中，$Q_* = Q/Q_N$，U_* U/U_N 分别为无功功率和电压的标幺值。

并联电容器的电压调节效应

$$\frac{\mathrm{d}Q_*}{\mathrm{d}U_*} = 2U_* \tag{2.145}$$

在 U_*＝1 附近，$\mathrm{d}Q_*/\mathrm{d}U_* \approx 2$，可见，电压调节效应为正值且相当大，这对电力系统运行是不利的。由式（2.143）可知，电容器输出的无功功率与电压平方成正比，例如电压变化 1%，无功功率将变化约 2%，所以当电力网电压下降时，它输出的无功功率反而减小，这将使电力网的电压下降得更多。

▶▶▶ 2.4.2 并联电抗器

并联电抗器用于吸收高压电力网过剩的无功功率和远距离输电线的参数补偿。

含有超高压架空线路或（和）高压电缆的电力网中，由于轻负荷运行时各线路分布电容产生的无功功率大于线路电抗中消耗的无功功率，因此会出现无功功率过剩的现象。解决无功功率过剩的措施之一，是在适当地点接入并联电抗器，就近吸收线路的无功功率，防止电力网电压过高。

在超高压远距离架空输电线路中，可用并联电抗器和串联电容器补偿线路的参数，如图 2.31 所示。这相当于减小线路单位长度的电抗 x_1 和电纳 b_1，使线路的等效传播系数 $\gamma \approx$ j$\alpha \approx$ j$\sqrt{x_1 b_1}$ 大为减小，线路的波长 $\lambda = 2\pi/\alpha$ 显著增加。相对于线路的波长而言，这相当于

缩短了线路的长度,因而能有效地提高线路的输电能力,改善沿线电压分布,提高运行稳定性。此外,并联电抗器还有降低线路过电压等作用。

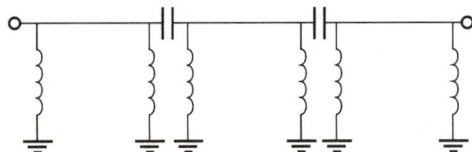

图 2.31　远距离输电线参数补偿

在电力网正常运行状态的计算中,并联电抗器可用接地的阻抗或导纳表示。根据三相并联电抗器的额定容量 S_N(MVA)、额定线电压 U_N(kV)和三相功率损耗 ΔP_0(MW),可求得每相导纳

$$Y_L = G_L + jB_L = \frac{\Delta P_0}{U_N^2} - j\frac{S_N}{U_N^2}(S) \tag{2.146}$$

并联电抗器上的电压为 U 时,吸收的无功功率为

$$Q_L = |U^2 B_L| \tag{2.147}$$

▶▶▶ 2.4.3　静止补偿器

现代的静止无功补偿设备有静止无功补偿器和静止无功发生器两种。

1.静止无功补偿器

静止无功补偿器(static var compensator,SVC),简称静止补偿器,它是由静电电容器和电抗器并联组成。电容器可发出无功功率,电抗器可吸收无功功率,两者结合起来,再配以适当的控制装置,就成为能平滑地改变发出或吸收无功功率的静止无功补偿器。

组成静止无功补偿器的元件主要有饱和电抗器、固定电容器、晶闸管控制电抗器和晶闸管开关电容器。实际上,应用的静止无功补偿器大多是由上述元件组成的混合型静止补偿器。目前,常用的有晶闸管控制电抗器型(TCR 型)、晶闸管开关电容器型(TSC 型)和饱和电抗器型(SR 型)3 种静止补偿器,分别如图 2.32(a)、(b)和(c)所示。

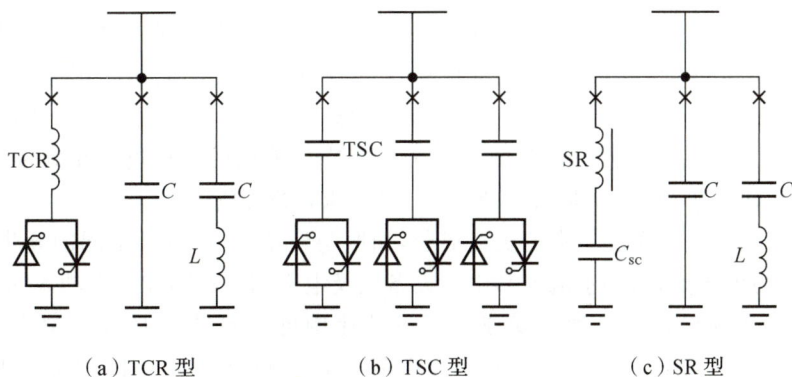

（a）TCR 型　　　　　　　（b）TSC 型　　　　　　　（c）SR 型

图 2.32　静止无功补偿器类型

2.静止无功发生器

20世纪80年代出现了一种更为先进的静止无功补偿设备——静止无功发生器(static var generator, SVG)。它的主体部分是一个电压型逆变器,如图2.33所示。其基本原理就是将桥式变流电路通过电抗器或者直接并联到电网上,适当调节桥式电路的交流侧电压的幅值和相位就可以使该电路吸收或发出所要求的无功电流,实现无功补偿的目的。静止无功发生器也被称为静止同步补偿器(static synchronous compensator, STATCOM)。

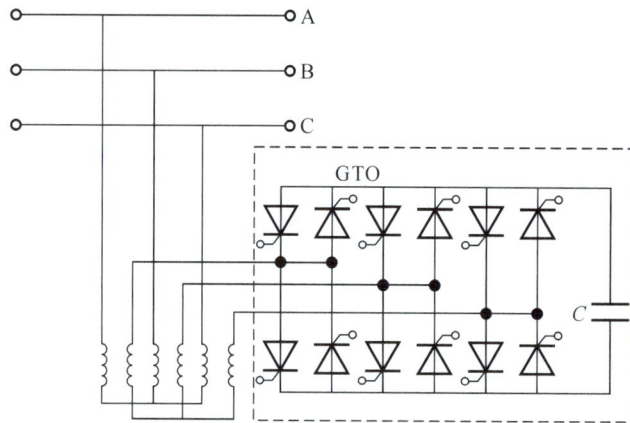

图2.33　静止无功发生器原理

与静止无功补偿器相比,静止无功发生器具有如下优点:响应速度快,运行范围更广,谐波电流含量更少,尤其是当电压较低时仍然可向系统注入较大的无功电流,它的储能元件(如电容器)的容量远比它所提供的无功容量小。

2.5　电力系统负荷

电力系统中每一个变电所供电的众多用户常用一个等值负荷 $P+jQ$ 表示,称为综合负荷。一个综合负荷包括的范围视所研究的问题而定,例如着重研究电力系统中110kV及以上电压等级的电力网时,可将110kV变电所二次侧母线的总供电功率用一个综合负荷表示,也可将变压器包括在内用一个接在110kV母线上的综合负荷表示。因此,综合负荷可能代表一个企业、一个工业区、一个城市甚至一个广大地区的总用电功率。按综合负荷连接处的电压等级又可分为220kV、110kV、35kV、10kV综合负荷等。

一个综合负荷包含种类繁多的负荷成分,如照明设备,大量容量不同的异步电动机、同步电动机,电力电子设备(如整流器),电热设备以及电力网的有功和无功功率损耗等。

不同综合负荷包含的各种负荷成分所占的比例可能差异很大,且在不同时刻、不同季节及在不同的气象条件下,同一个综合负荷的各种负荷成分的比例也是变化的。所以,要建立一个实用而准确的综合负荷模型是相当困难的,这是迄今尚未很好解决的一个问题。

综合负荷的模型可分为动态模型和静态模型两类。动态模型描述电压和频率急剧变化时，负荷有功和无功功率随时间变化的动态特性，可表示为

$$P = F_p(t, U, f, dU/dt, df/dt, \cdots) \tag{2.148}$$

$$Q = F_q(t, U, f, dU/dt, df/dt, \cdots) \tag{2.149}$$

由于负荷中异步电动机的比例相当大，所以负荷的功率不仅与电压 U、频率 f 有关，还与电压、频率的变化速度有关。如何建立综合负荷动态特性的数学关系式，至今仍然是一个困难的问题。一般只是根据所研究问题的特点，用不同的近似数学模型表示。

负荷的动态模型用于电力系统受到大扰动时的暂态过程分析。综合负荷的静态模型描述有功和无功功率稳态值与电压及频率的关系，可表示为

$$P = F_p(U, f) \tag{2.150}$$

$$Q = F_q(U, f) \tag{2.151}$$

称为负荷的静态特性。当频率不变时，负荷功率只是电压的函数，称为负荷的电压静态特性，第 1 章图 1.14(a)绘出某一综合负荷的电压静态特性。当电压不变时，负荷功率与频率的关系称为负荷的频率静态特性，如图 1.14(b)所示。

综合负荷的电压及频率静态特性，可以根据各个基本负荷成分的静态特性方程式或实测曲线用统计方法综合起来得到，显然其准确性较低。最好的办法是实际测量，但也有困难，因为在实际测量时，要电力网的电压变化大于 $\pm 10\%$ 一般是不允许的，频率改变的允许范围则更小，所以只能测到额定电压或额定频率附近一段的静态特性。比较现实的方法是，用测量的结果对理论计算特性进行校核和修正。

综合负荷用静态特性表示的模型，可用于电力系统正常稳态工况的计算，也可用于电压和频率变化缓慢的暂态过程计算。下面介绍几种实用的负荷静态模型。

1. 用电压静态特性表示的综合负荷模型

在电力系统的正常运行潮流计算(功率、电压计算)中，一般不考虑频率变化，某些暂态过程中频率变化很小可以忽略不计，这时负荷可以用电压静态特性表示。实用上，负荷的电压静态特性可用二次多项式表示，即

$$P = P_N \left[a_p \left(\frac{U}{U_N} \right)^2 + b_p \frac{U}{U_N} + c_p \right] \tag{2.152}$$

$$Q = Q_N \left[a_q \left(\frac{U}{U_N} \right)^2 + b_q \frac{U}{U_N} + c_q \right] \tag{2.153}$$

式中，U_N 为额定电压，P_N 和 Q_N 为 $U = U_N$ 时的有功和无功功率。各个系数可根据实际的电压静态特性用最小二乘法拟合求得，满足

$$a_p + b_p + c_p = 1 \tag{2.154}$$

$$a_q + b_q + c_q = 1 \tag{2.155}$$

由式(2.152)和(2.153)可知，有功和无功功率都含有三个分量：第一个与电压的平方成正比，相当于恒定阻抗消耗的功率；第二个与电压成正比，是恒定电流分量；第三个是恒定功率分量。

在负荷的电压与额定值偏移较小的场合，电压静态特性在额定电压附近可用直线逼近，即可用线性方程表示为

$$P = P_N \left(1 + K_{pU} \frac{U - U_N}{U_N} \right) \tag{2.156}$$

$$Q = Q_N \left(1 + K_{qU} \frac{U - U_N}{U_N} \right) \tag{2.157}$$

在进行电力系统规划设计时，由于各负荷都是估计值，因此，潮流计算中负荷的 P 和 Q 可粗略地按恒定值处理。

2. 用电压及频率静态特性表示的综合负荷模型

一般频率变化幅度较小，在额定频率附近负荷的频率静态特性可用直线表示，同时，考虑电压和频率的负荷模型可表示为

$$P = P_N \left[a_p \left(\frac{U}{U_N} \right)^2 + b_p \frac{U}{U_N} + c_p \right] \left(1 + K_{pf} \frac{f - f_N}{f_N} \right) \tag{2.158}$$

$$Q = Q_N \left[a_q \left(\frac{U}{U_N} \right)^2 + b_q \frac{U}{U_N} + c_q \right] \left(1 + K_{qf} \frac{f - f_N}{f_N} \right) \tag{2.159}$$

或

$$P = P_N \left(1 + K_{pU} \frac{U - U_N}{U_N} \right) \left(1 + K_{pf} \frac{f - f_N}{f_N} \right) \tag{2.160}$$

$$Q = Q_N \left(1 + K_{qU} \frac{U - U_N}{U_N} \right) \left(1 + K_{qf} \frac{f - f_N}{f_N} \right) \tag{2.161}$$

上列式中，f_N 为额定频率。

2.6　多级电压电力系统

在电力系统正常运行状态的计算中，同步发电机、调相机和无功功率静止补偿器等均作为向电力网注入有功和无功功率的电源处理，负荷用有功和无功功率表示，而电力网部分则用单相等值电路描述。本节将讨论多电压等级电力网的等值电路和参变数的归算，还将介绍三相交流系统的标幺制和电力网等值电路各参变数标幺值的计算方法。最后，讨论非标准变比变压器的等值电路和相应的电力网等值电路。

▶▶▶ 2.6.1　多级电压电力网的等值电路

根据电力网的电气接线图，将各元件用相应的等值电路代替，即可得到该电力网的等值电路。图 2.34 为一简单多级电压电力网电气接线图和等值电路的例子。

在多电压级的电力网等值电路中，各元件的参数、各节点电压和各支路电流均要归算到指定的某一电压级，该指定的电压级称为基本级或基准级。基本级可任意指定，但选元件数最多的电压级为基本级可以节省计算时间，因为基本级的参变数无须归算。非基本级元件参变数的归算是根据变压器参变数归算的原理进行的。设从基本级到某电压级之间

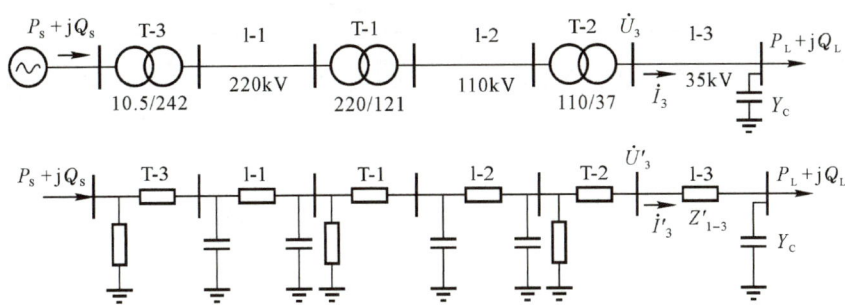

图 2.34　多级电压电力网电气接线图和等值电路

串联有变比为 $k_1, k_2, \cdots, k_n$ 的 n 台变压器,则该电压级中某元件阻抗 Z、导纳 Y、电压 U 和电流 I 归算到基本级的计算式分别为

$$Z' = Z \times (k_1 k_2 \cdots k_n)^2 \tag{2.162}$$

$$Y' = Y / (k_1 k_2 \cdots k_n)^2 \tag{2.163}$$

$$U' = U \times (k_1 k_2 \cdots k_n) \tag{2.164}$$

$$I' = I / (k_1 k_2 \cdots k_n) \tag{2.165}$$

由于 $\dot{U}'\overset{*}{I}' = \dot{U}\overset{*}{I}$,所以有功和无功功率的归算值不变。归算中各变压器的变比为靠近基本级一侧的空载电压与靠近需要归算一侧的空载电压之比。以图 2.34 为例,设选择 220kV 级为基本级,则 35kV 级线路 1-3 的阻抗、始端电压和电流及导纳 Y_c 的归算值为: $Z'_{1-3} = Z_{1-3}(k_1 k_2)^2$,$\dot{U}'_3 = \dot{U}_3(k_1 k_2)$,$\dot{I}'_3 = \dot{I}_3 / (k_1 k_2)$,$Y'_c = Y_c / (k_1 k_2)^2$。其中,变压器 T-1 的变比 $k_1 = 220/121$,T-2 的变比 $k_2 = 110/37$。

归算中各变压器要用实际的变比,例如变压器高压侧切换到某一分接头运行,则要用该分接头的空载电压计算变比。由此可见,当某些变压器分接头改变时,等值电路中有关的一批参变数要重新进行归算。

【例 2.7】　某电力网的电气接线如图 2.35(a)所示,各元件的技术数据见表 2.3 和表 2.4,其中变压器 T-2 高压侧接在 -2.5% 分接头运行,其他变压器均接在主接头运行;35kV 和 10kV 线路的并联导纳略去不计;图中的负荷均用三相功率表示。试绘制该电力网的等值电路,取 220kV 级为基本级。

表 2.3　电力线路技术数据

线　路	额定电压/kV	电阻/(Ω/km)	电抗/(Ω/km)	电纳/(S/km)	线路长度/km
1-1(架空线)	220	0.080	0.406	2.81×10^{-6}	150
1-2(架空线)	110	0.105	0.383	2.98×10^{-6}	60
1-3(电缆)	10	0.450	0.080		2.5
1-4(架空线)	35	0.170	0.380		13

表 2.4　变压器技术数据

变压器	额定容量/MVA	额定电压/kV	$U_k\%$	P_k/kW	$I_0\%$	P_0/kW	备　　注
T-1	180	13.8/242	13	893	0.5	175	
T-3	63	110/10.5	10.5	280	0.61	60	
T-2（自耦）	120	220/121/38.5	9.6(高-中) 35(高-低) 23(中-低)	448(高-中) 1652(高-低) 1512(中-低)	0.35	89	高压侧接在－2.5％分接头运行，$U_k\%$、P_k均已归算到额定容量

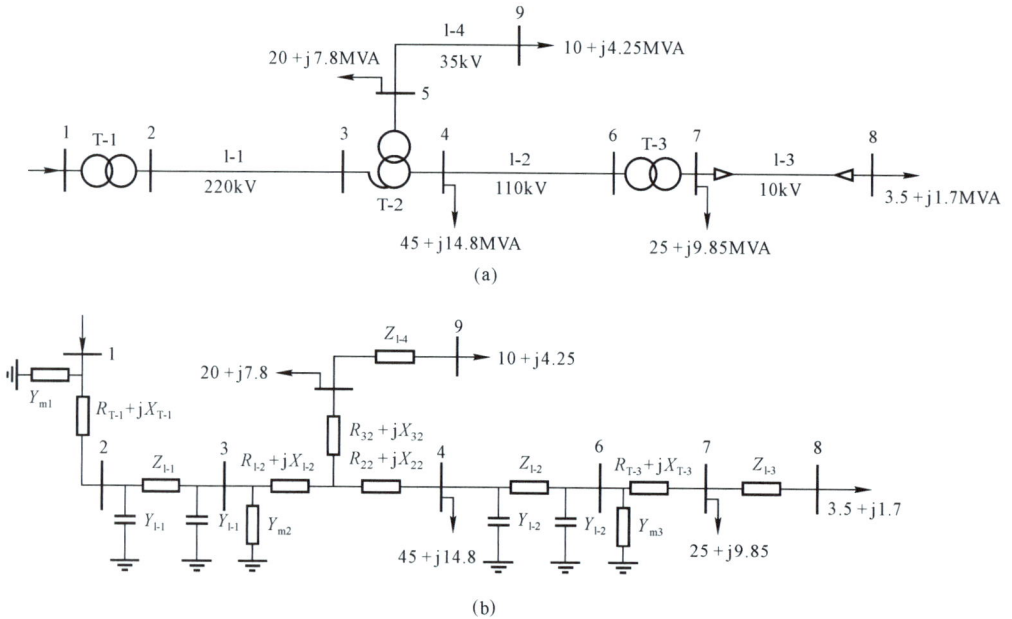

(a)

(b)

图 2.35　例 2.7 电力网接线图和等值电路

【解】　电力网的等值电路见图 2.35(b)，各元件参数计算如下：

变压器 T-1 参数（归算到 220kV 侧，上标一撇省略，下同）：

$$R_{\text{T-1}}=\frac{P_k}{1000}\times\frac{U_{1N}^2}{S_N^2}=\frac{893}{1000}\times\frac{242^2}{180^2}=1.614(\Omega)$$

$$X_{\text{T-1}}=\frac{U_k\%}{100}\times\frac{U_{1N}^2}{S_N}=\frac{13}{100}\times\frac{242^2}{180}=42.3(\Omega)$$

$$Y_{m1}=\frac{P_0}{1000U_{1N}^2}-j\frac{I_0\%}{100}\times\frac{S_N}{U_{1N}^2}=\frac{175}{1000\times242^2}-j\frac{0.5}{100}\times\frac{180}{242^2}$$

$$=(2.99-j15.37)\times10^{-6}(\text{S})$$

88

220kV 线路 l-1 的参数：

$$Z_{l-1}=(r_1+jx_1)l=(0.08+j0.406)\times150=12+j60.9(\Omega)$$

$$Y_{l-1}=jB_{l-1}/2=jb_1l/2=j2.81\times10^{-6}\times150/2$$
$$=j2.11\times10^{-4}(S)$$

自耦变压器 T-2 的参数：

$$P_{k1}=0.5(P_{k1-2}+P_{k1-3}-P_{k2-3})=0.5\times(448+1652-1512)$$
$$=294(kW)$$

$$P_{k2}=P_{k1-2}-P_{k1}=448-294=154(kW)$$

$$P_{k3}=P_{k2-3}-P_{k2}=1512-154=1358(kW)$$

$$R_{12}=\frac{294}{1000}\times\frac{220^2}{120^2}=0.294\times3.36=0.988(\Omega)$$

$$R_{22}=\frac{154}{1000}\times3.36=0.517(\Omega)$$

$$R_{32}=\frac{1358}{1000}\times3.36=4.56(\Omega)$$

$$U_{k1}\%=0.5\times(9.6+35-23)=10.8$$
$$U_{k2}\%=U_{k1-2}\%-U_{k1}\%=9.6-10.8=-1.2$$
$$U_{k3}\%=U_{k2-3}\%-U_{k2}\%=23-(-1.2)=24.2$$

$$X_{12}=\frac{10.8}{100}\times\frac{220^2}{120}=0.108\times403.3=43.6(\Omega)$$

$$X_{22}=\frac{-1.2}{100}\times403.3=-4.84(\Omega)$$

$$X_{32}=\frac{24.2}{100}\times403.3=97.6(\Omega)$$

$$Y_{m2}=\frac{89}{1000\times220^2}-j\frac{0.35}{100}\times\frac{120}{220^2}$$
$$=(1.84-j8.68)\times10^{-6}(S)$$

实际变比 $k_{12}=\dfrac{220(1-0.025)}{121}=\dfrac{214.5}{121}$ ，$k_{13}=\dfrac{214.5}{38.5}$

110kV 线路 l-2 的参数：

$$Z_{l-2}=(0.105+j0.383)\times60\times\left(\frac{214.5}{121}\right)^2$$
$$=19.8+j72.2(\Omega)$$

$$Y_{l-2}=j\frac{B_{l-2}}{2}=j2.98\times10^{-6}\times\frac{60}{2}\left(\frac{121}{214.5}\right)^2$$
$$=j2.84\times10^{-5}(S)$$

变压器 T-3 参数：

$$R_{T-3}=\frac{280}{1000}\times\frac{110^2}{63^2}\times\left(\frac{214.5}{121}\right)^2=2.68(\Omega)$$

$$X_{T-3}=\frac{10.5}{100}\times\frac{110^2}{63}\times\left(\frac{214.5}{121}\right)^2=63.4(\Omega)$$

$$Y_{m3} = \left(\frac{60}{1000 \times 110^2} - j\frac{0.61}{100} \times \frac{63}{110^2} \right) \times \left(\frac{121}{214.5} \right)^2$$

$$= (1.58 - j10.1) \times 10^{-6} (S)$$

10kV 线路 1-3 的参数：

$$Z_{1-3} = (0.45 + j0.08) \times 2.5 \times \left(\frac{214.5}{121} \times \frac{110}{10.5} \right)^2$$

$$= 388 + j69 (\Omega)$$

35kV 线路 1-4 的参数：

$$Z_{1-4} = (0.17 + j0.38) \times 13 \times \left(\frac{214.5}{38.5} \right)^2$$

$$= 68.6 + j153.3 (\Omega)$$

▶▶▶ 2.6.2　三相系统的标么制

在电路计算中，功率、电压、电流和阻抗等物理量可用 MVA、kV、kA 和 Ω 等有名单位值进行运算，也可以用没有量纲的相对值——标么值进行运算。没有量纲的标么值系统称为标么制。

在标么制中，不同意义和不同量纲的物理量都要各指定一个基准值。某一物理量的标么值为它的有名值与其基准值之比。例如，物理量 A 有其相应的基准值 A_B，则 A 的标么值 $A_* = A/A_B$。

在单相交流电路和三相交流系统的单相等值电路稳态计算中，不同量纲的物理量有：单相功率（包括视在、有功及无功功率）、相电压（包括相电势）、电流（相电流和线电流相同，故不加区别）、阻抗（包括电阻及电抗）和导纳（包括电导及电纳）等 5 种，所以要指定 5 个基准值：单相功率 $S_{\varphi B}$、相电压 $U_{\varphi B}$、电流 I_B、阻抗 Z_B 和导纳 Y_B。有了基准值之后，即可计算各量的标么值，例如：

单相视在功率　$S_{\varphi *} = S_\varphi (MVA)/S_{\varphi B}(MVA)$

单相复功率　$\widetilde{S}_{\varphi *} = \dfrac{\widetilde{S}_\varphi (MVA)}{S_{\varphi B}(MVA)} = \dfrac{P_\varphi}{S_{\varphi B}} + j\dfrac{Q_\varphi}{S_{\varphi B}} = P_{\varphi *} + jQ_{\varphi *}$

相电压　$\dot{U}_{\varphi *} = \dfrac{\dot{U}_\varphi}{U_{\varphi B}} = \dfrac{U_\varphi \angle \theta}{U_{\varphi B}} = U_{*\varphi} \angle \theta$

阻抗　$Z_* = \dfrac{Z}{Z_B} = \dfrac{R}{Z_B} + j\dfrac{X}{Z_B} = R_* + jX_*$

为了使以标么值表示的回路方程、功率方程等与有名单位制表示的方程式在形式上保持一致，5 个基准值应满足如下关系：

$$S_{\varphi B} = U_{\varphi B} I_B \tag{2.166}$$

$$U_{\varphi B} = I_B Z_B \tag{2.167}$$

$$Y_B = 1/Z_B \tag{2.168}$$

由于有 3 个约束方程式，所以 5 个基准值只能任选 2 个，其余 3 个由上面三式决定。

现观察用标么值表示的回路方程式，设用有名单位表示的方程为

$$\dot{E}_\varphi = \dot{U}_\varphi + \dot{I}_1 Z_1 + \dot{I}_2 Z_2 \tag{2.169}$$

以 $U_{\varphi B}$ 除方程式两边,并计及 $U_{\varphi B} = I_B Z_B$,则可得:

$$\dot{E}_{\varphi *} = \frac{\dot{E}_\varphi}{U_{\varphi B}} = \frac{\dot{U}_\varphi}{U_{\varphi B}} + \frac{\dot{I}_1 Z_1}{I_B Z_B} + \frac{\dot{I}_2 Z_2}{I_B Z_B}$$

$$= \dot{U}_{\varphi *} + \dot{I}_{1*} Z_{1*} + \dot{I}_{2*} Z_{2*} \tag{2.170}$$

同理可证明,单相电路的其他方程用标么值表示时的形式也不变。

在三相电力系统稳态计算中,习惯上使用三相功率和线电压(线电势)表示,因此,还要指定三相功率基准值 S_B 和线电压基准值 U_B,同时增加两个关系式:

$$S_B = 3S_{\varphi B} \tag{2.171}$$

$$U_B = \sqrt{3} U_{\varphi B} \tag{2.172}$$

这样,一共有 7 个基准值和 5 个约束方程,所以也只能任选 2 个基准值,其余 5 个可根据式(2.166)、(2.167)、(2.168)、(2.171)和(2.172)求得。一般选定三相功率和线电压基准值 S_B 和 U_B 最为方便。将式(2.166)和(2.172)代入式(2.171),以及将式(2.167)代入式(2.172),可得:

$$S_B = 3U_{\varphi B} I_B = \sqrt{3} U_B I_B \tag{2.173}$$

$$U_B = \sqrt{3} I_B Z_B \tag{2.174}$$

由此可得,I_B、Z_B 和 Y_B 与 S_B、U_B 的关系式为

$$I_B = \frac{S_B}{\sqrt{3} U_B} \tag{2.175}$$

$$Z_B = \frac{U_B}{\sqrt{3} I_B} = \frac{U_B^2}{S_B} \tag{2.176}$$

$$Y_B = \frac{S_B}{U_B^2} = \frac{1}{Z_B} \tag{2.177}$$

三相交流系统在三相对称运行时,三相功率 $S = 3S_\varphi$,线电压 $U = \sqrt{3} U_\varphi$,所以三相功率与一相功率的标么值相等,线电压与相电压的标么值相等。这是标么制的一个特点,方便对电力系统正常运行进行分析。

基准值的大小要选择适当,以便于标么值与有名值之间的换算,并使各量的标么值大小合适,便于运算。三相功率基准值 S_B 通常取 100MVA,使功率有名值与标么值之间的换算更方便,不易出错。当电力系统容量很大时,可取 $S_B = 1000$MVA。线电压基准值 U_B 宜用电力网的额定电压 U_N,或 $U_B \approx 1.05 U_N$(取整数)。电力系统正常运行时,各节点电压一般在额定值附近,选择额定电压或相近的值作基准电压时,各节点电压的标么值均接近 1,这样不但方便计算,而且能直观地评估各节点电压的质量,也便于判断计算的正确性。

某些电力设备的参数,常用三相额定容量 S_N 和额定线电压 U_N 为基准的标么值表示。如果在电力系统计算中选取的 S_B、U_B 与 S_N、U_N 不同,则原标么值要换算为新基准的标么值。换算的方法是,先计算出有名值,然后求新的标么值。设某阻抗原标么值为 $Z_{*(N)}$,则以 S_B、U_B 为基准的标么值为

$$Z_* = \left(Z_{*(N)} \frac{U_N^2}{S_N} \right) \frac{S_B}{U_B^2} \tag{2.178}$$

▶▶▶ 2.6.3 多电压级电力网等值电路参数的标幺值

单一电压级电力网等值电路中各元件参数的标幺值计算很简单，只要将各参数的有名值除以选定的相应基准值即可求得。对于多电压级电力网的等值电路，各元件参数的标幺值要分两步计算：先将各电压级的参数的有名值归算到基本级，然后再对基本级的基准值计算标幺值。

设基本级选择的三相功率和线电压基准值为 S_B 和 U_B，按式（2.175）、（2.176）和式（2.177）求出 I_B、Z_B 和 Y_B。又设从基本级到某电压级之间串联有 n 台变比为 $k_1, k_2, \cdots, k_n$ 的变压器，该电压级的 $\dot{U}$、$\dot{I}$、Z 和 Y 有名值归算到基本级为 $\dot{U}'$、$\dot{I}'$、Z' 和 Y'，如式（2.162）～（2.165）所示，则相应的标幺值为

$$\dot{U}_* = \frac{\dot{U}'}{U_B} = \frac{\dot{U}}{U_B}(k_1 k_2 \cdots k_n) \tag{2.179}$$

$$\dot{I}_* = \frac{\dot{I}'}{I_B} = \frac{\dot{I}}{I_B(k_1 k_2 \cdots k_n)} \tag{2.180}$$

$$Z_* = \frac{Z'}{Z_B} = \frac{Z}{Z_B}(k_1 k_2 \cdots k_n)^2 \tag{2.181}$$

$$Y_* = \frac{Y'}{Y_B} = \frac{Y}{Y_B(k_1 k_2 \cdots k_n)^2} \tag{2.182}$$

为了便于计算，令

$$U'_B = U_B/(k_1 k_2 \cdots k_n) \tag{2.183}$$

$$I'_B = I_B(k_1 k_2 \cdots k_n) \tag{2.184}$$

$$Z'_B = Z_B/(k_1 k_2 \cdots k_n)^2 \tag{2.185}$$

$$Y'_B = Y_B(k_1 k_2 \cdots k_n)^2 \tag{2.186}$$

称为基本级基准值归算到所计算电压级的基准值，则式（2.179）～（2.182）可简化为

$$\dot{U}_* = \dot{U}/U'_B \tag{2.187}$$

$$\dot{I}_* = \dot{I}/I'_B \tag{2.188}$$

$$Z_* = Z/Z'_B \tag{2.189}$$

$$Y_* = Y/Y'_B \tag{2.190}$$

以上说明，可以应用归算到所计算电压级的基准值，直接对未归算的有名值求取标幺值。实际上，这是用基准值的归算代替各参变数的归算。由于一个电压级只有一组基准值，而元件数可能很多，所以用式（2.187）～（2.190）计算可以减少计算工作量。

基准值的归算还可以简化。因为 $I_B = S_B/(\sqrt{3} U_B)$，$Z_B = U_B^2/S_B$，$Y_B = 1/Z_B$，所以式（2.184）～（2.186）中，

$$I'_B = \frac{S_B}{\sqrt{3} U_B}(k_1 k_2 \cdots k_n) = \frac{S_B}{\sqrt{3} U'_B} \tag{2.191}$$

$$Z'_{\mathrm{B}} = \frac{U_{\mathrm{B}}^2}{S_{\mathrm{B}}} \; \frac{1}{(k_1 k_2 \cdots k_n)^2} = \frac{{U'_{\mathrm{B}}}^2}{S_{\mathrm{B}}} \tag{2.192}$$

$$Y'_{\mathrm{B}} = \frac{(k_1 k_2 \cdots k_n)^2}{Z_{\mathrm{B}}} = \frac{1}{Z'_{\mathrm{B}}} = \frac{S_{\mathrm{B}}}{{U'_{\mathrm{B}}}^2} \tag{2.193}$$

因此,只需计算出基准电压的归算值 U'_{B},其余基准的归算值可直接用上面三式求得。另外,由式(2.191)可知,$S_{\mathrm{B}} = \sqrt{3} U'_{\mathrm{B}} I'_{\mathrm{B}}$,亦即各电压级的功率基准值是相同的,这与功率归算到另一电压级数值不变的道理是一样的。

【例 2.8】 试计算例 2.7 多电压级电力网等值电路中各元件参数的标么值。

【解】 指定 220kV 级为基本级,取 $S_{\mathrm{B}} = 100\mathrm{MVA}$,$U_{\mathrm{B}} = 220\mathrm{kV}$。先计算各电压级的电压基准值。

110kV 级 $\quad U_{\mathrm{B}(110)} = \dfrac{U_{\mathrm{B}}}{k_{12(\mathrm{T}\text{-}2)}} = 220 \times \dfrac{121}{214.5} = 124.1(\mathrm{kV})$

35kV 级 $\quad U_{\mathrm{B}(35)} = \dfrac{U_{\mathrm{B}}}{k_{13(\mathrm{T}\text{-}2)}} = 220 \times \dfrac{38.5}{214.5} = 39.5(\mathrm{kV})$

10kV 级 $\quad U_{\mathrm{B}(10)} = \dfrac{U_{\mathrm{B}}}{k_{12(\mathrm{T}\text{-}2)} k_{\mathrm{T}\text{-}3}} = 220 \times \dfrac{121}{214.5} \times \dfrac{10.5}{110} = 11.85\ (\mathrm{kV})$

等值电路见图 2.35(b)。

变压器 T-1 参数:

$$R_{\mathrm{T}\text{-}1*} = \frac{P_{\mathrm{k}}}{1000} \times \frac{U_{1\mathrm{N}}^2}{S_{\mathrm{N}}^2} \times \frac{S_{\mathrm{B}}}{U_{\mathrm{B}}^2} = \frac{893}{1000} \times \frac{242^2}{180^2} \times \frac{100}{220^2} = 0.00333$$

$$X_{\mathrm{T}\text{-}1*} = \frac{U_{\mathrm{k}}\%}{100} \times \frac{U_{1\mathrm{N}}^2}{S_{\mathrm{N}}} \times \frac{S_{\mathrm{B}}}{U_{\mathrm{B}}^2} = \frac{13}{100} \times \frac{242^2}{180} \times \frac{100}{220^2} = 0.0874$$

$$Y_{\mathrm{m}\text{-}1*} = \left(\frac{P_0}{1000 U_{1\mathrm{N}}^2} - \mathrm{j} \frac{I_0\%}{100} \times \frac{S_{\mathrm{N}}}{U_{1\mathrm{N}}^2} \right) \frac{U_{\mathrm{B}}^2}{S_{\mathrm{B}}}$$

$$= \left(\frac{175}{1000 \times 242^2} - \mathrm{j} \frac{0.5}{100} \times \frac{180}{242^2} \right) \frac{220^2}{100}$$

$$= (1.45 - \mathrm{j}7.44) \times 10^{-3}$$

220kV 线路 l-1 的参数:

$$Z_{l\text{-}1*} = (0.08 + \mathrm{j}0.406) \times 150 \times \frac{100}{220^2}$$

$$= 0.0248 + \mathrm{j}0.1258$$

$$Y_{l\text{-}1*} = \mathrm{j} \frac{B_{l\text{-}1*}}{2} = \mathrm{j}2.88 \times 10^{-6} \times \frac{150}{2} \times \frac{220^2}{100} = \mathrm{j}0.105$$

变压器 T-2 的参数:

$$R_{12*} = \frac{294}{1000} \times \frac{220^2}{120^2} \times \frac{100}{220^2} = 0.294 \times \frac{100}{120^2} = 0.00204$$

$$R_{22*} = \frac{154}{1000} \times \frac{100}{120^2} = 0.00107$$

$$R_{32*} = \frac{1358}{1000} \times \frac{100}{120^2} = 0.00943$$

$$X_{12*} = \frac{10.8}{100} \times \frac{220^2}{120} \times \frac{100}{220^2} = 0.108 \times \frac{100}{120} = 0.09$$

$$X_{22*} = \frac{-1.2}{100} \times \frac{100}{120} = -0.01$$

$$X_{32*} = \frac{24.2}{100} \times \frac{100}{120} = 0.202$$

$$Y_{\text{m-2}*} = \left(\frac{89}{1000 \times 220^2} - \text{j} \frac{0.35}{100} \times \frac{120}{220^2} \right) \frac{220^2}{100}$$

$$= (0.89 - \text{j}4.2) \times 10^{-3}$$

110kV 线路 1-2 的参数：

$$Z_{\text{1-2}*} = (r_1 + \text{j}x_1) \times l \times \frac{S_\text{B}}{U_{\text{B}(110)}^2}$$

$$= (0.105 + \text{j}0.383) \times 60 \times \frac{100}{124.1^2}$$

$$= 0.0409 + \text{j}0.1492$$

$$Y_{\text{1-2}*} = \text{j} \frac{B_{\text{1-2}*}}{2} = \text{j} \frac{b_1 l}{2} \times \frac{U_{\text{B}(110)}^2}{S_\text{B}} = \text{j}2.98 \times 10^{-6} \times \frac{60}{2} \times \frac{124.1^2}{100}$$

$$= \text{j}0.01377$$

变压器 T-3 参数：

$$R_{\text{T-3}*} = \frac{280}{1000} \times \frac{110^2}{63^2} \times \frac{100}{124.1^2} = 0.00554$$

$$X_{\text{T-3}*} = \frac{10.5}{100} \times \frac{110^2}{63^2} \times \frac{100}{124.1^2} = 2.078 \times 10^{-3}$$

$$Y_{\text{m-3}*} = \left(\frac{60}{1000 \times 110^2} - \text{j} \frac{0.61}{100} \times \frac{63}{110^2} \right) \frac{124.1^2}{100}$$

$$= (0.764 - \text{j}4.89) \times 10^{-3}$$

10kV 线路 1-3 的参数：

$$Z_{\text{1-3}*} = (r_1 + \text{j}x_1) \times l \times \frac{S_\text{B}}{U_{\text{B}(10)}^2}$$

$$= (0.45 + \text{j}0.08) \times 2.5 \times \frac{100}{11.85^2} = 0.801 + \text{j}0.1424$$

35kV 线路 1-4 的参数：

$$Z_{\text{1-4}*} = (r_1 + \text{j}x_1) \times l \times \frac{S_\text{B}}{U_{\text{B}(35)}^2}$$

$$= (0.17 + \text{j}0.38) \times 13 \times \frac{100}{39.5^2}$$

$$= 0.1416 + \text{j}0.317$$

下文等值电路图 2.37(b) 中各负荷功率也要用标幺值表示。

▶▶▶ 2.6.4　具有非标准变比变压器的多电压级电力网等值电路

在电力系统正常运行状态计算中，往往需要改变某些变压器分接头的位置，调整有关母线的电压。使用前述的等值电路,在变压器分接头改变时,有关电压级电力网中电压、电流和阻抗等的有名值或标么值都要重新计算。对于大规模的电力网,这就需要很大的计算工作量。为了克服这一缺点,本节将讨论变压器的实际变比与两侧额定电压(或基准电压)之比不同时的等值电路,简称非标准变比变压器的等值电路,并介绍采用这种等值电路时,电力网等值电路各参变数的计算方法。

先讨论包括变比在内的变压器等值电路。图 2.36(a)为变比为 k 的双绕组变压器,图 2.36(b)为它的单相等值电路。这里用一变比为 k 的理想变压器和归算到 1 侧的原变压器阻抗来代替实际的变压器,如图中虚线框所示。所谓理想变压器是指励磁电流、电阻和漏抗均为零的变压器。另外,归算到 1 侧的变压器励磁导纳 Y_m 作为变压器外的并联支路处理。对图2.36(b)虚线框内的变压器,可列出如下方程:

图 2.36　变压器等值电路

$$\dot{U}_1 = \dot{U}_2' + \dot{I}_1 Z_T \tag{2.194}$$

$$\dot{U}_2 = k \dot{U}_2' \tag{2.195}$$

$$\dot{I}_2 = \dot{I}_1 / k \tag{2.196}$$

将后两式代入第一式,可得:

$$\dot{U}_1 = \dot{U}_2 / k + k Z_T \dot{I}_2 = A \dot{U}_2 + B \dot{I}_2 \tag{2.197}$$

$$\dot{I}_1 = k \dot{I}_2 = C \dot{U}_2 + D \dot{I}_2 \tag{2.198}$$

这是用传输参数表示的双口网络方程,其中 $A = 1/k, B = k Z_T, C = 0, D = k$。由于 $AD - BC = 1$,所以该变压器可用图 2.36(c)的 π 形等值电路表示,其中三个参数分别为

$$Z_e = B = k Z_T \tag{2.199}$$

$$Y_{1e} = \frac{D-1}{B} = \frac{k-1}{k Z_T} \tag{2.200}$$

$$Y_{2e} = \frac{A-1}{B} = \frac{1/k-1}{k Z_T} = \frac{1-k}{k^2 Z_T} \tag{2.201}$$

式中,Y_{1e} 为阻抗 Z_T 侧的并联导纳,Y_{2e} 为理想变压器侧的并联导纳,两者不同。

变压器采用这种等值电路时,不管变比 k 变化与否,两侧电压和电流都是实际值,不存在归算问题。

现在讨论应用这种变压器等值电路建立多电压级电力网等值电路的方法。图 2.37(a)为有两个电压级的电力网,取 Z_1 所在的电压级作为基本级。将实际变压器用它的阻抗 Z_T 和两个串联的变比分别为 k_* 和 U_{B2}/U_{B1} 的理想变压器等值。Z_T 和励磁导纳 Y_m 均为归算到 1 侧的值,Y_m 作为变压器外的并联导纳处理。显然,两个理想变压器变比的乘积必须等于变压器的实际变比,即

$$k_* \cdot U_{B2}/U_{B1} = U_{2T}/U_{1T} \quad 或 \quad k_* = (U_{2T}/U_{1T})/(U_{B2}/U_{B1}) \tag{2.202}$$

式中,U_{B2}/U_{B1} 称为标准变比,通常取变压器两侧电力网额定电压之比,并作为常数处理;k_*

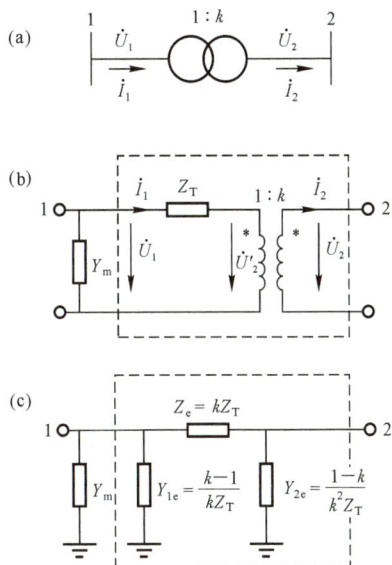

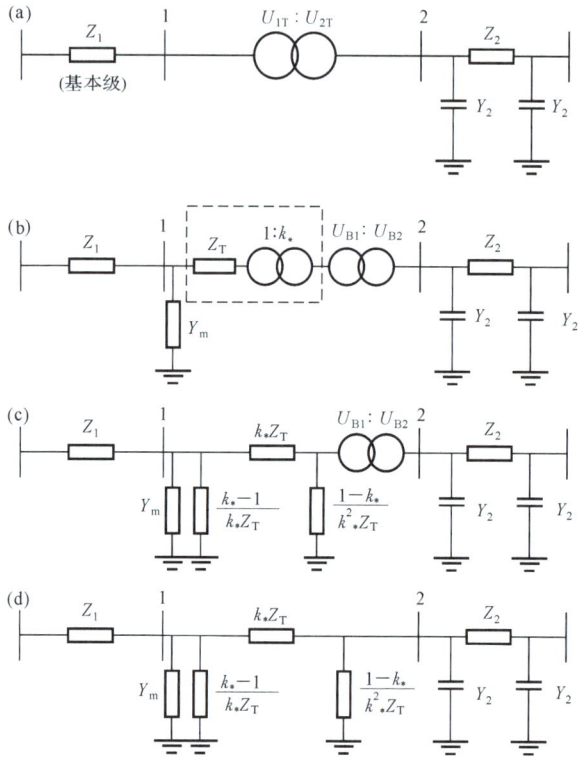

图 2.37　具有非标准变比变压器的电力网等值电路

称为非标准变比或变比的标么值,当实际变比改变时,k_* 将随之变化。

进行非基本级参数归算时,可将图 2.37(b)中虚线框内的变压器看作基本级的一个元件。变压器 2 侧网络中的阻抗 Z_2 和导纳 Y_2 归算到基本级的计算式为

$$Z_2' = Z_2 (U_{B1}/U_{B2})^2 \tag{2.203}$$

$$Y_2' = Y_2 (U_{B2}/U_{B1})^2 \tag{2.204}$$

虚线框内的变压器称为非标准变比变压器,将它用图 2.36(c)的 π 形等值电路表示,就可得到图 2.37(c)所示的电力网等值电路。该等值电路的特点是,当变压器分接头切换而使 k_* 改变时,除了此变压器等值电路的三个参数需要修改外,其他参数的归算值都保持不变。

以上是用有名单位进行计算,同样也可以用标么值计算。设功率基准值为 S_B,基本级基准电压为 U_{B1},即图 2.37(b)中标准变比理想变压器靠近基本级侧的电压,则另一电压级的电压基准值为 $U_{B1} \div (U_{B1}/U_{B2}) = U_{B2}$,可见,这种取法可省去归算。实际上可以反过来做:先选择各电压级的基准电压,然后用变压器两侧电压基准值之比作为标准变比,这样就可省去电压基准值的归算,而且不必明确指定基本级。图 2.37(c)各参数的标么值为

$$Z_{1*} = Z_1 \frac{S_B}{U_{B1}^2}, Z_{T*} = Z_T \frac{S_B}{U_{B1}^2}, Y_{m*} = Y_m \frac{U_{B1}^2}{S_B},$$

$$Z_{2*} = Z_2 \frac{S_B}{U_{B2}^2}, Y_{2*} = Y_2 \frac{U_{B2}^2}{S_B}$$

用标么值表示的等值电路如图 2.37(d)所示。为简化,图中各参数标么值均省略下标 * 。

对于电压级更多的电力网,同样可用上述方法作出它的等值电路。

非标准变比三绕组变压器也可根据上述原理作出等值电路。图 2.38(a)的三绕组变压器,实际变比为 $U_{1T}/U_{2T}/U_{3T}$。取标准变比为 $U_{B1}/U_{B2}/U_{B3}$,可作出图 2.38(b)所示的等值图,其中 Z_{T1}、Z_{T2}、Z_{T3} 和 Y_m 为归算到 3 侧的三侧绕组等值阻抗和励磁导纳。高、中压侧各串联两个理想变压器,非标准变比为:$k_{1*}=(U_{1T}/U_{3T})/(U_{B1}/U_{B3})$ 和 $k_{2*}=(U_{2T}/U_{3T})/(U_{B2}/U_{B3})$。这样就把三绕组变压器转变为两个非标准变比的双绕组变压器,接下去就可按双绕组变压器作出等值电路,进行参数归算或标么值计算。

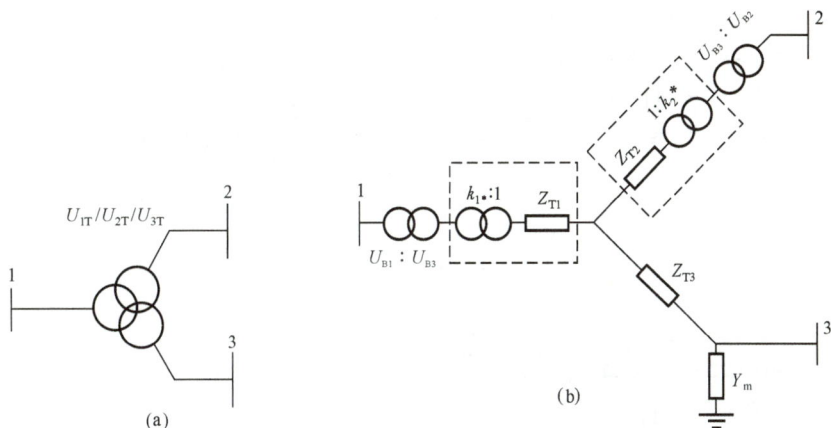

图 2.38 非标准变比三绕组变压器

必须说明的是,理想变压器可以安排在任意两侧端点处,而变压器参数则需归算到不加理想变压器的那一侧。处理复杂的电力系统时,普遍使用本节介绍的等值电路,并用标么值计算。

【**例 2.9**】 如图 2.39(a)所示的电力网是例 2.7 电力网的一部分,各元件的技术数据与例 2.7 相同。试作出采用非标准变比变压器的电力网等值电路,用标么制计算。

【**解**】 取 $S_B=100\text{MVA}$,220kV 级 $U_{B(220)}=220\text{kV}$,110kV 级 $U_{B(110)}=110\text{kV}$,35kV 级 $U_{B(35)}=35\text{kV}$,10kV 级 $U_{B(10)}=10\text{kV}$。

先作出初步等值电路,如图 2.39(b)所示,安排好各变压器非标准变比理想变压器的位置。最后,绘制完整的等值电路,如图 2.39(c)所示。下面计算各元件的参数。

线路 l-1:

$$Z_{l\text{-}1*}=(0.08+\text{j}0.406)\times 150\times\frac{100}{220^2}$$
$$=0.0248+\text{j}0.1258$$
$$Y_{l\text{-}1*}=\text{j}\frac{B_{l\text{-}1*}}{2}=\text{j}2.81\times10^{-6}\times\frac{150}{2}\times\frac{220^2}{100}=\text{j}0.102$$

变压器 T-2:

$$Z_{12*}=\left(\frac{294}{1000}\times\frac{220^2}{120^2}+\text{j}\frac{10.8}{100}\times\frac{220^2}{120}\right)\times\frac{100}{220^2}$$
$$=0.00204+\text{j}0.09$$
$$Z_{22*}=\left(\frac{154}{1000}\times\frac{220^2}{120^2}+\text{j}\frac{-1.2}{100}\times\frac{220^2}{120}\right)\times\frac{100}{220^2}$$
$$=0.00107-\text{j}0.01$$

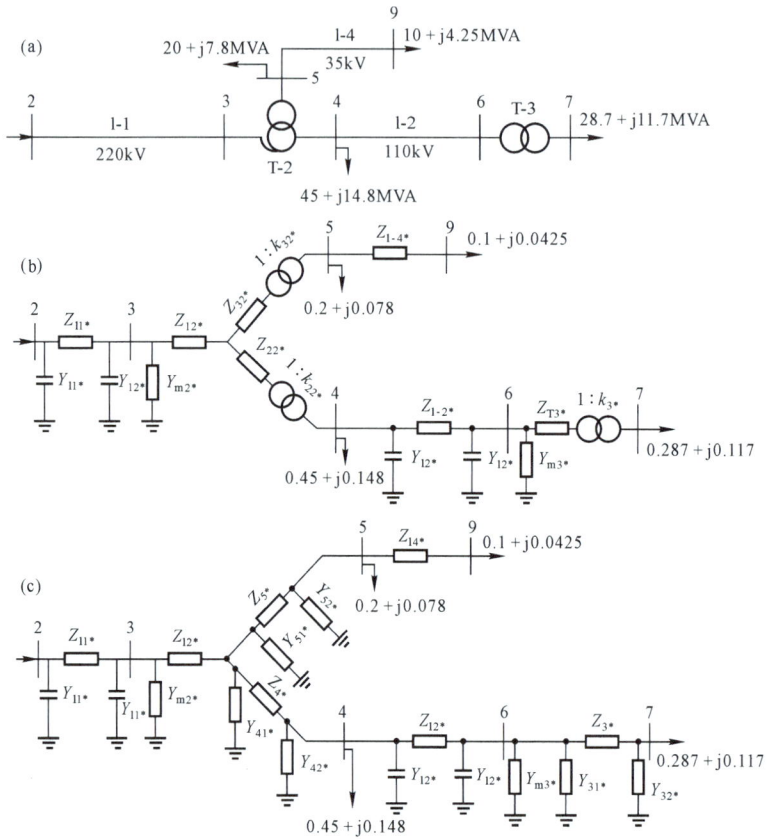

图 2.39　例 2.9 电力网接线图和等值电路

$$Z_{32*} = \left(\frac{1358}{1000} \times \frac{220^2}{120^2} + j\frac{24.2}{100} \times \frac{220^2}{120}\right) \times \frac{100}{220^2}$$

$$= 0.00943 + j0.202$$

$$Y_{m\text{-}2*} = \left(\frac{89}{1000 \times 220^2} - j\frac{0.35}{100} \times \frac{120}{220^2}\right) \times \frac{220^2}{100}$$

$$= (0.89 - j4.2) \times 10^{-3}$$

中压侧双绕组变压器等值电路参数：

$$k_{22*} = \frac{121}{214.5} \div \frac{110}{220} = 1.128$$

$$Z_{4*} = k_{22*} Z_{22*} = 0.00121 - j0.01128$$

$$Y_{41*} = \frac{k_{22*} - 1}{k_{22*} Z_{22*}} = \frac{1.128 - 1}{1.128} \times \frac{1}{0.00107 - j0.01}$$

$$= 0.1135 \times (10.58 + j98.9)$$

$$= 1.2 + j11.22$$

$$Y_{42*} = \frac{1 - k_{22*}}{k_{22*}^2 Z_{22*}} = \frac{1 - 1.128}{1.128^2} \times (10.58 + j98.9)$$

$$= -1.064 - j9.95$$

低压侧双绕组变压器等值电路参数：

$$k_{32*} = \frac{38.5}{214.5} \div \frac{35}{220} = 1.128$$

$$Z_{5*} = k_{32*} Z_{32*} = 0.0106 + j0.228$$

$$Y_{51*} = \frac{k_{32*}-1}{k_{32*} Z_{32*}} = \frac{1.128-1}{1.128} \times \frac{1}{0.00943+j0.202}$$

$$= 0.1135 \times (0.231-j4.94) = 0.0262 - j0.561$$

$$Y_{52*} = \frac{1-k_{32*}}{k_{32*}^2 Z_{32*}} = \frac{1-1.128}{1.128^2} \times (0.231-j4.94)$$

$$= -0.0232 + j0.497$$

线路 1-4：

$$Z_{1\text{-}4*} = (0.17+j0.38) \times 13 \times \frac{100}{35^2} = 0.1804 + j0.403$$

线路 1-2：

$$Z_{1\text{-}2*} = (0.105+j0.383) \times 60 \times \frac{100}{110^2}$$

$$= 0.0521 + j0.1899$$

$$Y_{1\text{-}2*} = j\frac{B_{1\text{-}2*}}{2} = j2.98 \times 10^{-6} \times \frac{60}{2} \times \frac{110^2}{100} = j0.01082$$

变压器 T-3：

$$Z_{\text{T-3}*} = \left(\frac{280}{1000} \times \frac{110^2}{63^2} + j\frac{10.5}{100} \times \frac{110^2}{63} \right) \times \frac{100}{110^2}$$

$$= 0.00705 + j0.1667$$

$$Y_{\text{m-3}*} = \left(\frac{60}{1000 \times 110^2} - j\frac{0.61}{100} \times \frac{63}{110^2} \right) \times \frac{110^2}{100}$$

$$= (0.6-j3.84) \times 10^{-3}$$

$$k_{3*} = \frac{10.5}{110} \div \frac{10}{110} = 1.05$$

$$Z_{3*} = k_{3*} Z_{\text{T-3}*} = 0.0074 + j0.175$$

$$Y_{31*} = \frac{k_{3*}-1}{k_{3*} Z_{\text{T-3}*}} = \frac{1.05-1}{1.05} \times \frac{1}{0.00705+j0.1667}$$

$$= 0.0476 \times (0.253-j5.99) = 0.012 - j0.285$$

$$Y_{32*} = \frac{1-k_{3*}}{k_{3*}^2 Z_{\text{T-3}*}} = \frac{1-1.05}{1.05^2} \times (0.253-j5.99)$$

$$= -0.0115 + j0.272$$

本章习题

第 2 章习题及解析

第3章
电力系统潮流计算

3.1　简单电力系统正常运行分析

▶▶▶ 3.1.1　电力线路的电压损耗与功率损耗

电力线路最简单的模型是连接两节点间的一条阻抗支路,如图 3.1 所示。首先讨论这种模型中的电压损耗与功率损耗。图 3.1(a)中,$R+jX$ 为线路阻抗,$P+jQ$ 为节点 j 负荷的一相功率。

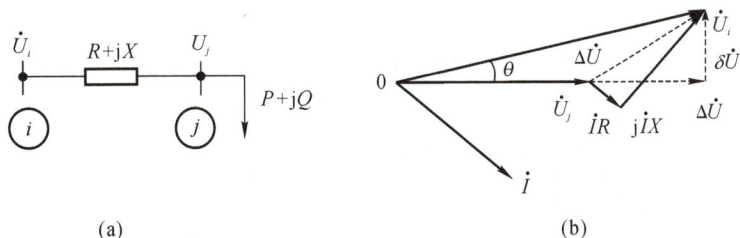

图 3.1　电力线路模型和电压相量图

当以节点 j 的相电压 U_j 为参考相量,即 $\dot{U}_j = U_j \angle 0°$,可求出线路始端的相电压:

$$\dot{U}_i = \dot{U}_j + \dot{I}(R+jX) = U_j + \frac{P-jQ}{U_j}(R+jX)$$

$$= U_j + \frac{PR+QX}{U_j} + j\frac{PX-QR}{U_j} = U_j + \Delta U + j\delta U \tag{3.1}$$

式中,

$$\Delta U = \frac{PR+QX}{U_j} \tag{3.2a}$$

$$\delta U = \frac{PX-QR}{U_j} \tag{3.2b}$$

线路的电压相量图见图 3.1(b)。线路电压降落(两端电压相量差)为

$$\Delta\dot{U} = \dot{U}_i - \dot{U}_j = \Delta U + j\delta U$$

式中,ΔU 称作电压降落纵分量,δU 称作电压降落横分量。

从相量图中可以求得线路始端相电压有效值和相位角:

$$U_i = \sqrt{(U_j+\Delta U)^2 + \delta U^2}$$

$$= \sqrt{\left(U_j + \frac{PR+QX}{U_j}\right)^2 + \left(\frac{PX-QR}{U_j}\right)^2} \tag{3.3}$$

$$\theta = \arctan \frac{\delta U}{U_j + \Delta U} \tag{3.4}$$

长度较短的电力线路两端电压相角差一般都不大，可近似认为

$$U_i \approx U_j + \frac{PR + QX}{U_j} \tag{3.5}$$

亦即线路的电压损耗（两端电压有效值之差）可近似地用电压降落的纵分量 ΔU 表示。

在电力系统正常运行情况的分析计算中，通常使用线电压和三相功率表示。式(3.1)～(3.4)中，将电压改为线电压，同时将功率改为三相功率，关系式仍是正确的；各量用标幺值表示时也同样适用。以后的分析计算均采用线电压和三相功率表示，或用标幺制。

通过线路输送的负荷在线路电阻和电抗上产生的功率损耗就是线路的功率损耗

$$\Delta \widetilde{S} = \Delta P + j\Delta Q = 3I^2(R + jX) = \frac{P^2 + Q^2}{U_j^2}(R + jX) \tag{3.6}$$

电力线路常用的模型为 π 形等值电路，如图 3.2(a)所示。与图 3.1(a)相比，线路两端各多了一条数值为线路等值导纳 B 一半的对地支路。如以 $P' + jQ'$ 代表通过线路等值阻抗 $R + jX$ 靠 j 侧的功率，则有

$$P' + jQ' = P + jQ - j\frac{B}{2}U_j^2 \tag{3.7}$$

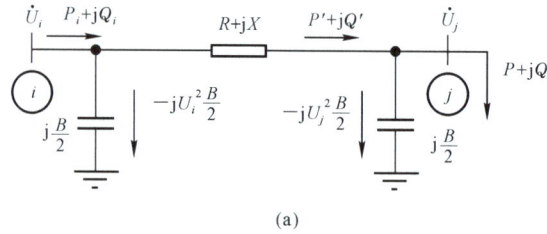

(a)

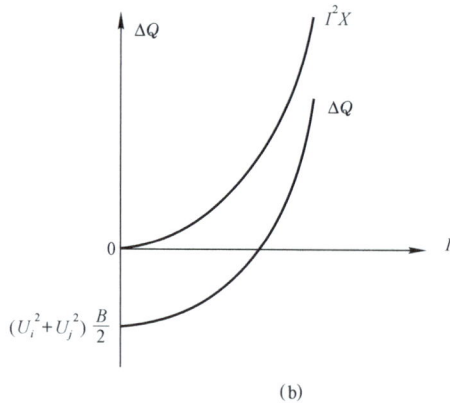

(b)

图 3.2　电力线路 π 形模型和线路的无功功率损耗

而线路始端电压：

$$U_i = U_j + \frac{P'R + Q'X}{U_j} + j\frac{P'X - Q'R}{U_j} \tag{3.8}$$

$$线路电压损耗 \approx \frac{P'R + Q'X}{U_j} \tag{3.9}$$

线路功率损耗：

$$\Delta \widetilde{S} = \Delta P + \mathrm{j}\Delta Q = \frac{P'^2 + Q'^2}{U_j^2}(R + \mathrm{j}X) - \mathrm{j}\frac{U_i^2}{2}B - \mathrm{j}\frac{U_j^2}{2}B \qquad (3.10)$$

线路送端的功率：

$$P_i + \mathrm{j}Q_i = P + \Delta P + \mathrm{j}(Q + \Delta Q) \qquad (3.11)$$

从式(3.10)可以看出，线路的无功功率损耗由两部分组成：其一为线路等值电抗中消耗的无功功率，这部分功率与负荷平方成正比；其二为对地等值电纳消耗的无功功率（又称充电功率），由于这一部分无功功率是容性的，因而事实上是发出无功功率，它的大小与所加电压的平方成正比，而与线路流过的负荷无直接关系。线路消耗的无功功率与通过负荷电流的近似关系见图 3.2(b)。可以看出，当线路轻载运行时，线路只消耗很少的无功功率，甚至发出无功功率，因而，线路损耗的无功功率是一个与负荷有关的量。

高压线路在轻载运行时发出的无功功率，对无功功率缺乏的系统可能是有益的，但对于超高压输电线路却是不利的。超高压线路等值对地电容产生的无功功率比较大，而超高压线路输送的无功功率又比较小，或者说输送功率的功率因数比较高，这样就有可能产生在轻载时线路充电功率大于线路输送的无功功率。从式(3.8)可以看出，当 Q' 出现负值时，线路始端电压有可能低于末端电压，或者说，线路末端电压高于始端电压。当线路始端电压保持在正常水平，末端电压的升高会导致设备绝缘的损坏，这是不允许的，因而在 500kV 系统中，线路末端常连接并联电抗器，在空载或轻载时抵消充电功率，避免在线路上出现过电压现象。

▶▶▶ 3.1.2 变压器的电压损耗与功率损耗

与电力线路一样，变压器的电压和功率损耗也可按其等值电路计算，如图 3.3(a)所示。变压器的电压损耗计算与线路的计算相同，如式(3.1)～(3.4)所示，但在式中要用变压器的等值电阻 R_T 和电抗 X_T 来代替线路的阻抗。在计算变压器的功率损耗时，要注意到变压器的对地支路是感性的，因而它始终消耗无功功率，总无功功率损耗与负荷的关系如图 3.3(b)所示。

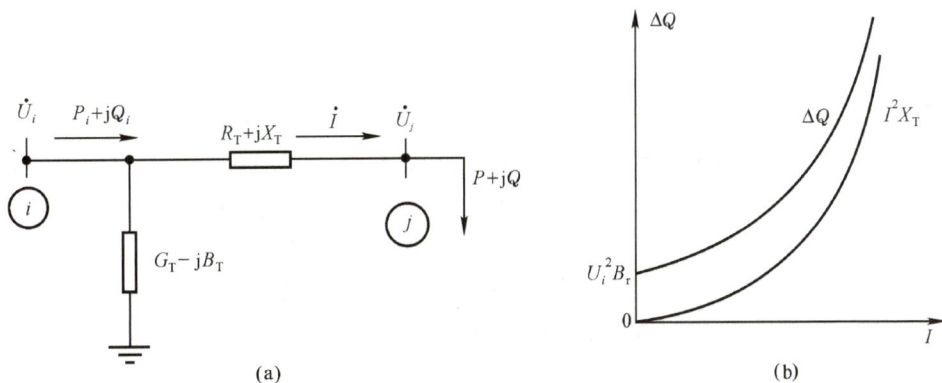

图 3.3 变压器等值电路和无功功率损耗

另外，接地支路还消耗有功功率，即变压器的铁心损耗。这两部分损耗在等值电路中可用接于供电端的并联电纳$-B_T$和电导G_T支路来表示。变压器的功率损耗如下：

$$\Delta P = \frac{P^2 + Q^2}{U_j^2} R_T + U_i^2 G_T \tag{3.12}$$

$$\Delta Q = \frac{P^2 + Q^2}{U_j^2} X_T + U_i^2 B_T \tag{3.13}$$

$$P_i + jQ_i = P + \Delta P + j(Q + \Delta Q) \tag{3.14}$$

由式(3.12)与式(3.13)可见，变压器的有功损耗与无功损耗都是由两部分组成：一部分是与负荷无关的分量，另一部分是与通过的负荷平方成正比的损耗。

▶▶▶ 3.1.3　辐射型网络的分析计算

电力系统中很多情况是采用辐射型电力网，如图3.4所示。

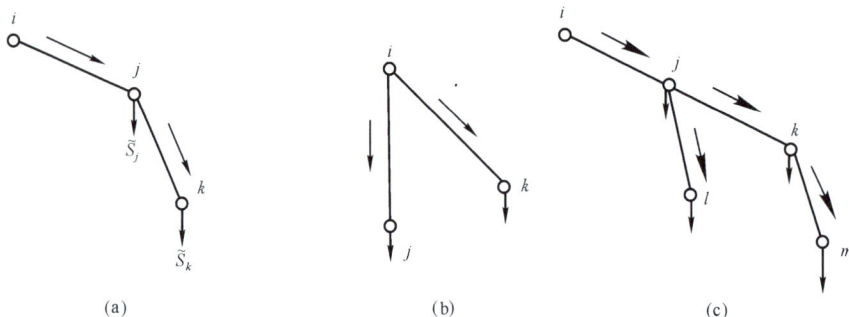

图 3.4　辐射型电力网

辐射型电力网的特点是各条线路有明确的始端与末端。辐射型电力网的分析计算就是利用已知的负荷、节点电压求取未知的节点电压、线路功率分布、功率损耗及始端输出功率。由于辐射型电力网结构简单，因此计算比较方便。

辐射型电力网的分析计算，根据已知条件的不同，一般可分为如下两种。

1. 已知末端功率与电压

这是最简单的情形，可利用前一节所述的方法，从末端逐级往上推算，直至求得各要求的量。

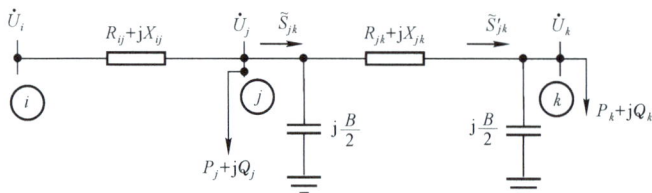

图 3.5　辐射型电力网的功率分布

如图3.5所示的电路中，末端电压U_k及功率P_k和Q_k为已知，可以得到线路j-k阻抗末端的功率：

$$\widetilde{S}'_{jk} = P'_k + jQ'_k = P_k + j\left(Q_k - \frac{U_k^2}{2}B\right)$$

线路 *j-k* 阻抗的功率损耗:

$$\Delta \widetilde{S}_{jk} = \frac{P'^2_k + Q'^2_k}{U^2_k}(R_{jk} + \mathrm{j}X_{jk})$$

节点 *j* 的电压:

$$U_j = \sqrt{\left(U_k + \frac{P'_k R_{jk} + Q'_k X_{jk}}{U_k}\right)^2 + \left(\frac{P'_k X_{jk} - Q'_k R_{jk}}{U_k}\right)^2}$$

线路 *j-k* 的始端功率:

$$\widetilde{S}_{jk} = \widetilde{S}'_{jk} + \Delta \widetilde{S}_{jk} - \mathrm{j}\frac{U^2_j}{2}B$$

这样,在线路 *i-j* 末端节点 *j* 上的负荷为 $\widetilde{S}_{jk} + \widetilde{S}_j$。同理,可以从节点 *j* 推算至 *i*。

如果已知条件为线路始端电压与始端功率,则可采用同样的方法,从线路始端推算出各点电压与支路功率,只是功率损耗和电压损耗的符号。

2. 已知末端功率与始端电压

这是最常见的情形。末端可理解成一负荷点,始端为电源点或电压中枢点。对于这种情形,可以采用迭代法来求解。

第一步:假设末端电压为线路额定电压,利用第一种方法求得始端功率及全网功率分布;

第二步:用求得的线路始端功率和已知的线路始端电压,计算线路末端电压和全网功率分布;

第三步:用第二步求得的线路末端电压计算线路始端功率和全网功率分布,如求得的各线路功率与前一次相同计算的结果相差小于允许值,就可认为本步求得的线路电压和全网功率分布为最终计算结果。否则,返回第二步重新进行计算。

【例 3.1】 电网结构如图 3.6 所示,其额定电压为 10kV。已知各节点的负荷功率及线路参数:

$$\widetilde{S}_2 = 0.3 + \mathrm{j}0.2(\mathrm{MVA})$$
$$\widetilde{S}_3 = 0.5 + \mathrm{j}0.3(\mathrm{MVA})$$
$$\widetilde{S}_4 = 0.2 + \mathrm{j}0.15(\mathrm{MVA})$$
$$Z_{12} = 1.2 + \mathrm{j}2.4(\Omega)$$
$$Z_{23} = 1.0 + \mathrm{j}2.0(\Omega)$$
$$Z_{24} = 1.5 + \mathrm{j}3.0(\Omega)$$

试作功率和电压计算。

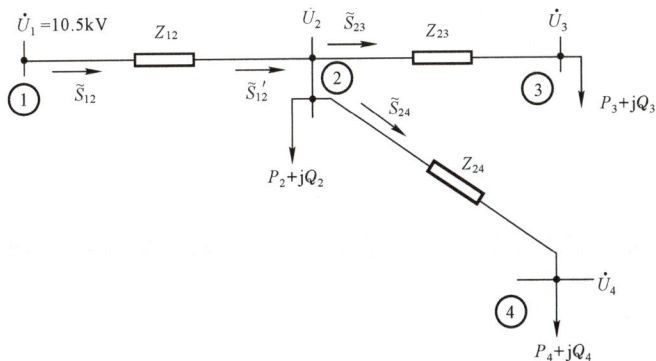

图 3.6 电力网

【解】 （1）先假设各节点电压均为额定电压,求线路始端功率。

$$\Delta \widetilde{S}_{23} = \frac{P_3^2 + Q_3^2}{U_N^2}(R_{23} + jX_{23}) = \frac{0.5^2 + 0.3^2}{10^2}(1 + j2)$$
$$= 0.0034 + j0.0068$$

$$\Delta \widetilde{S}_{24} = \frac{P_4^2 + Q_4^2}{U_N^2}(R_{24} + jX_{24}) = \frac{0.2^2 + 0.15^2}{10^2}(1.5 + j3)$$
$$= 0.0009 + j0.0019$$

$$\widetilde{S}_{23} = \widetilde{S}_3 + \Delta \widetilde{S}_{23} = 0.5034 + j0.3068$$

$$\widetilde{S}_{24} = \widetilde{S}_4 + \Delta \widetilde{S}_{24} = 0.2009 + j0.1519$$

$$\widetilde{S}'_{12} = \widetilde{S}_{23} + \widetilde{S}_{24} + \widetilde{S}_2 = 1.0043 + j0.6587$$

$$\Delta \widetilde{S}_{12} = \frac{P_{12}'^2 + Q_{12}'^2}{U_N^2}(R_{12} + jX_{12})$$

$$= \frac{1.0043^2 + 0.6587^2}{10^2}(1.2 + j2.4)$$

$$= 0.0173 + j0.0346$$

$$\widetilde{S}_{12} = \widetilde{S}'_{12} + \Delta \widetilde{S}_{12} = 1.0216 + j0.6933(\text{MVA})$$

（2）用已知的线路始端电压 $U_1 = 10.5\text{kV}$ 及上述求得的线路始端功率 $\widetilde{S}_{12}$,求出线路各点电压:

$$\Delta U_{12} = (P_{12}R_{12} + Q_{12}X_{12})/U_1 = 0.2752$$
$$U_2 \approx U_1 - \Delta U_{12} = 10.2248(\text{kV})$$
$$\Delta U_{24} = (P_{24}R_{24} + Q_{24}X_{24})/U_2 = 0.0740$$
$$U_4 \approx U_2 - \Delta U_{24} = 10.1508(\text{kV})$$
$$\Delta U_{23} = (P_{23}R_{23} + Q_{23}X_{23})/U_2 = 0.1092$$
$$U_3 \approx U_2 - \Delta U_{23} = 10.1156(\text{kV})$$

（3）根据上述求得的线路各点电压,重新计算各线路的功率损耗和线路始端功率:

$$\Delta \widetilde{S}_{23} = \frac{0.5^2 + 0.3^2}{10.12^2}(1 + j2) = 0.0033 + j0.0066$$

$$\Delta \widetilde{S}_{24} = \frac{0.2^2 + 0.15^2}{10.15^2}(1.5 + j3) = 0.0009 + j0.0018$$

$$\widetilde{S}_{23} = \widetilde{S}_3 + \Delta \widetilde{S}_{23} = 0.5033 + j0.3066$$

$$\widetilde{S}_{24} = \widetilde{S}_4 + \Delta \widetilde{S}_{24} = 0.2009 + j0.1518$$

$$\widetilde{S}'_{12} = \widetilde{S}_{23} + \widetilde{S}_{24} + \widetilde{S}_2 = 1.0042 + j0.6584$$

$$\Delta \widetilde{S}_{12} = \frac{1.0042^2 + 0.6584^2}{10.22^2}(1.2 + j2.4)$$

$$= 0.0166 + j0.0331$$

$$\widetilde{S}_{12} = 1.0208 + j0.6915(\text{MVA})$$

与第一步所得的计算结果比较,差值小于 0.3%,故第二步和第三步的结果可作为最终的计算结果。

▶▶▶ 3.1.4　电力网的电能损耗

在分析电力系统运行经济性时,不但要求计算最大负荷时电力网的功率损耗,还要求计算一段时间内电力网的电能损耗。通常以年(即 $365\mathrm{d}\times24\mathrm{h/d}=8760\mathrm{h}$)作为计算时间段,称为电力网年电能损耗。

电力系统各负荷的年有功和无功负荷曲线已知时,原则上可以准确计算年电能损耗。为了简化计算,可将实际负荷曲线用一个阶梯形曲线代替,亦即将全年 8760h 分为若干段,每段时间内各负荷的有功和无功功率都用定值表示。这样就可分别对各时间段进行系统的潮流计算,求出全网的有功功率损耗,并计算出各时间段的电能损耗,它们的总和即为年电能损耗。例如 8760h 分为 n 段,其中第 i 段时间为 $\Delta t_i(\mathrm{h})$,全网功率损耗为 $\Delta P_i(\mathrm{MW})$,则全网年电能损耗 ΔA 为

$$\Delta A = \sum_{i=1}^{n}(\Delta P_i \times \Delta t_i)(\mathrm{MWh})$$

时间段数 n 愈多,计算的结果愈准确,但计算工作量也愈大,所以要选择适当的 n 值,以减少工作量并保证一定的准确度。上述方法通常应用计算机进行计算。

在作电力系统规划设计等不要求准确计算电能损耗时,常应用经验公式或曲线计算年电能损耗。这里介绍较常用的两种方法。

首先说明表征年有功负荷曲线特点的两个指标:年最大负荷利用小时数 $T_{\max}$ 和年负荷率 K_{LY}。根据年负荷曲线(见图 1.16)可求得该负荷全年需要的电能

$$A = \int_0^{8760} P\mathrm{d}t(\mathrm{MWh})$$

设年有功负荷曲线的最大值为 $P_{\max}(\mathrm{MW})$,则年最大负荷利用小时 $T_{\max}$ 定义为

$$T_{\max} = \frac{A}{P_{\max}}(\mathrm{h}) \tag{3.15}$$

$T_{\max}$ 愈大表示负荷曲线愈平坦,即功率的最大值与最小值相对差值愈小;如果负荷曲线为一水平线,则 $T_{\max}=8760\mathrm{h}$,达到最大值。电力系统设计手册等都给出各类负荷的典型 $T_{\max}$ 值,它是根据统计资料求得的,例如钢铁工业的 $T_{\max}$ 约为 6500h,食品工业的 $T_{\max}$ 约为 4500h 等。

年负荷率 K_{LY} 定义为

$$K_{\mathrm{LY}} = \frac{A}{8760P_{\max}} = \frac{T_{\max}}{8760} \tag{3.16}$$

它与 $T_{\max}$ 一样,可用来衡量年负荷曲线的平坦程度。

下面介绍的两种简化年电能损耗计算方法,可用于计算线路或变压器的年电能损耗。全部线路和变压器电能损耗之和即为全电网的年电能损耗。

1. 年负荷损耗率法

先讨论电力线路。设线路通过最大负荷时的功率损耗为 $\Delta P_{\max}$,年电能损耗为 ΔA,年负荷损耗率 K_{AY} 定义为

$$K_{AY} = \frac{\Delta A}{8760 \Delta P_{max}} \qquad (3.17)$$

根据统计资料分析，K_{AY} 与年负荷率 K_{LY} 有关，近似关系为

$$K_{AY} = KK_{LY} + (1-K)K_{LY}^2 \qquad (3.18)$$

式中，K 为经验数值。一般取 $K = 0.1 \sim 0.4$，K_{LY} 较低时取较小数值。

因此，可以根据通过线路负荷的最大负荷利用小时数 T_{max} 按式(3.16)和(3.18)求出 K_{LY} 和 K_{AY}，再计算最大负荷时线路的功率损耗 ΔP_{max}，最后按式(3.17)计算线路的年电能损耗为

$$\Delta A = 8760 K_{AY} \Delta P_{max} \qquad (3.19)$$

变压器的功率损耗包括与负荷有关的电阻损耗和空载损耗 ΔP_0，所以它的年电能损耗为

$$\Delta A = 8760 K_{AY} \Delta P_{max} + \Delta P_0 T \qquad (3.20)$$

式中，T 为变压器每年接入运行的小时数，缺乏具体数据时可取 $T = 8000h$。

2. 最大负荷损耗时间法

先讨论电力线路，设线路通过最大负荷时的功率损耗为 ΔP_{max}，年电能损耗为 ΔA，最大负荷损耗时间定义为

$$\tau_{max} = \frac{\Delta A}{\Delta P_{max}} (h) \qquad (3.21)$$

根据分析，τ_{max} 与线路负荷的功率因数和 T_{max} 有关，表 3.1 列出 τ_{max} 与 T_{max} 及 $\cos\varphi$ 的关系，可供计算时使用。

使用这一方法时只需计算最大负荷时线路的功率损耗 ΔP_{max}，再按负荷的 T_{max} 和 $\cos\varphi$ 查表得到 τ_{max}，就可用下式计算线路的年电能损耗。

$$\Delta A = \Delta P_{max} \tau_{max} \qquad (3.22)$$

变压器的年电能损耗为

$$\Delta A = \Delta P_{max} \tau_{max} + \Delta P_0 T \qquad (3.23)$$

表 3.1 τ_{max} 与 T_{max} 及 $\cos\varphi$ 的关系

T_{max}/h	$\cos\varphi$				
	0.80	0.85	0.90	0.95	1.00
2000	1500	1200	1000	800	700
2500	1700	1500	1250	1100	950
3000	2000	1800	1600	1400	1250
3500	2350	2150	2000	1800	1600
4000	2750	2600	2400	2200	2000
4500	3150	3000	2900	2700	2500
5000	3600	3500	3400	3200	3000
5500	4100	4000	3950	3750	3600
6000	4650	4600	4500	4350	4200
6500	5250	5200	5100	5000	4850
7000	5950	5900	5800	5700	5600
7500	6650	6600	6550	6500	6400
8000	7400		7350		7250

3.2　复杂电力系统潮流计算基础

上节介绍了简单电力系统的分析方法。但是,随着电力系统的不断扩大、电力网结构的日益复杂,已经不能再用这种简单的方法来分析复杂的电力系统。电力系统潮流计算就是对复杂电力系统正常和故障条件下稳态运行状态的计算。潮流计算的目标是求取电力系统在给定运行方式下的节点电压和功率分布,用以检查系统各元件是否过负荷、各点电压是否满足要求、功率的分布和分配是否合理以及功率损耗是否过大等。对现有电力系统的运行和扩建、对新的电力系统进行规划设计以及对电力系统进行静态和暂态稳定分析,都是以潮流计算为基础的。因此,潮流计算是电力系统计算分析中一种最基本的计算。

目前,电子计算机已广泛应用于电力系统的分析计算,潮流计算是其基本应用软件之一,现在已有很多种潮流计算方法。对潮流计算方法有以下四方面的要求:

(1)计算速度快。

(2)计算精度高。

(3)输入、输出方便,人机互动性好。

(4)适应性强,能与其他程序配合使用。

另外,潮流计算的模型和方法与潮流计算结果的用途密切相关,如电力系统稳定、安全估计和最优潮流等的潮流计算模型和方法就不尽相同。本节及下一节分别介绍用于离线计算稳态运行方式的潮流计算基础和方法。

▶▶▶ 3.2.1　节点电压方程与节点导纳矩阵和阻抗矩阵

将节点电压法应用于电力系统潮流计算,其变量为节点电压与节点注入电流。通常,以大地作为电压幅值的参考,而以系统中某一指定母线的电压角度作为电压相角的参考,并以支路导纳作为电力网的参数进行计算。

将节点 i 和 j 的电压表示为 $\dot{U}_i$ 和 $\dot{U}_j$,将它们之间的支路导纳表示为 y_{ij}(支路阻抗的倒数值 $1/z_{ij}$;复数),则在此支路中从节点 i 流向 j 的电流[见图 3.7(a)]为

$$\dot{I}_{ij} = y_{ij}(\dot{U}_i - \dot{U}_j) \tag{3.24}$$

根据克希荷夫电流定律,注入节点 i 的电流 $\dot{I}_i$(设流入节点的电流为正)等于离开节点 i 的电流之和[见图 3.7(b)],因此,

$$\dot{I}_i = \sum_{\substack{j=0 \\ j \neq i}}^{n} \dot{I}_{ij} = \sum_{\substack{j=0 \\ j \neq i}}^{n} y_{ij}(\dot{U}_i - \dot{U}_j) \tag{3.25}$$

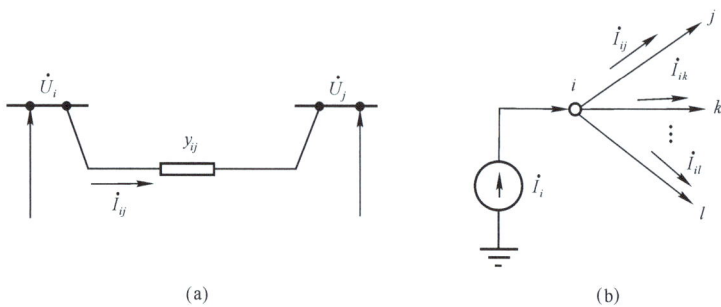

(a)   (b)

图 3.7　节点电压和支路电流的关系

式中，n 为电力网的节点数，不包含地节点在内。下标 0 表示地节点，且有 $U_0=0$，所以

$$\dot{I}_i=\dot{U}_i\sum_{\substack{j=0\\j\neq i}}^{n}y_{ij}-\sum_{\substack{j=1\\j\neq i}}^{n}y_{ij}\dot{U}_j \tag{3.26}$$

如令

$$\sum_{\substack{j=0\\j\neq i}}^{n}y_{ij}=Y_{ii}, \quad -y_{ij}=Y_{ij}$$

则式（3.26）可以改写为

$$\dot{I}_i=\sum_{j=1}^{n}Y_{ij}\dot{U}_j \qquad (i=1,2,\cdots,n) \tag{3.27}$$

上式也可以写成矩阵形式

$$\boldsymbol{I}=\boldsymbol{Y}\boldsymbol{U} \tag{3.28}$$

此即为电力网的节点电压方程，$\boldsymbol{Y}$ 称为节点导纳矩阵。

节点导纳矩阵的各元素可以由其定义直接求得。在式（3.27）中，由定义 $Y_{ij}=-y_{ij}$，可知导纳矩阵的第 i 行第 j 列的非对角元素为节点 i、j 间支路导纳的负值，称为节点 i 和节点 j 间的互导纳或转移导纳。如节点 i 和 j 间无直接联系，则两节点间支路阻抗为无穷大，支路导纳为零，相应的互导纳也为零。

从式（3.27）也可以看出，当在节点 i 上加一单位值电压，而其他节点均接地时（见图 3.8），节点 $j(j=1,2,\cdots,n,j\neq i)$ 的注入电流

$$\dot{I}_j=Y_{ij}=-y_{ij} \tag{3.29}$$

因为 $\dot{I}_j$ 为自节点 j 流入的电流，所以为支路导纳 y_{ij} 的负值。

导纳矩阵的第 i 个对角元素 Y_{ii} 为所有与节点 i 相连支路（包括接地支路）导纳之和，称为节点 i 的自导纳。从图 3.8 可以看出，自导纳的值等于在节点 i 上加一单位值电压时流入节点 i 的电流值。

n 个节点的电力网络的节点导纳矩阵具有以下特点：

（1）$n\times n$ 阶方阵。

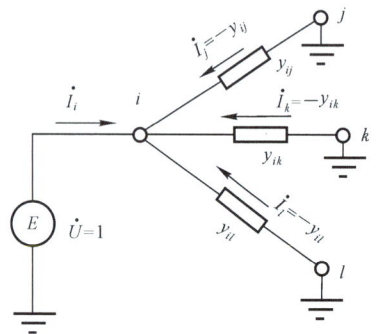

图 3.8　在节点上加一单位电压

(2)对称矩阵。

(3)复数矩阵。

(4)每一非对角元素 Y_{ij} 是节点 i 和 j 间支路导纳的负值,当 i 和 j 间没有直接相连的支路时,即为零。根据一般电力系统的特点,每一节点与 $3\sim5$ 个相邻节点有直接联系,所以导纳矩阵是一高度稀疏的矩阵。

(5)对角线元素 Y_{ii} 为所有连接于节点 i 的支路(包括节点 i 的接地支路)的导纳之和。

在电力系统的分析计算中,往往要作不同运行方式下的潮流计算,每种方式只是对局部区域或个别元件作一些变化,例如投入或切除一条线路或一台变压器。由于改变一条支路的状态或参数只影响该支路两端节点的自导纳和它们之间的互导纳,因而对每一种运行方式不必重新形成导纳矩阵,只需对原有导纳矩阵作相应修改。修改方法如下:

(1)原网络节点增加一接地支路[见图 3.9(a)]

设在节点 i 增加一对地支路,由于没有增加节点数,所以节点导纳矩阵阶数不变。对于导纳,只有自导纳 Y_{ii} 发生变化,变化量为节点 i 新增的接地支路的导纳 y_i:

$$Y'_{ii} = Y_{ii} + \Delta Y_{ii} = Y_{ii} + y_i \qquad (3.30)$$

(2)原网络节点 i 和 j 间增加一条支路[见图 3.9(b)]

此时节点导纳矩阵的阶数不变,只是由于节点 i 和 j 间增加了一个支路导纳 y_{ij} 而使节点 i 和节点 j 间的互导纳、节点 i 和 j 的自导纳发生变化,变化量为

$$\Delta Y_{ii} = y_{ij}, \Delta Y_{jj} = y_{ij}, \Delta Y_{ij} = \Delta Y_{ji} = -y_{ij} \qquad (3.31)$$

(3)从原网络引出一条新支路,同时增加一个新节点[见图 3.9(c)]

设原网络有 n 个节点,现从节点 $i(i \leqslant n)$ 引出一条支路及新增一节点 j。由于网络节点多了一个,所以节点导纳矩阵也增加一阶。新增支路与原网络节点 i 相连,因而原节点导纳矩阵元素 Y_{ii} 将发生变化,而其余元素则不变;新增节点 j 只通过支路导纳 y_{ij} 与原网络中节点 i 相连,而与其他节点不直接相连,因此,新的节点导纳矩阵中第 j 列和第 j 行中非对角元素除 Y_{ij} 和 Y_{ji} 外其余都为零,如下所示:

$$
\begin{matrix}
& & & i\,列 & & & j\,列 \\
\begin{bmatrix}
Y_{11} & Y_{12} & \cdots & Y_{1i} & \cdots & Y_{1n} & 0 \\
Y_{21} & Y_{22} & \cdots & Y_{2i} & \cdots & Y_{2n} & 0 \\
\vdots & \vdots & & \vdots & & \vdots & \\
Y_{i1} & Y_{i2} & \cdots & Y'_{ii} & \cdots & Y_{in} & Y_{ij} \\
\vdots & \vdots & & \vdots & & \vdots & \\
Y_{n1} & Y_{n2} & \cdots & Y_{ni} & \cdots & Y_{nn} & 0 \\
0 & 0 & \cdots & Y_{ji} & \cdots & 0 & Y_{jj}
\end{bmatrix}
& \begin{matrix} \\ \\ \\ i\,行 \\ \\ \\ j\,行 \end{matrix}
\end{matrix}
$$

其中,原节点导纳矩阵的对角元素 Y_{ii} 应修正为 $Y'_{ii} = Y_{ii} + y_{ij}$;新增导纳矩阵元素 $Y_{jj} = y_{ij}$,$Y_{ij} = Y_{ji} = -y_{ij}$。

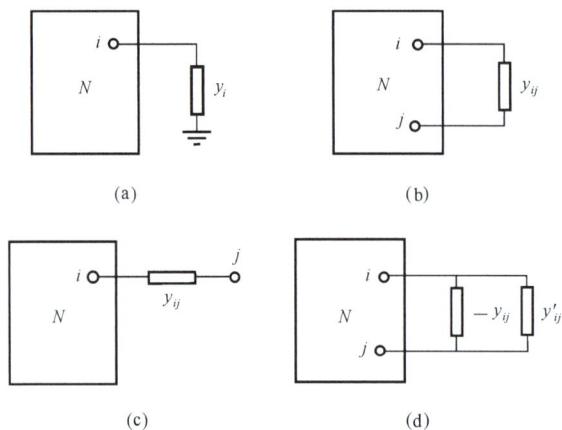

图 3.9　电力网的变化

增加一台变压器时，可以先将变压器用含有非标准变比的 π 形等值电路替代，然后按以上三种基本方法处理。例如，节点 i 和 j 间增加一台变压器[见图 3.10(a)]，节点导纳矩阵有关元素的变化量可由 π 形等值电路[见图 3.10(b)]求得：

$$\Delta Y_{ii} = \frac{y_{\mathrm{T}}}{k} + y_{\mathrm{T}}\left(1 - \frac{1}{k}\right) = y_{\mathrm{T}} \tag{3.32}$$

$$\Delta Y_{jj} = \frac{y_{\mathrm{T}}}{k} + y_{\mathrm{T}}\left(\frac{1}{k^2} - \frac{1}{k}\right) = \frac{y_{\mathrm{T}}}{k^2} \tag{3.33}$$

$$\Delta Y_{ij} = \Delta Y_{ji} = -y_{\mathrm{T}}/k \tag{3.34}$$

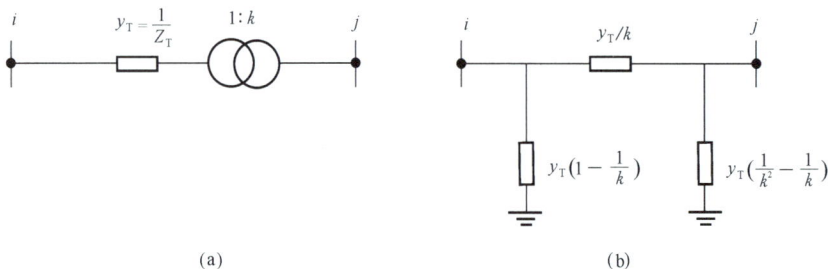

图 3.10　增加变压器

修改原网络中的支路参数，可以理解为先将被修改支路切除，然后再投入以修改后参数为导纳值的支路。因而，修改原网络中的支路参数可通过给原网络支路并联两条支路来实现。如图 3.9(d)所示，一条支路的参数为原来该支路导纳的负值 $-y_{ij}$（相当于切除该支路），另一条支路的参数为修改后支路的导纳 y'_{ij}。

由式(3.28)可得：

$$\boldsymbol{U} = \boldsymbol{Y}^{-1}\boldsymbol{I} = \boldsymbol{Z}\boldsymbol{I} \tag{3.35}$$

式中，$\boldsymbol{Z}$ 为节点导纳矩阵的逆矩阵，称作节点阻抗矩阵，也是一个 n 阶的对称复数方阵。节点阻抗矩阵中各元素的物理意义是：在电力网中任一节点 i 注入一单位电流，而其余节点均为开路（即注入电流为零）时的节点电压值（见图 3.11）为

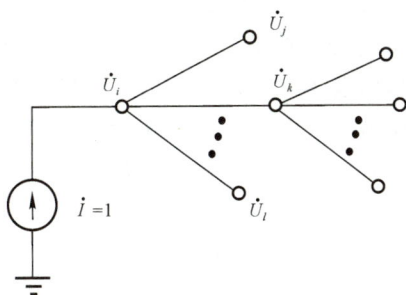

图 3.11 在节点上加一单位电流

$$\dot{U}_i = Z_{ii} \tag{3.36}$$

$$\dot{U}_j = Z_{ji} \qquad (j=1,2,\cdots,n \qquad j \neq i) \tag{3.37}$$

节点阻抗矩阵的对角元素 Z_{ii} 为自阻抗,非对角元素 Z_{ji} 为互阻抗。一般情况下,注入单位电流的节点 i 的电压要大于其他节点的电压,所以 $Z_{ii} > Z_{ji}$。在一有 n 个节点相连成网的系统中,当节点 i 注入单位电流时,其他任一节点上均会出现电压,所以 $Z_{ji} \neq 0$,因而阻抗矩阵中的元素一般不可能为零,它是一个满矩阵。

▶▶▶ 3.2.2 功率方程和节点分类

在实际的电力系统中,已知的运行条件往往不是节点的注入电流而是负荷和发电机的功率,而且这些功率一般不随节点电压的变化而变化。例如,发电机节点的注入功率由驱动发电机的原动机输入功率所决定,不受发电机端电压影响;如果不考虑负荷的电压特性,负荷吸收的功率也与端电压无关。在节点功率不变的情况下,节点的注入电流会随节点电压的变化而变化。因此,在已知节点导纳矩阵的情况下,必须用已知的节点功率来代替未知的节点注入电流,才能求出节点电压。每一节点的注入功率方程式为

$$\widetilde{S}_i = P_i + \mathrm{j}Q_i = \dot{U}_i \overset{*}{I}_i = \dot{U}_i \sum_{j=1}^{n} \overset{*}{Y}_{ij} \overset{*}{U}_j \tag{3.38}$$

上式是复数方程,计算时要求展开成实数形式。节点电压用极坐标 $\dot{U} = U\mathrm{e}^{\mathrm{j}\theta}$ 表示,可得到每一节点有功和无功功率的实数方程为

$$P_i = P_i(\boldsymbol{U}, \boldsymbol{\theta}), \quad Q_i = Q_i(\boldsymbol{U}, \boldsymbol{\theta}) \tag{3.39}$$

也可将节点电压用直角坐标 $\dot{U} = e + \mathrm{j}f$ 表示,则可得:

$$P_i = P_i(\boldsymbol{e}, \boldsymbol{f}), \quad Q_i = Q_i(\boldsymbol{e}, \boldsymbol{f}) \tag{3.40}$$

对于有 n 个节点的电力网,可以列出 $2n$ 个功率方程式。从式(3.38)可以看出,每一节点具有四个变量:注入有功功率 P_i,注入无功功率 Q_i,节点电压幅值 U_i 和相角 θ_i(或电压的实部 e_i 和虚部 f_i)。n 个节点的电力网有 $4n$ 个变量,但只有 $2n$ 个关系方程式。所以,为了使潮流计算有确定解,必须给定其中 $2n$ 个变量。根据给定节点变量的不同,可以有以下三种类型的节点。

PV 节点（电压控制母线） 这种节点注入的有功功率 P_i 为给定数值，电压 U_i 也为给定数值。这种类型节点相当于发电机母线节点，其注入的有功功率（相当于发电机发出的有功功率）由汽轮机调速器设定，而电压大小则由装在发电机上的励磁调节器控制；或者相应于一个装有调相机或静止补偿器的变电所母线，其电压由可调无功功率的控制器设定。

PQ 节点 这种节点注入的有功和无功功率是给定的，相应于实际电力系统中的一个负荷节点，或有功和无功功率给定的发电机母线。

平衡节点 这种节点用来平衡全电网的功率。由于电网的功率损耗在潮流计算前是未知的，无法确定电网中各台发电机所发功率的总和，所以必须选一容量足够大的发电机担任平衡全电网功率的职责，该发电机节点称作平衡节点。平衡节点的电压大小与相位是给定的，通常以它的相角为参考量，即取其电压相角为零。一个独立的电力网中只设一个平衡节点。

应该指出的是，PV 节点、PQ 节点和平衡节点的划分并不是绝对不变的。PV 节点之所以能控制其节点电压为某一设定值，主要原因在于它具有可调节的无功功率出力。一旦它的无功功率出力达到其可调节的无功功率出力的上限或下限时，就不能再使电压保持在设定值。此时，无功功率只能保持在其上限或下限值，PV 节点将转化成 PQ 节点。

【例 3.2】 试求如图 3.12 所示电力网的节点导纳矩阵，图中给出了各支路阻抗和对地导纳的标么值。节点 2 和节点 4 间、节点 3 和节点 5 间为变压器支路，其漏抗和变比如图 3.12 所示。

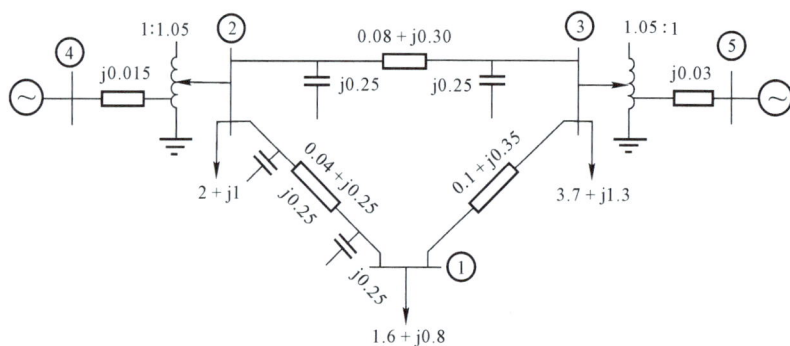

图 3.12　电力系统接线

【解】 根据上述节点导纳矩阵的定义，可求得节点导纳矩阵各元素：

$$Y_{11} = y_{10} + y_{12} + y_{13}$$

$$= j0.25 + \frac{1}{0.04+j0.25} + \frac{1}{0.1+j0.35}$$

$$= j0.25 + 0.624025 - j3.900156 + 0.754717 - j2.641509$$

$$= 1.378742 - j6.291665$$

与节点 1 有关的互导纳为

$$Y_{12} = Y_{21} = -y_{12} = -0.624025 + j3.900156$$

$$Y_{31} = Y_{13} = -y_{13} = -0.754717 + j2.641509$$

支路 2-4 为变压器支路，可以求出节点 2 的自导纳为

$$Y_{22} = y_{20} + y_{12} + y_{23} + y_{42}/k_{42}^2$$
$$= \text{j}0.25 + \text{j}0.25 + 0.624025 - \text{j}3.900156$$
$$+ 0.829876 - \text{j}3.112033 - \text{j}66.666666/1.05^2$$
$$= 1.453901 - \text{j}66.980821$$

与节点 2 有关的互导纳为

$$Y_{23} = Y_{32} = -0.829876 + \text{j}3.112033$$
$$Y_{24} = Y_{42} = -y_{42}/k_{42} = \text{j}63.492063$$

用类似的方法可以求出导纳矩阵的其他元素,最后可得到节点导纳矩阵为

$$Y = \begin{bmatrix} 1.378742 & -0.624025 & -0.754717 & \\ -\text{j}6.291665 & +\text{j}3.900156 & +\text{j}2.641509 & \\ & & & \\ -0.624025 & 1.453901 & -0.829876 & 0.000000 \\ +\text{j}3.900156 & -\text{j}66.980821 & +\text{j}3.112033 & +\text{j}63.492063 \\ & & & \\ -0.754717 & -0.829876 & 1.584593 & 0.000000 \\ +\text{j}2.641509 & +\text{j}3.112033 & -\text{j}35.737858 & +\text{j}31.746032 \\ & & & \\ 0.000000 & 0.000000 & & \\ +\text{j}63.492063 & -\text{j}66.666667 & & \\ & 0.000000 & & 0.000000 \\ & +\text{j}31.746032 & & -\text{j}33.333333 \end{bmatrix}$$

3.3 复杂电力系统潮流计算方法

▶▶▶ 3.3.1 高斯—塞德尔法潮流计算

描述电力系统功率与电压关系的方程式(3.38)是一组关于电压 U 的非线性代数方程式,不能用解析法直接求解。高斯迭代法是一种简单可行的求解方法。

先假设有 n 个节点的电力系统,没有 PV 节点,平衡节点编号为 s,$1 \leqslant s \leqslant n$,则式(3.38)可写成下列复数方程式:

$$\dot{U}_i = \frac{1}{Y_{ii}} \left[\frac{P_i - \text{j}Q_i}{\overset{*}{\dot{U}_i}} - \sum_{\substack{j=1 \\ j \neq i}}^{n} Y_{ij} \dot{U}_j \right] \qquad (i = 1, 2, \cdots, n \quad i \neq s) \qquad (3.41)$$

对每一个 PQ 节点都可列出一个方程式，因而有 $n-1$ 个方程式。在这些方程式中，注入功率 P_i 和 Q_i 都是给定的，平衡节点电压也是已知的，因而只有 $n-1$ 个节点的电压为未知量。这样，用 $n-1$ 个方程式求解 $n-1$ 个变量，有可能求得唯一解。

高斯法的基本思想是用迭代计算来求解式(3.41)，其等号右边是前一次迭代的计算值，等号左边为新值。

$$\dot{U}_i^{(k+1)} = \frac{1}{Y_{ii}} \left(\frac{P_i - jQ_i}{\overset{*}{\dot{U}}_i^{(k)}} - \sum_{\substack{j=1 \\ j \neq i}}^{n} Y_{ij} \dot{U}_j^{(k)} \right) \qquad (i = 1, 2, \cdots, n \quad i \neq s) \qquad (3.42)$$

式中，k 为迭代的次数。在给定节点电压的初值后，对所有的 PQ 节点逐个进行式(3.42)的迭代计算，求得所有 PQ 节点的电压新值，然后以新值代入式(3.42)右边，进行下一次迭代。这样反复迭代，直至所有节点电压前一次的迭代值与后一次迭代值相量差的模小于给定的允许误差值 ε 后，结束迭代，即

$$\left| \dot{U}_i^{(k+1)} - \dot{U}_i^{(k)} \right| \leqslant \varepsilon \qquad (i = 1, 2, \cdots, n \quad i \neq s) \qquad (3.43)$$

迭代计算求得了所有节点的电压之后，就可以利用式(3.38)求出平衡节点的注入功率及利用电路基本定理求取支路功率和支路功率损耗。因此，用高斯法求解潮流的基本步骤为：①设定各节点电压的初值 $\dot{U}_i^{(0)}$，并给定迭代允许误差值 ε；②对每一个 PQ 节点，以前一次迭代的节点电压值代入式(3.42)右边，求出新值；③判别各节点电压前后两次迭代值相量差的模是否小于给定误差 ε，如不小于 ε，则回到第 2 步继续进行计算，否则转到第 4 步；④按式(3.38)求平衡节点注入功率；⑤求支路功率分布和支路功率损耗。

如系统内存在 PV 节点，假设节点 p 为 PV 节点，设定的节点电压为 U_{p0}。假定高斯法已完成第 k 次迭代，接着要做第 $k+1$ 次迭代，此时，应先按下式求出节点 p 注入的无功功率（符号 Im 为取复数的虚部）：

$$Q_p^{(k+1)} = \mathrm{Im} \left[\dot{U}_p^{(k)} \sum_{j=1}^{n} \overset{*}{Y}_{pj} \overset{*}{\dot{U}}_j^{(k)} \right] \qquad (3.44)$$

然后将其代入下式，求出节点 p 的电压：

$$\dot{U}_p^{(k+1)} = \frac{1}{Y_{pp}} \left(\frac{P_p - jQ_p^{(k+1)}}{\overset{*}{\dot{U}}_p^{(k)}} - \sum_{\substack{j=1 \\ j \neq p}}^{n} Y_{pj} \dot{U}_j^{(k)} \right) \qquad (3.45)$$

在迭代过程中，按上式求得的节点 p 的电压大小不一定等于设定的节点电压 U_{p0}，所以在下一次的迭代中，应以设定的 U_{p0} 对 $\dot{U}_p^{(k+1)}$ 进行修正，但其相角仍应保持上式所求得的值，使得 $\dot{U}_p^{(k+1)}$ 成为 $U_{p0} \angle \theta_p^{(k+1)}$。

如果系统有多个 PV 节点，可按相同方法处理。

高斯法在第 $k+1$ 次迭代时，式(3.42)右边出现的都是节点电压第 k 次迭代值 $\dot{U}_j^{(k)}$。

事实上，在计算第 $k+1$ 次迭代的 $\dot{U}_i$ 时，前面 $i-1$ 个节点电压的第 $k+1$ 次迭代值已经求得。所以，如果稍加改进，在第 $k+1$ 次迭代计算第 i 个节点电压时，前面 $i-1$ 个节点电压用其第 $k+1$ 次的迭代值，而后面的节点 $(i, i+1, \cdots, n)$ 电压仍用第 k 次的迭代值，如式(3.46)所示，这将对收敛速度有所改进。这种方法称之为高斯—塞德尔(Gauss-Seidel)法。

$$\dot{U}_i^{(k+1)} = \frac{1}{Y_{ii}} \left\{ \frac{P_i - jQ_i}{\overset{*}{\dot{U}}_i^{(k)}} - \left(\sum_{j=1}^{i-1} Y_{ij} \dot{U}_j^{(k+1)} + \sum_{j=i+1}^{n} Y_{ij} \dot{U}_j^{(k)} \right) \right\} \tag{3.46}$$

高斯—塞德尔法潮流计算框图见图 3.13。

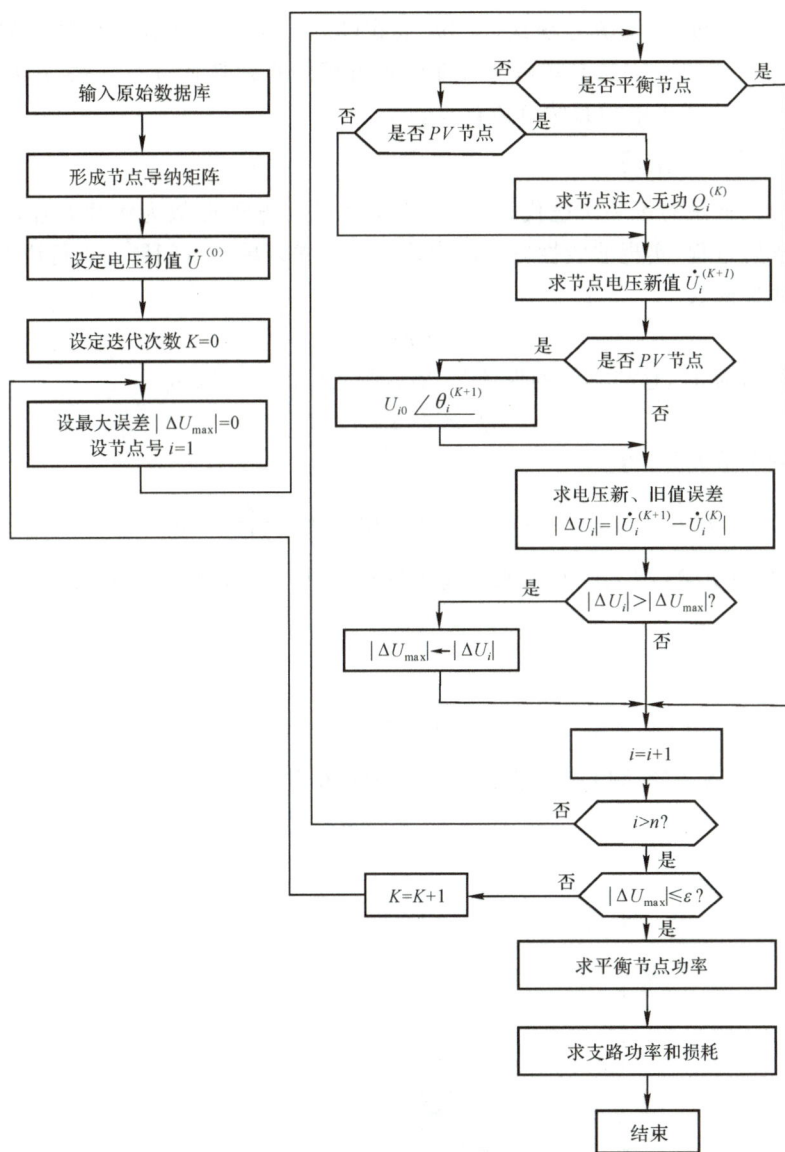

图 3.13　高斯—塞德尔法潮流计算框图

高斯—塞德尔法潮流计算具有原理简单、易于编程、所需内存极小等特点，较好地适应了 20 世纪 50 年代电子数字计算机应用于电力系统分析的初期水平，但该方法的收敛性较差，在系统规模变大或系统负载较重时，迭代次数急剧上升，甚至可能不收敛，因此目前不再单独应用于潮流计算，而是以辅助其他算法的形式存在。

▶▶▶ 3.3.2 牛顿—拉夫逊法潮流计算

从数值计算角度看，潮流方程式（3.39）或式（3.40）是一组非线性代数方程，而牛顿—拉夫逊（Newton-Raphson）法是求解非线性代数方程的有效迭代计算方法，因此自 20 世纪 60 年代初就开始应用于电力系统潮流计算。

1. 牛顿—拉夫逊法简介

牛顿—拉夫逊法的每一次迭代过程中，都将非线性方程近似为线性方程，进而通过反复的线性化求解过程，实现非线性方程的迭代求解。先以单变量问题来进行说明。

设有非线性函数

$$f(x) = 0 \tag{3.47}$$

设解的初值为 x_0，它与真解的误差为 Δx_0，则式（3.47）可写成

$$f(x_0 - \Delta x_0) = 0 \tag{3.48}$$

将上式用泰勒级数展开，得：

$$f(x_0 - \Delta x_0) = f(x_0) - f'(x_0)\Delta x_0 + \frac{f'(x_0)}{2!}(\Delta x_0)^2 - \cdots \tag{3.49}$$

如果 x_0 接近真解，则 Δx_0 相对来讲是足够小的，所以可以略去所有 Δx_0 的高次项，即

$$f(x_0 - \Delta x_0) \approx f(x_0) - f'(x_0)\Delta x_0 \approx 0 \tag{3.50}$$

可得：

$$\Delta x_0 = \frac{f(x_0)}{f'(x_0)} \tag{3.51}$$

将初值 x_0 代入式（3.51）求得修正量 Δx_0，即可得到解

$$x_1 = x_0 - \Delta x_0 \tag{3.52}$$

图 3.14 中示出上述关系，可见，x_1 更接近真解。

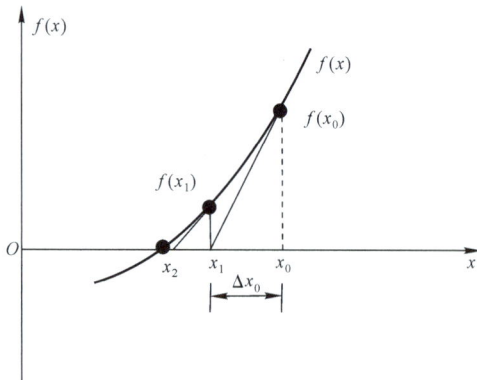

图 3.14 牛顿—拉夫逊法的迭代过程

将 x_1 作为新的初值代入式（3.51），再求出新的修正量。如果两次迭代解差值的绝对值小于某一给定的允许误差值 ε，或者说 $|\Delta x_k| \leqslant \varepsilon$（$k$ 为迭代次数），则可认为 x_{k+1} 是式（3.47）

的解。式(3.51)也可以写成一般的迭代式：

$$f(x_k) = J \Delta x_k \tag{3.53}$$

式中，$J = f'(x_k)$。

很容易将单变量问题推广到具有 n 个未知变量 $\boldsymbol{X}$ 的 n 阶非线性联立代数方程组 $\boldsymbol{F}(\boldsymbol{X})$，这时，式(3.53)可写成

$$\boldsymbol{F}(\boldsymbol{X}_k) = \boldsymbol{J}_k \Delta \boldsymbol{X}_k \tag{3.54}$$

式中，$\boldsymbol{J}$ 为函数向量 $\boldsymbol{F}(\boldsymbol{X})$ 对变量 $\boldsymbol{X}$ 的一阶偏导数的雅可比矩阵，是 n 阶方阵，其元素 J_{ij} 由下式定义：

$$J_{ij} = \frac{\partial f_i}{\partial x_j}$$

从式(3.54)可求出每次迭代的修正量：

$$\Delta \boldsymbol{X}_k = \boldsymbol{J}_k^{-1} \boldsymbol{F}(\boldsymbol{X}_k) \tag{3.55}$$

2. 牛顿—拉夫逊法计算潮流

式(3.38)是用复数表示的功率方程式，可写成

$$P_i + \mathrm{j}Q_i - \dot{U}_i \sum_{j=1}^{n} \overset{*}{Y}_{ij} \overset{*}{U}_j = 0 \tag{3.56}$$

根据节点电压的两种不同表示方法，可以得到两种不同的牛顿—拉夫逊法潮流计算方法，下面分别介绍这些方法。

(1)节点电压以极坐标形式表示时的牛顿—拉夫逊法潮流计算

当节点电压以极坐标形式表示时，亦即电压用 $\dot{U}_i = U_i \angle \theta_i$ 表示时，式(3.56)可以分成实部和虚部两个方程：

$$f_{Pi} = P_i - \sum_{j=1}^{n} U_i U_j (G_{ij} \cos\theta_{ij} + B_{ij} \sin\theta_{ij}) = 0 \tag{3.57}$$

$$f_{Qi} = Q_i - \sum_{j=1}^{n} U_i U_j (G_{ij} \sin\theta_{ij} - B_{ij} \cos\theta_{ij}) = 0 \tag{3.58}$$

此处，$\theta_{ij} = \theta_i - \theta_j$，$G_{ij}$ 和 B_{ij} 为节点导纳矩阵元素 Y_{ij} 的实部和虚部。

对于 PQ 节点，上两式相应于非线性方程组 $\boldsymbol{F}(\boldsymbol{X})$ 中的各方程式，其中 P_i 和 Q_i 分别表示节点 i 的设定有功和无功功率。

在第 k 次迭代时，令

$$\Delta P_i^{(k)} = f_{Pi}^{(k)} = P_i - \sum_{j=1}^{n} U_i^{(k)} U_j^{(k)} (G_{ij} \cos\theta_{ij}^{(k)} + B_{ij} \sin\theta_{ij}^{(k)}) \tag{3.59}$$

$$\Delta Q_i^{(k)} = f_{Qi}^{(k)} = Q_i - \sum_{j=1}^{n} U_i^{(k)} U_j^{(k)} (G_{ij} \sin\theta_{ij}^{(k)} - B_{ij} \cos\theta_{ij}^{(k)}) \tag{3.60}$$

参照式(3.54)，可写出用牛顿—拉夫逊法进行潮流计算时的修正方程［从下式开始至式(3.68)均略去上标(k)］：

对于 PQ 节点：

$$\Delta P_i = \sum_{j=1}^{n} \frac{\partial \Delta P_i}{\partial \theta_j} \Delta \theta_j + \sum_{j=1}^{n} \frac{\partial \Delta P_i}{\partial U_j} \Delta U_j \tag{3.61}$$

$$\Delta Q_i = \sum_{j=1}^{n} \frac{\partial \Delta Q_i}{\partial \theta_j} \Delta \theta_j + \sum_{j=1}^{n} \frac{\partial \Delta Q_i}{\partial U_j} \Delta U_j \tag{3.62}$$

每个 PQ 节点有两个变量 $\Delta\theta_i$ 和 ΔU_i 待求，同时可列出两个方程。所以，对全部节点可以写出修正方程如下：

$$
\begin{bmatrix}
\Delta P_1 \\
\Delta Q_1 \\
\Delta P_2 \\
\Delta Q_2 \\
\vdots \\
\Delta P_p \\
\Delta Q_p \\
\vdots \\
\Delta P_n \\
\Delta Q_n
\end{bmatrix}
=
\begin{bmatrix}
H_{11} & N_{11} & H_{12} & N_{12} & \cdots & H_{1p} & N_{1p} & \cdots & H_{1n} & N_{1n} \\
J_{11} & L_{11} & J_{12} & L_{12} & \cdots & J_{1p} & L_{1p} & \cdots & J_{1n} & L_{1n} \\
H_{21} & N_{21} & H_{22} & N_{22} & \cdots & H_{2p} & N_{2p} & \cdots & H_{2n} & N_{2n} \\
J_{21} & L_{21} & J_{22} & L_{22} & \cdots & J_{2p} & L_{2p} & \cdots & J_{2n} & L_{2n} \\
\vdots & \vdots & \vdots & \vdots & & \vdots & \vdots & & \vdots & \vdots \\
H_{p1} & N_{p1} & H_{p2} & N_{p2} & \cdots & H_{pp} & N_{pp} & \cdots & H_{pn} & N_{pn} \\
J_{p1} & L_{p1} & J_{p2} & L_{p2} & \cdots & J_{pp} & L_{pp} & \cdots & J_{pn} & L_{pn} \\
\vdots & \vdots & \vdots & \vdots & & \vdots & \vdots & & \vdots & \vdots \\
H_{n1} & N_{n1} & H_{n2} & N_{n2} & \cdots & H_{np} & N_{np} & \cdots & H_{nn} & N_{nn} \\
J_{n1} & L_{n1} & J_{n2} & L_{n2} & \cdots & J_{np} & L_{np} & \cdots & J_{nn} & L_{nn}
\end{bmatrix}
\begin{bmatrix}
\Delta\theta_1 \\
\Delta U_1/U_1 \\
\Delta\theta_2 \\
\Delta U_2/U_2 \\
\vdots \\
\Delta\theta_p \\
\Delta U_p/U_p \\
\vdots \\
\Delta\theta_n \\
\Delta U_n/U_n
\end{bmatrix}
\tag{3.63}
$$

上式中雅可比矩阵的各元素分别为

$$
H_{ij}=\frac{\partial\Delta P_i}{\partial\theta_j}; \qquad N_{ij}=\frac{\partial\Delta P_i}{\partial U_j}U_j;
$$

$$
J_{ij}=\frac{\partial\Delta Q_i}{\partial\theta_j}; \qquad L_{ij}=\frac{\partial\Delta Q_i}{\partial U_j}U_j
\tag{3.64}
$$

对于 PV 节点，节点电压给定，ΔU 为零，只有一个变量 $\Delta\theta$ 待求，只需列出式(3.61)参加联立求解。所以，只要在式(3.63)中除去相应的行与列，例如节点 p 为 PV 节点，则可除去相应 ΔQ_p 的第 $2p$ 行与第 $2p$ 列。

对于平衡节点，其电压大小、相角均为已知，所以不需参加联立求解。

这样，如果系统有 n 个节点，其中有 PV 节点 m 个，PQ 节点 $n-m-1$ 个，则式(3.63)的雅可比矩阵为 $2(n-1)-m$ 阶。

在式(3.63)中用 U_i 除 ΔU_i，从数值上讲不影响计算的收敛性与精度，但能使雅可比矩阵各元素在形式上更相似，从而简化雅可比矩阵的计算与表示。

由式(3.57)和式(3.58)可求出雅可比矩阵的元素如下：

非对角元素：

$$
\left.\begin{aligned}
H_{ij}&=-U_iU_j(G_{ij}\sin\theta_{ij}-B_{ij}\cos\theta_{ij}) \\
N_{ij}&=-U_iU_j(G_{ij}\cos\theta_{ij}+B_{ij}\sin\theta_{ij}) \\
J_{ij}&=U_iU_j(G_{ij}\cos\theta_{ij}+B_{ij}\sin\theta_{ij})=-N_{ij} \\
L_{ij}&=-U_iU_j(G_{ij}\sin\theta_{ij}-B_{ij}\cos\theta_{ij})=H_{ij}
\end{aligned}\right\}
\tag{3.65}
$$

对角线元素：

$$
\left.\begin{aligned}
H_{ii}&=Q_i+B_{ii}U_i^2 \\
N_{ii}&=-P_i-G_{ii}U_i^2 \\
J_{ii}&=-P_i+G_{ii}U_i^2 \\
L_{ii}&=-Q_i+B_{ii}U_i^2
\end{aligned}\right\}
\tag{3.66}
$$

式中的 P_i、Q_i 分别由式(3.57)、(3.58)定义。

式(3.63)还可写成

$$\begin{bmatrix} \Delta P_1 \\ \Delta P_2 \\ \vdots \\ \Delta P_n \\ \Delta Q_1 \\ \Delta Q_2 \\ \vdots \\ \Delta Q_n \end{bmatrix} = \begin{bmatrix} H_{11} & H_{12} & \cdots & H_{1n} & N_{11} & N_{12} & \cdots & N_{1n} \\ H_{21} & H_{22} & \cdots & H_{2n} & N_{21} & N_{22} & \cdots & N_{2n} \\ \vdots & \vdots & & \vdots & \vdots & \vdots & & \vdots \\ H_{n1} & H_{n2} & \cdots & H_{nn} & N_{n1} & N_{n2} & \cdots & N_{nn} \\ J_{11} & J_{12} & \cdots & J_{1n} & L_{11} & L_{12} & \cdots & L_{1n} \\ J_{21} & J_{22} & \cdots & J_{2n} & L_{21} & L_{22} & \cdots & L_{2n} \\ \vdots & \vdots & & \vdots & \vdots & \vdots & & \vdots \\ J_{n1} & J_{n2} & \cdots & J_{nn} & L_{n1} & L_{n2} & \cdots & L_{nn} \end{bmatrix} \begin{bmatrix} \Delta \theta_1 \\ \Delta \theta_2 \\ \vdots \\ \Delta \theta_n \\ \Delta U_1/U_1 \\ \Delta U_2/U_2 \\ \vdots \\ \Delta U_n/U_n \end{bmatrix} \tag{3.67}$$

或

$$\begin{bmatrix} \Delta \boldsymbol{P} \\ \Delta \boldsymbol{Q} \end{bmatrix} = \begin{bmatrix} \boldsymbol{H} & \boldsymbol{N} \\ \boldsymbol{J} & \boldsymbol{L} \end{bmatrix} \begin{bmatrix} \Delta \boldsymbol{\theta} \\ \boldsymbol{U}^{-1} \Delta \boldsymbol{U} \end{bmatrix} \tag{3.68}$$

式中,$U = \text{diag}\{U_i\}$,即各节点电压的对角矩阵。

由上式可求得第 $k+1$ 次迭代的修正量 $\Delta \boldsymbol{\theta}^{(k+1)}$ 和 $\Delta \boldsymbol{U}^{(k+1)}$,从而可得到新的解

$$\begin{bmatrix} \boldsymbol{\theta}^{(k+1)} \\ \boldsymbol{U}^{(k+1)} \end{bmatrix} = \begin{bmatrix} \boldsymbol{\theta}^{(k)} \\ \boldsymbol{U}^{(k)} \end{bmatrix} - \begin{bmatrix} \Delta \boldsymbol{\theta}^{(k+1)} \\ \Delta \boldsymbol{U}^{(k+1)} \end{bmatrix} \tag{3.69}$$

这样反复迭代计算,直至所有节点 $|\Delta U_i| < \varepsilon$ 和 $|\Delta \theta_i| < \varepsilon$ 为止。

(2)节点电压以直角坐标形式表示时的牛顿—拉夫逊法潮流计算

节点电压以直角坐标形式表示,即 $\dot{U}_i = e_i + \mathrm{j} f_i$,$e_i$ 为节点电压实部,f_i 为节点电压虚部,功率方程可写成

$$P_i = e_i \sum_{j=1}^{n} (G_{ij} e_j - B_{ij} f_j) + f_i \sum_{j=1}^{n} (G_{ij} f_j + B_{ij} e_j) \tag{3.70}$$

$$Q_i = f_i \sum_{j=1}^{n} (G_{ij} e_j - B_{ij} f_j) - e_i \sum_{j=1}^{n} (G_{ij} f_j + B_{ij} e_j) \tag{3.71}$$

对于 PV 节点,电压有效值为设定值,而实部和虚部的比例是可变的,它们之间的关系为

$$e_i^2 + f_i^2 = U_i^2 \tag{3.72}$$

等式(3.70)、(3.72)构成关于 PV 节点的两个约束条件。

对于第 k 次迭代,可写出

$$\Delta P_i^{(k)} = P_i - e_i^{(k)} \sum_{j=1}^{n} (G_{ij} e_j^{(k)} - B_{ij} f_j^{(k)}) - f_i^{(k)} \sum_{j=1}^{n} (G_{ij} f_j^{(k)} + B_{ij} e_j^{(k)}) \tag{3.73}$$

$$\Delta Q_i^{(k)} = Q_i - f_i^{(k)} \sum_{j=1}^{n} (G_{ij} e_j^{(k)} - B_{ij} f_j^{(k)}) + e_i^{(k)} \sum_{j=1}^{n} (G_{ij} f_j^{(k)} + B_{ij} e_j^{(k)}) \tag{3.74}$$

$$(\Delta U_i^{(k)})^2 = U_i^2 - (e_i^{(k)})^2 - (f_i^{(k)})^2 \tag{3.75}$$

与式(3.59)和式(3.60)相似,可列出修正方程[从下式至式(3.82),均略去上标(k)]。

对于除平衡节点以外的所有节点:

$$\Delta P_i = \sum_{j=1}^{n} \frac{\partial \Delta P_i}{\partial f_j} \Delta f_j + \sum_{j=1}^{n} \frac{\partial \Delta P_i}{\partial e_j} \Delta e_j = \sum_{j=1}^{n} H_{ij} \Delta f_j + \sum_{j=1}^{n} N_{ij} \Delta e_j \tag{3.76}$$

对于 PQ 节点:

$$\Delta Q_i = \sum_{j=1}^{n} \frac{\partial \Delta Q_i}{\partial f_j} \Delta f_j + \sum_{j=1}^{n} \frac{\partial \Delta Q_i}{\partial e_j} \Delta e_j = \sum_{j=1}^{n} J_{ij} \Delta f_j + \sum_{j=1}^{n} L_{ij} \Delta e_j \tag{3.77}$$

对于 PV 节点:

$$\Delta U_i{}^2 = \frac{\partial \Delta U_i^2}{\partial f_i} \Delta f_i + \frac{\partial \Delta U_i^2}{\partial e_i} \Delta e_i = R_{ii} \Delta f_i + S_{ii} \Delta e_i \tag{3.78}$$

如系统具有 n 个节点，其中 m 个为 PV 节点，则式(3.76)、(3.77)、(3.78)可写成如下的矩阵形式：

$$\begin{bmatrix} \Delta \boldsymbol{P} \\ \Delta \boldsymbol{Q} \\ \Delta \boldsymbol{U}^2 \end{bmatrix} = \begin{bmatrix} \boldsymbol{H} & \boldsymbol{N} \\ \boldsymbol{J} & \boldsymbol{L} \\ \boldsymbol{R} & \boldsymbol{S} \end{bmatrix} \begin{bmatrix} \Delta \boldsymbol{f} \\ \Delta \boldsymbol{e} \end{bmatrix} \tag{3.79}$$

式中，$\Delta \boldsymbol{P}$、$\Delta \boldsymbol{e}$ 和 $\Delta \boldsymbol{f}$ 为 $(n-1) \times 1$ 向量，$\Delta \boldsymbol{Q}$ 为 $(n-m-1) \times 1$ 向量，$\Delta \boldsymbol{U}^2$ 为 $m \times 1$ 向量，$\boldsymbol{H}$、$\boldsymbol{N}$ 为 $(n-1) \times (n-1)$ 矩阵，$\boldsymbol{J}$、$\boldsymbol{L}$ 为 $(n-m-1) \times (n-1)$ 矩阵，$\boldsymbol{R}$、$\boldsymbol{S}$ 为 $m \times (n-1)$ 矩阵。其雅可比矩阵元素为

$$\left. \begin{aligned} & H_{ij} = L_{ij} = -G_{ij} f_i + B_{ij} e_i \quad (i \neq j) \\ & N_{ij} = -J_{ij} = -G_{ij} e_i - B_{ij} f_i \; (i \neq j) \\ & H_{ii} = -b_i + B_{ii} e_i - G_{ii} f_i \\ & N_{ii} = -a_i - G_{ii} e_i - B_{ii} f_i \\ & J_{ii} = -a_i + G_{ii} e_i + B_{ii} f_i \\ & L_{ii} = b_i + B_{ii} e_i - G_{ii} f_i \\ & R_{ij} = S_{ij} = 0 \quad (i \neq j) \\ & R_{ii} = -2 f_i \\ & S_{ii} = -2 e_i \end{aligned} \right\} \tag{3.80}$$

式(3.80)中 a_i 和 b_i 分别是节点注入电流 $\dot{I}_i$ 的实部和虚部。

$$a_i = \sum_{j=1}^n (G_{ij} e_j - B_{ij} f_j) \tag{3.81}$$

$$b_i = \sum_{j=1}^n (G_{ij} f_j + B_{ij} e_j) \tag{3.82}$$

由式(3.79)可求得第 $k+1$ 次迭代的修正量 $\Delta e^{(k+1)}$ 和 $\Delta f^{(k+1)}$，从而可得到新的解

$$\begin{bmatrix} e^{(k+1)} \\ f^{(k+1)} \end{bmatrix} = \begin{bmatrix} e^{(k)} \\ f^{(k)} \end{bmatrix} - \begin{bmatrix} \Delta e^{(k+1)} \\ \Delta f^{(k+1)} \end{bmatrix} \tag{3.83}$$

这样反复计算，直到收敛到要求的精度。收敛指标一般取所有节点的 $|\Delta P_i| \leqslant \varepsilon$ 和 $|\Delta Q_i| \leqslant \varepsilon$ 或 $|\Delta U_i^2| \leqslant \varepsilon$。

(3)牛顿—拉夫逊法潮流计算的步骤

求取雅可比矩阵是牛顿—拉夫逊法的一项重要工作。电力系统潮流计算的雅可比矩阵具有以下性质：

①雅可比矩阵为一非奇异方阵。当节点电压以极坐标形式表示时，该矩阵为 $2(n-1)-m$ 阶方阵，节点电压以直角坐标形式表示时为 $2(n-1)$ 阶。

②矩阵元素与节点电压有关，故每次迭代时都要重新计算。

③与导纳矩阵具有相似的结构，当 $Y_{ij} = 0$ 时，H_{ij}，N_{ij}，J_{ij}，L_{ij} 均为 0，因此，也是高度稀疏的矩阵。这对利用稀疏矩阵技巧减少计算所需的内存和时间是很有好处的。

④具有结构对称性，但数值不对称。例如，$H_{ij} = -G_{ij} f_i + B_{ij} e_i$，$H_{ji} = -G_{ij} f_j + B_{ij} e_j$，由于各个节点电压不同，因而 $H_{ij} \neq H_{ji}$。

需要指出的是,当在计算过程中发生 PV 节点的无功功率越限时,PV 节点要转化成 PQ 节点。此时,对节点电压以极坐标形式表示的修正方程,需增加一个对应于该节点的无功功率不平衡量(ΔQ)的关系式,因而式(3.68)中的误差向量、电压向量和雅可比矩阵都有相应变动。当采用直角坐标表示时,要增加一个对应于该节点的无功功率不平衡量(ΔQ)的关系式,同时要减少一个对应于设定节点电压约束条件(ΔU^2)的关系式。

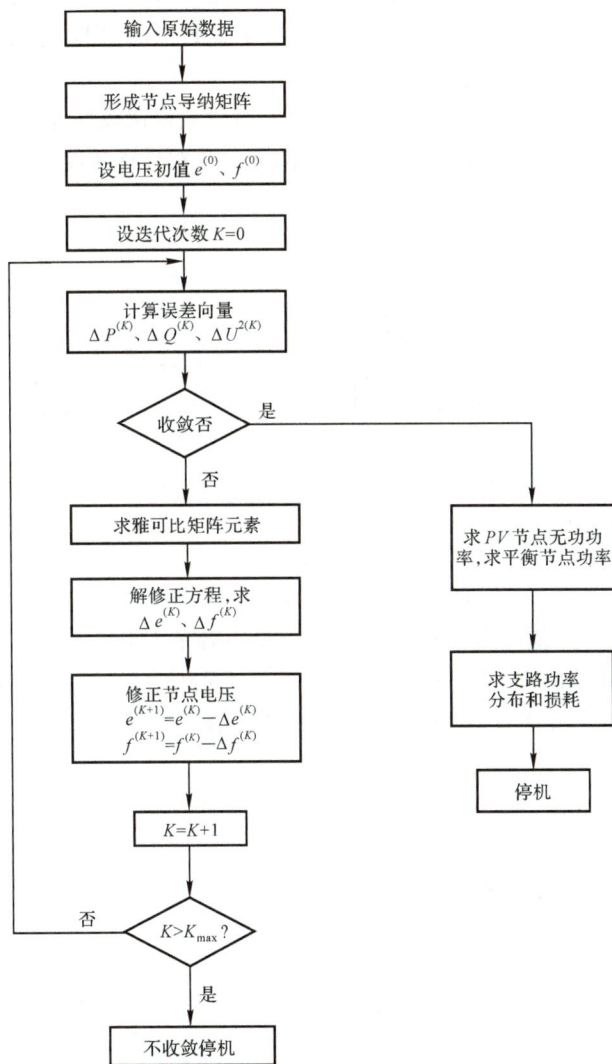

```
┌──────────────┐
│  输入原始数据  │
└──────┬───────┘
┌──────┴───────┐
│ 形成节点导纳矩阵 │
└──────┬───────┘
┌──────┴───────┐
│ 设电压初值 e⁽⁰⁾、f⁽⁰⁾ │
└──────┬───────┘
┌──────┴───────┐
│ 设迭代次数 K=0 │
└──────┬───────┘
```

图 3.15 牛顿—拉夫逊法潮流计算框图

用牛顿—拉夫逊法计算电力系统潮流的基本步骤:

① 形成节点导纳矩阵。

② 给各节点电压设初值 U_{i0},θ_{i0}(或 e_{i0},f_{i0})。

③ 将节点电压初值代入式(3.59)、(3.60)或式(3.73)、(3.74)、(3.75),求出修正方程式的常数项向量。

④ 将节点电压初值代入式(3.65)、(3.66)或式(3.80),求出雅可比矩阵元素。

⑤根据修正方程式(3.68)或(3.79),求出修正向量 ΔU、$\Delta\theta$ 或 Δe、Δf。

⑥根据式(3.69)或(3.83),求取节点电压的新值。

⑦检查是否收敛,如不收敛,则以各节点电压的新值作为初值自第 3 步重新开始进行下一次迭代,否则转入下一步。

⑧计算支路功率分布、PV 节点无功功率和平衡节点注入功率。

图 3.15 为节点电压以直角坐标表示的牛顿—拉夫逊法计算潮流的程序框图。图中 K_{max} 为事先给定的最大迭代次数,当实际迭代次数 $K>K_{max}$ 时,即认为计算不收敛。

（4）牛顿—拉夫逊法潮流计算的收敛性

牛顿—拉夫逊法具有平方收敛特性。它在开始时收敛得比较慢,而在几次迭代以后,收敛得非常快。由于这种收敛特性,牛顿—拉夫逊法潮流计算在计算速度上的优势是很明显的。

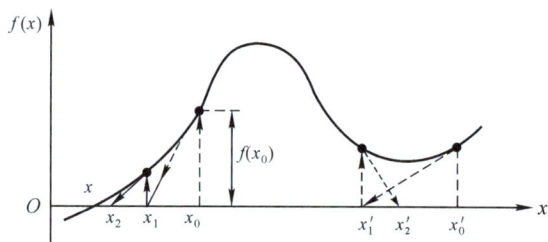

图 3.16　牛顿—拉夫逊法对初值的敏感性

牛顿—拉夫逊法的收敛性与下述因素有关。

初值　牛顿—拉夫逊法对初值设定很敏感,这可用图 3.16 说明。当初值 x_0 取得合适时,通过 $x_0 \to x_1 \to x_2 \to \cdots$ 逼近真值;当初值 x'_0 取得不合适时,由 $x'_0 \to x'_1 \to x'_2 \to \cdots$ 离真值越来越远。一般地说,如果有良好的初值,牛顿—拉夫逊法的求解是相当可靠的。为此,实用上常常在牛顿—拉夫逊法计算潮流以前先用对初值不敏感的高斯—塞德法（迭代 $1 \sim 2$ 次）或其他方法计算电压初值。

函数的平滑性　牛顿—拉夫逊法对所处理函数的平滑性是敏感的,所处理的函数越接近线性,牛顿—拉夫逊法的收敛性就越好。为了改善功率方程的非线性,实用中可以通过限制修正向量 $\Delta\theta$、ΔU 的幅度来取得,如图 3.17 所示。对 Δx 的幅度加以限制以后,使本来

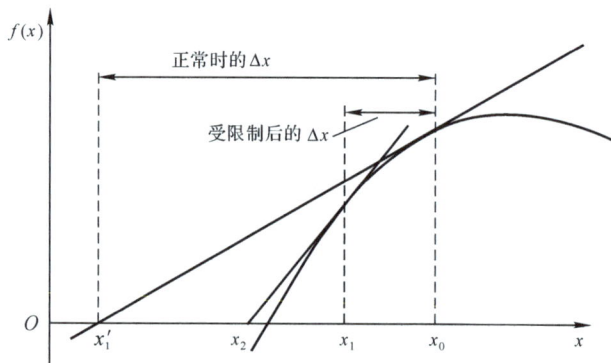

图 3.17　限制修正向量改进收敛性

可能不收敛的情况改变了。但是,幅度也不能取得太小,否则会使本来处于良好状态的系统的收敛放慢。

▶▶▶ 3.3.3 P-Q 分解法潮流计算

P-Q 分解法潮流计算是牛顿—拉夫逊法潮流计算的一种简化方法,自 20 世纪 70 年代初提出以来,已在电力系统中得到广泛的应用。从 3.3.2 节已经知道,牛顿—拉夫逊法的雅可比矩阵在每一次迭代过程中都有变化,需要重新形成和求解,这占据了牛顿—拉夫逊法潮流计算的大部分时间,成为牛顿—拉夫逊法计算速度不能提高的主要原因。P-Q 分解法利用了电力系统本身的一些特有的运行特性,对牛顿—拉夫逊法作了简化,提高了潮流计算速度。

将式(3.68)极坐标形式表示的牛顿—拉夫逊法修正方程展开为

$$\Delta P = H \Delta \theta + N U^{-1} \Delta U \tag{3.84}$$

$$\Delta Q = J \Delta \theta + L U^{-1} \Delta U \tag{3.85}$$

对它们进行如下简化:

(1)考虑到电力系统中有功功率分布主要受节点电压相角的影响,无功功率分布主要受节点电压幅值的影响,所以可以近似地忽略电压幅值变化对有功功率分布和电压相位变化对无功功率分布的影响,即令 $N = 0$ 和 $J = 0$,式(3.84)和(3.85)可改写为

$$\Delta P = H \Delta \theta \tag{3.86}$$

$$\Delta Q = L U^{-1} \Delta U \tag{3.87}$$

这样就可使有功功率修正方程与无功功率修正方程分开进行迭代。

(2)根据电力系统的正常运行条件还可作下列假设:

①$\cos\theta_{ij} \approx 1$。

②$G_{ij} \sin\theta_{ij} \ll B_{ij}$。

③$Q_i \ll U_i^2 B_{ii}$。

上列第一条假设是因为电力系统正常运行时,线路两端的电压相位角一般相差不大(通常不超过 $10 \sim 20°$)。第二条假设是因为电力系统中一般架空线路的电抗远大于电阻,所以 $G_{ij} \ll B_{ij}$,并且由于 θ_{ij} 很小,$\sin\theta_{ij} \ll 1$。第三条假设表示与各节点无功功率相应的导纳 Q_i/U_i^2 远远小于该节点自导纳的虚部 B_{ii}。

由以上假设,可从式(3.65)和(3.66)求得式(3.86)和(3.87)中雅可比矩阵元素的表达式为

$$H_{ij} = L_{ij} = U_i U_j B_{ij} \tag{3.88}$$

$$H_{ii} = L_{ii} = U_i^2 B_{ii} \tag{3.89}$$

所以式(3.86)和(3.87)可改写为

$$\Delta P = U B U \Delta \theta \tag{3.90}$$

$$\Delta Q = U B U (U^{-1} \Delta U) = U B \Delta U \tag{3.91}$$

式中,U 为节点电压有效值的对角矩阵,B 为电纳矩阵(由节点导纳矩阵各元素的虚部构成),即

$$U = \begin{bmatrix} U_1 & & & & \\ & U_2 & & 0 & \\ & & U_3 & & \\ & 0 & & \ddots & \\ & & & & U_n \end{bmatrix} \tag{3.92}$$

$$B = \begin{bmatrix} B_{11} & B_{12} & B_{13} & \cdots & B_{1n} \\ B_{21} & B_{22} & B_{23} & \cdots & B_{2n} \\ B_{31} & B_{32} & B_{33} & \cdots & B_{3n} \\ \vdots & \vdots & \vdots & & \vdots \\ B_{n1} & B_{n2} & B_{n3} & \cdots & B_{m} \end{bmatrix} \tag{3.93}$$

将式(3.90)和(3.91)都左乘 U^{-1}，可以得到修正方程：

$$U^{-1}\Delta P = B' U \Delta \theta \tag{3.94}$$

$$U^{-1}\Delta Q = B'' \Delta U \tag{3.95}$$

或

$$\begin{bmatrix} \dfrac{\Delta P_1}{U_1} \\ \dfrac{\Delta P_2}{U_2} \\ \vdots \\ \dfrac{\Delta P_n}{U_n} \end{bmatrix} = B' \begin{bmatrix} U_1 \Delta \theta_1 \\ U_2 \Delta \theta_2 \\ \vdots \\ U_n \Delta \theta_n \end{bmatrix} \tag{3.96}$$

$$\begin{bmatrix} \dfrac{\Delta Q_1}{U_1} \\ \dfrac{\Delta Q_2}{U_2} \\ \vdots \\ \dfrac{\Delta Q_n}{U_n} \end{bmatrix} = B'' \begin{bmatrix} \Delta U_1 \\ \Delta U_2 \\ \vdots \\ \Delta U_n \end{bmatrix} \tag{3.97}$$

式(3.96)、(3.97)中系数矩阵 B' 和 B'' 有相同的形式，但实质并不完全相同。首先，B' 为 $n-1$ 阶矩阵，而由于存在 PV 节点，B'' 为 $n-m-1$ 阶矩阵(m 为 PV 节点个数)；其次，为了加快收敛，通常在 B' 中除去那些与有功功率和电压相位关系较小的因素，如在 B'_{ii} 中不包含各输电线路和变压器支路等值 π 形电路的对地电纳。B' 和 B'' 均为对称的常数矩阵。

P-Q 分解法通常与因子表法联合使用。所谓因子表法就是将系数矩阵 B' 和 B'' 各分解成前代和回代用的因子表，在每次迭代中，不必重新形成因子表，只需形成常数项功率误差向量，通过对因子表的前代和回代求得电压角度、幅值的修正量。

用 P-Q 分解法进行潮流计算的框图如图 3.18 所示。

与牛顿—拉夫逊法相比，P-Q 分解法具有以下特点：

(1)以一个 $n-1$ 阶和一个 $n-m-1$ 阶线性方程组代替原有的 $2n-m-2$ 阶线性方程组，这样可以减少计算机的存储容量和加快线性方程组的求解速度。

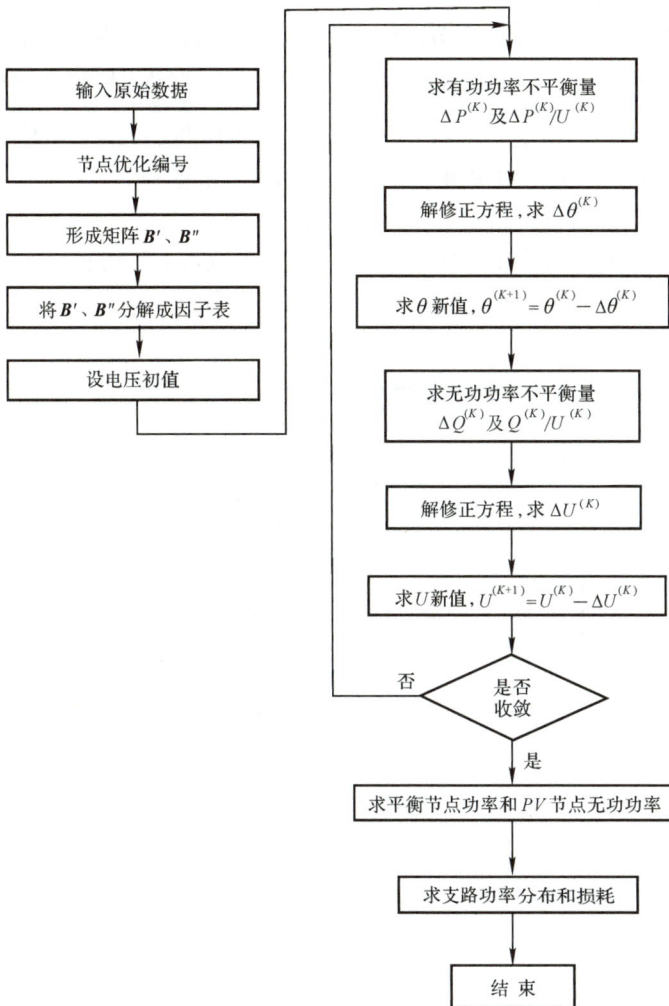

图 3.18 P-Q 分解法潮流计算框图

（2）修正方程的系数矩阵 B' 和 B'' 为对称常数矩阵，且在迭代过程中保持不变。如果采用因子表法求解，只需分解一次，在迭代过程中不必重新分解，减少了计算工作量。又因为矩阵是对称的，所以只需存储一个上（或下）三角矩阵，这也节省了计算机的内存容量。

由于 P-Q 分解法只是对牛顿—拉夫逊法的雅可比矩阵作了简化，而对其功率平衡方程式及收敛判据（节点注入功率的偏差绝对值小于 ε）都未做改变，因而它与牛顿—拉夫逊法同解，同样可以达到很高的精度。

P-Q 分解法具有线性收敛特性，与牛顿—拉夫逊法相比，当收敛到同样的精度时，P-Q 分解法需要迭代计算的次数较多。但如上所述，P-Q 分解法每次迭代计算的方程阶数低，不需重新形成和分解系数矩阵，计算工作量较之牛顿—拉夫逊法的一次迭代计算大大减少，因而总的说来，P-Q 分解法的计算速度较牛顿—拉夫逊法快。

需要说明的是，当电力系统中含有 35kV 及以下电压等级的电力线路时，由于它们的 r/x 比值很大，不满足上述简化条件，可能出现迭代计算不收敛的情况，所以 P-Q 分解法一般只适用于 110kV 以上电力网的计算。

【例 3.3】 如图 3.19 所示的 5 节点电力网中,节点 1、2 和 3 为 PQ 节点,各节点的负荷分别为:$\tilde{S}_1=1.6+j0.8$,$\tilde{S}_2=2+j1$,$\tilde{S}_3=3.7+j1.3$;节点 4 为 PV 节点,给定 $P_4=5$,$U_4=1.05$;节点 5 为平衡节点,给定 $\dot{U}_5=1.05\angle0°$。各支路阻抗、对地导纳标于图 3.19 中,与例 3.2 相同。试分别用牛顿—拉夫逊法和 P-Q 分解法计算潮流。

【解】 例 3.2 已求得该网络的节点导纳矩阵。

各 PQ 和 PV 节点已知的注入功率为:$P_{1S}=-1.6$,$Q_{1S}=-0.8$,$P_{2S}=-2$,$Q_{2S}=-1$,$P_{3S}=-3.7$,$Q_{3S}=-1.3$,$P_{4S}=5$。节点 4 电压 $U_{4S}=1.05$。

设各节点电压初值为

节 点	1	2	3	4	5
$\dot{U}_i^{(0)}=e_i^{(0)}+jf_i^{(0)}$	$1.0+j0.0$	$1.0+j0.0$	$1.0+j0.0$	$1.05+j0.0$	$1.05+j0.0$

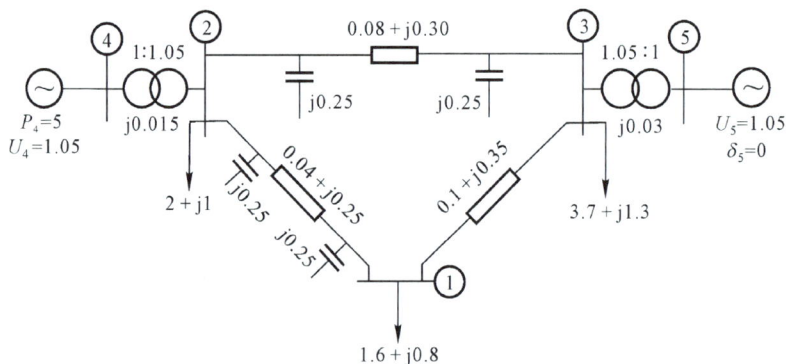

图 3.19 电力系统接线图

(1)牛顿—拉夫逊法

用牛顿—拉夫逊法计算潮流,要求建立修正方程式,然后解出电压修正量。

根据式(3.73)~(3.75),可写出本例修正方程式常数项(误差项)的计算式:

$$\Delta P_1 = P_{1S}-e_1\left[(G_{11}e_1-B_{11}f_1)+(G_{12}e_2-B_{12}f_2)+(G_{13}e_3-B_{13}f_3)\right]$$
$$-f_1\left[(G_{11}f_1+B_{11}e_1)+(G_{12}f_2+B_{12}e_2)+(G_{13}f_3+B_{13}e_3)\right]$$

$$\Delta Q_1 = Q_{1S}-f_1\left[(G_{11}e_1-B_{11}f_1)+(G_{12}e_2-B_{12}f_2)+(G_{13}e_3-B_{13}f_3)\right]$$
$$+e_1\left[(G_{11}f_1+B_{11}e_1)+(G_{12}f_2+B_{12}e_2)+(G_{13}f_3+B_{13}e_3)\right]$$

$$\cdots$$

$$\Delta P_4 = P_{4S}-e_4\left[(G_{42}e_2-B_{42}f_2)+(G_{44}e_4-B_{44}f_4)\right]$$
$$-f_4\left[(G_{42}f_2+B_{42}e_2)+(G_{44}f_4+B_{44}e_4)\right]$$

$$\Delta U_4^2 = U_{4S}^2-(e_4^2+f_4^2)$$

将各节点电压初值代入,可求得首次迭代的误差项向量:

$$\Delta \boldsymbol{P}^{(0)} = \begin{bmatrix} \Delta P_1^{(0)} \\ \Delta Q_1^{(0)} \\ \Delta P_2^{(0)} \\ \Delta Q_2^{(0)} \\ \Delta P_3^{(0)} \\ \Delta Q_3^{(0)} \\ \Delta P_4^{(0)} \\ \Delta U_4^{2(0)} \end{bmatrix} = \begin{bmatrix} -1.60000 \\ -0.55000 \\ -2.00000 \\ 5.69803 \\ -3.70000 \\ 2.04901 \\ 5.00000 \\ 0.00000 \end{bmatrix}$$

本例的雅可比矩阵为

$$\begin{bmatrix} H_{11} & N_{11} & H_{12} & N_{12} & H_{13} & N_{13} & & \\ J_{11} & L_{11} & J_{12} & L_{12} & J_{13} & L_{13} & & \\ H_{21} & N_{21} & H_{22} & N_{22} & H_{23} & N_{23} & H_{24} & N_{24} \\ J_{21} & L_{21} & J_{22} & L_{22} & J_{23} & L_{23} & J_{24} & L_{24} \\ H_{31} & N_{31} & H_{32} & N_{32} & H_{33} & N_{33} & & \\ J_{31} & L_{31} & J_{32} & L_{32} & J_{33} & L_{33} & & \\ & & H_{42} & N_{42} & & & H_{44} & N_{44} \\ & & R_{42} & S_{42} & & & R_{44} & S_{44} \end{bmatrix}$$

其中,部分元素的算式为

$$H_{11} = \frac{\partial \Delta P_1}{\partial f_1} = -[(G_{11}f_1 + B_{11}e_1) + (G_{12}f_2 + B_{12}e_2)$$
$$+ (G_{13}f_3 + B_{13}e_3)] + B_{11}e_1 - G_{11}f_1$$

$$N_{11} = \frac{\partial \Delta P_1}{\partial e_1} = -[(G_{11}e_1 - B_{11}f_1) + (G_{12}e_2 - B_{12}f_2)$$
$$+ (G_{13}e_3 - B_{13}f_3)] - G_{11}e_1 - B_{11}f_1$$

$$J_{11} = \frac{\partial \Delta Q_1}{\partial f_1} = -[(G_{11}e_1 - B_{11}f_1) + (G_{12}e_2 - B_{12}f_2)$$
$$+ (G_{13}e_3 - B_{13}f_3)] + G_{11}e_1 + B_{11}f_1$$

$$L_{11} = \frac{\partial \Delta Q_1}{\partial e_1} = -[(G_{11}f_1 + B_{11}e_1) + (G_{12}f_2 + B_{12}e_2) + (G_{13}f_3 + B_{13}e_3)] + B_{11}e_1 - G_{11}f_1$$

$$H_{12} = \frac{\partial \Delta P_1}{\partial f_2} = B_{12}e_1 - G_{12}f_1$$

$$N_{12} = \frac{\partial \Delta P_1}{\partial e_2} = -G_{12}e_1 - B_{12}f_1$$

$$J_{12} = \frac{\partial \Delta Q_1}{\partial f_2} = -N_{12}$$

$$L_{12} = \frac{\partial \Delta Q_1}{\partial e_2} = H_{12}$$

...

$$H_{44} = \frac{\partial \Delta P_4}{\partial f_4} = -[(G_{42}f_2 + B_{42}e_2) + (G_{44}f_4 + B_{44}e_4)] - B_{44}e_4 - G_{44}f_4$$

$$N_{44} = \frac{\partial \Delta P_4}{\partial e_4} = -\left[(G_{42}e_2 - B_{42}f_2) + (G_{44}e_4 - B_{44}f_4) \right] - G_{44}e_4 - B_{44}f_4$$

$$R_{44} = \frac{\partial \Delta U_4^2}{\partial f_4} = -2f_4$$

$$S_{44} = \frac{\partial \Delta U_4^2}{\partial e_4} = -2e_4$$

将各节点电压初值代入以上各式，求得首次迭代的雅可比矩阵如下：

$$\boldsymbol{J}^{(0)} = \begin{bmatrix} -6.54166 & -1.37874 & 3.90015 & 0.62402 & 2.64150 & 0.75471 & & \\ 1.27847 & -6.04166 & -0.62402 & 3.90015 & -0.75471 & 2.64150 & & \\ 3.90015 & 0.62402 & -73.6783 & -1.45392 & 3.11203 & 0.829876 & 3.49206 & 0.00000 \\ -0.62402 & 3.90015 & 1.45390 & -60.2828 & -0.82987 & 3.11203 & 0.00000 & 63.49206 \\ 2.64150 & -0.75471 & 3.11203 & 0.82987 & -39.08690 & -1.58459 & & \\ -0.75471 & 2.64150 & -0.82987 & 3.11203 & 1.58459 & -32.3688 & & \\ & & 66.66666 & 0.00000 & & & -63.4921 & 0.00000 \\ & & 0.00000 & 0.00000 & & & 0.0000 & -2.10000 \end{bmatrix}$$

上式中各行的最大元素都在对角元素位置上，这种情况不是偶然的。矩阵中各行的对角元素是 $H_{ii} = \frac{\partial \Delta P_i}{\partial f_i}$ 或 $L_{ii} = \frac{\partial \Delta Q_i}{\partial e_i}$，对于高压电力系统来说，某节点 i 的有功功率主要和节点电压横分量（虚部）有关，即 f_i 的影响最大，所以 H_{ii} 大于 H_{ij}、N_{ii} 及 N_{ij}。节点 i 的无功功率主要和电压的纵分量（实部）有关，即 e_i 的影响最大，所以 L_{ii} 大于 L_{ij}、J_{ii} 及 J_{ij}。

应用高斯消去法对修正方程 $\boldsymbol{J}^{(0)} \Delta \boldsymbol{U}^{(0)} = \Delta \boldsymbol{P}^{(0)}$ 进行求解，可得第一次迭代的节点电压修正 $\Delta \boldsymbol{U}^{(0)}$。

$$\Delta \boldsymbol{U}^{(0)} = \begin{bmatrix} \Delta f_1^{(0)} \\ \Delta e_1^{(0)} \\ \Delta f_2^{(0)} \\ \Delta e_2^{(0)} \\ \Delta f_3^{(0)} \\ \Delta e_3^{(0)} \\ \Delta f_4^{(0)} \\ \Delta e_4^{(0)} \end{bmatrix} = \begin{bmatrix} 0.03348 \\ 0.03357 \\ -0.36070 \\ -0.10538 \\ 0.06900 \\ -0.05881 \\ -0.45749 \\ 0.00000 \end{bmatrix}$$

按 $\boldsymbol{U}^{(1)} = \boldsymbol{U}^{(0)} - \Delta \boldsymbol{U}^{(0)}$ 修正各节点电压，即得到第一次迭代后各节点的电压：

$$\boldsymbol{U}^{(1)} = \begin{bmatrix} f_1^{(1)} \\ e_1^{(1)} \\ f_2^{(1)} \\ e_2^{(1)} \\ f_3^{(1)} \\ e_3^{(1)} \\ f_4^{(1)} \\ e_4^{(1)} \end{bmatrix} = \begin{bmatrix} -0.03348 \\ 0.96643 \\ 0.36070 \\ 1.10538 \\ -0.06900 \\ 1.05881 \\ 0.45749 \\ 1.05000 \end{bmatrix}$$

按以上步骤反复进行迭代，当收敛指标取 $\varepsilon = 10^{-6}$ 时，需要进行 5 次迭代。迭代过程中，各节点电压及功率误差的变化情况如表 3.2 和 3.3 所示。

表 3.2　迭代过程中各节点电压的变化情况

迭代次数	e_1	f_1	e_2	f_2	e_3	f_3	e_4	f_4
1	0.96643	−0.03348	1.10538	0.36070	1.05881	−0.06900	1.05000	0.45749
2	0.87115	−0.06989	1.03041	0.32997	1.03514	−0.07698	0.97868	0.39243
3	0.85937	−0.07178	1.02604	0.33046	1.03354	−0.07737	0.97463	0.39066
4	0.85915	−0.07182	1.02601	0.33047	1.03352	−0.07738	0.97462	0.39067
5	0.85915	−0.07182	1.02601	0.33047	1.03352	−0.07738	0.97462	0.39067

表 3.3　迭代过程中各节点功率误差的变化情况

迭代次数	ΔQ_1	ΔP_1	ΔQ_2	ΔP_2	ΔQ_3	ΔP_3	ΔP_4
1	−0.55000	−1.60000	5.69803	−2.00000	2.04901	−3.70000	5.00000
2	−0.07204	−0.03473	0.91801	2.77526	−0.37145	0.04904	−3.06101
3	−0.02656	−0.00676	0.06541	0.16660	−0.00948	0.00328	−0.17049
4	−0.00064	−0.00020	−0.00002	0.00069	−0.00002	0.00000	−0.00062
5	0.00000	0.00000	0.00000	0.00000	0.00000	0.00000	0.00000

迭代结果各节点电压大小和相位角 $U_i \angle \theta_i = e_i + \mathrm{j} f_i$ 见表 3.4。

表 3.4　迭代结果各节点电压大小和相位角

节点号	1	2	3	4	5
U_i	0.86215	1.07792	1.03641	1.05000	1.05000
θ_i（度）	−4.77859	17.85341	−4.28195	21.84320	0.00000

各支路功率计算略。

（2）P-Q 分解法

用 P-Q 分解法进行潮流计算时，除了已求得的节点导纳矩阵外，还需要求出系数矩阵 $\boldsymbol{B}'$ 和 $\boldsymbol{B}''$。

形成 $\boldsymbol{B}'$ 时可不计线路的充电电容和变压器 π 形等值电路的对地导纳支路。本例 $\boldsymbol{B}'$ 为四阶，不包括平衡节点 5，各元素计算如下：

$$B'_{11} = \mathrm{Im}\left(\frac{1}{0.04 + \mathrm{j}0.25} + \frac{1}{0.1 + \mathrm{j}0.35}\right) = -6.541665$$

$$B'_{12} = B'_{21} = -\mathrm{Im}\left(\frac{1}{0.04 + \mathrm{j}0.25}\right) = 3.900156$$

$$\cdots$$

$$B'_{22} = \mathrm{Im}\left(\frac{1}{0.04 + \mathrm{j}0.25} + \frac{1}{0.08 + \mathrm{j}0.3} + \frac{1}{\mathrm{j}0.015 \times k}\right) = -70.504252$$

$$B'_{23} = B'_{32} = -\text{Im}\left(\frac{1}{0.08+\text{j}0.3}\right) = 3.112033$$

$$\cdots$$

$$B'_{44} = \text{Im}\left(\frac{1}{\text{j}0.015 \times 1.05}\right) = -63.492063$$

最后可得：

$$B' = \begin{bmatrix} -6.541665 & 3.900156 & 2.641509 & 0.000000 \\ 3.900156 & -70.504252 & 3.112033 & 3.492064 \\ 2.641509 & 3.112033 & -37.499574 & 0.000000 \\ 0.000000 & 63.492063 & 0.000000 & -63.492063 \end{bmatrix}$$

B'' 是由节点导纳矩阵的虚部构成，本例为三阶方阵，不包括 PV 节点 4 和平衡节点 5。

$$B'' = \begin{bmatrix} -6.291665 & 3.900156 & 2.641509 \\ 3.900156 & -66.980820 & 3.112033 \\ 2.641509 & 3.112033 & -35.737860 \end{bmatrix}$$

功率误差的计算式为

$$\Delta P_1 = P_{1s} - U_1 [U_1 G_{11} + U_2 (G_{12}\cos\theta_{12} + B_{12}\sin\theta_{12})$$
$$+ U_3 (G_{13}\cos\theta_{13} + B_{13}\sin\theta_{13})]$$
$$\Delta Q_1 = Q_{1s} - U_1 [-U_1 B_{11} + U_2 (G_{12}\sin\theta_{12} - B_{12}\cos\theta_{12})$$
$$+ U_3 (G_{13}\sin\theta_{13} - B_{13}\cos\theta_{13})]$$

$$\cdots$$

$$\Delta P_4 = P_{4s} - U_4 [U_2 (G_{24}\cos\theta_{42} + B_{24}\sin\theta_{42}) + U_4 G_{44}]$$

将电压初值：$U_1^{(0)} = U_2^{(0)} = U_3^{(0)} = 1.0, U_4^{(0)} = U_5^{(0)} = 1.05, \theta_1^{(0)} = \theta_2^{(0)} = \theta_3^{(0)} = \theta_4^{(0)} = \theta_5^{(0)} = 0$ 代入，可以求得各节点有功功率误差：

$$\Delta P^{(0)} = \begin{bmatrix} \Delta P_1^{(0)} \\ \Delta P_2^{(0)} \\ \Delta P_3^{(0)} \\ \Delta P_4^{(0)} \end{bmatrix} = \begin{bmatrix} -1.60000 \\ -2.00000 \\ -3.70000 \\ 5.00000 \end{bmatrix}$$

除以相应的节点电压，得到 P-θ 修正方程的常数项：

$$(U^{-1}\Delta P)^{(0)} = \begin{bmatrix} -1.60000 \\ -2.00000 \\ -3.70000 \\ 4.76190 \end{bmatrix}$$

解修正方程 $(U^{-1}\Delta P)^{(0)} = B'(U^{(0)}\Delta\theta^{(0)})$，得到 $U^{(0)}\Delta\theta^{(0)}$，再将各元素除以相应的 $U_i^{(0)}$，可得：

$$\Delta\theta^{(0)} = \begin{bmatrix} 0.09453 \\ -0.30583 \\ 0.07995 \\ -0.36270 \end{bmatrix}$$

对各 $\boldsymbol{\theta}$ 进行修正,得到第一次迭代后的各节点电压相位角:

$$\boldsymbol{\theta}^{(1)}=\boldsymbol{\theta}^{(0)}-\Delta\boldsymbol{\theta}^{(0)}=\begin{bmatrix}-0.09453\\0.30583\\-0.07995\\0.36297\end{bmatrix}$$

接着进行 Q-U 迭代。根据 $\boldsymbol{U}^{(0)}$、$\boldsymbol{\theta}^{(1)}$ 求出各节点无功功率误差:

$$\Delta\boldsymbol{Q}^{(0)}=\begin{bmatrix}-1.11293\\5.60861\\1.41229\end{bmatrix}$$

由于 $U_1^{(0)}=U_2^{(0)}=U_3^{(0)}=1.0$,所以修正方程常数项 $(\boldsymbol{U}^{-1}\Delta\boldsymbol{Q})^{(0)}=\Delta\boldsymbol{Q}^{(0)}$。

解修正方程 $(\boldsymbol{U}^{-1}\Delta\boldsymbol{Q})^{(0)}=\boldsymbol{B}''\Delta\boldsymbol{U}^{(0)}$,得到电压修正量:

$$\Delta\boldsymbol{U}^{(0)}=\begin{bmatrix}0.11192\\-0.07899\\-0.03812\end{bmatrix}$$

修正后的节点电压

$$\boldsymbol{U}^{(1)}=\boldsymbol{U}^{(0)}-\Delta\boldsymbol{U}^{(0)}=\begin{bmatrix}0.88808\\1.07899\\1.03812\end{bmatrix}$$

这样就完成了第一次迭代计算。

按照以上步骤继续迭代下去,当收敛指标取 $\varepsilon=10^{-5}$ 时,迭代 10 次收敛。迭代过程中各节点电压的变化情况列于表 3.5,最大功率误差和电压误差(修正量)的变化情况见表 3.6。若收敛指标取为 $\varepsilon=10^{-6}$,则需迭代 12 次。

表 3.5　迭代过程中各节点电压的变化情况

迭代次数	θ_1	U_1	θ_2	U_2	θ_3	U_3	θ_4
1	−0.09453	0.88808	0.30583	1.07899	−0.07995	1.03812	0.36270
2	−0.07516	0.86960	0.31460	1.07839	−0.07334	1.03692	0.38473
3	−0.08463	0.86351	0.31004	1.07803	−0.07478	1.03664	0.37951
4	−0.08287	0.86271	0.31149	1.07796	−0.07465	1.03647	0.38116
5	−0.08346	0.86228	0.31145	1.07793	−0.07473	1.03643	0.38108
6	−0.08337	0.86220	0.31158	1.07792	−0.07473	1.03642	0.38122
7	−0.08340	0.86216	0.31159	1.07792	−0.07473	1.03641	0.38122
8	−0.08340	0.86216	0.31160	1.07792	−0.07473	1.03641	0.38123
9	−0.08340	0.86215	0.31160	1.07792	−0.07473	1.03641	0.38123
10	−0.08340	0.86215	0.31160	1.07792	−0.07473	1.03641	0.38124

注:表中相位角为弧度。

表 3.6　最大功率误差和电压误差的变化情况

迭代次数	ΔP_{max}	ΔQ_{max}	$\Delta \theta_{max}$	ΔU_{max}
1	5.00000	5.60861	0.36270	0.11192
2	0.96076	0.09836	0.02203	0.01848
3	0.04129	0.03148	0.00947	0.00609
4	0.01141	0.00380	0.00176	0.00080
5	0.00496	0.00214	0.00059	0.00043
6	0.00050	0.00037	0.00013	0.00008
7	0.00044	0.00018	0.00004	0.00004
8	0.00006	0.00004	0.00001	0.00001
9	0.00004	0.00002	0.000003	0.000003
10	0.000008	0.000004	0.000000	0.000001

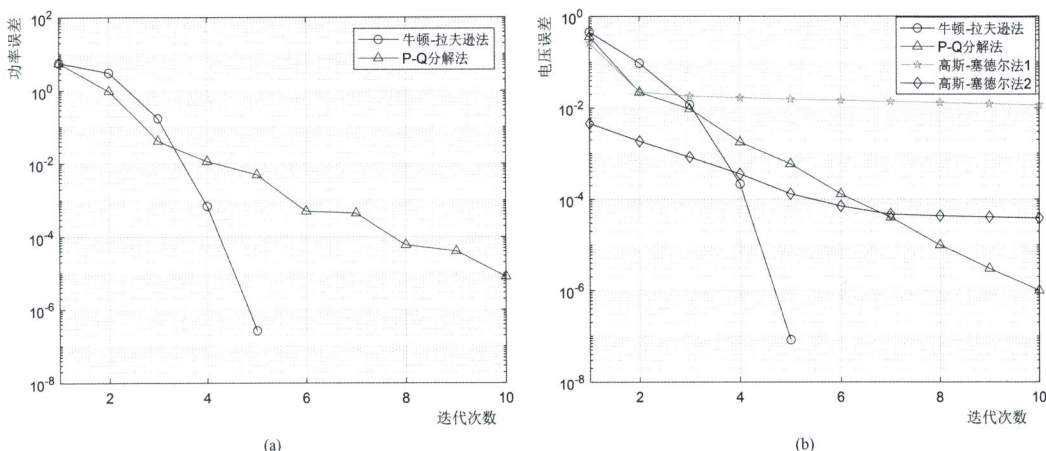

图 3.20　三种潮流计算方法在例 3.3 中的收敛特性

基于表 3.3 和表 3.6 中迭代次数与最大功率误差的关系，可绘制牛顿—拉夫逊法、P-Q 分解法迭代次数与各节点功率误差最大绝对值的关系曲线，如图 3.20(a)所示。可见，对功率误差，牛顿—拉夫逊法具有良好的平方收敛特性，P-Q 分解法近似具有线性收敛特性。

为了进一步比较本节所介绍的三种潮流计算方法，将高斯—塞德尔法亦应用于例 3.3 的潮流计算，详细计算过程此处略。由于高斯—塞德尔法不存在功率误差，故仅能针对最大电压误差，比较三种潮流计算方法的收敛特性，如图 3.20(b)所示。可见，对电压误差，牛顿—拉夫逊法和 P-Q 分解法也分别展现了平方收敛特性和线性收敛特性，但高斯—塞德尔法仅第 1、第 2 次迭代误差下降明显，其后误差下降非常缓慢。即使将高斯—塞德尔法潮流计算的初值改为非常接近于潮流解的 $U_1=0.86\angle-4.8°$，$U_2=1.08\angle17.8°$，$U_3=1.04\angle-4.3°$ 和 $U_4=1.05\angle21.8°$，电压误差也仅在前 6 次迭代计算中有所下降，其后误差下降不明显，可见，高斯—塞德尔法潮流计算的收敛特性与初值设定无关。

▶▶▶ 3.3.4 潮流计算的有关问题

电力网络的各节点通过输电线路或变压器等支路相互连接。实际系统中每个节点通常和 2 到 4 个节点有支路上的直接连接，该特点与系统的规模基本无关。这反映在节点导纳矩阵上，意味着每行元素除对角元素外，仅有 2 到 4 个元素非零。换言之，对 n 个节点的电力网络，非零元素通常不超过 $5/n$。对 100 个节点的系统来说，这意味着非零元素通常不超过 5%，而对 1000 个节点的系统来说，不超过 5‰。因此，实际系统的导纳矩阵具有非常稀疏的非零元素。若在实际潮流计算程序中，不注意导纳矩阵的这一结构特点，就会浪费大量的内存。

更重要的是，潮流计算方法中，导纳矩阵的结构与相关计算密切联系。若已知导纳矩阵的元素 Y_{ij} 为零，则对高斯—塞德尔法潮流计算，就可避免式（3.42）或式（3.46）等号右侧求和项中与相应电压的乘法运算；对牛顿—拉夫逊法，就可避免式（3.65）或式（3.80）中相应雅克比矩阵非对角元素的存储和计算；对 P-Q 分解法，就可避免式（3.94）或（3.95）中相应 $\boldsymbol{B}'$ 和 $\boldsymbol{B}''$ 元素的存储和计算，从而利用导纳矩阵的稀疏特点大大减少潮流计算的工作量。

本节简要介绍与稀疏矩阵有关的潮流计算问题。

1. 稀疏矩阵表示法

电力网络的节点导纳矩阵是一个高度稀疏的矩阵，也就是矩阵中很多非对角元素是零。如果不考虑导纳矩阵的稀疏性，导纳矩阵要用二维数组存放，那么矩阵中的大量零元素不仅要占用大量的计算机内存，还要对这些零元素进行大量的、不必要的运算，从而降低了计算效率。以牛顿—拉夫逊法潮流计算为例，雅可比矩阵具有与节点导纳矩阵相似的结构，如果不考虑雅可比矩阵的稀疏性，在每次迭代过程的雅可比矩阵的形成与分解计算中也必将发生对零元素的不必要的存取和计算。因此，不考虑稀疏性的牛顿—拉夫逊法不仅需要庞大的存储空间，而且计算效率很低，速度很慢。

将稀疏矩阵技巧应用于导纳矩阵或雅可比矩阵时，可将这些矩阵的对角元素存放在一个一维数组 A 中，而将矩阵的上三角矩阵的非对角元素的非零元素按行按列紧凑地压缩在一个一维数组 B 中。由导纳或雅可比矩阵的性质可知，A 数组元素的个数等于系统节点个数，B 数组元素的个数与系统不接地支路数相对应（为支路数与消去过程中出现的非零注入元数之和）。这样，矩阵的稀疏存放就极大地减少了所需的存储单元。当然，实际情况要复杂些，还需要若干数组以指明 B 数组中每一个元素对应于方阵所在的行与列。所以，在以稀疏方式存储一个 n 阶的稀疏方阵时，大约需要 $6b+3n$ 个存储单元，其中 b 是系统非接地支路数，n 为系统节点数。在典型的电力系统中 $b \approx 1.5n$，所以总的存储单元大约需要 $12n$ 个。与用二维数组存放所需单元相比，对 500 个节点的系统，大约减少至原来的 1/40，同时，相应于零元素的额外计算工作也大大减少。

2. 高斯消去法

以牛顿—拉夫逊法潮流计算修正方程的求解为例，若采用矩阵求逆的方法，即

$$\begin{bmatrix} \Delta \boldsymbol{U} \\ \Delta \boldsymbol{\theta} \end{bmatrix} = \boldsymbol{J}^{-1} \begin{bmatrix} \Delta \boldsymbol{P} \\ \Delta \boldsymbol{Q} \end{bmatrix} \tag{3.98}$$

由于潮流计算的雅可比矩阵通常是个高度稀疏的矩阵，而其逆矩阵 $\boldsymbol{J}^{-1}$ 是一个满矩阵，所以直接采用矩阵求逆的方法必然会失去矩阵的稀疏性，导致额外增加了存储单元与计算工作量。用高斯消去法求解潮流计算中牛顿—拉夫逊法的修正方程，能够保持线性方程组原有的稀疏性，可以大大减少计算所需的内存和时间，使牛顿—拉夫逊法成为求解潮流问题的一种有效手段。常用的高斯消去法为按行消去，逐行规格化，下面作简要的介绍。

考虑 n 阶线性方程组

$$\boldsymbol{AX} = \boldsymbol{B} \tag{3.99}$$

式中，系数矩阵 $\boldsymbol{A} = \begin{bmatrix} a_{11} & a_{12} & \cdots & a_{1n} \\ a_{21} & a_{22} & \cdots & a_{2n} \\ \vdots & \vdots & & \vdots \\ a_{n1} & a_{n2} & \cdots & a_{nn} \end{bmatrix}$

待求向量 $\boldsymbol{X} = \begin{bmatrix} x_1 & x_2 & \cdots & x_n \end{bmatrix}^{\mathrm{T}}$

常数向量 $\boldsymbol{B} = \begin{bmatrix} b_1 & b_2 & \cdots & b_n \end{bmatrix}^{\mathrm{T}}$

高斯消去法将系数矩阵与常数向量合并成一增广矩阵：

$$\begin{bmatrix} a_{11} & a_{12} & \cdots & a_{1n} & b_1 \\ a_{21} & a_{22} & \cdots & a_{2n} & b_2 \\ \vdots & \vdots & & \vdots & \vdots \\ a_{n1} & a_{n2} & \cdots & a_{nn} & b_n \end{bmatrix} \tag{3.100}$$

通过按行消去，逐行规格化（称为前代），上式变换成：

$$\begin{bmatrix} 1 & a_{12}^{(1)} & \cdots & a_{1n}^{(1)} & b_1^{(1)} \\ 0 & 1 & \cdots & a_{2n}^{(2)} & b_2^{(2)} \\ \vdots & \vdots & & \vdots & \vdots \\ 0 & 0 & \cdots & 1 & b_n^{(n)} \end{bmatrix} \tag{3.101}$$

再通过线性变换，将增广矩阵的左边 n 列变换成单位阵（称为回代）：

$$\begin{bmatrix} 1 & 0 & 0 & \cdots & 0 & c_1 \\ 0 & 1 & 0 & \cdots & 0 & c_2 \\ \vdots & \vdots & \vdots & & \vdots & \vdots \\ 0 & 0 & 0 & \cdots & 1 & c_n \end{bmatrix} \tag{3.102}$$

于是，可得方程组的解

$$\boldsymbol{X} = \boldsymbol{C} \tag{3.103}$$

此处，$\boldsymbol{C} = \begin{bmatrix} c_1 & c_2 & \cdots & c_n \end{bmatrix}^{\mathrm{T}}$。

前代的基本步骤为：

(1)以 a_{11} 除第 1 行各元素，使其成为

$$\begin{bmatrix} 1 & a_{12}^{(1)} & a_{13}^{(1)} & \cdots & a_{1n}^{(1)} & b_1^{(1)} \end{bmatrix}$$

的规格化形式，其中 $a_{1j}^{(1)} = a_{1j}/a_{11}(j=2,3,\cdots,n)$；$b_1^{(1)} = b_1/a_{11}$。

（2）将第 1 行乘 $-a_{21}$ 后加到第 2 行，消去第 2 行对角元素左边的元素 a_{21}，使第 2 行成为

$$\begin{bmatrix} 0 & a_{22}^{(1)} & a_{23}^{(1)} & \cdots & a_{2n}^{(1)} & b_2^{(1)} \end{bmatrix}$$

其中，$a_{2j}^{(1)}=a_{2j}-a_{21}a_{1j}^{(1)}(j=2,3,\cdots,n)$；$b_2^{(1)}=b_2-a_{21}b_1^{(1)}$，然后再将第 2 行规格化，成为

$$\begin{bmatrix} 0 & 1 & a_{23}^{(2)} & \cdots & a_{2n}^{(2)} & b_2^{(2)} \end{bmatrix}$$

其中，$a_{2j}^{(2)}=a_{2j}^{(1)}/a_{22}^{(1)}(j=3,\cdots,n)$；$b_2^{(2)}=b_2^{(1)}/a_{22}^{(1)}$。

（3）将第 1 行乘 $-a_{31}$，加到第 3 行，消去 a_{31} 得：

$$\begin{bmatrix} 0 & a_{32}^{(1)} & a_{33}^{(1)} & \cdots & a_{3n}^{(1)} & b_3^{(1)} \end{bmatrix}$$

将第 2 行乘 $-a_{32}^{(1)}$，加到第 3 行，消去 $a_{32}^{(1)}$ 得：

$$\begin{bmatrix} 0 & 0 & a_{33}^{(2)} & \cdots & a_{3n}^{(2)} & b_3^{(2)} \end{bmatrix}$$

再将第 3 行规格化。

第 i 行消去计算的表达式为

$$a_{ij}^{(k)}=a_{ij}^{(k-1)}-a_{ik}^{(k-1)}a_{kj}^{(k)} \quad (j=k+1,k+2,\cdots,n) \tag{3.104}$$

$$b_i^{(k)}=b_i^{(k-1)}-a_{ik}^{(k-1)}b_k^{(k)} \tag{3.105}$$

其中，消去计算的顺序 $k=1,2,\cdots,i-1$。

所以在对第 i 行进行 $i-1$ 次消去计算后，该行对角线左边的元素均为零。第 i 行规格化计算式为

$$a_{ij}^{(i)}=\frac{a_{ij}^{(i-1)}}{a_{ii}^{(i-1)}} \quad (j=i,i+1,\cdots,n) \tag{3.106}$$

$$b_i^{(i)}=\frac{b_i^{(i-1)}}{a_{ii}^{(i-1)}} \tag{3.107}$$

（4）如此不断地逐行消去，规格化，直至第 n 行，就可得到式（3.101）。这个过程也叫前代过程。式（3.101）中对角线以上的元素叫作上三角矩阵元素。从式（3.104）和（3.105）可知，$a_{kj}^{(k)}$ 是位于上三角矩阵中 $k(k<j)$ 行中的元素，而 $a_{ik}^{(k-1)}$ 则是在消去过程中位于对角线左侧 i 行元素的中间计算值，也叫作下三角矩阵元素。

以上介绍的是按行消元法，也可用按列消元法进行前代计算，所得结果相同。

（5）对式（3.101）进行自下而上的回代就可得到解 $\boldsymbol{X}$。很明显，

$$x_n=b_n^{(n)},$$

$$x_{n-1}+a_{n-1,n}^{(n-1)}x_n=b_{n-1}^{(n-1)}$$

所以
$$x_{n-1}=b_{n-1}^{(n-1)}-a_{n-1,n}^{(n-1)}x_n$$

回代的一般形式为

$$x_i=b_i^{(i)}-\sum_{j=i+1}^{n}a_{ij}^{(i)}x_j \quad (i=n,n-1,\cdots,1) \tag{3.108}$$

用高斯消去法对稀疏矩阵进行前代消去运算时，消元后的上三角矩阵中的非零元素个数可能会增加。由式（3.104）可以看出，假定矩阵中 i 行元素 a_{ij} 在进行第 k 次消去前 $a_{ij}^{(k-1)}$ $=0$，在 k 次消去中只要下三角矩阵的第 i 行中的 k 列元素 $a_{ik}^{(k-1)}$ 与上三角矩阵的第 j 列中 k 行元素 $a_{kj}^{(k)}$ 的乘积（见图 3.21）不为零，元素 $a_{ij}^{(k)}$ 将为非零。增加的非零元素称作注入元。显然，在高度稀疏矩阵中，出现注入元的可能性及数目与矩阵中原始非零元素的位置有关。

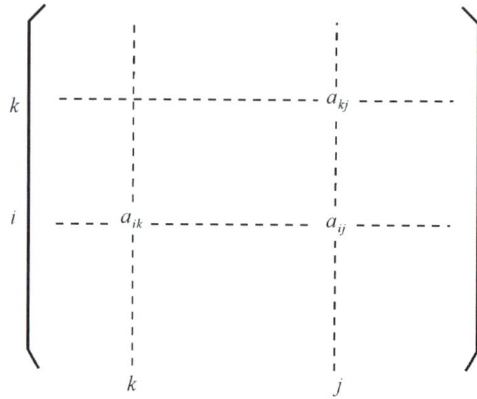

图 3.21　矩阵中的元素相乘

3. 节点的优化编号

从前面几节的内容已经知道,电力系统的节点导纳矩阵或牛顿—拉夫逊法计算潮流的雅可比矩阵的非对角元素,相应于系统中与矩阵的行、列号相应节点之间直接相连的支路。如果电网节点编号改变,对应的节点导纳矩阵或雅可比矩阵的行、列号也将改变;非零元素在矩阵中的位置相应发生变化,所以出现非零注入元的可能性和数目也将发生变化,或者说注入元与节点编号的排序有关。图 3.22 表示一个简单电力网不同节点编号方案在高斯消去法消元过程中形成的上三角矩阵注入元,图中用△符号表示注入元。

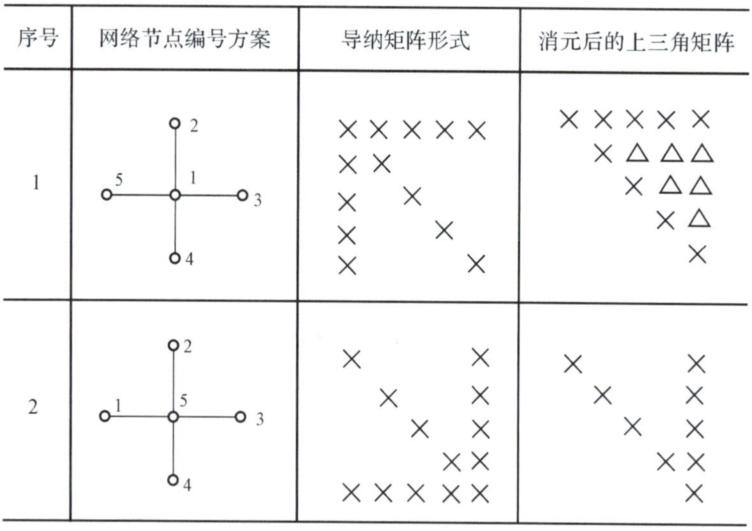

序号	网络节点编号方案	导纳矩阵形式	消元后的上三角矩阵
1			
2			

图 3.22　节点编号方案

显然,用不同节点编号方案,所得到的注入元数目是不同的。为了在计算过程中减少内存容量和提高计算速度,要求找到一种或数种使注入元最少的节点编号方案,或最优节点编号方案。事实上,由于电力网节点数目很大,要找到注入元最少的最优的节点编号方案非常困难,因此,在实用上常常以准优化的节点编号方案来代替。准优化节点排序常用的方法有两种:

（1）静态按最少出线支路数排序

这种方法排序的原则是：

①按节点所连支路数（不包括接地支路，两个节点间有多条并联支路时只算作一条）的多少排序，连接支路数少的节点排在前面。

②非零元素尽量安排在导纳矩阵的准对角线上或靠近对角线。

应用这种静态优化法时，在导纳矩阵形成前，通过对各节点连接支路多少的分析，可依次定出节点编号，因而计算工作量很小。

（2）动态按最少出线支路数排序

在高斯消去法按列消元过程中，每消去一列所增加的注入元个数，相当于网络中消去与该列同号的节点给剩余节点增加的相互连线数。例如图 3.22 中第一个节点编号方案，消去节点 1 相当于进行网络的星-网变换；剩下的四个节点网络将增加 6 条新支路，相应地用高斯消元法消去第一列后将增加 6 个注入元。而方案 2 消去节点 1 不增加新支路，所以消去第 1 列不产生注入元。动态排序的方法是，先对支路数最少的一个节点进行编号，接着将该节点从网络中消去，立即修改未编号节点所连的支路数，再选出支路数最少的节点继续进行编号并消去。这种方法与静态按最少出线支路数排序相比，考虑了消去过程中节点支路数（或导纳矩阵非零元素）的变化，因而注入元的数目更少。

4. 稀疏矩阵技术在复杂电力系统潮流计算中的应用

尽管牛顿—拉夫逊法是求解非线性方程组的有效方法，且在 20 世纪 60 年代初就已应用于潮流计算，但作为一种实用的、有竞争力的电力系统潮流计算方法，则是在 20 世纪 60 年代中后期应用了稀疏矩阵技巧和高斯消去法求解修正方程之后。在使用稀疏矩阵技巧和优化节点编号以后，在使用平直电压启动（设置全网电压初值为同一数值）时，牛顿—拉夫逊法的迭代次数实际上与系统规模无关。此外，牛顿—拉夫逊法潮流计算程序设计良好时，可做到每一次迭代时间仅与系统节点数 N 成正比。类似地，P-Q 分解法潮流计算亦可从稀疏矩阵技术中获得计算效率上的大幅度提升。

实际上，稀疏矩阵所反映的各节点连接的稀疏性是电力网络的本质特征之一，故除潮流计算外，稀疏矩阵技术还应用于短路电流计算、安全稳定分析、电网规划等大量电力系统分析算法和计算程序中，是高效电力系统分析计算软件的关键基础技术之一。

3.4 静态安全分析的直流潮流法

电力系统静态安全分析或称静态安全评估，是电力系统稳态分析的重要内容，主要从稳态角度研究系统在可能发生的故障后是否能安全运行。例如，在电力系统规划或电力系统运行分析时，需要进行一种所谓的 $N-1$ 校核计算，即对于某一种运行方式要逐一开断系统中的线路或变压器，检查是否存在支路过载情况。

显然，静态安全分析中，需要对很多运行方式进行潮流计算。用牛顿—拉夫逊法虽然也可以解决这类问题，但如 3.3.2 节所述，对应于每一种开断，牛顿—拉夫逊法必须求解新的修正方程。所以，对大型电力系统来说，用牛顿—拉夫逊法进行诸如 $N-1$ 校核计算，将要花费大量的计算时间，这是不切实际的。此外，对于电力系统规划来说，由于系统数据的不完整性和不确定性，用牛顿—拉夫逊法计算往往不能收敛。根据实际电力系统参数及运行特点，可将非线性的交流潮流模型进行简化，获得线性的直流潮流模型。基于直流潮流模型的直流法潮流计算具有简单、计算量小、没有收敛性问题、易于快速地处理投入或开断线路操作等优点。在需要计算大量潮流运行方式的场合，直流法与 P-Q 分解法都是应用广泛的方法。以下介绍直流潮流模型、直流法潮流计算方法以及直流潮流模型中追加或开断支路的处理方法。

▶▶▶ 3.4.1 直流法潮流计算

电力网中每条支路 i-j 中通过的有功功率为

$$P_{ij} = \mathrm{Re}[\dot{U}_i \overset{*}{I}_{ij}] = \mathrm{Re}[\dot{U}_i \overset{*}{y}_{ij}(\overset{*}{U}_i - \overset{*}{U}_j)] \tag{3.109}$$

如果节点电压用极坐标形式表示时，上式可改写成

$$P_{ij} = U_i^2 g_{ij} - U_i U_j(g_{ij}\cos\theta_{ij} + b_{ij}\sin\theta_{ij}) \tag{3.110}$$

考虑到实际电力系统中输电线路（或变压器）的电阻远小于其电抗，对地电导也可忽略不计；在正常运行时，线路两端相位差很少会超过 $20°$；节点电压值的偏移很少会超过 10%，且对有功功率分布影响不大，因而可以作如下假设：

(1) $g_{ij} \approx 0$，$b_{ij} \approx -1/x_{ij}$，x_{ij} 为节点 i 和节点 j 间支路的电抗。

(2) $\sin\theta_{ij} \approx \theta_i - \theta_j$，$\cos\theta_{ij} \approx 1$。

(3) $U_i \approx U_j \approx 1$。

(4) 不考虑变压器和接地支路对有功分布的影响。

将以上假设代入式(3.110)可得：

$$P_{ij} = -b_{ij}(\theta_i - \theta_j) = (\theta_i - \theta_j)/x_{ij} \tag{3.111}$$

各节点的注入功率为与该节点相连各支路功率之和，同时将支路电纳的负值 $(-b_{ij})$ 改写为电纳矩阵 $\boldsymbol{B}$ 中的相应元素 B_{ij}，可得节点 i 注入功率的表示式

$$P_i = \sum_{j \in i} B_{ij}(\theta_i - \theta_j) = -\left(-\sum_{j \in i} B_{ij}\theta_i + \sum_{j \in i} B_{ij}\theta_j\right)$$

式中，$j \in i$ 表示所有与节点 i 直接相连的节点，$j \neq i$。由于忽略了对地支路，所以由节点导纳矩阵的定义可知：

$$-\sum_{j \in i} B_{ij} = B_{ii}$$

因而，上式可写成

$$P_i = -\left(B_{ii}\theta_i + \sum_{j \in i} B_{ij}\theta_j\right) = \sum_{j=1}^{n}(-B_{ij}\theta_j) \tag{3.112}$$

令 $\boldsymbol{B}_0$ 表示正常运行时电力网节点电纳矩阵 $\boldsymbol{B}$ 的负数，则所有节点注入功率可用矩阵表示为

$$\boldsymbol{P} = \boldsymbol{B}_0 \boldsymbol{\theta} \tag{3.113}$$

式中，$\boldsymbol{P}$ 为节点注入有功功率向量；$\boldsymbol{\theta}$ 为节点电压相角向量。

若式(3.113)不含平衡节点的注入功率方程，则 $\boldsymbol{B}_0$ 是非奇异矩阵，故而可以用高斯消去法或因子表等方法求解式(3.113)，得出在给定注入功率条件下的节点相角向量 $\boldsymbol{\theta} = \boldsymbol{B}_0^{-1}\boldsymbol{P}$，进而用式(3.111)求出各支路的有功潮流。

如果将式(3.113)中的节点注入功率当成直流电路的注入电流，节点电压相角当作直流电路的电压，节点电纳矩阵 $\boldsymbol{B}_0$ 当作直流电路的节点电导矩阵，则式(3.113)与直流电路中电压和电流的关系具有相同的形式，不同的只是在直流电路中电流从电压高处向电压低处流动，而在交流电网中，有功功率从电压相角大的节点向电压相角小的节点流动。这种与直流电路计算的相似性，使人们对这种潮流模型冠以直流潮流模型的称呼。

直流法潮流计算需要求解的直流潮流模型式(3.113)是线性方程组，故采用直接法求解时，不存在收敛性问题，因而它具有计算速度快、不存在收敛性问题等优点，被广泛地使用在电力系统规划、静态安全校核以及牛顿—拉夫逊法潮流的初值计算等需要大量计算或运行条件不十分理想的场合。然而，直流法对节点功率方程进行了简化，即对非线性的潮流计算模型作了简化，因而它是一种近似的计算方法。

▶▶▶ 3.4.2 基于补偿法的直流潮流开断处理

当系统内两节点间投入或开断一条线路时，系统的节点注入功率不变，只是系统的节点导纳矩阵中与该线路有关的元素有所改变。在式(3.113)中应用经过修改的节点导纳矩阵可以求得系统投入或开断一条支路后的节点电压相角。虽然式(3.113)是一个线性代数方程，可以直接求解，但对于大量开断操作的计算，比如 $N-1$ 校核，仍然显得计算工作量太大，故人们希望找到不必重复求解式(3.113)的快速算法。下面介绍一种利用补偿法直接求出节点电压相角的实用算法。

假设系统内节点 k 和节点 m 之间要校验断开 k-m 支路时有功功率潮流的变化。支路开断前，系统 N 的直流潮流方程如式(3.113)所示，其中，节点 k 和节点 m 的注入功率分别为 P_k 和 P_m，节点电压相角分别为 θ_k 和 θ_m。设开断的 k-m 支路串联电抗为 x_{km}，则断开 k-m 支路相当于在节点 k 和节点 m 之间增加一条串联电抗为 $-x_{km}$ 的支路，如图 3.23 所示。

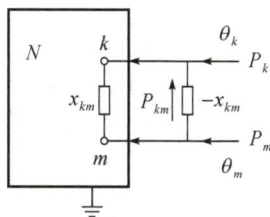

图 3.23　基于补偿法的支路断开等值图

记流经该新增支路的支路功率为 P_{km}（功率方向如图 3.23 所示），则支路开断后，即增加串联电抗为 $-x_{km}$ 的支路后，节点 k 和节点 m 的注入功率分别增加 P_{km} 和 $-P_{km}$，而其他节点注入功率无变化。记 $\boldsymbol{M}$ 为第 k 个元素为 1、第 m 个元素为 -1、其余元素均为零的行向量，则系统 N 各节点注入功率的增量可写为 $P_{km}\boldsymbol{M}^{\mathrm{T}}$。

由于直流潮流方程式(3.113)为线性方程，满足叠加原理，故注入单位功率 $\boldsymbol{M}^{\mathrm{T}}$ 所引起的节点电压相角增量 $\Delta\boldsymbol{\theta}^1$ 可由下式求出

$$\boldsymbol{M}^{\mathrm{T}} = \boldsymbol{B}_0 \ \Delta\boldsymbol{\theta}^1 \tag{3.114}$$

若开断前的 $\boldsymbol{B}_0$ 矩阵已进行因子表分解，则上式中 $\Delta\boldsymbol{\theta}^1$ 可通过前代和回代操作很快计算出。

由于式(3.114)为线性关系，故节点注入功率增量 $P_{km}\boldsymbol{M}^{\mathrm{T}}$ 所导致的各节点电压相角增量为 $P_{km}\Delta\boldsymbol{\theta}^1$，进而开断后各节点的电压相角为

$$\boldsymbol{\theta}'=\boldsymbol{\theta}+P_{km}\Delta\boldsymbol{\theta}^1=\boldsymbol{\theta}+P_{km}\boldsymbol{B}_0^{-1}\boldsymbol{M}^{\mathrm{T}} \tag{3.115}$$

由此可知，开断后节点 k 和节点 m 的新相角分别为 $\theta'_k=\theta_k+P_{km}\Delta\theta^1_k$ 和 $\theta'_m=\theta_m+P_{km}\Delta\theta^1_m$。

显然，在新相角 θ'_k 和 θ'_m 下，流经新增支路的功率应等于 P_{km}，即

$$P_{km}=\frac{\theta'_m-\theta'_k}{-x_{km}} \tag{3.116}$$

将式(3.115)代入式(3.116)，有

$$P_{km}=\frac{\theta'_m-\theta'_k}{-x_{km}}=\frac{-\boldsymbol{M}\boldsymbol{\theta}'}{-x_{km}}=\frac{\boldsymbol{M}\boldsymbol{\theta}+P_{km}\boldsymbol{M}\Delta\boldsymbol{\theta}^1}{x_{km}}=\frac{\boldsymbol{M}\boldsymbol{\theta}+P_{km}\boldsymbol{M}\boldsymbol{B}_0^{-1}\boldsymbol{M}^{\mathrm{T}}}{x_{km}} \tag{3.117}$$

由式(3.117)可解得流经新增支路的支路功率 P_{km} 为

$$P_{km}=\frac{\boldsymbol{M}\boldsymbol{\theta}}{x_{km}-\boldsymbol{M}\Delta\boldsymbol{\theta}^1}=\frac{\boldsymbol{M}\boldsymbol{\theta}}{x_{km}-\boldsymbol{M}\boldsymbol{B}_0^{-1}\boldsymbol{M}^{\mathrm{T}}} \tag{3.118}$$

再将之带入式(3.115)，可得开断后的节点电压相角为

$$\boldsymbol{\theta}'=\boldsymbol{\theta}+P_{km}\Delta\boldsymbol{\theta}^1=\boldsymbol{\theta}+\frac{\boldsymbol{M}\boldsymbol{\theta}\Delta\boldsymbol{\theta}^1}{x_{km}-\boldsymbol{M}\Delta\boldsymbol{\theta}^1}=\boldsymbol{\theta}+\frac{\boldsymbol{M}\boldsymbol{\theta}\boldsymbol{B}_0^{-1}\boldsymbol{M}^{\mathrm{T}}}{x_{km}-\boldsymbol{M}\boldsymbol{B}_0^{-1}\boldsymbol{M}^{\mathrm{T}}} \tag{3.119}$$

这样就可在断开线路后不重新形成 $\boldsymbol{B}$ 矩阵而算出各母线电压相位角。

上述方法中，当网络出现支路开断时，认为该支路未被开断，而在其两端节点处引入某一待求功率增量（称补偿功率），以此模拟支路开断的影响，这种方法称为补偿法。补偿法还可应用于 $P\text{-}Q$ 分解法、短路电流、复杂故障以及动态稳定等开断计算的网络处理上。

由式(3.115)及(3.118)可知，断开支路 $k\text{-}m$ 后，支路 $i\text{-}j$ 中的有功功率为

$$P_{ij}=\frac{\theta_i{}'-\theta_j{}'}{x_{ij}}=\frac{\theta_i-\theta_j}{x_{ij}}+P_{km}\frac{\Delta\theta^1_i-\Delta\theta^1_j}{x_{ij}} \tag{3.120}$$

这样就可根据上式来校核支路有功功率是否超过规定的极限。

对于断开发电机的情况，只需将式(3.113)中 $\boldsymbol{P}$ 改为 $\boldsymbol{P}+\Delta\boldsymbol{P}$，就可求出相应的母线电压相位角的变化，并利用式(3.120)来校核通过各支路的有功功率潮流。

利用上述方法时只需进行一次基本运行方式的潮流计算，对于大量的开断操作只需用基本运行方式的节点电纳矩阵 $\boldsymbol{B}_0$ 和节点电压相角 $\boldsymbol{\theta}$，加上开断支路的电抗 x_{km} 进行修正，无疑大大减少了计算工作量。

【例 3.4】 如图 3.19 所示的电力系统接线图中，如忽略线路（变压器）的电阻和电容，并假设变压器的变比为 1，只考虑各节点负荷的有功功率。给定支路 1～2 的极限负荷为 2（标么值），试用直流法计算支路 2-3 断开后，支路 2-1 的过载情况。

【解】 由给定的数据，根据式(3.113)可求出正常时除平衡节点外各节点的相位角。

$$\begin{bmatrix} \dfrac{1}{0.25}+\dfrac{1}{0.35} & -\dfrac{1}{0.25} & -\dfrac{1}{0.35} & 0 \\[2mm] -\dfrac{1}{0.25} & \dfrac{1}{0.25}+\dfrac{1}{0.3}+\dfrac{1}{0.015} & -\dfrac{1}{0.3} & -\dfrac{1}{0.015} \\[2mm] -\dfrac{1}{0.35} & -\dfrac{1}{0.3} & \dfrac{1}{0.35}+\dfrac{1}{0.3}+\dfrac{1}{0.03} & 0 \\[2mm] 0 & -\dfrac{1}{0.015} & 0 & \dfrac{1}{0.015} \end{bmatrix}\begin{bmatrix} \theta_1 \\ \theta_2 \\ \theta_3 \\ \theta_4 \end{bmatrix}=\begin{bmatrix} -1.6 \\ -2 \\ -3.7 \\ 5 \end{bmatrix}$$

由上式解得：

$$\boldsymbol{\theta}=\begin{bmatrix}\theta_1\\\theta_2\\\theta_3\\\theta_4\end{bmatrix}=\begin{bmatrix}-0.0612(-3.508°)\\0.3443(19.729°)\\-0.0690(-3.953°)\\0.4193(24.026°)\end{bmatrix}$$

所以正常通过支路 2-1 的有功功率为

$$P_{21}=\frac{\theta_2-\theta_1}{x_{12}}=\frac{0.3443+0.0612}{0.25}=1.622$$

当断开支路 2-3 后，

$$\boldsymbol{M}=\begin{bmatrix}0 & 1 & -1 & 0\end{bmatrix}$$

$$\Delta\boldsymbol{\theta}^1=\boldsymbol{B}_0^{-1}\boldsymbol{M}^{\mathrm{T}}=\begin{bmatrix}0.1167\\0.2000\\0.0000\\0.2000\end{bmatrix}$$

$$P_{km}=\frac{\boldsymbol{M\theta}}{x_{km}-\boldsymbol{M}\Delta\boldsymbol{\theta}^1}=\frac{0.3443+0.0690}{0.3-(0.2000-0.0000)}=4.133$$

根据式(3.116)，可得：

$$\boldsymbol{\theta}'=\boldsymbol{\theta}+P_{km}\Delta\boldsymbol{\theta}^1=\begin{bmatrix}-0.0612\\0.3443\\-0.0690\\0.4193\end{bmatrix}+\begin{bmatrix}0.4822\\0.8266\\0.0000\\0.8266\end{bmatrix}=\begin{bmatrix}0.4210(24.119°)\\1.1709(67.090°)\\-0.0690(-3.953°)\\1.2459(71.387°)\end{bmatrix}$$

因此，通过支路 2-1 的有功功率为

$$P'_{21}=\frac{\theta'_2-\theta'_1}{x_{12}}=\frac{1.1709-0.4210}{0.25}=2.9996$$

支路 2-1 的极限负荷为 2，所以在断开支路 2-3 后，支路 2-1 的负荷超过其极限值。

3.5　潮流灵敏度分析及最优潮流概念

　　通过电力系统潮流计算及静态安全分析，可得到系统正常运行的潮流分布、各节点电压的幅值，并获知系统在故障后能否安全运行，但这并不是电力系统分析和计算的最终目的，而是需要通过相关结果，发现系统运行方式的不足，进而调整系统的运行方式，改善系统运行的安全性和经济性。本节介绍的潮流灵敏度分析和最优潮流计算是实现方式调整和优化控制的基本方法。

▶▶▶ 3.5.1 潮流灵敏度分析

为了便于分析节点电压和相角的灵敏度,潮流灵敏度分析大多基于极坐标形式的潮流方程,即式(3.39)或式(3.57)和式(3.58),其向量形式可写为

$$\boldsymbol{P}_\mathrm{N} = \boldsymbol{P}(\boldsymbol{\theta}, \boldsymbol{U}, \boldsymbol{U}_\mathrm{G})$$
$$\boldsymbol{Q}_\mathrm{N} = \boldsymbol{Q}(\boldsymbol{\theta}, \boldsymbol{U}, \boldsymbol{U}_\mathrm{G}) \tag{3.121}$$

式中,$\boldsymbol{P}_\mathrm{N}$ 为 PV 节点和 PQ 节点注入有功功率构成的向量,$\boldsymbol{Q}_\mathrm{N}$ 为 PQ 节点注入无功功率构成的向量,$\boldsymbol{U}_\mathrm{G}$ 为 PV 节点和平衡节点电压幅值构成的向量,$\boldsymbol{\theta}$ 为 PV 节点和 PQ 节点电压相角构成的向量,$\boldsymbol{U}$ 为 PQ 节点电压幅值构成的向量。

由于 $\boldsymbol{P}_\mathrm{N}$、$\boldsymbol{Q}_\mathrm{N}$ 和 $\boldsymbol{U}_\mathrm{G}$ 是运行人员比较容易控制的变量,$\boldsymbol{\theta}$ 和 $\boldsymbol{U}$ 是难以直接控制的状态变量,同时其他系统变量又可较容易地由 $\boldsymbol{\theta}$ 和 $\boldsymbol{U}$ 表示出,故潮流灵敏度分析的基础是 $\boldsymbol{\theta}$ 和 $\boldsymbol{U}$ 对 $\boldsymbol{P}_\mathrm{N}$、$\boldsymbol{Q}_\mathrm{N}$ 和 $\boldsymbol{U}_\mathrm{G}$ 的灵敏度,即 $\boldsymbol{P}_\mathrm{N}$、$\boldsymbol{Q}_\mathrm{N}$ 和 $\boldsymbol{U}_\mathrm{G}$ 的微小改变 $\Delta\boldsymbol{P}_\mathrm{N}$、$\Delta\boldsymbol{Q}_\mathrm{N}$ 和 $\Delta\boldsymbol{U}_\mathrm{G}$ 与 $\boldsymbol{\theta}$ 和 $\boldsymbol{U}$ 的微小改变 $\Delta\boldsymbol{\theta}$ 和 $\Delta\boldsymbol{U}$ 之间的关系。考虑各变量的微小改变,并忽略高阶项,有

$$\boldsymbol{P}_\mathrm{N} + \Delta\boldsymbol{P}_\mathrm{N} = \boldsymbol{P}(\boldsymbol{\theta}, \boldsymbol{U}, \boldsymbol{U}_\mathrm{G}) + \frac{\partial\boldsymbol{P}}{\partial\boldsymbol{\theta}}\Delta\boldsymbol{\theta} + \frac{\partial\boldsymbol{P}}{\partial\boldsymbol{U}}\Delta\boldsymbol{U} + \frac{\partial\boldsymbol{P}}{\partial\boldsymbol{U}_\mathrm{G}}\Delta\boldsymbol{U}_\mathrm{G}$$
$$\boldsymbol{Q}_\mathrm{N} + \Delta\boldsymbol{Q}_\mathrm{N} = \boldsymbol{Q}(\boldsymbol{\theta}, \boldsymbol{U}, \boldsymbol{U}_\mathrm{G}) + \frac{\partial\boldsymbol{Q}}{\partial\boldsymbol{\theta}}\Delta\boldsymbol{\theta} + \frac{\partial\boldsymbol{Q}}{\partial\boldsymbol{U}}\Delta\boldsymbol{U} + \frac{\partial\boldsymbol{Q}}{\partial\boldsymbol{U}_\mathrm{G}}\Delta\boldsymbol{U}_\mathrm{G} \tag{3.122}$$

式中,各偏导矩阵在当前稳态运行点处取值。由于稳态运行点处,式(3.121)成立,故有

$$\Delta\boldsymbol{P}_\mathrm{N} - \frac{\partial\boldsymbol{P}}{\partial\boldsymbol{U}_\mathrm{G}}\Delta\boldsymbol{U}_\mathrm{G} = \frac{\partial\boldsymbol{P}}{\partial\boldsymbol{\theta}}\Delta\boldsymbol{\theta} + \frac{\partial\boldsymbol{P}}{\partial\boldsymbol{U}}\Delta\boldsymbol{U}$$
$$\Delta\boldsymbol{Q}_\mathrm{N} - \frac{\partial\boldsymbol{Q}}{\partial\boldsymbol{U}_\mathrm{G}}\Delta\boldsymbol{U}_\mathrm{G} = \frac{\partial\boldsymbol{Q}}{\partial\boldsymbol{\theta}}\Delta\boldsymbol{\theta} + \frac{\partial\boldsymbol{Q}}{\partial\boldsymbol{U}}\Delta\boldsymbol{U} \tag{3.123}$$

其矩阵形式可写为

$$\begin{bmatrix} \Delta\boldsymbol{P}_\mathrm{N} \\ \Delta\boldsymbol{Q}_\mathrm{N} \end{bmatrix} - \begin{bmatrix} \dfrac{\partial\boldsymbol{P}}{\partial\boldsymbol{U}_\mathrm{G}} \\ \dfrac{\partial\boldsymbol{Q}}{\partial\boldsymbol{U}_\mathrm{G}} \end{bmatrix}\Delta\boldsymbol{U}_\mathrm{G} = \begin{bmatrix} \dfrac{\partial\boldsymbol{P}}{\partial\boldsymbol{\theta}} & \dfrac{\partial\boldsymbol{P}}{\partial\boldsymbol{U}}\boldsymbol{U} \\ \dfrac{\partial\boldsymbol{Q}}{\partial\boldsymbol{\theta}} & \dfrac{\partial\boldsymbol{Q}}{\partial\boldsymbol{U}}\boldsymbol{U} \end{bmatrix}\begin{bmatrix} \Delta\boldsymbol{\theta} \\ \boldsymbol{U}^{-1}\Delta\boldsymbol{U} \end{bmatrix} \tag{3.124}$$

显然,等号右侧的矩阵对应于牛顿—拉夫逊法潮流计算中修正方程的雅可比矩阵,其值在牛顿—拉夫逊法潮流计算代收敛后即可获得。将式(3.124)等号两侧同乘雅克比矩阵的逆矩阵,有

$$\begin{bmatrix} \Delta\boldsymbol{\theta} \\ \boldsymbol{U}^{-1}\Delta\boldsymbol{U} \end{bmatrix} = \begin{bmatrix} \dfrac{\partial\boldsymbol{P}}{\partial\boldsymbol{\theta}} & \dfrac{\partial\boldsymbol{P}}{\partial\boldsymbol{U}}\boldsymbol{U} \\ \dfrac{\partial\boldsymbol{Q}}{\partial\boldsymbol{\theta}} & \dfrac{\partial\boldsymbol{Q}}{\partial\boldsymbol{U}}\boldsymbol{U} \end{bmatrix}^{-1}\begin{bmatrix} \Delta\boldsymbol{P}_\mathrm{N} \\ \Delta\boldsymbol{Q}_\mathrm{N} \end{bmatrix} - \begin{bmatrix} \dfrac{\partial\boldsymbol{P}}{\partial\boldsymbol{\theta}} & \dfrac{\partial\boldsymbol{P}}{\partial\boldsymbol{U}}\boldsymbol{U} \\ \dfrac{\partial\boldsymbol{Q}}{\partial\boldsymbol{\theta}} & \dfrac{\partial\boldsymbol{Q}}{\partial\boldsymbol{U}}\boldsymbol{U} \end{bmatrix}^{-1}\begin{bmatrix} \dfrac{\partial\boldsymbol{P}}{\partial\boldsymbol{U}_\mathrm{G}} \\ \dfrac{\partial\boldsymbol{Q}}{\partial\boldsymbol{U}_\mathrm{G}} \end{bmatrix}\Delta\boldsymbol{U}_\mathrm{G} \tag{3.125}$$

由此可知,$\boldsymbol{\theta}$ 和 $\boldsymbol{U}$ 对 $\boldsymbol{P}_\mathrm{N}$ 和 $\boldsymbol{Q}_\mathrm{N}$ 的灵敏度以及 $\boldsymbol{\theta}$ 和 $\boldsymbol{U}$ 对 $\boldsymbol{U}_\mathrm{G}$ 的灵敏度分别为

$$\begin{bmatrix} \dfrac{\partial\boldsymbol{\theta}}{\partial\boldsymbol{P}_\mathrm{N}} & \dfrac{\partial\boldsymbol{\theta}}{\partial\boldsymbol{Q}_\mathrm{N}} \\ \dfrac{\partial\boldsymbol{U}}{\partial\boldsymbol{P}_\mathrm{N}} & \dfrac{\partial\boldsymbol{U}}{\partial\boldsymbol{Q}_\mathrm{N}} \end{bmatrix} = \begin{bmatrix} \boldsymbol{I}_\mathrm{N} & \boldsymbol{0} \\ \boldsymbol{0} & \boldsymbol{U} \end{bmatrix}\begin{bmatrix} \dfrac{\partial\boldsymbol{P}}{\partial\boldsymbol{\theta}} & \dfrac{\partial\boldsymbol{P}}{\partial\boldsymbol{U}}\boldsymbol{U} \\ \dfrac{\partial\boldsymbol{Q}}{\partial\boldsymbol{\theta}} & \dfrac{\partial\boldsymbol{Q}}{\partial\boldsymbol{U}}\boldsymbol{U} \end{bmatrix}^{-1} \tag{3.126}$$

$$\begin{bmatrix} \dfrac{\partial \boldsymbol{\theta}}{\partial \boldsymbol{U}_{G}} \\[2mm] \dfrac{\partial \boldsymbol{U}}{\partial \boldsymbol{U}_{G}} \end{bmatrix} = -\begin{bmatrix} \boldsymbol{I}_{N} & \boldsymbol{0} \\ \boldsymbol{0} & \boldsymbol{U} \end{bmatrix}\begin{bmatrix} \dfrac{\partial \boldsymbol{P}}{\partial \boldsymbol{\theta}} & \dfrac{\partial \boldsymbol{P}}{\partial \boldsymbol{U}}\boldsymbol{U} \\[2mm] \dfrac{\partial \boldsymbol{Q}}{\partial \boldsymbol{\theta}} & \dfrac{\partial \boldsymbol{Q}}{\partial \boldsymbol{U}}\boldsymbol{U} \end{bmatrix}^{-1}\begin{bmatrix} \dfrac{\partial \boldsymbol{P}}{\partial \boldsymbol{U}_{G}} \\[2mm] \dfrac{\partial \boldsymbol{Q}}{\partial \boldsymbol{U}_{G}} \end{bmatrix} \tag{3.127}$$

式中，$\boldsymbol{I}_{N}$ 为单位矩阵。显然，上两式所示的灵敏度均以雅克比矩阵的逆矩阵为核心。

为了进一步阐释复杂变量的潮流灵敏度分析方法，以下以系统网损 P_{Loss} 对节点注入功率 $\boldsymbol{P}_{N}$ 和 $\boldsymbol{Q}_{N}$ 的灵敏度举例。这里所说的系统网损 P_{Loss} 是指在电力网络中输送功率所引起的有功功率损耗，它等于输电网络中所有支路(包括输电线路和变压器)有功功率损耗的总和。由于每条支路有功损耗等于两侧输入功率之和(取流入的方向为正方向)，故系统网损 P_{Loss} 可写为

$$P_{\text{Loss}} = \sum_{(i,j)\in L}(P_{ij}+P_{ji}) = \sum_{(i,j)\in L}(U_{i}^{2}G_{ii}+U_{j}^{2}G_{jj}+2U_{i}U_{j}G_{ij}\cos\theta_{ij}) \tag{3.128}$$

式中，P_{ij} 和 P_{ji} 分别为由节点 i 注入 i-j 支路和由节点 j 注入 i-j 支路的有功功率，G_{ii}、G_{jj} 和 G_{ij} 分别为 i-j 支路节点 i 对地、节点 j 对地以及节点 i 和 j 间的等值电导，L 为系统支路的集合。另外，从系统功率平衡角度，系统网损 P_{Loss} 也等于所有节点总注入有功功率的和，或者总有功发电与总有功负荷的差，即

$$P_{\text{Loss}} = \sum_{i\in B}P_{i} = \sum_{g\in G}P_{g} - \sum_{d\in D}P_{d} \tag{3.129}$$

式中，P_{i}、P_{g} 和 P_{d} 分别为节点 i 注入的有功功率、电源 g 注入的有功功率和负荷 d 吸收的有功功率，B、G 和 D 分别为系统节点、有功电源和有功负荷的集合。利用式(3.57)，可推知式(3.129)表示的 P_{Loss} 等价于式(3.128)表示的 P_{Loss}。

将系统网损 P_{Loss} 对节点注入功率 $\boldsymbol{P}_{N}$ 和 $\boldsymbol{Q}_{N}$ 求偏导，由复合函数的链导法则可知，

$$\begin{aligned} \frac{\partial P_{\text{Loss}}}{\partial \boldsymbol{P}_{N}} &= \left(\frac{\partial \boldsymbol{\theta}}{\partial \boldsymbol{P}_{N}}\right)^{\text{T}}\frac{\partial P_{\text{Loss}}}{\partial \boldsymbol{\theta}} + \left(\frac{\partial \boldsymbol{U}}{\partial \boldsymbol{P}_{N}}\right)^{\text{T}}\frac{\partial P_{\text{Loss}}}{\partial \boldsymbol{U}} \\[2mm] \frac{\partial P_{\text{Loss}}}{\partial \boldsymbol{Q}_{N}} &= \left(\frac{\partial \boldsymbol{\theta}}{\partial \boldsymbol{Q}_{N}}\right)^{\text{T}}\frac{\partial P_{\text{Loss}}}{\partial \boldsymbol{\theta}} + \left(\frac{\partial \boldsymbol{U}}{\partial \boldsymbol{Q}_{N}}\right)^{\text{T}}\frac{\partial P_{\text{Loss}}}{\partial \boldsymbol{U}} \end{aligned} \tag{3.130}$$

其矩阵形式为

$$\begin{bmatrix} \dfrac{\partial P_{\text{Loss}}}{\partial \boldsymbol{P}_{N}} \\[2mm] \dfrac{\partial P_{\text{Loss}}}{\partial \boldsymbol{Q}_{N}} \end{bmatrix} = \begin{bmatrix} \dfrac{\partial \boldsymbol{\theta}}{\partial \boldsymbol{P}_{N}} & \dfrac{\partial \boldsymbol{\theta}}{\partial \boldsymbol{Q}_{N}} \\[2mm] \dfrac{\partial \boldsymbol{U}}{\partial \boldsymbol{P}_{N}} & \dfrac{\partial \boldsymbol{U}}{\partial \boldsymbol{Q}_{N}} \end{bmatrix}^{\text{T}}\begin{bmatrix} \dfrac{\partial P_{\text{Loss}}}{\partial \boldsymbol{\theta}} \\[2mm] \dfrac{\partial P_{\text{Loss}}}{\partial \boldsymbol{U}} \end{bmatrix} \tag{3.131}$$

代入式(3.126)并整理，可得：

$$\begin{bmatrix} \dfrac{\partial P_{\text{Loss}}}{\partial \boldsymbol{P}_{N}} \\[2mm] \dfrac{\partial P_{\text{Loss}}}{\partial \boldsymbol{Q}_{N}} \end{bmatrix} = \left(\begin{bmatrix} \dfrac{\partial \boldsymbol{P}}{\partial \boldsymbol{\theta}} & \dfrac{\partial \boldsymbol{P}}{\partial \boldsymbol{U}}\boldsymbol{U} \\[2mm] \dfrac{\partial \boldsymbol{Q}}{\partial \boldsymbol{\theta}} & \dfrac{\partial \boldsymbol{Q}}{\partial \boldsymbol{U}}\boldsymbol{U} \end{bmatrix}^{-1}\right)^{\text{T}}\begin{bmatrix} \dfrac{\partial P_{\text{Loss}}}{\partial \boldsymbol{\theta}} \\[2mm] \dfrac{\partial P_{\text{Loss}}}{\partial \boldsymbol{U}}\boldsymbol{U} \end{bmatrix} \tag{3.132}$$

可见，上式右侧的方阵为潮流雅克比矩阵逆矩阵的转置，右侧的向量可由式(3.128)或式(3.129)求得，两者的乘积即为左侧待求的网损灵敏度向量。

潮流灵敏度分析在其他系统变量上的应用，如某支路的有功功率、PV 节点的无功功率、系统某断面的有功功率等灵敏度，也可作类似推导，不再赘述。在获知相关变量的潮流灵敏度后，即可进行相关优化调整。例如，根据系统网损的灵敏度，可调整相关发电机的有

功或无功出力,降低系统网损,提高系统运行的经济性;又如,根据潮流越限支路的灵敏度,可调整相关发电机或负荷的功率,消除支路潮流越限,提高系统运行的安全性。需注意的是,灵敏度分析采用了线性化方法,故其值通常仅在变量微小变化下比较准确,实际使用中,可能需要在灵敏度分析和小幅度优化调整之间进行多次计算。

▶▶▶ 3.5.2 最优潮流的概念

电力系统潮流方程所反映的节点功率平衡是电力系统运行的基本约束。在此约束下,再计及相关设备及系统运行的约束,研究如何通过调整发电机有功功率出力及机端电压、无功补偿等控制手段,优化系统潮流分布,提高系统运行的安全性、经济性及电压质量等性能指标,就是最优潮流(optimal power flow)所研究的问题。由于最优潮流有机融合了潮流计算和系统优化控制,其概念具有极佳的普适性,因此自 20 世纪 60 年代初提出以来,便受到了广泛重视。除了最优潮流问题的各种求解技术外,国内外研究人员也对电力系统经济调度、电压和无功优化、电力市场运行管理等大量领域展开了应用研究,相关文献十分浩瀚。以下简要介绍最优潮流的模型和求解方法。

在数学上,最优潮流问题的模型通常可描述为如下非线性规划:

$$\begin{aligned} \min \quad & f(\boldsymbol{x}) \\ \text{s.t.} \quad & \boldsymbol{g}(\boldsymbol{x})=0 \\ & \boldsymbol{h}(\boldsymbol{x})\leqslant 0 \end{aligned} \tag{3.133}$$

式中,$\boldsymbol{x}$ 包括系统的状态变量(如节点电压幅值和相角等)和控制变量(如发电机有功出力和机端电压幅值等);$f(\boldsymbol{x})$ 为目标函数,如系统总发电成本、系统有功网损、消除支路功率越限的控制成本等;$\boldsymbol{g}(\boldsymbol{x})$ 为等式约束,如潮流方程式、断面指定交换功率等;$\boldsymbol{h}(\boldsymbol{x})$ 为不等式约束,如节点电压幅值上下限约束、发电机有功和无功功率出力上下限约束、线路最大潮流约束等。显然,若优化目标为最大化,则将其取负,即可转为最小化问题。3.5.1 节末所举例的系统网损优化和消除支路功率越限调整问题,均可建模为最优潮流问题,通过求解,一次性获得最优控制或调整方案,避免通过灵敏度分析进行多次计算和调整的不足。

根据不同的研究需求,式(3.133)中的潮流等式约束,可以是交流潮流方程,也可以是直流潮流方程,甚至可以忽略电力网络,以总有功出力等于总有功负荷的系统功率平衡方程近似描述。特别地,采用直流潮流约束的直流最优潮流模型可以包括全部节点的功率方程,以便在目标函数和相关约束中考虑到所有节点注入功率的影响,但节点电压相量参考角仍需存在。类似地,采用交流潮流约束的交流最优潮流模型也可以包括全部节点的有功和无功功率方程,并指定节点电压相量参考角;此外,交流最优潮流模型无须采用交流潮流计算中的 PV 节点、PQ 节点和平衡节点概念,而是可以通过节点电压幅值或节点注入无功功率等控制变量的形式,给出有电压调节能力的节点电压幅值或有无功功率调节能力的节点注入无功功率。

针对非线性规划形式的最优潮流模型,至今已提出了很多求解方法。除了各类智能优化求解方法外,较经典的方法有简化梯度法、逐次线性规划法、牛顿法、有功和无功解耦法、内点法、凸松弛法等。其中,内点法是目前应用最广的,而各种凸松弛法是近年来的研究热点。以下简要介绍求解最优潮流模型的牛顿法。

对式(3.133)的不等式约束向量 $\boldsymbol{h}(\boldsymbol{x}) \leqslant 0$，在非线性规划的最优解 $\boldsymbol{x}^*$ 处，其第 i 个不等式约束 $h_i(\boldsymbol{x}^*) \leqslant 0$ 只可能表现为两种情形之一：$h_i(\boldsymbol{x}^*) < 0$ 或 $h_i(\boldsymbol{x}^*) = 0$。显然，前者是不起作用的约束，即使在式(3.133)中将其忽略，也不会影响最优解 $\boldsymbol{x}^*$；而后者是起作用的约束，可将其归入式(3.133)的等式约束 $\boldsymbol{g}(\boldsymbol{x}) = 0$ 中。可见，若已知最优解 $\boldsymbol{x}^*$ 处起作用的不等式约束，就可将其化为如下式所示的仅含等式约束的非线性规划。

$$\begin{aligned} \min \quad & f(\boldsymbol{x}) \\ \text{s. t.} \quad & \boldsymbol{g}(\boldsymbol{x}) = 0 \end{aligned} \tag{3.134}$$

对式(3.134)所示的非线性规划，引入等式约束的拉格朗日乘子 $\boldsymbol{\lambda}$，构造如下拉格朗日函数

$$L(\boldsymbol{x}, \boldsymbol{\lambda}) = f(\boldsymbol{x}) + \boldsymbol{\lambda}^{\mathrm{T}} \boldsymbol{g}(\boldsymbol{x}) \tag{3.135}$$

根据非线性规划理论，式(3.134)的最优解需满足一阶必要性条件(称 Kuhn-Tucker 条件或 Karush-Kuhn-Tucker 条件，简称 KT 条件或 KKT 条件)，即拉格朗日函数 $L(\boldsymbol{x}, \boldsymbol{\lambda})$ 对 $\boldsymbol{x}$ 和 $\boldsymbol{\lambda}$ 的一阶偏导均等于 0，亦即

$$\begin{aligned} \frac{\partial L}{\partial \boldsymbol{x}} &= \frac{\partial f}{\partial \boldsymbol{x}} + \left(\frac{\partial \boldsymbol{g}}{\partial \boldsymbol{x}}\right)^{\mathrm{T}} \boldsymbol{\lambda} = 0 \\ \frac{\partial L}{\partial \boldsymbol{\lambda}} &= \boldsymbol{g}(\boldsymbol{x}) = 0 \end{aligned} \tag{3.136}$$

由于式(3.136)是一组关于 $\boldsymbol{x}$ 和 $\boldsymbol{\lambda}$ 的非线性方程组，故可以用具有平方收敛特性的牛顿法求解 $\boldsymbol{x}$。进一步，若 $f(\boldsymbol{x})$ 是凸函数，且各 $g_i(\boldsymbol{x})$ 是凹函数，则解得的 $\boldsymbol{x}$ 即为整体最优解。因此，牛顿法最优潮流的关键在于，辨识起作用的不等式约束，而这是一个相当困难的问题，至今仍未得到很好的解决。在不等式约束的处理方面，非线性规划的内点法具有明显的优势，该方法将在后续研究生课程中予以介绍。

从实际应用角度来说，电力系统的节点数成千上万，最优潮流模型的变量数目和等式约束数目很多，而不等式约束数目更多，从而最优潮流问题是一个典型的非线性规划问题。若考虑到变压器分接头调整、无功补偿电容器组投切等离散动作特性、电力系统连续运行所导致的时段耦合特性、系统在各种预想故障后的静态安全约束乃至动态安全约束等，最优潮流问题的复杂性将急剧上升。除了稀疏矩阵技术、各种数值计算方法外，也引入了并行计算、分布式计算等现代技术，但即便如此，现有最优潮流的方法和技术仍不能完全满足实际问题的应用需求，尚待进一步发展和完善。这里不再进一步介绍，而是留给读者自行查阅有关文献。

本章习题

第 3 章习题及解析

第4章
电力系统的有功功率
和频率控制

4.1 电力系统的有功功率平衡

电力系统的有功功率平衡是指维持电力系统总发电的有功功率与总负荷有功功率以及系统联络线交换的有功功率在任何时刻都达到平衡的全部运行调整过程。电力系统的频率可以反映发电有功功率和负荷之间的平衡关系,其与用户电力设备及发电设备本身的安全和效率关系密切。因此,维持电力系统在额定频率下的有功功率平衡,并留有一定的备用容量,是保证频率质量的前提。

▶▶▶ 4.1.1 有功功率和频率控制的必要性

电力系统频率是电力系统中同步发电机产生的交流正弦电压的频率。在稳态条件下,各发电机同步运行,整个电力系统的频率是相等的。它是电力系统运行参数中最重要的参数之一和表征电能质量最重要的指标之一。电力系统的额定频率为 50Hz 或 60Hz,中国及欧洲地区采用 50Hz,美洲地区采用 60Hz。选取 50Hz 或 60Hz 作为电力系统的额定频率,其原因为:如果该额定频率选得过低,则会使得变压器绕组之间不能有效进行磁耦合,且铁芯损耗加大;如果该额定频率选得过高,则会使得变压器和线路的感抗增大,且使得转速过高,进而也给发电机的制造带来很多问题。电力系统正常运行时,其频率应保持在 (50 ± 0.2) Hz 的范围内。

对于电力系统中并列运行的每一台发电机组,其转速与系统频率的关系为

$$f=\frac{pn}{60} \tag{4.1}$$

式中,p 为发电机转子极对数;n 为发电机组的转速(r/min);f 为系统频率(Hz)。

显然,频率控制实际上就是调节发电机组的转速。在我国,一般汽轮发电机的发电机转子极对数 $p=1$,因此,其在额定频率下转速 $n=3000$(r/min);而水轮发电机的发电机转子极对数 $p=20\sim42$,因此,其转速一般小于 150(r/min)。

电力系统中的发电与用电设备,都是按照额定频率设计和制造的,只有在额定频率附近运行时,才能发挥最好的效能。系统频率变动过大,对用户和发电厂的运行都将产生不利的影响。

电力系统频率变化对用户的不利影响主要有三个方面:①频率变化将引起异步电动机转速的变化,由这些电动机驱动的纺织、造纸等机械的产品质量将受到影响,甚至出现残、次品。②系统频率降低将使电动机的转速和功率降低,导致传动机械的出力降低。③工业和国防部门使用的测量、控制等电子设备将因系统频率的波动而影响其准确性和工作性能,频率变动过大时甚至无法工作。

电力系统频率降低时，将对发电厂和系统的安全运行带来影响，如：①频率下降时，汽轮机叶片的振动变大，轻则影响使用寿命，重则产生裂纹。电力系统的额定频率为 50Hz 时，当频率低到 45Hz 附近，某些汽轮机的叶片还可能发生共振而引起断裂事故。②频率降低时，异步电动机驱动的火电厂厂用机械（如风机、水泵及磨煤机等）的出力降低，导致发电机出力下降，使系统的频率进一步下降。特别是频率下降到 47Hz 以下时，将在几分钟内使火电厂的正常运行受到破坏，系统功率缺额更为严重，使频率更快下降，从而有可能发生频率崩溃现象。③在核电厂中，反应堆冷却介质泵对供电频率有严格的要求，如果不满足，这些泵将自动断开，使反应堆停止运行。④系统频率降低时，异步电动机和变压器的励磁电流增加，所消耗的无功功率增大，结果引起电压下降。当频率下降到 45～46Hz 时，各发电机及励磁机的转速均显著下降，致使各发电机的电势下降，全系统的电压水平大为降低。如果系统原来的电压水平偏低，还可能引起电压不断下降，出现电压崩溃现象。发生频率或电压崩溃，会使整个系统瓦解，造成大面积停电。因此，我国国家标准 GB 15945—1995 规定，电力系统频率控制在 (50 ± 0.2)Hz 范围内的时间应达到 98% 以上。

电力系统频率的恒定是以系统有功功率的平衡为前提的。正常运行时，当系统全部负荷所消耗的有功功率（包括网损）与系统的总出力相等时，系统频率保持为额定值。在系统有功功率平衡破坏时，各发电机组的转速及相应的频率就要发生变化。电力系统的负荷是时刻变化的，任何一处负荷的变化，都会引起全系统功率的不平衡，导致频率的变化。当系统发电功率一定，负荷增加时，频率降低；反之，负荷减少时频率增大。电力系统运行的重要任务之一，就是要及时调节各发电机的出力（通过调节原动机动力元素——蒸汽或水等的输入量），以保持频率的偏移在允许范围之内。

在日益扩大的电力系统中，不同地域装有不同类型（如水力、火力、核能）、不同容量及不同经济特性的机组，所以在考虑有功功率调节时，要注意机组间的合理组合和负荷的合理分配，以达到系统运行的经济性。在实现分区控制的电力系统中，还应进行区域间的联络线控制。

显然，频率控制和有功功率控制是密切相关、不可分割的，应该统一考虑、协同解决。

▶▶▶ 4.1.2　电力系统有功负荷的变化

电力系统的负荷时刻都在变化，但通过对系统实际负荷曲线的分析，可知系统负荷的变化是有一定规律的，如图 4.1 所示，电力系统综合负荷是由以下三种具有不同变化规律的负荷分量组成：第一种是变化幅度很小，变化周期较短（一般在 10s 以下）的随机负荷分量；第二种是变化幅度较大，变化周期较长（一般在 10s 至 3min）的脉动负荷分量，属于这类负荷的主要有电弧炉、压延机械和电力机车等冲击负荷；第三种是变化缓慢的持续负荷分量，它是工厂的作息制度、人们的生活规律和气象条件变化等引起的。

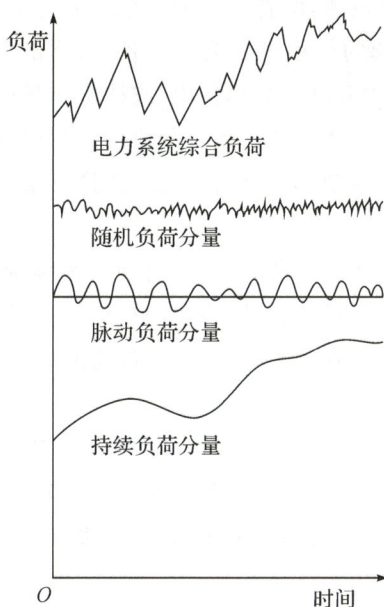

图 4.1　电力系统有功负荷的变化

　　负荷的变化必然引起系统频率的变化。第一种负荷变化引起的频率偏移可由发电机的调速器予以调整,这种调整称为频率的一次调整。第二种负荷变化引起的频率偏移较大,仅靠调速器的作用往往不能将频率偏移限制在容许范围之内,这时必须由调频器参与调整,这种调整称为频率的二次调整。第三种负荷变化可用负荷预测的方法预先估计得到,调度部门预先编制的系统日负荷曲线基本上就反映了这部分负荷的大小,这部分负荷要求在满足系统有功功率平衡的条件下,按照经济运行的目标在各发电厂间进行分配。

▶▶▶ 4.1.3　有功功率平衡与备用容量

　　在电力系统中,各类发电厂的发电机是最主要的有功功率电源。电力系统稳态运行时,全系统有功功率是保持平衡的,即所有发电机有功出力的总和与系统的总负荷(包括厂用电和网络的有功损耗)相等,其可表示为

$$\sum_{i=1}^{n} P_{Gi} = \sum_{i=1}^{n} P_{Di} + P_{L} \tag{4.2}$$

式中,P_{Gi} 为第 i 个节点上电源发出的有功功率;P_{Di} 为第 i 个节点上负荷的有功功率;n 为系统中节点的总数;P_{L} 为系统中各元件总的有功功率损耗。

　　电力系统中各发电机组额定容量的总和,称为电力系统的装机容量。由于各发电设备并不都是按额定容量运行的,所以系统调度部门必须随时准确掌握可投入的各发电设备的可发功率——系统电源容量。为保证系统对负荷的可靠供电和良好的电能质量,系统电源

的最大发电容量应大于系统总负荷，两者之差称为系统的备用容量。

备用容量按发电设备所起的作用可分为负荷备用、事故备用、检修备用和国民经济备用等，而按发电设备的存在形式又可分为热备用（或称旋转备用）和冷备用两种。

负荷备用是指为满足日负荷曲线计划外负荷增加和短时负荷波动而设置的备用容量。负荷备用容量的大小应根据系统负荷的大小、运行经验及系统中各类用户的比重来确定，一般为最大负荷的 2%～5%。

事故备用是当发电设备因偶然性事故退出运行时，为维持对系统负荷正常供电而设置的备用。事故备用容量的大小与系统容量、系统中机组的台数、单机容量的大小、机组的故障率和系统的可靠性指标等因素有关，一般为最大负荷的 5%～10%，但不应小于运转中最大一台机组的容量。

检修备用是指发电设备计划检修时，为保证对用户正常供电而设置的备用。它的大小和负荷性质、发电机台数、设备质量和检修期长短有关。为尽量减少专门设置的检修备用容量，可将发电设备的大修和小修分别安排在系统负荷季节性低落期间和节假日进行，因此一般可以不设单独的检修备用。

国民经济备用是指为满足国民经济的超计划增长对电力的需求而设置的备用，其值一般为最大负荷的 3%～5%。

运转中的所有发电机组的最大可能出力之和应大于当时的总负荷，两者之差即为热备用容量。热备用容量的作用是及时抵偿随机事件引起的功率缺额。随机事件包括短时间的负荷波动、日负荷曲线的预测误差和发电设备因偶然性事故而退出运行等。热备用容量承担频率调整的任务。热备用中包含了负荷备用和事故备用，一般情况下，这两种备用容量可以通用，不必按两者之和来确定热备用容量，可将一部分事故备用处于停机状态。显然，从提高供电可靠性和电能质量而言，热备用容量越多越好，而从系统运行经济性考虑，热备用容量又不宜过多。假如在高峰负荷期间，某台发电机组因事故而退出运行，同时又遇上负荷突然增加，若全部用热备用来承担功率缺额，则热备用容量会因数量太大而很不经济，这时可采用低频自动减负荷和水轮发电机组低频自启动等措施来防止频率的过分降低，以保证系统的安全运行。热备用容量一般可取系统最大负荷的 8%～10%。

系统中处于停机状态，但可随时待命启动的发电机组最大可能出力之和称为冷备用容量。它可用作检修备用、国民经济备用和一部分事故备用。

4.2 电力系统的频率特性与频率调整

电力系统稳态运行时，其有功功率随频率变化的特性称为电力系统的功率频率静态特性。它可分为电力系统负荷的静态频率特性和发电机组的频率特性，可一起用于分析电力系统频率的调整过程和调整结果。

电力系统的频率调整(即频率控制)是维持电力系统有功功率供需平衡的重要措施,其主要目的是维持电力系统的频率稳定。电力系统频率调整的主要方法包括调整发电机组的有功出力和进行负荷管理。按照调整范围和调节能力的不同,电力系统的频率调整可分为一次调整、二次调整和三次调整。此外,大规模复杂电力系统一般都是互联的联合电力系统,其频率调整比较复杂,一般通过自动调频装置来完成。

▶▶▶ 4.2.1　电力系统负荷的静态频率特性

当频率变化时,系统负荷消耗的有功功率也将随之改变。这种有功负荷随频率而变化的特性称为负荷的静态频率特性。

电力系统不同种类的负荷对频率变化的敏感程度是不同的。根据有功负荷与频率的关系,可将负荷分成以下几类:①与频率变化基本无关的负荷,如照明、电热和整流负荷等;②与频率成正比的负荷,如切削机床、球磨机、往复式水泵、压缩机和卷扬机等,这类负荷的特点是阻力矩为常数;③与频率的二次方成正比的负荷,如变压器中的涡流损耗,这类负荷在系统中所占比例较小;④与频率的三次方成正比的负荷,如通风机、静水头阻力不大的循环水泵等;⑤与频率的更高次方成正比的负荷,如静水头阻力很大的给水泵等。

系统实际负荷是上述各类负荷的组合,即综合负荷,其消耗的有功功率与频率的关系可表示为

$$P_\mathrm{D} = a_0 P_\mathrm{De} + a_1 P_\mathrm{De}\left(\frac{f}{f_e}\right) + a_2 P_\mathrm{De}\left(\frac{f}{f_e}\right)^2 + a_3 P_\mathrm{De}\left(\frac{f}{f_e}\right)^3 + \cdots + a_n P_\mathrm{De}\left(\frac{f}{f_e}\right)^n \tag{4.3}$$

式中,P_D 为频率为 f 时整个系统的有功负荷;P_De 为频率为额定值 f_e 时整个系统的有功负荷;a_i 为与频率的 $i\,(i=0,1,2,\cdots,n)$ 次方成正比的负荷占 P_De 的份额,显然,$a_0+a_1+a_2+\cdots+a_n=1$。分别以 P_De 和 f_e 为功率和频率的基准值,则得上式的标幺值形式,即

$$P_{\mathrm{D}*} = a_0 + a_1 f_* + a_2 f_*^2 + a_3 f_*^3 + \cdots + a_n f_*^n \tag{4.4}$$

式(4.3)或式(4.4)为电力系统负荷静态频率特性的数学表达式。计算时通常只取到三次方项,因系统中与频率的更高次方成正比的负荷所占比重很小,故可以忽略不计。

负荷的综合静态频率特性也可用图 4.2 的曲线来表示。由图可知,在额定频率 f_e 时,系统负荷功率为 P_De。当频率下降时,负荷功率将减少;当频率升高时,负荷功率将增加。这就是说,当系统中有功功率失去平衡而引起频率变化时,系统负荷也会参与对频率的调

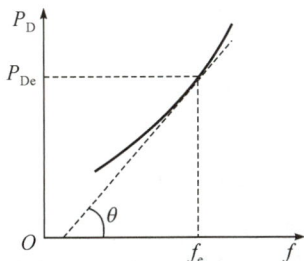

图 4.2　系统负荷的静态频率特性

节,其特性有助于系统中有功功率在新的频率值下重新获得平衡。这种现象称为负荷的频率调节效应(或简称负荷调节效应)。为衡量负荷调节效应的大小,定义负荷的频率调节效

应系数为

$$K_D = \frac{\Delta P_D}{\Delta f} \text{(MW/Hz)} \tag{4.5}$$

或用标么值表示时，

$$K_{D*} = \frac{\Delta P_D / P_{De}}{\Delta f / f_e} = \frac{\Delta P_{D*}}{\Delta f_*} = \tan\theta \tag{4.6}$$

在额定频率附近，负荷的静态频率特性可近似看作直线，即系统负荷与频率呈线性关系。

以标么值表示的负荷调节效应系数 K_{D*} 就是负荷静态频率特性曲线上对应额定频率点的切线的斜率。通常情况下，因频率波动不大，可近似认为 $f_* \approx 1$，由式(4.4)和式(4.6)可得：

$$K_{D*} \approx a_1 + 2a_2 + 3a_3 + \cdots + na_n = \sum_{i=1}^{n} i a_i \tag{4.7}$$

负荷的频率调节效应系数的数值与系统中各类负荷所占的比例有关，不同电力系统或同一电力系统不同时刻的 K_{D*} 值都是不同的。一般电力系统的 $K_{D*} = 1 \sim 3$，它表示频率变化 1% 时，负荷功率相应变化 1%～3%。K_{D*} 的数值可由试验或计算求得。电力系统调度部门必须掌握 K_{D*} 的数值，因为它是自动调频和自动低频减负荷的计算依据之一。

【例 4.1】 某电力系统中，与频率无关的负荷占 30%，与频率一次方成正比的负荷占 40%，与频率二次方成正比的负荷占 10%，与频率三次方成正比的负荷占 20%。求系统频率由 50Hz 下降到 48Hz 时，负荷功率变化的百分数及负荷调节效应系数 K_{D*}。

【解】 由题目可知，$a_0 = 0.3, a_1 = 0.4, a_2 = 0.1, a_3 = 0.2$。

(1)频率降为 48Hz 时，$f_* = 48/50 = 0.96$，则由式(4.3)得系统负荷为

$$P_{D*} = a_0 + a_1 f_* + a_2 f_*^2 + a_3 f_*^3$$
$$= 0.3 + 0.4 \times 0.96 + 0.1 \times 0.96^2 + 0.2 \times 0.96^3 = 0.953$$

所以负荷变化的标么值

$$\Delta P_{D*} = 1 - 0.953 = 0.047$$

负荷变化用百分值表示时，

$$\Delta P_D = 0.047 \times 100\% = 4.7\%$$

(2)频率偏差的标么值 $\Delta f_* = 1 - 0.96 = 0.04$，则负荷调节效应系数由式(4.6)计算得：

$$K_{D*} = \Delta P_{D*} / \Delta f_* = 0.047/0.04 = 1.175$$

由式(4.7)得：

$$K_{D*} = 0.4 + 2 \times 0.1 + 3 \times 0.2 = 1.2$$

可见，按式(4.6)和式(4.7)两种方法求得的负荷调节效应系数相差是很小的，误差仅为 2% 左右。

【例 4.2】 一电力系统总负荷为 3000MW，$K_{D*} = 1.5$，正常运行时频率为 50Hz，假定此时系统全部发电机均满载运行。若系统在发生某一事故时失去了 300MW 的发电出力，则系统频率将下降到什么数值？

【解】

$$\Delta P_{D*} = \frac{300}{3000} = 0.1$$

由式(4.6)得：

$$\Delta f_* = \Delta P_{D*}/K_{D*} = 0.1/1.5 = 0.067$$

即
$$\Delta f = 0.067 \times 50 = 3.33\,\text{Hz}$$

则系统频率将下降为

$$f = 50 - 3.33 = 46.67\,\text{Hz}$$

▶▶▶ 4.2.2 发电机组的频率特性

1. 发电机组特性

发电机组在稳态运行时,其输入的机械转矩(T_G)和输出的电磁转矩(T_e)相等,转子以恒定的转速($\omega_0 = 2\pi f_0$)运行。这时相应的输入功率($P_G = \omega_0 T_G$)等于输出的电磁功率($P_e = \omega_0 T_e$)。在有扰动的情况下,发电机组的加速转矩、角速度的偏移和相位角的关系为

$$\Delta T = \Delta T_G - \Delta T_e = I\frac{\mathrm{d}}{\mathrm{d}t}(\Delta\omega) = I\frac{\mathrm{d}^2}{\mathrm{d}t^2}(\Delta\delta) \tag{4.8}$$

式中,I 是机组的转动惯量;$\Delta\omega = \omega - \omega_0$。如果转速变化不大,可近似地认为 $\omega = \omega_0$,则 $\Delta P_G = \omega_0\Delta T_G$,$\Delta P_e = \omega_0\Delta T_e$。因此,式(4.8)可改写为

$$\Delta P_G - \Delta P_e = \omega_0 I\frac{\mathrm{d}}{\mathrm{d}t}(\Delta\omega) \tag{4.9}$$

图4.3为对应式(4.9)的简单模型框图。

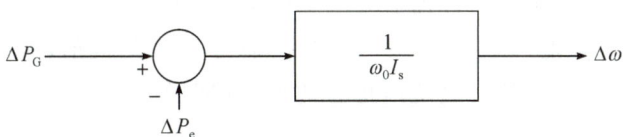

图 4.3　发电机组功率和转速间的关系

如果发电机组接有负荷,负荷的频率特性如上所述,则可将发电机组的特性用图4.4的框图表示。

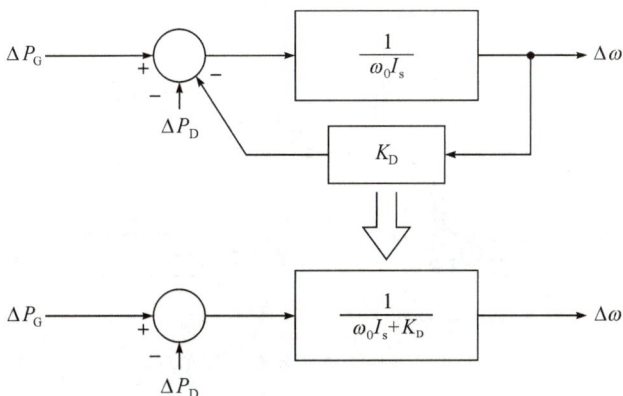

图 4.4　考虑负荷时的发电机组功率与转速的关系框图

2.发电机组的调速器特性

在发电机组输入功率不变的情况下，当负荷功率 P_D 变化时，将影响发电机组的转速，依靠负荷的调节效应只能部分地补偿负荷的变化。因此，负荷的变化将使系统频率发生偏移。发电机组转速（频率）的调整是通过原动机的调速器实现的。因此，发电机组的功率—频率特性取决于调速系统的特性。下面先以简单的机械液压调速器来说明频率调整的基本原理。

汽轮机和水轮机的机械液压调速器主要包括测量、放大、执行和整定等环节，图 4.5 为其原理示意。其工作原理简述如下：当发电机组以某一转速带一定出力稳定运行时，与离心飞摆相连的 A 点固定于某一位置上，杠杆 ACB 和 DFE 处于某一平衡位置，错油门活塞将管口 a 和 b 堵住，压力油不能进入油动机，油动机活塞上、下油压相等，所以活塞不移动，从而使原动机进汽（水）阀门的开度也固定在某一位置。当负荷突然增大时，发电机出力尚未变化（即 B 点位置未变），则必然导致机组转速下降。因离心飞摆与原动机转轴相连，此时其离心力变小而在弹簧及重力作用下下落，即 A 点下降，C 点也下降（B 点位置暂时未变）。由于 C 点位置下降，带动 E、F 点下降（D 点位置未变），使错油门活塞下移，从而压力油经 b 管进入油动机活塞下部而推动活塞上移，使原动机汽（水）门开度增大，进汽（水）量增加，发电机出力亦增加。这时，原动机转速回升，B 点上移，A 点在新的转速下回升，直至 C 点回到原来位置，使错油门活塞重新把管口 a 和 b 堵住，机组出力和负荷重新达到平衡，调整过程结束，转速稳定在某一新值。因调整过程结束后，C 点一定要恢复到原来位置（否则调整过程不会结束），B 点因发电机组出力增加而上移了，则 A 点的位置比调整前要降低一点，即转速（或频率）低于原来的数值，所以是有差调节。当然，有功功率重新平衡既包括发电机组出力的增加（即增大汽门），也包括有功负荷因频

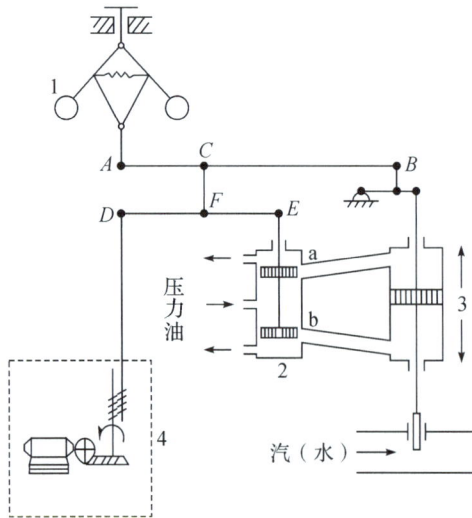

图 4.5　原动机调速器原理示意

1—转速测量元件：离心飞摆；2—放大元件：错油门（配压阀）；

3—执行元件：油动机（接力器）；4—转速整定元件（同步器或调频器）

率降低而减少。

这种调速器的简化模型框图如图 4.6(a)所示。其中,积分元件相当于调节系统中错油门和油动机的作用,反馈元件相当于杆 *ACB* 的反馈作用,其反馈系数可表示为

$$R = \frac{\Delta \omega}{\Delta P} \tag{4.10}$$

图 4.6(a)的模型框图又可简化为图 4.6(b)所示的框图,图中 $T = 1/KR$。

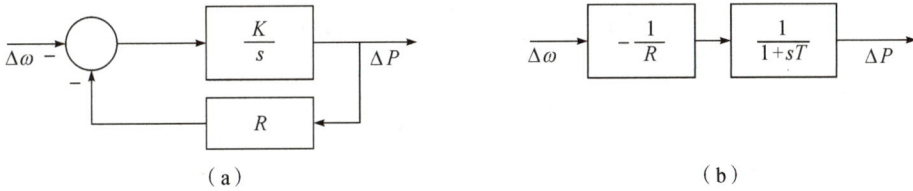

（a）　　　　　　　　　　　　　（b）

图 4.6　调速器的模型框图

3. 发电机组的静态调节特性

随着负荷的增加,系统频率低于初始值,调速器使发电机组输出功率增加;反之,当负荷减少时,系统频率高于额定值,调速器使机组输出功率减少(即减小汽门)。这种表示发电机输出功率和频率关系的功率频率静态特性称为发电机组的静态调节特性。它可近似地用一条向下倾斜的直线表示,如图 4.7 所示。为了衡量发电机组静态调节特性的倾斜程度,可以任取两点 *a* 和 *b*,定义发电机组的调差系数为

$$\delta = -\frac{f_b - f_a}{P_{Gb} - P_{Ga}} = -\frac{\Delta f}{\Delta P_G} (\text{Hz/MW}) \tag{4.11}$$

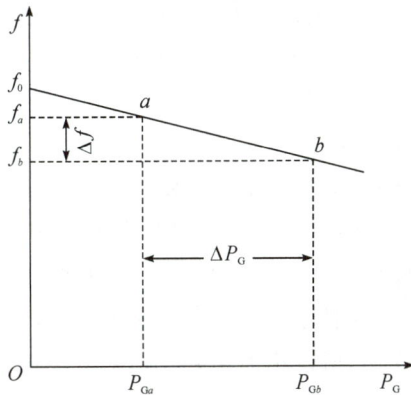

图 4.7　发电机组的静态调节特性

对照式(4.10)可知,调差系数与其反馈系数的关系为

$$\delta = -R/2\pi \tag{4.12}$$

或用标幺值表示为

$$\delta_* = -\frac{\Delta f/f_e}{\Delta P_G/P_{Ge}} = -\frac{\Delta f_*}{\Delta P_{G*}} \tag{4.13}$$

式中的负号是因为 Δf 和 ΔP_G 的符号相反,而习惯上取调差系数为正值。

式(4.13)可改写为

$$\Delta f_* + \delta_* \cdot \Delta P_{G*} = 0 \tag{4.14}$$

式(4.14)称为发电机组的调节准则或调节方程。

调差系数也叫调差率，它表明发电机组出力变化时相应的频率(转速)偏差。从式(4.13)可知，调差系数 δ_* 的物理意义是指当机组出力从空载到满载变化时(即 $\Delta P_{G*} = 1$)频率偏移的标么值。调差系数的倒数称为机组的单位调节功率，即

$$K_G = \frac{1}{\delta} = -\frac{\Delta P_G}{\Delta f} \text{(MW/Hz)} \tag{4.15}$$

或用标么值表示

$$K_{G*} = \frac{1}{\delta_*} = -\frac{\Delta P_{G*}}{\Delta f_*} \tag{4.16}$$

发电机单位调节功率 K_G 表示当频率下降或上升 1Hz 时发电机增发或减发的功率值。调差系数或相应的机组单位调节功率的大小是可以整定的。调差系数越小(或机组单位调节功率越大)，则在同一频率变化时的机组出力变化越大。通常，对于汽轮发电机组，$\delta_* = 0.04 \sim 0.06$，$K_{G*} = 25 \sim 16.7$；对于水轮发电机组，$\delta_* = 0.02 \sim 0.04$，$K_{G*} = 50 \sim 25$。

当调差系数 $\delta_* = 0$ 时，机组出力变化将不会引起频率偏差，这就是无差调节。这时机组的调节方程变为

$$\Delta f = 0 \tag{4.17}$$

4. 电气液压调速器

由于机械液压调速器失灵区大，动态性能指标较差，难以实现综合调节，不能满足现代电力系统对频率质量的要求，所以 20 世纪 60 年代初研制了电气液压调速器(简称电液调速器)，目前数字式电液调速器已在发电机组中广泛使用。

与机械液压调速器相比，电气液压调速器具有较多的优点，主要有：①灵敏度高，调节速度快，调节精度高，机组甩负荷时转速的过调量小。②容易实现各种信号的综合调节，有利于综合自动控制。③参数整定灵活方便，可在运行中改变参数，并便于增添改善动态性能指标的校正控制部件。④体积小，检修维护方便。

机械液压调速器只按转速(频率)偏差产生控制作用，而电液调速器的输入信号除频率偏差信号外，还可加进功率偏差信号。在大型汽轮发电机或水轮发电机的调速控制系统中，为了提高机组的功率动态响应性能和抗动力元素(蒸汽和水)参数扰动的能力，往往采用频率和功率两种信号同时作用，所以称为功率—频率电液调速器，简称功频电液调速器。用于大型汽轮发电机组的功频电液调速器的基本工作原理，如图 4.8 所示。它由测量放大部件、电液转换部件和液压执行部件三部分组成。

测量放大部件主要包括频率测量、功率测量、频率给定、功率给定、综合比较、综合放大、PID 校正和功率放大等环节。电液转换部件的主要元件是电液转换器，它把测量放大部件输出的电量转换成非电量——油压量(习惯上称为液压)，以控制后面的液压执行部件。电液调速器仍然使用液压部件作为执行机构，这是因为蒸汽阀和导水叶的调节需要很大的操作动力，且液压操作具有动作平稳的优点。由于液压部件已在机械液压调速器中作了介绍，所以不再赘述。

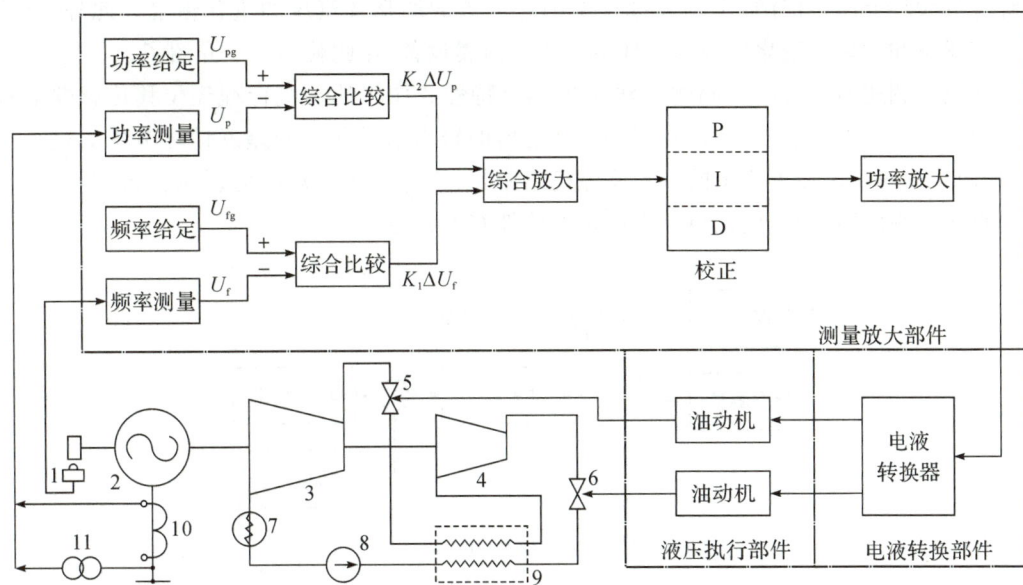

图 4.8 功频电液调速器原理

1—调速器；2—发电机；3—低压汽轮机；4—高压汽轮机；5—低压阀门；6—高压阀门；
7—凝汽器；8—凝结水泵；9—锅炉；10—电流互感器；11—电压互感器

功频电液调速器与机械液压调速器一样，可以自动调节机组的频率或有功功率，而且具有更为优良的性能，它可以在低速启动阶段便投入运行。当机组升速时，一方面可以通过频率给定环节送出给定电压 U_{fg}，另一方面由测频环节送出电压 U_f，两者进行综合比较，得到 $\Delta U_f = U_{fg} - U_f$，再经过综合放大和 PID 校正等环节，使进汽量改变，以增加转速。当 $\Delta U_f = 0$ 时，放大器输出为零，才不再进行调节。这样可利用改变频率给定值，把机组的转速逐步升至额定值，这时即可将机组并入电网。随后，操作电路便自动转换到只由功率给定环节起作用，而频率给定环节不动的状态。以后如果要机组带上负荷，则可通过功率给定环节改变输出电压 U_{pg}。假如实发功率与之不对应，即测功环节测得的输出电压 U_p 与 U_{pg} 不一致，将出现差电压 $\Delta U_p = U_{pg} - U_p$，经综合放大后，使进汽量改变，以调节输出功率。

在正常运行过程中，功率给定环节和频率给定环节均起作用。当机组功率发生变化，或系统频率发生变化时，测量环节将获得偏差信号，经综合放大后，通过 PID 校正环节，然后再送到功率放大环节，以获得电流变化信号，并由电液转换部件将电信号的变化转换成油压信号的变化，控制油动机的动作，以改变汽轮机调节阀门的开度大小。假如系统负荷增加，则要有更多的蒸汽进入汽缸，使汽轮机的功率达到新的平衡，直至综合放大输出为零，才停止调节。假设发电机出口的断路器因为事故跳闸而使机组甩负荷，调速器可自动将功率给定值返零，并切断输出回路，因此，转速自动回到额定转速，这是一般离心式机械液压调速器所不能达到的。当汽轮机发生故障时，机组必须紧急停机。这时除了功率给定值返零外，同时还将转速给定值自动返零，使机组逐渐停下来。

有些功频电液调速器为了改善调节性能，还设有汽压测量及汽压给定环节，把信号加

159

入综合放大环节中,可有利于调节过程中加速锅炉的调整及汽压的重新恢复。此外,有些还设有频率和功率的变化率限制等环节。这些附属设备,在此就不一一介绍了。

在电液调速器中可用不同的方法实现调差特性。如将油动机行程经位移传感器的输出反馈到频率偏差的输入端,或者用功率变送器的输出信号作为调差反馈环节中的输入信号,如图 4.9 所示。在大容量的汽轮发电机组中,由于蒸汽压力对出力影响很大,所以必须采用直接功率反馈控制,使机组具有严格的线性有差特性。

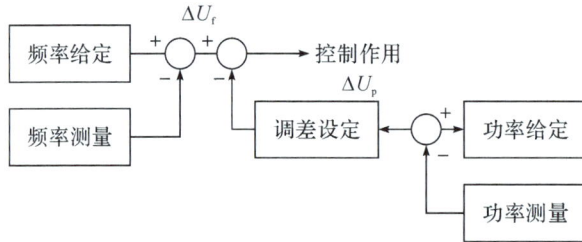

图 4.9　功率变送器构成调差反馈

5. 调节特性的失灵区

以上讨论的机组调节特性是一条理想的直线,但实际上由于调速器各元件存在各种摩擦、间隙和死行程等,使调速器具有一定的失灵区,机械式调速器尤为明显。因此,机组的调节特性实际上是一条具有一定宽度的带,如图 4.10 所示。只有在频率偏差超过 $\pm \Delta f_W$（调速器的最大频率呆滞）后,调速器才开始动作。

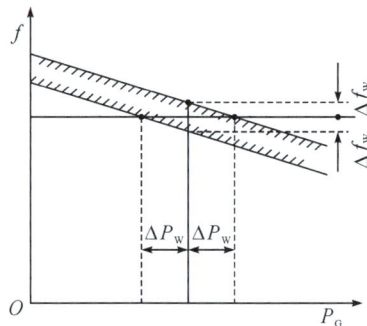

图 4.10　调速器的失灵区

失灵区的宽度可用失灵度 ε 来描述,即

$$\varepsilon = \frac{\Delta f_W}{f_e} \tag{4.18}$$

式中, Δf_W ——调速器的最大频率呆滞。

失灵区的存在,导致并列运行的发电机组间有功功率分配产生误差。由图 4.10 可知,对于一定的失灵度 ε,最大功率误差 ΔP_W 与调差系数的关系可表示为

$$-\frac{\Delta f_W}{\Delta P_W} = \delta \tag{4.19}$$

或用标么值表示为

$$-\frac{\Delta f_{\mathrm{W}}/f_{\mathrm{e}}}{\Delta P_{\mathrm{W}}/P_{\mathrm{e}}}=-\frac{\Delta f_{\mathrm{W}*}}{\Delta P_{\mathrm{W}*}}=\delta_* \tag{4.20}$$

可将上式改写为

$$\Delta P_{\mathrm{W}*}=-\varepsilon/\delta_* \tag{4.21}$$

由式(4.21)可知,机组最大功率误差标么值 $\Delta P_{\mathrm{W}*}$ 与失灵度 ε 成正比,而与调差系数 δ_* 成反比。所以,一般要求调速系统的失灵度小于 $0.2\%\sim0.4\%$,过小的调差系数将会引起较大的功率分配误差,所以调差系数 δ_* 不能取得太小。

还必须指出的是,失灵区的存在虽然会引起一定的功率误差和频率误差,但如果失灵区太小或完全没有,那么当系统频率发生微小波动时,调速器也要调节机组出力,使原动机阀门调节过分频繁,对机组不利。因而对有些非常灵敏的电气液压调速器,通常要采用附加措施,以形成适当大小的失灵区。

6. 原动机的特性

在汽轮机中,阀门位置的改变使进汽量变化,从而导致发电机出力的增减。由于调节阀门与第一级喷嘴间有一定的空间存在,当阀门开启或关闭时,进入阀门的蒸汽量虽有改变,但这个空间的压力却不能立即改变。这就形成了机械功率滞后于阀门开度变化的现象,称为汽容影响。在大容量的汽轮机中,汽容对调节过程的影响很大。这种现象可用一惯性环节来表示。图 4.11 中原动机模型框图中的 T_{CH} 即汽容时间常数,一般取 $0.2\sim0.3\mathrm{s}$。对于再热式的汽轮机还要考虑再热段的充汽时延。

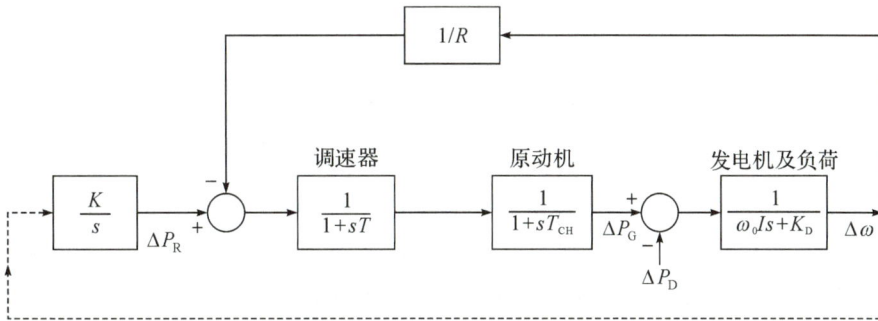

图 4.11　调速器—原动机—发电机—负荷组成的框图

对于水轮发电机组则要考虑水锤效应,这是因为迅速关闭导向翼片的开度时,导管中的压力急剧上升;反之,当迅速开大导向翼片的开度时,导管中的压力将急剧下降。所以,水轮发电机组的功率对导向翼片的开度也有一定的时延。

根据上述介绍,可以构成一由调速器—原动机—发电机—负荷组成的框图(见图 4.11)。从框图中可以知道,负荷变化 ΔP_{D} 与转速变化 $\Delta\omega$ 之间的传递函数(不包括虚线框)为

$$\frac{\Delta\omega}{\Delta P_{\mathrm{D}}}=-\frac{\dfrac{1}{\omega_0 Is+K_{\mathrm{D}}}}{1+\dfrac{1}{R}\left(\dfrac{1}{1+sT}\right)\left(\dfrac{1}{1+sT_{\mathrm{CH}}}\right)\left(\dfrac{1}{\omega_0 Is+K_{\mathrm{D}}}\right)} \tag{4.22}$$

▶▶▶ 4.2.3　电力系统的功率频率静态特性

电力系统稳定运行时,发电机组出力和负荷功率(包括网损)处于平衡状态,所以电力系统的功率频率静态特性包括发电机组调节特性和负荷静态频率特性。在确定电力系统负荷变化引起的频率偏移时,需要同时考虑发电机组的调节作用和负荷的调节效应。

图 4.12 是把电力系统看作一台等值发电机组和一个综合负荷时的电力系统功率频率静态特性。初始稳定运行时,负荷静态频率特性 $P_D(f)$ 和发电机组的调节特性 $P_G(f)$ 相交于 A 点,系统频率 $f_1 = f_e$,机组出力和负荷功率达到平衡,其值均为 P_1。

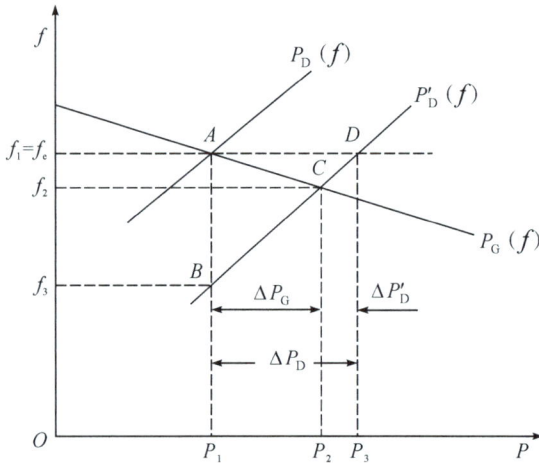

图 4.12　电力系统的功率频率静态特性

如果系统负荷增加了 ΔP_D,则系统负荷的静态频率特性变为 $P'_D(f)$。先假定发电机组无调速器,机组出力为恒定值 P_1,则频率将逐渐下降,负荷所消耗的有功功率也逐渐减小,依靠负荷的调节效应使运行点稳定在 B 点。这时,系统负荷消耗的有功功率仍为 P_1,频率下降到 f_3,频率偏差 $(f_3 - f_1)$ 取决于 ΔP_D 的大小。也就是说,系统有功功率的重新平衡是以牺牲频率这一电能质量为代价的。

但是,实际上发电机组装有调速器,调节特性为 $P_G(f)$,所以新的稳定运行点将是 $P'_D(f)$ 和 $P_G(f)$ 的交点 C,此时系统频率为 f_2,频率偏差为

$$\Delta f = f_2 - f_1 < 0 \tag{4.23}$$

等值发电机组出力的增量为

$$\Delta P_G = -K_G \Delta f > 0 \tag{4.24}$$

而负荷的频率调节效应所产生的负荷功率变化量为

$$\Delta P'_D = K_D \Delta f < 0 \tag{4.25}$$

当频率下降时,负荷功率的实际增量 $(\Delta P_D + \Delta P'_D)$ 应等于发电机组出力的增量 ΔP_G,即

$$\Delta P_D + \Delta P'_D = \Delta P_G \tag{4.26}$$

所以

$$\Delta P_{\mathrm{D}} = \Delta P_{\mathrm{G}} - \Delta P'_{\mathrm{D}} = -(K_{\mathrm{G}} + K_{\mathrm{D}})\Delta f = -K_{\mathrm{S}}\Delta f \tag{4.27}$$

式(4.27)表示系统负荷增加时,在机组调节作用和负荷调节效应影响下使有功功率达到新的平衡。也就是说,一方面是机组因频率降低而按有差特性增加出力;另一方面是负荷实际取用的功率因频率降低而有所减小。根据式(4.27)可得:

$$K_{\mathrm{S}} = K_{\mathrm{G}} + K_{\mathrm{D}} = -\frac{\Delta P_{\mathrm{D}}}{\Delta f} (\mathrm{MW/Hz}) \tag{4.28}$$

式中,K_{S} 称为系统的功率频率特性系数或系统的单位调节功率,它表示引起频率发生单位变化的负荷变化量。K_{S} 值越大,负荷变化引起的频率波动就越小,频率也就越稳定。

▶▶▶ 4.2.4　频率的一次调整

电力系统中的所有发电机组均装有调速器,如系统负荷发生变化,则每台发电机的调速器都将反映系统频率的变化,自动地调节进汽(水)阀门的开度,改变机组出力,使有功功率重新达到平衡,这就是频率的一次调整(即一次调频)。因此,一次调整指的是当电力系统的频率偏离目标频率时,发电机组通过调速器自动地调整其有功功率出力,以维持电力系统有功功率的供需平衡以及电力系统的频率稳定。其优点是响应速度快,缺点是只能做到有差调节。

设系统中有 n 台均未满载的发电机组,因系统负荷有功功率变化 ΔP_{D} 而出现频率偏差 Δf,则第 i 台机组的出力变化量为

$$\Delta P_{\mathrm{G}i} = -K_{\mathrm{G}i}\Delta f \quad (i = 1, 2, \cdots, n) \tag{4.29}$$

n 台机组出力变化量的总和为

$$\sum_{i=1}^{n}\Delta P_{\mathrm{G}i} = -\Delta f\sum_{i=1}^{n}K_{\mathrm{G}i} \tag{4.30}$$

如把系统的 n 台机组用一台等值机组来代替,则 $\sum_{i=1}^{n}\Delta P_{\mathrm{G}i} = -K_{\mathrm{GZ}}\Delta f$,其中 $K_{\mathrm{GZ}} = \sum_{i=1}^{n}K_{\mathrm{G}i}$ 为 n 台发电机组的等值单位调节功率;而频率偏差 Δf 所产生的负荷功率变化量为 $\Delta P'_{\mathrm{D}} = K_{\mathrm{D}}\Delta f < 0$,进而系统负荷有功功率变化量为

$$\Delta P_{\mathrm{D}} = \sum_{i=1}^{n}\Delta P_{\mathrm{G}i} - \Delta P'_{\mathrm{D}} = -\left(\sum_{i=1}^{n}K_{\mathrm{G}i} + K_{\mathrm{D}}\right)\Delta f = -K_{\mathrm{S}}\Delta f \tag{4.31}$$

式中,$K_{\mathrm{S}} = \sum_{i=1}^{n}K_{\mathrm{G}i} + K_{\mathrm{D}}$ 为系统的单位调节功率。

因此,对于有 n 台发电机组的电力系统,若已知各台发电机组的等值单位调节功率 $K_{\mathrm{G}i}$ 和负荷的频率调节效应系数 K_{D},则当系统负荷有功功率变化 ΔP_{D} 时,系统的频率变化量为

$$\Delta f = -\frac{\Delta P_{\mathrm{D}}}{\left(\sum_{i=1}^{n}K_{\mathrm{G}i} + K_{\mathrm{D}}\right)} = -\frac{\Delta P_{\mathrm{D}}}{K_{\mathrm{S}}} \tag{4.32}$$

从上式可以看出,频率的一次调整是有差调节,即调整后的频率为 $(f_{\mathrm{e}} + \Delta f)$,由于 $\Delta f \neq 0$,所以调整后的频率不是原来的值 f_{e}。因此,频率的一次调整只能适应负荷变化幅度小、周期短的不规则变化情况。

此外,值得说明的是:如果上述 n 台发电机组中任意一台机组已满载运行,则表明该台机组已失去向上调整有功功率出力的能力,故其 K_{Gi} 应取 0。因此,系统中并列运行的未满载的发电机组越多,系统的单位调整功率 K_S 越大。

【例 4.3】 某电力系统中,占总容量一半的核电机组已满载;占总容量 1/4 的火电厂尚有 10% 的备用容量,其单位调节功率为 16.6;占总容量 1/4 的水电厂尚有 20% 的备用容量,其单位调节功率为 25。系统有功负荷的频率调节效应系数为 1.5(标幺值,以系统总负荷为基准值)。已知系统总容量为 1000MW,试求:

(1)系统的单位调节功率 K_S;

(2)负荷功率增加 5% 时的稳态频率 f;

(3)频率降低 0.2Hz 时系统的负荷增量 ΔP_D。

【解】 (1)计算系统的单位调节功率 K_S。

核电机组:$P_{Ge}=0.5\times1000=500(\mathrm{MW})$,已带负荷 500MW,已满载,故其 $K_G=0$。

火电机组:$P_{Ge}=0.25\times1000=250(\mathrm{MW})$,已带负荷 $0.9\times250=225\mathrm{MW}$,

$$K_G=\frac{P_{Ge}}{f_e}K_{G*}=\frac{250}{50}\times16.6=83(\mathrm{MW/Hz})$$

水电机组:$P_{Ge}=0.25\times1000=250(\mathrm{MW})$,已带负荷 $0.8\times250=200\mathrm{MW}$,

$$K_G=\frac{P_{Ge}}{f_e}K_{G*}=\frac{250}{50}\times25=125(\mathrm{MW/Hz})$$

系统总负荷为

$$P_D=500+225+200=925(\mathrm{MW})$$

$$K_D=\frac{P_D}{f_e}K_{D*}=\frac{925}{50}\times1.5=27.75(\mathrm{MW/Hz})$$

系统单位调节功率为

$$K_S=\sum_{i=1}^{n}K_{Gi}+K_D=0+83+125+27.75=235.75(\mathrm{MW/Hz})$$

(2)负荷增加 5% 时,系统负荷增量为

$$\Delta P_D=925\times5\%=46.25(\mathrm{MW})$$

则系统频率的变化量为

$$\Delta f=-\frac{\Delta P_D}{K_S}=-\frac{46.25}{235.75}=-0.196(\mathrm{Hz})$$

因此,经频率的一次调整后的系统稳态频率为

$$f=50-0.196=49.804(\mathrm{Hz})$$

(3)频率降低 0.2Hz 时,系统的负荷增量为

$$\Delta P_D=-K_S\Delta f=-235.75\times(-0.2)=47.15(\mathrm{MW})$$

▶▶▶▶ 4.2.5 频率的二次调整

频率的二次调整(即二次调频)是通过发电机组调速器的转速整定元件(即同步器或调频器,见图 4.5)来实现的。同步器由伺服电动机、蜗轮、蜗杆等组成,可人工操作或由

自动装置控制伺服电动机正转或反转,而使 D 点上升或下降。如果 D 点固定于某一位置,则当负荷增加而转速下降时,调速器的一次调整作用使转速略有下降。为了使转速恢复到初始值,可将同步器 D 点位置抬高,E 点和错油门活塞下降,使压力油经 b 管进入油动机下部而使其活塞上移,开大进汽(水)阀门,增大进汽(水)量,从而增加机组出力,使机组转速(频率)上升,直至恢复到初始值。反之,当负荷减少而转速上升时,调速器的一次调整作用使转速略有上升,同步器可降低 D 点位置,减少机组出力,使转速恢复到初始值。同步器的这种作用,实质上是将机组调节特性向上或向下平移,如图 4.13 所示。这种利用同步器平移机组调节特性对系统频率的调节就是频率的二次调整。因此,二次

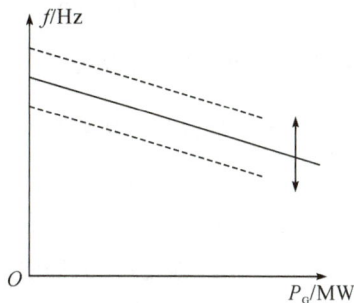

图 4.13　发电机组调节特性的平移

调整指的是当负荷变化引起频率变化时,通过调频器的动作,改变发电机组的有功出力,以保持系统频率不变或在允许范围内。二次调整的特点是,既可实现频率的有差调节,又可实现频率的无差调节。

　　图 4.14 表示频率二次调整的过程。$P_G(f)$ 为系统等值发电机组的调节特性,$P_D(f)$ 为系统综合负荷的静态频率特性,两条特性曲线的交点 A 为初始稳态工作点,此时系统出力和负荷均为 P_1,系统频率为 f_1。如系统负荷增加了 $\Delta P_D = P_3 - P_1$,则系统综合负荷的静态频率特性变成 $P'_D(f)$。这是由于频率一次调整的作用使稳态工作点移至 C 点,系统有功出力达到 P_2,频率下降到 f_2。在同步器的二次调整作用下,将等值机组的调节特性向上平移至 $P'_G(f)$,稳态工作点移至 D 点,频率恢复到 f_1,系统有功出力(P_3)和有功负荷重新平衡,从而实现无差调节。在图 4.11 中,ΔP_R 就是相应频率二次调整的有功出力变量。增大 ΔP_R 相应于将图 4.13中的发电机组调节特性上移;反之,减小 ΔP_R,将使调节特性下移。

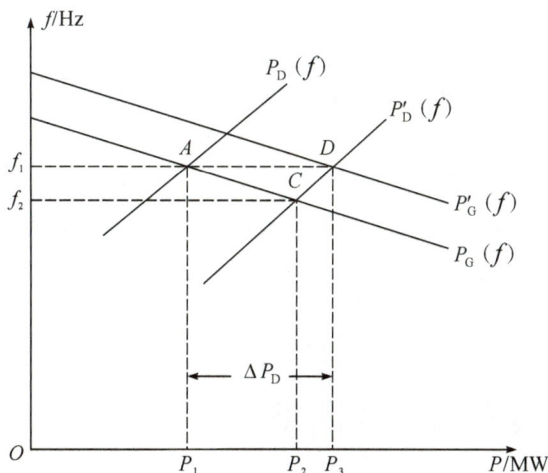

图 4.14　频率的二次调整过程

设系统中有 n 台均未满载的发电机组，当系统负荷的有功功率变化量为 ΔP_D，系统参加频率二次调整的发电机组增发的总功率为 ΔP_G，则该系统的频率调节特性方程为

$$\Delta P_\mathrm{D} - \Delta P_\mathrm{G} = -\Big(\sum_{i=1}^{n} K_{\mathrm{G}i} + K_\mathrm{D}\Big)\Delta f = -K_\mathrm{S}\Delta f \tag{4.33}$$

由上式可见，负荷的增量 ΔP_D 由三部分承担，第一部分是二次调整的发电机组增发的功率 ΔP_G，第二部分是一次调整的发电机组增发的功率 $-\sum_{i=1}^{n} K_{\mathrm{G}i}\Delta f$，第三部分是负荷的调节效应所减少的负荷功率 $K_\mathrm{D}\Delta f$。由于二次调整发电机组增发了功率，因此，在相同负荷变化下，系统的频率偏移变小了。如果二次调整使发电机组增发的功率全部承担了负荷增量，即 $\Delta P_\mathrm{G} = \Delta P_\mathrm{D}$，则 $\Delta f = 0$，即实现了系统频率的无差调节。

因此，二次调整后系统的频率变化量为

$$\Delta f = -\frac{\Delta P_\mathrm{D} - \Delta P_\mathrm{G}}{K_\mathrm{S}} = -\frac{\Delta P_\mathrm{D} - \Delta P_\mathrm{G}}{\sum\limits_{i=1}^{n} K_{\mathrm{G}i} + K_\mathrm{D}} \tag{4.34}$$

电力系统中所有并列运行的发电机组都装有调速器，当系统负荷变化时，有可调容量的机组均按各自的静态调节特性参与频率的一次调整，而频率的二次调整只有部分发电厂（或机组）承担。从是否承担频率的二次调整任务出发，可将系统中所有发电厂分为调频厂和非调频厂两类。调频厂负责全系统的频率调整任务，非调频厂在系统正常运行情况下只按调度控制中心预先安排的负荷曲线（日发电计划）运行，而不参与二次频率调整。

选择系统调频电厂时，主要考虑下列因素：

①具有足够大的调频容量和可调范围；②允许的出力调整速度应满足系统负荷变化速度的要求；③符合经济运行原则；④联络线上交换功率的变化不致影响系统安全运行。

水轮发电机组的出力调整范围大，允许出力变化速度快，一般从空载至满载可在 1min 内实现，出力变化对运行经济性影响不大，且容易实现操作自动化。

汽轮发电机组由于受最小技术出力的限制（其中，锅炉额定容量为 $20\%\sim70\%$，汽轮机额定容量为 $10\%\sim15\%$），所以其出力调整范围小，出力变化速度受汽轮机各部分热膨胀的限制，额定容量在 $50\%\sim100\%$ 范围内，每分钟出力允许上升速度为 $2\%\sim5\%$，而且出力变化对运行经济性影响很大，实现操作自动化也较复杂。

从以上分析可知，在水火电厂并存的电力系统中，一般宜选水电厂担任调频发电厂。在洪水季节，为了充分利用水力资源、避免弃水，水电厂宜带稳定负荷满发，由效率居中的中温中压凝汽式火电厂担任调频发电厂，以提高系统运行的经济性。在枯水季节，可由水电厂和中温中压的火电厂作为调频发电厂。

▶▶▶ 4.2.6　频率的三次调整

电力系统频率的三次调整（即三次调频），是指各发电厂执行系统调度预先下达的发电计划，定时调控发电机有功功率（包括机组启停），或在非预计的负荷变化经一次调整和二

次调整积累到一定程度时,重新按经济调度原则分配各发电厂的有功功率。三次调频的实质是完成在线经济调度,其目的是在满足电力系统频率稳定和系统安全的前提下,合理利用能源和设备,以最低的发电成本或费用获得更多优质的电能。三次调频是针对变化缓慢,有规律的负荷,协调各发电厂之间的负荷经济分配,从而实现电网的经济、稳定运行。

▶▶▶ 4.2.7 联合电力系统的频率调整

大规模复杂电力系统一般都是互联的联合电力系统。一个联合电力系统经常包含几个电力控制区域,各控制区域间通过联络线连接起来,每个控制区域内的用户负荷由本区域内的电源和从其他区域中经过联络线送来的功率供电。

在最简单的包括两个地区系统的联合电力系统中,如图 4.15 所示,两个地区系统各用一台发电机等效表示,两地区系统间有一条联络线,设联络线的功率为 P_T,联络线功率自系统 1 流向系统 2 为正。

当系统发生有功功率扰动时,联络线中将有同步功率振荡。在扰动平息后,分析稳态的频率偏差、联络线功率和联合系统中发电机的出力是很重要的。

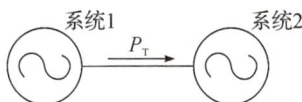

图 4.15 联合电力系统

已知联合电力系统中系统 1 和系统 2 的单位调节功率分别为 K_{S1} 和 K_{S2},假定系统 1 和系统 2 发生的负荷变化分别为 ΔP_{D1} 和 ΔP_{D2},因此,系统 1 和系统 2 的二次调整电厂都进行了调整,它们的功率调整量分别为 ΔP_{G1} 和 ΔP_{G2}。在稳态情况下,通过联络线由系统 1 向系统 2 输送的交换功率,对于系统 1 而言该交换功率可看作一个负荷,而对系统 2 而言该交换功率可看作一个电源,因此可得:

$$\Delta P_{D1} + \Delta P_T - \Delta P_{G1} = -K_{S1}\Delta f_1 \tag{4.35}$$

$$\Delta P_{D2} - \Delta P_T - \Delta P_{G2} = -K_{S2}\Delta f_2 \tag{4.36}$$

由于系统 1 和系统 2 互联形成一个联合电力系统,故 2 个系统的频率应相等,即 $\Delta f_1 = \Delta f_2 = \Delta f$,从而可得$(\Delta P_{D1} - \Delta P_{G1}) + (\Delta P_{D2} - \Delta P_{G2}) = -(K_{S1} + K_{S2})\Delta f$,即

$$\Delta f = -\frac{(\Delta P_{D1} - \Delta P_{G1}) + (\Delta P_{D2} - \Delta P_{G2})}{K_{S1} + K_{S2}} \tag{4.37}$$

以此代入式(4.35)或式(4.36),又可得:

$$\Delta P_T = \frac{K_{S1}(\Delta P_{D2} - \Delta P_{G2}) - K_{S2}(\Delta P_{D1} - \Delta P_{G1})}{K_{S1} + K_{S2}} \tag{4.38}$$

令 $\Delta P_{D1} - \Delta P_{G1} = \Delta P_1$、$\Delta P_{D2} - \Delta P_{G2} = \Delta P_2$,$\Delta P_1$ 和 ΔP_2 分别为系统 1 和系统 2 的功率缺额,则式(4.37)和式(4.38)可改写为

$$\Delta f = -\frac{\Delta P_1 + \Delta P_2}{K_{S1} + K_{S2}} \tag{4.39}$$

$$\Delta P_{\mathrm{T}} = \frac{K_{\mathrm{S1}}\Delta P_2 - K_{\mathrm{S2}}\Delta P_1}{K_{\mathrm{S1}} + K_{\mathrm{S2}}} \tag{4.40}$$

由式(4.39)分析可得,联合系统频率的变化取决于该系统总的功率缺额和总的系统单位调节功率;由式(4.40)分析可得:如果系统 1 没有功率缺额,即 $\Delta P_1 = 0$,联络线上由系统 1 流向系统 2 的功率要增大;反之,如果系统 2 没有功率缺额,即 $\Delta P_2 = 0$,联络线上由系统 1 流向系统 2 的功率要减少。此外,如果系统 2 的功率缺额完全由系统 1 增发的功率所抵偿,即 $\Delta P_2 = -\Delta P_1$,则 $\Delta f = 0$,$\Delta P_{\mathrm{T}} = \Delta P_2 = -\Delta P_1$。这种情况下,系统 1 增发的功率 $-\Delta P_1$（即系统 2 的功率缺额 ΔP_2）全部通过联络线由系统 1 传输至系统 2;联合电力系统增发的总功率与负荷增量的总和相等,使得系统频率保持不变,从而实现了无差调节。

【例 4.4】 如图 4.15 所示的联合电力系统,系统 1 的容量为 3000MW,$K_{\mathrm{G1}*} = 25$,$K_{\mathrm{D1}*} = 1.6$;系统 2 的容量为 2000MW,$K_{\mathrm{G2}*} = 20$,$K_{\mathrm{D2}*} = 1.4$,当系统 1 内突然增加 200MW 负荷时,求:

(1)系统 1 和系统 2 的机组都参加一次频率调整后的结果。

(2)系统 1 和系统 2 的机组都参加一次和二次调整,其中,系统 1 的机组增加发电容量 80MW,系统 2 的机组增加发电容量 120MW。

【解】 首先将以标幺值表示的单位调节功率折算成有名值

$$K_{\mathrm{G1}} = K_{\mathrm{G1}*}\frac{P_{\mathrm{G1e}}}{f_{\mathrm{e}}} = 25 \times \frac{3000}{50} = 1500(\mathrm{MW/Hz})$$

$$K_{\mathrm{G2}} = K_{\mathrm{G2}*}\frac{P_{\mathrm{G2e}}}{f_{\mathrm{e}}} = 20 \times \frac{2000}{50} = 800(\mathrm{MW/Hz})$$

$$K_{\mathrm{D1}} = K_{\mathrm{D1}*}\frac{P_{\mathrm{G1e}}}{f_{\mathrm{e}}} = 1.6 \times \frac{3000}{50} = 96(\mathrm{MW/Hz})$$

$$K_{\mathrm{D2}} = K_{\mathrm{D2}*}\frac{P_{\mathrm{G2e}}}{f_{\mathrm{e}}} = 1.4 \times \frac{2000}{50} = 56(\mathrm{MW/Hz})$$

$$K_{\mathrm{S1}} = K_{\mathrm{G1}} + K_{\mathrm{D1}} = 1500 + 96 = 1596(\mathrm{MW/Hz})$$

$$K_{\mathrm{S2}} = K_{\mathrm{G2}} + K_{\mathrm{D2}} = 800 + 56 = 856(\mathrm{MW/Hz})$$

(1)两系统全部机组都参加一次频率调整时:

①频率偏差

$$\Delta f = -\frac{\Delta P_{\mathrm{D}}}{K_{\mathrm{S1}} + K_{\mathrm{S2}}} = -\frac{200}{1596 + 856} = -0.0816(\mathrm{Hz})$$

表明频率下降 0.0816Hz。

②功率缺额 200MW 由以下四部分抵消:

系统 1 机组增加出力 $\quad \Delta P_{\mathrm{G1}} = -K_{\mathrm{G1}}\Delta f = -1500 \times (-0.0816) = 122.35(\mathrm{MW})$

因频率下降使系统 1 负荷减少 $\quad \Delta P_{\mathrm{D1}} = K_{\mathrm{D1}}|\Delta f| = 96 \times 0.0816 = 7.83(\mathrm{MW})$

系统 2 机组增加出力 $\quad \Delta P_{\mathrm{G2}} = -K_{\mathrm{G2}}\Delta f = -800 \times (-0.0816) = 65.25(\mathrm{MW})$

因频率下降使系统 2 负荷减少 $\quad \Delta P_{\mathrm{D2}} = K_{\mathrm{D2}}|\Delta f| = 56 \times 0.0816 = 4.57(\mathrm{MW})$

③系统 2 通过联络线支援系统 1 的功率增量为

$$|\Delta P_{\mathrm{T}}| = \left|\frac{K_{\mathrm{S1}}\Delta P_2 - K_{\mathrm{S2}}\Delta P_1}{K_{\mathrm{S1}} + K_{\mathrm{S2}}}\right| = \left|\frac{0 - 856 \times 200}{1596 + 856}\right| = 69.82(\mathrm{MW})$$

（2）两系统的机组都参加一次和二次调整时：

①频率偏差

$$\Delta f = -\frac{(\Delta P_{D1} - \Delta P_{G1}) + (\Delta P_{D2} - \Delta P_{G2})}{K_{S1} + K_{S2}} = -\frac{(200-80) + (0-120)}{1596+856} = 0$$

表明频率偏差为 0，即联合电力系统通过一次和二次调整后做到了无差调节。

②系统 2 通过联络线支援系统 1 的功率增量为

$$|\Delta P_T| = \left| \frac{K_{S1} \Delta P_2 - K_{S2} \Delta P_1}{K_{S1} + K_{S2}} \right| = \left| \frac{1596 \times (0-120) - 856 \times (200-80)}{1596+856} \right| = 120(\text{MW})$$

表明系统 2 机组二次调整增发的 120MW 通过联络线都输送到系统 1。

4.3　电力系统的自动调频方法

为了维持电力系统频率在允许的偏差范围内，要进行人工的或自动的频率二次调整。由人工手动操作同步器对频率的二次调整称为手动调频，而通过自动调频装置控制同步器对频率的二次调整称为自动调频。与手动调频相比，自动调频不仅反应速度快，频率波动小，而且还可以同时顾及其他方面的要求，例如实现有功负荷的经济分配、保持系统联络线交换功率为定值和满足系统安全经济运行各种约束条件等。自动发电控制（automatic generation control，AGC）是互联电力系统运行中一个基本的和重要的实时计算机控制功能，其目的是使系统出力和系统负荷相适应，保持额定频率和通过联络线的交换功率等于计划值。

▶▶▶ 4.3.1　频率二次调整的积差调节法

电力系统自动调频的发展过程中，采用过多种调频方法和准则，如主导发电机法、虚有差法等。其中主导发电机法仅适用于小容量的电力系统；虚有差法仅反映频率的偏差信号，而且有功功率在多个调频发电厂之间是按固定比例分配的，不能实现经济分配原则，同时也不能进行区域间联络线功率的控制。所以，这些调频方法已不能适应现代化电力系统的运行要求。在本节和下一小节将着重介绍积差调节法和联合电力系统的调频。

积差调节法是根据系统频率偏差的累积值进行频率调节的。先假定系统中由一台发电机组进行频率积差调节，则调节准则为

$$K\Delta P_R + \int \Delta f \, dt = 0 \tag{4.41}$$

式中，$\Delta f = f - f_e$ 为系统频率偏差；ΔP_R 为调频机组的出力增量；K 为调频功率比例系数。

积差调频过程可用图 4.16 加以说明。

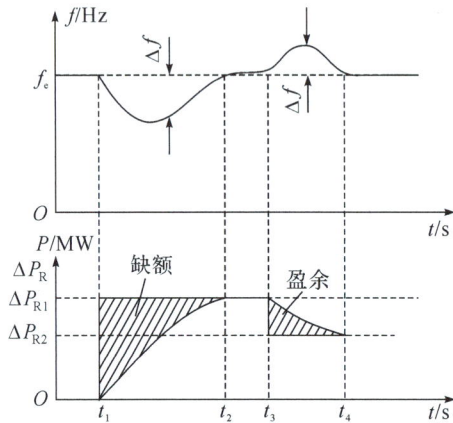

图 4.16　积差调频过程

在 $0 \sim t_1$ 时段内，$f = f_e$，$\Delta f = 0$，因此，$\int_0^{t_1} \Delta f \mathrm{d}t = 0$，则有

$$\Delta P_R = -\frac{1}{K} \int_0^{t_1} \Delta f \mathrm{d}t = 0 \tag{4.42}$$

即调频机组按原定出力运行。

设 t_1 时出现了计划外负荷增量，在 $t_1 \sim t_2$ 时段内，$f < f_e$，$\Delta f < 0$，因此，$\int_{t_1}^{t_2} \Delta f \mathrm{d}t < 0$，则有

$$\Delta P_R = -\frac{1}{K} \int_0^{t_2} \Delta f \mathrm{d}t = -\frac{1}{K} \int_{t_1}^{t_2} \Delta f \mathrm{d}t = \Delta P_{R1} > 0 \tag{4.43}$$

即调频机组开始增大出力，频率由开始下降达到最低值后，逐步回升，直至 t_2 时刻为止。

在 $t_2 \sim t_3$ 时段内，调频机组增加的出力已与计划外负荷增量相等，系统以额定频率稳定运行，$\Delta f = 0$，所以 $\int_{t_2}^{t_3} \Delta f \mathrm{d}t = 0$。这时 ΔP_R 维持 ΔP_{R1} 值，即调频机组保持 t_2 时刻的出力不再增大。

设 t_3 时出现了计划外负荷减少，在 $t_3 \sim t_4$ 时段内，$f > f_e$，$\Delta f > 0$，因此 $\int_{t_3}^{t_4} \Delta f \mathrm{d}t > 0$，则有

$$\Delta P_R = -\frac{1}{K} \left(\int_{t_1}^{t_2} \Delta f \mathrm{d}t + \int_{t_3}^{t_4} \Delta f \mathrm{d}t \right) = \Delta P_{R1} - \frac{1}{K} \int_{t_3}^{t_4} \Delta f \mathrm{d}t = \Delta P_{R2} \tag{4.44}$$

即调频机组出力开始减小，直至 t_4 时刻，调频机组出力增量又与计划外负荷变化相平衡，调节过程又一次结束。图 4.16 中阴影部分表示系统有功功率余缺的情况。

在图 4.11 中，积差调节方法可用传递函数为 K/s 的框图来表示。由此可见，积差调节法的特点是，频率调节过程只能在 $\Delta f = 0$ 时结束。当 $\Delta f \neq 0$ 时，就不断积累，式(4.41)就不能平衡，调节过程就要继续下去。当调节过程结束时，$\Delta f = 0$，而 $\int \Delta f \mathrm{d}t = -K \Delta P_R = $ 常数，此常数与计划外负荷成正比。计划外负荷越大，系统频率偏差的积累值也越大，则电钟的计时误差也越大。为了保证电钟的准确性，可以在夜间低谷负荷时进行补偿。所以，积差调节法又称同步时间法。

在电力系统中,用多台机组进行积差调频时,其调节方程式为

$$
\left.
\begin{aligned}
K_1 \Delta P_{R1} + \int \Delta f \mathrm{d}t &= 0 \\
K_2 \Delta P_{R2} + \int \Delta f \mathrm{d}t &= 0 \\
&\cdots \\
K_n \Delta P_{Rn} + \int \Delta f \mathrm{d}t &= 0
\end{aligned}
\right\}
\tag{4.45}
$$

或

$$
\Delta P_{Ri} = -\frac{1}{K_i} \int \Delta f \mathrm{d}t \quad (i = 1, 2, \cdots, n)
\tag{4.46}
$$

一般认为,系统中各点频率相同是一个全系统统一的参数(实际上,在暂态过程中系统各点的频率是有差别的),所以各机组的 $\int \Delta f \mathrm{d}t$ 是相等的。设系统计划外负荷为 ΔP_D,则有

$$
\Delta P_D = \sum_{i=1}^{n} \Delta P_{Ri} = -\int \Delta f \mathrm{d}t \sum_{i=1}^{n} \frac{1}{K_i}
\tag{4.47}
$$

得:

$$
\int \Delta f \mathrm{d}t = \frac{\Delta P_D}{-\sum\limits_{i=1}^{n} \dfrac{1}{K_i}}
\tag{4.48}
$$

代入式(4.46),可得到每台调频机组承担的计划外负荷为

$$
\Delta P_{Ri} = \frac{\Delta P_D}{K_i \sum\limits_{i=1}^{n} \dfrac{1}{K_i}} = \alpha_i \Delta P_D \quad (i = 1, 2, \cdots, n)
\tag{4.49}
$$

式(4.49)表明,调节过程结束后,各调频机组按一定比例分担了系统计划外负荷,使系统有功功率重新平衡,实现了无差调。这种方法的缺点是,频率的积差信号滞后于频率瞬时值的变化,因此调节过程缓慢。为此,可在频率积差调节的基础上增加频率瞬时偏差调节信号,这就得到了改进的频率积差调节方程式,即

$$
\Delta f + \delta_i \left(\Delta P_{Ri} + \alpha_i \int \beta \Delta f \mathrm{d}t \right) = 0 \quad (i = 1, 2, \cdots, n)
\tag{4.50}
$$

式中,$\Delta f = f - f_e$ 为系统频率瞬时偏差;δ_i 为第 i 台调频机组的调差系数;α_i 为第 i 台调频机组的功率分配系数,$\sum\limits_{i=1}^{n} \alpha_i = 1$;$\beta$ 为系统功率与频率的转换系数。

在式(4.50)中,Δf 项起加快调节过程的作用。在调节过程结束时,Δf 必须为零,否则 $\int \beta \Delta f \mathrm{d}t$ 就会不断变化,调节过程不会结束。最后,每台调频机组承担的出力变化量为

$$
\Delta P_{Ri} = -\alpha_i \int \beta \Delta f \mathrm{d}t \quad (i = 1, 2, \cdots, n)
\tag{4.51}
$$

由式(4.51)得:

$$
\Delta P_D = \sum_{i=1}^{n} \Delta P_{Ri} = -\int \beta \Delta f \mathrm{d}t \sum_{i=1}^{n} \alpha_i = -\int \beta \Delta f \mathrm{d}t
\tag{4.52}
$$

所以,式(4.52)表示调频结束后将系统增加的负荷 ΔP_D 按一定的比例(α_i)在调频机组间进

行分配。

积差调节法对维持系统频率的精度取决于各调频机组的频差积分信号数值的一致性。按照获得频差积分信号的不同，电力系统实现积差调节法有两种方式。一种是所谓的集中调频方式，即在系统调度中心设置一套高精度（可达 $10^{-7} \sim 10^{-9}$）的标准频率发生器，集中产生频差积分信号 $\int \beta \Delta f \mathrm{d}t$，确定各调频发电厂应承担的负荷变化量，然后通过远动通道将此信号送至各调频发电厂，各调频发电厂再根据其运行方式分配给各调频机组。这种调频方式的优点是，各调频电厂的频差积分信号是一致的，但需要有远动通道。集中调频方式的示意如图 4.17 所示。另一种是在调频厂就地产生频差积分信号，不用远动通道就可使计划外负荷在所有调频机组间按一定比例分配。为了使各调频机组所在地测得的 Δf 尽可能一致，避免频率偏差积分值的差异而造成功率分配上的误差，所以对标准频率的要求比较高，通常用石英晶体振荡器经分频后得到。

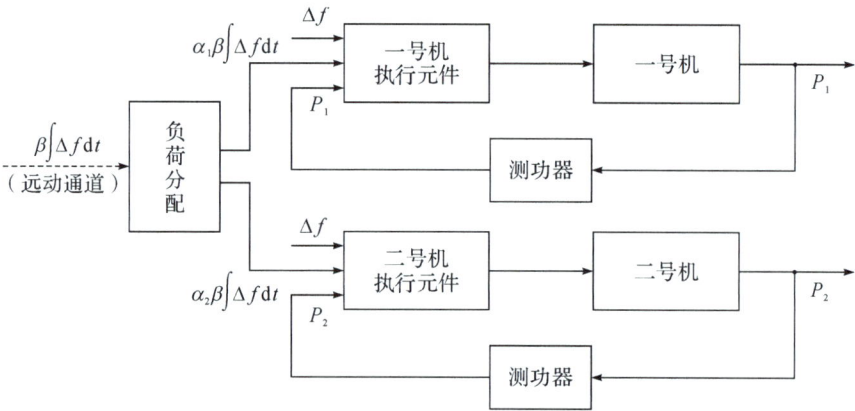

图 4.17　集中调频方式示意

▶▶▶ 4.3.2　联合电力系统的二次调频方法

联合电力系统的二次调频从根本上来说就是当发生有功功率平衡破坏时（如负荷增加、减少或发电机跳闸等），在一次控制实现的频率和联络线潮流有差调节基础上，各个区域启动辅助控制环节，通过改变发电机调速器整定以使有功功率重新达到额定点上的平衡，即实现频率的无差调节。通常把本区域调频过程中产生调节（控制）信号称为区域控制误差（area control error，ACE），这个信号通过恢复性积分环节作用于发电机。

根据控制目的的不同，互联系统中单个区域的二次调频对应不同的 ACE 定义有以下三种控制方式：

（1）ACE＝Δf，由于积分控制环节的作用，达到静态稳定时 $\Delta f = 0$，也即实现频率无差调节，故称为恒定频率控制（flat frequency control，FFC）。

（2）ACE＝ΔP_T，由于积分控制环节的作用，达到静态稳定时 $\Delta P_\mathrm{T} = 0$，也即实现联络线保持计划值这一目标，故称为恒定净交换功率控制（constant net interchange control,CNIC)。

（3）ACE＝$B\Delta f+\Delta P_{\mathrm{T}}$（$B$ 为频率偏差系数，$B\neq 0$），此时将联络线功率偏差和频率偏差都引入组成控制信号，该方式称为联络线和频率偏差控制（tie-line bias control, TBC）。

联合电力系统一般采用 TBC 控制方式。对于如图 4.15 所示的简单联合电力系统，其 TBC 控制方式模型如图 4.18 所示。

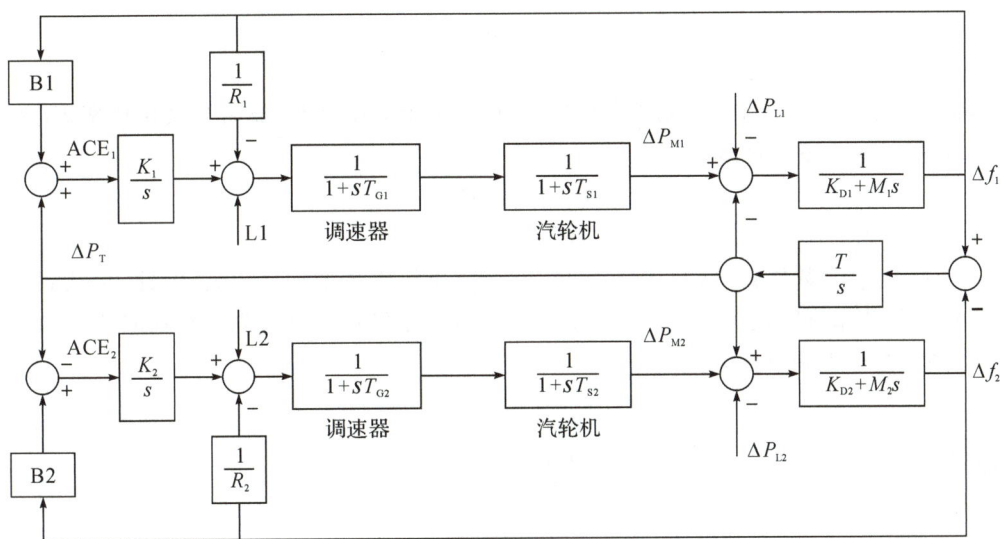

图 4.18　联合电力系统的框图

调频方程式为

$$\left.\begin{array}{l}\Delta P_{\mathrm{R}}+\int (B\Delta f+\Delta P_{\mathrm{T}})\mathrm{d}t=0\\ \Delta P_{\mathrm{T}}=P_{\mathrm{T}}-P_{\mathrm{TS}}\end{array}\right\} \tag{4.53}$$

式中，Δf 为系统频率偏差，$\Delta f=f-f_{\mathrm{e}}$；$\Delta P_{\mathrm{R}}$ 为本区域所有调频机组出力变量之总和；B 为频率的修正系数；ΔP_{T} 为联络线交换功率偏差；P_{T} 为联络线实际总交换功率，规定联络线交换功率方向以输出为正，输入为负；P_{TS} 为联络线计划总交换功率。

当调节过程结束时，$\Delta f=0$，$\Delta P_{\mathrm{T}}=0$，ΔP_{R} 为某一常数，即各调频机组出力不再变化。由式(4.53)可知，

$$\mathrm{ACE}=B\Delta f+\Delta P_{\mathrm{T}} \tag{4.54}$$

这种调频的过程就是调节本区域内调频机组的出力，使本区域的 ACE 不断减小直至为零的过程。频率的修正系数 B 取值将直接影响 ACE 的大小和调整过程，但因为 ACE 最终会趋于零，所以 B 值的大小不会影响最终结果。

设系统 1 与系统 2 通过联络线相连，两区域的调频方程式为

$$\Delta P_{\mathrm{R1}}+\int \mathrm{ACE}_1\mathrm{d}t=\Delta P_{\mathrm{R1}}+\int (B_1\Delta f+\Delta P_{\mathrm{T1}})\mathrm{d}t=0 \tag{4.55}$$

$$\Delta P_{\mathrm{R2}}+\int \mathrm{ACE}_2\mathrm{d}t=\Delta P_{\mathrm{R2}}+\int (B_2\Delta f+\Delta P_{\mathrm{T2}})\mathrm{d}t=0 \tag{4.56}$$

联络线上的有功功率的增量可近似地用下式表示为

$$\Delta P_{\mathrm{T}} = \frac{1}{X_{\mathrm{T}}}(\Delta\theta_1 - \Delta\theta_2) = \frac{1}{X_{\mathrm{T}}}\int(\Delta\omega_1 - \Delta\omega_2)\mathrm{d}t \tag{4.57}$$

式中，θ_1，θ_2 为联络线两侧电压的相位角；X_{T} 为联络线的电抗。如果用传递函数来表示，则

$$\Delta P_{\mathrm{T}}(s) = \frac{T}{s}[\Delta\omega_1(s) - \Delta\omega_2(s)] = \frac{2\pi T}{s}[\Delta f_1 - \Delta f_2] \tag{4.58}$$

式中，$T = 1/X_{\mathrm{T}}$。当联合电力系统处于稳态运行时，应当满足：

$$\Delta f = 0$$
$$\Delta P_{\mathrm{T1}} = \Delta P_{\mathrm{T2}} = 0$$
$$\mathrm{ACE}_1 = \mathrm{ACE}_2 = 0$$

现在假定系统 1 出现了计划外负荷增量，则全系统频率下降，联络线交换功率 P_{T} 发生变化，ACE 不等于零。这时，

$$\Delta P_{\mathrm{T1}} < 0, \Delta P_{\mathrm{T2}} > 0$$
$$B_1 \Delta f < 0, B_2 \Delta f < 0$$

因为 ACE_1 是一个数值较 ACE_2 大的负值，其调频机组出力增加也较大，因此，可从频率变化时 ACE 的值来判断负荷增减的区域。这就实现了本区域出现计划外负荷时主要由本区域的调频机组承担调节任务。

▶▶▶ 4.3.3　自动发电控制

在电力系统调度自动控制系统中，为了使系统出力和系统负荷相适应，保持额定频率和通过联络线的交换功率等于计划值，自动发电控制 AGC 有三个基本目标：

（1）使全系统的发电出力和负荷功率相匹配。

（2）将电力系统的频率偏差调节到零，保持系统频率为额定值。

（3）控制区域间联络线的交换功率与计划值相等，实现各区域内有功功率的平衡。

上述第一个目标与所有发电机的调速器有关，即与频率的一次调整有关。第二和第三个目标与频率的二次调整有关，也称为负荷频率控制（load frequency control，LFC）。

自动发电控制（AGC）是由自动装置和计算机程序对频率和有功功率进行二次调整来实现的。其所需的信息（如频率、发电机的实发功率、联络线的交换功率等）是通过监督控制和数据采集（supervisory control and data acquisition，SCADA）系统经过上行通道传送到控制中心的。然后，根据 AGC 的计算软件形成对各发电厂（或发电机）的 AGC 命令，通过下行通道传送到各调频发电厂（或发电机）。

自动发电控制是一个闭环反馈控制系统，它主要包括两大部分（见图 4.19）：

（1）负荷分配器，根据系统频率和其他有关信号，按一定的调节准则确定各机组的设定出力。

（2）机组控制器，根据负荷分配器所确定的设定出力，控制同步器改变调速器的调节特性，使机组在额定频率下的实发功率与设定出力相一致。

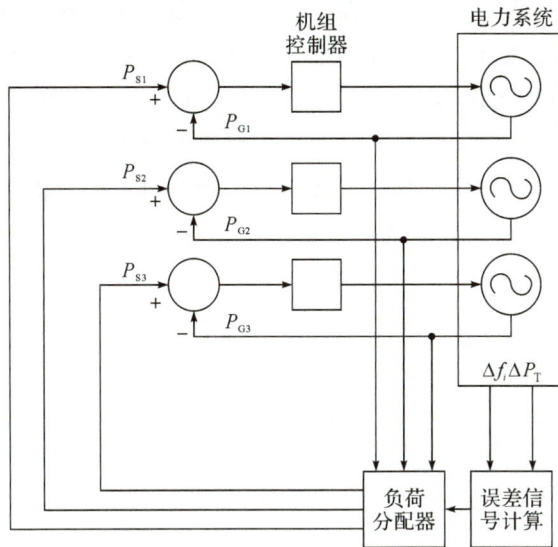

图 4.19　自动发电控制示意

自动发电控制系统中的负荷分配器是根据测得的发电机实际出力和频率偏差等信号按一定的准则分配各机组应调节的出力。决定各机组设定功率 P_{Si} 最简单的办法是：

$$P_{Si} = \alpha_i \left(\sum_{j=1}^{n} P_{Gj} - B\Delta f \right) \tag{4.59}$$

式中，B 为频率偏差系数；α_i 为分配系数，$\sum_{i=1}^{n} \alpha_i = 1$。所以，系统机组总的设定功率为

$$\sum_{i=1}^{n} P_{Si} = \sum_{i=1}^{n} \alpha_i \left(\sum_{j=1}^{n} P_{Gj} - B\Delta f \right) = \sum_{j=1}^{n} P_{Gj} - B\Delta f \tag{4.60}$$

也就是说，系统机组总的设定功率取决于系统机组总的实发功率及系统的频率偏差。偏差越大，设定功率的变动就越大。当频率偏差趋于零时，系统机组总的设定功率就与实发功率相等。至于分配到每台机组的设定值则由分配系数 α_i 规定。

对于分区调频的电力系统，可取 ACE 作为调节信息，根据分配系数 $\alpha_i \left(\sum_{i=1}^{n} \alpha_i = 1 \right)$ 可确定各机组的设定出力为

$$P_{Si} = \alpha_i \left[\sum_{j=1}^{n} P_{Gj} - (\Delta P_T + B\Delta f) \right] \tag{4.61}$$

4.4　电力系统有功功率的经济分配

电力系统中有功功率的经济分配是电力系统经济运行的一个重要方面，其主要包括有功功率负荷的经济分配和有功功率电源的最优组合。电力系统有功负荷的经济分配指的

是在一定的约束条件下,将系统有功负荷在各发电厂及各机组间进行合理分配,使某一确定的目标达到最优;实现负荷经济分配的前提是要允许负荷在各机组间自由分配,所以要求发电机组有足够的旋转备用容量(热备用容量)。有功功率电源的最优组合是指系统中发电设备或发电厂的合理组合,也就是通常所谓机组的合理开停(即机组的经济组合),它主要包括机组的最优组合顺序、机组的最优组合数量和机组的最优开停时间,涉及的是电力系统中冷备用容量的合理组合问题。

▶▶▶ 4.4.1 发电设备的经济特性

负荷的经济分配与发电设备的经济特性密切相关。发电设备指的是锅炉、汽轮机或水轮机、发电机以及它们的组合。与负荷经济分配有关的经济特性指的是耗量特性和耗量微增率特性。

发电设备单位时间内能量输入与输出的关系称为耗量特性。不同发电设备的耗量特性曲线形状不同,汽轮发电机组和火电厂的耗量特性曲线如图 4.20 所示。纵坐标 F 表示输入,为单位时间内消耗的标准煤燃料(t/h);横坐标 P 表示输出,为单位时间内发出的电能,即电功率。如果纵坐标 F 用发电费用表示,则图 4.20 为发电成本特性。水轮发电机组和水电厂耗量特性曲线的形状也大致如此,但纵坐标输入为单位时间内消耗的水量(m^3/h)。为便于分析,假定耗量特性曲线是连续可导的。

耗量特性曲线上对应于某一输出功率点上切线的斜率称为这一输出功率时的耗量微增率(简称微增率)b,即

$$b = \tan\theta = dF/dP \tag{4.62}$$

耗量微增率近似地表示在某一输出功率时单位输出功率变化量所需的单位时间输入能量的变化量。对应于图 4.20 中的耗量特性曲线的耗量微增率特性曲线,如图 4.21 所示。

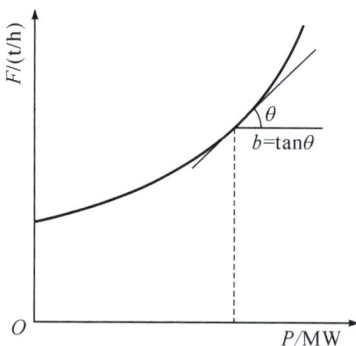

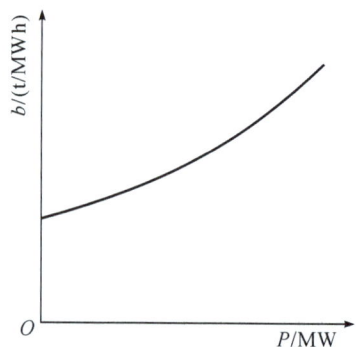

图 4.20 耗量特性曲线   图 4.21 耗量微增率特性曲线

▶▶▶ 4.4.2 面向负荷最优分配的等耗量微增率准则

现以并列运行的两台机组间的负荷分配为例,说明等微增率准则的基本概念。已知两台机组的耗量特性 $F_1(P_{G1})$ 和 $F_2(P_{G2})$,系统负荷为 P_D,所要研究的问题是:在满足负荷需要的条件下,如何分配两台机组的出力 P_{G1} 和 P_{G2},使总的燃料消耗量最少?

对于这个简单的问题,可用作图法求解。设图 4.22 中线段 OO' 的长度等于负荷功率 P_D,在它的上、下两方分别以 O 和 O' 为原点作出机组 1 和机组 2 的耗量特性曲线 $F_1(P_{G1})$ 和 $F_2(P_{G2})$,前者的横坐标 P_{G1} 自左向右,后者的横坐标 P_{G2} 自右向左。在横坐标上任意取一点 A,则 OA 的长度为机组 1 的出力 P_{G1},$O'A$ 的长度为机组 2 的出力 P_{G2},可知

$$P_{G1} + P_{G2} = P_D \qquad (4.63)$$

线段 OO' 上的点均满足式(4.63),这说明负荷在两台机组间的分配方案很多。过 A 点作垂线,分别交于两台机组耗量特性曲线的 B_1 和 B_2 点,则

$$\overline{B_1 B_2} = \overline{B_1 A} + \overline{AB_2} = F_1(P_{G1}) + F_2(P_{G2}) = F \qquad (4.64)$$

F 代表两台机组总的燃料消耗量。如果在 OO' 上找到一点,通过它所作的垂线与两条耗量特性曲线的交点距离为最短,则该点所对应的负荷分配方案所消耗的燃料量最少。图中的 A' 点就是这样的点,通过 A' 点所作垂线与两条耗量特性曲线相交于 B'_1 和 B'_2。过 B'_1 和 B'_2 点所作的两条切线是平行的,这两条平行切线所夹的垂线最短。两条切线平行,则它们的斜率相等。前已述及,耗量特性曲线上任意一点切线的斜率就是该点的耗量微增率,所以可得到结论:负荷功率在两台机组间分配时,当它们的耗量微增率相等时,即

$$\frac{\mathrm{d}F_1}{\mathrm{d}P_{G1}} = \frac{\mathrm{d}F_2}{\mathrm{d}P_{G2}} \qquad (4.65)$$

则总的燃料耗量最少。这就是所谓的等微增率准则。

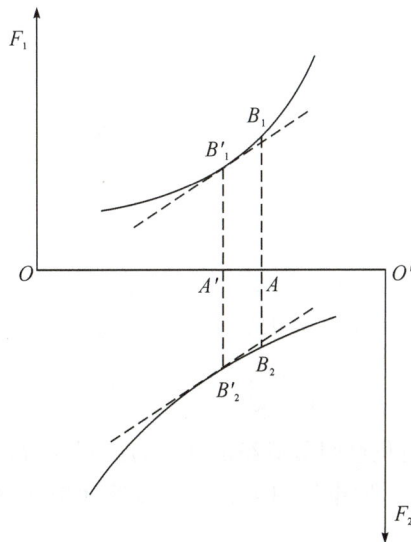

图 4.22 等微增率分配负荷示意

等微增率准则的物理意义是明显的。如果两台机组在微增率不相等的状态下运行，并假设 $dF_1/dP_{G1} > dF_2/dP_{G2}$。现将两台机组的出力在维持总出力不变的前提下作适当调整，让微增率大的机组 1 减少出力 ΔP_G，微增率小的机组 2 增加出力 ΔP_G，于是机组 1 将减少燃料消耗 $(dF_1/dP_{G1})\Delta P_G$，机组 2 将增加燃料消耗 $(dF_2/dP_{G2})\Delta P_G$，则总的燃料消耗将可节省

$$\Delta F = \frac{dF_1}{dP_{G1}}\Delta P_G - \frac{dF_2}{dP_{G2}}\Delta P_G = \left(\frac{dF_1}{dP_{G1}} - \frac{dF_2}{dP_{G2}}\right)\Delta P_G > 0 \tag{4.66}$$

这样的出力调整一直可以进行到两台机组的微增率相等为止。

等微增率准则的严格证明应由下面数学推导来获得。

设某发电厂有 n 台机组，它们的耗量特性分别为 $F_1(P_{G1}), F_2(P_{G2}), \cdots, F_n(P_{Gn})$，全厂承担的总负荷为 P_D，假定各机组出力分配不受限制，则负荷在各机组之间的经济分配问题是：在满足

$$\sum_{i=1}^{n} P_{Gi} - P_D = 0 \tag{4.67}$$

的条件下，使目标函数（总燃料耗量）

$$F = \sum_{i=1}^{n} F_i(P_{Gi}) \tag{4.68}$$

为最小。

这是多元函数求条件极值的问题，可以应用拉格朗日乘子法求解。为此，先构造拉格朗日函数

$$L = F - \lambda\left(\sum_{i=1}^{n} P_{Gi} - P_D\right) \tag{4.69}$$

其中，λ 称为拉格朗日乘子，为一常数。于是，求条件极值的问题就变成以 $P_{Gi}(i=1,2,\cdots,n)$ 为变量求拉格朗日函数 L 的一般极值问题，其必要条件为

$$\frac{\partial L}{\partial P_{Gi}} = \frac{\partial F}{\partial P_{Gi}} - \lambda \frac{\partial}{\partial P_{Gi}}\left(\sum_{i=1}^{n} P_{Gi} - P_D\right) = 0 \tag{4.70}$$

或

$$\frac{\partial F}{\partial P_{Gi}} = \lambda \tag{4.71}$$

由于每台机组的燃料耗量只与它本身的输出功率有关，因此式(4.71)可以写成

$$\frac{dF_i}{dP_{Gi}} = \lambda \tag{4.72}$$

由此可得：

$$\frac{dF_1}{dP_{G1}} = \frac{dF_2}{dP_{G2}} = \cdots = \frac{dF_n}{dP_{Gn}} = \lambda \tag{4.73}$$

或

$$b_1 = b_2 = \cdots = b_n = \lambda \tag{4.74}$$

因此，发电厂内并列运行机组间负荷经济分配的准则为：每台机组的微增率相等，并等于全厂的微增率 λ。图 4.23 为发电厂内 n 台机组按等微增率分配负荷时的示意。总负荷 P_D 为

$$P_D = P_{G1} + P_{G2} + \cdots + P_{Gn} \tag{4.75}$$

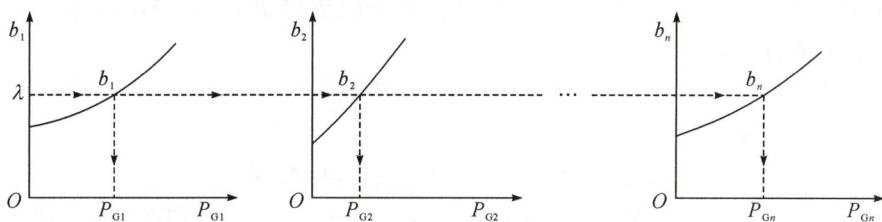

图 4.23　机组间负荷经济分配示意

上述多台机组之间负荷经济分配的原则完全适用于忽略网络功率损耗时的多个火电厂之间的负荷经济分配。此时仅需将式(4.75)中的 $b_i(i=1,2,\cdots,n)$ 看作第 i 火电厂的耗量微增率,而 λ 为系统微增率。

【例 **4.5**】　三个火电厂并列运行,各发电厂的燃料消耗特性及功率约束条件如下:

$$F_1=4.0+0.30P_{G1}+0.00070P_{G1}^2(\text{t/h}),100\text{MW}<P_{G1}<200\text{MW}$$
$$F_2=3.5+0.32P_{G1}+0.00040P_{G2}^2(\text{t/h}),120\text{MW}<P_{G2}<250\text{MW}$$
$$F_3=3.5+0.30P_{G3}+0.00045P_{G3}^2(\text{t/h}),150\text{MW}<P_{G3}<300\text{MW}$$

当总负荷为 700MW 和 400MW 时,试分别确定发电厂间功率的经济分配(不计网损的影响)。

【解】　(1)第一种解法:

①按所给耗量特性可得各发电厂的耗量微增率特性为

$$b_1=\frac{\text{d}F_1}{\text{d}P_{G1}}=0.3+0.0014P_{G1}$$

$$b_2=\frac{\text{d}F_2}{\text{d}P_{G2}}=0.32+0.0008P_{G2}$$

$$b_3=\frac{\text{d}F_3}{P_{G3}}=0.3+0.0009P_{G3}$$

令 $b_1=b_2=b_3$,可解得:

$$P_{G1}=14.29+0.571P_{G2}=0.643P_{G3}$$
$$P_{G3}=22.22+0.889P_{G2}$$

②总负荷为 700MW,即 $P_{G1}+P_{G2}+P_{G3}=700$MW。可将 P_{G1} 和 P_{G3} 都用 P_{G2} 表示,便得

$$14.29+0.527P_{G2}+P_{G2}+22.22+0.889P_{G2}=700(\text{MW})$$

由此可算出,$P_{G2}=270$MW,已越出上限值,故应取 $P_{G2}=250$MW。剩余的负荷功率 450MW 再由发电厂 1 和发电厂 3 进行经济分配,则

$$P_{G1}+P_{G3}=450(\text{MW})$$

P_{G1} 用 P_{G3} 表示,便得:

$$0.643P_{G3}+P_{G3}=450(\text{MW})$$

由此解出:$P_{G3}=274$MW 和 $P_{G1}=450-274=176$MW,都在限值以内。

③总负荷为 400MW,即 $P_{G1}+P_{G2}+P_{G3}=400$MW。P_{G1} 和 P_{G3} 都用 P_{G2} 表示,可得:

$$2.461P_{G2}=363.49$$

于是可得,$P_{G2}=147.7$MW 和 $P_{G1}=14.29+0.572P_{G2}=14.29+0.572\times147.7=98.77$MW

由于 P_{G1} 低于下限，故应取 $P_{G1}=100\text{MW}$。剩余的负荷功率 300MW，应在发电厂 2 和发电厂 3 之间重新分配，即

$$P_{G2}+P_{G3}=300(\text{MW})$$

将 P_{G3} 用 P_{G2} 表示，便得：

$$P_{G2}+22.22+0.889P_{G2}=300(\text{MW})$$

由此可解出：$P_{G2}=147.05\text{MW}$ 和 $P_{G3}=300-147.05=152.95\text{MW}$，都在限值以内。

（2）第二种解法。由微增率特性解出各发电厂的有功功率同耗量微增率 b 的关系为

$$P_{G1}=\frac{b_1-0.3}{0.0014},\quad P_{G2}=\frac{b_2-0.32}{0.0008},\quad P_{G3}=\frac{b_3-0.3}{0.0009}$$

设系统耗量微增率为 λ，对 λ 取不同的值，可算出各发电厂所发功率及其总和，然后制成表 4.1（亦可绘成曲线）。利用表 4.1 可以找出总负荷功率为不同的数值时，各发电厂发电功率的最优分配方案。用表中数字绘成的微增率特性示于图 4.24。根据等微增率准则，可以直接在图上分配各发电厂的负荷功率。

表 4.1　例 4.5 等微增率负荷分配　　　　　　　　　　单位：MW

λ	0.43	0.44	0.45	0.46	0.47	0.48	0.49	0.50
P_{G1}	100.00	100.00	107.14	114.29	121.43	128.57	135.71	142.86
P_{G2}	137.50	150.00	162.50	175.00	187.50	200.00	212.50	225.00
P_{G3}	150.00	155.56	166.67	177.78	188.89	200.00	211.11	222.22
$\sum P_G$	387.50	405.56	436.31	467.07	497.82	528.57	559.32	590.08
λ	0.51	0.52	0.53	0.54	0.55	0.56	0.57	0.58
P_{G1}	150.00	157.14	164.29	171.43	178.57	185.71	192.86	200.00
P_{G2}	237.50	250.00	250.00	250.00	250.00	250.00	250.00	250.00
P_{G3}	233.33	244.44	255.56	266.67	277.78	288.89	300.00	300.00
$\sum P_G$	620.83	651.58	669.85	688.10	706.35	724.60	742.60	750.00

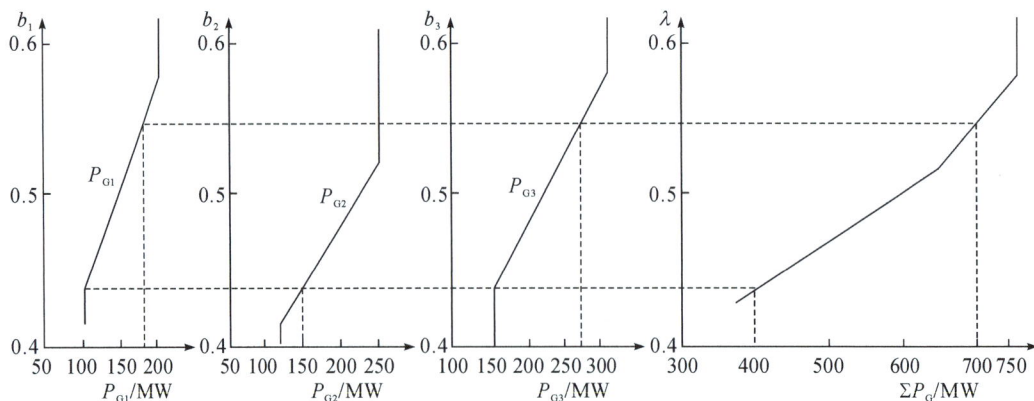

图 4.24　按等微增率分配负荷

▶▶▶ 4.4.3 火电厂之间负荷的经济分配

系统中各发电厂之间相距甚远,它们是通过电力网络相连的。在进行发电厂之间有功负荷的经济分配时,必须考虑网络中的有功功率损耗。

设系统中有 n 个火电厂,它们的耗量特性分别为 $F_1(P_{G1}),F_2(P_{G2}),\cdots,F_n(P_{Gn})$,系统总负荷为 P_D,网络总损耗为 P_L,假定各电厂的出力不受限制,则有功负荷在火电厂之间的经济分配问题是:在满足

$$\sum_{i=1}^{n} P_{Gi} - P_D - P_L = 0 \tag{4.76}$$

的条件下,使目标函数

$$F = \sum_{i=1}^{n} F_i(P_{Gi}) \tag{4.77}$$

为最小。

构造拉格朗日函数为

$$L = F - \lambda \Big(\sum_{i=1}^{n} P_{Gi} - P_D - P_L \Big) \tag{4.78}$$

对变量 P_{Gi} 求函数 L 为极值的必要条件是

$$\frac{\partial L}{\partial P_{Gi}} = \frac{\mathrm{d}F_i}{\mathrm{d}P_{Gi}} - \lambda\Big(1 - \frac{\partial P_L}{\partial P_{Gi}}\Big) = 0 \quad (i=1,2,\cdots,n) \tag{4.79}$$

或

$$\frac{\mathrm{d}F_i}{\mathrm{d}P_{Gi}} \frac{1}{1 - \dfrac{\partial P_L}{\partial P_{Gi}}} = \lambda \quad (i=1,2,\cdots,n) \tag{4.80}$$

由此可知,计及网损时的火电厂之间负荷经济分配的条件是:

$$\frac{\dfrac{\mathrm{d}F_1}{\mathrm{d}P_{G1}}}{1 - \dfrac{\partial P_L}{\partial P_{G1}}} = \frac{\dfrac{\mathrm{d}F_2}{\mathrm{d}P_{G2}}}{1 - \dfrac{\partial P_L}{\partial P_{G2}}} = \cdots = \frac{\dfrac{\mathrm{d}F_n}{\mathrm{d}P_{Gn}}}{1 - \dfrac{\partial P_L}{\partial P_{Gn}}} = \lambda \tag{4.81}$$

或

$$\frac{b_1}{1-\sigma_1} = \frac{b_2}{1-\sigma_2} = \cdots = \frac{b_n}{1-\sigma_n} = \lambda \tag{4.82}$$

式中,$b_i = \mathrm{d}F_i/\mathrm{d}P_{Gi}$ 为发电厂 i 的耗量微增率;$\sigma_i = \partial P_L/\partial P_{Gi}$ 为发电厂 i 的网损微增率;$1/(1-\sigma_i)$ 为发电厂 i 的网损修正系数;λ 为系统微增率。

式(4.81)或式(4.82)就是经过网损修正后的等微增率准则,亦称为负荷经济分配的协调方程式。

网损微增率 σ_i 表示网络有功损耗对发电厂 i 出力的微增率。由于各发电厂在网络中所处的地理位置不同,所以各发电厂的网损微增率是不同的。σ_i 值越大,说明增加发电厂 i 出力时引起网损的增量越大,则该厂的耗量微增率宜取较小的数值,即适当减少该厂的出力;反之,如 σ_i 值越小,则该厂的耗量微增率宜取较大的数值,即适当增加该厂的出力,以求得

整个电力系统总的燃料耗量为最少。

【例 4.6】 如图 4.25 所示，由两个发电厂组成的简单系统，各发电厂的耗量特性及功率约束条件为

$$F_1 = F_2 = 400 + 7.0P + 0.002P^2, 70\text{MW} \leqslant P \leqslant 400\text{MW}$$

线路的有功功率损耗为 $P_L = 0.0002P_1^2$，在计及网损及负荷为 500MW 时，试确定发电厂间有功功率的经济分配。

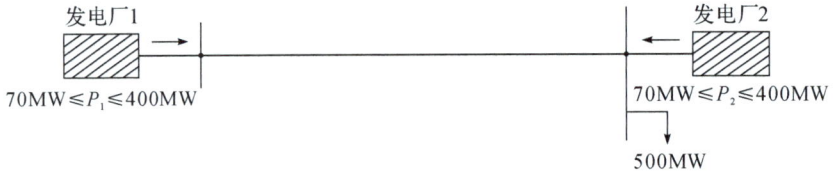

图 4.25 简单的电力系统

【解】 如果不考虑网损的作用，显然在两发电厂间平均分配负荷是最经济的，即每一发电厂的出力 $P_1 = P_2 = 250$MW。在计及网损时，由式(4.82)得：

$$\frac{7 + 0.004P_1}{1 - 0.0004P_1} = \frac{7 + 0.004P_2}{1} = \lambda$$

以及

$$P_1 + P_2 - 0.0002P_1^2 = 500\text{（MW）}$$

求解上两式，可得：

$$P_1 = 178.882\text{（MW）}$$
$$P_2 = 327.496\text{（MW）}$$
$$P_L = 6.378\text{（MW）}$$

总的燃料消耗量 $F_1(P_1) + F_2(P_2) = 4623.15$

如果在两发电厂平均分配负荷时，同时假定将网损全部由发电厂 1 负担，这样

$$P_1 = 263.932\text{（MW）}$$
$$P_2 = 250.000\text{（MW）}$$

总的燃料消耗量 $= 4661.84$

从上述结果可以看到，经济功率分配使邻近负荷的发电厂多承担负荷，可使网损减少。同时要注意到网损最少并不是最经济的，在本例中使发电厂 2 承担尽可能多的出力将会减少网损，如

$$P_1 = 102.084\text{（MW）}$$
$$P_2 = 400.000\text{（MW）}$$

最少网损 $= 2.08400\text{（MW）}$

但是 总的燃料消耗量 $= 4655.43$

这是因为发电厂 2 承担过多的出力所增加的燃料消耗费用超过了网损的减小，所以这时总的燃料消耗量较经济分配时要大。

▶▶▶ 4.4.4 水火电厂之间负荷的经济分配

水火电厂联合调度是一个经济效益显著而计算比较复杂的课题。水电厂运行中,一方面应尽可能承担系统的调峰、调频任务,使火电厂运行平稳而降低煤耗量;另一方面应尽量维持高水头运行而又不弃水,因为同样的水量在高水头时能发出更多的电能。水火电厂联合经济调度能很好地协调这两方面的效益,使系统总耗煤量降至最低。

水电厂按调节能力可分为年(季)调节、日(周)调节、径流式和梯级水电厂等不同类型。水电厂的经济特性还与水头有关,如果再将梯级水电厂之间的紧密联系和相互制约统统考虑进去,则经济调度问题就相当复杂了。下面只讨论不变水头水电厂和火电厂之间经济分配的基本概念。

水电机组一般指包括引水管道、水轮机和发电机的总称。在经济调度中主要应用的是机组耗水量特性 Q-P 曲线及其耗量微增率特性 q-P 曲线(见图 4.26)。Q-P 曲线是指在某一工作水头下机组发电用水量与其出力之间的关系,q-P 曲线的意义是在某一工作水头下机组增加单位出力所需增加的耗水量。显然,这些特性曲线是与工作水头有关的。

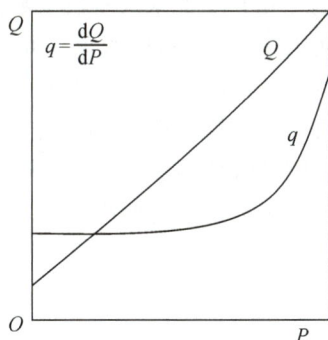

图 4.26 水电机组的耗水量特性(Q-P 曲线、q-P 曲线)

不变水头水电厂的水火电经济负荷分配问题在数学上可以归结为,使系统中 m 个火电厂在 T 个时段里(例如一天 24h)的总的燃料消耗量为最小,即

$$\min \sum_{t=1}^{T} \sum_{i=1}^{m} F_{it}(P_{it}) \tag{4.83}$$

并满足各时段系统功率的平衡条件

$$\sum_{i=1}^{m} P_{it} + \sum_{j=1}^{n} P_{jt} - P_{Dt} - P_{Lt} = 0 \tag{4.84}$$

也满足各水电厂发电用水量条件

$$\sum_{t=1}^{T} Q_{jt}(P_{jt}) - W_j = 0 \tag{4.85}$$

式中,i 为火电厂序号,$i=1,2,\cdots,m$;j 为水电厂序号,$j=1,2,\cdots,n$;t 为时间段序号,$t=1,2,\cdots,T$;W_j 为水电厂 j 规定的全天用水量。

对式(4.84)引入各时段的功率平衡条件拉格朗日乘子 $\lambda_t(t=1,2,\cdots,T)$,对式(4.85)

引入各水电厂的用水量平衡条件乘子 $\gamma_j(j=1,2,\cdots,n)$，将式(4.83)～(4.85)转化为下述无条件极值问题：

$$\min\left\{\sum_{t=1}^{T}\sum_{i=1}^{m}F_{it}(P_{it})-\sum_{t=1}^{T}\lambda_t\left(\sum_{i=1}^{m}P_{it}+\sum_{j=1}^{n}P_{jt}-P_{Dt}-P_{Lt}\right)+\sum_{j=1}^{n}\gamma_j\left[\sum_{t=1}^{T}Q_{jt}(P_{jt})-W_j\right]\right\}$$

(4.86)

式(4.86)取极小值的必要条件是对各变量 P_{it}、P_{jt}、λ_t 和 γ_j 的导数为零，由此得到水火电联合经济负荷分配的协调方程式为

$$\frac{dF_{it}}{dP_{it}}-\lambda_t\left(1-\frac{dP_{Lt}}{dP_{it}}\right)=0 \tag{4.87}$$

$$\gamma_j\frac{dQ_{jt}}{dP_{jt}}-\lambda_t\left(1-\frac{\partial P_{Lt}}{\partial P_{jt}}\right)=0 \tag{4.88}$$

对 λ_t 和 γ_j 的导数为零的条件仍然是式(4.84)和式(4.85)。

可以将式(4.87)和式(4.88)改写成等微增率的形式：

$$\frac{b_{it}}{1-\dfrac{\partial P_{Lt}}{\partial P_{it}}}=\frac{\gamma_j q_{jt}}{1-\dfrac{\partial P_{Lt}}{\partial P_{jt}}}=\lambda_t \tag{4.89}$$

式中，b_{it} 为火电厂 i 在时段 t 的耗量微增率；q_{jt} 为水电厂 j 在时段 t 的耗量微增率；λ_t 为在时段 t 的系统等值耗量微增率；γ_j 为水电厂 j 的水煤转换系数。

水煤转换系数 γ 的物理意义为水的价值，即水电厂单位水量(m^3)代替的煤量(t)，这样，水电厂就转化为等效的火电厂。γ 值的大小是变化的。它一方面决定于水头的高低，如工作水头高，单位水量发出的电能多，代替的煤多，水的价值高，γ 值就大；反之，γ 值就小。另一方面，它又决定于规定的日用水量，日用水量少时，水电厂只能承担系统的峰荷，单位水量可代替较多的煤，所以 γ 的值大；反之，γ 值变小。

▶▶▶ 4.4.5　机组的经济组合

电力系统的负荷在一天之中是不断变化的，一般白天和上半夜的负荷比较大，深夜到第二天凌晨负荷比较小。负荷变化的幅度很大，往往会形成负荷曲线上的高峰和低谷。在负荷变化过程中，如果仅仅改变机组的出力，而不改变投入运行的机组组合，往往会使调节范围难以满足负荷变化的要求。有时即使能满足负荷变化的要求，也往往会形成高峰负荷时机组出力过大，低谷负荷时机组出力过小的现象，既不安全也不经济。在一般电力系统的运行中，需要根据负荷的变化相应地开停机组，以达到减少燃料消耗的目的。本章前面几节所讨论的电力系统经济运行是在已投入系统并列运行的机组间的经济负荷分配，也就是在合理的机组组合情况下的经济运行。本节将简要讨论适应负荷变化的机组经济组合问题。

先看一个例子。假定有 3 台发电机组，其燃烧费用与出力的关系(均为标幺值)如下：

$$F_1=0.5P_1^2+3.89P_1+0.406 \quad 0.3\leqslant P_1\leqslant 2.4$$
$$F_2=0.5P_2^2+3.51P_2+0.444 \quad 0.3\leqslant P_2\leqslant 2.4$$
$$F_3=P_3^2+4.01P_3+0.505 \quad\quad 0.2\leqslant P_3\leqslant 1.5$$

如果负荷为 3.0(标么值)，那么应选怎样的机组组合才最经济？先将各种可能的组合列于表 4.2。

表 4.2　负荷为 3.0(标么值)时的机组组合

机组 1	机组 2	机组 3	P_{max}	P_{min}	P_1	P_2	P_3	F_1	F_2	F_3	总费用
停	停	停	0	0							
开	停	停	2.4	0.3			不　能　运　行				
停	开	停	2.4	0.3							
停	停	开	1.5	0.2							
开	开	停	4.8	0.6	1.310	1.690	0	6.360	7.804	0	14.164
开	停	开	3.9	0.5	2.040	0	0.960	10.422	0	5.276	15.698
停	开	开	3.9	0.5	0	2.167	0.833	0	10.398	4.539	14.937
开	开	开	6.3	0.8	1.072	1.452	0.476	5.151	6.595	2.640	14.686

从表中可以看出，其中一部分组合由于出力不足，不可能满足负荷的要求，另一些是可以实现的组合。根据前述机组间出力经济分配的原则，可以得出各机组出力和相应的燃料费，以及总费用，其中燃料费最省的情况是由机组 1 和机组 2 供电，这时 $P_1 = 1.310$，$P_2 = 1.690$。这就是最经济的机组组合。

因为一天内的负荷是变化的，由图 4.27 中简单的负荷曲线可见，在 4 时(上午)有一"低谷"。为了适应这种变化，在一天中机组的组合也要有相应的变化，以达到节约燃料的目的。也就是说，在一天的运行过程中有时要使某些机组退出运行，有时要使某些机组重新投入运行。所以，可以用上述方法得出不同负荷时的最佳机组组合。

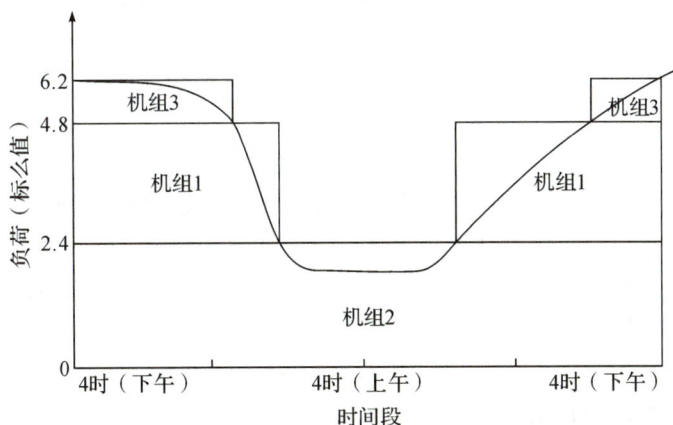

图 4.27　简单的负荷曲线和机组组合

表 4.3 是对图 4.27 所示负荷曲线的最佳机组组合。在最大负荷为 6.2(标么值)时，由三机同时供电；当负荷小于 4.8(标么值)时由机组 1 和机组 2 供电；当负荷小于 2.4(标么值)时由机组 2 单机供电。

表 4.3 机组组合

负 荷	最佳组合		
	机组 1	机组 2	机组 3
6.20	开	开	开
4.80	开	开	停
2.40	停	开	停
2.00	停	开	停

上述讨论仅从满足负荷需要的前提下，最小燃料费来考虑机组的组合。在实际运行中，当确定机组的经济组合时，还应考虑很多限制条件，现将其中一些主要的列举如下。

①在考虑机组组合时，要安排足够的系统热备用容量，以满足未预料到的负荷增长和事故情况（如断开一台机组）下的备用。备用容量的大小可按不同的要求来加以确定，如按最大负荷的某一百分数，或者系统中最大机组的容量等。同时，还要考虑备用容量在全系统中的合理分布，以避免受输电线容量的限制，并适应系统解列时系统各部分备用的需要。

②火力发电机组从启动到投入电力系统，需有一很长的机组加热过程，所以在启动过程中要消耗一定燃料。当机组从系统中解列后，到完全静止和冷却也需经历一个过程。这一过程中所消耗的燃料比启动过程中消耗的燃料少，一般合并到启动损失中计算。因为在一天的运行中，从系统中解列的机组有重新投入系统的可能。所以，当机组还没有完全冷却而又重新投入系统运行时，其重新启动费用与其自系统解列的时间长短有关。这是因为机组自系统解列时间越长散热越多，重新启动时所需的燃料消耗也就越多。有两种处理解列后机组的方法。

第一种方法是在解列后使对机组供汽的锅炉冷却，当需要重新启动机组时，再使锅炉加热到运行温度。这种方法所需费用的表示式为

$$F = F_c(1 - e^{-t/a}) + F_f \tag{4.90}$$

式中，F_c 为冷启动费用；F_f 为人员、维修等固定费用；a 为机组的热时间常数；t 为机组解列后的时间。

第二种方法叫"压火"，是使锅炉维持一定温度，当需要重新启动时能很快投入，但需消耗一定燃料，其所需费用的表示式为

$$F = F_t t + F_f \tag{4.91}$$

式中，F_t 为压火所需的维持费。

图 4.28 为两种处理方法的曲线示意，从中可以看出，机组解列时间不长时，采用"压火"方式比较经济，但是当"压火"超过一定时间后，其费用将大于锅炉冷却后再启动的费用。在实际运行中，还应考虑最小运行时间，即投入运行后不应立即解列的时间限制，以及最小解列状态时间，即解列到重新投入的最小时间限制。

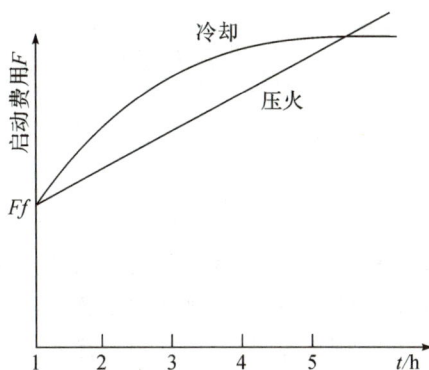

图 4.28　机组启动费用与机组解列时间的关系

③机组的极限容量是随各种辅助设备的维修或停役情况而变化的,在安排机组组合时必须加以考虑。

④要考虑某些机组,如供热机组在特定的时间里必须运行。

⑤要考虑燃料的限制,如某些机组在给定时间里要燃烧规定数量的燃料等限制条件。

所以,大型电力系统中机组组合问题的特点是:可能的组合方案很多,如果再考虑机组启动时燃料费用随解列时间的变化,则使问题更为复杂。因此,在实际计算中要加以简化。目前主要采用的方法是优先次序法和动态规划法。

优先次序法一般不考虑机组启动时的燃料消耗,计算工作量小,适合大小机组混合的电力系统。因为大小机组的单位耗量相差比较大,优先次序比较明显,同时小机组的启动费用少,对是否考虑启动费用影响不大。动态规划法可以考虑机组启动时的燃料消耗,但计算工作量大,适合需启动大机组的电力系统。下面用优先次序法来说明实用的机组经济组合计算。

用优先次序法确定机组组合时,先求出每个机组的单位出力燃料费用,它等于每单位出力所需的平均燃料费用,随机组出力变化而变化。一般来说,接近机组额定出力时,机组单位出力的燃料费用最少。所以,可以先算出各机组在满出力时的单位出力燃料费用,作为编制优先次序表的依据。仍以上面的 3 台机组为例,其单位出力燃料费用如表 4.4 所示。所以,在忽略启动费用等因素时,可安排表 4.5 所示的启停机组的优先次序表。

表 4.4　单位出力燃料费用

机　组	单位出力燃料费	优先次序
1	5.259	2
2	4.895	1
3	5.846	3

表 4.5 优先次序表

机组组合	最小出力	最大出力
2	0.3	2.4
2+1	0.6	4.8
2+1+3	0.8	6.3

用优先次序表计算机组经济组合时的具体步骤可以归纳如下：

①将系统机组按可用状态分类，必开机组排在最前面，接着将可开停机组按单位出力燃料费用由小到大排列，停用机组则排在最后，由此得出优先次序表。

②在优先次序表上依次计算出前 k_1 台机组组合时的最大出力之和、最小出力之和。

③在优先次序表上选择能满足系统负荷（加备用）要求的最小机组组合数 k_2，并按等微增率原则将负荷分配给各机组。

④重复步骤①～③，计算出一天中与各时间对应的机组组合。

本章习题

第 4 章习题及解析

第5章
电力系统的无功功率
和电压控制

5.1 电力系统的无功功率平衡

▶▶▶ 5.1.1 无功功率和电压的关系

和频率一样，电压也是电能质量的重要指标之一。电力系统中的电压与无功功率密切相关，这可从两方面加以说明。

1.节点电压的大小对无功功率分布起决定作用

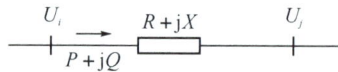

如图 5.1 所示，以简单输电线为例加以说明。

在不考虑输电线的对地电容时，线路 i 端的功率为 $P+jQ$，节点 i 和节点 j 的电压幅值分别为 U_i 和 U_j，相角差为 $\theta(\dot{U}_i$ 超前 $\dot{U}_j)$，节点 i 和 j 之间的支路阻抗为 $R+jX$，则有

图 5.1 简单输电线

$$P+jQ=\dot{U}_i\left(\frac{\dot{U}_i-\dot{U}_j}{R+jX}\right)^*=\frac{U_i^2-\dot{U}_i\dot{U}_j^*}{R-jX}=\frac{U_i^2-U_iU_j(\cos\theta+j\sin\theta)}{R-jX}$$

在超高压电力系统中，线路电抗远大于线路电阻，故上式可近似为

$$P+jQ\approx\frac{U_iU_j}{X}\sin\theta+j\frac{U_i-U_j\cos\theta}{X}U_i$$

由此可得：

$$Q\approx\frac{U_i-U_j\cos\theta}{X}U_i \tag{5.1}$$

正常运行时，输电线路两端电压的相位角差 θ 比较小，可以近似认为 $\cos\theta\approx1$，这样线路中传输的无功功率大小就与线路两端电压幅值之差成正比，无功功率将从节点电压高的一端流向节点电压低的一端。无功功率从电源端经线路和变压器向负荷端输送时，将产生电压损耗。输送的距离越远，功率越大，经过的环节越多，则其引起的电压损耗就越大，负荷端的电压就越低，甚至不能满足电能质量的要求。同时也将增加线路和变压器的有功和无功损耗。

节点电压的变化会使流经线路的无功功率发生变化，进而影响电网的无功功率潮流。而无功功率潮流的变化，又会使电力线路和变压器的电压损耗发生变化，引起各节点电压的变化。系统运行方式的变化，如某些变压器、线路或电源退出或投入运行，都将引起潮流和电压的变化。因此，负荷所需的无功功率应尽可能由附近的电源供给。

2.无功功率对电压水平有决定性影响

电力系统中各种用电设备吸收的无功功率，大多数与所加电压有关。系统综合用电负荷的无功功率—电压特性如第 1 章图 1.14(a)所示，在额定电压附近，无功功率随电压上升

而增加,随电压下降而减小。不同的负荷其电压特性也不同,如表5.1所示。

表 5.1　负荷的电压特性

负　荷	无功功率(正比于)
电灯/电热	U^0
电容器	U^2
异步电动机	$U^{1.6\sim1.8}$
同步电动机	$U^{-0.7\sim1.3}$

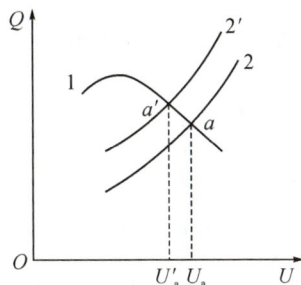

图 5.2　无功功率—电压特性

当无功电源不能提供足够的无功功率时,系统电压水平将下降。图 5.2 中曲线 1 为电源的无功功率随电压的变化曲线,曲线 2 为负荷的无功功率—电压特性。这两条曲线的交点 a 为无功功率的平衡点,确定了负荷点的电压值 U_a。当负荷增加时,其无功功率—电压特性如曲线 $2'$ 所示。如果系统的无功电源没有相应增加出力,这时曲线 1 与 $2'$ 的交点 a' 就代表新的无功功率平衡点,并确定负荷点相应的电压 U_a'。显然,$U_a' < U_a$。这说明在无功电源容量不足时,系统所接各负荷的电压将下降,减少其向系统吸取的无功功率,在较低电压下达到新的无功功率平衡。所以,电力系统无功功率不足是系统电压低下的根本原因,为了保证电力系统正常运行的电压水平,系统必须具有充足的无功电源容量。

根据以上讨论可以看出,无功功率的分布和平衡与电压水平是分不开的。

▶▶▶ 5.1.2　无功功率电源、负荷及损耗

1. 无功功率电源

发电机是最基本的无功功率电源。按照发电机的设计,它不仅可以发出有功功率,还可发出无功功率。通过调节发电机的励磁电流,可以改变发电机发出的无功功率。增加励磁电流,可以增加无功功率输出;反之,则减少无功功率输出。发电机在额定工作状态(额定电压 U_N,额定有功功率 P_N,额定功率因数 $\cos\varphi_N$)时,发出的无功功率为额定无功功率 $Q_N = P_N \tan\varphi_N$。当发电机输出的有功功率发生变化时,发电机输出的无功功率区间可通过发电机的允许运行范围(见第 2 章图 2.28)求取。从该图可以看出,只有当发电机运行在额定状态时,发电机才能获得最大视在功率,其容量才能获得充分的利用。当发电机降低有功功率运行时,其输出的最大无功功率可以较额定运行状态的无功功率大,但视在功率则较额定视在功率小。

除了发电机外,电力系统中主要的无功功率电源还有并联电容器、同步调相机和静止补偿器等无功功率补偿设备,以及高压线路的充电功率,它们的原理、特性及适用范围在第 2 章中已作了讨论,这里不再重复。

各种无功功率电源性能的比较见表 5.2。

表 5.2　各种无功功率电源性能比较

类　型	投　资	无功调节性能	安装地点	无功出力与电压的关系	对系统短路电流的影响	有功损耗
同步发电机	无须额外投资	可发可吸平滑调节	各发电厂	基本不受影响	使短路电流增大	不必考虑
同步电动机			某些大用户		影响很小	不必考虑
同步调相机	大		枢纽变电所		使短路电流增大	大
静止补偿器	较大		枢纽变电所		不增大	中等
静电电容器	小	只能发出，可分级调节	分散在各变电所及大用户处	与电压平方成正比，是缺点	不增大	小
并联电抗器	小	只能吸取	高压远距离线路中间或两端	与电压平方成正比，是优点	不增大	小

2. 无功功率负荷及损耗

（1）负荷的无功功率。大多数用电设备都要消耗无功功率。白炽灯和一些电热设备不消耗无功功率，同步电机可以消耗也可以发出无功功率，而用电设备中的异步电动机消耗的无功功率最大。未经补偿的综合负荷的自然功率因数一般为 0.6～0.9，低值对应于异步电动机比例较高的负荷，高值对应于采用了静电电容器补偿或有大容量同步电动机的场合。这样，负荷所消耗的无功功率为其有功功率的 1.3～0.5 倍。

与有功功率负荷类似，无功功率负荷也时时刻刻都在变化，但无功功率负荷的变动通常只区分为两类，即变化周期长、波及面积大的波动和变化周期短、波及面积小的随机波动。前者主要由生产、生活和气象条件的变化所决定，在一天之中有高峰和低谷。无功功率负荷的峰值并不一定与有功功率的峰值同时出现，它一般出现在工业负荷最大的时刻，可能在白天，而有功功率峰值一般出现在工业负荷与民用（照明）负荷最大时刻，往往在傍晚。后者通常由冲击性或间歇性的负荷所引起（见图 5.3），如电弧炉、轧钢机等。

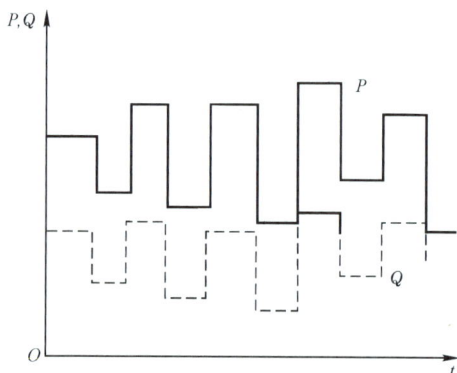

图 5.3　冲击负荷变化特性

上述两类波动方式的无功功率负荷将引起不同的电压波动。前者是电网电压调整和控制的对象,后者则需要采取一些抑制措施,如在负荷附近装设静止补偿器、以专用线路或母线单独供电、在波动点和电源间装设串联补偿电容器等。系统性的电压控制是在已经解决冲击性和间歇性负荷引起的电压波动的基础上进行的。

(2)电力线路上的无功功率损耗。电力线路上的无功功率损耗包括串联的线路电抗和并联的线路电纳中的无功功率损耗。串联电抗始终消耗无功功率,与通过线路电流的平方成正比;并联电纳消耗容性无功功率,或者说发出感性无功功率(或称充电功率),其大小与其上的电压平方成正比,与通过电流无直接关系。电力线路消耗的无功功率与输送电流的关系如图 3.2 所示。从图中可见,当电力线路轻载运行时,线路充电功率大于串联电抗上消耗的无功功率,整条线路呈容性;当重负载运行时,线路呈感性。因而,电力线路究竟是消耗感性无功功率还是容性无功功率与通过线路的视在功率大小有关。35kV 及以下电压等级的架空线路充电功率很小,可以略去不计,所以总是消耗感性无功功率。

(3)变压器中的无功功率损耗。变压器的无功功率损耗也由两部分组成:励磁支路和绕组漏抗中的无功功率损耗。励磁支路的无功功率损耗与变压器所加电压有关;绕组漏抗中无功功率损耗与通过变压器的视在功率成比例。当对变压器施加额定电压,通过视在功率 S 时,消耗的无功功率为

$$\Delta Q_{\mathrm{T}} = \left[\frac{I_0 \%}{100} + \frac{U_{\mathrm{k}} \%}{100} \left(\frac{S}{S_{\mathrm{N}}} \right)^2 \right] S_{\mathrm{N}} \tag{5.2}$$

式中,S_{N} 为变压器的额定容量。变压器的空载电流百分值 $I_0 \%$ 一般为 0.5~2,短路电压百分值 $U_{\mathrm{k}} \%$ 一般为 6~15,因此,变压器的无功功率损耗较大,特别是在多级电压电网中,这一损耗相当可观。

▶▶▶ 5.1.3　无功功率的平衡

电力系统的无功功率必须平衡,亦即电力系统发出的无功功率必须等于负荷无功功率与电力线路、变压器消耗的无功功率之和。

电力系统中无功功率的损耗相当大,一般约占系统负荷的 50%。这些损耗的很大一部分是功率传输过程中在变压器和电力线路中造成的,因此要对无功功率的配置及其传输加以规划,尽量实现无功功率的就地平衡和补偿,即根据负荷对无功功率的需求,在其附近合理配置无功补偿电源,提高负荷的功率因数。这样不但能减少电网中的有功和无功功率损耗,而且能提高电压水平,同时还能减小电网中无功功率的变化幅度,减小各节点电压的波动。

在进行无功功率平衡计算时,需确定无功功率电源的容量。粗略估计,每增加 1kW 的有功功率负荷,要相应增加约 1.4kvar 的无功功率,而大型汽轮发电机的额定功率因数为 0.85 左右,即每发出 1kW 有功功率的同时,只能发出约 0.62kvar 的无功功率,水电厂一般远离负荷中心,不可能大量远距离输送无功功率,因此,在电力系统负荷增长的同时,必须不断地增加无功功率补偿容量,以保证全系统无功功率平衡,且有一定的备用。无功功率电源的备用容量一般取最大无功负荷的 7%~8%。全系统无功功率补偿容量与系统最大负荷之比称为无功功率补偿度,一般要达到 0.7~0.8 或更大,才能满足电压和无功功率控制的

需要。

电力系统中如果含有 220kV 以上的超高压电网,还要考虑低谷负荷时的无功功率平衡。因为超高压线路电容的充电无功功率很大,当负荷较小时充电无功功率将大于线路电抗消耗的无功功率,如果由负荷和各级电网吸收这些过剩的无功功率,则将使各级电网的运行电压过高。为了避免出现电压过高的现象,就要求直接接在超高压电网的发电厂和变电所具有吸收过剩无功功率的能力,即发电厂的发电机允许高功率因数甚至进相(即吸收无功功率)运行。为此,变电所可装设同步调相机或静止补偿器等能吸收无功功率的补偿设备,也可以在这些发电厂、变电所的高压或低压母线上装设并联电抗器吸收无功功率。

5.2　电力系统电压控制

▶▶▶ 5.2.1　电压控制的必要性

在电力系统的正常运行中,电压偏移过大会对用户及电力系统本身带来经济、安全方面的不利影响。这是因为:

(1)所有的用电设备都是按运行在额定电压时效率为最高设计的,偏离额定电压必然导致效率下降,经济性变差。

(2)电压过低时将影响白炽灯的发光效率,减小用户电热设备的发热量,各种电子设备也可能不能正常工作。对于占负荷比重最大的异步电动机,电压过低时转差将增大,绕组中电流增大,温升增加,效率降低,寿命缩短。电动机转速的下降将影响用户产品的产量和质量。对于发电厂本身,异步电动机转速下降,由其拖动的厂用机械(如风机、泵等)出力将减小,影响到锅炉、汽轮机和发电机的出力。此外,电压降低时将增大发电机定子电流,为防止定子过热,可能会减少发电机出力。电压过低还会危及系统运行的稳定性,甚至引起电压崩溃,造成大面积停电。

(3)当电压太高时,照明设备的寿命会大大缩短,电气设备的绝缘会受到损害;变压器和电动机由于铁芯饱和,损耗和温升都将增加。

虽然电力系统中的各节点电压要求能保持在额定值,但是在实际运行中是不可能实现的,其主要原因有两点:

(1)在正常稳态运行方式下,一个交流互连的电力系统具有同一频率。但是,电压与频率不同,因为电力系统中每一元件都有可能产生电压降落,所以电力系统中各点电压不相同,不可能同时将所有节点保持在额定电压。

(2)负荷时时刻刻都在变化,负荷的变化必然导致电力系统中相关元件电压降落的变化，因而即使是在同一点上，也很难保证电压始终维持在额定电压。

鉴于以上原因，同时考虑到用电设备对电压的要求，我国国家标准《电能质量——供电电压偏差》(GB/T 12325—2008)对电压偏移允许范围作出规定，见表1.5。

▶▶▶ 5.2.2　中枢点电压管理

电力系统中有许多发电厂、变电所和大型用户节点，要全部监视、控制这些节点的电压是不可能的，也是不必要的。通常在这些节点中选择一些具有代表性的节点加以监视、控制，如果这些节点的电压能满足要求，则该节点邻近的其他节点的电压基本上也能满足要求，这些节点称为电压监视中枢点。电压中枢点一般选择在区域性发电厂的高压母线、有大量地方性负荷的发电厂母线以及枢纽变电所的二次母线。

利用电压中枢点进行电压控制，其实际内容为，根据电压中枢点周围节点对电压偏移的要求，确定中枢点电压允许变化的上下限。例如，有一简单电网如图 5.4(a)所示，C 点是电压中枢点，A、B 为负荷点，它们的简化负荷曲线分别如图 5.4(b)、(c)所示。C 点向负荷点 A、B 送电，在线路 CA、CB 上产生的电压损耗变化曲线见图 5.4(d)、(e)。

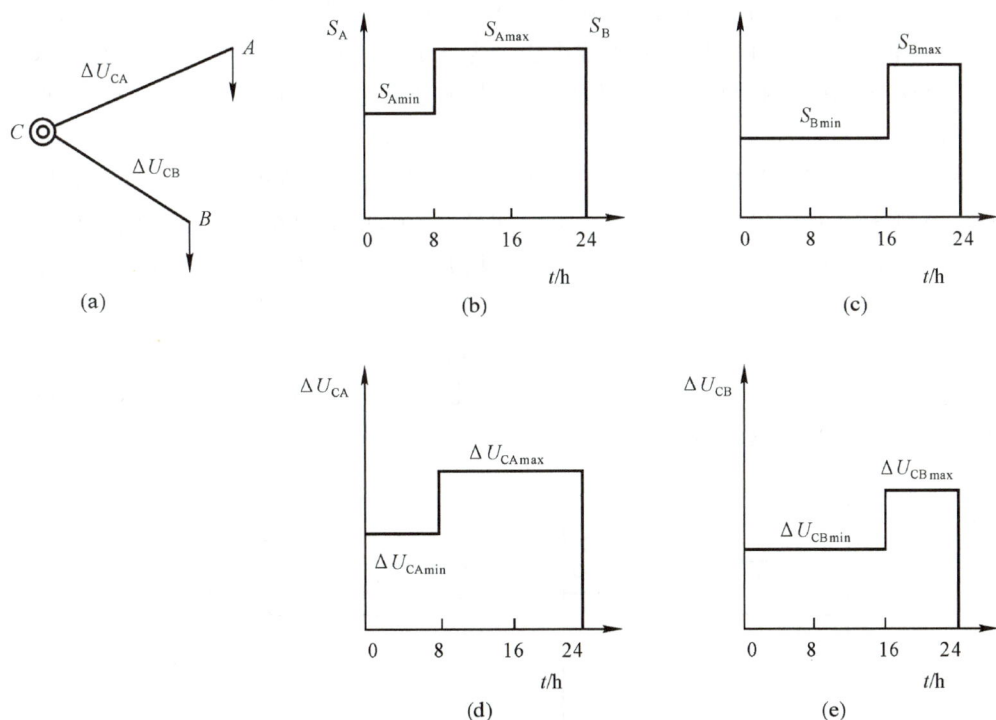

图 5.4　电压中枢点及其相邻节点间的电压损耗

设 A、B 两点电压允许的上、下限为 $\overline{U}$、$\underline{U}$，可以求得满足 A 点电压要求时，C 点电压应保持的变化范围[见图 5.5(a)]。

在 0~8h　　　$\overline{U}_C = \overline{U} + \Delta U_{CAmin}$

$$8\sim24\text{h} \quad \begin{aligned} \underline{U}_C &= \underline{U} + \Delta U_{CA\min} \\ \overline{U}'_C &= \overline{U} + \Delta U_{CA\max} \\ \underline{U}'_C &= \underline{U} + \Delta U_{CA\max} \end{aligned}$$

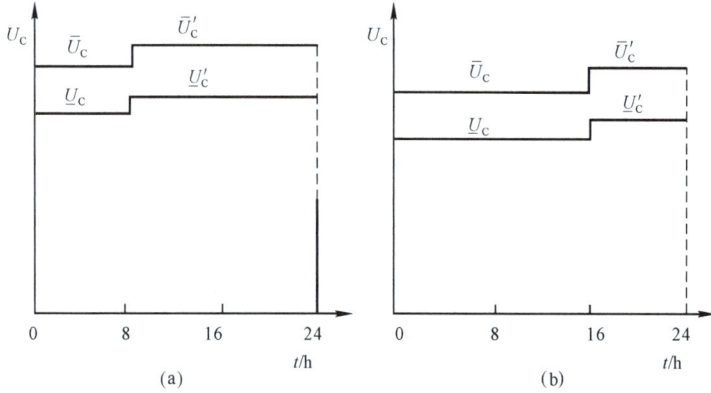

图 5.5　电压变化范围曲线

同样也可以求得满足 B 点电压要求时，C 点电压应保持的范围[见图5.5(b)]。今将图 5.5(a)、(b)的电压变化范围曲线画在一起，如图 5.6 所示，图中两条虚线表示满足 A 点电压要求时，C 点电压应保持的范围；两条实线则表示为满足 B 点电压要求时，C 点电压应保持的范围。这两个电压范围相互重合的阴影部分是同时能满足 A、B 两点电压要求时，C 点电压应保持的范围。所以，当 C 点电压落在阴影范围[见图 5.6(a)]内时就能同时满足 A、B 两点的电压要求。如果 CA、CB 两条线路的电压损耗相差很大，在某些时间两个电压范围相互没有重合部分时，即不出现阴影部分，如图 5.6(b)所示，则图中在 8～16h，面积 A—A'（表示为满足 A 点和 C 点电压应保持的范围）与面积 B—B'（表示为满足 B 点和 C 点电压应保持的范围）没有共同部分。此时，如 C 点电压落在 A—A' 之中，亦即满足 A 点电压要求，则 B 点电压过高；如 C 点电压落在 B—B' 之中，则 A 点电压太低。因此，对于两条电压损耗相差很大的线路，采用控制中枢点电压的方法很可能无法同时满足两条线路末端用户电压的要求，还必须同时采用其他调压措施。

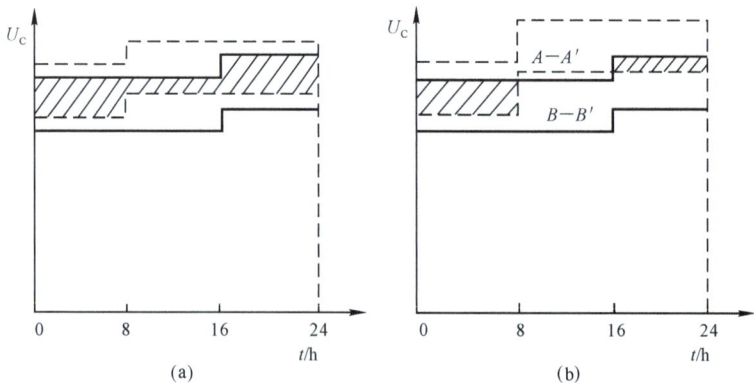

图 5.6　电压中枢点的调压范围

对于一个电压中枢点控制多个负荷点电压的情况,可以从这些负荷点中选择一个电压最低的和一个电压最高的点,亦即只要中枢点电压能满足这两点的电压要求,其他负荷点的电压要求一般也就能满足。

对于实际的电力系统,必须选择一批有代表性的发电厂和变电所的母线作为控制电压的中枢点,然后根据各负荷的日负荷曲线和对电压质量的要求,进行一系列潮流计算及电压控制方式等分析研究,才能最后确定这些中枢点的允许电压偏移上下限曲线。

在进行电力系统规划设计时,由于各负荷对电压质量的要求还不明确,所以难以具体确定各中枢点电压控制的范围。为此,规定了"逆调压""顺调压"和"恒调压"等几种中枢点电压控制的方式,每一中枢点可根据具体情况选择一种作为设计的依据。

逆调压方式　要求高峰负荷时将中枢点电压调节到约$1.05U_{\rm N}$,低谷负荷时降到约$U_{\rm N}$,这种方式适用于由该中枢点供电的线路较长、负荷变化范围较大等场合。

顺调压方式　要求高峰负荷时中枢点电压不低于$1.025U_{\rm N}$,低谷负荷时不高于$1.075U_{\rm N}$。这种方式适用于用户对电压要求不高或线路较短、负荷变动不大的场合。

恒调压(又称常调压)方式　要求在任何负荷时中枢点电压基本保持不变且略大于$U_{\rm N}$,例如$1.025U_{\rm N}$或$(1.02\sim1.05)U_{\rm N}$的某一值。

在电力系统发生故障后的非正常运行方式(例如,两台并联运行的变压器切断一台、多回线路切断一回、环形电网开环等)下,对电压质量的要求可以适当放宽,一般允许电压偏移较正常时大5%。

▶▶▶ 5.2.3　应用发电机调节电压

应用发电机调压是不需另外增加投资的调压手段。发电机端电压由励磁调节器通过控制发电机的励磁电流,即发电机的空载电势,达到改变发电机端电压的目的。根据励磁电源的不同,同步发电机的励磁系统可以分为直流机励磁系统、自励半导体励磁系统和他励半导体励磁系统三大类。

(1)直流机励磁系统

直流机励磁系统大多是用与同步发电机同轴的直流发电机作励磁机,向同步发电机转子回路提供励磁电流。

(2)自励半导体励磁系统

自励半导体励磁系统由同步发电机本身发出的交流电,经半导体可控整流装置整流后向发电机转子回路提供励磁电流。

(3)他励半导体励磁系统

他励半导体励磁系统采用与主发电机同轴的交流发电机作为励磁电源,经半导体可控整流后,供给发电机转子回路励磁电流。

现代的发电机励磁系统都具有自动调节功能,即自动励磁调节器(automatic exciting regulation,AER),或自动电压调节器(automatic voltage regulation,AVR)实现励磁控制的闭环控制,通过改变调节器的电压整定值即可改变机端电压。

发电机的电压与发电机的无功功率输出密切相关。当增加发电机的端电压时,同时也增加了发电机的无功功率输出；反之，降低发电机的端电压，也就减小发电机的无功功率输出。因此，发电机端电压的调节受发电机无功功率极限的限制，当发电机输出的无功功率达到其上限或下限时，发电机就不能继续进行调压。发电机的无功功率极限与发电机的有功功率出力有关，这在前面的发电机允许运行范围中已有叙述。当发电机的有功功率出力减少时，可相应增加无功功率极限值，因此在发电机的有功出力较小时，无功功率调节的范围会更大些，调压的能力也会更强些。发电机端电压的允许调节范围为$(0.95\sim1.05)U_N$，如果端电压低于$0.95U_N$，则输出的最大视在功率要相应减小（小于S_N）。

由发电机直接供电的小系统，有可能只依靠发电机调压满足各用户的电压要求。对于大系统，尤其是线路很长且有多级电压的电力网，单靠发电机调压还无法满足系统中各点的电压要求，必须与其他调压方法相配合。

▶▶▶ 5.2.4 改变变压器变比调压

通过切换变压器的分接头来改变变比，可以调节变压器低压侧或高压侧的电压。

按分接头开关类型，变压器可分为两种：一种是无载调压变压器，这种变压器的分接头开关只能在停电时切换，所以必须事先选择一个合适的分接头。另一种是有载调压变压器，能够带负载调节分接头，可以随时根据需要调节变压器分接头以满足调压要求。下面重点讨论无载调压变压器如何根据系统运行状况和调压要求选择分接头。

以图5.7(a)所示降压变压器为例，其等值电路如图5.7(b)所示，变压器阻抗归算至高压侧，U_1为高压侧电压，U'_2为归算到高压侧的低压侧电压，U_{2R}为低压

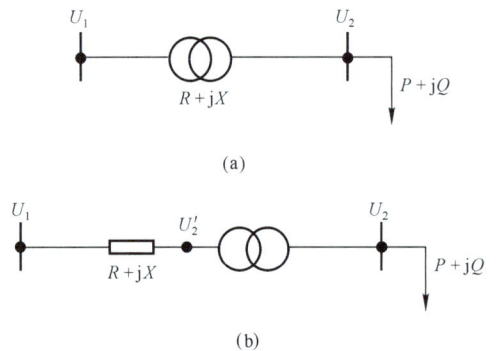

图5.7 变压器及其等值电路

侧要求达到的电压，通过变压器的功率为$P+jQ$。根据图5.7(b)可以写出U_2与U_1的关系式：

$$U_2=\frac{U'_2}{k}=\frac{U_1-\Delta U}{k} \tag{5.3}$$

式中，ΔU为变压器阻抗的电压损耗，可近似地写成$\Delta U=(PR+QX)/U_1$；k是变压器变比，$k=U_{t1}/U_{t2}$，其中，U_{t1}为变压器高压侧分接头电压，U_{t2}为变压器低压侧额定电压。

如果低压侧要求达到的电压值$U_2=U_{2R}$，则可将$k=U_{t1}/U_{t2}$代入式(5.3)，求得变压器的分接头电压：

$$U_{t1}=\frac{U_1-\Delta U}{U_{2R}}\times U_{t2} \tag{5.4}$$

由式(5.4)确定的变压器分接头只能满足一种运行方式下的电压要求。随着电力系统负荷的变化，所选择的分接头往往不能满足各种运行方式下的电压要求。解决这个问题的

方法是,分别根据最高和最低两种情况的 U'_2 确定变压器的分接头,然后取平均值。U'_2 最高、最低的情况一般发生在最小、最大负荷期间,因此,可用式(5.4)分别求出最大、最小负荷期间变压器的分接头电压:

$$U_{t1max} = \frac{U_{1max} - \Delta U_{max}}{U_{2Rmax}} \times U_{t2} = \frac{U'_{2max}}{U_{2Rmax}} \times U_{t2} \tag{5.5}$$

$$U_{t1min} = \frac{U_{1min} - \Delta U_{min}}{U_{2Rmin}} \times U_{t2} = \frac{U'_{2min}}{U_{2Rmin}} \times U_{t2} \tag{5.6}$$

式中,下标max和min分别表示最大负荷时与最小负荷时的参数。然后,求取平均值

$$U_{t1} = \frac{U_{t1max} + U_{t1min}}{2} \tag{5.7}$$

按式(5.7)求得的 U_{t1} 可能不是变压器的某一实际分接头电压值,这时可选择一个最接近计算值的分接头。这样确定的分接头已兼顾了最大负荷与最小负荷(或最低和最高电压)两种情况,因此,对介于两者之间的其他情况一般也能满足。

由于分接头不是按照式(5.5)和(5.6)所示的 U_{t1max} 和 U_{t1min} 选定的,所以在最大负荷与最小负荷期间,变压器的低压侧电压可能达不到所要求的电压值。因此,必须对这样选定的分接头进行检验。

设选择的分接头为 U_{t1},则低压侧实际电压

$$U_{2max} = \frac{U'_{2max}}{k_{t1}} \tag{5.8}$$

$$U_{2min} = \frac{U'_{2min}}{k_{t1}} \tag{5.9}$$

如果 U_{2max}、U_{2min} 均落在要求值 $U_{2Rmax} \sim U_{2Rmin}$ 范围内,即认为满足调压要求。

由式(5.8)和(5.9)可得:

$$\frac{U_{2min} - U_{2max}}{U_{2N}} = \frac{U'_{2min} - U'_{2max}}{k_{t1}U_{2N}} \approx \frac{U'_{2min} - U'_{2max}}{U_{1N}} \tag{5.10}$$

式中,U_{1N}、U_{2N} 分别为变压器高、低压侧额定电压。上式表明,不管选择哪一个分接头,在最小负荷与最大负荷时,低压侧电压差的相对值基本不变。所以当

$$\frac{U'_{2min} - U'_{2max}}{U_{1N}} > \frac{U_{2Rmin} - U_{2Rmax}}{U_{2N}}$$

时,无论选择哪一个分接头都无法满足调压要求,这时需要与其他调压措施相配合,或改用有载调压变压器。

归纳一下,变压器分接头的选择有以下几步:

(1)根据最大负荷与最小负荷时的一次侧电压 U_{1max} 和 U_{1min},以及通过变压器的负荷 $P_{max} + jQ_{max}$ 和 $P_{min} + jQ_{min}$,求取变压器的电压损耗 ΔU_{max} 和 ΔU_{min}。

(2)由式(5.5)和式(5.6)求取最大负荷与最小负荷时的变压器分接头电压值,并取其平均值。

(3)选择一个最接近平均分接头电压值的变压器分接头。

(4)用选定的分接头验算低压侧电压在最大和最小负荷期间是否满足要求。

升压变压器的分接头选择与降压变压器没有本质差别,只是潮流方向不同,而且一般按照高压侧的电压要求选择分接头。

三绕组变压器的分接头设在高、中压两侧，低压侧不设分接头。三绕组变压器的分接头与变压器中负荷流向有关。例如，当负荷从变压器的高压侧流向中压和低压侧时，首先求出最大和最小负荷时中、低压侧的电压（归算到高压侧），然后把变压器的高压与低压绕组看成一个两绕组变压器，按两绕组变压器的分接头选择方法进行选择，由变压器低压侧的调压要求确定高压侧分接头。确定高压侧的分接头以后，高压绕组与中压绕组又可看成一个两绕组变压器，根据中压侧的调压要求选择中压侧的分接头。

有载调压变压器能够在电力网电压变化和负荷变化时，在不停电状态下改变分接头位置以满足调压要求，调节速度也较快，改变一档分接头一般需 $2\sim5\mathrm{s}$，而且便于实现自动化，是一种有效的调压措施。但它的价格较高，运行维护较复杂，所以应用在确有必要的地方。例如，两个电力网间的联络变压器，如果负荷方向是变化的或负荷变动范围很大，就需要采用有载调压变压器，同时，还可利用有载调压改变电网间无功功率的分布。对于枢纽变电所，一般需要使用有载调压变压器，作为控制中枢点电压的手段。此外，负荷变化大或调压要求高的变电所，用普通变压器不能满足调压要求时，也可使用有载调压变压器。选择有载调压变压器时，要根据调压要求和负荷变化情况，确定所需的分接头调节范围和每档分接头的调节量。

最后需要指出的是，只有当系统无功功率电源容量充足时，用改变变压器变比调压才能奏效。现用图 5.8 说明这一问题。假设发电机 G 无功功率容量不足，以致各母线电压水平偏低，发电机输出的无功功率 Q_G 已达到最大允许值 Q_Gmax。现改变变压器 T-3 的变比，企图提高母线 6 的电压 U_6。考虑到负荷的 $Q\text{-}U$ 静态特性，当 U_6 提高时，负荷 Q_6 也将增加，这会使发电机输出的 $Q_\mathrm{G} > Q_\mathrm{Gmax}$。为了保证发电机安全运行，只得降低发电机励磁电流，使 Q_G 减小到允许值，即 $Q_\mathrm{G} = Q_\mathrm{Gmax}$。显然，这会导致母线 1～5 的电压降低，而母线 6 的电压也不能升到预期值。以上表明，改变 T-3 的变比，不但 U_6 升高有限，还会导致其他母线的电压进一步下降。因此，当系统无功功率不足时，应装设无功功率补偿设备，使系统无功功率容量有一定的裕度。

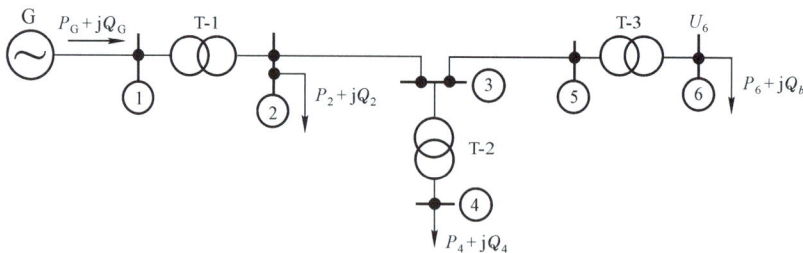

图 5.8　简单的电力系统

【例 5.1】　某变电所由 35kV 线路供电，详见图 5.9(a)。变电所负荷集中在变压器 10kV 母线上。最大负荷 8+j5MVA，最小负荷 4+j3MVA，线路送端母线 A 的电压在最大负荷与最小负荷时均为 36kV，要求变电所 10kV 母线上的电压在最小负荷与最大负荷时电压偏差不超过±5%，试选择变压器分接头。变压器的变比为 $35\pm2\times2.5\%/10.5\mathrm{kV}$。

【解】　按给定条件可求得归算至高压侧的变压器阻抗：

$$R_\mathrm{T} + jX_\mathrm{T} = 0.69 + j7.84(\Omega)$$

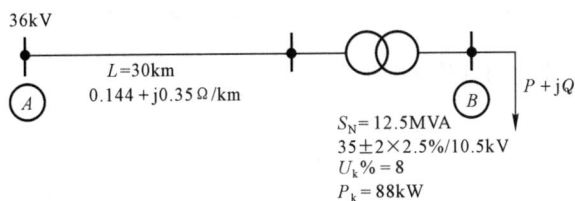

(a)

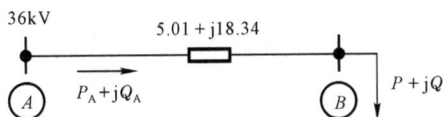

(b)

图 5.9 接线图

线路阻抗:

$$R_1+jX_1=4.32+j10.5(\Omega)$$

将变压器阻抗与线路阻抗合并计算的等值电路如图 5.9(b)所示。

(1)最大负荷时电压计算

始端功率:

$$(P_A+jQ_A)_{max}=8+j5+\frac{8^2+5^2}{35^2}(5.01+j18.34)$$
$$=8.36+j6.33(MVA)$$

B 点电压:

$$U'_{Bmax}=36-\frac{8.36\times5.01+6.33\times18.34}{36}=31.6(kV)$$

分接头:

$$U_{tmax}=\frac{U'_{Bmax}}{U_{BRmax}}\times U_{2N}=\frac{31.6}{0.95\times10}\times10.5=34.9(kV)$$

(2)最小负荷时电压计算

始端功率:

$$(P_A+jQ_A)_{min}=4+j3+\frac{4^2+3^2}{35^2}(5.01+j18.34)$$
$$=4.1+j3.37(MVA)$$

B 点电压:

$$U'_{Bmin}=36-\frac{4.1\times5.01+3.37\times18.34}{36}=33.7(kV)$$

分接头:

$$U_{tmin}=\frac{33.7}{1.05\times10}\times10.5=33.7(kV)$$

计算分接头:

$$U_t = \frac{U_{tmax} + U_{tmin}}{2} = \frac{34.9 + 33.7}{2} = 34.3(kV)$$

（3）选择变压器最接近的分接头

$\left(\dfrac{34.3}{35} - 1\right) \times 100\% = -2\%$，所以选 -2.5% 分接头，即

$$U_t = (1 - 0.025) \times 35 = 0.975 \times 35 = 34.125(kV)$$

（4）验算

最大负荷时：

$$U_{Bmax} = 31.6 \times \frac{10.5}{34.125} = 9.72(kV)$$

$$电压偏移 = \frac{9.72 - 10}{10} \times 100\% = -2.8\%$$

最小负荷时：

$$U_{Bmin} = 33.7 \times \frac{10.5}{34.125} = 10.37(kV)$$

$$电压偏移 = \frac{10.375 - 10}{10} \times 100\% = 3.7\%$$

可见，最大负荷时，B 点电压偏移不超过 -5%，最小负荷时，B 点电压偏移小于 5%，因此，所选择变压器分接头满足调压要求。

如果变电所 10kV 母线的调压要求改为：最大负荷时电压偏移 5%，最小负荷时电压为额定值（10kV），变压器改用有载调压变压器，试确定变压器分接头的调节范围。

最大负荷时，$U'_{Bmax} = 31.6kV$，要求 10kV 母线电压为 $1.05 \times 10kV$，所需分接头电压：

$$U_{tmax} = \frac{31.6}{1.05 \times 10} \times 10.5 = 31.6(kV)$$

分接头位置为：

$$\left(\frac{31.6}{35} - 1\right) \times 100\% = -9.7\%$$

最小负荷时，$U'_{Bmin} = 33.7kV$，要求 10kV 母线电压为 10kV，所需分接头电压：

$$U_{tmin} = \frac{33.7}{10} \times 10.5 = 35.4(kV)$$

分接头位置：

$$\left(\frac{35.4}{35} - 1\right) \times 100\% = 1.2\%$$

选择 $35 + (-4 \sim 2) \times 2.5\%/10.5kV$ 或 $35 + (-5 \sim 3) \times 2\%/10.5kV$ 有载调压变压器都可满足调压要求。

▶▶▶ 5.2.5　应用无功功率补偿装置调节电压

在电力网适当的地点接入并联无功功率补偿装置，能够减小线路和变压器输送的无功功率，因而可减小线路和变压器的电压损耗和提高电力网的电压水平，同时还能减小电力

网的功率损耗,提高经济效益。当系统负荷变化时,通过调节无功功率补偿装置输出的无功功率,就能控制电力网的电压。

常用的无功功率补偿设备有并联电容器、同步调相机和静止补偿器等。并联电容器是最经济和方便的补偿设备,使用最广泛。它分散安装在各用户处和一些降压变压所的 $10kV$ 或 $35kV$ 母线上,使高低压电力网(包括配电网)的电压损耗和功率损耗都得到减小,在高峰负荷时能提高全网的电压水平;在负荷较低时,可以切除部分并联电容器,防止电压水平过高。同步调相机和静止补偿器输出的无功功率可以连续控制,当系统电压过高时还可吸收无功功率,具有优良的控制电压能力,通常装设在枢纽变电所中。

现以图 5.10 所示的简单电力网为例,讨论调节电压的原理。图 5.10(a)为电力网接线图,无功功率补偿设备装在变压器 T 的低压母线上,它输出的无功功率用 Q_C 表示,$Q_C>0$ 表示输出无功功率(感性),$Q_C<0$ 为吸收无功功率。图 5.10(b)为等值电路,等值电源用恒定电压 U_1 和等值内阻抗 r_s+jx_s 表示,$R+jX$ 为电源、线路和变压器阻抗之和,各阻抗均归算到高压侧。设 k 为变压器 T 的变比,U_2 为变压器低压母线电压,$U'_2=kU_2$ 为归算到高压侧的 U_2 值。

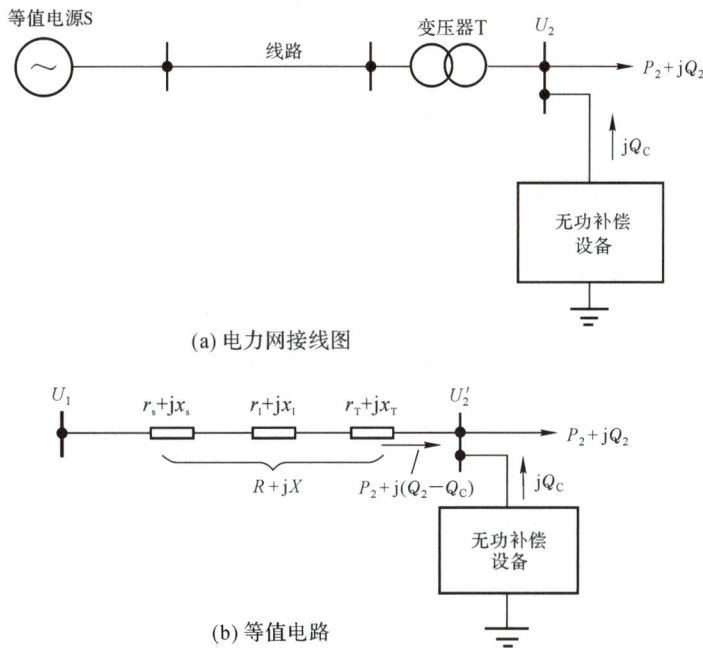

(a) 电力网接线图

(b) 等值电路

图 5.10 并联补偿原理

未加并联补偿时,

$$U_1 \approx U'_2 + \frac{PR+QX}{U'_2} = U'_2 + \Delta U \tag{5.11}$$

式中,ΔU 为电力网的电压损耗。

加上并联补偿后,如要求变压器低压母线电压为 U_{2R},则有

$$U_1 \approx kU_{2R} + \frac{PR+(Q-Q_C)X}{kU_{2R}} = kU_{2R} + \Delta U_C \tag{5.12}$$

式中,ΔU_C 为有补偿时电力网的电压损耗。当 $Q_C>0$ 时,显然 $\Delta U_C<\Delta U$。

由式(5.12)可见，$kU_{2R}=U_1-\Delta U_C$，所以，当负荷 $P+jQ$ 变化时，可以用改变 Q_C 的值使变压器低压母线电压 U_2 等于要求的值 U_{2R}。并联电容器可分为几组，用改变投入的组数来调节 Q_C。由于不能连续改变 Q_C，所以只能做到 $U_2\approx U_{2R}$。同步调相机和静止补偿器能连续改变 Q_C，可以精确实现 $U_2=U_{2R}$；它们还能自动控制电压(有电压调节器时)，在任何负荷时都能保持 $U_2=U_{2R}$。当负荷具有冲击特性时(见图5.11)，静止补偿器能快速改变 Q_C，使 U_2 的波动减小到允许的水平。同步调相机控制速度较慢，用于抑制冲击负荷引起的电压波动效果较差。

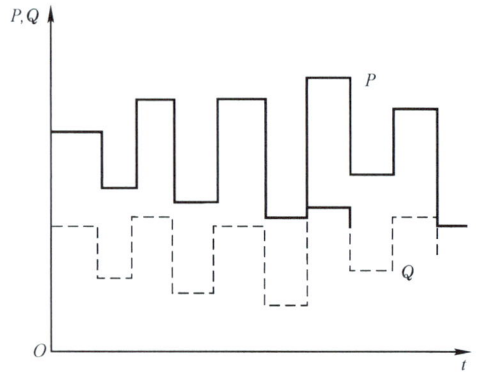

图 5.11　冲击负荷变化特性

由于 U_1 保持不变，所以由式(5.11)、(5.12)可解得：

$$Q_C=\frac{kU_{2R}}{X}(kU_{2R}-U'_2)+\frac{PR+QX}{X}\left(1-\frac{kU_{2R}}{U'_2}\right) \tag{5.13}$$

上式等号右边第一项占支配地位，第二项较小，所以

$$Q_C\approx\frac{kU_{2R}}{X}(kU_{2R}-U'_2) \tag{5.14}$$

已知负荷 $P+jQ$ 和变压器变比 k 时，根据电压要求值 U_{2R} 可用上式近似地计算所需的补偿功率 Q_C。

无功功率补偿设备输出的最大无功功率为其额定容量 Q_{CN} 或 S_N，最小输出功率为 $Q_{Cmin}=-K_QQ_{CN}$，K_Q 为进相最大容量与额定容量的比值，$0<K_Q<1$。并联电容器 $K_Q=0$(全部切除时)，同步调相机 K_Q 约为0.5，静止补偿器 K_Q 可按用户的要求制造。选择无功功率补偿设备额定容量时，希望在满足调压要求条件下，容量愈小愈好。在使用普通变压器时，如果能选择适当的分接头，使最大负荷时补偿的无功功率等于额定值 Q_{CN}，最小负荷时需要吸收的无功功率则刚好等于 K_QQ_{CN}，这样的 Q_{CN} 将是最小的。以下具体讨论变比 k 和最小补偿容量的确定。

设最大负荷时 $Q_C=Q_{CN}$，根据式(5.14)有

$$Q_{CN}=\frac{kU_{2Rmax}}{X}(kU_{2Rmax}-U'_{2max}) \tag{5.15}$$

式中，下标 max 表示最大负荷时的电压值。

最小负荷时 $Q_C=-K_QQ_{CN}$，式(5.15)可写成

$$-K_QQ_{CN}=\frac{kU_{2Rmin}}{X}(kU_{2Rmin}-U'_{2min}) \tag{5.16}$$

由上两式可求得所需的变压器变比：

$$k=\frac{K_QU_{2Rmax}U'_{2max}+U_{2Rmin}U'_{2min}}{K_QU^2_{2Rmax}+U^2_{2Rmin}} \tag{5.17}$$

对于并联电容器，由于 $K_Q=0$，上式可简化为

$$k=\frac{U'_{2min}}{U_{2Rmin}} \tag{5.18}$$

求得变比 k 以后，即可代入式(5.15)求出 Q_{CN}。最后选择最接近的分接头和补偿设备

的标准额定容量,再用准确的公式进行验算。

以上是从局部电网调节电压观点出发讨论无功功率补偿容量的选择问题。在实际电力网中,还需综合考虑系统无功功率平衡、整个电力网电压调节和经济功率分布(全网功率损耗最小)等因素才能最后确定。

▶▶▶ 5.2.6　线路串联电容补偿改善电压质量

对于 110～35kV 的架空线路,如果线路长度很长、负荷变化范围很大,或向冲击负荷供电等情况下,可在线路上串联电容器,用容性电抗抵消线路的一部分感性电抗,使线路电压损耗减小,线路末端电压提高,以改善电压质量。

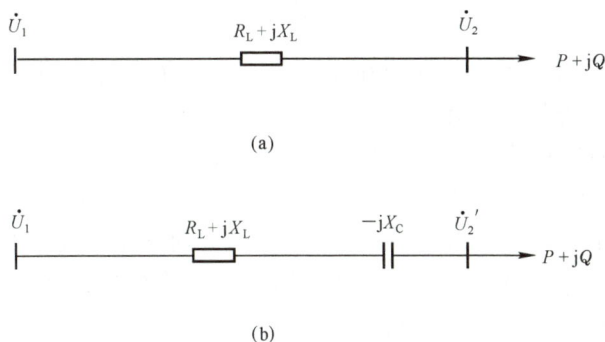

图 5.12　串联电容补偿电力线路的等值电路

图 5.12(a)为一架空线路的等值电路,始端电压为 U_1,末端电压为 U_2,负荷集中在线路末端。为了改善线路末端的电压质量,在线路上串联容抗为 X_C 的电容器组,其等值电路见图 5.12(b),这时末端电压为 U'_2。在以下的讨论中,设线路送端电压 U_1 恒定不变,则

未接串联电容器前

$$\dot{U}_1 = U_2 + \frac{PR_L + QX_L}{U_2} + \mathrm{j}\,\frac{PX_L - QR_L}{U_2} = U_2 + \Delta U + \mathrm{j}\delta U \tag{5.19}$$

接入串联电容器后

$$\dot{U}_1 = U'_2 + \frac{PR_L + Q(X_L - X_C)}{U'_2} + \mathrm{j}\,\frac{P(X_L - X_C) - QR_L}{U'_2}$$

$$= U'_2 + \Delta U' + \mathrm{j}\delta U' \tag{5.20}$$

两种情况下的相量图如图 5.13 所示,可见,串联电容补偿后线路电压降 $\Delta U' < \Delta U$ 和 $\delta U' < \delta U$,所以线路末端电压水平提高了($U'_2 > U_2$),而且由于线路电压损耗相对值(即 $\Delta U'/U_1$)减小,因而负荷变化时 U'_2 的变

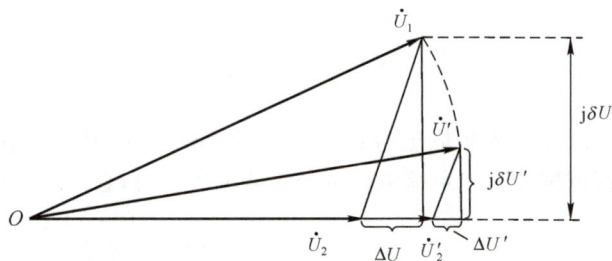

图 5.13　线路电压相量图

205

化范围也相应地减小。X_C 增加时,改善线路末端电压质量的作用随之增大。选择适当的 X_C 值时,串联电容补偿可以有效减小冲击负荷引起的电压波动。接入串联电容器后,线路电压损耗(略去电压降落横分量)减小量的相对值(百分数)为

$$\Delta\Delta U\% = \frac{\Delta U - \Delta U'}{\Delta U} \times 100 \approx \frac{QX_C}{PR_L + QX_L} \times 100$$

$$= \frac{X_C/X_L}{R_L/X_L \times P/Q + 1} \times 100 \tag{5.21}$$

令 $K_C = \dfrac{X_C}{X_L}$,即串联电容器的容抗与线路电抗之比为线路电抗的补偿度,它是表明串联电容补偿程度的指标。$K_C = 1$ 称作全补偿,$K_C < 1$ 和 $K_C > 1$ 分别称为欠补偿和过补偿。负荷的功率因数为 $\cos\varphi$ 时,式(5.21)可写成

$$\Delta\Delta U\% = \frac{K_C}{1 + \dfrac{R_L}{X_L}\cot\varphi} \times 100 \tag{5.22}$$

从式(5.22)可见:K_C 愈大,改善电压质量的效果愈好;$\cot\varphi$ 愈小(相应于 $\cos\varphi$ 愈小),效果愈好;线路电阻与电抗的比值 R_L/X_L 愈小,效果愈好。图 5.14 是根据式(5.22)绘制的曲线,其中图 5.14(a)为 $Q_L/X_L = 0.4$ 时,$\Delta\Delta U\%$ 与 $\cos\varphi$ 的关系曲线,可见,负荷功率因数 $\cos\varphi > 0.95$ 时,串联电容补偿的效果已很小。图 5.14(b)为 $\cos\varphi = 0.9$ 条件下,$\Delta\Delta U\%$ 与 R_L/X_L 比值的关系曲线,表明 $\Delta\Delta U\%$ 随 R_L/X_L 的增大而减小。线路 R_L/X_L 较大时,为了得到相同的补偿效果,就要选用较大的补偿度 K_C。电压等级愈低的线路,由于导线截面减小和电阻增大,R_L/X_L 比值就愈大,钢芯铝绞线截面积在 95mm^2 以下时,$R_L/X_L > 1$。对于 R_L/X_L 很大的线路,为了满足改善电压的要求,K_C 大于 1 时,将使线路等值电抗变成电容性。

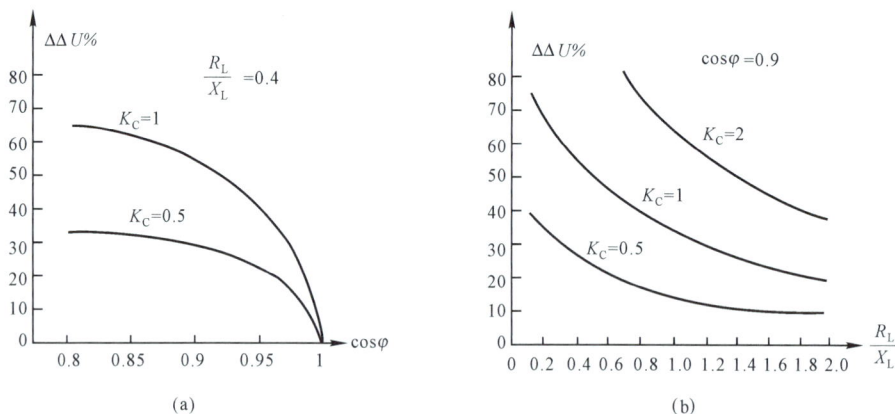

图 5.14　$\Delta\Delta U\%$ 与 K_C、$\cos\varphi$ 和 R_L/X_L 的关系

线路接入串联电容器后,由于线路电压的升高,线路的有功和无功功率损耗将有不同程度的减小。当负荷电流流经串联电容器时,会产生感性无功功率

$$\Delta Q_C = \frac{P^2 + Q^2}{U_2'^2} X_C \tag{5.23}$$

所以,采用串联电容补偿后,还能提高线路送端的功率因数。

根据线路末端电压的要求值 U_2'，可从式(5.19)和式(5.20)计算所需的串联电容的容抗值

$$X_C = \frac{U_2'}{Q}\left[U_2{'} - U_2 + (PR_L + QX_L)\left(\frac{1}{U_2'} - \frac{1}{U_2}\right)\right]$$

$$\approx \frac{U_2'}{Q}(U_2' - U_2) \tag{5.24}$$

串联电容补偿用的电力电容器有一些特殊的技术要求，如必须能承受很高的过电压（我国规定应能耐受持续 0.2s 的 5 倍额定电压等），所以必须使用专门生产的串联电容器。单个串联电容器的额定电压不高（一般为 1~2kV），额定容量也不大（一般为 20~40kvar），所以要用许多个串联电容器串、并联组成串联电容器组。图 5.15 是一相串联电容器组原理接线图的例子，它的并联数为 4，串联数为 6。

串联电容器组的并联数和串联数是根据最大工作电流和需要的补偿容抗来选择的。要求在最大工作电流通过电容器组时，每个电容器的电流不超过它的额定电流，以使每个电容器的电压不大于它的额定电压。设要求串联补偿的容抗为 X_C，最大工作电流为 I_{max}，选用的串联电容器单个额定电压为 U_{CN}，容量为 Q_{CN}，额定电流 $I_{CN} = Q_{CN}/U_{CN}$，额定容抗 $X_{CN} = U_{CN}^2/Q_{CN}$，则串联电容器组的并联数 m 和串联数 n 应满足如下条件：

$$mI_{CN} \geqslant I_{max} \tag{5.25}$$

$$\frac{n}{m}X_{CN} \geqslant X_C \tag{5.26}$$

选定 m 和 n 后，再核算电容器组的实际容抗

$$X_C' = \frac{n}{m}X_{CN} = \frac{n}{m}\frac{U_{CN}^2}{Q_{CN}} \tag{5.27}$$

三相串联电容器组的总容量为 $3mnQ_{CN}$。

串联电容器组是根据最大工作电流 I_{max} 选择的，当电力网发生短路时，通过串联电容器组的电流要比 I_{max} 大许多倍，将发生严重的过电压，所以必须采取保护措施。通常用能自灭弧的放电间隙来保护串联电容器，如图 5.15 所示，其中附加的电阻 r 用于限制保护间隙击穿瞬间电容器组的放电电流，通过的工频交流电流则主要由小电感 L 旁路，以减小电阻的容量。

串联电容器装设的地点按照实际情况确定。当负荷全部集中在线路末端时，串联电容器安装在始端、末端或线路中间，对改善末端电压质量的效果几乎是一样的。一般为了减少投资费用和便于运行维护，常安装在末端或送端的变电所中。如安装在线路始端，则线路发生短路时，会使短路电流加大，而且短路电流要流经串联电容器组，所以安装在末端变电所中是比较合理的。如果线路沿线接有若干个负荷，在选择串联电容器的安装地点时，应使沿线路电压分布尽量均匀，使各负荷点的电压变化均在允许的范围之内。

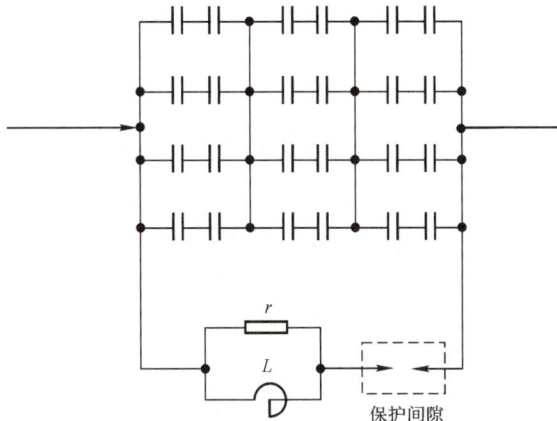

图 5.15　串联电容器组

电力线路采用串联电容补偿也会带来一些特殊问题,例如串联电容器的过电压保护、继电保护的复杂化、投入有饱和铁心设备时的次谐波振荡、异步电动机自励磁等问题。运行维护也比较复杂。因此,作为改善电压质量的措施,串联电容器只用于 110kV 以下电压等级、长度特别大或有冲击负荷的架空分支线路上。10kV 及以下电压的架空线路,由于 R_L/X_L 较大,所以使用串联电容补偿是不经济和不合理的。

220kV 以上电压等级的远距离输电线路中采用串联电容补偿,其作用在于提高运行稳定性和输电能力。

▶▶▶ 5.2.7　复杂系统的电压无功控制和调压措施的组合

具有多个电压等级的复杂电力系统,电压的调节比上述简单电网要复杂得多。这是由于:①各个负荷的变化规律不同,所以系统中各变电所电压的变化情况也不一样;②各点电压及各线路的无功功率互相关联,调节任一发电厂或变电所的电压将会影响系统其他各处的电压,影响的范围和程度又各不相同;③调节电压时电网中无功功率分布将发生变化,因而电网的有功功率损耗总和也随之发生变化。因此,各种调节措施要互相配合,共同进行电压和无功功率的调节,使全系统各处的电压都能满足要求,同时也使电网的无功功率分布最经济,即全网的有功功率损耗最小。

现以图 5.16 所示的简单电力系统为例,分析各种调压设备(发电机 G_1 和 G_2、有载调压变压器 T、可切换并联电容器 q)对节点①的电压和通过线路无功功率的影响。在近似的分析中,可假定线路和变压器的 $R \ll X$,同时不考虑线路中的无功功率损耗。这样,可以写出下列各种调压设备控制量的增量(发电机电压增量 ΔU_1 和 ΔU_2,变压器变比增量 Δn,并联无功电源增量 Δq)与节点①电压增量 ΔU 和线路无功功率增量 ΔQ 的关系(这里用的是标么制,并近似地认为线路电压为单位值):

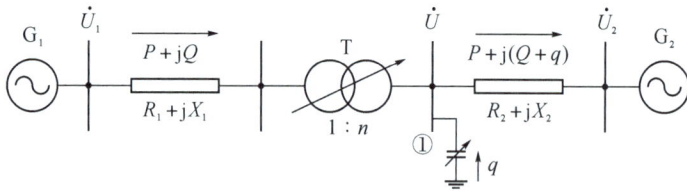

图 5.16　简单电力系统

$$\Delta U_1 - \Delta U + \Delta n = X_1 \Delta Q \tag{5.28}$$

$$\Delta U - \Delta U_2 = X_2 (\Delta Q + \Delta q) \tag{5.29}$$

由此可得:

$$\Delta U = \frac{X_2}{X_1 + X_2} \Delta U_1 + \frac{X_1}{X_1 + X_2} \Delta U_2 + \frac{X_2}{X_1 + X_2} \Delta n + \frac{X_1 X_2}{X_1 + X_2} \Delta q \tag{5.30}$$

$$\Delta Q = \frac{1}{X_1 + X_2} \Delta U_1 - \frac{1}{X_1 + X_2} \Delta U_2 + \frac{1}{X_1 + X_2} \Delta n - \frac{X_2}{X_1 + X_2} \Delta q \tag{5.31}$$

由式(5.30)可知,改变发电机 G_1 的电压 U_1 或变压器 T 的变比 n 来调节节点①的电压

U,其效果大致是相同的,而且比值 X_1/X_2 越小,其调压效果越显著,也就是说,控制点与被控制点间的相对电气距离越近,其调节效果越好。位于节点①另一侧的发电机 G_2 的电压 U_2 对 U 的影响也与比值 X_1/X_2 有关,其值越大,影响越大。改变并联无功补偿装置的出力 q,其对电压 U 的影响与补偿点至两侧电源的电气距离有关,距离越大,效果越明显。

由式(5.31)可知,增大发电机 G_1 的电压 U_1 将使自 G_1 送出的无功功率(即线路无功潮流)Q 增大;相反,如果增大发电机 G_2 的电压则使 Q 减小。改变电压 U_1 和 U_2 对线路无功潮流 Q 的作用正好相反。当 ΔU_1 和 ΔU_2 的数值相等时,线路中的无功功率将维持不变。改变变压器的变比 n 对无功功率 Q 的影响与改变电源电压 U_1 作用相同。并联无功功率补偿装置的出力 q 按与线路电抗成反比的关系向两侧流动,其结果是减小 U_1 侧的无功潮流,而增加另一侧的无功潮流。

对于复杂的系统,也可以列出类似的关系式:

$$\Delta U_i = \sum_j A_{Uij} \Delta U_j + \sum_j A_{nij} \Delta n_j + \sum_j A_{qij} \Delta q_j \qquad (5.32)$$

$$\Delta Q_L = \sum_j B_{ULj} \Delta U_j + \sum_j B_{nLj} \Delta n_j + \sum_j B_{qLj} \Delta q_j \qquad (5.33)$$

式中,
$$A_{Xij} = \frac{\partial U_i}{\partial X_j}, \quad B_{XLj} = \frac{\partial Q_L}{\partial X_j}$$

X 分别代表 U、n 或 q,i 表示节点编号,L 表示支路编号。这些偏导数表示某一控制量对被控制量的作用,它们的值越大,表示控制量对被控制量的作用越大,即控制越灵敏。

由上述的近似分析可以看出,各种调压手段对各节点电压的作用与网络的结构和参数有很大关系,调节设备的设置地点越靠近被控制的中枢点,其调节效果越好。虽然,从广义上来讲,电力系统中任何一个调压设备的调节对电力系统各点电压均有影响。但是实际上由于受到网络结构和参数以及调压设备的实际配置情况的限制,每个调压设备的调节效应是有限制的,调压设备与被控制的中枢点的电气距离越远,其调节效应越小。

从避免无功功率长距离输送的角度来说,无功功率补偿设备应分散装设在各负荷点及负荷中心,尽量做到分层(指各电压级电力网)、分区无功功率达到平衡。例如,某电力系统主干电网的额定电压为 500kV,由接在主网的各个 500/220kV 区域变电所分别向各地区220kV 电网供电,这就要求各地区 220kV 电网、由各地区 220kV 电网供电的 110kV 电网、110kV 以下各层电网均各自保持无功功率平衡。我国电力系统电压和无功功率管理导则要求:低压侧为 220kV 和 110kV 的降压变电所,在不同负荷水平时,220kV 母线总负荷的功率因数应保持在 0.95~1.0(滞后)范围内,110kV 母线总负荷的功率因数应保持在0.9~1.0(滞后)范围内。各地区应按此要求安排各级电网的无功功率补偿设备,在各地区无功功率平衡的基础上,再考虑主网的无功功率平衡。

无功功率补偿设备类型的选择需要从电压和无功功率控制的要求和经济性等方面考虑。并联电容器控制性能最差,但单价低、功耗小和运行维护方便,适宜于分散安装在各用户处以及配电变电所的 10kV 和 35kV 母线上。静止补偿器和同步调相机有良好的控制性能,而且有提高系统运行稳定性的作用,但单价较高,运行维护困难,所以一般只用于高压枢纽变电所中。静止补偿器还适用于带有冲击负荷的变电所和用户。

随着电力系统规模的不断扩大,那种用手动或自动调节个别发电厂母线电压或用个别变电所的调压设备来控制全系统电压的方法,已不能适应电力系统发展的需要。所以,根据电力系统本身的特点,一般在全系统分散配置调压设备,采用各地区自动调节电压和全系统集中自动调节电压相结合的方法。各地区负责本区电网电压的调节控制,并就地解决无功功率的平衡;系统调度中心负责控制主干电网中主干输电线和环网的无功功率分布,以及给定主要中枢点(如发电厂母线、枢纽变电所母线等)的电压设定值,以便加以监视和控制,并协调各地区的电压水平,控制各重要无功电源和调压设备(如主要发电厂发电机母线电压、枢纽变电所调压设备的起停和调节)。

5.3 电力系统无功功率的最优分布

▶▶▶ 5.3.1 无功功率的最优分配

电力系统的无功功率平衡是保证电力系统电压质量的必要条件,无功功率在电力系统中的合理分布又是充分利用无功电源、改善电压质量和减少网损的重要措施。在电力系统负荷不断增长的同时,必须相应增加无功功率补偿容量。本节将讨论无功功率的最优分配和最优补偿两个问题,它们共同保证了电力系统无功功率的最优分布。

在进行无功功率的最优分配和补偿之前,需将负荷的功率因数尽可能地提高,避免大量无功功率在电网中不合理地传输,这是实现无功功率最优分布的前提。

无功功率最优分配的目的是降低电网中的有功功率损耗。这时,除平衡发电机的功率以外(因无功功率分布未定,总的有功功率网损也未定),所有发电机的有功功率都已确定,各节点负荷的无功功率也已知,待求的是节点无功功率出力。设 Q_i 为第 i 节点的无功功率出力,可以由发电机、同步调相机、静电电容器和静止补偿器产生,$i=1,2,\cdots,n$;Q_D 为系统总的无功功率负荷;Q_L 为系统总的无功功率损耗。则节点无功功率出力应在满足

$$\sum_{i=1}^{n} Q_i - Q_L - Q_D = 0 \tag{5.34}$$

的条件下,使有功网损 P_L 为最小,即

$$\min P_L = P_L(Q_1, Q_2, \cdots, Q_n) \tag{5.35}$$

应用拉格朗日乘数法,构造拉格朗日函数

$$L = P_L - \lambda \left(\sum_{i=1}^{n} Q_i - Q_L - Q_D \right) \tag{5.36}$$

将 L 分别对 Q_i 和 λ 取偏导数,并令其等于零,便得:

$$\frac{\partial L}{\partial Q_i} = \frac{\partial P_L}{\partial Q_i} - \lambda \left(1 - \frac{\partial Q_L}{\partial Q_i} \right) = 0 \quad (i=1,2,\cdots,n) \tag{5.37}$$

$$\frac{\partial L}{\partial \lambda} = -\left(\sum_{i=1}^{n} Q_i - Q_L - Q_D \right) = 0 \tag{5.38}$$

共 $n+1$ 个方程。于是得到无功功率最优分配的条件为

$$\frac{\partial P_{\mathrm{L}}}{\partial Q_i}\,\frac{1}{1-\dfrac{\partial Q_{\mathrm{L}}}{\partial Q_i}}=\frac{\partial P_{\mathrm{L}}}{\partial Q_i}\beta_i=\lambda \tag{5.39}$$

式中,$\partial P_{\mathrm{L}}/\partial Q_i$ 是网络有功损耗对第 i 个节点无功电源的微增率,可由式(3.132)求得;$\beta_i=1/(1-\partial Q_{\mathrm{L}}/\partial Q_i)$ 称为无功功率网损修正系数,其中,$\partial Q_{\mathrm{L}}/\partial Q_i$ 可按 3.5.1 节潮流法求有功网损微增率的相似方法求得。

式(5.39)的含义是:使有功功率网损最小的条件是,各节点的无功功率网损微增率相等。因此,这一准则也称为等网损微增率准则。

▶▶▶ 5.3.2　无功功率的最优补偿

所谓无功功率的最优补偿是在满足一定条件下最经济的无功功率补偿。上述无功功率最优分配的原则也可以应用于无功功率的最优补偿。其差别仅在于:在现有无功电源之间分配无功出力不用支付费用,而增添补偿装置则要增加支出。由于设置无功补偿装置一方面能节约网络电能损耗,另一方面却要增加费用,因此,无功功率补偿容量合理配置的目标应该是总的经济效益为最优。

在节点 i 装设补偿容量 $Q_{Ci}(i=1,2,\cdots,m)$,i 为可装设补偿容量的节点,每年由降低网损所能节约的费用为

$$C_{\mathrm{e}}(Q_{C1},Q_{C2},\cdots,Q_{Cm})=\beta\,(P_{\mathrm{L}0}-P_{\mathrm{L}})\tau_{\max} \tag{5.40}$$

式中,β 为单位电能价格;$P_{\mathrm{L}0}$、P_{L} 分别为设置补偿设备前后全网最大负荷下的有功功率损耗;$\tau_{\max}$ 为全网最大负荷损耗小时数。

由于装设补偿容量 Q_{Ci},每年需要支出的以 $C_{\mathrm{d}i}(Q_{Ci})$ 表示,这部分支出包括补偿设备的折旧维修费、投资的年回收费以及补偿设备本身的能量损耗费用。折旧维修费和投资回收费一般是按补偿设备投资的一定百分比进行计算的,补偿设备的功率损耗一般正比于其容量。如果补偿设备每单位容量的投资同总的装设容量无关,则每年的支出费用 $C_{\mathrm{d}i}(Q_{Ci})$ 就同 Q_{Ci} 成正比,即

$$C_{\mathrm{d}i}(Q_{Ci})=k_{\mathrm{C}}\,Q_{Ci} \tag{5.41}$$

比例系数 k_{C} 就是每单位无功补偿容量的年费用。

所以,在装设无功补偿设备后所节约的费用为

$$\Delta C_{\mathrm{e}}=C_{\mathrm{e}}(Q_{C1},Q_{C2},\cdots,Q_{Cm})-\sum_{i=1}^{m}C_{\mathrm{d}i}(Q_{Ci}) \tag{5.42}$$

为了取得最大的经济效益,可将式(5.40)和式(5.41)代入式(5.42),求 ΔC_{e} 对 Q_{Ci} 的偏导数,并令其等于零,得:

$$\frac{\partial P_{\mathrm{L}}}{\partial Q_{Ci}}=-\frac{k_{\mathrm{C}}}{\beta\tau_{\max}}\quad(i=1,2,\cdots,m) \tag{5.43}$$

式(5.43)的含义是:对各补偿点配置补偿容量时,应使每个补偿点在装设最后一个单位的补偿容量时使网损的减少都等于 $k_{\mathrm{C}}/\beta\tau_{\max}$。这样,将取得最大的经济效益。

按照式(5.43)所确定的最优补偿容量一般都比较大。在工程实际中,无功功率最优补偿的问题是,在给定全网总的补偿容量的条件下,寻求最经济合理的分配方案。由于受到

总补偿容量（Q_{CZ}）的限制，问题将变为：在满足

$$\sum Q_{Ci} - Q_{CZ} = 0 \qquad (5.44)$$

的约束条件下，使式（5.42）所表示的总费用节约达到最大。

为此，构造拉格朗日函数

$$L = C_e(Q_{C1}, Q_{C2}, \cdots, Q_{Cm}) - \sum_{i=1}^{m} C_{di}(Q_{Ci}) - \lambda(\sum Q_{Ci} - Q_{CZ}) \qquad (5.45)$$

然后求函数 L 的极值，可得：

$$\frac{\partial P_L}{\partial Q_{Ci}} = -\frac{k_C + \lambda}{\beta \tau_{max}} \qquad (5.46)$$

式（5.46）的含义是：根据等式约束，选取一合适的 λ，使补偿点的网损微增率都等于 $-(k_C + \lambda)/(\beta \tau_{max})$。

▶▶▶ 5.3.3　自动电压控制

电力系统自动电压控制（automatic voltage control，AVC）的目的是，利用电力系统实时监视和控制系统提供的运行状态信息，实时分析电网的电压无功运行状况，在此基础上给出电压无功调整策略，使电网在有功功率分布确定的情况下，尽可能地使电力系统运行在最优状态，提高电网运行的经济性和安全性。

自动电压控制以电网运行的安全性和控制变量的调整范围为约束条件，以提高电网运行的经济性为优化目标，实现全网电压和无功的综合优化控制。在数学上可以描述为如下的非线性规划问题：

$$\min f(\boldsymbol{U}, \boldsymbol{\theta}, \boldsymbol{B}, \boldsymbol{T}, \boldsymbol{Q}_G)$$

$$\text{s.t.} \begin{cases} P_{Gi} - P_{Li} - \sum_{j \in S_N} P_{ij}(\boldsymbol{U}, \boldsymbol{\theta}, \boldsymbol{B}, \boldsymbol{T}) = 0 & (i \in S_N) \\[2mm] Q_{Gi} - Q_{Li} - \sum_{j \in S_N} Q_{ij}(\boldsymbol{U}, \boldsymbol{\theta}, \boldsymbol{B}, \boldsymbol{T}) = 0 & (i \in S_N) \\[2mm] \underline{Q}_{Gi} < Q_{Gi} < \overline{Q}_{Gi} & (i \in S_G) \\[2mm] \underline{U}_i < U_i < \overline{U}_i & (i \in S_N) \\[2mm] \underline{B}_i < B_i < \overline{B}_i & (i \in S_C) \\[2mm] \underline{T}_i < T_i < \overline{T}_i & (i \in S_T) \end{cases} \qquad (5.47)$$

式中，$f(\boldsymbol{U}, \boldsymbol{\theta}, \boldsymbol{B}, \boldsymbol{T}, \boldsymbol{Q}_G)$ 为目标函数，包括有功网损、并联补偿设备调节成本、分接头调节成本，以及机组动态无功储备不足或机组无功进相惩罚成本等；U_i、θ_i、P_{Gi}、Q_{Gi}、P_{Li} 和 Q_{Li} 分别表示节点 i 的电压幅值、电压相位、电源有功注入、电源无功注入、负荷有功和负荷无功；B_i 为并联补偿设备 i 的并联电纳；T_i 为有载调压变压器 i 的分接头变比；S_N 为所有网络节点的集合；S_G 为所有发电机节点的集合；S_C 为所有并联补偿设备的集合；S_T 为所有有载调压变压器的集合。其中，电源无功功率 $\boldsymbol{Q}_G$、并联补偿设备的并联电纳 $\boldsymbol{B}$ 和有载调压变压器分接头变比 $\boldsymbol{T}$ 为控制变量。

因此，自动电压控制问题就是综合调节各控制变量，在保证系统有功和无功平衡（式 5.47 中的等式约束），以及保证控制变量和系统节点电压在允许范围之内（式 5.47 中的不等式约

束)的前提下,使整个电力系统的有功网损最小。

这是一个典型的多变量、非线性优化问题,要用非线性规划的方法求解。在实际应用时还需要注意以下几点。

(1)控制变量中,电源无功功率 Q_G 属连续变量,而并联补偿设备的并联电纳 **B** 和有载调压变压器分接头变比 **T** 为离散变量。因此,这又是一个混合离散规划问题,需要用相应的数学方法求解。

(2)不同控制变量的响应速度存在差异,反应灵敏的控制变量有可能在控制过程的初期产生过量的调整,故在每个 AVC 控制周期应对控制变量的调节幅度进行限制,以保证控制过程的平稳性。

(3)并联补偿设备的电容器和电抗器以及有载调压变压器分接头的调整不宜过于频繁,否则会降低设备的使用寿命。一种切实有效的方法是,利用负荷的峰谷特性根据负荷的变化趋势将一天划分为若干时段,并根据各时段的负荷变化趋势确定离散变量的调节方向。典型的日负荷曲线具有双峰或三峰特性,这样每个离散量的控制设备一天内的操作次数可以限制在 4～6 次,一般能够满足实际应用的要求。

(4)现代互联电力系统规模庞大,如华东电网由浙江、安徽、江苏、福建和上海等 5 省市电网组成,每个省网下又有多个地市电网,地市电网下还有县网。就电网电压等级而论,目前有 1000kV、500kV、220kV、110kV、35kV 等,整个电网的总节点数以万计,控制变量也数以千计。如果对这么庞大的一个系统进行全网的自动电压控制,不论在优化问题的求解上还是实际控制上都是不可能的,而且也没有这个必要。根据电力系统无功就地平衡,减少远距离和不同电压等级间输送的原则,自动电压控制一般按分层、分区进行。由于各级电网之间互相影响,因此需要在上下级之间进行协调。通过选择一些特征量作为上下级控制的协调变量,由下级向上级上报协调变量的调节能力范围,通过上级电网的优化,实时计算出协调变量的控制区间并下发到下级,在下级电网的协调控制决策中,除了满足本级电网的控制目标外,还需要实时追随由上级电网给出的协调变量的控制区间。

本章习题

第 5 章习题及解析

第6章
电力系统故障分析

6.1　电力系统暂态及故障的基本概念

电力系统发生故障或在受到其他类型扰动的暂态过程中,各元件的电磁量以及旋转电机的转速等机械量都将发生变化,而且电磁量和机械量的变化是相互关联的。全面严格地分析电力系统暂态过程不但非常复杂而且相当困难,所以工程上根据不同的研究问题,将电力系统暂态过程分为电磁暂态过程和机电暂态过程两类。电磁暂态过程研究电流、电压等电量及电机、变压器中磁通的变化过程,而电机转速变化则可以忽略不计,例如研究短路电流、同步电机自励磁等快速暂态过程。机电暂态过程着重研究同步电机转速和转子相对位置变化的暂态过程,一些对其影响不大的电磁变化因素则可略去不计,例如电力系统运行稳定性、同步发电机异步运行等问题的研究。本章主要讨论电力系统短路故障的电磁暂态过程。

同步电机是电力系统的电源,它的暂态过程比其他元件复杂,而且对电力系统电磁和机电暂态过程起主导作用。本章将讨论同步电机电磁数学模型和电磁暂态特性,它是学习电力系统暂态过程的基础。

在电力系统可能发生的各种故障中,对电力系统运行和电力设备安全危害最大,而且发生概率较大的首推短路故障。所谓短路故障是指正常运行情况以外的相与相之间或相与地(或中性线)之间的接通。

产生短路故障的主要原因是电力设备绝缘损坏。常见的有:雷击过电压或操作过电压引起绝缘子、绝缘套管表面闪络(电弧放电);绝缘材料老化等原因,在过电压甚至在正常电压下发生绝缘介质击穿;风、雪等自然灾害以及鼠、鸟等动物跨接裸露导体造成的短路。另外,运行人员误操作也是造成短路的一个原因,例如设备检修后忘记拆除临时接地线(用于保护人员安全)而导致在合上电源时造成短路等。

在三相交流电力系统中,短路故障的基本类型有三相短路、两相短路、单相接地短路和两相接地短路。三相短路时,三相电路仍旧是对称的,称为对称短路,其余三类都是不对称短路。电力系统发生的各种短路中,单相短路所占的比例最高,约为65%;两相接地短路约占20%;两相短路约占10%;三相短路最小,约为5%。电力系统短路故障大多数发生在架空线路部分(约占70%)。在额定电压为110kV以上的架空线路上发生的短路故障,单相短路占绝大多数,达90%以上。

中性点不接地或经过大电抗(补偿电抗器)接地的电力网中,单相接地时线路的电流变化不大,但可能会引起过电压,这种故障在本书中暂不作讨论。

发生短路时,短路点相间或相与地间将燃起电弧。电弧的电阻是非线性的,电阻值与电流大小及电弧长度有关,变化范围很大,难以准确估计,实际计算中常近似地用恒定的电阻来代替。在某些情况下,电弧电阻很小,可以略去不计,这种短路称为"金属性短路"。在相同条件下,金属性短路的电流较大,通常作为计算最大可能短路电流的条件。

电力网中除了同一地点短路以外，还可能在不同地点同时发生短路，称为多重短路或复杂短路故障。

发生短路时，短路点及附近电气设备流过的短路电流可达到额定电流的几倍至十几倍，引起导体及绝缘体的严重发热而损坏。同时，在短路刚开始电流瞬时值达到最大时，电气设备的导体间将受到强大的电动力，如果结构不够坚固，就可能引起导体或线圈变形以致损坏。短路时，电力网的电压突然降低（短路点附近电压下降得最多），就会影响用户用电设备的正常工作。首先受影响的是异步电动机，电压低于 70% 以下时，其转速急剧下降以至停转，造成产品报废甚至设备损坏。短路故障的严重后果是并列运行的发电机失去同步，引起系统解列直至崩溃，从而造成大面积停电。另外，不对称短路时，架空线路中不对称电流所产生的磁通，会在邻近平行架设的通信线路上感应出相当大的电势，轻则产生通信干扰，重则危及通信设备和人身安全。

在电力系统设计和运行时，都要求采取适当措施降低短路故障的发生概率，例如采用合理的防雷设施降低过电压水平，使用结构完善的配电装置，加强运行维护管理等。同时，还要采取减小短路危害的措施，最主要的措施是，迅速将发生短路部分与系统其他部分隔离开来，使无故障部分恢复正常运行，例如依靠继电保护装置检测出故障并有选择地断开（跳闸）最接近短路点的断路器以切断故障回路等。架空线路的短路大多数是瞬时性的（即经故障线路与电源隔离，使短路点电弧熄灭并去游离后，能够恢复正常绝缘能力），因此，普遍采用自动重合闸措施，即当发生短路时，断路器迅速跳闸，经过一定时间（一般为 0.4～1s）后，断路器自动重合闸。对于瞬时性短路，重合闸后系统即恢复正常运行；如果是永久性故障，重合闸后短路仍旧存在，则再次使断路器跳闸。因 220kV 及更高电压等级架空线路的故障绝大多数是单相短路，所以还广泛采用单相重合闸，其特点是发生单相短路时，只断开故障相的断路器，另两相继续运行。但在永久性故障时，重合闸后三相则是同时断开，线路退出运行。

在发电厂、变电所及整个电力系统的设计和运行中，诸如选择合理的电气接线拓扑、选用配电设备和断路器、设计继电保护以及选择限制短路电流措施等实践操作，都必须以短路故障的计算结果为依据。

除了短路故障外，本章还将讨论线路一相或两相断开的故障，简称断线故障。这类故障大多发生在具有三相分别操作断路器的架空线路中，当断路器的一相或两相跳闸时即形成断线故障。例如，在采用单相重合闸的线路上，当发生单相短路的一相断路器跳闸后，即形成一相断开、两相运行的非全相运行状态。此外，架空线路因刮风、积雪、树木倒塌等而造成一相或两相导线断裂，也是形成断线故障的原因，不过这种故障的概率很小。

6.2　同步电机的数学模型

在 2.3 节中，我们已经介绍了同步电机稳态运行状态下的数学模型，本节将详细描述同步电机的暂态数学模型。

同步电机(同步发电机、同步调相机和同步电动机)实质上是由定子和转子两个部件构成。除了部分小型同步电动机外,三相电枢绕组都嵌在定子的槽中,产生激励磁场的磁极则装在转子轴上。转子的结构有凸极和隐极两种型式。水轮发电机及其他低转速的同步电机采用凸极式,极对数很多,例如水轮发电机有 12~50 对极,调相机有 3~6 对极等。凸极由硅钢片叠成,绕有励磁绕组,极面上还嵌有互相短接的紫铜或黄铜棒,构成鼠笼形的阻尼绕组。汽轮发电机等高转速同步电机采用隐极式转子,它由锻钢构成,呈圆柱形,表面槽中装有分布式励磁绕组,大多只有一对极。隐极转子不设阻尼绕组,因为钢转子中的涡流效应有很强的阻尼作用,可看作有无限个阻尼线圈。

在研究同步电机特性时,常略去一些次要因素,采用如下的假设:

(1)电机各磁路的磁导率为常数,即认为铁心是不饱和的。

(2)定子三相绕组的结构完全相同,空间位置彼此相距120°电角度;转子的铁心及绕组对极中心轴和极间轴完全对称。

(3)定子和转子各绕组电流在空气隙中产生的磁势和磁感应强度(磁通密度)都是按正弦规律分布的。

(4)定子和转子的槽不影响各绕组的电感,或者认为定、转子的表面都是光滑的。

符合上述假定的同步电机称为理想同步电机,根据它建立的数学模型求解结果与实际电机试验结果相比较,其准确度可以满足工程的要求,至于实际电机磁路饱和问题可以另行考虑。

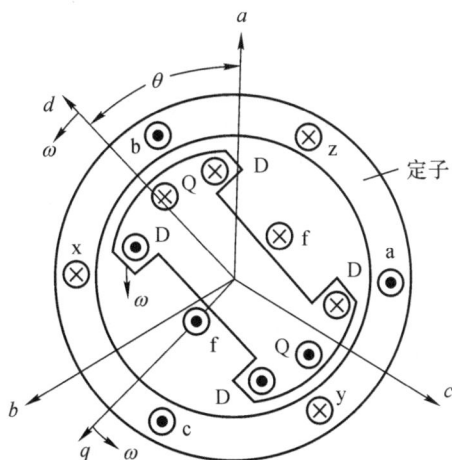

图 6.1　同步电机示意

为了便于讨论,图 6.1 给出凸极同步电机的示意。在多对极的电机中,圆周上的距离和转子角位移用电气角度表示时,可以看作只有一对极。定子三相绕组分别用整距集中绕组 a-x、b-y 和 c-z 表示,绕组的中心轴线 a、b 和 c 彼此相差 120°。转子极中心线用 d 轴表示,称为纵轴或直轴;极间轴 q 轴称为横轴或交轴。按转子旋转方向,q 轴比 d 轴超前 90°。励磁绕组 f-f 的轴线与 d 轴重合。阻尼绕组可用两个互相正交的短接绕组等效。轴线与 d 轴重合的称为纵轴阻尼绕组,用集中线圈 D-D 表示,为了保持转子的对称性,图 6.1 中 D-D 绕组分开放在极的两边；另一等效绕组 Q-Q 的轴线与 q 轴重合，称为横轴阻尼绕组。对于隐极同步电机，钢转子中的涡流效应可以用纵轴和横轴阻尼绕组来等效。这样，除了转子横截面为圆形外，其他都与凸极电机相同，可作为凸极机的特例来处理。

同步电机的数学模型包括描述电磁特性的电压方程、磁链方程以及表明转子转速与转矩变化规律的转子运动方程，转子运动方程将在第 7 章中讨论。

▶▶▶ 6.2.1　电压方程和磁链方程

同步电机有 6 个磁耦合的绕组和相应的 6 个回路，可用各绕组的磁链方程和各回路的电压方程描述。在建立这些方程之前，必须选择各变量的正方向或称参考方向。本书选择的正方向（见图 6.1）如下：定子各相绕组轴线的正方向作为各绕组磁链的正方向，各相绕组中正方向电流产生的磁链的方向与相应绕组轴线的正方向相反；在转子方面，励磁绕组及纵轴阻尼绕组磁链的正方向与 d 轴正方向一致，横轴阻尼绕组磁链的正方向与 q 轴正方向一致，转子 3 个绕组中正方向电流产生的磁链与相应轴线方向一致；6 个绕组的感应电势的正方向和各自的电流正方向相同。在上述规定中，定子"电生磁"，转子"磁生电"，符合"左电（动机）右发（电机）"定则，所以转子各绕组磁链和感应电势 e 的正方向符合右手螺旋法则，感应电势 $e = -\mathrm{d}\psi/\mathrm{d}t$；而定子各相绕组磁链和感应电势的正方向不符合右手螺旋法则，$e = \mathrm{d}\psi/\mathrm{d}t$。另外，转子与定子的相对位置用 d 轴与 a 相绕组轴线间的夹角 θ 表示，正方向与转子旋转方向相同。设转子旋转角速度为 ω，则

$$\theta = \int_0^t \omega \mathrm{d}t + \theta_0 \tag{6.1}$$

式中，θ_0 为 $t=0$ 时的初始角；ω 为常数时，$\theta = \omega t + \theta_0$。

图 6.2 为同步电机的电路，定子 a、b、c 三相绕组采用 Y 接法，励磁绕组 f-f 由外加直流电压源 u_f 提供励磁电流。图中标出了各绕组的电阻、电流、电势和端电压。各绕组总磁链用 ψ 和相应的下标表示。

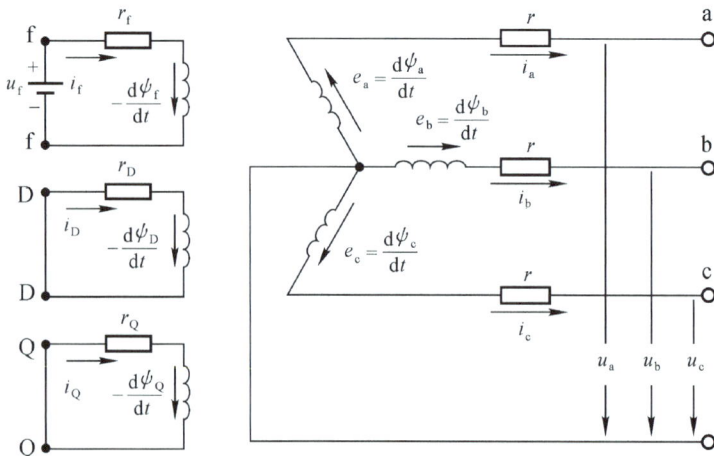

图 6.2　同步电机电路

定子三相回路电压方程为

$$u_a = e_a - ri_a = \frac{d\psi_a}{dt} - ri_a$$

$$u_b = e_b - ri_b = \frac{d\psi_b}{dt} - ri_b \Biggr\}$$

$$u_c = e_c - ri_c = \frac{d\psi_c}{dt} - ri_c$$

(6.2)

转子三个回路的电压方程为

$$u_f = \frac{d\psi_f}{dt} + r_f i_f$$

$$0 = \frac{d\psi_D}{dt} + r_D i_D \Biggr\}$$

$$0 = \frac{d\psi_Q}{dt} + r_Q i_Q$$

(6.3)

同步电机各个绕组有自感,绕组之间有互感,所以各个绕组的磁链方程式

$$\boldsymbol{\Psi}_{abc} = \begin{bmatrix} \psi_a \\ \psi_b \\ \psi_c \end{bmatrix} = \begin{bmatrix} L_a & M_{ab} & M_{ac} \\ M_{ab} & L_b & M_{bc} \\ M_{ac} & M_{bc} & L_c \end{bmatrix} \begin{bmatrix} -i_a \\ -i_b \\ -i_c \end{bmatrix} + \begin{bmatrix} M_{af} & M_{aD} & M_{aQ} \\ M_{bf} & M_{bD} & M_{bQ} \\ M_{cf} & M_{cD} & M_{cQ} \end{bmatrix} \begin{bmatrix} i_f \\ i_D \\ i_Q \end{bmatrix}$$

$$= -\boldsymbol{L}_{SS}\boldsymbol{i}_{abc} + \boldsymbol{L}_{SR}\boldsymbol{i}_{fDQ}$$

(6.4)

$$\boldsymbol{\Psi}_{fDQ} = \begin{bmatrix} \psi_f \\ \psi_D \\ \psi_Q \end{bmatrix} = \begin{bmatrix} M_{af} & M_{bf} & M_{cf} \\ M_{aD} & M_{bD} & M_{cD} \\ M_{aQ} & M_{bQ} & M_{cQ} \end{bmatrix} \begin{bmatrix} -i_a \\ -i_b \\ -i_c \end{bmatrix} + \begin{bmatrix} L_f & M_{fD} & 0 \\ M_{fD} & L_D & 0 \\ 0 & 0 & L_Q \end{bmatrix} \begin{bmatrix} i_f \\ i_D \\ i_Q \end{bmatrix}$$

$$= -\boldsymbol{L}_{RS}\boldsymbol{i}_{abc} + \boldsymbol{L}_{RR}\boldsymbol{i}_{fDQ}$$

(6.5)

式中,L 为下标所指的绕组的自感,M 为下标所指的两个绕组间的互感。由于 q 轴阻尼绕组 Q 与励磁绕组 f 和 d 轴阻尼绕组 D 垂直,所以 $M_{fQ} = M_{DQ} = 0$。

由于凸极同步电机转子的纵轴和横轴两方向的铁心结构不同,因此,大部分自感和互感都是转子位置角 θ 的函数,下面分别进行讨论。

1. 定子各相绕组的自感

先讨论 a 相绕组的自感 L_a。由图6.1可知,当 $\theta = 0°$ 或 $\theta = 180°$,即 d 轴与 a 相绕组轴线重合时,a 相绕组的磁导达到最大值,所以 L_a 为最大;当 $\theta = 90°$ 或 $270°$ 时,a 相绕组的磁导达到最小值,L_a 为最小。L_a 的变化如图 6.3(a)所示,是 θ 的周期函数,周期为 $180°$,可以用偶数倍 θ 角的余弦级数来表达,即

$$L_a = l_0 + l_2\cos2\theta + l_4\cos4\theta + \cdots$$

如考虑上述理想电机的第 3 条假设,可以证明它只包含前面两项。b 相和 c 相绕组自感的变化规律也相同,只是达到最大值的 θ 不同。三相绕组自

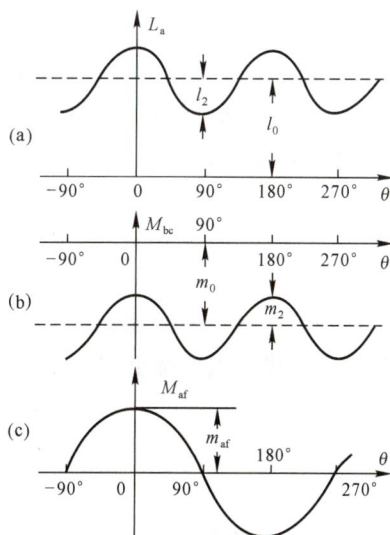

图 6.3 自感和互感随 θ 变化的曲线

感可表示为

$$
\left.\begin{array}{l}
L_{a}=l_{0}+l_{2}\cos2\theta \\
L_{b}=l_{0}+l_{2}\cos2(\theta-120°) \\
L_{c}=l_{0}+l_{2}\cos2(\theta+120°)
\end{array}\right\} \tag{6.6}
$$

式中，l_0 和 l_2 为常数，$l_0>l_2$；隐极机 $l_2=0$。

2. 定子三相绕组间的互感

以 b 相和 c 相绕组间的互感 M_{bc} 为例，由图 6.1 可知，c 相绕组正电流产生的匝链到 b 相绕组的磁通与 b 相绕组正电流产生的磁通方向总相反，所以 M_{bc} 为负值。当 θ 等于 90°或 270°（即 d 轴与 a 相绕组轴线垂直）时，b、c 相绕组耦合最紧密，M_{bc} 的绝对值最大；θ 等于 0° 或 180°（即 d 轴与 a 相绕组轴线平行）时，M_{bc} 的绝对值最小。M_{bc} 随 θ 变化的情况如图6.3（b）所示，变化周期为 180°。M_{ab} 和 M_{ca} 的变化规律与 M_{bc} 一样，但出现最大值（绝对值）时的 θ 分别超前 120°和滞后 120°。三个互感可表示为

$$
\left.\begin{array}{l}
M_{ab}=-[m_{0}+m_{2}\cos2(\theta+30°)] \\
M_{bc}=-[m_{0}+m_{2}\cos2(\theta-90°)] \\
M_{ca}=-[m_{0}+m_{2}\cos2(\theta+150°)]
\end{array}\right\} \tag{6.7}
$$

式中，m_0 和 m_2 为常数，$m_0>m_2$。理论分析表明，m_2 与 l_2 差别很小，实际上可认为，$m_2=l_2$。隐极电机的 $m_2=0$。

3. 定子各相绕组与转子各绕组间的互感

d 轴是励磁绕组的轴线，当 d 轴与 a 轴重合（即 $\theta=0°$）时，励磁绕组穿链到 a 相绕组的磁通达到最大值，所以 a 相绕组与励磁绕组间的互感 M_{af} 达到最大值，用 m_{af} 表示；当 θ 等于 90°或 270°时，d 轴垂直于 a 轴，$M_{af}=0$；当 $\theta=180°$ 时，d 轴又与 a 轴重合，但方向相反，所以励磁绕组穿链到 a 相的磁通达到负最大值，$M_{af}=-m_{af}$。M_{af} 变化的曲线如图 6.3（c）所示，变化周期为 360°。定子各相绕组与励磁绕组间的互感可表示为

$$
\left.\begin{array}{l}
M_{af}=m_{af}\cos\theta \\
M_{bf}=m_{af}\cos(\theta-120°) \\
M_{cf}=m_{af}\cos(\theta+120°)
\end{array}\right\} \tag{6.8}
$$

因为纵轴阻尼绕组的轴线也是 d 轴，所以定子绕组与纵轴阻尼绕组间的互感与式（6.8）相似，可表示为

$$
\left.\begin{array}{l}
M_{aD}=m_{aD}\cos\theta \\
M_{bD}=m_{aD}\cos(\theta-120°) \\
M_{cD}=m_{aD}\cos(\theta+120°)
\end{array}\right\} \tag{6.9}
$$

横轴阻尼绕组的轴线 q 轴超前 d 轴 90°，所以用 $\theta+90°$ 替换式（6.9）中的 θ，就可得到定子各绕组与横轴阻尼绕组间的互感

$$
\left.\begin{array}{l}
M_{aQ}=-m_{aQ}\sin\theta \\
M_{bQ}=-m_{aQ}\sin(\theta-120°) \\
M_{cQ}=-m_{aQ}\sin(\theta+120°)
\end{array}\right\} \tag{6.10}
$$

4. 转子各绕组的自感和互感

转子上各绕组是随着转子一起旋转的，无论是凸极机还是隐极机，各绕组磁路的磁导

都是不变的,所以转子各绕组自感 L_f、L_D 和 L_Q 以及励磁绕组与纵轴阻尼绕组间的互感 M_{fD}（以后用 m_r 表示）都是常数。

上述表明,凸极机大部分自感和互感、隐极机定子绕组与转子绕组间的互感都是转子位置角 $\theta = \int \omega dt$ 的函数,也就是时间函数。可见,磁链方程式(6.4)和(6.5)是非线性的代数方程式,电压方程式(6.2)和(6.3)是变系数的微分方程式,它们的求解是十分困难的。克服这个困难的有效方法是,将定子 a、b、c 三相绕组的磁链、电流和电压用一组新的变量替换,从而使方程式便于求解。变量替换又称为坐标变换。本书采用最常用的一种坐标变换,即所谓派克(Park)变换。

▶▶▶ 6.2.2　坐标变换

将式(6.8)~(6.10)代入式(6.5),转子各绕组磁链方程可表示为

$$
\left.
\begin{aligned}
\psi_f &= -m_{af}[i_a\cos\theta+i_b\cos(\theta-120°)+i_c\cos(\theta+120°)]+L_f i_f+m_r i_D \\
\psi_D &= -m_{aD}[i_a\cos\theta+i_b\cos(\theta-120°)+i_c\cos(\theta+120°)]+m_r i_f+L_D i_D \\
\psi_Q &= \ \ m_{aQ}[i_a\sin\theta+i_b\sin(\theta-120°)+i_c\sin(\theta+120°)]+L_Q i_Q
\end{aligned}
\right\} \quad (6.11)
$$

这些方程式启发我们,可以用新的变量 i_d、i_q、i_0 替换 i_a、i_b、i_c,它们之间的关系为

$$
\left.
\begin{aligned}
i_d &= \tfrac{2}{3}[i_a\cos\theta+i_b\cos(\theta-120°)+i_c\cos(\theta+120°)] \\
i_q &= -\tfrac{2}{3}[i_a\sin\theta+i_b\sin(\theta-120°)+i_c\sin(\theta+120°)] \\
i_0 &= \tfrac{1}{3}(i_a+i_b+i_c)
\end{aligned}
\right\} \quad (6.12)
$$

将新变量代入式(6.11),它们就可以得到简化,成为线性代数方程。

下面从物理上说明新变量的意义。

设定子三相绕组中的电流分别为

$$
\left.
\begin{aligned}
i_a &= I_m\cos(\omega_s t+\gamma_0)=I_m\cos\gamma \\
i_b &= I_m\cos(\gamma-120°) \\
i_c &= I_m\cos(\gamma+120°)
\end{aligned}
\right\} \quad (6.13)
$$

式中,$\gamma=\omega_s t+\gamma_0$,$\omega_s$ 为电流的角频率,γ_0 为初相角。这种具有正常相序的三相对称电流称为正序电流。将该三相电流代入式(6.12)并经三角运算可得:

$$
\left.
\begin{aligned}
i_d &= I_m\cos(\gamma-\theta) \\
i_q &= I_m\sin(\gamma-\theta) \\
i_0 &= 0
\end{aligned}
\right\} \quad (6.14)
$$

式(6.13)的三相电流可以用一个模值为 I_m、角速度为 ω_s 的旋转综合相量 $\dot{I}$ 表示,见图 6.4。它在三个相差 120° 的固定时间轴 t_a、t_b、t_c 上的投影,即为三相电流的瞬时值。如将图 6.1 中定子三相绕组轴线 a、b、c 分别兼作时间轴 t_a、t_b、t_c,则

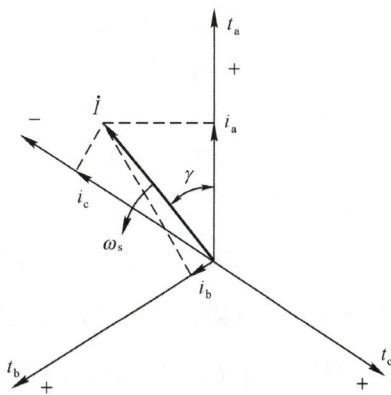

图 6.4　三相电流综合相量

定子电流综合相量可与 d、q 轴表示在同一图上，如图 6.5 所示。$\dot{I}$ 与 d 轴的夹角为 $\gamma-\theta$，它在 d、q 的分量即为式(6.14)的 i_d 和 i_q。因此，i_d、i_q 分别称为定子电流的纵轴分量和横轴分量。

当电机定子三相绕组流过式(6.13)的正序电流时，产生的气隙三相合成磁势是一在空间正弦分布（理想电机）的旋转磁势，转速为 ω_s，旋转方向和转子相同。这一空间旋转磁势可以用向量 $\dot{F}_a$ 表示，它的模等于磁势的幅值，位置与合成电流相量 $\dot{I}$ 重合。交流电机原理表明，当某一相电流的瞬时值达到最大时，旋转磁势的位置与该相绕组的轴线重合，因此在图 6.5 中，空间向量 $\dot{F}_a$ 与定子电流的综合相量 $\dot{I}$ 是重合在一起的。

三相合成磁势的幅值为每相绕组脉动磁势幅值的 1.5 倍，每相脉动磁势的幅值与电流的幅值 I_m 成正比，可用 $I_m\omega$ 表示，比例系数 ω 可称为每相

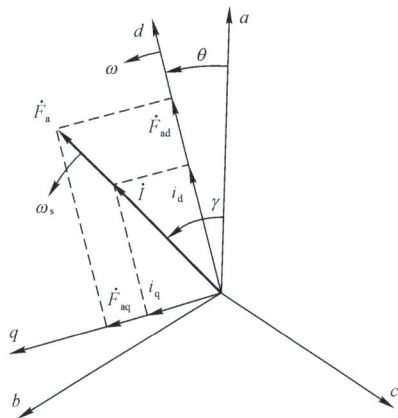

图 6.5　空间向量 $\dot{F}_a$ 和综合相量 $\dot{I}$

绕组的等值匝数，所以三相合成旋转磁势的幅值 $F_{am}=\frac{3}{2}\,\omega I_m$，即向量 $\dot{F}_a$ 与相量 $\dot{I}$ 成正比。可见，$\dot{I}$ 作为时间相量可以代表三相电流，把它看作空间向量则可代表定子三相（电流产生的）合成磁势。

向量 $\dot{F}_a$ 可分解为纵轴和横轴分量 $\dot{F}_{ad}$ 和 $\dot{F}_{aq}$，见图 6.5，它们的模为

$$\left.\begin{aligned}F_{ad}&=F_{am}\cos(\gamma-\theta)=\tfrac{3}{2}\,I_m\omega\cos(\gamma-\theta)\\F_{aq}&=F_{am}\sin(\gamma-\theta)=\tfrac{3}{2}\,I_m\omega\sin(\gamma-\theta)\end{aligned}\right\} \tag{6.15}$$

计及式

$$\left.\begin{aligned}F_{ad}&=\tfrac{3}{2}\,i_d\omega\\F_{aq}&=\tfrac{3}{2}\,i_q\omega\end{aligned}\right\} \tag{6.16}$$

空间向量 $\dot{F}_{ad}$ 与 d 轴重合，$\dot{F}_{aq}$ 与 q 轴重合，两者都是空间正弦分布与转子一起旋转的磁势，分别称为纵轴和横轴电枢反应磁势。如转子角速度 ω 恒定，则 $\gamma-\theta=(\omega_s-\omega)t+\gamma_0-\theta_0$。当 $\omega_s=\omega$ 时，F_{ad} 和 F_{aq} 的大小是恒定的；当 $\omega_s\neq\omega$ 时，两者的大小随时间而变化，角频率为 $\omega_s-\omega$。

定子三相电流为任意时间函数时，各相电流可分解为两个成分：$i_a=i'_a+i_{a0}$，$i_b=i'_b+i_{b0}$，$i_c=i'_c+i_{c0}$。其中，$i'_a+i'_b+i'_c=0$；$i_{a0}=i_{b0}=i_{c0}=i_0$ 为零序电流，显然，$i_0=\frac{1}{3}\,(i_a+i_b+i_c)$。

三相零序电流不能用综合相量表示，但 i'_a、i'_b 和 i'_c 可以用综合相量 $\dot{I}$ 代表。由于零序电流不产生气隙合成磁势，所以三相合成磁势取决于 i'_a、i'_b 和 i'_c，因此，$\dot{I}$ 仍可以代表 $\dot{F}_a$，不过一般情况下，$\dot{F}_a$ 和 $\dot{I}$ 的旋转速度和模都随时间而变化，$\dot{I}$ 的 d、q 轴分量 i_d 和 i_q 仍与式(6.12)所确定的相同，式(6.15)也仍然成立。可见，对于任意情况，i_d 和 i_q 都可分别代表定子纵轴和横轴电枢反应磁势。

同步电机定子的电枢反应磁通,穿链转子 d 轴各绕组的磁链与 F_{ad} 成正比,穿链转子 q 轴各绕组的磁链与 F_{aq} 成正比,零序电流只产生定子漏磁,与转子无关,所以用 i_d、i_q 和 i_0 替代三相电流可以使磁链方程得到简化。

i_a、i_b 和 i_c 可看作定子 a、b、c 轴坐标系的量;i_d、i_q 和 i_0 可看作 d、q、0 坐标系的量,d、q 坐标轴和转子一起旋转,0 坐标轴则是抽象的。因此,用 i_d、i_q、i_0 替换 i_a、i_b、i_c 又称为坐标变换。

式(6.12)可用矩阵表示为

$$i_{dq0} = Pi_{abc} \tag{6.17}$$

式中,$i_{dq0} = [i_d \quad i_q \quad i_0]^T$;$i_{abc} = [i_a \quad i_b \quad i_c]^T$。

$$P = \frac{2}{3} \begin{bmatrix} \cos\theta & \cos(\theta - 120°) & \cos(\theta + 120°) \\ -\sin\theta & -\sin(\theta - 120°) & -\sin(\theta + 120°) \\ 1/2 & 1/2 & 1/2 \end{bmatrix} \tag{6.18}$$

称为派克坐标变换矩阵。

同样地,定子三相电压及磁链的坐标变换式为

$$u_{dq0} = Pu_{abc} \quad \Psi_{dq0} = P\Psi_{abc} \tag{6.19}$$

矩阵 P 是非奇异的,它的逆矩阵为

$$P^{-1} = \begin{bmatrix} \cos\theta & -\sin\theta & 1 \\ \cos(\theta - 120°) & -\sin(\theta - 120°) & 1 \\ \cos(\theta + 120°) & -\sin(\theta + 120°) & 1 \end{bmatrix} \tag{6.20}$$

定子三相电流、电压及磁链的坐标逆变换关系为

$$i_{abc} = P^{-1} i_{dq0}, u_{abc} = P^{-1} u_{dq0}, \Psi_{abc} = P^{-1} \Psi_{dq0} \tag{6.21}$$

上述变换是派克(R. H. Park)于 1929 年首先提出的,所以称为派克变换。

▶▶▶ 6.2.3 用 d、q、0 坐标表示的同步电机方程式

本节讨论同步电机磁链方程和回路电压方程的派克变换,从而得到用 d、q、0 坐标表示的方程式。

1. 磁链方程的派克变换

定子绕组磁链方程式(6.4)为了书写方便而简写为

$$\Psi_{abc} = -L_{SS} i_{abc} + L_{SR} i_{fDQ} \tag{6.22}$$

转子各绕组磁链方程式(6.5)表示为

$$\Psi_{fDQ} = -L_{RS} i_{abc} + L_{RR} i_{fDQ} \tag{6.23}$$

上两式中,L_{SS} 为定子各绕组电感矩阵;$L_{SR} = L_{RS}^T$ 为定子绕组与转子绕组间的互感矩阵;L_{RR} 为转子各绕组的电感矩阵;$\Psi_{fDQ} = [\psi_f \quad \psi_D \quad \psi_Q]^T$;$i_{fDQ} = [i_f \quad i_D \quad i_Q]^T$;$\Psi_{abc} = [\psi_a \quad \psi_b \quad \psi_c]^T$;$i_{abc} = [i_a \quad i_b \quad i_c]^T$。

式(6.22)等号两边乘 P,计及式(6.19)、(6.21)可得:

$$\left. \begin{array}{l} \Psi_{dq0} = -PL_{SS}P^{-1} i_{dq0} + PL_{SR} i_{fDQ} \\ \Psi_{fDQ} = -L_{RS}P^{-1} i_{dq0} + L_{RR} i_{fDQ} \end{array} \right\} \tag{6.24}$$

根据式(6.18)、(6.20)以及式(6.6)～(6.10)，经三角演算可得：

$$\boldsymbol{P}\boldsymbol{L}_{SS}\boldsymbol{P}^{-1} = \begin{bmatrix} L_d & 0 & 0 \\ 0 & L_q & 0 \\ 0 & 0 & L_0 \end{bmatrix} \tag{6.25}$$

式中，

$$L_d = l_0 + m_0 + l_2/2 + m_2 \approx l_0 + m_0 + \tfrac{3}{2} l_2$$

$$L_q = l_0 + m_0 - l_2/2 - m_2 \approx l_0 + m_0 - \tfrac{3}{2} l_2$$

$$L_0 = l_0 - 2m_0$$

$$\boldsymbol{P}\boldsymbol{L}_{SR} = \begin{bmatrix} m_{af} & m_{aD} & 0 \\ 0 & 0 & m_{aQ} \\ 0 & 0 & 0 \end{bmatrix} \tag{6.26}$$

$$\boldsymbol{L}_{RS}\boldsymbol{P}^{-1} = \begin{bmatrix} \tfrac{3}{2} m_{af} & 0 & 0 \\ \tfrac{3}{2} m_{aD} & 0 & 0 \\ 0 & \tfrac{3}{2} m_{aQ} & 0 \end{bmatrix} \tag{6.27}$$

将式(6.25)～(6.27)代入式(6.24)，即得到用 d、q、0 坐标表示的同步电机磁链方程，其展开式为

$$\left. \begin{array}{l} \psi_d = -L_d i_d + m_{af} i_f + m_{aD} i_D \\ \psi_q = -L_q i_q + m_{aQ} i_Q \\ \psi_0 = -L_0 i_0 \\ \psi_f = -\tfrac{3}{2} m_{af} i_d + L_f i_f + m_r i_D \\ \psi_D = -\tfrac{3}{2} m_{aD} i_d + m_r i_f + L_D i_D \\ \psi_Q = -\tfrac{3}{2} m_{aQ} i_q + L_Q i_Q \end{array} \right\} \tag{6.28}$$

可见，坐标变换后各电感都变成了常数。

从磁链关系的观点来看，坐标变换相当于将定子三相绕组用三个假设的绕组来等值，它们是零序绕组、d 轴绕组和 q 轴绕组。此三个绕组与定子一相绕组的结构相同，等值匝数也一样。等值的定子零序绕组是一个独立的绕组，自感 L_0 为常数，与其他绕组均无磁的耦合，所以该绕组的磁链与其中的电流 i_0 成正比。等值的定子 d 轴和 q 绕组的轴线分别与转子 d 轴和 q 轴重合，和转子一起旋转，两绕组的电流和磁链分别为 i_d、ψ_d 和 i_q、ψ_q（参考方向与定子绕组相同）。这样，计及转子各绕组时，同步电机的 d 轴方向共有三个相对静止的绕组，q 轴方向共有两个相对静止的绕组；d 轴各绕组与 q 轴各绕组之间没有互感作用。

等值定子 d 轴绕组的轴线始终与 d 轴重合，所以磁路的磁导不变，自感 L_d 为常数，它与同轴的励磁绕组及纵轴阻尼绕组之间的互感也是常数，分别等于 $\theta = 0°$ 时 a 相绕组与转子 d 轴两绕组之间的互感：m_{af} 和 m_{aD}。这样就不难理解式(6.28)中 ψ_d、ψ_f、ψ_D 与 i_d、i_f、i_D 的关系。需要指出：ψ_d 中由 i_f 和 i_D 产生的磁链，互感为 m_{af} 和 m_{aD}；而 ψ_f 和 ψ_D 中由 i_d 产生的互感磁链，互感则为 $1.5m_{af}$ 和 $1.5m_{aD}$。这表明，等值定子 d 轴绕组与转子 d 轴两个绕组间的互感是不可互逆的。这是因为转子该两绕组中由定子三相电流产生的互感磁链与定子合成磁势纵轴分量 $F_{ad}(=1.5i_d\omega)$ 成正比，而 m_{af} 和 m_{aD} 相应于定子一相绕组与转子该两绕组之间的互感，所以互感磁链用 i_d 表示时，互感要增大 1.5 倍。

等值定子 q 轴绕组的轴线始终与转子 q 轴重合,所以它的自感 L_q 为常数,它与转子横轴阻尼绕组间的互感也是常数。同理,q 轴两个绕组间的互感也是不可互逆的。

现在进一步讨论定子等值电感 L_d、L_q 和 L_0 的物理意义。

设一台同步电机由原动机驱动,转子转速保持为额定值 ω_N,励磁绕组开路,定子接到电压为三相对称(正序)正弦波和角频率为 ω_N 的电源。稳态时,定子绕组电流为三相对称的正弦波,$i_0=0$,在气隙产生的三相合成旋转磁势和转子没有相对运动,阻尼绕组中 $i_D=i_Q=0$。如改变三相电源电压的相位,使定子三相合成磁势的向量和 d 轴重合,即图 6.5 中 $\gamma=\theta$,则 $i_q=0$,由式(6.28)可知,这时 $\psi_d=-L_d i_d$,$\psi_q=0$,$\psi_0=0$。定子三相电流和磁链为

$$\begin{bmatrix} i_a \\ i_b \\ i_c \end{bmatrix} = \boldsymbol{P}^{-1} \begin{bmatrix} i_d \\ 0 \\ 0 \end{bmatrix} = \begin{bmatrix} i_d \cos\theta \\ i_d \cos(\theta-120°) \\ i_d \cos(\theta+120°) \end{bmatrix}$$

$$\begin{bmatrix} \psi_a \\ \psi_b \\ \psi_c \end{bmatrix} = \boldsymbol{P}^{-1} \begin{bmatrix} \psi_d \\ 0 \\ 0 \end{bmatrix} = \begin{bmatrix} \psi_d \cos\theta \\ \psi_d \cos(\theta-120°) \\ \psi_d \cos(\theta+120°) \end{bmatrix}$$

可得定子各相等值电感为

$$-\frac{\psi_a}{i_a} = -\frac{\psi_b}{i_b} = -\frac{\psi_c}{i_c} = -\frac{\psi_d}{i_d} = L_d$$

可见,L_d 是只有纵轴电枢反应时定子各相的等值电感,在电机学中称为纵轴同步电感,它为相绕组漏感 L_σ 和纵轴电枢反应电感 L_{ad} 之和,即 $L_d=L_\sigma+L_{ad}$,相应的电抗为 $x_d=\omega_N L_d=x_\sigma+x_{ad}$。

再改变三相电源电压的相位,使定子三相合成磁势向量和 q 轴重合,即图 6.5 中 $\gamma-\theta=90°$,则磁链 $\psi_d=0$,$\psi_q=-L_q i_q$,$\psi_0=0$。定子三相电流和磁链为

$$\begin{bmatrix} i_a \\ i_b \\ i_c \end{bmatrix} = \boldsymbol{P}^{-1} \begin{bmatrix} 0 \\ i_q \\ 0 \end{bmatrix} = -\begin{bmatrix} i_q \sin\theta \\ i_q \sin(\theta-120°) \\ i_q \sin(\theta+120°) \end{bmatrix}$$

$$\begin{bmatrix} \psi_a \\ \psi_b \\ \psi_c \end{bmatrix} = \boldsymbol{P}^{-1} \begin{bmatrix} 0 \\ \psi_q \\ 0 \end{bmatrix} = -\begin{bmatrix} \psi_q \sin\theta \\ \psi_q \sin(\theta-120°) \\ \psi_q \sin(\theta+120°) \end{bmatrix}$$

可得定子各相等值电感为

$$-\frac{\psi_a}{i_a} = -\frac{\psi_b}{i_b} = -\frac{\psi_c}{i_c} = -\frac{\psi_q}{i_q} = L_q$$

这说明,L_q 是只有横轴电枢反应时定子各相的等值电感,在电机学中称为横轴同步电感,$L_q=L_\sigma+L_{aq}$,L_{aq} 为横轴电枢反应电感。相应的电抗为

$$x_q=\omega_N L_q=x_\sigma+x_{aq}$$

最后,定子三相绕组通以零序电流 $i_a=i_b=i_c=i_0$,则有 $i_d=i_q=0$,$\psi_d=\psi_q=0$,$\psi_0=-L_0 i_0$,三相磁链 $\psi_a=\psi_b=\psi_c=\psi_0$,这时定子各相等值电感为

$$-\frac{\psi_a}{i_a} = -\frac{\psi_b}{i_b} = -\frac{\psi_c}{i_c} = -\frac{\psi_0}{i_0} = L_0$$

L_0 即各相零序电感,$x_0=\omega_N L_0$ 为零序电抗。

2. 回路电压方程的派克变换

定子三相回路电压方程式(6.2)用矩阵表示时如下式所示：

$$\boldsymbol{u}_{\text{abc}} = \mathrm{d}\boldsymbol{\Psi}_{\text{abc}}/\mathrm{d}t - r\boldsymbol{i}_{\text{abc}} \tag{6.29}$$

式中，

$$\boldsymbol{u}_{\text{abc}} = \begin{bmatrix} u_{\text{a}} & u_{\text{b}} & u_{\text{c}} \end{bmatrix}^{\text{T}}$$

上式等号两边左乘 $\boldsymbol{P}$，计及式(6.16)、(6.18)和(6.20)，可得：

$$\boldsymbol{u}_{\text{dq0}} = \boldsymbol{P}\frac{\mathrm{d}}{\mathrm{d}t}(\boldsymbol{P}^{-1}\boldsymbol{\Psi}_{\text{dq0}}) - r\boldsymbol{P}\boldsymbol{P}^{-1}\boldsymbol{i}_{\text{dq0}}$$

$$= \boldsymbol{P}\left[\boldsymbol{P}^{-1}\frac{\mathrm{d}\boldsymbol{\Psi}_{\text{dq0}}}{\mathrm{d}t} + \left(\frac{\mathrm{d}}{\mathrm{d}t}\boldsymbol{P}^{-1}\right)\boldsymbol{\Psi}_{\text{dq0}}\right] - r\boldsymbol{i}_{\text{dq0}}$$

$$= \frac{\mathrm{d}\boldsymbol{\Psi}_{\text{dq0}}}{\mathrm{d}t} + \boldsymbol{P}\frac{\mathrm{d}\boldsymbol{P}^{-1}}{\mathrm{d}t}\boldsymbol{\Psi}_{\text{dq0}} - r\boldsymbol{i}_{\text{dq0}}$$

式中，

$$\boldsymbol{P}\frac{\mathrm{d}\boldsymbol{P}^{-1}}{\mathrm{d}t} = \begin{bmatrix} 0 & -\omega & 0 \\ \omega & 0 & 0 \\ 0 & 0 & 0 \end{bmatrix}$$

所以派克变换后的定子电压方程为

$$\begin{bmatrix} u_{\text{d}} \\ u_{\text{q}} \\ u_0 \end{bmatrix} = \frac{\mathrm{d}}{\mathrm{d}t}\begin{bmatrix} \psi_{\text{d}} \\ \psi_{\text{q}} \\ \psi_0 \end{bmatrix} + \begin{bmatrix} 0 & -\omega & 0 \\ \omega & 0 & 0 \\ 0 & 0 & 0 \end{bmatrix}\begin{bmatrix} \psi_{\text{d}} \\ \psi_{\text{q}} \\ \psi_0 \end{bmatrix} - r\begin{bmatrix} i_{\text{d}} \\ i_{\text{q}} \\ i_0 \end{bmatrix} \tag{6.30}$$

转子各回路方程(6.3)不含定子量，所以不必变换。

将式(6.30)展开，并重写式(6.3)可得如下的同步电机派克方程式：

$$\left.\begin{aligned} u_{\text{d}} &= \frac{\mathrm{d}\psi_{\text{d}}}{\mathrm{d}t} - \omega\psi_{\text{q}} - ri_{\text{d}} \\ u_{\text{q}} &= \frac{\mathrm{d}\psi_{\text{q}}}{\mathrm{d}t} + \omega\psi_{\text{d}} - ri_{\text{q}} \\ u_0 &= \frac{\mathrm{d}\psi_0}{\mathrm{d}t} - ri_0 \\ u_{\text{f}} &= \frac{\mathrm{d}\psi_{\text{f}}}{\mathrm{d}t} + r_{\text{f}}i_{\text{f}} \\ 0 &= \frac{\mathrm{d}\psi_{\text{D}}}{\mathrm{d}t} + r_{\text{D}}i_{\text{D}} \\ 0 &= \frac{\mathrm{d}\psi_{\text{Q}}}{\mathrm{d}t} + r_{\text{Q}}i_{\text{Q}} \end{aligned}\right\} \tag{6.31}$$

坐标变换后，在定子电压 u_{d} 和 u_{q} 的方程中出现两项电势：一项是由磁链变化感应的电势（$\mathrm{d}\psi_{\text{d}}/\mathrm{d}t$ 和 $\mathrm{d}\psi_{\text{q}}/\mathrm{d}t$），简称变压器电势；另一项与转子转速成正比的电势 $\omega\psi_{\text{q}}$ 和 $\omega\psi_{\text{d}}$，简称旋转电势或发电机电势。

坐标变换后磁链方程变为线性代数方程组，u_{d} 和 u_{q} 两个电压方程式由于存在发电机电势，因而成为随 ω 变化的非线性微分方程。在研究电力系统短路和稳定问题时，由于电机转速变化很小，所以 ω 可当作常数处理。这样，电压方程组也都是线性微分方程，它们的求解将大为简化。

▶▶▶ 6.2.4　用标么制表示的派克方程式

电力系统暂态分析计算中,一般采用标么制。在第 2 章中已讨论了系统三相对称稳态分析所用的标么制,规定了各基准值之间的关系。选择三相功率基准值 S_B 和线电压有效值基准值 U_B 后,就可确定其他各基准值,现扩展应用到暂态分析。

1. 定子侧基准值

在暂态过程中,往往三相不对称,而且电压和电流都是非正弦波,所以需要分析计算相电压、电流和功率的瞬时值。使用标么制时,要先选定相应的基准值。通常,三相瞬时功率的基准值与稳态三相功率基准值 S_B 相同;相电压瞬时值的基准值 u_B 则取相电压有效值基准值的 $\sqrt{2}$ 倍,即

$$u_B = \sqrt{2}U_{\varphi B} = \sqrt{2/3}U_B \qquad (6.32)$$

电流瞬时值基准值取电流有效值基准值的 $\sqrt{2}$ 倍,即

$$i_B = \sqrt{2}I_B = \frac{\sqrt{2}S_B}{\sqrt{3}U_B} \qquad (6.33)$$

阻抗基准值

$$Z_B = \frac{u_B}{i_B} = \frac{U_{\varphi B}}{I_B} = \frac{U_B}{\sqrt{3}I_B} = \frac{U_B^2}{S_B} \qquad (6.34)$$

与稳态分析所用的基准值相同。三相功率基准值用 u_B、i_B 表示时为

$$S_B = \sqrt{3}U_B I_B = \sqrt{3} \times \sqrt{3/2} \times u_B \times \frac{i_B}{\sqrt{2}} = \frac{3}{2}u_B i_B \qquad (6.35)$$

另外,角频率或发电机角速度、频率、自感 L、互感 M、磁链和时间 t 等也用标么值表示,它们的基准值之间的关系为

$$\left.\begin{array}{l} \omega_B = 2\pi f_B \\ L_B = M_B = Z_B/\omega_B \\ \psi_B = L_B i_B = (Z_B/\omega_B)i_B = u_B/\omega_B \\ t_B = 1/\omega_B \end{array}\right\} \qquad (6.36)$$

一般取额定频率 f_N(50Hz)为频率的基准值,即 $f_B = f_N$。相应地,$\omega_B = 2\pi f_N = \omega_N$ 为额定角频率或角速度,因而 t_B 为发电机转子在额定转速时转过一个(电)弧度所需的时间。

规定了基准值后,即可计算各物理量的标么值。例如,角频率的标么值 $\omega_* = \dfrac{\omega}{\omega_B} = \dfrac{2\pi f}{2\pi f_B}$ $= f_*$,即频率与角频率(速度)的标么值相等。如果 $f = f_N$,则 $f_* = \omega_* = 1$。又如,时间的标么值 $t_* = t/t_B = \omega_B t = \omega_N t$(rad)。时间的标么值与众不同,它虽有单位(rad),但仍是无量纲。同理,时间常数的标么值 $T_* = T/t_B = \omega_B T$(rad)。

下面列出用标么值表示的一些基本关系式:

$$x_* = \frac{\omega L}{Z_B} = \frac{\omega L}{\omega_B L_B} = \omega_* L_*$$

$$\psi_* = \frac{\psi}{\psi_B} = \frac{Li}{L_B i_B} = L_* i_* = \frac{x_*}{\omega_*} i_*$$

$$e_* = \frac{e}{u_B} = \frac{\omega \psi}{\omega_B \psi_B} = \omega_* \psi_*$$

式中，e 为发电机电势。当 $\omega_* = 1$ 时，有：$x_* = L_*$；$\psi_* = x_* i_*$；$e_* = \psi_*$。

上述表明，在 $\omega_* = 1$ 的条件下，自（互）感抗与相应的自（互）感系数的标么值相等，发电机电势与相应磁链的标么值相等。一个物理量可以用标么值相等的另一物理量代替，这是标么制的一个特点。

具有正弦波形的相电压

$$u = U_m \sin(\omega t + \theta)$$

用标么值表示：

$$u_* = \frac{U_m}{u_B} \sin\left(\frac{\omega}{\omega_B} \omega_B t + \theta\right) = U_{m*} \sin(\omega_* t_* + \theta)$$

$\omega_* = 1$ 时，$u_* = U_{m*} \sin(t_* + \theta)$。注意上式中的 θ 要用弧度单位。

对于三相对称正弦电压，相电压的有效值 $U = U_m / \sqrt{2}$，所以

$$U_{m*} = \frac{U_m}{u_B} = \frac{\sqrt{2} U}{\sqrt{2} U_{\varphi B}} = U_*$$

即相电压幅值的标么值与有效值的标么值相等，也等于线电压有效值的标么值。

2. 转子各绕组的基准值

转子侧各量的基准值有很多种选择方法，这里介绍常用的一种基准值系统：x_{ad} 基准值系统。

先讨论励磁绕组的基准值。设定子一相绕组和励磁绕组的等值匝数分别为 ω 和 ω_f，则匝数比 $k_{af} = \omega / \omega_f$。励磁绕组电压和磁链的基准值按下两式确定：

$$u_{fB} = u_B / k_{af}, \qquad \psi_{fB} = \psi_B / k_{af}$$

为了使标么制表示的磁链方程中，转子和定子间的互感成为可互逆的，按 x_{ad} 基准值系统条件，即励磁绕组基准电流 i_{fB} 产生的磁势和定子三相对称基准电流产生的合成磁势相等的原则选择 i_{fB}，有

$$i_{fB} w_f = \frac{3}{2} i_B \omega$$

所以，

$$i_{fB} = \frac{3}{2} k_{af} i_B$$

按同样的原则确定励磁绕组自感基准值 L_{fB} 和它与定子的互感基准值 M_{afB} 之间的关系：

$$L_{fB} i_{fB} = \frac{3}{2} M_{afB} i_B$$

即

$$L_{fB} = \frac{3}{2} \frac{i_B}{i_{fB}} M_{afB} = M_{afB} / k_{af}$$

变比通常由实验来测定。

其他各基准值间的关系为

$$u_{fB} = \omega_B \psi_{fB} = Z_{fB} i_{fB}$$

$$\psi_{fB} = L_{fB} i_{fB} = \frac{3}{2} M_{afB} i_B$$

由以上各式可得：

$$\psi_B = k_{af} L_{fB} i_{fB} = M_{afB} i_{fB} = L_B i_B$$

纵轴和横轴阻尼绕组各基准值的选择和励磁绕组相同,各基准值间的关系如下：

$$u_{DB} = u_B / k_{aD} = \omega_B \psi_{DB} = Z_{DB} i_{DB}$$

$$i_{DB} = \frac{3}{2} k_{aD} i_B$$

$$\psi_{DB} = L_{DB} i_{DB} = \frac{3}{2} M_{aDB} i_B$$

$$\psi_B = k_{aD} \psi_{DB} = M_{aDB} i_{DB}$$

$$u_{QB} = u_B / k_{aQ} = \omega_B \psi_{QB} = Z_{QB} i_{QB}$$

$$i_{QB} = \frac{3}{2} k_{aQ} i_B$$

$$\psi_{QB} = L_{QB} i_{QB} = \frac{3}{2} M_{aQB} i_B$$

$$\psi_B = k_{aQ} \psi_{QB} = M_{aQB} i_{QB}$$

式中,k_{aD} 和 k_{aQ} 分别为定子相绕组与纵、横阻尼绕组的等值匝数比。

另外,励磁绕组与纵轴阻尼绕组间的互感基准值 M_{rB} 由下式确定：

$$\psi_{fB} = M_{rB} i_{DB}$$

由于 $\psi_{fB}/\psi_{DB} = k_{aD}/k_{af}$,$i_{DB}/i_{fB} = k_{aD}/k_{af}$,所以 $\psi_{DB} = M_{rB} i_{fB}$。

确定了基准值之后,推导标么制派克方程就不难了。需要说明的是,u_d、u_q、u_0、i_d、i_q、i_0 和 ψ_d、ψ_q、ψ_0 都是定子的量,其基准值应为 u_B、i_B 和 ψ_B。

在磁链方程式(6.28)中,ψ_d 方程的等号两边同除以 $\psi_B (= L_B i_B = M_{afB} i_{fB} = M_{aDB} i_{DB})$,可得：

$$\frac{\psi_d}{\psi_B} = -\frac{L_d i_d}{L_B i_B} + \frac{m_{af} i_f}{M_{afB} i_{fB}} + \frac{m_{aD} i_D}{M_{aDB} i_{DB}}$$

即

$$\psi_{d*} = -L_{d*} i_{d*} + m_{af*} i_{f*} + m_{aD*} i_{D*} \tag{6.37}$$

在式(6.28)中,ψ_f 方程的等号两边同除以 $\psi_{fB} \left(= \frac{3}{2} M_{afB} i_B = L_{fB} i_{fB} = M_{rB} i_{DB}\right)$,可得：

$$\frac{\psi_f}{\psi_{fB}} = -\frac{\frac{3}{2} m_{af} i_d}{\frac{3}{2} M_{afB} i_B} + \frac{L_f i_f}{L_{fB} i_{fB}} + \frac{M_r i_D}{M_{rB} i_{DB}}$$

即

$$\psi_{f*} = -m_{af*} i_{d*} + L_{f*} i_{f*} + m_{r*} i_{D*} \tag{6.38}$$

同理可得其他磁链方程：

$$
\left.
\begin{aligned}
\psi_{q*} &= -L_{q*}\,i_{q*} + m_{aQ*}\,i_{Q*} \\
\psi_{0*} &= -L_{0*}\,i_{0*} \\
\psi_{D*} &= -m_{aD*}\,i_{d*} + m_{r*}\,i_{f*} + L_{D*}\,i_{D*} \\
\psi_{Q*} &= -m_{aQ*}\,i_{q*} + L_{Q*}\,i_{Q*}
\end{aligned}
\right\}
\tag{6.39}
$$

可见,转子采用上述基准值系统时,标么制磁链方程的互感都变为可互逆的。

用标么制时, $m_{ad*} = L_{ad*}$, $m_{aQ*} = L_{aq*}$,而 m_{af*} , m_{aD*} 和 m_{r*} 三者与 m_{ad*} 差别很小,实际上可取 $m_{af*} = m_{aD*} = m_{r*} = m_{ad*} = L_{ad*}$ 。同时,各绕组自感等于漏感与互感之和,即 $L_{f*} = L_{f\sigma*} + L_{ad*}$, $L_{D*} = L_{D\sigma*} + L_{ad*}$, $L_{d*} = L_{\sigma*} + L_{ad*}$, $L_{Q*} = L_{Q\sigma*} + L_{aq*}$, $L_{q*} = L_{\sigma*} + L_{aq*}$ 。各式中加下标 σ 者表示漏感。

由于电抗的标么值 $x_* = \omega_* L_*$ 或 $x_* = \omega_* M_*$,所以各电感标么值可用 $\omega_* = 1$ 时的电抗标么值代替。

标么制下的磁链方程可表示为(略去下标 $*$)

$$
\left.
\begin{aligned}
\psi_d &= -x_d i_d + x_{ad} i_f + x_{ad} i_D \\
\psi_q &= -x_q i_q + x_{aq} i_Q \\
\psi_0 &= -x_0 i_0 \\
\psi_f &= -x_{ad} i_d + x_f i_f + x_{ad} i_D \\
\psi_D &= -x_{ad} i_d + x_{ad} i_f + x_D i_D \\
\psi_Q &= -x_{aq} i_q + x_Q i_Q
\end{aligned}
\right\}
\tag{6.40}
$$

在电压方程式(6.31)中, u_d 方程的等号两边同除以 $u_B(=\omega_B \psi_B = Z_B i_B)$,即

$$
\frac{u_d}{u_B} = \frac{\mathrm{d}(\psi_d/\psi_B)}{\mathrm{d}(\omega_B t)} - \frac{\omega \psi_q}{\omega_B \psi_B} - \frac{r i_d}{Z_B i_B}
$$

可得:

$$
u_{d*} = \frac{\mathrm{d}\psi_{d*}}{\mathrm{d}t_*} - \omega_* \psi_{q*} - r_* i_{d*}
$$

式(6.31)中, u_f 方程的等号两边同除以 $u_{fB}(=\omega_B \psi_{fB} = Z_{fB} i_{fB})$,即

$$
\frac{u_f}{u_{fB}} = \frac{\mathrm{d}(\psi_f/\psi_{fB})}{\mathrm{d}(\omega_B t)} + \frac{r_f i_f}{Z_{fB} i_{fB}}
$$

可得:

$$
u_{f*} = \frac{\mathrm{d}\psi_{f*}}{\mathrm{d}t_*} + r_{f*} i_{f*}
$$

上面两个电压方程用标么制或有名单位制表示时,形式上完全相同,其他各电压方程式的形式也都不变。在以后的分析中均采用标么制,为了书写方便,表示标么值的下标"$*$"一律省去。

▶▶▶ 6.2.5　同步发电机的稳态运行

本节将应用派克方程式分析同步发电机稳态同步运行的情况。

在稳态同步运行时,三相电势、电压和电流都是三相对称、正弦波形的,而且 $\omega_* = 1$,励

磁电流 i_f 为常数,所以 i_0、ψ_0 及阻尼绕组电流 i_D、i_Q 均为零。

1. 同步发电机空载运行

空载运行时,定子三相绕组没有电流,$i_d = i_q = i_0 = 0$,所以定子磁链 $\psi_d = x_{ad} i_f$(用 ψ_{fd} 表示),$\psi_q = \psi_0 = 0$。定子三相磁链:

$$\begin{bmatrix} \psi_a \\ \psi_b \\ \psi_c \end{bmatrix} = \boldsymbol{P}^{-1} \begin{bmatrix} \psi_{fd} \\ 0 \\ 0 \end{bmatrix} = \begin{bmatrix} \psi_{fd} \cos\theta \\ \psi_{fd} \cos(\theta - 120°) \\ \psi_{fd} \cos(\theta + 120°) \end{bmatrix}$$

式中,$\theta = \omega t + \theta_0 = t + \theta_0$。

定子三相空载磁链可用综合相量 $\dot{\Psi}_{fd}$ 表示,如图 6.6 所示,它与 d 轴重合。定子电压(见式 6.31)为:$u_d = 0$,$u_q = \omega \psi_d = \omega \psi_{fd}$,$u_0 = 0$,三相电压等于三相电势,可表示为

$$\begin{bmatrix} e_a \\ e_b \\ e_c \end{bmatrix} = \begin{bmatrix} u_a \\ u_b \\ u_c \end{bmatrix} = \boldsymbol{P}^{-1} \begin{bmatrix} 0 \\ \omega \psi_{fd} \\ 0 \end{bmatrix} = \omega \psi_{fd} \begin{bmatrix} -\sin\theta \\ -\sin(\theta - 120°) \\ -\sin(\theta + 120°) \end{bmatrix}$$

$$= E_q \begin{bmatrix} \cos(\theta + 90°) \\ \cos(\theta + 90° - 120°) \\ \cos(\theta + 90° + 120°) \end{bmatrix}$$

式中,$E_q = \omega \psi_{fd}$ 为同步电机空载电势,同步运行时,$\omega = 1$,所以

$$E_q = \psi_{fd} = x_{ad} i_f \qquad (6.41)$$

三相电势也可用综合相量 $\dot{E}_q$ 表示,它与 a 轴的相角差为 $\theta + 90°$,即 $\dot{E}_q$ 与 q 轴重合,如图 6.6 所示。

2. 同步发电机有负载运行

设发电机带有三相对称感性负载,功率因数为 $\cos\varphi$(滞后),各相电势、端电压和电流(只写出 a 相)为

$$e_a = E_q \cos(\theta + 90°)$$
$$u_a = U \cos(\theta + 90° - \delta)$$
$$i_a = I \cos(\theta + 90° - \delta - \varphi)$$

相量图见图 6.7。电压和电流的坐标变换值:

$$\begin{bmatrix} u_d \\ u_q \\ u_0 \end{bmatrix} = \boldsymbol{P} \begin{bmatrix} u_a \\ u_b \\ u_c \end{bmatrix} = \begin{bmatrix} U\sin\delta \\ U\cos\delta \\ 0 \end{bmatrix} \qquad (6.42)$$

$$\begin{bmatrix} i_d \\ i_q \\ i_0 \end{bmatrix} = \boldsymbol{P} \begin{bmatrix} i_a \\ i_b \\ i_c \end{bmatrix} = \begin{bmatrix} I\sin(\delta + \varphi) \\ I\cos(\delta + \varphi) \\ 0 \end{bmatrix} \qquad (6.43)$$

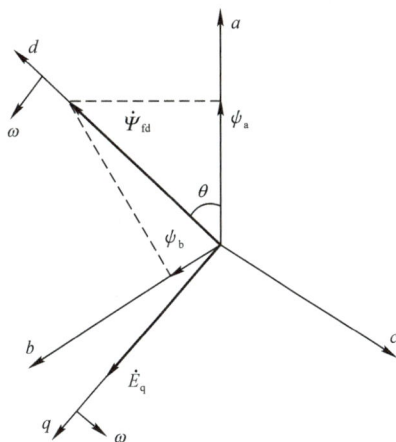

图 6.6 空载相量图

u_d、u_q、i_d、i_q 都是常数（直流），是相量 $\dot{U}$、$\dot{I}$ 在 d、q 轴的分量，如图 6.7 所示。这些稳态值以下用大写字母表示。

稳态时派克方程式为

$$\left.\begin{array}{l} \psi_d = -x_d I_d + x_{ad} I_f \\ \psi_q = -x_q I_q \\ \psi_f = -x_{ad} I_d + x_f I_f \end{array}\right\} \tag{6.44}$$

$$\left.\begin{array}{l} U_d = -\psi_q - r I_d \\ U_q = \psi_d - r I_q \\ U_f = r_f I_f \end{array}\right\} \tag{6.45}$$

定子电压方程可表示为

$$\left.\begin{array}{l} U_d = x_q I_q - r I_d \\ U_q = E_q - x_d I_d - r I_q \end{array}\right\} \tag{6.46}$$

图 6.7 发电机相量图

同步发电机稳态运行特性可用式(6.44)、(6.45)和式(6.46)描述。它的相量图和等值电路已在第 2 章中讨论过。

由式(6.46)解得：

$$I_d = \frac{x_q(E_q - U_q) - r U_d}{r^2 + x_d x_q}$$

$$I_q = \frac{r(E_q - U_q) + x_d U_d}{r^2 + x_d x_q}$$

由于 $r \ll x_d$、$r \ll x_q$，一般计算可取 $r = 0$，所以

$$\left.\begin{array}{l} I_d = \dfrac{E_q - U_q}{x_d} \\[2mm] I_q = \dfrac{U_d}{x_q} \end{array}\right\} \tag{6.47}$$

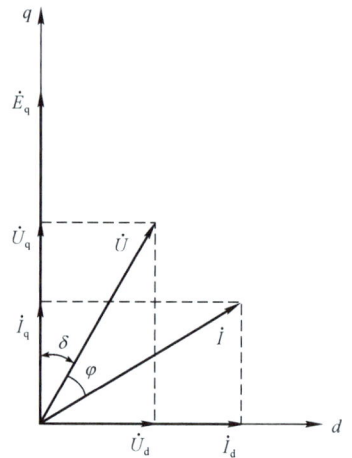

6.3　同步电机三相短路电磁暂态过程

　　本节讨论同步电机端部突然发生三相短路时的电磁暂态过程。由于这个问题比较复杂，所以先讨论没有阻尼绕组的同步电机，再分析有阻尼绕组同步电机的三相短路。虽然电力系统使用的凸极型水轮发电机和调相机都有阻尼绕组，隐极汽轮发电机的锻钢转子也相当于有阻尼绕组，同步电动机为便于启动也大多具有阻尼绕组，但研究无阻尼绕组电机仍有意义，因为它较简单，便于说明和掌握过程的物理本质。

　　在分析中假定：①在短路后的暂态过程中，电机转速保持不变，$\omega = 1$；②同步电机是理想的，磁路不饱和，因而可以应用叠加原理进行分析；③励磁直流电源看作没有内电阻和内电感的电压源，不计自动励磁调节器的作用，励磁电压保持不变，至于强行励磁的影响将在最后补充讨论。

在分析中还将应用超导体闭合线圈的磁链守恒原理,现简述如下。设一电阻为 r 的闭合线圈,在其本身电流 i 以及外磁场作用下线圈的总磁链为 ψ,它的回路电压方程为

$$\frac{\mathrm{d}\psi}{\mathrm{d}t} = ri$$

设 $t=0$ 时,$\psi=\psi(0)$,则 t 时刻的磁链

$$\psi(t) = r\int_0^t i\mathrm{d}t + \psi(0)$$

如果线圈是超导体导线制成的,因 $r=0$,所以 $\psi(t)=\psi(0)$,并永远守恒。

对于 $r>0$ 的实际线圈,由于 i 是连续的,当 $t=0^+$ 时上式积分项为零,所以 $\psi(0^+)=\psi(0)$。这说明研究闭合线圈暂态过程开始瞬间情况,可将线圈看作超导体来处理。

▶▶▶ 6.3.1　无阻尼绕组同步电机三相短路

根据式(6.31)和(6.40),可得无阻尼绕组同步电机的派克方程:

$$\left.\begin{array}{l} \psi_{\mathrm{d}} = -x_{\mathrm{d}}i_{\mathrm{d}} + x_{\mathrm{ad}}i_{\mathrm{f}} \\ \psi_{\mathrm{q}} = -x_{\mathrm{q}}i_{\mathrm{q}} \\ \psi_{\mathrm{f}} = -x_{\mathrm{ad}}i_{\mathrm{d}} + x_{\mathrm{f}}i_{\mathrm{f}} \\ u_{\mathrm{d}} = p\psi_{\mathrm{d}} - \psi_{\mathrm{q}} - ri_{\mathrm{d}} \\ u_{\mathrm{q}} = p\psi_{\mathrm{q}} + \psi_{\mathrm{d}} - ri_{\mathrm{q}} \\ u_{\mathrm{f}} = p\psi_{\mathrm{f}} + r_{\mathrm{f}}i_{\mathrm{f}} \end{array}\right\} \tag{6.48}$$

式中,用 p 代替 $\mathrm{d}/\mathrm{d}t$。三相短路时定子三相电流仍是对称的,$i_0=0$,$\psi_0=0$,所以 u_0 和 ψ_0 方程不必列出。

机端三相短路时,$u_{\mathrm{a}}=u_{\mathrm{b}}=u_{\mathrm{c}}=0$,所以 $u_{\mathrm{d}}=u_{\mathrm{q}}=0$,而 u_{f} 保持短路前的数值不变。将这三个已知条件代入式(6.48),并计及各电流、磁链的初值,可以解得 i_{d}、i_{q},再经坐标变换,即得到三相电流的解。

现运用叠加原理求解。设短路前各量为 $U_{\mathrm{d}(0)}$、$U_{\mathrm{q}(0)}$、$I_{\mathrm{d}(0)}$、$I_{\mathrm{q}(0)}$、$\psi_{\mathrm{d}(0)}$、$\psi_{\mathrm{q}(0)}$、$I_{\mathrm{f}(0)}$、$U_{\mathrm{f}(0)}$、$\psi_{\mathrm{f}(0)}$ 等,称为正常分量,它们是稳态方程式(6.43)、(6.44)的解,都是常数。三相短路后,各量看作正常分量与故障分量之和,即:$u_{\mathrm{d}}=U_{\mathrm{d}(0)}+\Delta u_{\mathrm{d}}$,$u_{\mathrm{q}}=U_{\mathrm{q}(0)}+\Delta u_{\mathrm{q}}$,$i_{\mathrm{d}}=I_{\mathrm{d}(0)}+\Delta i_{\mathrm{d}}$,$i_{\mathrm{q}}=I_{\mathrm{q}(0)}+\Delta i_{\mathrm{q}}$ 等,将它们代入式(6.48),并与式(6.44)、(6.45)[其中各量应加下标(0)]按式相减,即可得到如下描述各故障分量的关系式:

$$\Delta\psi_{\mathrm{d}} = -x_{\mathrm{d}}\Delta i_{\mathrm{d}} + x_{\mathrm{ad}}\Delta i_{\mathrm{f}} \tag{6.49}$$

$$\Delta\psi_{\mathrm{q}} = -x_{\mathrm{q}}\Delta i_{\mathrm{q}} \tag{6.50}$$

$$\Delta\psi_{\mathrm{f}} = -x_{\mathrm{ad}}\Delta i_{\mathrm{d}} + x_{\mathrm{f}}\Delta i_{\mathrm{f}} \tag{6.51}$$

$$\Delta u_{\mathrm{d}} = p\Delta\psi_{\mathrm{d}} - \Delta\psi_{\mathrm{q}} - r\Delta i_{\mathrm{d}} \tag{6.52}$$

$$\Delta u_{\mathrm{q}} = p\Delta\psi_{\mathrm{q}} + \Delta\psi_{\mathrm{d}} - r\Delta i_{\mathrm{q}} \tag{6.53}$$

$$\Delta u_{\mathrm{f}} = p\Delta\psi_{\mathrm{f}} + r_{\mathrm{f}}\Delta i_{\mathrm{f}} \tag{6.54}$$

短路后,$u_{\mathrm{d}}=U_{\mathrm{d}(0)}+\Delta u_{\mathrm{d}}=0$,$u_{\mathrm{q}}=U_{\mathrm{q}(0)}+\Delta u_{\mathrm{q}}=0$,所以 $\Delta u_{\mathrm{d}}=-U_{\mathrm{d}(0)}\times 1(t)$,$\Delta u_{\mathrm{q}}=-U_{\mathrm{q}(0)}\times 1(t)$,$1(t)$ 为单位阶跃函数;又 u_{f} 不变,所以 $\Delta u_{\mathrm{f}}=0$,以上 3 个为已知值。由

于各电流、磁链不能突变,所以短路瞬间($t=0$)各 Δi、$\Delta\psi$ 均为零。因此,用拉氏变换法求解故障分量方程式就比较方便。

上述叠加原理可用图 6.8 说明。图 6.8(a)表示三相短路,图 6.8(b)是图 6.8(a)的等值,其中,$u_{a(0)}$、$u_{b(0)}$ 和 $u_{c(0)}$ 为短路前三相电压(时间正弦函数)。将图 6.8(b)看作图 6.8(c)和图 6.8(d)的叠加,其中,图 6.8(c)是故障前的正常运行情况,图 6.8(d)是短路后故障分量的等值电路。因此,故障分量可看作在励磁绕组短接的空载运行同步电机上,突然加三相电压 $-u_{a(0)}$、$-u_{b(0)}$ 和 $-u_{c(0)}$ 的结果,或突然施加 $-U_{d(0)}$ 和 $-U_{q(0)}$ 阶跃电压的结果。

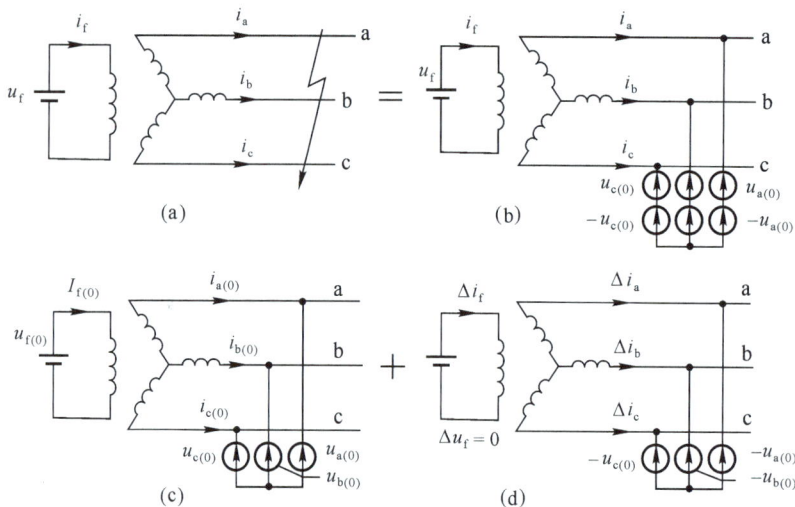

图 6.8　三相短路时叠加原理的应用

现用拉氏变换法求解式(6.49)~(6.54)。这些方程式拉氏变换后的形式不变,但 p 表示变换算符,各 Δi、$\Delta\psi$ 应理解为象函数 $\Delta i(p)$ 和 $\Delta\psi(p)$。式(6.52)、(6.53)中,

$$\Delta u_d(p)=-\frac{U_{d(0)}}{p};\ \Delta u_q(p)=-\frac{U_{q(0)}}{p} \qquad (6.55)$$

将式(6.51)代入式(6.54)解得:

$$\Delta i_f(p)=\frac{\Delta u_f(p)}{r_f+x_f p}+\frac{x_{ad}p}{r_f+x_f p}\Delta i_d(p) \qquad (6.56)$$

将式(6.56)代入式(6.49)可得:

$$\Delta\psi_d(p)=A(p)\Delta u_f(p)-X_d(p)\Delta i_d(p) \qquad (6.57)$$

式中,

$$A(p)=\frac{x_{ad}}{r_f+x_f p};\quad X_d(p)=x_d-\frac{x_{ad}^2 p}{r_f+x_f p} \qquad (6.58)$$

$X_d(p)$ 称为纵轴运算电抗。

将式(6.50)改写为

$$\Delta\psi_q(p)=-x_q\Delta i_q(p) \qquad (6.59)$$

将式(6.55)、(6.57)和(6.59)代入式(6.52)和(6.53),联立解得:

$$\Delta i_{\mathrm{d}}(p)=\frac{(x_{\mathrm{q}}p^2+x_{\mathrm{q}}+rp)A(p)}{D(p)}\Delta u_{\mathrm{f}}(p)+\frac{(r+x_{\mathrm{q}}p)U_{\mathrm{d}(0)}+x_{\mathrm{q}}U_{\mathrm{q}(0)}}{pD(p)} \tag{6.60}$$

$$\Delta i_{\mathrm{q}}(p)=\frac{rA(p)}{D(p)}\Delta u_{\mathrm{f}}(p)+\frac{[r+pX_{\mathrm{d}}(p)]U_{\mathrm{q}(0)}-X_{\mathrm{d}}(p)U_{\mathrm{d}(0)}}{pD(p)} \tag{6.61}$$

式中,

$$D(p)=X_{\mathrm{d}}(p)x_{\mathrm{q}}p^2+r[X_{\mathrm{d}}(p)+x_{\mathrm{q}}]p+r^2+X_{\mathrm{d}}(p)x_{\mathrm{q}} \tag{6.62}$$

在励磁电压 $u_{\mathrm{f}}=U_{\mathrm{f}(0)}$ 不变时,$\Delta u_{\mathrm{f}}=0$,各电流故障分量的方程式可简化为

$$\Delta i_{\mathrm{d}}(p)=\frac{(r+x_{\mathrm{q}}p)U_{\mathrm{d}(0)}+x_{\mathrm{q}}U_{\mathrm{q}(0)}}{pD(p)} \tag{6.63}$$

$$\Delta i_{\mathrm{q}}(p)=\frac{[r+pX_{\mathrm{d}}(p)]U_{\mathrm{q}(0)}-X_{\mathrm{d}}(p)U_{\mathrm{d}(0)}}{pD(p)} \tag{6.64}$$

$$\Delta i_{\mathrm{f}}(p)=\frac{x_{\mathrm{ad}}p}{r_{\mathrm{f}}+x_{\mathrm{f}}p}\Delta i_{\mathrm{d}}(p) \tag{6.65}$$

上面三式经拉氏逆变换后即可得到时域解 $\Delta i_{\mathrm{d}}(t)$、$\Delta i_{\mathrm{q}}(t)$ 和 $\Delta i_{\mathrm{f}}(t)$,然而逆变换仍然相当复杂。下面将从物理概念出发作一些简化,以求得工程实用解。在此之前,先介绍一个重要的等值电势和等值电抗。

1. 暂态电势和暂态电抗

磁链方程组式(6.48)中,在纵轴方向 ψ_{d} 和 ψ_{f} 两磁链方程式中消去 i_{f} 可得:

$$\psi_{\mathrm{d}}=\frac{x_{\mathrm{ad}}}{x_{\mathrm{f}}}\psi_{\mathrm{f}}-\left(x_{\mathrm{d}}-\frac{x_{\mathrm{ad}}^2}{x_{\mathrm{f}}}\right)i_{\mathrm{d}}=\psi'_{\mathrm{d}}-x'_{\mathrm{d}}i_{\mathrm{d}} \tag{6.66}$$

式中,令

$$\psi'_{\mathrm{d}}=\frac{x_{\mathrm{ad}}}{x_{\mathrm{f}}}\psi_{\mathrm{f}}$$

$$x'_{\mathrm{d}}=x_{\mathrm{d}}-\frac{x_{\mathrm{ad}}^2}{x_{\mathrm{f}}} \tag{6.67}$$

x'_{d} 称为定子纵轴暂态电抗。ψ'_{d} 是定子纵轴的等值磁链,它与励磁绕组合成磁链 $\psi_{\mathrm{f}}=-x_{\mathrm{ad}}i_{\mathrm{d}}+x_{\mathrm{f}}i_{\mathrm{f}}$ 成正比。设由 ψ'_{d} 产生的定子旋转电势为 E'_{q},即 $E'_{\mathrm{q}}=\omega\psi'_{\mathrm{d}}=\psi'_{\mathrm{d}}(\omega=1)$,式(6.66)可表示为

$$\psi_{\mathrm{d}}=E'_{\mathrm{q}}-x'_{\mathrm{d}}i_{\mathrm{d}} \tag{6.68}$$

在同步电机运行时,励磁绕组经直流励磁电源形成闭合回路,因此,当电机运行状态突变瞬间,ψ_{f} 不会突变。E'_{q} 与 ψ_{f} 成正比,所以也具有不突变的性质。同步机正常运行时,可用式(6.68)求出 E'_{q} 的值,在运行状态突变瞬间,E'_{q} 的值不变,因此,可以用来计算突变后的运行情况。这是引入这一虚构电势的原因,也因此称 E'_{q} 为暂态电势。

现在讨论 x'_{d} 的物理意义。

$\Delta u_{\mathrm{f}}=0$ 时,式(6.57)简化为

$$\Delta\psi_{\mathrm{d}}(p)=-X_{\mathrm{d}}(p)\Delta i_{\mathrm{d}}(p)$$

此式系描述励磁绕组短接时[见图 6.8(d)]纵轴磁链与电流的暂态关系。设 $\Delta i_{\mathrm{d}}(t)=\Delta i_{\mathrm{d}}\times 1(t)$,即一阶跃电流,则 $\Delta i_{\mathrm{d}}(p)=\Delta i_{\mathrm{d}}/p$。可以应用拉氏变换初值定理求加入阶跃电流瞬间,即 $t=0$ 时,

$$\Delta\psi_{\mathrm{d}}(0)=\lim_{p\to\infty}[\Delta\psi_{\mathrm{d}}(p)]=\lim_{p\to\infty}\left[-pX_{\mathrm{d}}(p)\frac{\Delta i_{\mathrm{d}}}{p}\right]=-X_{\mathrm{d}}(\infty)\Delta i_{\mathrm{d}}$$

式中，$X_d(\infty) = \lim\limits_{p \to \infty} X_d(p) = \lim\limits_{p \to \infty} \left(x_d - \dfrac{x_{ad}^2 p}{r_f + x_f p} \right) = x_d - \dfrac{x_{ad}^2}{x_f} = x'_d$，所以，$\Delta \psi_d(0) = -x'_d \Delta i_d$。

还可应用终值定理求 $t = \infty$ 时的纵轴磁链

$$\Delta \psi_d(\infty) = \lim\limits_{p \to 0} \left[p \Delta \psi_d(p) \right] = \lim\limits_{p \to 0} \left[-p X_d(p) \dfrac{\Delta i_d}{p} \right] = -x_d \Delta i_d$$

以上说明暂态过程开始时的定子纵轴同步电抗为 x'_d，至稳态时则恢复到 x_d。这种现象可以用励磁绕组磁链守恒来说明。前已述及，研究同步电机磁链关系时，定子三相绕组可以用与转子一起旋转的等值 d 绕组和 q 绕组来模拟。图 6.9(a)表示加上阶跃电流瞬间 d 轴方向磁通(标幺值与磁链相等)分布情况。Δi_d 产生的磁通 $-x_{ad}\Delta i_d$ 突然穿入励磁绕组，后者感应出电流 Δi_f，使它的磁链不发生突变，即 $t = 0$ 时，

$$\Delta \psi_f = (x_{f\sigma} + x_{ad})\Delta i_f - x_{ad}\Delta i_d = 0 \tag{6.69}$$

结果迫使通过 d 轴气隙的合成磁链 $\Delta \psi'_{ad}(= x_{ad}\Delta i_f - x_{ad}\Delta i_d)$，从励磁绕组的漏磁路径上通过，如图 6.9(b)所示。

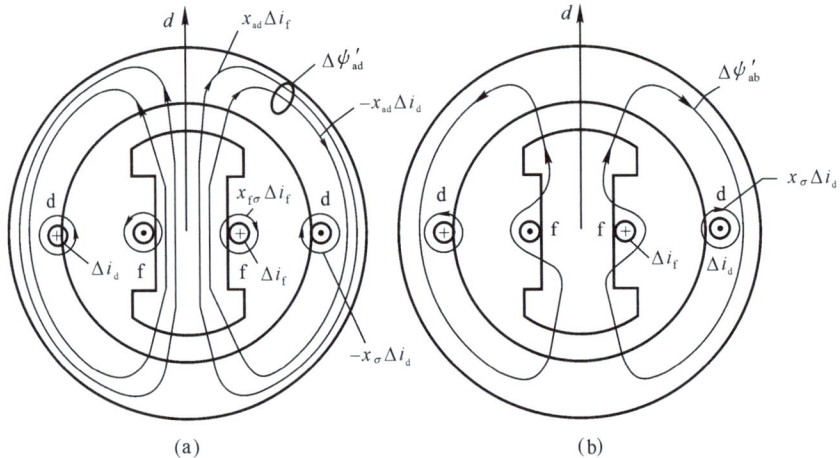

图 6.9　$t = 0$ 时 d 轴方向磁通示意

由式(6.69)可求出励磁绕组电流为 $\Delta i_f = (x_{ad}/x_f)\Delta i_d$。根据图 6.9 可写出定子 d 绕组的磁链为

$$\Delta \psi_d(0) = -x_\sigma \Delta i_d - x_{ad}\Delta i_d + x_{ad}\left(\dfrac{x_{ad}}{x_f}\Delta i_d \right)$$

$$= -\left(x_d - \dfrac{x_{ad}^2}{x_f} \right)\Delta i_d = -x'_d \Delta i_d$$

这与前面方程式求解的结果一致。

再研究图 6.9(b)定子 d 绕组磁通路径的磁导。设 λ_σ 和 $\lambda_{f\sigma}$ 分别为定子绕组和励磁绕组漏磁路径的磁导，λ_{ad} 为正常稳态时纵轴电枢反应磁通路径的磁导。由于铁心磁导与气隙磁导相比可看作无限大，所以 λ_{ad} 等于纵轴气隙的磁导。由于磁阻为磁导的倒数，因而可从图 6.9(b)得出定子绕组磁通(包括漏磁和 $\Delta \psi'_{ad}$)路径的等值磁导为

$$\lambda_\sigma + \dfrac{1}{\dfrac{1}{\lambda_{ad}} + \dfrac{1}{\lambda_{f\sigma}}}$$

x_σ、x_{ad}、x_f 分别与 λ_σ、λ_{ad}、λ_f 成正比且比例系数相同,因此,定子绕组的等值电抗为

$$x_\sigma + \cfrac{1}{\cfrac{1}{x_{ad}} + \cfrac{1}{x_{f\sigma}}} = (x_d - x_{ad}) + \frac{x_{ad} x_{f\sigma}}{x_{ad} + x_{f\sigma}} = x_d - \frac{x_{ad}^2}{x_f} = x'_d$$

这同样也说明,$t=0$ 时,定子纵轴同步电抗为 x'_d,而且表明 $x_\sigma < x'_d < x_d$。

励磁绕组具有电阻,没有电源支持的 Δi_f 将衰减消失,所以,$t=\infty$ 时,Δi_d 产生的电枢反应磁通全部从励磁绕组中穿过,$\Delta \psi_d(\infty) = -x_\sigma \Delta i_d - x_{ad} \Delta i_d = -x_d \Delta i_d$,所以定子纵轴的稳态电抗为 x_d。

另外,如励磁绕组的电阻 $r_f = 0$(超导体),由式(6.58)可知,$X_d(p) = x'_d$,所以 $\Delta \psi_d(t) = -x'_d \Delta i_d$,即纵轴电抗永远为 x'_d。这是由于 ψ_f 守恒不变,定子纵轴电枢反应的磁通永远只能从励磁绕组的漏磁路径通过之故。

定子 d 绕组与励磁绕组是两个相对静止的磁耦合线圈,相当于双绕组变压器,如图 6.10(a)(励磁绕组短接时)所示。若 Δi_d 是阶跃电流,则 $t=0$ 时的等值电路见图 6.10(b),显然,定子纵轴等值电抗为 x'_d。如果 Δi_d 是交流电流,则电抗永远为 x'_d。如果 Δi_d 为直流电流,则稳态时 $\Delta i_f = 0$,定子纵轴电抗为 x_d。

因为在横轴方向转子上没有绕组,所以在任何情况下的横轴同步电抗都是 x_q,这从式(6.59)也可看出。

一般同步电机各电抗的标么值(以额定容量、电压为基准)可参见下一节中的表 6.1。

图 6.10　x'_d 等值电路

最后讨论正常稳态运行时暂态电势的计算。由式(6.45)、(6.46)、(6.68)可得:

$$E'_q = U_q + x'_d I_d + r I_q$$

或

$$E'_q = E_q - (x_d - x'_d) I_d \tag{6.70}$$

只要已知 U_q、I_d、I_q 或 E_q、I_d,就可由这两式之一求得 E'_q(x_d、x'_d、r 等电机参数已知)。

用相量表示时,$\dot{E}'_q$、$\dot{E}_q$ 和 $\dot{U}_q$ 都与 q 轴重合。

忽略不计定子电阻压降时,

$$I_d = \frac{E'_q - U_q}{x'_d} = \frac{E_q - U_q}{x_d}$$

图 6.11 为同步电机稳态等值电路(不计定子电阻)。

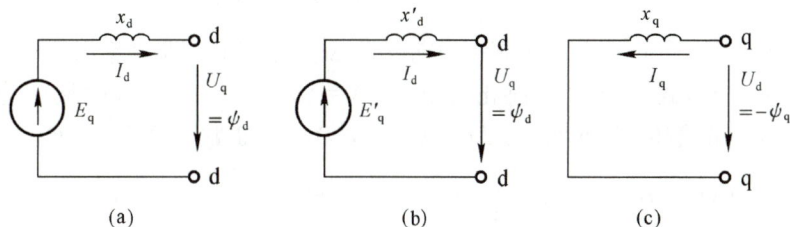

图 6.11　同步电机稳态等值电路

最后还要强调指出，E'_q 这一虚构电势之所以取名"暂态电势"，是因为在电机运行状态突变瞬间，它的数值不变，从而可以把突变前后的情况联系起来，使暂态过程分析得到简化。E'_q 并不是在暂态过程中产生的，而是在稳态时就存在，并且还可以计算它的数值。

2. 不计各绕组电阻时三相短路电流

如果电机的各绕组都是由零电阻的超导体绕制而成的，那就使短路电流的求解变得非常简单，但所得的结果仅是实际电机短路后的初始情况。

在 $r=0$ 和 $r_f=0$ 时，式(6.58)、(6.62)可简化为

$$X_d(p)=x'_d；\quad D(p)=x'_d x_q(p^2+1)$$

式(6.63)、(6.64)可简化为

$$
\left.
\begin{aligned}
\Delta i_d(p)&=\frac{U_{d(0)}p+U_{q(0)}}{p(p^2+1)x'_d}=\frac{U_{q(0)}}{x'_d}\left(\frac{1}{p}-\frac{p}{p^2+1}\right)+\frac{U_{d(0)}}{x'_d}\frac{1}{p^2+1}\\
\Delta i_q(p)&=\frac{U_{q(0)}p-U_{d(0)}}{p(p^2+1)x_q}=-\frac{U_{d(0)}}{x_q}\left(\frac{1}{p}-\frac{p}{p^2+1}\right)+\frac{U_{q(0)}}{x_q}\frac{1}{p^2+1}
\end{aligned}
\right\}
\tag{6.71}
$$

拉氏反变换后，得到时域解为

$$
\left.
\begin{aligned}
\Delta i_d(t)&=\frac{U_{q(0)}}{x'_d}-\frac{U_{q(0)}}{x'_d}\cos t+\frac{U_{d(0)}}{x'_d}\sin t\\
&=\frac{U_{q(0)}}{x'_d}-\frac{U_{(0)}}{x'_d}\cos(t+\delta_0)=\Delta i_{dn}+\Delta i_{d\omega}\\
\Delta i_q(t)&=-\frac{U_{d(0)}}{x_q}+\frac{U_{d(0)}}{x_q}\cos t+\frac{U_{q(0)}}{x_q}\sin t\\
&=-\frac{U_{d(0)}}{x_q}+\frac{U_{(0)}}{x_q}\sin(t+\delta_0)=\Delta i_{qn}+\Delta i_{q\omega}
\end{aligned}
\right\}
\tag{6.72}
$$

式中，计及 $U_{d(0)}=U_{(0)}\sin\delta_0$，$U_{q(0)}=U_{(0)}\cos\delta_0$。

Δi_d 和 Δi_q 各含两个分量，一个是阶跃性质的直流分量(Δi_{dn} 和 Δi_{qn})，另一个是 $\omega=1$ 的同步频率交流分量($\Delta i_{d\omega}$ 和 $\Delta i_{q\omega}$)。由于励磁绕组磁链守恒，Δi_d 中两个分量都取决于 x'_d。由式(6.72)可见，短路瞬间($t=0^+$)，$\Delta i_d=\Delta i_q=0$，说明电感中的电流不能突变，但它们的各个分量却都是突然出现的。

短路后的电流为正常分量与故障分量之和，正常分量 $I_{q(0)}=U_{d(0)}/x_q$，$I_{d(0)}=(E_{q(0)}-U_{q(0)})/x_d$，所以

$$
\left.
\begin{aligned}
i_d&=I_{d(0)}+\Delta i_d=U_{q(0)}\left(\frac{1}{x'_d}-\frac{1}{x_d}\right)\\
&\quad+\frac{E_{q(0)}}{x_d}-\frac{U_{(0)}}{x'_d}\cos(t+\delta_0)=i_{dn}+\Delta i_{d\omega}\\
i_q&=I_{q(0)}+\Delta i_q=\frac{U_{(0)}}{x_q}\sin(t+\delta_0)=\Delta i_{q\omega}
\end{aligned}
\right\}
\tag{6.73}
$$

i_d 包括直流(非周期)分量 i_{dn} 和同步频率周期分量 $\Delta i_{d\omega}$。i_q 只有同步频率周期分量。

当 $r=r_f=0$ 时，式(6.65)可简化为 $\Delta i_f(p)=(x_{ad}/x_f)\Delta i_d(p)$，时域解为 $\Delta i_f(t)=(x_{ad}/x_f)\Delta i_d(t)$。由式(6.67)可得，$x_{ad}/x_f=(x_d-x'_d)/x_{ad}$，正常分量 $I_{f(0)}=E_{q(0)}/x_{ad}$，所以

$$
\begin{aligned}
i_f(t)&=I_{f(0)}+\Delta i_f=\frac{E_{q(0)}}{x_{ad}}+\frac{x_d-x'_d}{x_{ad}}\left[\frac{U_{q(0)}}{x'_d}-\frac{U_{(0)}}{x'_d}\cos(t+\delta_0)\right]\\
&=I_{f(0)}+\Delta i_{fn}+\Delta i_{f\omega}
\end{aligned}
\tag{6.74}
$$

它包含正常电流 $I_{f(0)}$、非周期分量 Δi_{fn} 和同步频率周期分量 $\Delta i_{f\omega}$。Δi_{fn}、$\Delta i_{f\omega}$ 分别与 Δi_{dn}、$\Delta i_{d\omega}$ 成正比。

i_d 和 i_q 经坐标反变换,即可得到定子三相短路电流。例如 a 相电流

$$
\begin{aligned}
i_a &= i_d \cos(t+\theta_0) - i_q \sin(t+\theta_0) \\
&= i_{dn} \cos(t+\theta_0) + \left[\Delta i_{d\omega} \cos(t+\theta_0) - \Delta i_{q\omega} \sin(t+\theta_0) \right] \\
&= \left(\frac{U_{q(0)}}{x'_d} - \frac{U_{q(0)}}{x_d} + \frac{E_{q(0)}}{x_d} \right) \cos(t+\theta_0) - \frac{U_{(0)}}{2} \frac{x'_d + x_q}{x'_d x_q} \\
&\quad \times \cos(\delta_0 - \theta_0) - \frac{U_{(0)}}{2} \frac{x_q - x'_d}{x'_d x_q} \cos(2t+\delta_0 + \theta_0) \\
&= i_{a\omega} + i_{an} + i_{a(2\omega)}
\end{aligned}
\tag{6.75}
$$

将式中 θ_0 变换为 $\theta_0 - 120°$ 或 $\theta_0 + 120°$,即得到 i_b 或 i_c 的表达式。

由式(6.75)可见,三相短路时定子各相电流包含以下三个分量。

同步频率交流分量(简称周期分量)　此分量为 $\omega = 1$ 时的三相对称正序电流,幅值等于 i_d 中的非周期分量 i_{dn}。机端发生三相短路后,定子三相成为短接的纯电感电路(定子 $r = 0$),三相电流的周期分量只产生同步的纵轴电枢反应磁势,且对励磁绕组起去磁作用,而 i_q 中没有非周期分量。假设短路后励磁电流保持为 $I_{f(0)}$ 不变,则 i_d 中的非周期分量 i_{dn} 将从 $I_{d(0)}$ 突然增大到 $E_{q(0)}/x_d$。然而,由于同步的纵轴电枢反应磁通突然增加,励磁绕组为了保持磁链守恒,势必出现非周期电流 Δi_{fn},这又使定子空载电势 $E_q = (I_{f(0)} + \Delta i_{fn}) x_{ad}$ 突然增大,结果使定子电流周期分量的幅值增大到 $E_{q(0)}/x_d + U_{q(0)}(1/x'_d - 1/x_d)$。$i_{dn}$ 中的 $U_{q(0)}(1/x'_d - 1/x_d)$ 分量与 Δi_{fn} 对应,是励磁绕组保持磁链守恒的结果。实际电机的励磁绕组存在电阻,无直流电源支持的 Δi_{fn} 将会衰减而消失,i_{dn} 中与其对应的分量也将随之而消失,所以两者都是自由电流。

非周期分量　它的大小与发生短路瞬间转子的位置角 θ_0 有关。当 $\theta_0 = \delta_0$ 或 $\theta_0 = 180° + \delta_0$ 瞬间(亦即 a 相电压瞬时值过零瞬间)发生短路时,a 相电流非周期分量的绝对值将达到最大。同理,b 相或 c 相电压瞬时值过零时刻发生短路时,b 相或 c 相电流非周期分量的绝对值将达到最大。但不管哪一时刻发生短路,三相非周期电流的代数和恒为零,它们产生的气隙合成磁场在空间静止不动。以同步转速旋转的励磁绕组切割这一固定磁通,将感应出同步频率的电流周期分量 $\Delta i_{f\omega}$。

倍频交流分量　此分量是 2 倍同步频率的三相对称正序电流,它们产生的气隙合成磁场与转子同向旋转,但转速快 1 倍,也会使励磁绕组感应同步频率的交流电流 $\Delta i_{f\omega}$。

上述非周期和倍频交流分量都是定子三相绕组磁链守恒的产物。因为三相短路形成的 3 个短接线圈的磁链将保持 $t = 0$ 时刻的值不变,如图 6.12 中实线所示。磁链是电流与电感的乘积,恒定不变的磁链必须由直流电流来支持,又因 $\psi_{a(0)} + \psi_{b(0)} + \psi_{c(0)} = 0$,所以三相直流电流的代数和为零。另外,定子各相绕组的等值电感是周期性变化的,其标幺值在 x'_d 和 x_q 之间以 2 倍同步频率变化,所以还要出现倍频交流电流才能保持磁链不变。x'_d 与 x_q 差别愈小,倍频交流电流也愈小。直流电流分量应与 x'_d 和 x_q 的平均值成反比,在式(6.74)中该平均值以 $2x'_d x_q/(x'_d + x_q)$ 的形式出现。实际上,因电机定子三相绕组具有电阻,它们的磁链将会衰减消失,如图 6.12 中虚线曲线所示,所以定子直流和倍频交流电流也将随之变化。$\Delta i_{d\omega}$ 和 $\Delta i_{q\omega}$ 是这两个定子电流分量的坐标变换的结果,励磁绕组的 $\Delta i_{f\omega}$

也与这两个电流分量相对应,也将以相同的规律衰减至零。

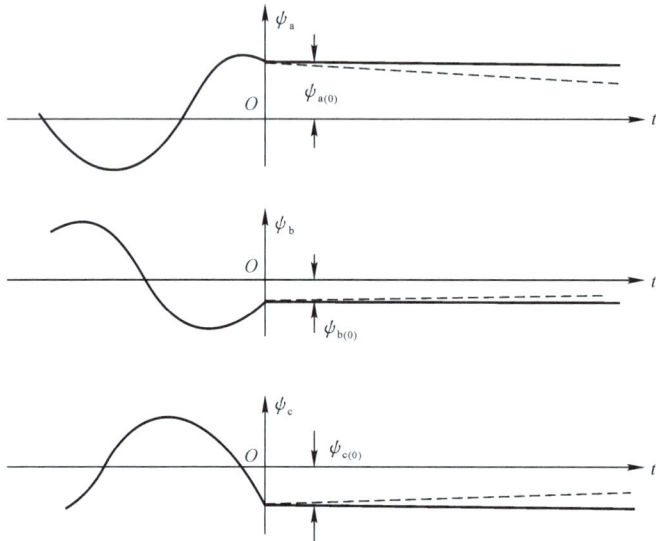

图 6.12　三相短路前后定子各相的磁链

3. 考虑各绕组电阻时三相短路电流

前面在不计电阻情况下推导了短路电流的各个分量,实际上,它们只是各分量的起始值。本节讨论计及电阻时,短路电流的变化规律和各自由分量衰减的时间常数。原则上,对式(6.63)～(6.65)进行逆变换就可得出严格的答案,然而十分复杂。所以,下面从物理概念出发作出近似而实用的简化处理。

(1)定子电流非周期和倍频交流分量的衰减

定子电流的这两个分量是由三相绕组磁链守恒引起的,所以它们衰减的时间常数为定子绕组的等值电感和等值电阻之比。理论分析和实验结果表明,定子绕组的等值电阻主要决定于本身的电阻 r,励磁绕组电阻 r_f 影响很小,可以略去不计。$\Delta i_{d\omega}$ 和 $\Delta i_{q\omega}$ 是定子非周期和倍频交流电流的坐标变换结果,因此,可以根据 Δi_d 和 Δi_q [式(6.63)和(6.64)]分母 $pD(p)$ 的根求出时间常数。令 $r_f=0$,可得:

$$pD(p)=p[x'_d x_q p^2 + r(x'_d + x_q)p + r^2 + x'_d x_q] \triangleq 0$$

它有三个根:第一个根 $p_1=0$,表明 Δi_d 和 Δi_q 中有直流分量,因设 $r_f=0$ 所以不衰减;另两个根为

$$p_{2,3}=-\frac{r(x'_d + x_q)}{2x'_d x_q} \pm j\sqrt{1-\frac{r^2}{4}\left(\frac{1}{x'_d}-\frac{1}{x_q}\right)^2}$$

$$=-\frac{1}{T_a} \pm j\omega'$$

式中,

$$T_a = \frac{2x'_d x_q}{x'_d + x_q} \Big/ r \tag{6.76}$$

$$\omega' = \sqrt{1-\frac{r^2}{4}\left(\frac{1}{x'_d}-\frac{1}{x_q}\right)^2}$$

这表明，Δi_d 和 Δi_q 中角频率为 ω' 的周期分量，其衰减的时间常数为 T_a。大中型同步电机的 ω' 与 1 相差极小，实际上可看作同步频率。

由式(6.76)可见，T_a 是定子电抗 x'_d 和 x_q 的一种平均值与定子电阻之比，可以理解为励磁绕组短接时定子绕组的一种平均时间常数。

(2)定子电流周期分量的衰减

定子周期分量电流是由励磁电流非周期分量($I_{f(0)}+\Delta i_{fn}$)对应的定子旋转电势产生的，因此，求解这一分量时，式(6.52)和(6.53)中的变压器电势 $p\Delta\psi_d$ 和 $p\Delta\psi_q$ 可以略去不计，即

$$\Delta u_d(p)=-U_{d(0)}/p=-\Delta\psi_q(p)-r\Delta i_d(p)$$

$$\Delta u_q(p)=-U_{q(0)}/p=\Delta\psi_d(p)-r\Delta i_q(p)$$

将式(6.57)、(6.59)代入上两式，计及 $\Delta u_f=0$，可联立解得：

$$\Delta i_d(p)=\frac{rU_{d(0)}+x_qU_{q(0)}}{p[r^2+X_d(p)x_q]}$$

$$\Delta i_q(p)=\frac{rU_{q(0)}-X_d(p)U_{d(0)}}{p[r^2+X_d(p)x_q]}$$

式中，

$$X_d(p)=x_d-\frac{x_{ad}^2p}{r_f+x_fp}=\frac{x_dr_f+(x_dx_f-x_{ad}^2)p}{r_f+x_fp}$$

$$=\frac{x_dr_f+x_fx'_dp}{r_f+x_fp}=\frac{x_d+T_fx'_dp}{1+T_fp}$$

这里，$T_f=x_f/r_f$ 是励磁绕组本身的时间常数。

将 $X_d(p)$ 代入整理后可得：

$$\Delta i_d(p)=\frac{(rU_{d(0)}+x_qU_{q(0)})(1+T_fp)}{p[r^2+x_dx_q+(r^2+x'_dx_q)T_fp]}$$

$$\Delta i_q(p)=\frac{(rU_{q(0)}-x_dU_{d(0)})+(rU_{q(0)}-x'_dU_{d(0)})T_fp}{p[r^2+x_dx_q+(r^2+x'_dx_q)T_fp]}$$

两式中的分母除了一个零根($p_1=0$)外，还有一个负实数根 $p_2=-\dfrac{r^2+x_dx_q}{(r^2+x'_dx_q)T_f}$，它的负倒数用 T'_d 表示：

$$T'_d=\frac{r^2+x'_dx_q}{r^2+x_dx_q}T_f \tag{6.77}$$

应用拉氏逆变换的分解定理，可求得：

$$\left.\begin{aligned}\Delta i_d(t)&=\frac{rU_{d(0)}+x_qU_{q(0)}}{r^2+x_dx_q}+\left[\frac{rU_{d(0)}+x_qU_{q(0)}}{r^2+x'_dx_q}\right.\\ &\quad\left.-\frac{rU_{d(0)}+x_qU_{q(0)}}{r^2+x_dx_q}\right]e^{-t/T'_d}\\ \Delta i_q(t)&=\frac{rU_{q(0)}-x_dU_{d(0)}}{r^2+x_dx_q}+\left[\frac{rU_{q(0)}-x'_dU_{d(0)}}{r^2+x'_dx_q}\right.\\ &\quad\left.-\frac{rU_{q(0)}-x_dU_{d(0)}}{r^2+x_dx_q}\right]e^{-t/T'_d}\end{aligned}\right\} \tag{6.78}$$

这两个电流只有非周期分量，即 Δi_{dn} 和 Δi_{qn}。可见，不计 u_d 和 u_q 两个方程式中的变压器电势，可以求得计及 r 的非周期分量电流。

对于大中型同步电机，r 只有 x'_d 的 $1\%\sim2\%$ 或更小，而 $x_q>x'_d$，所以式（6.78）中可取 $r=0$，这样，

$$\Delta i_{dn} = \frac{U_{q(0)}}{x_d} + \left(\frac{U_{q(0)}}{x'_d} - \frac{U_{q(0)}}{x_d}\right)e^{-t/T'_d}$$

$$\Delta i_{qn} = -\frac{U_{d(0)}}{x_q}$$

Δi_{dn} 中自由分量的衰减时间常数为 T'_d，而 Δi_{qn} 可认为无自由分量。

由于 $I_{d(o)} = \dfrac{E_{q(0)}-U_{q(0)}}{x_d} = \dfrac{E'_{q(0)}-U_{q(0)}}{x'_d}$，所以 Δi_{dn} 中的自由分量初值 $\dfrac{U_{q(0)}}{x'_d} - \dfrac{U_{q(0)}}{x_d} = \dfrac{E'_{q(0)}}{x'_d} - \dfrac{E_{q(0)}}{x_d}$。

r 忽略不计时，式（6.77）可简化为

$$T'_d = \frac{x'_d}{x_d}T_f = \frac{1}{T_f}\left(x_{f\sigma} + \frac{x_{ad}x_\sigma}{x_{ad}+x_\sigma}\right) \qquad (6.79)$$

由此可得图 6.13 所示的计算 T'_d 的等值电路。可见，T'_d 是定子绕组短路时励磁绕组的时间常数。这是不难理解的，因为三相短路时定子电流周期分量中的自由分量是由励磁绕组磁链守恒引起的，所以衰

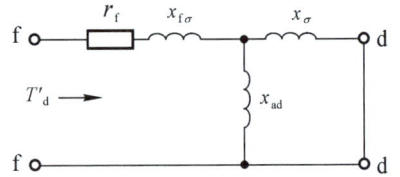

图 6.13　计算 T'_d 的等值电路

减时间常数由定子绕组短路时励磁绕组的等值电抗和电阻决定。实际上，T'_d 是励磁绕组电流中非周期自由分量 Δi_{fn} 的衰减时间常数。

同步电机的 T_a、T'_d 的典型值见 6.3 节中的表 6.2，T_a 一般为 T'_d 的 $10\%\sim25\%$。

考虑到电流的各自由分量衰减时，三相短路电流为

$$i_d = I_{d(0)} + \Delta i_d = \left(\frac{E'_{q(0)}}{x'_d} - \frac{E_{q(0)}}{x_d}\right)e^{-t/T'_d} + \frac{E_{q(0)}}{x_d}$$
$$\quad - \frac{U_{(0)}}{x'_d}e^{-t/T_a}\cos(t+\delta_0) \qquad (6.80)$$

$$i_q = I_{q(0)} + \Delta i_q = \frac{U_{(0)}}{x_q}e^{-t/T_a}\sin(t+\delta_0) \qquad (6.81)$$

$$i_a = \left[\left(\frac{E'_{q(0)}}{x'_d} - \frac{E_{q(0)}}{x_d}\right)e^{-t/T'_d} + \frac{E_{q(0)}}{x_d}\right]\cos(t+\theta_0)$$
$$\quad - \frac{U_{(0)}}{2}\times\frac{x'_d+x_q}{x'_d x_q}\cos(\delta_0-\theta_0)e^{-t/T_a}$$
$$\quad - \frac{U_{(0)}}{2}\times\frac{x_q-x'_d}{x'_d x_q}e^{-t/T_a}\cos(2t+\delta_0+\theta_0) \qquad (6.82)$$

可见，$t=0$ 时，i_d 非周期分量的起始值 $i_{dn0}=E'_{q(0)}/x'_d$ 也是定子电流周期分量的起始幅值。

励磁绕组电流

$$i_f = I_{f(0)} + \Delta i_f = \frac{E_{q(0)}}{x_{ad}} + \frac{x_d-x'_d}{x_{ad}}\left[\frac{U_{q(0)}}{x'_d}e^{-t/T'_d}\right.$$
$$\quad \left. - \frac{U_{(0)}}{x'_d}e^{-t/T_a}\cos(t+\delta_0)\right] \qquad (6.83)$$

图 6.14 为同步电机空载运行、$\theta_0=180°$ 突然三相短路时的波形，制作此图时为清晰起见，T_a 和 T'_d 均按比例减小。

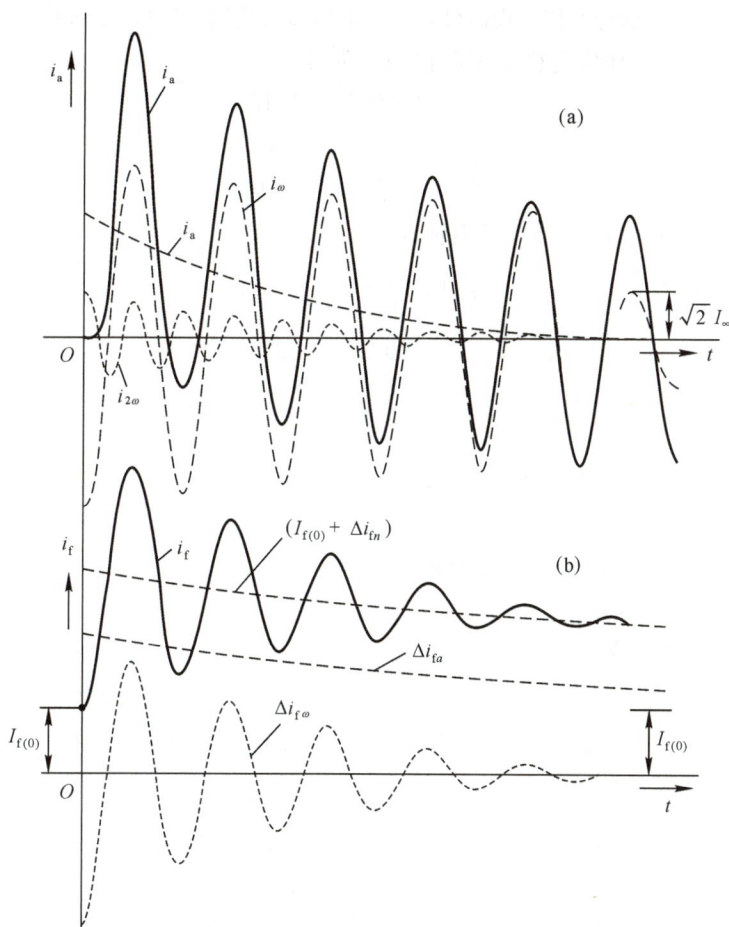

图 6.14 无阻尼绕组电机三相短路电流波形

在研究电力系统稳定等暂态过程时,一般只考虑定子电流同步频率周期分量,亦即只计及 i_d 和 i_q 中的非周期分量,而忽略不计其他分量,因此,在 u_d 和 u_q 方程式中可以略去变压器电势分量,不计定子绕组的暂态过程。简化后的定子电压和磁链方程式和正常稳态运行时的方程式在形式上完全相同,也可用图 6.11 的等值电路表示,但其中 $E_q = x_{ad}i_{fn} = x_{ad}(I_{f(0)} + \Delta i_{fn})$,是励磁电流非周期分量产生的定子同步频率空载电势。

三相短路时,$u_d = u_q = 0$,所以 $E_q = x_d i_{dn}$,$E'_q = x'_d i_{dn}$,$E_q/E'_q = x_d/x'_d$。因此,三相短路后,E_q 和 E'_q 的变化规律相同。但在发生短路瞬间,i_{fn} 突然增大 Δi_{fn},所以 E_q 会发生突变,而 E'_q 则不会突变。

以上讨论了同步电机端部发生三相短路的电磁暂态过程。如果在外部电路中发生三相短路,短路点至发电机的电抗为 x_e,则可将 x_e 看作定子漏抗的一部分,上述分析结果仍然适用,但各电流及时间常数表达式中的电抗要分别用 $x_{d\Sigma} = x_{ad} + (x_\sigma + x_e) = x_d + x_e$,$x_{q\Sigma} = x_q + x_e$ 和 $x'_{d\Sigma} = x'_d + x_e$ 代替,端电压 $U_{(0)}$ 及其 d、q 轴分量要用短路点的正常电压代替。

【例 6.1】 一凸极发电机经外部电抗发生三相短路,试求短路后 i_a、i_f、E_q、E'_q 和发电机端电压 U_t。发电机参数:$x_d = 1.0$,$x_q = 0.6$,$x'_d = 0.3$,$x_\sigma = 0.15$,$r = 0.005$,$T_f = 5s$。外部电抗 $x_e = 0.15$。短路前故障点处电压 $U = 0.96$,电流 $I = 0.9$,$\cos\varphi = 0.83$。以上各阻抗、电压、电流均为

发电机额定值为基准时的标么值。设故障点 a 相电压瞬时值过零（由正变到零）时刻发生短路。

【解】 把外电抗看作发电机定子漏抗的一部分。

$$x_{d\Sigma}=1+0.15=1.15$$
$$x_{q\Sigma}=0.6+0.15=0.75$$
$$x'_{d\Sigma}=0.3+0.15=0.45$$

（1）正常运行计算［各量下标(0)均省去］

取 $\dot{U}=0.96\angle0°, \dot{I}=0.9\angle-\cos^{-1}0.83=0.9\angle-33.9°$，

$$\dot{E}_Q=\dot{U}+jx_{q\Sigma}\dot{I}=0.96+j0.75\times0.9\angle-33.9°$$
$$=1.449\angle22.7°$$
$$\delta_0=22.7°$$

故障点正常电压分量：$U_q=0.96\cos22.7°=0.886$
$$U_d=0.96\sin22.7°=0.370$$

电流分量：$I_q=I\cos(\varphi+\delta_0)=0.9\cos56.6°=0.495$
$$I_d=0.9\sin56.6°=0.751$$

空载电势和暂态电势：

$$E_q=U_q+x_{d\Sigma}I_d=0.886+1.15\times0.751=1.749$$
$$E'_q=U_q+x'_{d\Sigma}I_d=0.886+0.45\times0.751=1.224$$

发电机端电压及其分量：

$$\dot{U}_t=\dot{U}+jx_e\dot{I}=0.96+j0.15\times0.9\angle-33.9°$$
$$=1.041\angle6.2°$$
$$U_{tq}=1.041\cos(22.7°-6.2°)=0.998$$
$$U_{td}=1.0411\sin(22.7°-6.2°)=0.296$$

同步机正常运行相量图如图 6.15 所示。

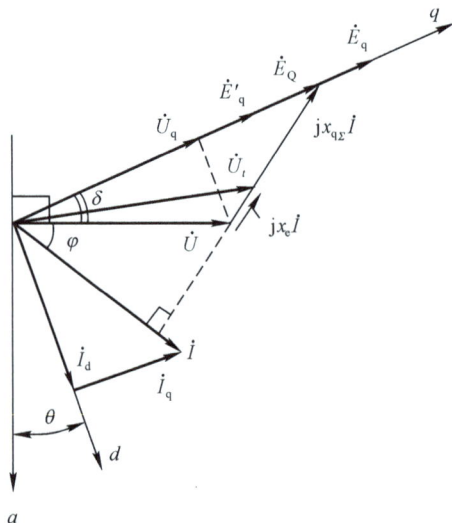

图 6.15　同步机正常运行相量图

（2）三相短路计算

时间常数　$T_a = \dfrac{2x'_{d\Sigma}x_{q\Sigma}}{(x'_{d\Sigma}+x_{q\Sigma})r} = \dfrac{2 \times 0.45 \times 0.75}{(0.45+0.75) \times 0.005}$

$$= 112.5(\text{rad})$$

$$= \dfrac{112.5}{\omega_N} = \dfrac{112.5}{2\pi \times 50} = 0.358(\text{s})$$

$$T'_d = T_f \dfrac{x'_{d\Sigma}}{x_{d\Sigma}} = 5 \times \dfrac{0.45}{1.15} = 1.96(\text{s})$$

根据题意：$U_{(0)}$ 垂直于 a 轴（a 相时间轴）时刻发生短路，所以故障时刻转子位置角 $\theta_0 = \delta_0 = 22.7°$（见图 6.15）。

将以上有关数据代入式（6.82），得：

$$i_a = \left[\left(\dfrac{1.224}{0.45} - \dfrac{1.749}{1.15} \right) e^{-t/1.96} + \dfrac{1.749}{1.15} \right] \cos(\omega t + 22.7°)$$

$$- \dfrac{0.96}{2} \times \dfrac{0.45+0.75}{0.45 \times 0.75} e^{-t/0.358}$$

$$- \dfrac{0.96}{2} \times \dfrac{0.75-0.45}{0.45 \times 0.75} e^{-t/0.358} \cos(2\omega t + 45.4°)$$

$$= (1.199 e^{-t/1.96} + 1.521) \cos(\omega t + 22.7°)$$

$$- 1.707 e^{-t/0.358} - 0.427 e^{-t/0.358} \cos(2\omega t + 45.4°)$$

式中，t 单位为 s，ω 单位为 deg/s，其他均为标么值。本例设 $\theta_0 = \delta_0$ 时刻发生短路，所以 a 相电流的非周期分量达到最大值；又由于 x_e 较大，所以短路电流较小。

定子电流周期分量的幅值等于

$$i_{an} = 1.199 e^{-t/1.96} + 1.521$$

励磁绕组电流按式（6.82）计算

$$i_f = \dfrac{1.749}{1-0.15} + \dfrac{1-0.3}{1-0.15} \left[\dfrac{0.886}{0.45} e^{-t/1.96} \right.$$

$$\left. - \dfrac{0.96}{0.45} e^{-t/0.358} \cos(\omega t + 22.7°) \right]$$

$$= 2.06 + 1.62 e^{-t/1.96} - 1.757 e^{-t/0.358} \cos(\omega t + 22.7°)$$

三相短路后的空载电势：

$$E_q = i_{fn}x_{ad} = (2.06 + 1.62 e^{-t/1.96})(1-0.15)$$

$$= 1.380 e^{-t/1.96} + 1.749$$

或

$$E_q = x_{d\Sigma} i_{dn} = 1.15 \times (1.199 e^{-t/1.96} + 1.521)$$

$$= 1.38 e^{-t/1.96} + 1.749$$

$t=0$ 时，$E_{q0} = 1.38 + 1.749 = 3.13$，比 $E_{q(0)}$ 大 79%。

三相短路暂态电势：

$$E'_q = x'_{d\Sigma} i_{dn} = 0.54 e^{-t/1.96} + 0.684$$

$t=0$ 时，$E'_{q0} = 1.224 = E'_{q(0)}$；$t=\infty$ 时，$E'_q = 0.684$。

发电机端电压：

$$U_{tq} = x_e i_{dn} = 0.15 \times (1.199 e^{-t/1.96} + 1.521)$$

$$=0.18\mathrm{e}^{-t/1.96}+0.228$$

或
$$U_{\mathrm{tq}}=E'_{\mathrm{q}}-x'_{\mathrm{d}}i_{\mathrm{d}n}=0.18\mathrm{e}^{-t/1.96}+0.228$$

$$U_{\mathrm{td}}=x_{\mathrm{e}}i_{\mathrm{q}n}=0$$

$$U_{\mathrm{t}}=U_{\mathrm{tq}}=0.18\mathrm{e}^{-t/1.96}+0.228$$

$t=0$ 时，$U_{\mathrm{t0}}=0.408$；$t=\infty$ 时，$U_{\mathrm{t}}=0.228$。

根据上列各式制作的 E_{q}、E_{q}'、U_{t} 和 i_n 随时间变化的曲线如图 6.16 所示。

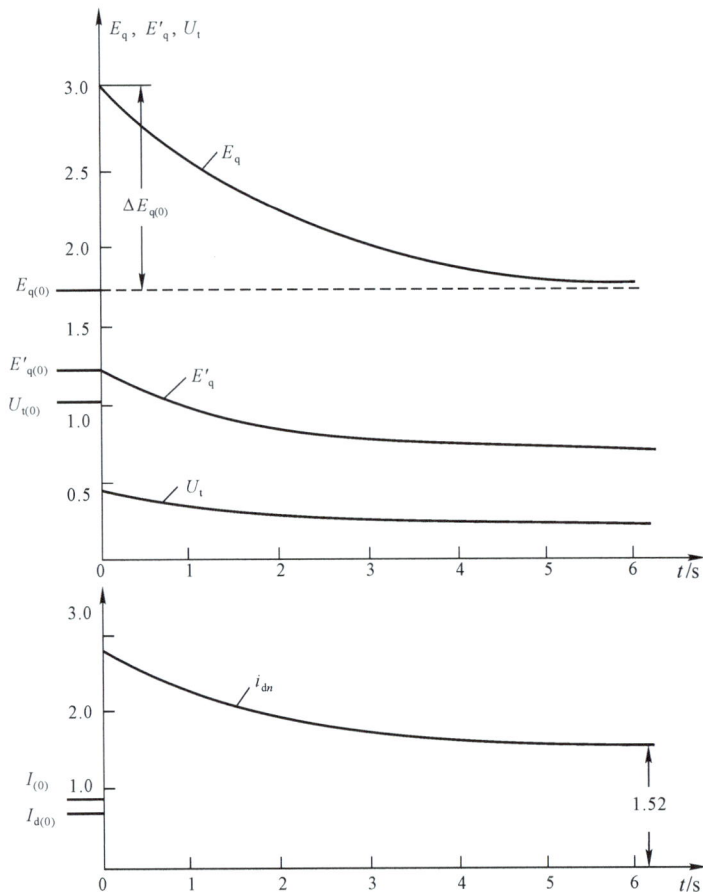

图 6.16　三相短路时 E_{q}、E'_{q}、U_{t} 和 $i_{\mathrm{d}n}$ 的变化曲线

▶▶▶ 6.3.2　有阻尼绕组同步电机三相短路

同步电机实际上都有真实的或等效的阻尼绕组，所以研究有阻尼绕组的同步电机的暂态过程有更普遍的意义。描述电磁过程的方程式为式（6.31）和（6.40），在对称条件下，ψ_0 和 u_0 两个方程式可以取消。现仍用叠加原理分析机端三相短路，下面直接列出拉氏变换后的故障分量方程：

$$\Delta u_{\mathrm{d}}=-U_{\mathrm{d(0)}}/p=p\Delta\psi_{\mathrm{d}}(p)-\Delta\psi_{\mathrm{q}}(p)-r\Delta i_{\mathrm{d}}(p) \tag{6.84}$$

$$\Delta u_q = -U_{q(0)}/p = p\Delta\psi_q(p) + \Delta\psi_d(p) - r\Delta i_q(p) \tag{6.85}$$

$$\Delta\psi_d(p) = -x_d\Delta i_d(p) + x_{ad}\Delta i_f(p) + x_{ad}\Delta i_D(p) \tag{6.86}$$

$$\Delta\psi_q(p) = -x_q\Delta i_q(p) + x_{aq}\Delta i_Q(p) \tag{6.87}$$

$$\Delta u_f = 0 = p\Delta\psi_f(p) + x_f\Delta i_f(p) \tag{6.88}$$

$$0 = p\Delta\psi_D(p) + r_D\Delta i_D(p) \tag{6.89}$$

$$\Delta\psi_f(p) = -x_{ad}\Delta i_d(p) + x_f\Delta i_f(p) + x_{ad}\Delta i_D(p) \tag{6.90}$$

$$\Delta\psi_D(p) = -x_{ad}\Delta i_d(p) + x_{ad}\Delta i_f(p) + x_D\Delta i_D(p) \tag{6.91}$$

$$0 = p\Delta\psi_Q(p) + r_Q\Delta i_Q(p) \tag{6.92}$$

$$\Delta\psi_Q = -x_{aq}\Delta i_q(p) + x_Q\Delta i_Q(p) \tag{6.93}$$

这组方程式相当于描述转子各绕组短接、空载运转的同步电机,在定子上加阶跃电压 $-U_{d(0)}$ 和 $-U_{q(0)}$ 时的电磁暂态过程。

方程式(6.88)至(6.91)消去 $\Delta\psi_f$ 和 $\Delta\psi_D$ 后可得:

$$\left. \begin{aligned} \Delta i_f(p) &= \frac{x_{ad}(r_D + x_D p)p - x_{ad}^2 p^2}{D_r(p)}\Delta i_d(p) \\ \Delta i_D(p) &= \frac{x_{ad}(r_f + x_f p)p - x_{ad}^2 p^2}{D_r(p)}\Delta i_d(p) \end{aligned} \right\} \tag{6.94}$$

式中,

$$D_r(p) = (x_f x_D - x_{ad}^2)p^2 + (x_f r_D + x_D r_f)p + r_f r_D \tag{6.95}$$

式(6.94)代入式(6.86)得:

$$\Delta\psi_d(p) = -X_d(p)\Delta i_d(p) \tag{6.96}$$

式中,

$$X_d(p) = x_d - \frac{x_{ad}^2(x_f + x_D - 2x_{ad})p^2 + x_{ad}^2(r_D + r_f)p}{D_r(p)} \tag{6.97}$$

称为定子纵轴运算电抗。

式(6.92)和(6.93)中消去 $\Delta\psi_Q$ 后,有

$$\Delta i_Q(p) = \frac{x_{aq}p}{r_Q + x_Q p}\Delta i_q(p) \tag{6.98}$$

代入式(6.87)得:

$$\Delta\psi_q(p) = -X_q(p)\Delta i_q(p) \tag{6.99}$$

式中,

$$X_q(p) = x_q - \frac{x_{aq}^2 p}{r_Q + x_Q p} \tag{6.100}$$

称为定子横轴运算电抗。

式(6.96)和(6.99)代入式(6.84)和(6.85),联立求解得:

$$\left. \begin{aligned} \Delta i_d(p) &= \frac{[r + pX_q(p)]U_{d(0)} + X_q(p)U_{q(0)}}{pD(p)} \\ \Delta i_q(p) &= \frac{[r + pX_d(p)]U_{q(0)} - X_d(p)U_{d(0)}}{pD(p)} \end{aligned} \right\} \tag{6.101}$$

式中,

$$\begin{aligned} D(p) = X_d(p)X_q(p)p^2 + r[X_d(p) + X_q(p)]p \\ + r^2 + X_d(p)X_q(p) \end{aligned} \tag{6.102}$$

下面分两步求各电流的时域解,先不计各绕组的电阻求得各分量的起始值,然后计及电阻分析各分量的衰减。在此之前,还要讨论次暂态电势和次暂态电抗的概念。

1. 次暂态电势和次暂态电抗

同步电机磁链方程组式(6.40)中，在纵轴方向 ψ_d、ψ_f 和 ψ_D 三个方程式消去 i_f 和 i_D 后，可得：

$$\psi_d = \frac{x_{ad}}{x_f x_D - x_{ad}^2}(x_{D\sigma}\psi_f + x_{f\sigma}\psi_D) - \left[x_d - \frac{x_{ad}^2(x_f + x_D - 2x_{ad})}{x_f x_D - x_{ad}^2}\right]i_d$$
$$= \psi_d'' - x_d'' i_d$$

式中，令

$$\psi_d'' = \frac{x_{ad}}{x_f x_D - x_{ad}^2}(x_{D\sigma}\psi_f + x_{f\sigma}\psi_D)$$

$$x_d'' = x_d - \frac{x_{ad}^2(x_f + x_D - 2x_{ad})}{x_f x_D - x_{ad}^2} \tag{6.103}$$

x_d'' 是定子纵轴的等值电抗，称为纵轴次暂态电抗，ψ_d'' 是与 ψ_f 和 ψ_D 呈线性关系的定子纵轴等值磁链。设由 ψ_d'' 产生的定子旋转电势为 E_q''，用标么值表示时，$E_q'' = \psi_d''(\omega=1)$，则 ψ_d 的方程可表示为

$$\psi_d = E_q'' - x_d'' i_d \tag{6.104}$$

E_q'' 是一虚构的电势，称为横轴次暂态电势。同步电机运行状态突变时，ψ_f 和 ψ_D 都不会发生突变，因而 E_q'' 也不会突变，仍保持原先的值。

磁链方程组式(6.40)中，在横轴方向的 ψ_q 和 ψ_Q 两个方程消去 i_Q 后，有

$$\psi_q = \frac{x_{aq}}{x_Q}\psi_Q - \left(x_q - \frac{x_{aq}^2}{x_Q}\right)i_q = -\psi_q'' - x_q'' i_q$$

式中，令

$$\psi_q'' = -\frac{x_{aq}}{x_Q}\psi_Q; \quad x_q'' = x_q - \frac{x_{aq}^2}{x_Q} \tag{6.105}$$

x_q'' 是定子横轴的等值电抗，称为横轴次暂态电抗；ψ_q'' 为定子横轴方向等值磁链。设由 ψ_q'' 产生的定子旋转磁势为 E_d'，用标么值表示时，$E_d' = \psi_q''(\omega=1)$，则 ψ_q 可表示为

$$\psi_q = -E_d' - x_q'' i_q \tag{6.106}$$

E_d' 也是一虚构电势，称为纵轴次暂态电势。同步电机运行状态突变时，ψ_Q 不会突变，所以 E_d' 也是连续的。

E_q'' 和 E_d' 可在正常运行时求得，运行状态突变时，它们的数值保持不变，所以可用来分析暂态过程开始时的运行状态。

下面分别说明 x_d'' 和 x_q'' 的物理意义。

设空载运行的同步发电机，励磁绕组短接，它和阻尼绕组中都没有电流。现在突然加入 $\Delta i_d(t) = \Delta i_d \times 1(t)$，式(6.96)变为

$$\Delta\psi_d(p) = -X_d(p)\Delta i_d/p$$

加入阶跃电流瞬间($t=0$)有

$$\Delta\psi_d(0) = \lim_{p\to\infty}[p\Delta\psi_d(p)] = -X_d(\infty)\Delta i_d = -x_d''\Delta i_d$$

式中，
$$X_d(\infty) = \lim_{p\to\infty}X_d(p) = x_d - \frac{x_{ad}^2(x_f + x_D - 2x_{ad})}{x_f x_D - x_{ad}^2} = x_d''$$

可见，x_d'' 是有阻尼绕组电机在暂态过程开始瞬间的定子纵轴同步电抗。该电抗还可以

用图 6.17(a)纵轴方向磁通分布情况来说明:$t=0$ 时,Δi_d 产生的纵轴电枢反应磁通突然穿入励磁绕组和 d 轴阻尼绕组,使该两绕组感生电流 Δi_f 和 Δi_D 以保持各自的磁链不突变,即满足

$$\Delta \psi_f = x_f \Delta i_f + x_{ad} \Delta i_D - x_{ad} \Delta i_d = 0$$

$$\Delta \psi_D = x_{ad} \Delta i_f + x_D \Delta i_D - x_{ad} \Delta i_d = 0$$

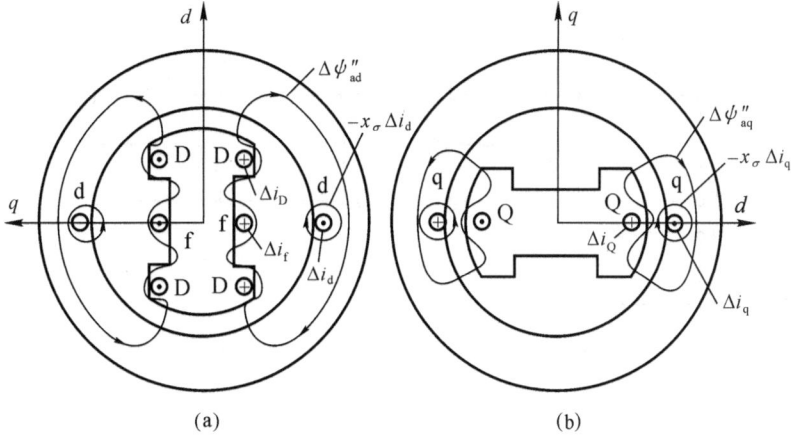

图 6.17 $t=0$ 时 d 轴和 q 轴方向磁通示意

从而迫使纵轴电枢反应 $\Delta \psi_{ad}''$ 从 d 轴阻尼绕组和励磁绕组的漏磁路径上通过。设 $\lambda_{D\sigma}$ 为 d 轴阻尼绕组漏磁路径的磁导,则定子绕组漏磁和 $\Delta \psi_{ad}''$ 通路的等值磁导为

$$\lambda_\sigma + \cfrac{1}{\cfrac{1}{\lambda_{ad}} + \cfrac{1}{\lambda_{f\sigma}} + \cfrac{1}{\lambda_{D\sigma}}}$$

与磁导成正比的定子纵轴等值电抗为

$$x_\sigma + \cfrac{1}{\cfrac{1}{x_{ad}} + \cfrac{1}{x_{f\sigma}} + \cfrac{1}{x_{D\sigma}}} = x_\sigma + \frac{x_{f\sigma} x_{D\sigma} x_{ad}}{x_{ad} x_{f\sigma} + x_{ad} x_{D\sigma} + x_{f\sigma} x_{D\sigma}}$$

计及 $x_\sigma = x_d - x_{ad}$,$x_{f\sigma} = x_f - x_{ad}$ 和 $x_{D\sigma} = x_D - x_{ad}$,上式变化为

$$x_d - x_{ad} + \frac{x_{ad}(x_f x_D - x_{ad}^2) - x_{ad}^2(x_f + x_D - 2x_{ad})}{x_f x_D - x_{ad}^2}$$

$$= x_d - \frac{x_{ad}^2(x_f + x_D - 2x_{ad})}{x_f x_D - x_{ad}^2}$$

此电抗即 x_d'',上式还表明,$x_\sigma < x_d'' < x_d' < x_d$。

图 6.17(a)中纵轴方向三个相对不动的绕组,可用图 6.18(a)表示。励磁和阻尼绕组短接时,加上阶跃电流 Δi_d 瞬间的等值电路见图 6.18(b)。显然,定子纵轴电抗为 x_d'',Δi_d 为交流电流时的电抗亦为 x_d''。如 Δi_d 为稳态直流电流,因 $\Delta i_f = \Delta i_D = 0$,则定子纵轴电抗为 x_d。另外,在 $r_f = r_D = 0$ 时,$X_d(p) = x_d''$。

现在考虑 q 轴方向的情况。设突然加入 $\Delta i_q(t) = \Delta i_q \times 1(t)$,式(6.99)变为

$$\Delta \psi_q(p) = -X_q(p) \frac{\Delta i_q}{p}$$

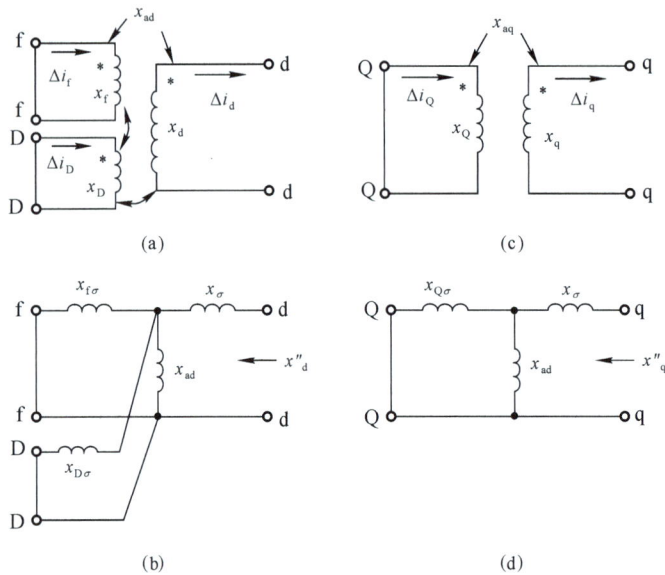

图 6.18 x''_d 和 x''_q 等值电路

$t=0$ 时,$\Delta\psi_q(0)=\lim\limits_{p\to\infty}\left[p\Delta\psi_q(p)\right]=-x''_q\Delta i_q$

因此,x''_q 为定子暂态过程开始瞬间的定子横轴同步电抗,这时 q 轴方向的磁通如图 6.17(b)所示。因为 q 轴阻尼绕组的磁链守恒,把横轴电枢反应 $\Delta\psi_{aq}$ 挤到 Q 轴阻尼绕组漏磁路径上,所以定子绕组磁通路径的等值磁导为

$$\lambda_\sigma+\cfrac{1}{\cfrac{1}{\lambda_{aq}}+\cfrac{1}{\lambda_{Q\sigma}}}$$

其中,λ_{aq} 为稳态时横轴电枢反应磁通路径的磁导,$\lambda_{Q\sigma}$ 为 Q 轴阻尼绕组漏磁路径磁导。相应的定子横轴等值电抗为

$$x_\sigma+\cfrac{1}{\cfrac{1}{x_{aq}}+\cfrac{1}{x_{Q\sigma}}}=x_q-x_{aq}+\frac{x_{aq}x_{Q\sigma}}{x_{aq}+x_{Q\sigma}}=x_q-\frac{x_{aq}^2}{x_Q}=x''_q$$

上式表明 $x_\sigma<x''_q<x_q$。图 6.18(c)和(d)表示 x''_q 的等值电路。另外,$r_Q=0$ 时,$X_q(p)=x''_q$。

一般,同步电机各电抗标幺值如表 6.1 所示。

表 6.1　同步电机的电抗

电抗	机型					
	汽轮发电机		水轮发电机		同步调相机	
	范围	平均	范围	平均	范围	平均
x_d	1.50～2.30	1.90	0.80～1.30	0.98	1.50～2.50	1.80
x_q	1.50～2.30	1.90	0.45～0.88	0.64	0.70～1.30	0.96
x'_d	0.18～0.30	0.22	0.24～0.35	0.30	0.23～0.44	0.32
x''_d	0.10～0.20	0.14	0.16～0.25	0.20	0.12～0.25	0.17
x''_q	0.10～0.20	0.14	0.16～0.32	0.23	0.12～0.25	0.17

最后,讨论正常稳态运行时 E_q'' 和 E_d'' 的计算。前已讨论过,正常时,

$$U_d = -\psi_q - rI_d = x_q I_q - rI_d$$

$$U_q = \psi_d - rI_q = E_q - x_d I_d - rI_q = E_q' - x_d' I_d - rI_q$$

ψ_d、ψ_q 用式(6.104)、(6.106)表示时,

$$U_d = E_d'' + x_q'' I_q - rI_d$$

$$U_q = E_q'' - x_d'' I_d - rI_q$$

由上面各式可推得:

$$\left. \begin{array}{l} E_d'' = U_d - x_q'' I_q + rI_d \\ E_q'' = U_q + x_d'' I_d + rI_q \end{array} \right\} \tag{6.107}$$

或

$$E_q'' = E_q - (x_d - x_d'')I_d = E_q' - (x_d' - x_d'')I_d$$

忽略不计定子电阻压降时,有

$$I_d = \frac{E_q'' - U_q}{x_d''}; I_q = \frac{-E_d'' + U_d}{x_q''} \tag{6.108}$$

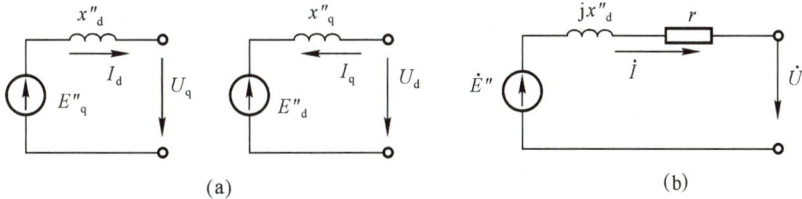

图 6.19　同步电机稳态等值电路

用 E_q'' 和 E_d'' 表示的同步电机稳态运行等值电路(忽略 r)如图6.19(a)所示。图 6.20 为同步电机相量图,其中定义: $\dot{E}'' = \dot{E}_d'' + \dot{E}_q''$ 或 $E'' = \sqrt{E_d''^2 + E_q''^2}$,也称为次暂态电势。在同步电机运行状态突变瞬间,$E_d''$ 和 E_q'' 不会突变,所以 E'' 也不会突变。

同步电机 x_d'' 和 x_q'' 相差很小,在短路电流实用计算中常取 $x_d'' = x_q''$。在这种条件下,式(6.106)可改写为

$$E_d'' = U_d + jx_d''(jI_q) + rI_d$$

$$jE_q'' = jU_q + jx_d'' I_d + r(jI_q)$$

两式相加,可得:

$$\dot{E}'' = \dot{U} + (r + jx_d'')\dot{I} \tag{6.109}$$

由此得到 $x_d'' = x_q''$ 时的稳态等值电路,如图 6.19(b)所示。

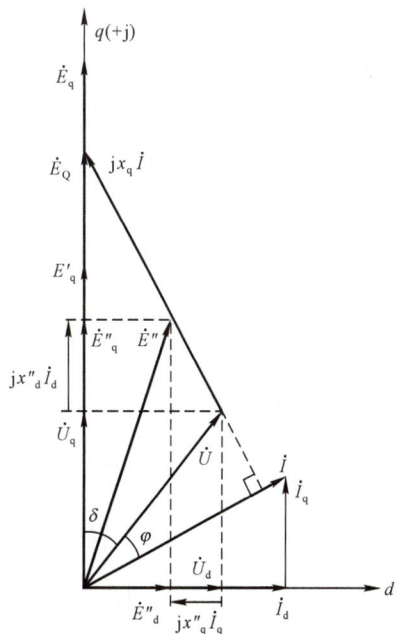

图 6.20　同步电机相量图

2. 不计各绕组电阻时三相短路电流

$r = r_f = r_D = r_Q = 0$ 时,$X_d(p) = x_d''$,$X_q(p) = x_q''$,式(6.101)简化为

$$\Delta i_d(p) = \frac{U_{d(0)}p + U_{q(0)}}{p(p^2+1)x_d''}$$

$$\Delta i_q(p) = \frac{U_{q(0)}p - U_{d(0)}}{p(p^2+1)x_q''}$$

这两式与无阻尼绕组电机的式（6.71）差别仅为 x_d'、x_q 换为 x_d''、x_q''，所以可套用式（6.72）得：

$$\Delta i_d(t) = \frac{U_{q(0)}}{x_d''} - \frac{U_{(0)}}{x_d''}\cos(t+\delta_o)$$

$$= \Delta i_{dn} + \Delta i_{d\omega}$$

$$\Delta i_q(t) = -\frac{U_{d(0)}}{x_q''} + \frac{U_{(0)}}{x_q''}\sin(t+\delta_0)$$

$$= \Delta i_{qn} + \Delta i_{q\omega}$$

电流正常分量用式（6.108）表示时，有

$$\left. \begin{aligned} i_d &= I_{d(0)} + \Delta i_d = \frac{E_{q(0)}''}{x_d''} - \frac{U_{(0)}}{x_d''}\cos(t+\delta_o) = i_{dn} + \Delta i_{d\omega} \\ i_q &= I_{q(0)} + \Delta i_q = -\frac{E_{d(0)}''}{x_q''} + \frac{U_{(0)}}{x_q''}\sin(t+\delta_o) = i_{qn} + \Delta i_{q\omega} \end{aligned} \right\} \tag{6.110}$$

不计电阻时，式（6.94）、（6.98）的逆变换为

$$\Delta i_f(t) = \frac{x_{ad}x_D - x_{ad}^2}{x_f x_D - x_{ad}^2}\Delta i_d(t)$$

$$\Delta i_D(t) = \frac{x_{ad}x_f - x_{ad}^2}{x_f x_D - x_{ad}^2}\Delta i_d(t)$$

$$\Delta i_Q(t) = \frac{x_{aq}}{x_Q}\Delta i_q(t)$$

正常电流 $I_{f(0)} = E_{q(0)}/x_{ad}$，$I_{D(0)} = I_{Q(0)} = 0$，所以

$$i_f = \frac{E_{q(0)}}{x_{ad}} + \frac{x_{ad}x_D - x_{ad}^2}{x_f x_D - x_{ad}^2}\left[\frac{U_{q(0)}}{x_d''} - \frac{U_{(0)}}{x_d''}\cos(t+\delta_0)\right]$$

$$= I_{f(0)} + \Delta i_{fn} + \Delta i_{f\omega} \tag{6.111}$$

$$i_D = \frac{x_{ad}x_f - x_{ad}^2}{x_f x_D - x_{ad}^2}\left[\frac{U_{q(0)}}{x_d''} - \frac{U_{(0)}}{x_d''}\cos(t+\delta_0)\right] = \Delta i_{Dn} + \Delta i_{D\omega}$$

$$i_Q = -\frac{x_{aq}}{x_Q}\left[\frac{U_{d(0)}}{x_q''} - \frac{U_{(0)}}{x_q''}\sin(t+\delta_0)\right] = \Delta i_{Qn} + \Delta i_{Q\omega}$$

定子三相短路电流：

$$i_a = i_d\cos\theta - i_q\sin\theta = \frac{E_{q(0)}''}{x_d''}\cos(t+\theta_0) + \frac{E_{d(0)}''}{x_q''}\sin(t+\theta_0)$$

$$- \frac{U_{(0)}}{2} \times \frac{x_d'' + x_q''}{x_d'' x_q''}\cos(\delta_0 - \theta_0)$$

$$- \frac{U_{(0)}}{2} \times \frac{x_q'' - x_d''}{x_d'' x_q''}\cos(2t + \delta_0 + \theta_0) \tag{6.112}$$

将式中 θ_0 分别换为 $\theta_0 - 120°$、$\theta_0 + 120°$，即为 i_b 和 i_c。

定子各相电流包含三种分量：同步频率周期分量、非周期分量和倍频交流分量。这点与无阻尼绕组电机相同，但各分量大小不同。同步频率周期分量除了幅值等于 i_{dn} 的余弦分

量外,还增加了一个幅值为 i_{qn} 的正弦分量。下面根据物理概念作简单说明。

机端发生三相短路时,定子三相电路成为纯感的短路电路(忽略 r)。假设励磁电流保持为 $I_{f(0)}$ 不变,阻尼绕组都没有电流,则定子同步频率周期电流的纵轴分量 i_{dn} 将从 $I_{d(0)}$ 突然增大到 $E_{q(0)}/x_d$,横轴分量 i_{qn} 将从 $I_{q(0)}$ 突然减小到零。相应地,同步的电枢反应磁通纵轴分量突然增大,横轴分量突然消失。事实上,纵轴电枢反应突然增大时,励磁绕组和纵轴阻尼绕组都要感应出非周期电流 Δi_{fn} 和 Δi_{Dn},以保持各自的磁链不变,这使定子空载电势从 $E_{q(0)}$ 突然增大为 $E_{q0}=(I_{f(0)}+\Delta i_{fn}+\Delta i_{Dn})x_{ad}$。所以,实际上 $i_{dn}=E_{q0}/x_d$,也就是 $E'_{q(0)}/x''_d$(读者自己证明)。同样,横轴同步电枢反应磁通突然降为零,横轴阻尼绕组也会出现非周期电流 Δi_{Qn},以保持 ψ_Q 不变。在 Δi_{Qn} 激励下,定子中将出现稳态运行时所没有的空载电势纵轴分量 $E_{d0}=x_{aq}\Delta i_{Qn}$,并导致出现 $i_{qn}=E_{d0}/x_q=-E'_{d(0)}/x''_q$。实际上,电机各绕组都有电阻,没有电源支持的 Δi_{fn}、Δi_{Dn} 和 Δi_{Qn} 都将衰减消失,它们都是自由电流。与此相应,i_{dn} 将从 $E'_{q(0)}/x''_d$ 衰减到 $E_{q(0)}/x_d$,两者之差是自由分量;i_{qn} 是自由电流,将衰减消失。

与无阻尼绕组电机相同,定子电流非周期和倍频交流分量是由定子三相绕组磁链守恒引起的。但在有阻尼绕组电机中,对这两个电流分量来说,相绕组的电抗在 x''_d 和 x''_q 之间波动。由于 x''_d 与 x''_q 的大小相当接近,所以倍频交流分量很小。定子中这两个电流分量产生的磁场,会使转子各绕组感应出交流电流 $\Delta i_{f\omega}$、$\Delta i_{D\omega}$ 和 $\Delta i_{Q\omega}$。计及定子电阻时,它们将跟随定子中这两个电流分量同时衰减消失。

定子电流中同步频率周期分量的幅值或有效值(两者标幺值相等)为

$$I''=\sqrt{\left(\frac{E'_{q(0)}}{x''_d}\right)^2+\left(\frac{E'_{d(0)}}{x''_q}\right)^2}$$

实际上,这是三相短路时定子电流周期分量的起始值,简称起始次暂态电流。

在电力系统短路电流实用计算中,假设 $x''_d=x''_q$,也就是完全不计本来就很小的倍频交流电流分量,同时 I'' 也简化为

$$I''=\sqrt{E'^2_{q(0)}+E'^2_{d(0)}}/x''_d=E'_{(0)}/x''_d \tag{6.113}$$

这样,就可用图 6.19(b)的简化等值电路来计算 I''。

3. 计及各绕组电阻时三相短路电流

可以根据式(6.101)中 $\Delta i_d(p)$ 和 $\Delta i_q(p)$ 两式分母 $D(p)$ 的根,确定各自由分量衰减的时间常数。先令 $r_f=r_D=r_Q=0$,求出 $\Delta i_{d\omega}$ 和 $\Delta i_{q\omega}$,亦即定子电流的非周期和倍频交流分量以及转子各绕组中交流电流衰减的时间常数。在该条件下,

$$D(p)=x''_d x''_q p^2+r(x''_d+x''_q)p+r^2+x''_d x''_q$$

它有一对共轭复根,实部的负倒数 T_a 即所求的时间常数

$$T_a=\frac{1}{r}\,\frac{2x''_d x''_q}{x''_d+x''_q} \tag{6.114}$$

再令式(6.102)中的 $r=0$,求 i_d 和 i_q 中非周期分量亦即定子电流同步频率周期分量以及转子各绕组中电流非周期分量衰减的时间常数。

在 $r=0$ 时,有

$$D(p) = (p^2+1)X_d(p)X_q(p)$$

$$\Delta i_d(p) = \frac{U_{d(0)}p + U_{q(0)}}{p(p^2+1)X_d(p)}$$

$$\Delta i_q(p) = \frac{U_{q(0)}p - U_{d(0)}}{p(p^2+1)X_q(p)}$$

可见，i_d 中非周期分量的衰减时间常数由 $X_d(p)$ 的根确定，而 i_q 中非周期分量的衰减时间常数则取决于 $X_q(p)$ 的根。

（1）i_q 非周期分量的衰减时间常数

$$X_q(p) = \frac{x_q r_Q + (x_q x_Q - x_{aq}^2)p}{r_Q + x_Q p} = \frac{x_q r_Q + x_Q x_q'' p}{r_Q + x_Q p}$$

它的根 $p_1 = -x_q r_Q/(x_q'' x_Q)$，时间常数为

$$T_q'' = -\frac{1}{p_1} = \frac{x_Q}{r_Q}\frac{x_q''}{x_q} = T_{q0}'' \frac{x_q''}{x_q} \tag{6.115}$$

式中，$T_{q0}'' = x_Q/r_Q$ 为定子绕组开路时横轴阻尼绕组的时间常数。将式（6.105）的 x_q'' 代入上式，计及 $x_Q = x_{Q\sigma} + x_{aq}$，可得：

$$T_q'' = \frac{1}{r_Q}\left(x_{Q\sigma} + \frac{x_{aq}x_\sigma}{x_{aq}+x_\sigma}\right)$$

由图 6.21 可知，T_q'' 是定子绕组短路时横轴阻尼绕组的时间常数。i_{qn} 是由 Δi_{Qn} 所引起的，所以时间常数应取决于 Q 绕组。

（2）i_d 非周期分量的衰减时间常数

式（6.97）的 $X_d(p)$ 可改写成

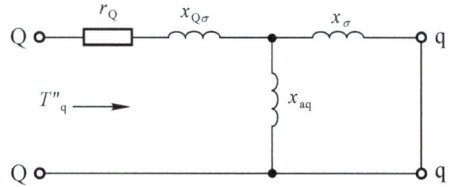

图 6.21　计算 T_q'' 的等值电路

$$X_d(p) = x_d\frac{x_f'x_D'\left(1-\dfrac{x_{ad}'^2}{x_f'x_D'}\right)p^2 + (x_f'r_D + x_D'r_f)p + r_f r_D}{x_f x_D\left(1-\dfrac{x_{ad}^2}{x_f x_D}\right)p^2 + (x_f r_D + x_D r_f)p + r_f r_D} \tag{6.116}$$

式中，$x_{ad}' = \dfrac{x_\sigma x_{ad}}{x_{ad}+x_\sigma} = x_{ad} - \dfrac{x_{ad}^2}{x_d}$；$x_f' = x_f - \dfrac{x_{ad}^2}{x_d} = x_{f\sigma} + x_{ad}'$；$x_D' = x_D - \dfrac{x_{ad}^2}{x_d} = x_{D\sigma} + x_{ad}'$。$x_{ad}'$ 为 x_{ad} 与 x_σ 的并联值；x_f' 为定子绕组短路、阻尼绕组开路时励磁绕组的电抗；x_D' 为定子绕组短路、励磁绕组开路时纵轴阻尼绕组的电抗。

设 $\sigma = 1 - \dfrac{x_{ad}^2}{x_f x_D}$，$\sigma' = 1 - \dfrac{x_{ad}'^2}{x_f'x_D'}$ 分别为定子绕组开路和短路时励磁绕组与纵轴阻尼绕组间的漏磁系数，将式（6.116）的分子和分母同时除以 $r_f r_D$ 得：

$$X_d(P) = x_d\frac{\sigma' T_f' T_D' p^2 + (T_f' + T_D')p + 1}{\sigma T_f T_D p^2 + (T_f + T_D)p + 1} \tag{6.117}$$

式中，$T_f = x_f/r_f$，$T_f' = x_f'/r_f$ 分别为定子绕组开路和短路、阻尼绕组开路时励磁绕组的时间常数；$T_D = x_D/r_D$，$T_D' = x_D'/r_D$ 分别为定子绕组开路和短路、励磁绕组开路时纵轴阻尼绕组的时间常数。

$X_d(p)$ 的根由下式决定：

$$\sigma' T_f' T_D' p^2 + (T_f' + T_D')p + 1 = 0$$

它的两个根为

$$p_1 = -\frac{T'_f + T'_D}{\sigma' T'_f T'_D} \frac{1-q'}{2}; \quad p_2 = -\frac{T'_f + T'_D}{\sigma' T'_f T'_D} \frac{1+q'}{2}$$

其中, $q' = \sqrt{1 - \dfrac{4\sigma' T'_f T'_D}{(T'_f + T'_D)^2}}$, 且是小于 1 的正实数, 所以两个根都是负实数。这说明, Δi_d 有两个非周期自由分量, 衰减时间常数分别为

$$\left.\begin{aligned} T'_d &= -\frac{1}{p_1} = \frac{\sigma' T'_f T'_D}{T'_f + T'_D} \frac{2}{1-q'} = (T'_f + T'_D)\frac{1+q'}{2} \\ T''_d &= -\frac{1}{p_2} = \frac{\sigma' T'_f T'_D}{T'_f + T'_D} \frac{2}{1+q'} = (T'_f + T'_D)\frac{1-q'}{2} \end{aligned}\right\} \tag{6.118}$$

其中考虑了如下的关系式:

$$(1-q')(1+q') = 1 - q'^2 = \frac{4\sigma' T'_f T'_D}{(T'_f + T'_D)^2}$$

一般, 同步电机 $q' \approx 0.7 \sim 0.8$, 所以 $T'_d > T''_d$。取 $1+q'=2$（误差一般为 $10\% \sim 15\%$）可得近似表达式:

$$\left.\begin{aligned} T'_d &\approx T'_f + T'_D \\ T''_d &\approx \frac{\sigma' T'_f T'_D}{T'_f + T'_D} \end{aligned}\right\} \tag{6.119}$$

大中型同步电机的 T'_f 比 T'_D 大好几倍, 所以可粗略地取 $T'_d \approx T'_f = T_f(x'_d / x_d)$, $T''_d \approx \sigma' T'_D$, 而

$$\sigma' T'_D = \left(1 - \frac{x'^2_{ad}}{x'_f x'_D}\right)\frac{x'_D}{r_D} = \left(x_{D\sigma} + \frac{x'_{ad} x_{f\sigma}}{x'_{ad} + x_{f\sigma}}\right)\frac{1}{r_D}$$

图 6.22 示出求取 $\sigma' T'_D$ 的等值电路。因此, T''_d 可粗略地看作定子绕组和励磁绕组均短路时, 纵轴阻尼绕组的时间常数。

还有一种常用的 T'_d 和 T''_d 计算式, 推导如下。先求式(6.117)分母的根, 该式分母和分子的结构相同, 两个根的结构也一样, 它们的负倒数分别为

$$T'_{d0} = (T_f + T_D)\frac{1+q}{2}$$

$$T''_{d0} = \frac{\sigma T_f T_D}{T_f + T_D} \frac{2}{1+q}$$

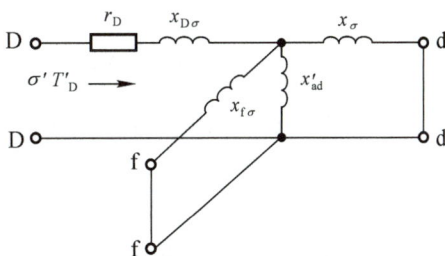

图 6.22 计算 $\sigma' T'_D$ 的等值电路

其中,

$$q = \sqrt{1 - \frac{4\sigma T_f T_D}{(T_f + T_D)^2}}$$

q 比 q' 更接近 1, 可认为, $1+q=2$（误差约小于 5%）, 所以下式误差不大:

$$\left.\begin{aligned} T'_{d0} &\approx T_f + T_D \\ T''_{d0} &\approx \frac{\sigma T_f T_D}{T_f + T_D} \end{aligned}\right\} \tag{6.120}$$

一般, 同步电机 $T_f \gg T_D$, 所以

$$T'_{d0} \approx T_f, \quad T''_{d0} \approx \sigma T_D = \left(x_{D\sigma} + \frac{x_{ad} x_{f\sigma}}{x_{ad} + x_{f\sigma}}\right)\frac{1}{r_D}$$

因此可近似地认为，T'_{d0}是定子绕组和阻尼绕组均开路时，励磁绕组的时间常数；T''_{d0}是定子绕组开路、励磁绕组短路时，纵轴阻尼绕组的时间常数，相当于图 6.22 中 d-d 端断开的情况。

式(6.119)与(6.120)对应的时间常数之比为

$$\frac{T'_d}{T'_{d0}} \approx \frac{T'_f + T'_D}{T_f + T_D}; \quad \frac{T''_d}{T''_{d0}} \approx \frac{\sigma' T'_f T'_D}{\sigma T_f T_D} \frac{T_f + T_D}{T'_f + T'_D}$$

可以证明：

$$\frac{T'_f + T'_D}{T_f + T_D} \approx \frac{x'_d}{x_d}; \quad \frac{\sigma' T'_f T'_D}{\sigma T_f T_D} = \frac{x''_d}{x_d}$$

所以，

$$\left. \begin{aligned} T'_d &\approx T'_{d0} \frac{x'_d}{x_d} \\ T''_d &\approx T''_{d0} \frac{x''_d}{x'_d} \end{aligned} \right\} \tag{6.121}$$

T'_{d0} 和 T''_{d0} 是定子绕组开路时的时间常数，因此与定子回路的情况无关。当同步电机经外部电抗短路时，用式(6.121)计算 T'_d 和 T''_d 非常方便。

表 6.2 列出同步电机各时间常数的典型值，可见，$T''_d \ll T'_d$，$T''_d \approx T''_q$。

表 6.2　同步电机的时间常数　　　　　　　　　　　　　　　　　　　单位：s

	汽轮发电机	水轮发电机	同步调相机
T'_{d0}	3.5~11.5	4~10	5~10
T''_{d0}	0.07~0.22	0.06~0.11	0.02~0.06
T'_d	0.6~1.6	1.3~3	0.8~2.4
$T''_d \approx T''_q$	0.04~0.13	0.02~0.06	0.007~0.030
T_a	0.08~0.40	0.08~0.40	0.1~0.3

上面分析表明，i_{dn} 中的自由分量包括两个部分，一个按 T''_d 衰减，另一个按 T'_d 衰减，这就需要确定这两部分的起始值。前已述及，当只求解 i_d、i_q 的非周期分量时，Δu_d 和 Δu_q 方程中的变压器电势可以不计。将式(6.84)和(6.85)除去这一电势且不计定子电阻 r，再将式(6.96)、(6.99)代入，可解得：

$$\Delta i_{dn}(p) = \frac{U_{q(0)}}{p X_d(p)}$$

它的逆变换（略去一些次要因素）为

$$\Delta i_{dn}(t) = U_{q(0)} \left(\frac{1}{x''_d} - \frac{1}{x'_{dD}} \right) e^{-t/T''_d} + U_{q(0)} \left(\frac{1}{x'_{dD}} - \frac{1}{x_d} \right) e^{-t/T'_d} + \frac{U_{q(0)}}{x_d}$$

式中，$x'_{dD} = (T'_d/T'_{d0}) x'_d$。

对于大中型同步电机，$x'_{dD} = (0.9 \sim 1) x'_d$，在以下的讨论中近似地取 $x'_{dD} = x'_d$。

计及正常分量

$$I_{d(0)} = (E_{q(0)} - U_{q(0)})/x_d = (E'_{q(0)} - U_{q(0)})/x'_d = (E''_{q(0)} - U_{q(0)})/x''_d$$

可得：

$$i_{dn} = \left(\frac{E''_{q(0)}}{x''_d} - \frac{E'_{q(0)}}{x'_d} \right) e^{-t/T''_d} + \left(\frac{E'_{q(0)}}{x'_d} - \frac{E_{q(0)}}{x_d} \right) e^{-t/T'_d} + \frac{E_{q(0)}}{x_d} \tag{6.122}$$

图 6.23 画出短路开始阶段 i_{dn} 的变化曲线。在发生三相短路瞬间，由于励磁绕组和纵

轴阻尼绕组的磁链不突变，该两绕组出现 Δi_{fn} 和 Δi_{Dn}，所以 $i_{dn} = E'_{q(0)}/x''_d$。由于 $T''_d \ll T'_d$，也就是纵轴阻尼绕组的时间常数远小于励磁绕组的时间常数，所以 Δi_{Dn} 按 T''_d 快速衰减。可以认为，Δi_{Dn} 衰减消失之时，励磁绕组的磁链仍基本不变，这一时刻的情况相当于无阻尼绕组电机刚发生短路瞬间的状态，$i_{dn} = E'_{q(0)}/x'_d$，$\Delta i_{fn} = \dfrac{x_d - x'_d}{x_{ad}} \dfrac{U_{q(0)}}{x'_d}$ [见式 (6.74)]。这说明，i_{dn} 和 i_{fn} 中按 T''_d 衰减的自由电流初值分别为

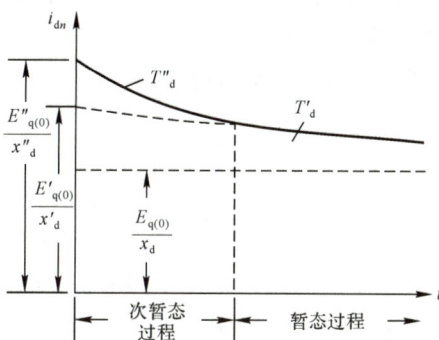

图 6.23　i_{dn} 随时间变化曲线

$$\frac{E''_{q(0)}}{x''_d} - \frac{E'_{q(0)}}{x'_d} \; \text{和} \; \frac{x_{ad}x_D}{x_f x_{D\sigma} - x^2_{ad}} \frac{U_{q(0)}}{x''_d} - \frac{x_d - x'_d}{x_{ad}} \frac{U_{q(0)}}{x'_d}$$

而按 T'_d 衰减的自由电流则与无阻尼绕组电机相同。

　　从短路时起至阻尼绕组中电流的非周期分量基本消失止的过程通常称为次暂态过程，此后直到 Δi_{fn} 衰减结束的过程则称为暂态过程。相应地，定子电流 I'' 称为起始次暂态（周期）电流，$E'_{q(0)}/x'_d$ 称为起始暂态电流。

　　以下列出计及自由分量衰减时各电流的表达式：

$$\left. \begin{array}{l} i_d = i_{dn} - \dfrac{U_{(0)}}{x''_d} e^{-t/T_a} \cos(t + \delta_0) \\[3mm] i_q = -\dfrac{E'_{d(0)}}{x''_q} e^{-t/T''_q} + \dfrac{U_{(0)}}{x''_q} e^{-t/T_a} \sin(t + \delta_0) \end{array} \right\} \tag{6.123}$$

其中，i_{dn} 见式(6.122)。

$$\begin{aligned} i_a =& \left[\left(\frac{E''_{q(0)}}{x''_d} - \frac{E'_{q(0)}}{x'_d} \right) e^{-t/T''_d} + \left(\frac{E'_{q(0)}}{x'_d} - \frac{E_{q(0)}}{x_d} \right) e^{-t/T'_d} \right. \\ &\left. + \frac{E_{q(0)}}{x_d} \right] \cos(t + \theta_0) + \frac{E'_{d(0)}}{x''_q} e^{-t/T''_q} \sin(t + \theta_0) \\ &- \frac{U_{(0)}}{2} \frac{x''_d + x''_q}{x''_d x''_q} \cos(\delta_0 - \theta_0) e^{-t/T_a} \\ &- \frac{U_{(0)}}{2} \frac{x''_q - x''_d}{x''_d x''_q} e^{-t/T_a} \cos(2t + \theta_0 + \delta_0) \end{aligned} \tag{6.124}$$

$$\begin{aligned} i_f =& \frac{E_{q(0)}}{x_{ad}} + \left(\frac{x_{ad}x_{D\sigma}}{x_f x_D - x^2_{ad}} \frac{U_{q(0)}}{x''_d} - \frac{x_d - x'_d}{x_{ad}} \frac{U_{q(0)}}{x'_d} \right) e^{-t/T''_d} \\ &+ \frac{x_d - x'_d}{x_{ad}} \frac{U_{q(0)}}{x'_d} e^{-t/T'_d} - \frac{x_{ad}x_D}{x_f x_D - x^2_{ad}} \frac{U_{(0)}}{x''_d} e^{-t/T_a} \cos(t + \delta_0) \end{aligned} \tag{6.125}$$

　　纵轴阻尼绕组中电流的非周期自由分量也包括以 T''_d 和 T'_d 衰减的两个分量，但后者很小；横轴阻尼绕组中电流的非周期分量以 T''_q 衰减至零；两阻尼绕组中电流的周期分量均以 T_a 衰减而消失。

　　【例 6.2】　一台水轮发电机的额定容量为 150MVA，额定电压为 13.8kV，$x_d = 0.871$，$x_q = 0.576$，$x'_d = 0.261$，$x''_d = 0.161$，$x''_q = 0.163$，$r = 0.0018$，$T'_{d0} = 7.54s$，$T''_{d0} = 0.0717s$，$T''_{q0} = 0.156s$。发电机正常运行时，端电压和电流都等于额定值，功率因数为 0.85（滞后）。

设距离发电机电气距离为 $x_e=0.1$ 标么值处，在 $\theta_0=0$ 时发生三相短路，试求 $t=0.01\mathrm{s}$ 时 a 相电流的瞬时值。

【解】 （1）正常运行计算

取发电机端电压 $\dot{U}_t=1\angle 0°$，则 $\dot{I}=1\angle-\cos^{-1}0.85=1\angle-31.8°$

$$\dot{E}_Q=\dot{U}_t+\mathrm{j}x_q\dot{I}$$
$$=1+\mathrm{j}0.576\times1\angle-31.8°=1.392\angle20.6°$$
$$I_d=1\times\sin(20.6°+31.8°)=0.792$$
$$I_q=1\times\cos(20.6°+31.8°)=0.601$$
$$E_q=E_Q+(x_d-x_q)I_d=1.626$$
$$E'_q=E_q-(x_d-x'_d)I_d=1.143$$
$$E''_q=E_q-(x_d-x''_d)I_d=1.063$$
$$E''_d=U_t\sin\delta-x''_q I_q=0.252$$

短路点正常电压

$$\dot{U}=\dot{U}_t-\mathrm{j}x_e\dot{I}=1-\mathrm{j}0.1\times1\angle-31.8°=0.951\angle-5.13°$$

E_q 与 U 的相位差 $\delta_0=20.6°+5.13°=25.7°$

（2）短路电流计算

等值电抗：$x_{d\Sigma}=x_d+x_e=0.871+0.1=0.971$，$x_{q\Sigma}=0.576+0.1=0.676$，$x'_{d\Sigma}=0.261+0.1=0.361$，$x''_{d\Sigma}=0.161+0.1=0.261$，$x''_{q\Sigma}=0.163+0.1=0.263$。

时间常数：

$$T_a=\frac{2x''_{d\Sigma}x''_{q\Sigma}}{r(x''_{d\Sigma}+x''_{q\Sigma})}\frac{1}{2\pi\times50}=0.463(\mathrm{s})$$

$$T'_d=T'_{d0}\frac{x'_{d\Sigma}}{x_{d\Sigma}}=2.8(\mathrm{s})$$

$$T''_d=T''_{d0}\frac{x''_{d\Sigma}}{x'_{d\Sigma}}=0.0518(\mathrm{s})$$

$$T''_q=T''_{q0}\frac{x''_{q\Sigma}}{x_{q\Sigma}}=0.0607(\mathrm{s})$$

将 $\theta_0=0$ 及上面求得的有关数据代入式(6.124)，可得：

$$i_a=\left[\left(\frac{1.063}{0.261}-\frac{1.143}{0.361}\right)\mathrm{e}^{-t/0.0518}+\left(\frac{1.143}{0.361}-\frac{1.626}{0.971}\right)\mathrm{e}^{-t/2.8}\right.$$
$$\left.+\frac{1.626}{0.971}\right]\cos\omega t+\frac{0.252}{0.263}\mathrm{e}^{-t/0.0607}\sin\omega t$$
$$-\frac{0.951}{2}\frac{0.261+0.263}{0.261\times0.263}\mathrm{e}^{-t/0.463}\cos25.7°$$
$$-\frac{0.951}{2}\frac{0.263-0.261}{0.261\times0.263}\mathrm{e}^{-t/0.463}\cos(2\omega t+25.7°)$$
$$=[0.907\mathrm{e}^{-t/0.0518}+1.492\mathrm{e}^{-t/2.8}+1.675]\cos\omega t$$
$$+0.958\mathrm{e}^{-t/0.0607}\sin\omega t-3.27\mathrm{e}^{-t/0.463}$$
$$-0.014\mathrm{e}^{-t/0.463}\cos(2\omega t+25.7°)$$

$t=0.01s$ 时，$\omega t=180°$，a 相电流瞬时值 $i_{a(0.01)}=-7.12$。电流瞬时值的基准

$$i_B=\sqrt{2}I_B=\sqrt{2}\times150/(\sqrt{3}\times13.8)=8.87(kA)$$

所以，

$$i_{a(0.01)}=-7.12\times8.87=-63.2(kA)$$

▶▶▶ 6.3.3　强行励磁对同步电机三相短路的影响

在以上分析中，均假设同步电机的励磁电压保持不变。实际上，电力系统中同步发电机和调相机都设有自动励磁调节装置。当机端电压波动时，它能自动调节励磁电压，改变励磁电流，使电机端电压保持在允许范围内，而且当电机端部或附近发生短路使端电压急

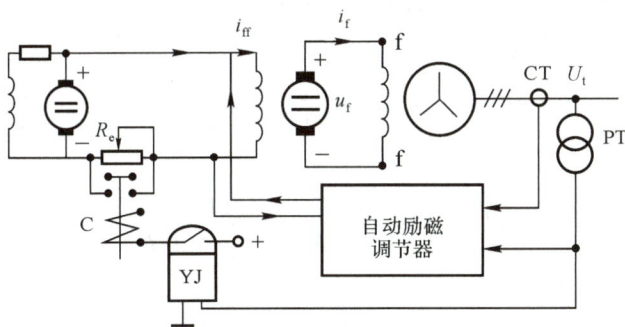

图 6.24　继电型强行励磁设备原理

剧下降时，自动励磁调节装置中的强行励磁单元，迅速增大励磁电压至极限最大值，以尽快恢复系统的电压水平，保持系统运行的稳定性。图 6.24 为一种继电型强行励磁设备原理。

当发生短路电机端电压降低到规定值（例如额定电压的 85％）以下时，欠电压继电器 YJ 的触点闭合，接触器 C 动作把励磁机的磁场电阻 R_e 短接，使励磁机的励磁电流增大，同步电机的励磁电压 u_f 也随之增加，起到强行增大励磁的作用。由于励磁机的励磁绕组具有电感，它的电流不可能突然增大，因此，u_f 也不会突然升高。图 6.25 中的曲线 1 示出强行励磁动作时 u_f 的上升过程，它可近似地用指数曲线 2 来代替，它的增量 $\Delta u_f=u_f-U_{f(0)}$ 可表示为

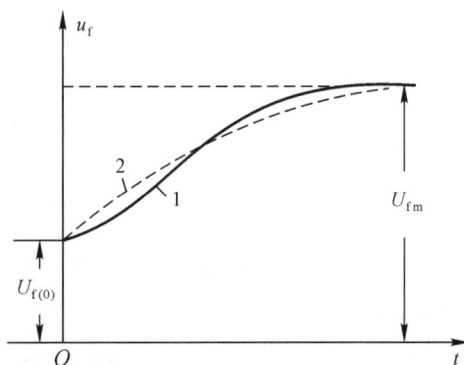

图 6.25　强行励磁时 u_f 的变化

$$\Delta u_f=(U_{fm}-U_{f(0)})(1-e^{-t/T_{ff}}) \qquad (6.126)$$

式中，T_{ff} 为 u_f 上升的时间常数，U_{fm} 为励磁电压极限值。U_{fm} 与 $U_{f(0)}$ 之比称为强励倍数，通常为 2～3。一般励磁系统 T_{ff} 的典型值为 0.57s，快速可控硅励磁系统可做到 0.1s 左右。

现在讨论强行励磁对三相短路过程的影响。先考虑没有阻尼绕组的同步电机。

式(6.60)、(6.61)为三相短路时 Δi_d 和 Δi_q 的运算式,它们都包含两项:第二项为 u_f 不变时的短路电流增量,我们已经求得它们的时域解;第一项则为 u_f 变化所引起的短路电流附加分量。显然,两项时域解之和就是 u_f 变化时的三相短路电流的故障分量。

在式(6.60)、(6.61)中,u_f 变化引起的附加分量为

$$\Delta i_{de}(p)=\frac{(x_q p^2+x_q+rp)}{D(p)}\ \frac{x_{ad}}{r_f+x_f p}\Delta u_f(p)$$

$$\Delta i_{qe}(p)=\frac{r}{D(p)}\ \frac{x_{ad}}{r_f+x_f p}\Delta u_f(p)$$

由于定子电阻 r 很小,而且对过程的影响也很小,可以忽略不计。$r=0$ 时,上两式可简化为

$$\Delta i_{de}(p)=\frac{1}{X_d(p)}\ \frac{x_{ad}}{r_f(1+T_f p)}\Delta u_f(p) \tag{6.127}$$

$$\Delta i_{qe}(p)=0$$

实际上,u_f 变化对 i_q 的影响很小,可以不考虑。

式(6.126)的拉氏变换为

$$\Delta u_f(p)=\frac{U_{fm}-U_{f(0)}}{p(1+T_{ff} p)}$$

已知

$$X_d(p)=\frac{x_d+x'_d T_f p}{1+T_f p}=\frac{x_d(1+T'_d p)}{1+T_f p}$$

所以,式(6.127)可表示为

$$\Delta i_{de}(p)=\frac{1}{p(1+T'_d p)(1+T_{ff} p)}\ \frac{U_{fm}-U_{f(0)}}{r_f}\ \frac{x_{ad}}{x_d}$$

$$=\frac{\Delta E_{qm}/x_d}{p(1+T'_d p)(1+T_{ff} p)} \tag{6.128}$$

式中,$\Delta E_{qm}=\left(\dfrac{U_{fm}}{r_f}-\dfrac{U_{f(0)}}{r_f}\right)x_{ad}=(I_{fm}-I_{f(0)})x_{ad}=E_{qm}-E_{q(0)}$;$I_{fm}=U_{fm}/r_f$ 为励磁电流极限值;$E_{qm}=x_{ad}I_{fm}$ 为极限励磁所对应的空载电势极限值。

式(6.128)的逆变换为

$$\Delta i_{de}(t)=\frac{\Delta E_{qm}}{x_d}F(t) \tag{6.129}$$

$$F(t)=1-\frac{T'_d e^{-t/T'_d}-T_{ff} e^{-t/T_{ff}}}{T'_d-T_{ff}} \tag{6.130}$$

可见,Δi_{de} 只含有非周期分量。因为在三相短路时,空载电势 $E_q=(i_{dn}+\Delta i_{de})x_d$,所以强行励磁引起的空载电势增量为

$$\Delta E_q=\Delta i_{de}x_d=\Delta E_{qm}F(t) \tag{6.131}$$

强行励磁动作时,励磁电流非周期分量的附加增量为

$$\Delta i_{fe}=\frac{\Delta E_q}{x_{ad}}=\frac{\Delta E_{qm}}{x_{ad}}F(t)=(I_{fm}-I_{f(0)})F(t) \tag{6.132}$$

可见,Δi_{fe} 和 Δi_{de} 的上升速度与强励倍数及 $F(t)$ 有关。图 6.26 画出不同 $b=T'_d/T_{ff}$ 值时 $F(t)$ 的变化情况。T_{ff} 一定时,T'_d 愈大即 b 愈大,励磁电流增加愈慢。T'_d 与短路处远近有关,短路处愈远 T'_d 愈大,$F(t)$ 上升愈慢。

对于有阻尼绕组的同步电机,因在短路开始阶段 Δi_{fe} 上升很慢,对次暂态过程没有明显的影响,故上述分析结果仍可适用。

计及强行励磁作用,三相短路时 i_d 的非周期分量式(6.122)应加上 Δi_{de},而定子电流式(6.123)中同步频率周期分量余弦部分的振幅也要增加 Δi_{de}。

在电力网中发生短路时,短路点与电机之间有一定的电抗 x_e。由于强行励磁的作用,电机端电压将有所恢复,短路点离电机愈远(x_e 愈大),机端电压恢复的效果也愈好。当 x_e 大于某一值时,励磁电流上升到一定程度(尚未达到极限值),机端电压就能恢复到额定值,这时强行励磁设备中的欠电压继电器就会返回,而由自动励磁调节器保持机端电压为额定值。此后,短路电流周期分量的大小为 $U_{(0)}/x_e$,不再发生变化。

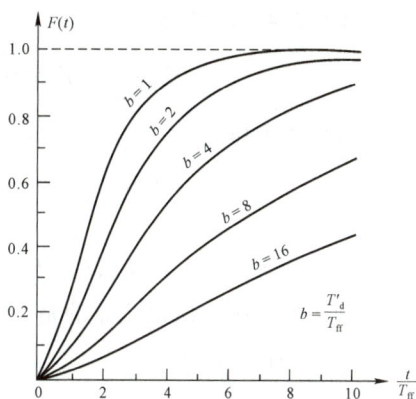

图 6.26　$F(t)$ 变化的曲线

【例 6.3】　同例 6.1,但考虑强行励磁的作用。设强励倍数为 2.5,$T_{ff}=0.5s$。

【解】　没有强行励磁时短路电流、电势和机端电压等在例 6.1 中均已求得,只要加上强行励磁所引起的增量就可得到所求的解答。

例 6.1 中已求得正常时 $I_{f(0)}=2.06$,$E_{q(0)}=1.749$,它们的强励极限值为 $I_{fm}=2.5\times2.06$,$E_{qm}=2.5\times1.749$,

$$\Delta i_{de}=\frac{\Delta E_{qm}}{x_{d\Sigma}}F(t)=\frac{E_{qm}-E_{q(0)}}{x_{d\Sigma}}F(t)$$

$$=\frac{(2.5-1)\times1.749}{1.15}F(t)=2.28F(t)$$

$$F(t)=1-\frac{1.96e^{-t/1.96}-0.5e^{-t/0.5}}{1.96-0.5}$$

$$=1-1.34e^{-t/1.96}+0.342e^{-t/0.5}$$

$F(t)$ 的曲线与图 6.26 中 $b=4$ 的曲线相近。

$$\Delta i_{fe}=(I_{fm}-I_{f(0)})F(t)=(2.5\times2.06-2.06)F(t)$$

$$=3.09F(t)$$

$$\Delta E_q=(2.5\times1.749-1.749)F(t)=2.62F(t)$$

或

$$\Delta E_q=\Delta i_{fe}x_{ad}=\Delta i_{de}x_{de}$$

所得结果相同。

应用例 6.1 的结果,可得:

$$i_d=1.199e^{-t/1.96}+1.521+2.28F(t)$$

$$-2.13e^{-t/0.358}\cos(\omega t+22.7°)$$

$$i_f=2.06+1.62e^{-t/1.96}+3.09F(t)$$

$$-1.757e^{-t/0.358}\cos(\omega t+22.7°)$$

$$E_q=1.38e^{-t/1.96}+1.749+2.62F(t)$$

定子 a 相短路电流周期分量(其他分量不变)为

$$i_a=[1.199e^{-t/1.96}+1.521+2.28F(t)]\cos(\omega t+22.7°)$$

三相短路时暂态电势

$$E'_q = \frac{x'_{de}}{x_{de}} E_q = 0.54 e^{-t/1.96} + 0.684 + 1.027 F(t)$$

发电机端电压

$$U_t = x_e i_{dn} = 0.15 \times [1.199 e^{-t/1.96} + 1.521 + 2.28 F(t)]$$
$$= 0.18 e^{-t/1.96} + 0.228 + 0.342 F(t)$$

根据上面各式绘制的 E_q、E'_q、U_t 和 i_{dn} 随时间变化的曲线见图 6.27,其中虚线曲线为没有强行励磁的情况。值得注意的是,图中的 E'_q 曲线,它不但在发生短路瞬间不变,而且在 1～2s 内几乎保持不变。

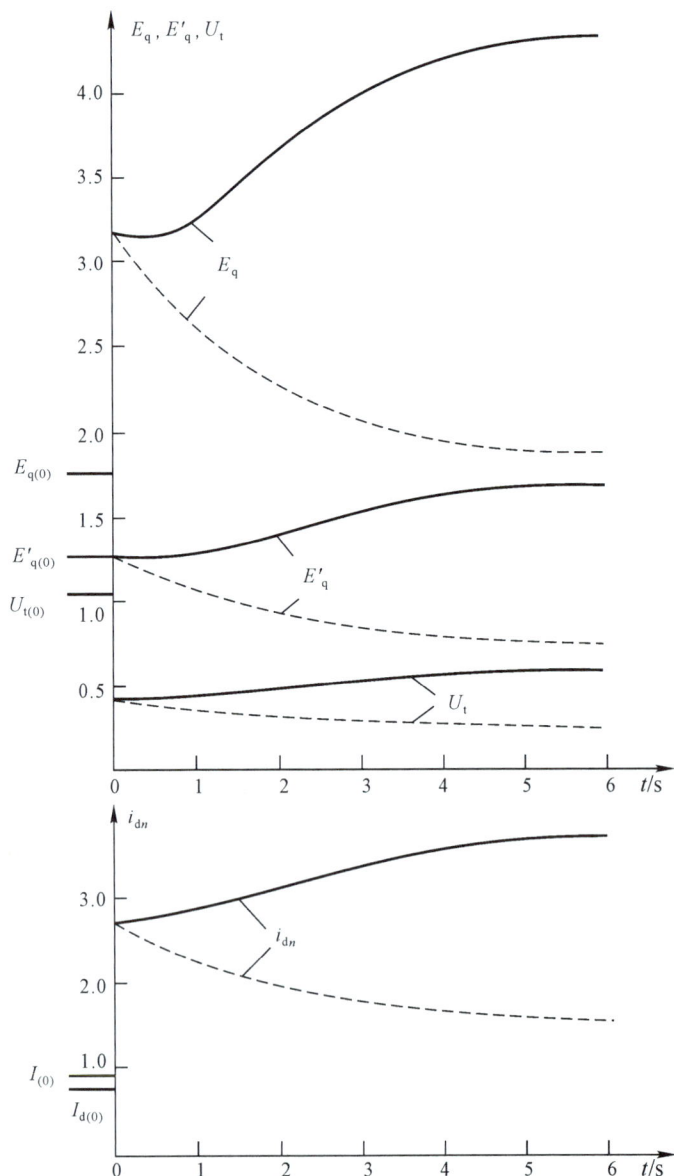

图 6.27　三相短路时 E_q、E'_q、U_t 和 i_{dn} 随时间的变化曲线

▶▶▶ 6.3.4　短路电流最大瞬时值和有效值

在同步电机的定子短路电流中由于含有非周期分量,致使短路后第一周期内出现很大的电流瞬时值。非周期电流愈大,最大瞬时值也愈大。短路电流最大可能的瞬时值,称为短路冲击电流,它是验算电力设备承受最大电动力的重要数据。

当同步电机空载运行、转子位置角 $\theta_0 = 180°$、发生三相短路时,a 相电流中的非周期分量达到最大,电流瞬时值也达到最大。空载运行时,$E_{q(0)} = E'_{q(0)} = E''_{q(0)} = E''_{(0)} = U_{(0)}$,$E''_{d(0)} = 0$,考虑 $x''_d \approx x''_q$,可从式(6.124)得到这种条件下的 a 相的电流:

$$i_a = \left\{ E''_{(0)} \left[\left(\frac{1}{x''_d} - \frac{1}{x'_d} \right) e^{-t/T''_d} + \left(\frac{1}{x'_d} - \frac{1}{x_d} \right) e^{-t/T'_d} + \frac{1}{x_d} \right] \right.$$
$$\left. + \frac{\Delta E_{qm}}{x''_d} F(t) \right\} \cos(\omega t + 180°) + \frac{E''_{(0)}}{x''_d} e^{-t/T_a} \tag{6.133}$$

式中,非周期电流起始值为 $E''_{(0)}/x''_d$,与周期电流起始值 I'' 相等。i_a 的波形如图6.28所示。

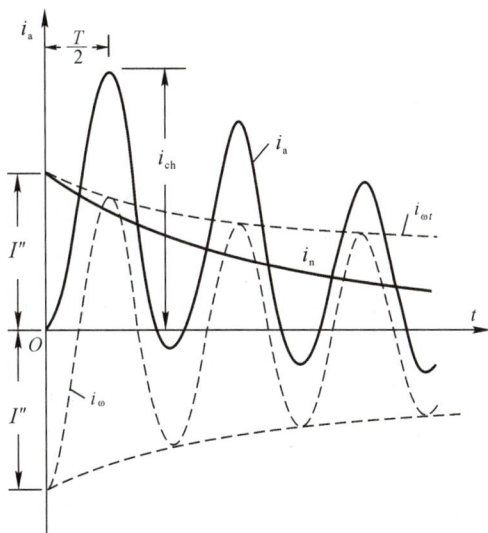

图 6.28　非周期分量最大时的短路电流波形

可见,在 $t = T/2 = 0.01s$ 时出现最大冲击电流 i_{ch},它可表示为

$$i_{ch} = I_{(0.01)} + I'' e^{-0.01/T_a} = k_{ch} I'' \tag{6.134}$$

$$k_{ch} = I_{(0.01)}/I'' + e^{-0.01/T_a} \tag{6.135}$$

式中,$I_{(0.01)}$ 为 $t = 0.01s$ 时周期电流的幅值,可由式(6.133)求得;k_{ch} 称为冲击系数。

近似计算时,可取 $I_{(0.01)} = I''$,则

$$k_{ch} = 1 + e^{-0.01/T_a} \tag{6.136}$$

发电机端三相短路时,$k_{ch} \approx 1.9$;电力网中短路时,$k_{ch} \approx 1.8$。

式(6.134)中,i_{ch} 和 I'' 均为标幺值,乘以电流瞬时值的基准值 $i_B = \sqrt{2} I_B$,即可得到 i_{ch} 的

有名值。

短路电流含有非周期分量，也使它的有效值大于周期电流的有效值。t 时刻短路电流有效值定义为

$$I_t = \sqrt{\frac{1}{T} \int_{t-T/2}^{t+T/2} (i_\omega + i_n)^2 \, \mathrm{d}t}$$

由于 i_ω 不是严格的正弦波，i_n 随时间而衰减，用上式计算 I_t 颇为复杂。在工程计算中，可近似地认为，在 t 为中心的一个周期内，i_ω 是严格的正弦波，幅值 $I_{\omega t}$ 等于 i_ω 包络线（图 6.28 中为 i_ω）在 t 时刻的值。电流的非周期分量则看作直流，取值 $I_{n0} \mathrm{e}^{-t/T_a}$，$I_{n0}$ 为电流非周期分量的起始值。设 $I_{\omega t}$ 和 I_{n0} 为标幺值，则有效值 I_t 的有名值计算如下：

$$
\begin{aligned}
I_t &= \sqrt{(I_{\omega t} I_B)^2 + (I_{n0} \mathrm{e}^{-t/T_a} \times \sqrt{2} I_B)^2} \\
&= \sqrt{I_{\omega t}^2 + 2(I_{n0} \mathrm{e}^{-t/T_a})^2} \times I_B \quad (\text{A 或 kA})
\end{aligned}
\tag{6.137}
$$

式中，平方根的值为 I_t 的标幺值。

短路电流最大有效值 I_{ch} 定义为：在电流的非周期分量最大时，短路后的第一周期的电流有效值，即 $t = T/2 = 0.01\mathrm{s}$ 时的有效值。按此定义，要用图 6.28 的条件计算 I_{ch}，则可按式（6.137）得：

$$
\begin{aligned}
I_{ch} &= \sqrt{I_{(0.01)}^2 + 2(I'' \mathrm{e}^{-0.01/T_a})^2} \times I_B \\
&\approx \sqrt{1 + 2(k_{ch}-1)^2} \times I'' I_B (\text{A 或 kA})
\end{aligned}
\tag{6.138}
$$

式中，I'' 为标幺值。一般 $k_{ch} = 1.8 \sim 1.9$，所以 $I_{ch} = (1.5 \sim 1.62) I'' I_B$。

▶▶▶ 6.3.5　异步电动机的三相短路电流

运行中的异步电动机，在定子端部发生三相短路时，由于转速在短时内变化很小，故在电动机电势作用下，将向短路点送出短路电流。

分析异步电动机的三相短路时，可将它看作具有阻尼绕组但没有励磁绕组的同步电机，用式（6.124）进行计算。不过，异步电动机没有励磁绕组，所以定子短路电流周期分量中不含按 T'_d 衰减的自由分量，而且短路电流稳态值为零，亦即只有次暂态过程。另外，电动机转子在电和磁方面都是对称的，$x''_d = x''_q = x''$，$T''_d = T''_q = T''$，所以定子电流中不存在倍频交流分量。根据式（6.124），计及上述特点，即可得到电动机定子三相短路电流，例如 a 相电流

$$
\begin{aligned}
i_a &= \frac{E''_{q(0)}}{x''} \mathrm{e}^{-t/T''} \cos(t+\theta_0) + \frac{E''_{d(0)}}{x''} \mathrm{e}^{-t/T''} \sin(t+\theta_0) + I_{n0} \mathrm{e}^{-t/T_a} \\
&= \frac{E''_{(0)}}{x''} \mathrm{e}^{-t/T''} \cos(t+\theta_0-\alpha_0) + I_{n0} \mathrm{e}^{-t/T_a}
\end{aligned}
\tag{6.139}
$$

式中，$E''_{(0)} = \sqrt{E''^2_{q(0)} + E''^2_{d(0)}}$ 为次暂态电势，$\alpha_0 = \arctan(E''_{d(0)}/E''_{q(0)})$，$I_{n0}$ 为非周期分量的起始值。

发生短路瞬间（$t=0$），i_a 的瞬时值应等于短路前一瞬间的瞬时值 $i_{a(0)}$，即 $I_{n0} + i_{\omega 0} = i_{a(0)}$（这里 $i_{\omega 0}$ 为 $t=0$ 时短路电流周期分量的瞬时值），所以非周期分量的起始值 $I_{n0} = i_{a(0)} - i_{\omega 0}$。

在 $\theta_0 - \alpha_0 = 180°$ 时刻发生三相短路时,非周期分量将达到最大值,这时 $i_{\omega 0} = -E''_{(0)}/x''$ $= -I''$,$I_{n0} = i_{a(0)} + I'' \approx I''$,式(6.139)可写为

$$i_a = -I'' e^{-t/T''} \cos\omega t + I'' e^{-t/T_a}$$

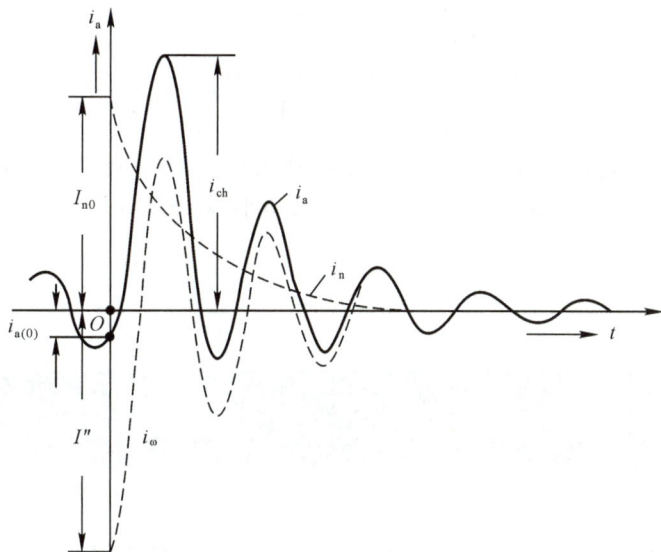

图 6.29 异步电动机三相短路电流波形

图 6.29 画出非周期分量最大时的定子电流波形。在 $t = T/2 = 0.01\text{s}$ 时,出现冲击电流

$$\left. \begin{array}{l} i_{ch} = I'' e^{-0.01/T''} + I'' e^{-0.01/T_a} = k_{ch} I'' \\ k_{ch} = e^{-0.01/T''} + e^{-0.01/T_a} \end{array} \right\} \tag{6.140}$$

异步电动机 T'' 和 T_a 为百分之几秒,冲击系数 $k_{ch} < 1.8$。

异步电动机的次暂态电抗和时间常数可用同步电机的概念来确定。图 6.30(a)是计算 x'' 的等值电路,其中 $x_{1\sigma}$、$x_{2\sigma}$ 为定子和转子的漏抗,x_μ 为励磁电抗(均为电动机额定值为基准的标幺值),一般 x_μ 远大于漏抗。所以

$$x'' = x_{1\sigma} + \frac{x_\mu x_{2\sigma}}{x_\mu + x_{2\sigma}} \approx x_{1\sigma} + x_{2\sigma}$$

异步电动机在停止状态(滑差 $S=1$)加电压启动时,等值电路与图 6.30(a)相同。额定电压($U=1$)下的启动电流

$$I_{st} = \frac{1}{x''}$$

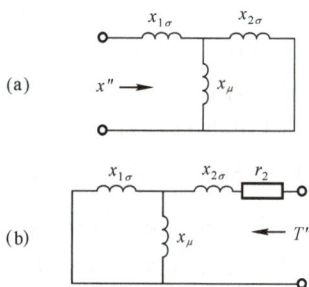

图 6.30 x'' 和 T'' 的等值电路

I_{st}(标幺值)又称为启动电流倍数,可从电动机手册中找到。一般 $I_{st} \approx 5$,所以 $x'' \approx 0.2$。

时间常数 T'' 可用图 6.30(b)计算:

$$T'' \approx \frac{x_{1\sigma} + x_{2\sigma}}{r_2} \approx \frac{x''}{r_2}$$

式中,r_2 为转子电阻。

定子绕组时间常数 T_a 按式(6.114)计算，因 $x_d''=x_q''=x''$，所以 $T_a=x''/r_1$，其中，r_1 为定子电阻。通常 $r_1\approx r_2$，所以 $T_a\approx T'$。

异步电动机的次暂态电势 $\dot{E}_{(0)}''$，可根据正常运行时的电压 $U_{(0)}$ 和吸取的电流 $I_{(0)}$ 计算：

$$\dot{E}_{(0)}''=\dot{U}_{(0)}-\mathrm{j}x''\dot{I}_{(0)}$$

或用吸取的功率 $P_{(0)}+\mathrm{j}Q_{(0)}$ 按下式计算：

$$E_{(0)}''=\sqrt{\left(U_{(0)}-\frac{Q_{(0)}x''}{U_{(0)}}\right)^2+\left(\frac{P_{(0)}x''}{U_{(0)}}\right)^2}$$

最后需要指出的是，只有短路点接近异步电动机端部时，它提供的短路电流才比较大。短路点较远时，端电压与 E'' 相差不大，短路电流就很小，甚至端电压仍大于 E''，电动机还从电网吸取电流。

6.4　电力系统三相短路实用计算

在含有多台同步发电机的电力系统中，三相短路的电磁暂态过程比单台电机要复杂得多，各个电机供出的短路电流不仅与本机的参数有关，还与其他电机的参数以及电力网的结构和参数有关，要准确计算是十分困难和复杂的。因此，电力系统短路电流的实用计算，必须采用简化的方法，在满足工程计算准确度要求的前提下，力求计算简便。为此，除了已采用的假定外，还要作如下简化：

(1)不考虑同步电机之间摇摆的影响，即认为短路暂态过程中各电机空载电势间的相位差保持不变。

(2)短路电流中倍频交流分量略去不计，非周期分量仅作近似的计算。

(3)在有多台同步电机的电力系统中，把短路电流周期分量的变化规律看作和一台同步电机短路电流周期分量的变化规律相同。

(4)电力线路对地电容及变压器的等值励磁接地支路都略去不计。另外，变压器和高压线路的电阻也可略去不计。因电缆和低压线路电阻与电抗的比值较大，用纯电抗表示时，电抗值可用阻抗模值($\sqrt{r^2+x^2}$)代替。

(5)电力系统负荷可根据计算任务作不同的简化处理。

▶▶▶ 6.4.1　三相短路起始次暂态电流的计算

发生短路瞬间，短路电流周期分量的起始值 I'' 称为起始次暂态电流，在一些工程问题中，常常只要求提供这一电流值。为了简化计算，补充假设各同步电机的 $x_d''=x_q''$，这对于汽轮发电机是接近实际的，对于凸极同步电机误差也很小。当 $x_d''=x_q''$ 时，就可用图 6.19(b)所示的同步电机等值电路计算起始次暂态电流。例如机端三相短路时，$\dot{I}''=\dot{E}''/(r+\mathrm{j}x_d'')$，

次暂态电势 E' 可从短路前正常运行状态求得。

对于复杂的电力系统,只需将各种不同的发电机和调相机分别用电势为 E'、内电抗为 x''_d 的电压源表示,就可用交流电路稳态计算方法求得各发电机和短路点的 I''。

关于负荷的处理说明如下:对于接近短路点的大容量同步和异步电动机,要作为提供起始次暂态电流的电源处理,异步电动机按 6.3 节中的方法用 E' 和 x'' 等值;对于接在短路点的综合负荷,可近似地看作一台等值异步电动机,用 E' 和 x'' 支路表示,取 $x'' = 0.35$ 标么值(以负荷视在容量和额定电压为基准);短路点以外的综合负荷,可近似地用阻抗支路等值,阻抗值用正常时的电压和功率计算,即

$$Z = r + \mathrm{j}x = \frac{U^2}{S^2}(P + \mathrm{j}Q)$$

式中,$S = \sqrt{P^2 + Q^2}$ 为负荷的容量。更简略些可用纯电抗支路等值,电抗标么值取 1.2。远离短路点的负荷甚至可以略去不计。

【例 6.4】 图 6.31 为一简单的电力系统,G 为同步发电机,C 为同步调相机,L-1、L-2 和 L-3 为综合负荷,架空线路 l-1 和 l-2 的额定电压 110kV,电抗 0.4Ω/km,其他有关数据均标在图上。正常运行时各节点电压: $\dot{U}_4 = 10.4\angle 0°\mathrm{kV}$,$\dot{U}_3 = 114.7\angle 4.74°\mathrm{kV}$,$\dot{U}_2 = 6.315\angle 0.07°\mathrm{kV}$ $\dot{U}_1 = 10.73\angle 10.69°\mathrm{kV}$;发电机的输出功率为 $65.9 + \mathrm{j}48\mathrm{MVA}$,调相机输出的无功功率为 4.56Mvar。试计算 D 点(节点 4)发生金属性三相短路时,短路点及发电机的起始次暂态电流和发电机母线短路瞬间的电压。

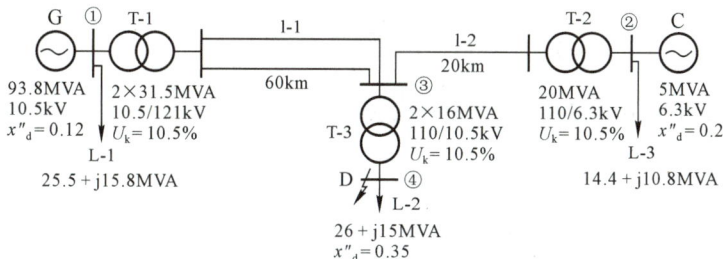

图 6.31 例 6.4 电力系统接线图

【解】 (1)制订计算用等值电路

用标么值计算,取 $S_B = 100\mathrm{MVA}$,110kV 为电压基本级,$U_B = 110\mathrm{V}$。发电机侧电压基准:$U_{1B} = 110 \times 10.5/121 = 9.55\mathrm{kV}$;调相机侧电压基准:$U_{2B} = 110 \times 6.3/110 = 6.3\mathrm{kV}$;负荷 L-2 侧电压基准:$U_{4B} = 110 \times 10.5/110 = 10.5\mathrm{kV}$。

系统等值电路如图 6.32(a)所示,接在短路点的负荷 L-2 用 E''_3 和 x'' 代替,另两个负荷用阻抗表示。图中各元件阻抗旁的分数表示元件的编号(分子)和它的阻抗标么值(分母)。

各元件阻抗标么值:

发电机:$x_1 = 0.12 \times \dfrac{10.5^2}{93.8} \times \dfrac{100}{9.55^2} = 0.1547$

调相机:$x_2 = 0.2 \times \dfrac{6.3^2}{5} \times \dfrac{100}{6.3^2} = 4$

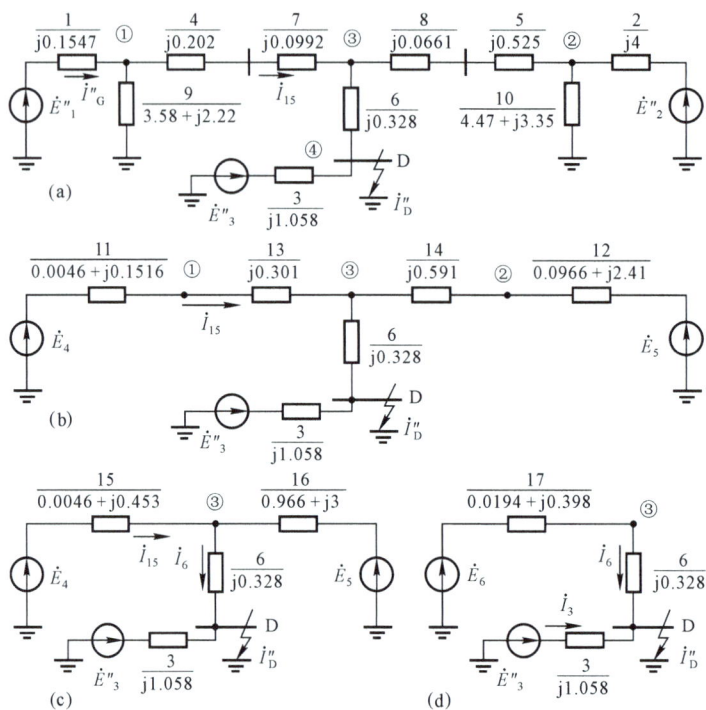

图 6.32 例 6.4 的等值电路

负荷 L-2 的 x''：$x_3 = \dfrac{0.35 \times 10.5^2}{\sqrt{26^2 + 15^2}} \times \dfrac{100}{10.5^2} = 1.058$

变压器 T-1：$x_4 = 0.105 \times \dfrac{121^2}{2 \times 31.5} \times \dfrac{100}{110^2} = 0.202$

T-2：$x_5 = 0.105 \times \dfrac{110^2}{20} \times \dfrac{100}{110^2} = 0.525$

T-3：$x_6 = 0.105 \times \dfrac{110^2}{2 \times 16} \times \dfrac{100}{110^2} = 0.328$

线路 1-1：$x_7 = 60 \times \dfrac{0.4}{2} \times \dfrac{100}{110^2} = 0.0992$

线路 1-2：$x_8 = 20 \times 0.4 \times \dfrac{100}{110^2} = 0.0661$

正常运行时各节点电压：

$$\dot{U}_1 = \frac{10.73}{9.55} \angle 10.69° = 1.124 \angle 10.69°$$

$$\dot{U}_2 = \frac{6.315}{6.3} \angle 0.07° = 1.002 \angle 0.07°$$

$$\dot{U}_3 = \frac{114.7}{110} \angle 4.74° = 1.043 \angle 4.74°$$

$$\dot{U}_4 = \frac{10.4}{10.5} = 0.99$$

负荷 L-1 和 L-3 的等值阻抗：

$$L\text{-}1: Z_9 = \frac{1.124^2}{0.255^2 + 0.158^2}(0.255 + j0.158) = 3.58 + j2.22$$

$$L\text{-}3: Z_{10} = \frac{1.002^2}{0.144^2 + 0.108^2}(0.144 + j0.108) = 4.47 + j3.35$$

各电源次暂态电势：

① 发电机

$$E_1'' = \sqrt{\left(1.124 + \frac{0.48 \times 0.1547}{1.124}\right)^2 + \left(\frac{0.659 \times 0.1547}{1.124}\right)^2}$$

$$= \sqrt{1.19^2 + 0.0907^2} = 1.193$$

相位角　$\delta_1 = \arctan\dfrac{0.0907}{1.19} + 10.69° = 15.05°$

② 调相机

$$\dot{E}_2'' = \left(1.002 + \frac{0.0456 \times 4}{1.002}\right)\angle 0.07° = 1.18\angle 0.07°$$

③ 负荷 L-2

$$E_3'' = \sqrt{\left(0.99 - \frac{0.15 \times 1.058}{0.99}\right)^2 + \left(-\frac{0.26 \times 1.058}{0.99}\right)^2}$$

$$= \sqrt{0.83^2 + (-0.278)^2} = 0.875$$

相位角　$\delta_3 = \arctan\dfrac{-0.278}{0.83} = -18.2°$

(2) 次暂态电流计算

将图 6.32(a) 中的支路 1 和支路 9 并联，支路 2 和 10 并联，支路 4 和 7 串联，支路 5 和 8 串联，得到图 6.32(b)，其中：

$$\dot{E}_4 = \frac{\dot{E}_1'' Z_9}{Z_1 + Z_9} = 1.17\angle 13.29°$$

$$Z_{11} = \frac{Z_1 Z_9}{Z_1 + Z_9} = 0.046 + j0.1516$$

$$\dot{E}_5 = \frac{\dot{E}_2'' Z_{10}}{Z_2 + Z_{10}} = 0.776\angle -21.8°$$

$$Z_{12} = Z_2 /\!/ Z_{10} = 0.966 + j2.41$$

$$Z_{13} = Z_4 + Z_7 = j0.301$$

$$Z_{14} = Z_5 + Z_8 = 0.591$$

将 Z_{11} 和 Z_{13} 串联，Z_{12} 和 Z_{14} 串联，得到图 6.32(c)。再将支路 15 和 16 并联，得到简化电路图 6.32(d)，图中

$$\dot{E}_6 = \frac{\dot{E}_4 Z_{16} + \dot{E}_5 Z_{15}}{Z_{16} + Z_{15}} = 1.121\angle 9.63°$$

$$Z_{17} = Z_{15} /\!/ Z_{16} = 0.0194 + j0.398$$

由图 6.32(d) 求得发电机和调相机供出的电流

$$\dot{I}_6 = \frac{\dot{E}_6}{Z_{17} + Z_6} = 1.545\angle -78.8°$$

综合负荷 L-2 供给的电流：$\dot{I}_3=\dfrac{\dot{E}''_3}{Z_3}=0.827\angle-108.5°$

短路点的起始次暂态电流：$\dot{I}''_D=\dot{I}_6+\dot{I}_3=2.3\angle-89.1°$

短路瞬间节点 3 的电压

$$\dot{U}_3=Z_6\dot{I}_6=0.507\angle11.16°$$

由图 6.32(c)求出支路 15 的电流

$$\dot{I}_{15}=(\dot{E}_4-\dot{U}_3)/Z_{15}=1.467\angle-74.5°$$

节点 1 即发电机 G 的端电压可由图 6.32(b)求得：

$$\dot{U}_1=\dot{U}_3+\dot{I}_{15}Z_{13}=0.948\angle13.18°$$

最后，由图 6.32(a)求出发电机 G 的起始次暂态电流

$$\dot{I}''_G=(\dot{E}''_1-\dot{U}_1)/Z_1=1.604\angle-67.8°$$

所求电流和电压的实际有名值为

$$I''_D=2.3\times\frac{100}{\sqrt{3}\times10.5}=12.65(\text{kA})(\text{有效值})$$

$$I''_G=1.604\times\frac{100}{\sqrt{3}\times9.55}=9.7(\text{kA})(\text{有效值})$$

$$U_1=0.948\times9.55=9.05(\text{kV})(\text{线电压有效值})$$

应用叠加原理计算起始次暂态电流比上例的直接计算法更为方便。图 6.33(a)为计算起始次暂态电流的等值电路，除电源支路外其他部分用方框表示。图中，短路点 D 与地之间串接入两个理想电压源，一个电压为故障前 D 点的电压 $\dot{U}_{D(0)}$，另一个电压为 $\Delta\dot{U}_D=-\dot{U}_{D(0)}$，因而保证 D 点对地电压为零。应用叠加原理，将图 6.33(a)分为图 6.33(b)和(c)

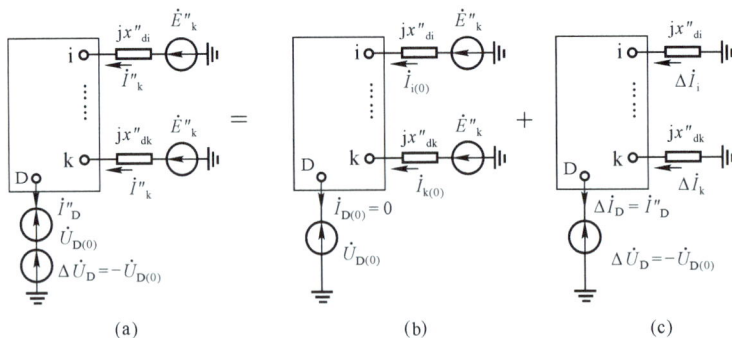

图 6.33　应用叠加原理计算起始次暂态电流

两种情况。图 6.33(b)是正常运行时的等值电路，各节点电压和支路电流由正常潮流计算求得。图 6.33(c)是无源一端口网络，仅端口加电压 $\Delta\dot{U}_D=-\dot{U}_{D(0)}$，就可求得各节点电压和各支路电流，它们是三相短路引起的故障分量。图 6.33(a)中任一支路的实际电流及任一节点的实际电压，为相应的正常分量和故障分量的相量和。短路点的正常电流为零，所

以它的起始次暂态电流 $\dot{I}_D^{''}=\Delta\dot{I}_D$。设图 6.33(c)中 D—地端口的等值阻抗为 Z_{DD}，则有

$$\dot{I}_D^{''}=\Delta\dot{I}_D=-\frac{\Delta\dot{U}_D}{Z_{DD}}=\frac{\dot{U}_{D(0)}}{Z_{DD}}$$

只需要计算短路点的 $\dot{I}_D^{''}$ 时，用叠加原理计算特别方便。

【**例 6.5**】 同例 6.4，但用叠加原理计算。

【**解**】 各基准值同例 6.4。

(1)正常电流和电压分量

$$\dot{U}_{D(0)}=\dot{U}_{4(0)}=0.99 \qquad \dot{U}_{1(0)}=1.124\angle10.69°$$

$$\dot{I}_{G(0)}=\frac{\overset{*}{S}_{G(0)}}{\overset{*}{U}_{1(0)}}=\frac{0.659-j0.48}{1.124\angle-10.69°}=0.655-j0.311$$

(2)故障分量计算

计算故障分量的等值电路见图 6.34(a)，再依次简化为图(b)和(c)（见图 6.32），各支路电抗值同例 6.4。

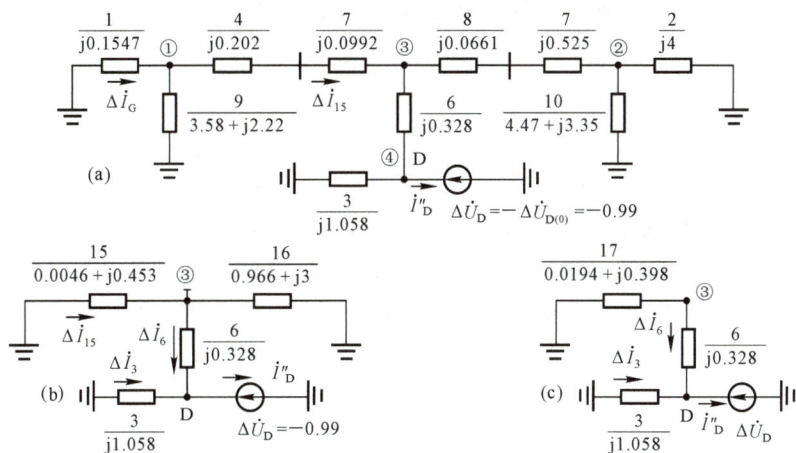

图 6.34 例 6.5 的故障分量等值电路

由图 6.34(c)可知，

$$\Delta\dot{I}_6=-\frac{\Delta\dot{U}_D}{Z_{17}+Z_6}=\frac{0.99}{0.0194+j0.726}=0.0364-j1.364$$

$$\Delta\dot{I}_3=-\frac{\Delta\dot{U}_D}{Z_3}=\frac{0.99}{j1.058}=-j0.936$$

$$\dot{I}_D^{''}=\Delta\dot{I}_6+\Delta\dot{I}_3=0.0364-j2.3=2.3\angle-89.1°$$

$$\Delta\dot{U}_3=\Delta\dot{U}_D+Z_6\Delta\dot{I}_6=0.543\angle178.7°$$

再由图 6.34(a)、(b)求出：

$$\Delta\dot{I}_{15}=\frac{-\Delta\dot{U}_3}{Z_{15}}=-1.2\angle89.3°$$

$$\Delta \dot{U}_1 = \Delta \dot{U}_3 + \Delta \dot{I}_{15}(Z_4 + Z_7) = -0.1818 + j0.00771$$

$$\Delta \dot{I}_G = -\frac{\Delta \dot{U}_1}{Z_1} = -0.00498 - j1.175$$

（3）起始次暂态电流和电压

$$\dot{I}_D'' = 2.3 \angle -89.1°$$

$$\dot{I}_G'' = \dot{I}_{G(0)} + \Delta \dot{I}_G = 0.605 - j1.486 = 1.604 \angle -67.8°$$

$$\dot{U}_1 = \dot{U}_{1(0)} + \Delta \dot{U}_1 = 0.948 \angle 13.18°$$

计算结果与例 6.4 相同。

在例 6.4 和 6.5 计算中，不同电压等级的参数或基准值都是用变压器实际变比进行归算的。对于具有多种电压等级、元件数很多的大规模电力系统，参数标么值计算的工作量很大。短路电流实用计算方法本身带有近似性，所以参数计算不需要如此准确。为了简化计算，假设：①接在同一电压级的所有电力设备的额定电压相等，其数值取这些设备额定电压的平均值，称为平均额定电压。我国规定的各级电压电力网的平均额定电压见表 6.3，约为额定电压的 1.05 倍。②各变压器的变比用它各侧电力网平均额定电压之比代替。

表 6.3　各级电压电力网的平均额定电压

额定电压/kV	3	6	10	15	35	110	220	330	500
平均额定电压	3.15	6.3	10.5	15.75	37	115	230	345	525

采用这些假定时，基本级的电压基准值选用它的平均额定电压，其他各级的电压基准值则都等于各自的平均额定电压，不必一一归算。等值电路中各元件参数标么值的计算也很简便。例如，某设备以其额定容量 S_N、额定电压 U_N 为基准值的电抗标么值为 $x_{*(N)}$，则归算到基准功率 S_B 和平均额定电压 U_{MN} 的标么值为

$$x_* = x_{*(N)} \times \frac{U_N^2}{S_N} \times \frac{S_B}{U_{MN}^2} = x_{*(N)} \times \frac{S_B}{S_N}$$

由于设 $U_N = U_{MN}$，所以电抗标么值只需进行容量归算。同理，变压器的电抗标么值为

$$x_* = \frac{U_k\%}{100} \times \frac{S_B}{S_N}$$

在短路电流实用计算中，普遍使用这种简化，但必须指出，在电力系统潮流和稳定计算（见第 3 章和第 7 章）中，不允许使用这些简化，各变压器必须用实际变比，各元件必须用它本身的额定电压进行计算。

还有一种简易的起始次暂态电流计算方法，它假定故障前电力网各节点电压都等于平均额定电压（标么值为 1），相位都相同；各支路的起始次暂态电流只计及故障分量，因为一般正常电流比故障分量小很多，所以可略去不计。另外，除了短路点的大型电动机及综合负荷用 E''、x'' 等值外，其他负荷都可略去不计；全部线路及变压器的电阻也都不计。这样，短路点 $\dot{I}_D'' = 1/x_{DD}$，任一支路 $\dot{I}_l = \Delta I_l$，任一节点起始电压 $U_i = 1 + \Delta U_i$。这种简易算法只需对故障分量等值电路进行计算，而且是纯电抗电路，不必用相量计算。用简易法求得的短路点 $\dot{I}_D''$ 误差不大；对于支路电流，在正常电流较大时则误差较大。

电力系统短路电流水平,通常用短路容量或称短路功率表示,它定义为

$$S_D = \sqrt{3}U_N I_D''(\text{MVA})$$

式中,U_N 为短路点所在电网的额定电压(kV),I_D'' 为短路点三相短路起始次暂态电流(kA)。用平均额定电压替代 U_N 时,

$$S_D = \sqrt{3}U_{MN}I_D'' = \sqrt{3}U_{MN}I_{D*}'' \times \frac{S_B}{\sqrt{3}U_{MN}} = I_{D*}'' S_B$$

即为电流标么值与功率基准值的乘积,或短路容量标么值与 I_D'' 的标么值相等。

【**例 6.6**】　同例 6.4,但用平均额定电压计算。

【**解**】　取 $S_B = 100\text{MVA}$,电压基准值取各级的平均额定电压。用叠加原理计算,故障分量等值电路如图 6.35 所示。负荷 L-1 用标么值为 1.2 的电抗支路表示,负荷 L-3 删去不计,接在短路点的负荷 L-2 仍用 E''、x'' 等值。各元件电抗值计算如下:

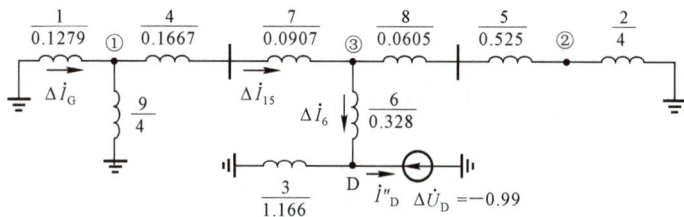

图 6.35　例 6.6 故障分量等值电路

$$x_1 = 0.12 \times \frac{100}{93.8} = 0.1279$$

$$x_2 = 0.2 \times \frac{100}{5} = 4$$

$$x_3 = 0.35 \times \frac{100}{\sqrt{26^2 + 15^2}} = 1.166$$

$$x_4 = 0.105 \times \frac{100}{2 \times 31.5} = 0.1667$$

$$x_5 = 0.105 \times \frac{100}{20} = 0.525$$

$$x_6 = 0.105 \times \frac{100}{2 \times 16} = 0.328$$

$$x_7 = 0.4 \times \frac{60}{2} \times \frac{100}{115^2} = 0.0907$$

$$x_8 = 0.4 \times 20 \times \frac{100}{115^2} = 0.0605$$

$$x_9 = 1.2 \times \frac{100}{\sqrt{25.5^2 + 15.8^2}} = 4$$

等值电路简化[见图 6.34(b)、(c)]:

$$x_{15} = (x_1 /\!/ x_9) + x_4 + x_7 = 0.381$$

$$x_{16} = x_2 + x_5 + x_8 = 4.59$$

$$x_{17} = x_{15} /\!/ x_{16} = 0.352$$

短路点等值电抗　　　$x_{DD}=(x_{17}+x_6)/\!/x_3=0.43$

短路点正常电压　　　$U_{D(0)}=10.4/10.5=0.99$

短路点起始次暂态电流：

$$I_D''=\frac{U_{D(0)}}{x_{DD}}=\frac{0.99}{0.43}=2.3$$

电压、电流故障分量计算：

$$\Delta I_6=\frac{-\Delta U_D}{x_{17}+x_6}=\frac{0.99}{0.352+0.328}=1.454$$

$$\Delta I_{15}=\Delta I_6\times\frac{x_{17}}{x_{15}}=1.344$$

$$\Delta U_1=-\Delta I_{15}\times(x_1/\!/x_9)=-0.1665$$

$$\Delta I_G=\frac{-\Delta U_1}{x_1}=1.302$$

发电机正常电压和电流：

$$\dot U_{1(0)}=\frac{10.73}{10.5}\angle10.69°=1.022\angle10.69°$$

$$\dot I_{G(0)}=\frac{0.659-j0.48}{1.022\angle-10.69°}=0.721-j0.342$$

发电机起始次暂态电流、电压：

$$\dot I_G''=\dot I_{G(0)}+\Delta\dot I_G=0.721-j0.342-j1.302$$
$$=1.8\angle-66°$$

$$\dot U_1=\dot U_{1(0)}+\Delta\dot U_1=1.022\angle10.69°-0.1665$$
$$=0.859\angle12.8°$$

所求电流和电压的有效值：

$$I_D''=2.3\times\frac{100}{\sqrt3\times10.5}=12.65(kA)$$

$$I_G''=1.8\times\frac{100}{\sqrt3\times10.5}=9.9(kA)$$

$$U_1=0.859\times10.5=9.02(kV)$$

与例 6.4 计算结果比较，电流和电压误差不大。

短路点短路容量　　　$S_D=2.3\times100=230(MVA)$

【例 6.7】　同例 6.4，但用简易法近似计算。

【解】　取 $S_B=100MVA$，基准电压为平均额定电压。故障分量等值电路同图 6.35，但负荷 L-1 不计，可令其中 $x_9=\infty$，另外 $\Delta U_D=-1$。

短路点 D 等值电抗：

$$x_{DD}=\{[(x_1+x_4+x_7)/\!/(x_2+x_5+x_8)]+x_6\}/\!/x_3$$
$$=0.431$$

$$I_D''=\frac{1}{x_{DD}}=\frac{1}{0.431}=2.32$$

有效值　$I_D'' = 2.32 \times \dfrac{100}{\sqrt{3} \times 10.5} = 12.8 \, (\text{kA})$

短路容量　$S_D = 2.32 \times 100 = 232 \, (\text{MVA})$

发电机电流和电压的故障分量分别为　$\Delta I_G = 1.35, \Delta U_1 = -0.173$, 起始电流和电压有效值为

$$I_G'' = \Delta I_G = 1.35 \times \frac{100}{\sqrt{3} \times 10.5} = 7.42 \, (\text{kA})$$

$$U_1 = (1 + \Delta U_1) U_B = (1 - 0.173) \times 10.5 = 8.68 \, (\text{kV})$$

与例 6.4 相比, I_D'' 和 U_1 误差不大, I_G'' 误差较大, 因为它的正常电流相对较大。

▶▶▶ 6.4.2　复杂电力系统起始次暂态电流的计算

复杂电力系统的三相短路起始次暂态电流通常应用叠加原理进行计算, 先作潮流计算, 得到各节点的正常电压 $\dot{U}_{i(0)}$; 然后对故障分量等值网络进行求解, 得到各节点电压的故障分量 $\Delta \dot{U}_i$; 最后根据各节点实际电压 $\dot{U}_i = \dot{U}_{i(0)} + \Delta \dot{U}_i$ 计算各支路的起始次暂态电流。

计算故障分量用的等值网络[见图 6.33(c)], 可以利用潮流计算用的等值网络, 在各发电机节点加上电抗为 x_d'' 的接地支路, 各负荷节点接入代替负荷的接地阻抗支路而形成。直接连于短路点的大型电动机或综合负荷所提供的起始次暂态电流可另行处理。该计算网络中, 只有短路节点 D 加有电源, 注入电流为 $-I_D''$, 其他节点注入电流均为零。

如果计算网络的节点阻抗矩阵已经形成, 则可解如下的节点电压方程, 得到电压的故障分量:

$$\begin{bmatrix} \Delta \dot{U}_1 \\ \vdots \\ \Delta \dot{U}_D \\ \vdots \\ \Delta \dot{U}_n \end{bmatrix} = \begin{bmatrix} Z_{11} & \cdots & Z_{1D} & \cdots & Z_{1n} \\ \vdots & & \vdots & & \vdots \\ Z_{D1} & \cdots & Z_{DD} & \cdots & Z_{Dn} \\ \vdots & & \vdots & & \vdots \\ Z_{n1} & \cdots & Z_{nD} & \cdots & Z_{nn} \end{bmatrix} \begin{bmatrix} 0 \\ \vdots \\ -I_D'' \\ \vdots \\ 0 \end{bmatrix} = -I_D'' \begin{bmatrix} Z_{1D} \\ \vdots \\ Z_{DD} \\ \vdots \\ Z_{nD} \end{bmatrix} \qquad (6.141)$$

式中, 设网络有 n 个节点。由上式可得:

$$\Delta \dot{U}_i = -Z_{iD} I_D'' \qquad (i = 1, 2, \cdots, n) \qquad (6.142)$$

对于短路节点 D 有

$$\Delta \dot{U}_D = -\dot{U}_{D(0)} = -Z_{DD} I_D'' \qquad$$

所以

$$I_D'' = \frac{\dot{U}_{D(0)}}{Z_{DD}} \qquad (6.143)$$

实际上先由上式求出 I_D'', 然后用式(6.142)计算各节点 $\Delta \dot{U}_i$。

各节点的实际起始电压为

$$\dot{U}_i = \dot{U}_{i(0)} + \Delta \dot{U}_i = \dot{U}_{i(0)} - Z_{iD}\dot{I}_D'' \tag{6.144}$$

任一支路 $i\text{-}j$ 的起始次暂态电流为

$$\dot{I}_{ij} = \frac{\dot{U}_i - \dot{U}_j}{Z_{ij}} \tag{6.145}$$

式中，Z_{ij} 为支路 $i\text{-}j$ 的阻抗。

在近似计算中，假设故障前各节点电压 $U_{i(0)} = 1$，以上各式可简化为

$$\left.\begin{array}{l}
\dot{I}_D'' = \dfrac{1}{Z_{DD}} \\[3mm]
\dot{U}_i = 1 - \dfrac{Z_{iD}}{Z_{DD}} \\[3mm]
\dot{I}_{ij} = \dfrac{1}{Z_{ij}}\dfrac{Z_{jD} - Z_{iD}}{Z_{DD}}
\end{array}\right\} \tag{6.146}$$

由以上各式可见，计算 D 点三相短路时，只用到节点阻抗矩阵的第 D 列元素。

节点阻抗矩阵是满矩阵，当网络的节点数增加时，形成该矩阵所占用的计算时间和存储它的内存容量将大为增加，这就使计算电力系统的规模受到限制。电力网的节点导纳矩阵的形成很简洁，网络结构改变时也容易修改，而且该矩阵很稀疏，储存非零元素只需很小的内存。因此，常用的短路电流算法中，采用先形成计算网络的节点导纳矩阵，然后求出短路点对应的一列阻抗矩阵元素。

根据节点阻抗矩阵元素的定义，当节点 D 注入单位电流，其他节点注入电流均为零时，节点 D 的电压等于它的自阻抗，其他节点的电压等于该节点与 D 点间的互阻抗，即节点阻抗矩阵 D 列（行）的元素为

$$Z_{iD} = Z_{Di} = \dot{U}_i \quad (i = 1, 2, \cdots, n)$$

式中，各节点的电压可以由下面用节点导纳矩阵表示的节点电压方程解得：

$$\begin{bmatrix}
Y_{11} & \vdots & Y_{1D} & \vdots & Y_{1n} \\
\vdots & & \vdots & & \vdots \\
Y_{D1} & \cdots & Y_{DD} & \cdots & Y_{Dn} \\
\vdots & & \vdots & & \vdots \\
Y_{n1} & \cdots & Y_{nD} & \cdots & Y_{nn}
\end{bmatrix}
\begin{bmatrix}
\dot{U}_1 \\
\vdots \\
\dot{U}_D \\
\vdots \\
\dot{U}_n
\end{bmatrix}
=
\begin{bmatrix}
0 \\
\vdots \\
1 \\
\vdots \\
0
\end{bmatrix} \leftarrow \text{D 行} \tag{6.147}$$

综上所述，计算起始次暂态电流的步骤如下：

(1)形成计算故障分量用的等值网络的节点导纳矩阵。

(2)解线性代数方程组式(6.147)，求出短路点 D 对应的一列节点阻抗矩阵元素。

(3)应用式(6.143)，计算短路点的起始次暂态电流 $\dot{I}_D''$。

(4)按式(6.144)计算各节点的电压。

(5)应用式(6.145)计算各支路的起始次暂态电流。

进行某一电力系统短路分析时，往往要对一批节点逐个地计算三相短路电流，这就需要反复求解式(6.147)，求得若干列节点阻抗矩阵元素。为了减小计算工作量，可事先将节点导纳矩阵作三角分解（或形成因子表）并存储起来，以后当计算某一节点短路时，用来求

出一列阻抗矩阵元素。此外,工程计算中往往只要求计算短路点及其附近支路的电流,所以只需求出短路点附近的节点电压就可以了。同理,计算某一电压等级电网的短路电流时,离短路点较远的其他电压等级电网的节点电压也不必求出。因此,可将部分网络简化,消去一批节点,以降低节点导纳(阻抗)矩阵的阶数,减轻计算工作量。应用计算机计算时,网络简化方法简述如下。设节点 $1,2,\cdots,m$ 要保留,其他 $m+1$ 至 n 节点都是没有注入电流的节点(简称联络节点)需要消去。原节点电压方程为

$$
\begin{bmatrix} \dot{I}_1 \\ \vdots \\ \dot{I}_m \\ 0 \\ \vdots \\ 0 \end{bmatrix} = \begin{bmatrix} Y_{11} & \cdots & Y_{1m} & Y_{1,m+1} & \cdots & Y_{1n} \\ \vdots & & \vdots & \vdots & & \vdots \\ Y_{m1} & \cdots & Y_{mm} & Y_{m,m+1} & \cdots & Y_{mn} \\ Y_{m+1} & \cdots & Y_{m+1,m} & Y_{m+1,m+1} & \cdots & Y_{m+1,n} \\ \vdots & & \vdots & \vdots & & \vdots \\ Y_{n1} & \cdots & Y_{nm} & Y_{n,m+1} & \cdots & Y_{nn} \end{bmatrix} \begin{bmatrix} \dot{U}_1 \\ \cdots \\ \dot{U}_m \\ \dot{U}_{m+1} \\ \cdots \\ \dot{U}_n \end{bmatrix}
$$

上式用分块矩阵表示为

$$
\begin{bmatrix} \boldsymbol{I}_m \\ \boldsymbol{0} \end{bmatrix} = \begin{bmatrix} \boldsymbol{Y}_{mm} & \boldsymbol{Y}_{mk} \\ \boldsymbol{Y}_{km} & \boldsymbol{Y}_{kk} \end{bmatrix} \begin{bmatrix} \boldsymbol{U}_m \\ \boldsymbol{U}_k \end{bmatrix}
$$

将其展开:

$$\boldsymbol{I}_m = \boldsymbol{Y}_{mm}\boldsymbol{U}_m + \boldsymbol{Y}_{mk}\boldsymbol{U}_k$$

$$\boldsymbol{0} = \boldsymbol{Y}_{km}\boldsymbol{U}_m + \boldsymbol{Y}_{kk}\boldsymbol{U}_k$$

由第二式得,$\boldsymbol{U}_k = -\boldsymbol{Y}_{kk}^{-1}\boldsymbol{Y}_{km}\boldsymbol{U}_m$,代入第一式:

$$\boldsymbol{I}_m = (\boldsymbol{Y}_{mm} - \boldsymbol{Y}_{mk}\boldsymbol{Y}_{kk}^{-1}\boldsymbol{Y}_{km})\boldsymbol{U}_m = \boldsymbol{Y}_m\boldsymbol{U}_m \tag{6.148}$$

其中,

$$\boldsymbol{Y}_m = \boldsymbol{Y}_{mm} - \boldsymbol{Y}_{mk}\boldsymbol{Y}_{kk}^{-1}\boldsymbol{Y}_{km} \tag{6.149}$$

它就是消去联络节点后简化网络的 m 阶节点导纳矩阵。

【例 6.8】 同例 6.4,但用本节的算法计算。

【解】 各基准值同例 6.4,故障分量计算网络见图 6.34(a),短路点(节点 4)的综合负荷 L-2 单独处理,暂从图中除去。

根据图 6.34(a)不难求得节点导纳矩阵各元素(请读者核算),现列出节点导纳矩阵:

$$
\boldsymbol{Y} = \begin{bmatrix} 0.2019-j9.909 & 0 & j3.320 & 0 \\ 0 & 0.1433-j2.049 & j1.692 & 0 \\ j3.320 & j1.692 & -j8.061 & j3.049 \\ 0 & 0 & j3.049 & -j3.049 \end{bmatrix}
$$

根据式(6.147)计算节点阻抗矩阵第 4 列元素。由方程

$$
\boldsymbol{Y} \begin{bmatrix} \dot{U}_1 \\ \dot{U}_2 \\ \dot{U}_3 \\ \dot{U}_4 \end{bmatrix} = \begin{bmatrix} 0 \\ 0 \\ 0 \\ 1 \end{bmatrix}
$$

解得：

$$Z_{14} = \dot{U}_1 = 0.009208 + j0.1331$$

$$Z_{24} = \dot{U}_2 = 0.03572 + j0.3249$$

$$Z_{34} = \dot{U}_3 = 0.01938 + j0.3976$$

$$Z_{44} = \dot{U}_4 = 0.01938 + j0.7256$$

短路点 4 的短路电流：

$$\dot{I}_4 = \frac{\dot{U}_{4(0)}}{Z_{44}} = \frac{0.99}{0.01938 + j0.7256} = 0.03642 - j1.364$$

各节点电压：

$$\dot{U}_1 = \dot{U}_{1(0)} - Z_{14}\dot{I}_4 = 0.9476 \angle 13.19°$$

$$\dot{U}_2 = \dot{U}_{2(0)} - Z_{24}\dot{I}_4 = 0.5591 \angle 3.91°$$

$$\dot{U}_3 = \dot{U}_{3(0)} - Z_{34}\dot{I}_4 = 0.5056 \angle 11.17°$$

线路 l-1 故障电流［见图 6.32(a)］：

$$\dot{I}_{l-1} = \frac{\dot{U}_1 - \dot{U}_3}{Z_4 + Z_7} = 0.3918 - j1.413$$

负荷 L-1 电流：

$$\dot{I}_{L-1} = \frac{\dot{U}_1}{Z_9} = 0.2133 - j0.0717$$

发电机短路电流：

$$\dot{I}''_G = \dot{I}_{l-1} + \dot{I}_{L-1} = 1.604 \angle -67.83°$$

短路点起始次暂态电流：

$$\dot{I}''_D = \dot{I}_4 + \frac{\dot{U}_{4(0)}}{Z_3} = 2.300 \angle -89.09°$$

▶▶▶ 6.4.3　应用运算曲线计算三相短路电流周期分量

电力系统三相短路后任意时刻的短路电流周期分量的准确计算是非常复杂的，工程上均使用近似的实用计算法。目前，我国使用运算曲线法，即应用事先制作的三相短路电流周期分量的曲线进行计算。下面介绍运算曲线和使用方法。

运算曲线是根据图 6.36(a) 的电路制作的。计算条件为三相短路前发电机以额定电压满载运行，高压母线负荷 L 为发电机额定容量的一半，$\cos\varphi = 0.9$（滞后）；其余的一半负荷在短路点 D 以外；同步发电机采用有代表性的典型参数。计算 D 点三相短路的等值电路见图 6.36(b)，其中，负荷 L 用恒定阻抗 Z_L 代替。根据这个等值电路，对不同 x_l 值（表示短路远近)分别计算出不同时刻短路电流周期分量 I。最后,以电流标幺值 I_* 为纵坐标,计算电抗 $x_{js}=x''_d+x_T+x_l$ 为横坐标,以时间 t 为参数绘制出短路电流曲线族,即得到运算曲线。这里,x_{js} 和 I_* 都是以发电机额定容量和平均额定电压为基准的标幺值。

本书附录中附图 1 至附图 9 是我国在 1980 年绘制的运算曲线,其中,附图 1 至附图 5 是汽轮发电机的运算曲线,附图 6 至附图 9 为水轮发电机的运算曲线,两者都已计及强行励磁的影响。制作运算曲线所用的电机参数,是根据我国常用的各种容量同步发电机参数,用概率统计方法计算得到的标准参数。因此,这些运算曲线可用来计算具有不同容量发电机的电力系统的三相短路电流,一般不需要对计算结果进行修正。

采用计算电抗 x_{js} 为横坐标是为了使运算曲线使用起来更为方便。例如,计算图 6.36(a)中 D 点三相短路电流时,只需画出图 6.36(c)的等值电路,其中,发电机电抗用 x''_d 表示,负荷全部略去,然后求出发电机对短路点的计算电抗 x_{js},就可从运算曲线上查得 t 时刻的短路电流周期分量的标幺值。

运算曲线只做到 $x_{js}=3.4$ 为止,因为 $x_{js}>3$ 时,短路电流周期分量中次暂态和暂态自由分量的初值已经很小,实际上,任意时刻电流的周期分量值为 $I_*=1/x_{js}$。

运算曲线主要用来计算短路点及其邻近支路的短路电流周期分量值。

用运算曲线计算电力系统三相短路电流周期分量的步骤如下。

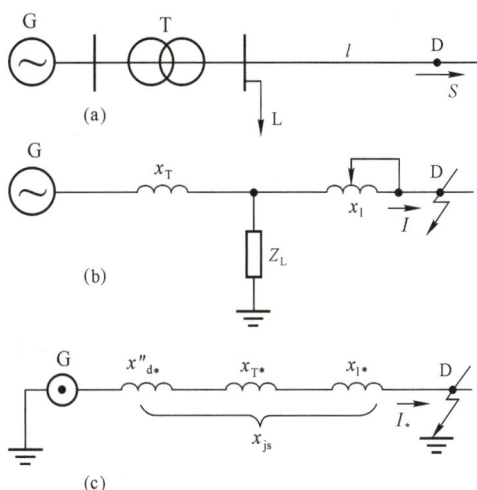

图 6.36　制作运算曲线的电路

1. 制订等值网络

各同步发电机的电抗取 x''_d,大型同步调相机和靠近短路点的大型同步电动机作为同容量发电机计算,所有其他负荷均略去不计。至于接在短路点的大型异步电动机和综合负荷,它们供出的短路电流衰减很快,通常只考虑对短路点起始次暂态电流 I'' 的影响,可用 6.3 节介绍的方法单独计算。由于计算方法是近似的,各元件的电阻都可不计,变压器的变比用各侧平均额定电压之比代替,各电压级电压基准值选用各自的平均额定电压。选择适当的功率基准值 S_B,计算各元件电抗的标幺值。

2. 计算各电源对短路点的转移电抗

将等值网络化简,消去全部联络节点,求出各电源对短路点的转移电抗。如图 6.37(a) 所示的有三个电机的等值网络,经过 Y-Δ 变换后,得到图 6.37(b)所示简单的网络,各电机对短路点的转移电抗分别为 x_{1D}、x_{2D} 和 x_{3D}。图中 x_{12}、x_{23} 和 x_{13} 不必求出,也可以不画出,因为它们对短路点电流没有影响。

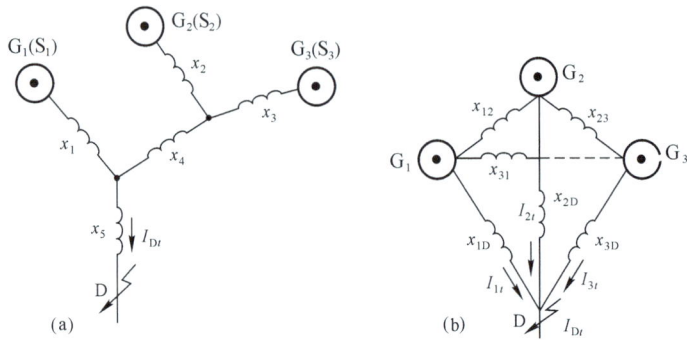

图 6.37 等值网络的简化

3. 求各计算电抗

图 6.37 中三个电机的额定容量分别为 S_1、S_2 和 S_3，相应的计算电抗（即归算到电机额定容量下的标么值）为

$$x_{js1} = x_{1D} \frac{S_1}{S_B} \qquad x_{js2} = x_{2D} \frac{S_2}{S_B} \qquad x_{js3} = x_{3D} \frac{S_3}{S_B}$$

4. 计算任意时间 t 的短路电流周期分量

根据各发电机的计算电抗分别从相应（汽轮或水轮发电机）的运算曲线上查出 t 秒时各发电机供出的短路电流。需要注意的是，从运算曲线上查出的电流是以相应发电机额定容量为基准的标么值，计算短路点总电流时不可直接相加，必须归算到同一基准功率或算出有名值后再相加。如图 6.37(b) 所示，从运算曲线查出的三个电机的电流分别为 I_{1t*}、I_{2t*} 和 I_{3t*}，以 S_B 为基准的短路点总电流标么值应为

$$I_{Dt*} = I_{1t*} \frac{S_1}{S_B} + I_{2t*} \frac{S_2}{S_B} + I_{3t*} \frac{S_3}{S_B}$$

其有名值为

$$I_{Dt} = I_{Dt*} \frac{S_B}{\sqrt{3} U_{MN}} (kA)(有效值)$$

或归算为有名值再相加：

$$I_{Dt} = I_{1t*} \frac{S_1}{\sqrt{3} U_{MN}} + I_{2t*} \frac{S_2}{\sqrt{3} U_{MN}} + I_{3t*} \frac{S_3}{\sqrt{3} U_{MN}} (kA)$$

式中，U_{MN} 为短路点平均额定电压。

在实际的电力系统中，发电机数很多，如果每台电机都单独计算，则计算工作量很大，而且无此必要。为了减小电机数目，可将对短路点电气距离大致相等、类型（指汽轮或水轮发电机）相同的若干台电机合并为一台等值电机，它的容量为各机容量的总和。如果某些不同类型的发电机对短路点的电气距离都很大，也可合并为一台等值发电机。这是因为随着电气距离的增大，汽轮和水轮发电机短路电流的变化规律趋于一致。

如果电力系统包含无限大容量的电源，则不可将它与其他发电机合并。无限大容量的电源是指容量相对很大、内阻抗相对很小和端电压恒定的等值电源或等值系统，它供出的短路电流周期分量不随时间变化而变化。通常无限大电源母线的电压标么值取 1，它提供的短路电流 $I_* = 1/x_{SD}$，x_{SD} 为该电源对短路点的转移电抗标么值。

【**例6.9**】　图 6.38 中水电厂 D 点发生三相短路,试求 $t=0$s 和 1.5s 时,故障点短路电流周期分量 I_D'' 和 $I_{D1.5}$。四台水轮发电机的 $x_d''=0.2$。

【**解**】　取 $S_B=100$MVA,电压基准取平均额定电压。等值电路见图 6.39(a),发电机 G-1 和 G-2 相同,与 D 点电气距离相等,变压器 T-1 和 T-2 也相同,可作为两倍功率的一个发电机-变压器单元处理。合并后发电机和变压器的电抗分别为

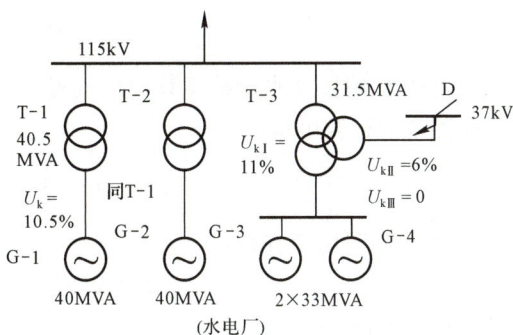

图 6.38　水电厂接线图

$$x_1=0.2\times\frac{100}{2\times40}=0.25$$

$$x_2=0.105\times\frac{100}{2\times40.5}=0.13$$

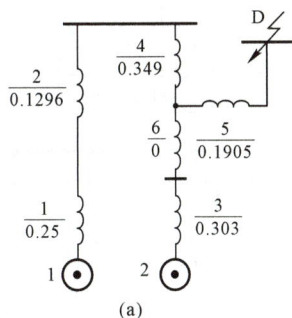

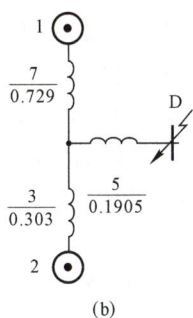

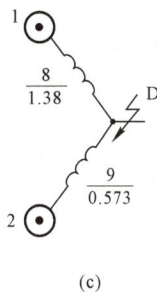

图 6.39　例 6.9 的等值网络

同理,发电机 G-3 和 G-4 合并为一台额定容量为 $2\times33=66$MVA 的发电机,电抗为

$$x_3=0.2\times\frac{100}{66}=0.303$$

变压器 T-3 的电抗:

$$x_4=0.11\times\frac{100}{31.5}=0.349$$

$$x_5=0.06\times\frac{100}{31.5}=0.191$$

$$x_6=0$$

图 6.39(a)化简为图 6.39(b),其中 $x_7=x_1+x_2+x_4=0.729$。将 Y 变换为 △ 得图6.39(c),其中,

$$x_8=x_7+x_5+\frac{x_7x_5}{x_3}=1.38$$

$$x_9=x_3+x_5+\frac{x_3x_5}{x_7}=0.573$$

电源 1 的计算电抗:

$$x_{js1} = 1.38 \times \frac{2 \times 40}{100} = 1.10$$

由附图 8、附图 9 水轮机运算曲线查得：$I_1'' = 0.97$，$I_{1(1.5)} = 1.1$。

电源 2 的计算电抗：

$$x_{js2} = 0.573 \times \frac{2 \times 33}{100} = 0.378$$

由附图 6、附图 7 查得：

$$I_2'' = 2.95, \quad I_{2(1.5)} = 2.64$$

短路点电流：

$$\begin{aligned}
I_D'' &= 0.97 \times \frac{80}{\sqrt{3} \times 37} + 2.95 \times \frac{66}{\sqrt{3} \times 37} \\
&= 0.97 \times 1.248 + 2.95 \times 1.03 \\
&= 4.25(\text{kA}) \\
I_{D1.5} &= 1.1 \times 1.248 + 2.64 \times 1.03 \\
&= 4.09(\text{kA})
\end{aligned}$$

【例 6.10】 如图 6.40 所示的电力系统，D 点发生三相短路，试计算 $t = 0\text{s}$、0.01s 和 1s 时的短路电流周期分量。图中等值系统 S 可看作无限大功率电源。

【解】 取 $S_B = 100\text{MVA}$，$U_B = $ 平均额定电压，作等值网络图 6.41(a)，将 1 和 3 支路串联后与 4、5 支路变换为 $\triangle$，得图 6.41(b)，其中：

$$x_7 = (x_1 + x_3) + x_4 + \frac{(x_1 + x_3)x_4}{x_5} = 1.483$$

$$x_8 = x_5 + x_4 + \frac{x_5 x_4}{x_1 + x_3} = 1.117$$

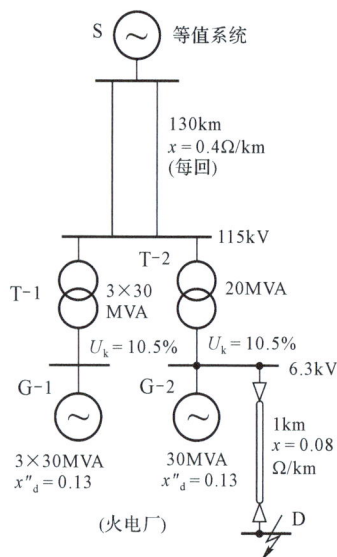

图 6.40 例 6.10 系统接线图

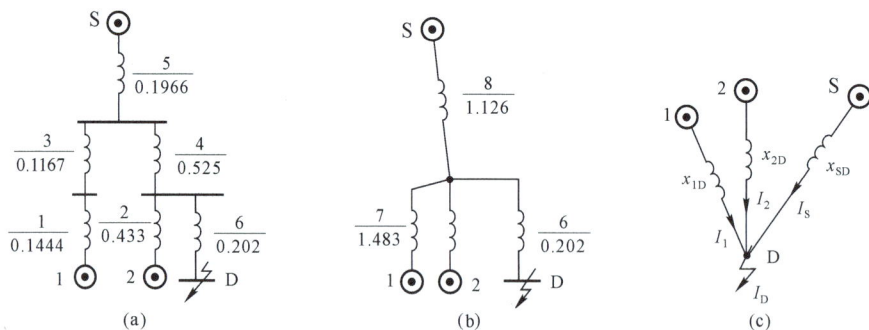

图 6.41 例 6.10 等值网络

再经星-网变换简化为图 6.41(c)。各转移电抗计算如下：

$$y = \frac{1}{x_2} + \frac{1}{x_7} + \frac{1}{x_8} + \frac{1}{x_6} = 8.83$$

$$x_{1D} = x_7 x_6 y = 2.645$$

$$x_{2D} = x_2 x_6 y = 0.772$$
$$x_{SD} = x_8 x_6 y = 1.992$$

电源 1 的计算电抗：

$$x_{js1} = x_{1D}\frac{S_1}{S_B} = 2.645 \times \frac{3 \times 30}{100} = 2.38$$

由运算曲线附图 3 和附图 5 查得：

$$I''_1 = 0.44, \quad I_{1(0.01)} = 0.44, \quad I_{1(1)} = 0.44$$

电源 2 的计算电抗：

$$x_{js2} = 0.772 \times \frac{30}{100} = 0.232$$

由附图 1 运算曲线查得：

$$I''_2 = 4.7, \quad I_{2(0.01)} = 4.55, \quad I_{2(1)} = 2.66$$

系统 S 供给的短路电流：

$$I_S = \frac{1}{x_{SD}} = \frac{1}{1.992} = 0.502$$

短路点总电流：

$$I''_D = 0.44 \times \frac{3 \times 30}{\sqrt{3} \times 6.3} + 4.7 \times \frac{30}{\sqrt{3} \times 6.3} + 0.502 \times \frac{100}{\sqrt{3} \times 6.3}$$
$$= 0.44 \times 8.25 + 4.7 \times 2.75 + 0.502 \times 9.16$$
$$= 21.15(\text{kA})$$
$$I_{D(0.01)} = 0.44 \times 8.25 + 4.55 \times 2.75 + 0.502 \times 9.16$$
$$= 20.74(\text{kA})$$
$$I_{D(1)} = 0.44 \times 8.25 + 2.66 \times 2.75 + 0.502 \times 9.16$$
$$= 15.54(\text{kA})$$

6.5　电力系统不对称运行分析方法 ——对称分量法

　　电力系统正常运行时可认为是三相对称的，即各元件三相阻抗相同，各处三相电压和电流对称，且具有正弦波形和正常相序。电力系统对称运行方式的破坏主要与故障有关，例如发生不对称短路或个别地方一相或两相断开等。

　　电力系统对称运行方式遭到破坏时，三相电压和电流将不对称，而且波形也发生不同程度的畸变，即除基波外，还含有一系列谐波分量。在暂态过程中谐波成分更多，而且还出现非周期分量。本章将只限于分析电压和电流的基波（50Hz）分量，并且在暂态过程任一瞬间都当作正弦波形看待。这样，不对称运行方式的分析就可简化为正弦电势作用下三相不对称电路的分析，可以用相量法计算。由于只有个别地点发生不对称短路或开断导致三相阻抗不相等,系统其他各元件的三相阻抗及三相之间互感仍保持相等,所以一般不使用直接求解复杂的三相不对称电路的方法,而采用更简单的对称分量法进行分析。

▶▶▶ 6.5.1 对称分量法及其应用

任意不对称的三相相量 $\dot{F}_a$、$\dot{F}_b$ 和 $\dot{F}_c$[见图6.42(a)],可以分解为三组相序不同的对称分量:①正序分量 $\dot{F}_{a1}$、$\dot{F}_{b1}$ 和 $\dot{F}_{c1}$[见图6.42(b)];②负序分量 $\dot{F}_{a2}$、$\dot{F}_{b2}$ 和 $\dot{F}_{c2}$[见图6.42(c)];③零序分量 $\dot{F}_{a0}$、$\dot{F}_{b0}$ 和 $\dot{F}_{c0}$[见图6.42(d)]。即存在如下关系:

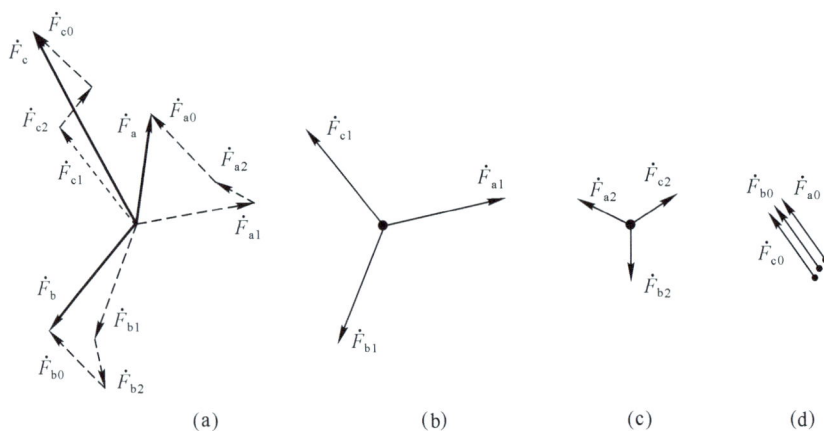

图 6.42 三相不对称相量分解为对称分量

$$\left.\begin{aligned} \dot{F}_a &= \dot{F}_{a1} + \dot{F}_{a2} + \dot{F}_{a0} \\ \dot{F}_b &= \dot{F}_{b1} + \dot{F}_{b2} + \dot{F}_{b0} \\ \dot{F}_c &= \dot{F}_{c1} + \dot{F}_{c2} + \dot{F}_{c0} \end{aligned}\right\} \tag{6.150}$$

每一组对称分量之间的关系为

$$\left.\begin{aligned} \dot{F}_{b1} &= e^{-j120°}\dot{F}_{a1} = a^2\dot{F}_{a1} \\ \dot{F}_{c1} &= e^{j120°}\dot{F}_{a1} = a\dot{F}_{a1} \\ \dot{F}_{b2} &= e^{j120°}\dot{F}_{a2} = a\dot{F}_{a2} \\ \dot{F}_{c2} &= e^{-j120°}\dot{F}_{a2} = a^2\dot{F}_{a2} \\ \dot{F}_{b0} &= \dot{F}_{c0} = \dot{F}_{a0} \end{aligned}\right\} \tag{6.151}$$

式中,复数算符

$$a = e^{j120°} = -\frac{1}{2} + j\frac{\sqrt{3}}{2}$$

$$a^2 = e^{j240°} = e^{-j120°} = -\frac{1}{2} - j\frac{\sqrt{3}}{2}$$

$$a^2 + a + 1 = 0$$

将式(6.151)代入式(6.150)可得：

$$
\begin{bmatrix} \dot{F}_a \\ \dot{F}_b \\ \dot{F}_c \end{bmatrix} =
\begin{bmatrix} 1 & 1 & 1 \\ a^2 & a & 1 \\ a & a^2 & 1 \end{bmatrix}
\begin{bmatrix} \dot{F}_{a1} \\ \dot{F}_{a2} \\ \dot{F}_{a0} \end{bmatrix}
\tag{6.152}
$$

式中,系数矩阵是非奇异的,由于它的逆矩阵存在,所以有

$$
\begin{bmatrix} \dot{F}_{a1} \\ \dot{F}_{a2} \\ \dot{F}_{a0} \end{bmatrix} =
\frac{1}{3}
\begin{bmatrix} 1 & a & a^2 \\ 1 & a^2 & a \\ 1 & 1 & 1 \end{bmatrix}
\begin{bmatrix} \dot{F}_a \\ \dot{F}_b \\ \dot{F}_c \end{bmatrix}
\tag{6.153}
$$

任意三相不对称的电压或电流都可用式(6.153)求出它们的正序、负序和零序电压或电流分量。已知三序分量时,可用式(6.152)合成三相相量。

现以不对称短路为例说明应用对称分量法计算短路电流周期(基波)分量的原理。如图 6.43(a)所示,简单电力系统的 D 点发生 a 相接地短路,由于 D 点三相对地阻抗不相等,所以三相电压和电流不对称。图 6.43(a)可以用图6.43(b)等值,也就是将三相阻抗不相等处用三相不对称的理想电压源来代替。应用式(6.152)将 D 点三相不对称的电压源分解为

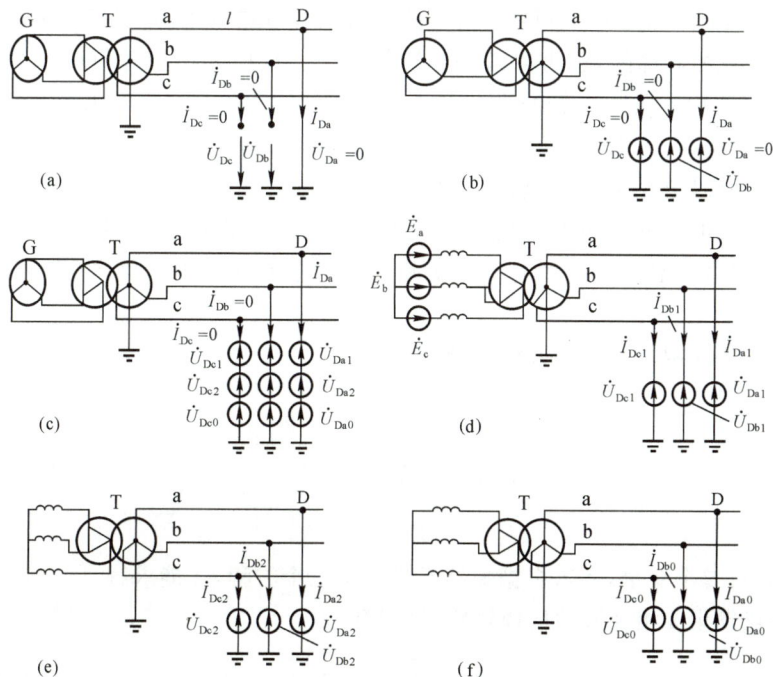

图 6.43　简单不对称短路分析原理

三组电压对称的电压源,即正序、负序和零序电压源,如图 6.43(c)所示。最后,应用叠加原理分三次求解图 6.43(c):①三相网络中加上全部发电机的电势(只有正序分量)和短路点的正序电压源,如图 6.43(d)所示;②短路点加上负序电压源,见图6.43(e);③短路点加上零序电压源,见图 6.43(f)。

对于图 6.43(d)的三相电路,各发电机的电势及短路点所加的电压源都是三相对称的正序电势或电压,而网络各元件的阻抗也是三相对称的,所以网络中各支路电流、各节点电压必然是三相对称的正序相量,不可能出现负序和零序分量。因此,可以用电网正常运行的分析方法取一相(例如 a 相)进行计算。计算用的单相等值网络称为正序等值网络,各元件阻抗称为正序阻抗,即正常运行时的阻抗。从短路点观察,正序网络是一单口有源网络,根据戴维宁定理可用一等值电势 $\dot{E}_{a1}$ 和等值阻抗 Z_{D1} 代替,如图 6.44(a)所示。

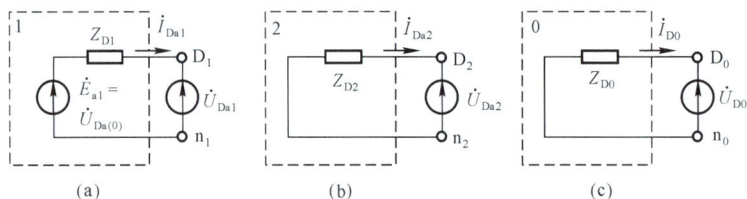

图 6.44 简化后的各序等值网络

等值电势 $\dot{E}_{a1}$ 等于端口 D_1-n_1 的开路电压,亦即故障前 D 点的相电压 $\dot{U}_{Da(0)}$,是已知量;Z_{D1} 为各电源电势等于零(短接)时 D 点的自阻抗。正序网络中各符号均加下标"1"作为标志。

同理,图 6.43(e)和图 6.43(f)中,各支路电流及各节点电压,分别只有负序分量或零序分量,它们都是三相对称的,也可以取一相进行分析。相应的单相等值网络分别称为负序(加下标 2)和零序(加下标 0)等值网络,各元件的阻抗称为负序或零序阻抗。负序及零序网络均为单口无源网络,可用一等值阻抗代表,如图 6.44(b)、(c)所示。由于零序电压、电流三相相量相等,所以图 6.44(c)中表示相别的下标 a 省去。

以上讨论表明,由正序网络决定的电流和电压是实际网络中电流和电压的正序分量,由负序(零序)网络决定的电流和电压是实际网络中电流和电压的负序(零序)分量。三序分量互不相关。

图 6.44 中各序网络的电压方程式分别为

$$\left.\begin{aligned}\dot{U}_{Da1} &= \dot{U}_{Da(0)} - Z_{D1}\dot{I}_{Da1}\\ \dot{U}_{Da2} &= -Z_{D2}\dot{I}_{Da2}\\ \dot{U}_{D0} &= -Z_{D0}\dot{I}_{D0}\end{aligned}\right\} \tag{6.154}$$

这三个方程式有 6 个变量,还需根据短路类型列出三个方程,才能求解。

例如,D 点发生 a 相金属性接地短路,显然有

$$\dot{U}_{Da}=0, \quad \dot{I}_{Db}=0 \text{ 和 } \dot{I}_{Dc}=0 \tag{6.155}$$

用对称分量表示时,根据式(6.152)可得:

$$\dot{U}_{Da} = \dot{U}_{Da1} + \dot{U}_{Da2} + \dot{U}_{D0} = 0 \tag{6.156}$$

$$\dot{I}_{Db} = a^2\dot{I}_{Da1} + a\dot{I}_{Da2} + \dot{I}_{D0} = 0$$

$$\dot{I}_{Dc} = a\dot{I}_{Da1} + a^2\dot{I}_{Da2} + \dot{I}_{D0} = 0$$

后两式相减,可得:

$$\dot{I}_{Da1} = \dot{I}_{Da2} \tag{6.157}$$

再代入 $\dot{I}_{Db}$ 式,计及 $a^2 + a = -1$ 后有

$$\dot{I}_{Da1} = \dot{I}_{D0} \tag{6.158}$$

式(6.156)~(6.158)称为 a 相短路的边界条件,与式(6.154)联立求解,就可得到短路点电压和电流的三序分量;然后从三个序网中求得各支路电流和各节点电压的三序分量;最后用式(6.152)求得三相电压和电流。

由上述可知,电力系统不对称运行分析的第一步是制订三序等值网络。正序网络的结构和各元件参数与正常运行的等值网络相同。分析不对称故障暂态过程时,发电机的正序电抗与三相短路时相同,例如,计算起始次暂态电流时用 x_d'',计算起始暂态电流时用 x_d',稳态计算用 x_d。负序网络的结构和正序网络相同,但各发电机负序电势为零、负序阻抗与正序阻抗不同,负荷的负序阻抗也与正序阻抗不同。零序网络的结构和各元件参数则与正序网络有很大差别。下面将讨论各元件的负序和零序参数以及零序等值网络。

▶▶▶ 6.5.2 同步电机负序和零序阻抗

同步电机定子绕组中流过同步频率的负序电流时,它产生的旋转磁场与转子的转向相反,对转子的相对转速为同步转速的两倍,因此,在转子的励磁绕组和阻尼绕组中感应产生两倍同步频率的交流电流,并将负序电枢反应磁通排挤到各自的漏磁路径上通过。可见,定子绕组对负序电流的等值电抗即负序电抗 x_2 为 x_d'' 和 x_q'' 的某种平均值,一般近似地用算术平均值计算,即

$$x_2 \approx \frac{1}{2}(x_d'' + x_q'')$$

当 $x_d'' = x_q''$ 或差别不大时,$x_2 \approx x_d''$。定子负序电阻大于正序电阻,但较 x_2 小得多,一般略去不计。

同步电机定子绕组中的零序电流不产生气隙磁通,只存在定子绕组的漏磁通,所以定子零序电抗 x_0 等于零序漏抗。定子零序漏磁与正序或负序电流产生的漏磁不一样,这是因为定子每个槽中嵌有相邻两相绕组的导线且绕向相反,而各相零序电流大小相等相位相同,所以零序漏磁比正序漏磁小,减小的程度视绕组型式而定。由于上述原因,同步电机零序电抗的标么值差别很大,一般 $x_0 = (0.15 \sim 0.6)x_d''$。同步电机零序电阻和正序电阻相等。

表 6.4 为同步电机 x_2 和 x_0 标么值的大致范围。

表 6.4　同步电机负序和零序电抗

	汽轮发电机	水轮发电机	同步调相机和大型同步电动机
x_2	0.134～0.180	0.150～0.350	0.240
x_0	0.036～0.080	0.040～0.125	0.080

▶▶▶ 6.5.3　异步电动机和综合负荷的负序及零序阻抗

异步电动机的负序阻抗由它的等值电路（见图 6.45）确定,但负序电流产生的旋转磁场与转子转向相反,两者的相对转速为 $\omega_0+(1-s)\omega_0=(2-s)\omega_0$, ω_0 为同步角速度,s 为正常时的滑差,所以图中的滑差要用负序滑差 $s_2=2-s$ 代替。不计励磁电流时,负序阻抗为

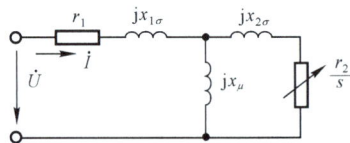

图 6.45　异步电动机等值电路

$$Z_2=\left(r_1+\frac{r_2}{2-s}\right)+\mathrm{j}(x_1+x_2)\approx r_1+\frac{r_2}{2}+\mathrm{j}x''$$

综合负荷的负序阻抗由各用电设备的负序阻抗和供电线路阻抗确定,因负荷成分不同而异。在不对称运行分析中可近似地取为：

$$Z_2=0.18+\mathrm{j}0.24 \quad （6～10\mathrm{kV} \text{ 母线的负荷}）$$
$$Z_2=0.19+\mathrm{j}0.36 \quad （35\mathrm{kV} \text{ 以上母线}）$$

更粗略些,可取 $Z_2\approx\mathrm{j}x_2=\mathrm{j}0.35$。这些数据都是以负荷本身视在功率为基准的标幺值。

异步电动机三相绕组一般接成不接地星形或三角形,综合负荷一般用 Δ/Y 接法的变压器供电,所以零序电流不能流通,在零序网络中用不到它们的零序阻抗。

▶▶▶ 6.5.4　三相变压器零序参数和等值电路

变压器是静止的磁耦合部件,当加上正序或负序电压时,各侧各绕组之间电压和电流的关系、内部磁通分布情况,除了相序不同外,其他都没有差别,所以正、负序参数和等值电路完全相同。变压器加上零序电压时,情况有所不同,这与变压器结构及三相绕组的接法有关,下面分别加以讨论。

1. 普通变压器零序等值电路

图 6.46 画出了几种普通双绕组变压器的接法（左边各图）和相应的零序单相等值电路（右边各图）。图 6.46(a)为 Y_0/Y_0 接法的变压器,不管在哪一侧施加零序电压,两侧零序电流都可以流通（注意:中性线零序电流为绕组零序电流的 3 倍）,所以等值电路的形式和正序等值电路相同。图中 x_1 和 x_2 为两侧绕组的零序漏抗,x_{m0} 为零序励磁电抗,电阻均略去。零序漏抗和正序漏抗相等或大致相等,x_{m0} 则与变压器的结构密切相关,详见后述。图 6.46(b)为 Y_0/Y 接法的变压器,当零序电压加在 Y_0 侧时,该侧有零序电流流通,另一侧中性点不接地不可能有零序电流,相当于开路,可见 1 侧的零序电抗为 x_1+

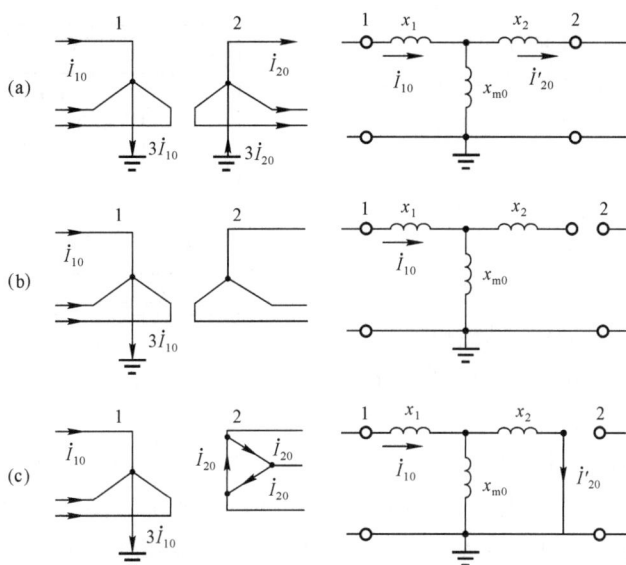

图 6.46　普通双绕组变压器的接法和相应的零序单相等值电路

x_{m0}。如果零序电压加到 Y 侧,则两侧绕组均无电流,相当于整个变压器断开,$x_0 = \infty$。图 6.46(c)为 $Y_0/\triangle$ 接法的变压器,零序电压加在 Y_0 侧(即 1 侧)时,两侧绕组均有零序电流,但 2 侧在 $\triangle$ 内形成环流,流出外电路的电流为零,所以单相等值电路中相当于 2 侧短路且对外开断。1 侧的零序电抗为

$$x_0 = x_1 + \frac{x_2 x_{m0}}{x_2 + x_{m0}}$$

由于 x_{m0} 比 x_2 大得多(见后述),所以 $x_0 \approx x_1 + x_2$。如果零序电压加在 $\triangle$ 侧,则相当于整个变压器断开。至于 Y/Y、Y/$\triangle$ 接法的变压器,则不管零序电压加在哪一侧 x_0 都是无限大的。

同理,可作出三绕组变压器的零序等值电路,如图 6.47 所示。

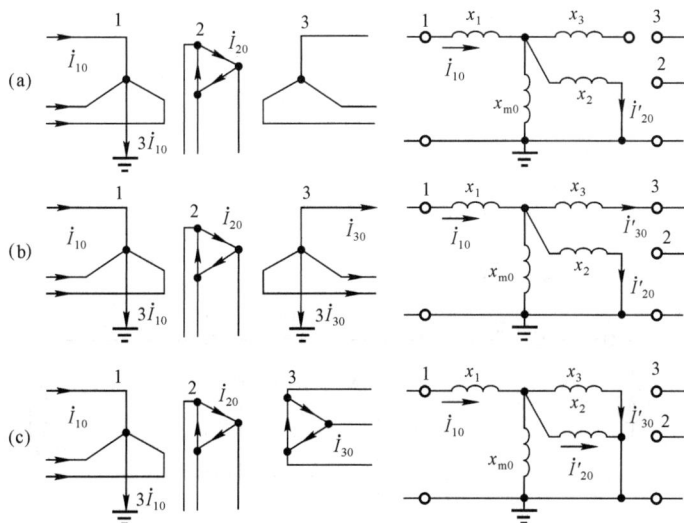

图 6.47　三绕组变压器的零序等值电路

由三个单相变压器接成的三相变压器组，各相的铁心是独立的，磁通分布情况与所加电压的相序无关，所以零序和正序励磁电流一样小，可认为 $x_{m0} = \infty$。另外，零序漏抗和正序漏抗也完全相同。

三相三柱式变压器的各相铁心是连接在一起的，如图 6.48 所示（每相只画出一个绕组）。三相绕组上加正序或负序电压时，各相的主磁通均在铁芯内形成回路，所以励磁电流很小，励磁电抗很大（标么值为 50～200）。当三相绕组上加零序电压时，情况就大不相同。因为三相零

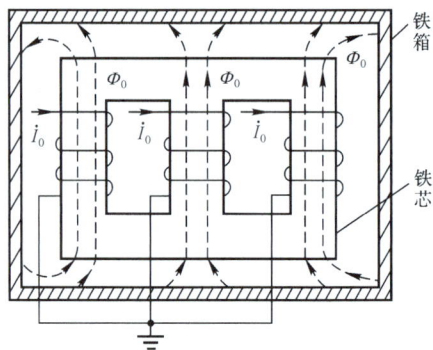

图 6.48　三相三柱式变压器

序主磁通大小相等相位一样，所以只能通过绝缘介质和外壳（铁箱）形成回路（见图 6.48），因而零序励磁电流相当大。同时，零序主磁通还使铁箱中产生涡流电流，其效果相当于存在一短路绕组，使零序励磁电流更大。因此，x_{m0} 为有限值，要用实验方法测定，它的标么值在 0.3～1 范围内。此外，由于零序磁路的改变及铁箱等值短路绕组的影响，各相绕组的漏磁通分布也会发生一些变化，因而零序等值漏抗与正序的有些不同。特别是 Y_0/Y 或 $Y_0/Y_0/Y$ 接法的变压器，两种漏抗差别更大一些。在没有实测数据时，仍可用正序等值漏抗代替零序漏抗。三相三柱式变压器中若有一侧绕组接成 $\triangle$，则零序等值电路中 $\triangle$ 侧绕组的漏抗总是和 x_{m0} 并联的，两者相比 x_{m0} 还是大得多，所以等值电路中 x_{m0} 支路可以除去。因此，只有 Y_0/Y、Y_0/Y_0 和 $Y_0/Y_0/Y$ 等接法的三相三柱式变压器需要计及数值有限的 x_{m0}。

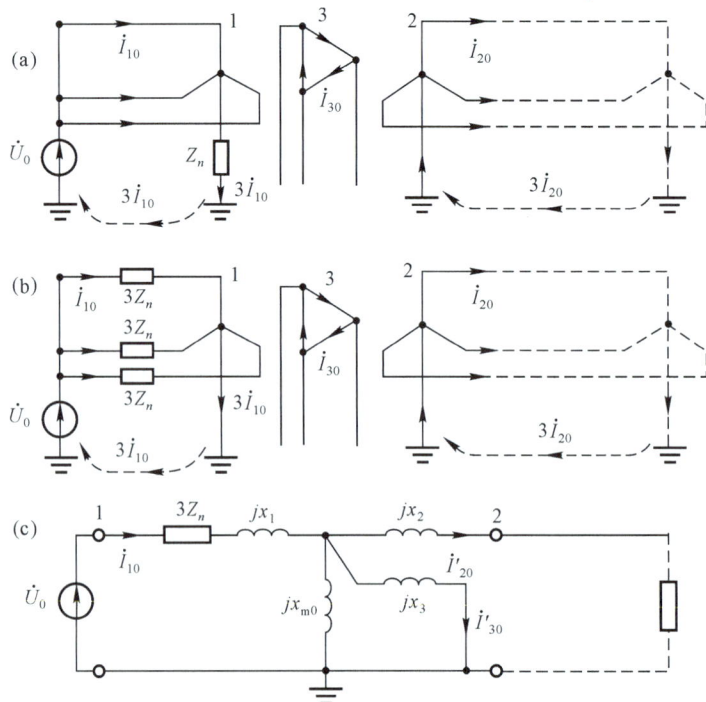

图 6.49　中性点经阻抗接地时的零序等值电路

变压器中性点经阻抗接地时,零序等值电路必须计及这一电抗,这点与正序或负序等值电路不同。例如图 6.49(a)的 $Y_0/Y_0/\triangle$ 变压器,1 侧中性点经阻抗 Z_n 接地,2 侧直接接地。为了正确地作出等值电路,首先要查明零序电流的分布情况和中性线 Z_n 上的零序电压降(为 $3Z_n \dot{I}_{10}$)。在保持零序电流分布不变,各回路零序电压方程不变的条件下,可作出图 6.49(b)的等值电路,再参考图 6.47(b)就不难画出图 6.48(c)的零序等值电路,其中 x_{m0} 支路可以除去。

2. 自耦变压器零序等值电路

自耦变压器一般用于联系两个中性点接地的电力网,它本身的中性点一般也是接地的,通常还具有第三个非自耦的低压绕组。下面先讨论由三个单相自耦变压器构成的三相变压器组,它的 x_{m0} 作为无穷大处理。

中性点直接接地的自耦变压器,零序等值电路和普通变压器完全相同。图 6.50(a)为 Y_0/Y_0 接法的自耦变压器及其零序等值电路,由于 $x_{m0}=\infty$,零序等值电路只有一串联电抗 $x_{1-2}=x_1+x_2$。图 6.50(b)为 $Y_0/Y_0/\triangle$ 接法的自耦变压器。至于 $Y_0/Y_0/Y$ 接法的零序等值电路,因为第三绕组中性点通常不接地,所以和图 6.50(a)相同。需要注意的是,自耦变压器 1、2 侧绕组还有电的联系,中性线电流为 $3(\dot{I}_{10}-\dot{I}_{20})$,要用实际电流(不是归算到某一侧的电流)计算。

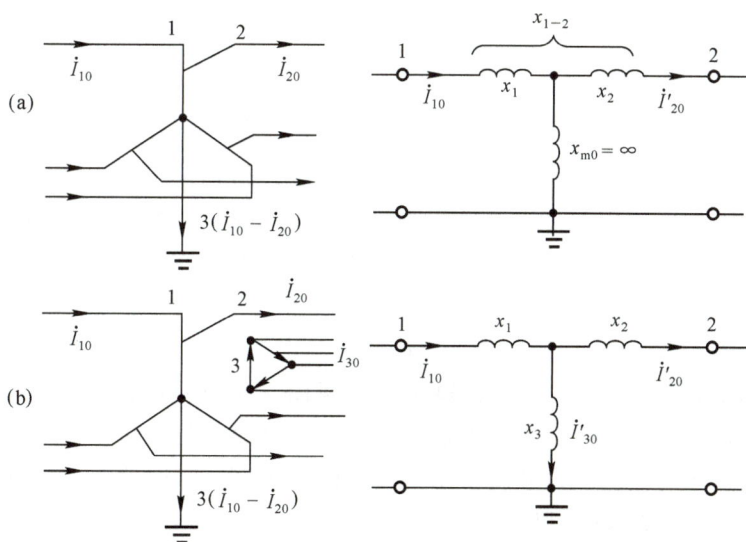

图 6.50 中性点直接接地自耦变压器零序等值电路($x_{m0}=\infty$)

自耦变压器中性点经阻抗接地时,零序等值电路比较复杂。图 6.51(a)为中性点经 Z_n 接地的 Y_0/Y_0 自耦变压器,设中性点零序电压为 $\dot{U}_n$,两侧绕组本身的零序电压分别为 $\dot{U}_{1n}$ 和 $\dot{U}_{2n}$(均为未归算的实际值),则两侧端点对地的零序电压为

$$\left.\begin{array}{l} \dot{U}_{10}=\dot{U}_{1n}+\dot{U}_n=\dot{U}_{1n}+3(\dot{I}_{10}-\dot{I}_{20})Z_n \\ \dot{U}_{20}=\dot{U}_{2n}+\dot{U}_n=\dot{U}_{2n}+3(\dot{I}_{10}-\dot{I}_{20})Z_n \end{array}\right\} \tag{6.159}$$

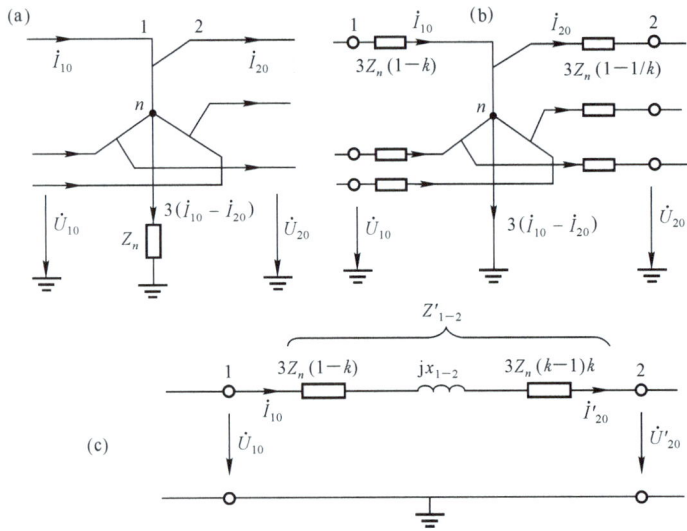

图 6.51　中性点阻抗接地的 Y_0/Y_0 自耦变压器$(x_{m0}=\infty)$

由于 $x_{m0}\to\infty$，零序励磁电流可以不计，所以

$$\dot{I}_{10}=\dot{I}_{20}/k \tag{6.160}$$

式中，k 为变比。

式(6.160)代入式(6.159)，可得：

$$\dot{U}_{10}=\dot{U}_{1n}+3Z_n(1-k)\dot{I}_{10}$$

$$\dot{U}_{20}=\dot{U}_{2n}-3Z_n(1-1/k)\dot{I}_{20}$$

根据上面两式可作出如图 6.51(b)所示的等值电路，再参照图 6.50(a)即可得到图 6.51(c)的零序等值电路，其中 2 侧的参数均归算到 1 侧。该变压器的零序等值阻抗为

$$Z'_{1-2}=3Z_n(1-k)+jx_{1-2}+3Z_n(1-1/k)\times k^2$$

$$=jx_{1-2}+3Z_n(k-1)^2 \tag{6.161}$$

中性点经阻抗接地的 $Y_0/Y_0/\triangle$ 自耦变压器[见图 6.52(a)]，它的单相零序等值电路可用三口网络表示。由于接成 $\triangle$ 的 3 侧绕组与外部电路不通零序电流，可作为变压器内部的绕组处理，所以可看作双口网络并用 T 形电路等值，如图 6.52(b)所示，图中各参数均归算到 1 侧。现在要确定 Z'_1、Z'_2 和 Z'_3。

首先设图 6.52(a)中 1 侧加上零序电压，2 侧开路。这时的情况和 $Y_0/\triangle$ 接法的双绕组变压器相同，所以 1 侧的零序等值阻抗为 $jx_1+jx_3+3Z_n$，而图 6.52(b)在 2 侧开路时，1 侧的等值阻抗为 $Z'_1+Z'_3$，两者应相等，即

$$Z'_1+Z'_3=jx_1+jx_3+3Z_n \tag{6.162}$$

其次设在图 6.52(a)中 1 侧加零序电压，2 侧接通外电路，3 侧三角形断开$(I_3=0)$，这时的情况和图 6.51 相同，归算到 1 侧的 1 和 2 间的阻抗同式(6.161)。同样情况下，图 6.52(b)中 1 和 2 间的阻抗为 $Z'_1+Z'_2$，因而有

$$Z'_1+Z'_2=jx_1+jx_2+3Z_n(k-1)^2 \tag{6.163}$$

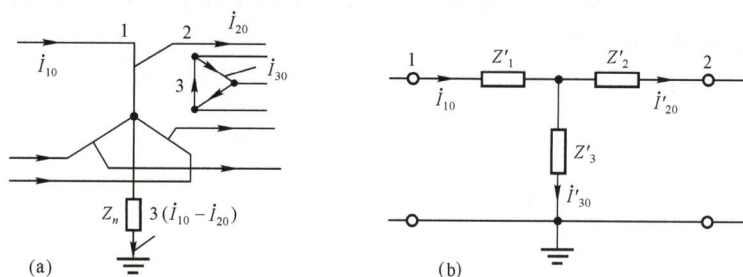

图 6.52　中性点阻抗接地的 $Y_0/Y_0/\triangle$ 自耦变压器 $(x_{m0}=\infty)$

再设在 2 侧加零序电压,1 侧开路,3 侧三角形闭合。这时 2 侧的零序阻抗为 $jx'_2+jx'_3$ $+3Z_n$,这是归算到 2 侧的值,归算到 1 侧则为 $(jx'_2+jx'_3+3Z_n)k^2=jx_2+jx_3+3Z_nk^2$。与图 6.52(b)比较,应有

$$Z'_2+Z'_3=jx_2+jx_3+3Z_nk^2 \tag{6.164}$$

式(6.162)~(6.164)联立求解,得:

$$\left.\begin{array}{l} Z'_1=jx_1+3Z_n(1-k) \\ Z'_2=jx_2-3Z_nk(1-k) \\ Z'_3=jx_3+3Z_nk \end{array}\right\} \tag{6.165}$$

以上是按归算到 1 侧的有名值讨论的,变比应取 $k=U_{1N}/U_{2N}$。用标幺值表示时,只需将各阻抗(包括中性线阻抗)除以 1 侧的阻抗基准值即可。

关于三相三柱式自耦变压器,如果有三角形接法的第三绕组,仍可使用图 6.50(b)或图 6.52 的零序等值电路,但其中的 x_1、x_2 和 x_3 最好用实测的零序等值漏抗,无此数据时也可近似地用正序等值漏抗代替。至于 Y_0/Y_0 和 $Y_0/Y_0/Y$ 接法的三相三柱式自耦变压器,则不仅 x_{m0} 为有限值,而且零序漏抗与正序漏抗完全不同,它们的零序等值电路和零序参数在本书中就不再作进一步的讨论。

【**例 6.11**】　图 6.53(a)的自耦变压器,额定容量为 120MVA,额定电压为 220/121/11kV,短路电压: $U_{K1-2}\%=10.6$, $U_{K2-3}\%=23$, $U_{K1-3}\%=36.4$。如将高压侧三相直接接地,中压侧三相加以零序电压 $U_0=10$kV,试计算:(1)中性点直接接地时各侧的零序电流;(2)中性点经 12.5Ω 电抗接地时各侧零序电流和中性点电压。

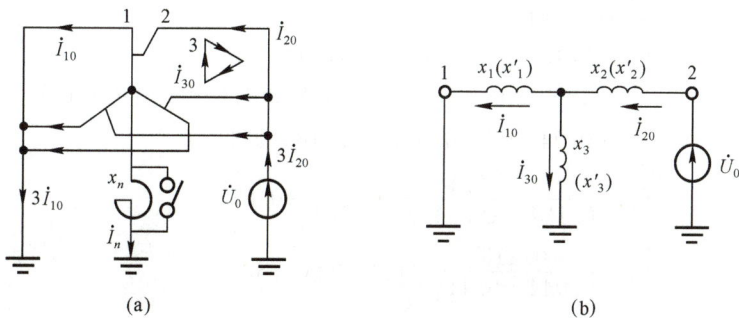

图 6.53　例 6.11 电路图

【解】 取额定容量和额定电压为基准值。零序等值电路见图 6.53(b)，加括号的电抗为中性点经电抗接地时的参数。

(1)中性点直接接地

$$x_1 = \frac{1}{2}(10.6+36.4-23) \times \frac{1}{100} = 0.120$$

$$x_2 = \frac{1}{2}(10.6+23-36.4) \times \frac{1}{100} = -0.014$$

$$x_3 = \frac{1}{2}(23+36.4-10.6) \times \frac{1}{100} = 0.244$$

2 侧施加的零序电压(相电压)标么值为

$$U_0 = 10 / \left(\frac{121}{\sqrt{3}}\right) = 0.143$$

各侧零序电流标么值：

$$I_{20} = \frac{0.143}{-0.014+(0.12 /\!/ 0.244)} = 2.15$$

$$I_{10} = \frac{0.244}{0.12+0.244} I_{20} = 1.44$$

$$I_{30} = \frac{0.12}{0.12+0.244} I_{20} = 0.71$$

各侧零序电流有名值：

$$I_{20} = 2.15 \times \frac{120}{\sqrt{3} \times 121} = 1.23 (\text{kA})$$

$$I_{10} = 1.44 \times \frac{120}{\sqrt{3} \times 220} = 0.45 (\text{kA})$$

$$I_{30} = 0.709 \times \frac{120}{\sqrt{3} \times 11} \frac{1}{\sqrt{3}} = 2.58 (\text{kA})$$

(变压器额定电流是指线电流，所以三角形接法绕组的额定电流为线电流除以 $\sqrt{3}$。)

中性线电流 $I_n = 3(I_{20}-I_{10}) = 3(1.23-0.453) = 2.33(\text{kA})$

(2)中性点经电抗接地

参数归算到高压侧，高中压变比 $k = 220/121 = 1.818$，接地电抗标么值 $x_n = 12.5 \times 120/220^2 = 0.031$。等值电路各电抗：

$$x'_1 = 0.12+3 \times 0.031(1-1.818) = 0.044$$

$$x'_2 = -0.014+3 \times 0.031 \times 1.818(1.818-1) = 0.124$$

$$x'_3 = 0.244+3 \times 0.031 \times 1.818 = 0.413$$

$$I_{20} = \frac{0.143}{0.124+(0.044 /\!/ 0.413)} = 0.873$$

$$I_{10} = \frac{0.413}{0.044+0.413} \times 0.873 = 0.789$$

$$I_{30} = \frac{0.044}{0.044+0.413} \times 0.873 = 0.084$$

各侧电流实际值：

$$I_{20} = 0.873 \times \frac{120}{\sqrt{3} \times 121} = 0.500 \text{(kA)}$$

$$I_{10} = 0.789 \times \frac{120}{\sqrt{3} \times 220} = 0.248 \text{(kA)}$$

$$I_{30} = 0.084 \times \frac{120}{\sqrt{3} \times 11} \ \frac{1}{\sqrt{3}} = 0.305 \text{(kA)}$$

中性线电流　$I_n = 3 \times (0.5 - 0.248) = 0.756 \text{(kA)}$

中性点电压　$U_n = 0.756 \times 12.5 = 9.45 \text{(kV)}$

▶▶▶ 6.5.5　电力线路零序参数和等值电路

三相线路流过正序或负序电流时,由于三相电流之和为零,所以三相线路互为回路,空间磁场只取决于三相导线本身。当三相线路流过零序电流时,由于三相电流相同,它们之和为各相电流的 3 倍,必须另有回路才能流通。例如,架空线路的零序电流将以大地和避雷线(又称架空地线)为回路,因此,空间磁场不仅取决于三相导线本身,还与大地和避雷线及其中的电流有关。可见,各相零序阻抗与正序阻抗不同。另外,在三相线路上加零序电压时,每相的零序等值电容也与正序的不同。下面着重分析架空线路的零序阻抗。

1. 单回路架空线的零序阻抗

图 6.54 为三相架空线路及流过任意电流时地中电流的示意。此三相线路可看作由三

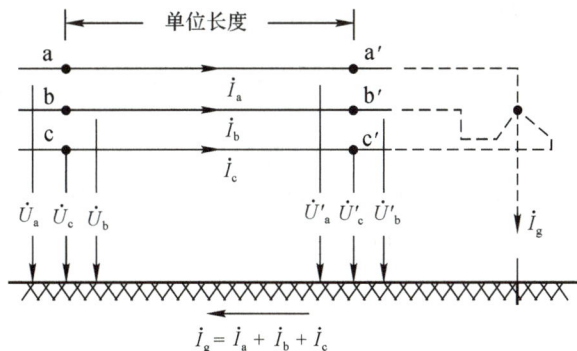

图 6.54　三相架空线路

个"导线—地"回路组成。三相导线有整循环换位时,各"导线—地"回路的自感抗和电阻相同,用自阻抗 Z_L 表示;每两个"导线—地"回路之间的互感抗相等,计及地中电阻时,用互阻抗 Z_M 表示。三相线路单位长度的回路方程可表示为

$$\begin{bmatrix} \dot{U}_a - \dot{U}'_a \\ \dot{U}_b - \dot{U}'_b \\ \dot{U}_c - \dot{U}'_c \end{bmatrix} = \begin{bmatrix} \Delta \dot{U}_a \\ \Delta \dot{U}_b \\ \Delta \dot{U}_c \end{bmatrix} = \begin{bmatrix} Z_L & Z_M & Z_M \\ Z_M & Z_L & Z_M \\ Z_M & Z_M & Z_L \end{bmatrix} \begin{bmatrix} \dot{I}_a \\ \dot{I}_b \\ \dot{I}_c \end{bmatrix} \tag{6.166}$$

设线路中流过正序（负序）电流，则 $\dot{I}_b=a^2\dot{I}_a(a\dot{I}_a)$，$\dot{I}_c=a\dot{I}_a(a^2\dot{I}_a)$，代入式（6.166）可得：

$$\Delta\dot{U}_a=[Z_L+(a^2+a)Z_M]\dot{I}_a=(Z_L-Z_M)\dot{I}_a=Z_1\dot{I}_a$$

式中，

$$Z_1=Z_L-Z_M \tag{6.167}$$

同理，$\Delta\dot{U}_b=Z_1\dot{I}_b$，$\Delta\dot{U}_c=Z_1\dot{I}_c$。$Z_1$ 即每相正序（负序）阻抗。

设线路中流过零序电流：$\dot{I}_a=\dot{I}_b=\dot{I}_c=\dot{I}_0$，代入式（6.166），得：

$$\Delta\dot{U}_a=(Z_L+2Z_M)\dot{I}_a=Z_0\dot{I}_a$$

式中，

$$Z_0=Z_L+2Z_M \tag{6.168}$$

同理，$\Delta\dot{U}_b=Z_0\dot{I}_b$，$\Delta\dot{U}_c=Z_0\dot{I}_c$。$Z_0$ 为每相零序阻抗。显然，$Z_0>Z_1$。

卡尔逊（J. R. Carson）于 1926 年提出，计算"导线—地"回路自感时，可以用一根与架空导线平行的假想地中导线代替大地，地中电流集中在假想导线中流过。计算电感的模型如图 6.55 所示。

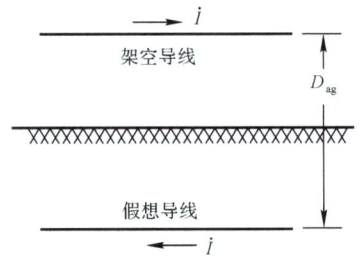

图 6.55　"导线—地"回路的模型

设架空导线的半径为 r，假想导线的等值半径为 R_g，两平行导线间的距离为 D_{ag}，则回路的自感为

$$L=\frac{\mu_0}{2\pi}\left(\ln\frac{D_{ag}}{r}+\frac{1}{4}\right)+\frac{\mu_0}{2\pi}\ln\frac{D_{ag}}{R_g}=\frac{\mu_0}{2\pi}\left(\ln\frac{D_{ag}^2}{rR_g}+\frac{1}{4}\right)$$

$$=\frac{\mu_0}{2\pi}\left(\ln\frac{D_g}{r}+\frac{1}{4}\right)(\mathrm{H/m})$$

式中，令 $D_g=D_{ag}^2/R_g$，称为假想导线的等值深度，卡尔逊推导出

$$D_g=\frac{660}{\sqrt{f\gamma}}(\mathrm{m})$$

式中，f 为电流的频率（Hz），γ 为大地电导率（S/m）。$f=50\mathrm{Hz}$ 时，不同 γ 的 D_g 如下：

干燥泥土（$\gamma=10^{-3}$）：$D_g=2950(\mathrm{m})$

潮湿泥土（$\gamma=10^{-2}$）：$D_g=933(\mathrm{m})$

海水（$\gamma=1$）：$D_g=93(\mathrm{m})$

一般计算可取平均值：$D_g=1000(\mathrm{m})$。

$f=50\mathrm{Hz}$ 时，"导线—地"回路的自感抗

$$x_L=2\pi fL=0.06283\ln\frac{D_g}{r}+0.0157(\Omega/\mathrm{km}) \tag{6.169}$$

设架空导线电阻为 $r_1(\Omega/\mathrm{km})$，大地电阻为 $r_g(\Omega/\mathrm{km})$，则"导线—地"回路的自阻抗为

$$Z_L=(r_1+r_g)+\mathrm{j}\left(0.06283\ln\frac{D_g}{r}+0.0157\right)(\Omega/\mathrm{km}) \tag{6.170}$$

在第 2 章中已推导出正序阻抗 $Z_1=r_1+\mathrm{j}x_1$，如式（2.1）和（2.25）所示，因此，可由式（6.167）求出"导线—地"回路间的互阻抗：

$$Z_M=Z_L-Z_1=r_g+\mathrm{j}0.06283\ln\frac{D_g}{D_m}(\Omega/\mathrm{km}) \tag{6.171}$$

最后,应用式(6.168)求零序阻抗:

$$Z_0 = Z_L + 2Z_M = (r_1 + 3r_g) + j\left(0.06283\ln\frac{D_g^3}{rD_m^2} + 0.0157\right)$$

$$= (r_1 + 3r_g) + j\left(0.1885\ln\frac{D_g}{\sqrt[3]{rD_m^2}} + 0.0157\right)(\Omega/km) \quad (6.172)$$

关于大地电阻 r_g,可用卡尔逊推导的公式计算:

$$r_g = \pi^2 f \times 10^{-4} (\Omega/km)$$

$$f = 50Hz \text{ 时}, r_g \approx 0.05(\Omega/km)$$

【**例 6.12**】 单回路三相架空线,每相导线为 LGJ-150,半径为 8.4mm,电阻 $r_1 = 0.21\Omega/km$。三相导线水平排列,相间距离为 3m。试计算正序和零序阻抗。

【**解**】 三相导线几何均距

$$D_m = \sqrt[3]{3 \times 3 \times 6} = 3.78(m)$$

取 $D_g = 1000m$,按式(6.169)计算自阻抗:

$$Z_L = (0.21 + 0.05) + j\left(0.06283\ln\frac{1000}{8.4 \times 10^{-3}} + 0.0157\right)$$

$$= 0.26 + j0.75(\Omega/km)$$

按式(6.170)计算互阻抗:

$$Z_M = 0.05 + j0.06283\ln\frac{1000}{3.78} = 0.05 + j0.35(\Omega/km)$$

线路正序阻抗:

$$Z_1 = Z_L - Z_M = (0.26 + j0.75) - (0.05 + j0.35)$$

$$= 0.21 + j0.4 = 0.452\angle 62.3°(\Omega/km)$$

零序阻抗:

$$Z_0 = Z_L + 2Z_m = 0.36 + j1.45 = 1.494\angle 76.1°(\Omega/km)$$

零序阻抗与正序阻抗的比值:

$$\frac{r_0}{r_1} = \frac{0.36}{0.21} = 1.714; \frac{x_0}{x_1} = \frac{1.45}{0.4} = 3.36; \frac{Z_0}{Z_1} = \frac{1.494}{0.452} = 3.31$$

2. 平行架设的两回路架空线零序阻抗

同杆架设的两回三相线路,或平行架设但距离很近的两条三相线路,当它们流过零序电流时,两条线路间互感零序磁通相当大,致使各线路的零序阻抗发生很大的变化。

设两条线路都有整循环换位,参照式(6.171)可以写出一线路中任一相"导线—地"回路与另一线路中任一相"导线—地"回路之间的互阻抗:

$$Z_{\text{I-II}} = r_g + j0.06283\ln\frac{D_g}{D_{\text{I-II}}}(\Omega/km)$$

式中,$D_{\text{I-II}}$ 为两条线路间的几何均距,按图 6.56:

$$D_{\text{I-II}} = \sqrt[9]{D_{14}D_{15}D_{16}D_{24}D_{25}D_{26}D_{34}D_{35}D_{36}}$$

当两条线路流过零序电流时,一条线路三相对另一线路中任一相间的零序互阻抗 $Z_{\text{I-II0}}$ 应等于 $Z_{\text{I-II}}$ 的 3 倍,即

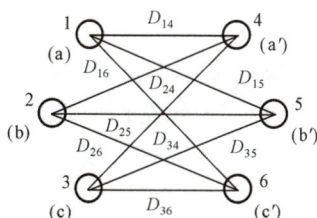

图 6.56 两回线路间的距离

$$Z_{\text{I-II}0} = 3r_g + j0.1885\ln\frac{D_g}{D_{\text{I-II}}} = 3r_g + jx_{\text{I-II}0} \ (\Omega/\text{km}) \tag{6.173}$$

图 6.57 为两回线路的零序电路示意，其中，$Z_{\text{I}0} = r_{\text{I}0} + jx_{\text{I}0}$，$Z_{\text{II}0} = r_{\text{II}0} + jx_{\text{II}0}$ 分别为线路 I 和 II 本身的零序阻抗，可列出两线路的电压方程式

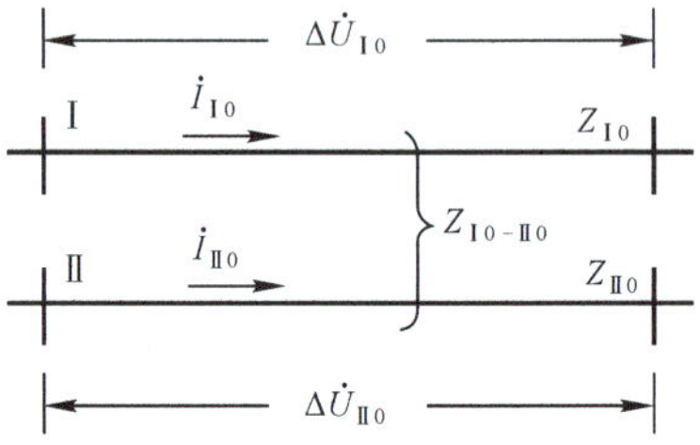

$$\left.\begin{array}{l} \Delta\dot{U}_{\text{I}0} = Z_{\text{I}0}\dot{I}_{\text{I}0} + Z_{\text{I-II}0}\dot{I}_{\text{II}0} \\ \Delta U_{\text{II}0} = Z_{\text{II}0}\dot{I}_{\text{II}0} + Z_{\text{I-II}0}\dot{I}_{\text{I}0} \end{array}\right\} \tag{6.174}$$

图 6.57　两回线路的零序电路

一般 $\dot{I}_{\text{I}0}$ 与 $\dot{I}_{\text{II}0}$ 没有直接关系，上式不能进一步简化，不能导出等值电路。

如果两线路一端相连，如图 6.58(a)所示，式(6.174)可改写为

$$\left.\begin{array}{l} \Delta\dot{U}_{\text{I}0} = (Z_{\text{I}0} - Z_{\text{I-II}0})\dot{I}_{\text{I}0} + Z_{\text{I-II}0}(\dot{I}_{\text{I}0} + \dot{I}_{\text{II}0}) \\ \quad = Z_{\text{I}\sigma0}\dot{I}_{\text{I}0} + Z_{\text{I-II}0}(\dot{I}_{\text{I}0} + \dot{I}_{\text{II}0}) \\ \Delta\dot{U}_{\text{II}0} = (Z_{\text{II}0} - Z_{\text{I-II}0})\dot{I}_{\text{II}0} + Z_{\text{I-II}0}(\dot{I}_{\text{I}0} + \dot{I}_{\text{II}0}) \\ \quad = Z_{\text{II}\sigma0}\dot{I}_{\text{II}0} + Z_{\text{I-II}0}(\dot{I}_{\text{I}0} + \dot{I}_{\text{II}0}) \end{array}\right\} \tag{6.175}$$

式中，

$$Z_{\text{I}\sigma0} = Z_{\text{I}0} - Z_{\text{I-II}0} = r_{1\text{I}} + j(x_{\text{I}0} - x_{\text{I-II}0}) = r_{1\text{I}} + jx_{\text{I}\sigma0}$$

$$Z_{\text{II}\sigma0} = Z_{\text{II}0} - Z_{\text{I-II}0} = r_{1\text{II}} + j(x_{\text{II}0} - x_{\text{I-II}0}) = r_{1\text{II}} + jx_{\text{II}\sigma0}$$

$x_{\text{I}\sigma0} = x_{\text{I}0} - x_{\text{I-II}0}$，$x_{\text{II}\sigma0} = x_{\text{II}0} - x_{\text{I-II}0}$ 分别为线路 I 和 II 的零序漏抗。

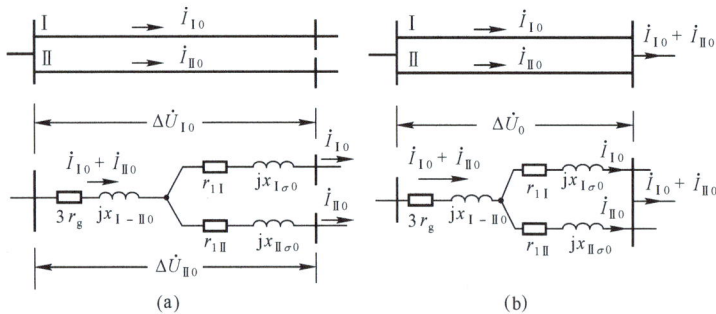

图 6.58　平行架设架空线路及零序等值电路

根据式(6.175)可作出图 6.58(a)的零序等值电路。

图 6.58(b)为两回线路并联运行时的零序等值电路，两回路的等值零序阻抗为

$$Z_0^{(2)} = 3r_g + jx_{\text{I-II}0} + \frac{(r_{1\text{I}} + jx_{\text{I}\sigma0})(r_{1\text{II}} + jx_{\text{II}\sigma0})}{(r_{1\text{I}} + jx_{\text{I}\sigma0}) + (r_{1\text{II}} + jx_{\text{II}\sigma0})} \tag{6.176}$$

现在考虑一种特殊的但却经常遇到的情况：并联运行的双回线路完全相同，即 $r_{1\text{I}} = r_{1\text{II}} = r_1$，$x_{\text{I}0} = x_{\text{II}0} = x_0$，$x_{\text{I}\sigma0} = x_{\text{II}\sigma0} = x_0 - x_{\text{I-II}0}$，双回线路的零序阻抗为

$$Z_0^{(2)} = 3r_g + jx_{\text{I-II}0} + \frac{r_1 + j(x_0 - x_{\text{I-II}0})}{2}$$

$$= \frac{(r_1 + 6r_g) + \mathrm{j}(x_0 + x_{I-II0})}{2} = \frac{Z'_0}{2}$$

式中，

$$\left. \begin{array}{l} Z'_0 = r'_0 + \mathrm{j}x'_0 \\ r'_0 = r_1 + 6r_g \\ x'_0 = x_0 + x_{I-II0} \end{array} \right\} \tag{6.177}$$

这时的零序等值电路见图 6.59，它表明：两回平行架设、完全相同、并联运行的架空线路，可以用两回之间没有零序耦合的并联线路代替，每回路的 Z'_0 称为计及回路间零序互感时每回路的零序阻抗。

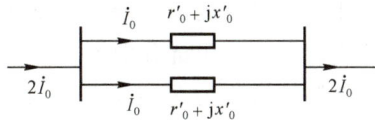

图 6.59　完全相同的双回路并联时的零序等值电路

3. 避雷线对架空线路零序参数的影响

有避雷线的电力线路，当三相导线流过零序电流时，接地的避雷线中将感应出电流 I_w，如图 6.60(a)所示。避雷线也是一个"导线—地"回路，它的自阻抗 Z_w 以及它与各相"导线—地"回路间的互阻抗 Z_{cw} 可参照式(6.170)和(6.171)确定。参照图 6.60(b)可写出相导线和避雷线的回路零序电压方程：

$$\Delta \dot{U}_0 = Z_0 \dot{I}_0 + Z_{cw} \dot{I}_w$$

$$0 = Z_w \dot{I}_w + 3Z_{cw} \dot{I}_0$$

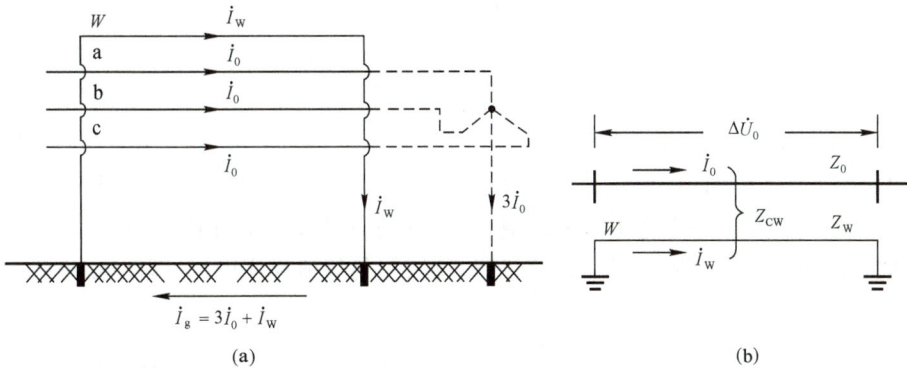

(a)

(b)

图 6.60　有避雷线的架空线路

由后一式求出 $\dot{I}_w$，代入前一式可得：

$$\Delta \dot{U}_0 = \left(Z_0 - \frac{3Z_{cw}^2}{Z_w} \right) \dot{I}_0 = Z_0^{(W)} \dot{I}_0$$

式中，

$$Z_0^{(W)} = Z_0 - \frac{3Z_{cw}^2}{Z_w} \equiv r_0^{(W)} + \mathrm{j}x_0^{(W)} \tag{6.178}$$

即为有避雷线时线路每相的零序阻抗，它小于无避雷线的 Z_0。

避雷线相当于一个与三相导线有磁耦合的短路线圈，所以使电抗 $x_0^{(W)}$ 减小，电阻 $r_0^{(W)}$ 增大，影响程度与避雷线的材料有关。钢芯铝绞线避雷线的自阻抗 Z_W 较小，所以对零序阻抗的影响很大；钢绞线避雷线对 $Z_0^{(W)}$ 影响较小。

有的线路具有两根避雷线，可以用一根等值避雷线代替，其等值半径可按分裂导线的等值半径公式计算。

有避雷线的同杆两回平行架空线路的零序参数简述如下。设不计避雷线作用时，两回路的零序自阻抗和互阻抗分别为 Z_{I0}、Z_{II0}、Z_{I-II0}，避雷线自阻抗为 Z_W，避雷线与两回路每相之间的互阻抗分别为 Z_{IW} 和 Z_{IIW}，则三个回路零序电压方程式可表示为

$$\Delta \dot{U}_{I0} = Z_{I0} \dot{I}_{I0} + Z_{I-II0} \dot{I}_{II0} + Z_{IW} \dot{I}_W$$

$$\Delta \dot{U}_{II0} = Z_{II0} \dot{I}_{II0} + Z_{I-II0} \dot{I}_{I0} + Z_{IIW} \dot{I}_W$$

$$0 = Z_W \dot{I}_W + 3Z_{IW} \dot{I}_{I0} + 3Z_{IIW} \dot{I}_{II0}$$

由第三式求出 $\dot{I}_W$，代入前两式，可得：

$$\left.\begin{array}{l} \Delta \dot{U}_{I0} = Z_{I0}^{(W)} \dot{I}_{I0} + Z_{I-II0}^{(W)} \dot{I}_{II0} \\ \Delta \dot{U}_{II0} = Z_{II0}^{(W)} \dot{I}_{II0} + Z_{I-II0}^{(W)} \dot{I}_{I0} \end{array}\right\} \tag{6.179}$$

式中，

$$Z_{I0}^{(W)} = Z_{I0} - \frac{3Z_{IW}^2}{Z_W}$$

$$Z_{II0}^{(W)} = Z_{II0} - \frac{3Z_{IIW}^2}{Z_W}$$

$$Z_{I-II0}^{(W)} = Z_{I-II0} - \frac{3Z_{IW}Z_{IIW}}{Z_W}$$

分别为计及避雷线作用时线路I、II的零序自阻抗和线路间的零序互阻抗。式(6.179)和没有避雷线的式(6.173)具有相同的形式，因此可按没有避雷线的两回平行线路那样进行处理。

表 6.5 列出架空线路零序电抗的约值，可供规划设计及近似计算使用。表中双回路的零序电抗是指两回完全相同并联运行的线路，每回路的等值零序电抗，即图 6.59 中的 x'_0。

表 6.5　架空线路零序电抗（$x_1 \approx 0.4\Omega/km$）

	单回线路 x_0/x_1	双回线路 x_0/x_1
无避雷线	3.5	5.5
有铁磁导体避雷线	3.0	4.7
有良导体避雷线	2.0	3.0

【例 6.13】　图 6.61(a)为 100km 长有避雷线的双回路架空线，两回路完全相同，未计及线路间零序互感时每回路零序电抗 $x_0 = 1.12\Omega/km$，计及互感时 $x'_0 = 1.8\Omega/km$，零序电阻略去不计。设线路II的 D 点加有零序电源，试分别作出断路器 B 合闸及三相跳闸时的零序等值电路。（注：本例 x_0 和 x'_0 都是计及避雷线作用的电抗值）

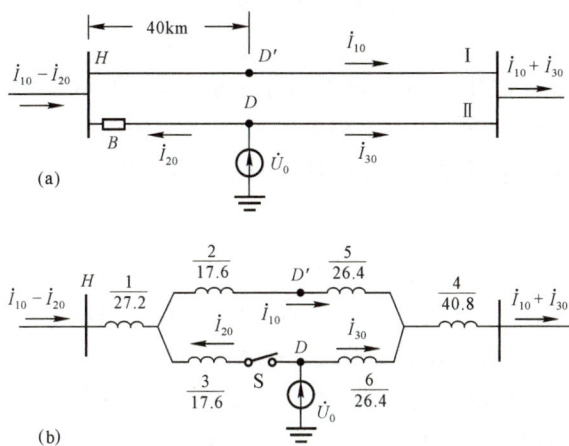

图 6.61　架空线及零序等值电路

【解】　先考虑断路器 B 合闸。在 $D'D$ 处将线路分作两段,各用图 6.58(a)的等值电路表示,再连接成图 6.61(b)的零序等值电路。

由式(6.177)可知,两线路间零序互感抗

$$x_{\text{I-II}0}=x'_0-x_0=1.8-1.12=0.680(\Omega/\text{km})$$

等值电路各电抗为

$$x_1=40x_{\text{I-II}0}=40\times0.68=27.2(\Omega)$$

$$x_2=x_3=40(x_0-x_{\text{I-II}0})=17.6(\Omega)$$

$$x_4=60x_{\text{I-II}0}=40.8(\Omega)$$

$$x_5=x_6=60(x_0-x_{\text{I-II}0})=26.4(\Omega)$$

断路器 B 跳闸后,相当于将 x_3 支路除去(或开关 S 打开)。这时 x_1 和 x_2 是串联的, $x_1+x_2=27.2+17.6=44.8\Omega$。实际上,$H$ 至 D 这一段只剩下线路I,所以 $x_1+x_2=40x_0=40\times1.12=44.8\Omega$。

4. 架空线路零序电容

在第 2 章第 2.1.4 节中用镜像法分析了无避雷线的单回架空线路的部分电容[见图 2.7(a)],以及三相导线上电荷和电压的一般关系式,即式(2.38)。当三相线路加上零序电压 $u_a=u_b=u_c=u_0$ 时,由式(2.38)可得:

$$\frac{q_a}{u_a}=\frac{q_b}{u_b}=\frac{q_c}{u_c}=\frac{q_0}{u_0}=C_s-2C_m=C_0$$

上式中考虑 $C_s=C_0+2C_m$。可见,各相零序电容等于导线与地间的部分电容。这是因为三相导线电位相等,导线之间部分电容上没有电荷之故。显然,$C_0<C_1$(正序电容)。零序电容 C_0 可用式(2.41)计算。

单回路架空线有一根避雷线时,这一多导体系统的部分电容如图 6.62 所示,每相正序和零序电容应为

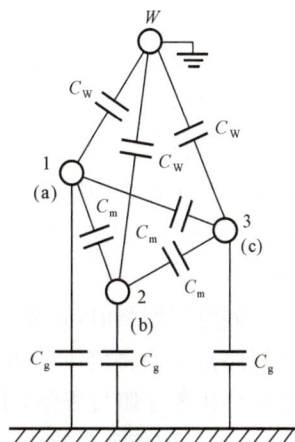

图 6.62　有避雷线三相线路
的部分电容

$$C_1^{(W)} = C_g + C_W + 3C_m$$

$$C_0^{(W)} = C_g + C_W$$

显然，$C_0^{(W)} < C_1^{(W)}$。这些电容可以应用镜像法求得，这里不作具体讨论。分析结果表明，避雷线对正序电容影响很小，工程上仍可用式(2.40)计算，但对零序电容的影响较大。

关于有两根避雷线的单回线路以及同杆双回线路等的零序电容，这里就不再介绍。

5. 三芯电力电缆的零序参数

三芯电力电缆结构复杂，各参数的准确计算相当困难。没有实测数据时，正序电阻、电抗、电容和零序电容等取决于电缆本身结构的参数，尚可使用制造厂提供的典型数据。零序阻抗则不然，它还与电缆敷设方式及沿线大地情况等有很大的关系，简单说明如下。

电缆的铅（铝）保护层在两端的终端盒处有人工接地，中间的一系列接头盒也与大地有接触，因此，三相芯线中通以零序电流时，大地和铅包都成为电流的返回通路。铅包对零序阻抗的作用与架空线路的避雷线相似，但铅包中电流产生的磁通整个包围三相芯线，没有漏磁通，对芯线去磁作用很大。因此，零序电流在铅包与大地间的分配情况对零序阻抗影响很大，铅包中电流分配愈多，则零序电抗愈小，零序电阻愈大。然而铅包与大地零序电流的分配与铅包的阻抗及铅包接地电阻有关，后者又与电缆敷设方式（直埋地下或置于缆沟、缆管中等）及大地电导率有关。为了说明问题，考虑两种极端情况：①铅包接地电阻相当大，以致地中电流为零，零序电流全部经铅包返回。这时零序电抗达到最小值，零序电阻达到最大值；②铅包良好接地，地中电流达到最大，而铅包分配的电流达到最小。这种条件下，零序电抗达到最大值，零序电阻达到最小值。研究表明，零序电抗的两个极限值差别非常大（例如10倍左右）。当然，实际情况居于两者之间，但还是因敷设的具体条件不同而相差很大。因此，对已敷设好的电缆，要通过测试才能取得准确的零序阻抗。在规划设计和近似计算中，可取 $r_0 = 10r_1$，$x_0 = (3.5 \sim 4.6)x_1$。

▶▶▶ 6.5.6 电力系统的零序等值网络

零序网络中各发电机没有零序电势，只有在不对称故障点加有等值的零序电压源，由它提供零序电流。由于三相中的零序电流完全相同，只能流过 Y 接法且中性点接地的元件，并从大地返回。变压器的接法和中性点接地方式，对网络中零序电流的分布及零序网络的结构有决定性的影响。另外，不同地点发生不对称故障，零序电流分布和零序网络结构也不相同。因此，一般情况下零序网络结构和正、负序网络不一样，而且元件参数也不同。

绘制零序网络时，首先要在故障点画上零序电压源，查明零序电流可能流通的途径；然后从短路点开始将变压器用前述的等值电路代替，电力线路用零序阻抗或等值电路代替，其他元件用零序阻抗表示，不通零序电流的元件不需画出；最后要注意正确处理中性点接地阻抗，在单相等值电路中，它的阻抗要取实际值的 3 倍，而且流过的零序电流应和实际情况相符。

图 6.63 为绘制零序网络的一个例子，图 6.63(a)是系统的三相接线图，变压器各侧绕

组和其他元件都以号码标明。图中还标出 D 点短路时零序电流的分布情况。图 6.63(b)画出零序网络(略去各元件零序电阻)。如果 T-3 为单相变压器组,则它的 $x_{m0} \to \infty$, I_{30} 可略去不计,因此 x_8-x_{12} 支路可以删去。

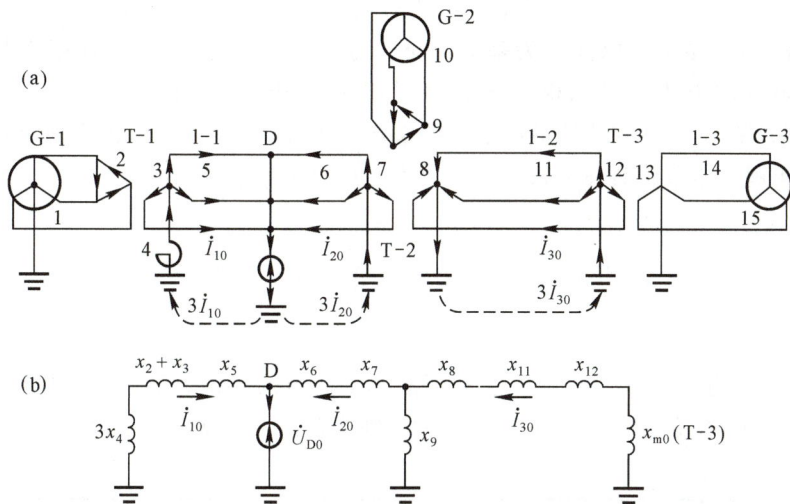

图 6.63　绘制零序网络的例子

图 6.64(a)为另一个例子,D 点为不对称短路时,零序网络如图 6.64(b)所示,F 点短路的零序网络见图 6.64(c)。

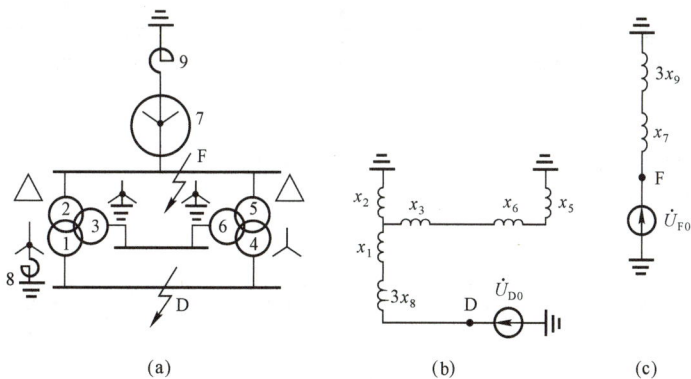

图 6.64　制订零序网络的另一例子

6.6　电力系统不对称短路分析

前一节讨论了应用对称分量法分析不对称故障的基本原理,论证了故障时各序电压和电流可分别用三个序网描述,它们的电压方程式如式(6.154)所示,现重写如下:

$$\left.\begin{aligned}\dot{U}_{D1} &= \dot{U}_{D(0)} - Z_{D1}\dot{I}_{D1} \\ \dot{U}_{D2} &= -Z_{D2}\dot{I}_{D2} \\ \dot{U}_{D0} &= -Z_{D0}\dot{I}_{D0}\end{aligned}\right\} \tag{6.180}$$

式中省去下标 a，只要指明以 a 相为基准即可。分析简单故障时，取特殊相为基准最为方便。单相故障时，故障相为特殊相；两相故障时，非故障相为特殊相。

式(6.180)及图 6.44 仅表明故障点各序电压和电流的一般关系，还需列出短路边界条件方程才能求解。本节将具体分析各种简单不对称短路的电流和电压。

▶▶▶ 6.6.1　各种不对称短路的故障点电流和电压

图 6.65 表示电力网发生各种不对称短路时，短路点的各相短路电流和电压。这里设短路点经阻抗 Z_f 或 Z_f、Z_g 短路，如 $Z_f=0$，$Z_g=0$，则为金属性短路或直接短路。

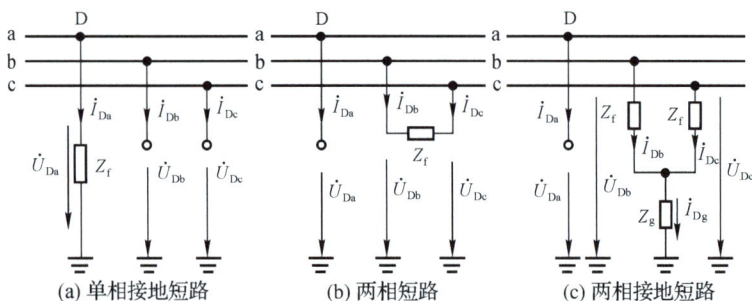

图 6.65　各种不对称短路

各种不对称短路的边界条件列在表 6.6 中，用对称分量表示的边界条件均以特殊相为基准。图 6.65 中的特殊相均为 a 相。

表 6.6　各种不对称短路的边界条件

短路类型	实际电压、电流关系	各序电流关系	各序电压关系
单相接地短路	$\dot{I}_{Db} = \dot{I}_{Dc} = 0$ $\dot{U}_{Da} = Z_f \dot{I}_{Da}$	$\dot{I}_{D1} = \dot{I}_{D2} = \dot{I}_{D0}$	$\dot{U}_{D1} + \dot{U}_{D2} + \dot{U}_{D0} - 3Z_f\dot{I}_{D0} = 0$
两相短路	$\dot{I}_{Da} = 0,$ $\dot{I}_{Db} + \dot{I}_{Dc} = 0$ $\dot{U}_{Db} - \dot{U}_{Dc} = Z_f\dot{I}_{Db}$	$\dot{I}_{D1} + \dot{I}_{D2} = 0$ $\dot{I}_{D0} = 0$	$\dot{U}_{D1} - 0.5Z_f\dot{I}_{D1}$ $= \dot{U}_{D2} - 0.5Z_f\dot{I}_{D2}$ $\dot{U}_{D0} = 0$
两相接地短路	$\dot{I}_{Da} = 0$ $\dot{U}_{Db} = Z_f\dot{I}_{Db} + Z_g(\dot{I}_{Db}+\dot{I}_{Dc})$ $\dot{U}_{Dc} = Z_f\dot{I}_{Dc} + Z_g(\dot{I}_{Db}+\dot{I}_{Dc})$	$\dot{I}_{D1} + \dot{I}_{D2} + \dot{I}_{D0}$ $= 0$	$\dot{U}_{D1} - Z_f\dot{I}_{D1}$ $= \dot{U}_{D2} - Z_f\dot{I}_{D2}$ $= \dot{U}_{D0} - (Z_f + 3Z_g)\dot{I}_{D0}$

现以两相接地短路为例，推导用对称分量表示的边界条件。设 D 点 b 相和 c 相经阻抗 Z_f

和 Z_g 发生接地短路,如图 6.65(c)所示,短路点相电压和电流相量关系如表 6.6 所示。由于 $\dot{I}_{Da}=0$,所以

$$\dot{I}_{Da}=\dot{I}_{D1}+\dot{I}_{D2}+\dot{I}_{D0}=0 \tag{6.181}$$

b 相和 c 相间的电压差为

$$\dot{U}_{Db}-\dot{U}_{Dc}=Z_f(\dot{I}_{Db}-\dot{I}_{Dc})$$

用对称分量表示时则为

$$(a^2\dot{U}_{D1}+a\dot{U}_{D2}+\dot{U}_{D0})-(aU_{D1}+a^2\dot{U}_{D2}+\dot{U}_{D0})$$
$$=Z_f[(a^2\dot{I}_{D1}+a\dot{I}_{D2}+\dot{I}_{D0})-(a\dot{I}_{D1}+a^2\dot{I}_{D2}+\dot{I}_{D0})]$$

整理后得:

$$\dot{U}_{D1}-\dot{U}_{D2}=Z_f(\dot{I}_{D1}-\dot{I}_{D2})$$

或
$$\dot{U}_{D1}-Z_f\dot{I}_{D1}=\dot{U}_{D2}-Z_f\dot{I}_{D2} \tag{6.182}$$

又,$\dot{U}_{Db}$ 和 $\dot{U}_{Dc}$ 的相量和为

$$\dot{U}_{Db}+\dot{U}_{Dc}=Z_f(\dot{I}_{Db}+\dot{I}_{Dc})+2Z_g(\dot{I}_{Db}+\dot{I}_{Dc})$$

用对称分量表示并计及式(6.181)、(6.182)可得:

$$\dot{U}_{D0}-(Z_f+3Z_g)\dot{I}_{D0}=\dot{U}_{D1}-Z_f\dot{I}_{D1} \tag{6.183}$$

式(6.181)~(6.183)即为两相接地短路的边界条件。

根据用对称分量表示的边界条件,将三个序网连接起来,可得到如图 6.66 所示的复合序网。显然,复合序网既满足式(6.180)又符合边界条件,可方便地用来计算短路点各序电流和电压。

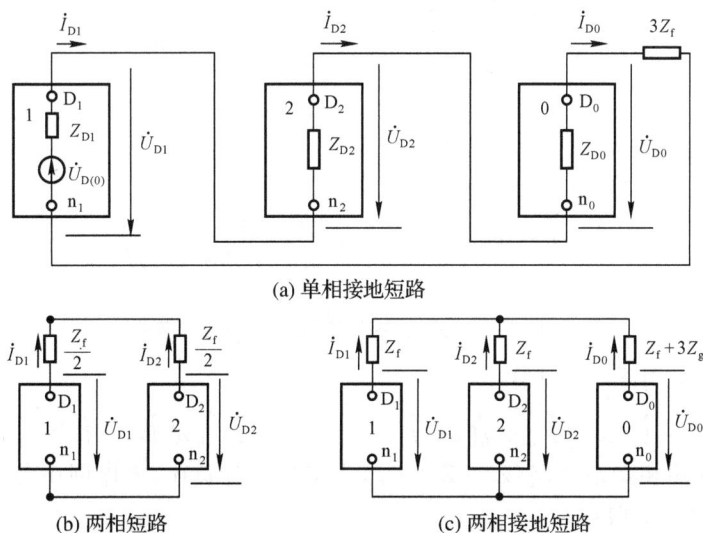

(a) 单相接地短路

(b) 两相短路　　　　　(c) 两相接地短路

图 6.66　各种不对称短路的复合序网

各种不对称短路的故障点正序电流和电压的计算公式可以统一用下式表示:

$$\dot{I}_{D1} = \frac{\dot{U}_{D(0)}}{Z_{D1} + \Delta Z} \tag{6.184}$$

$$\dot{U}_{D1} = \dot{I}_{D1} \Delta Z \tag{6.185}$$

式中，ΔZ 如表 6.7 所示。

表 6.7　各种短路的 ΔZ 和 M

短路种类	ΔZ	$M = \dfrac{I_D}{I_{D1}}$
单相短路	$Z_{D2} + Z_{D0} + 3Z_f$	3
两相短路	$Z_{D2} + Z_f$	$\sqrt{3}$
两相短路接地	$Z_f + \dfrac{(Z_{D2}+Z_f)(Z_{D0}+Z_f+3Z_g)}{Z_{D2}+Z_{D0}+2Z_f+3Z_g}$	$\sqrt{3}\sqrt{1 - \dfrac{x_{D2}x_{D0}}{(x_{D2}+x_{D0})^2}}$
三相短路	0	1

$\dot{I}_{D1}$ 和 $\dot{U}_{D1}$ 确定后，即可根据边界条件及式（6.180）或复合序网求得 $\dot{I}_{D2}$、$\dot{I}_{D0}$、$\dot{U}_{D2}$ 和 $\dot{U}_{D0}$。

短路点故障相的短路电流推导如下。

（1）单相接地短路

由于 $\dot{I}_{D1} = \dot{I}_{D2} = \dot{I}_{D0}$，所以

$$\dot{I}_{Da} = \dot{I}_{D1} + \dot{I}_{D2} + \dot{I}_{D0} = 3\dot{I}_{D1} \tag{6.186}$$

（2）两相短路

由于 $\dot{I}_{D1} = -\dot{I}_{D2}$，$\dot{I}_{D0} = 0$，所以

$$\dot{I}_{Db} = a^2\dot{I}_{D1} + a\dot{I}_{D2} = (a^2 - a)\dot{I}_{D1} = -j\sqrt{3}\,\dot{I}_{D1}$$
$$\dot{I}_{Dc} = a\dot{I}_{D1} + a^2\dot{I}_{D2} = (a - a^2)\dot{I}_{D1} = j\sqrt{3}\,\dot{I}_{D1} \tag{6.187}$$

（3）两相接地短路

由复合序网图 6.66(c)可得：

$$\dot{I}_{D2} = -\frac{Z_{D0} + Z_f + 3Z_g}{(Z_{D2}+Z_f) + (Z_{D0}+Z_f+3Z_g)}\dot{I}_{D1}$$

$$\dot{I}_{D0} = -\frac{Z_{D2} + Z_f}{(Z_{D2}+Z_f) + (Z_{D0}+Z_f+3Z_g)}\dot{I}_{D1}$$

故障相短路电流可用下两式计算：

$$\dot{I}_{Db} = a^2\dot{I}_{D1} + a\dot{I}_{D2} + \dot{I}_{D0} \qquad \dot{I}_{Dc} = a\dot{I}_{D1} + a^2\dot{I}_{D2} + \dot{I}_{D0}$$

对于金属性两相接地短路（$Z_f = Z_g = 0$），当忽略不计负序、零序网中各元件的电阻，即 $Z_{D2} = jx_{D2}$ 和 $Z_{D0} = jx_{D0}$ 时，

$$\left. \begin{aligned} \dot{I}_{Db} &= \left[a^2 - \frac{x_{D2} + ax_{D0}}{x_{D2}+x_{D0}} \right]\dot{I}_{D1} \\ \dot{I}_{Dc} &= \left[a - \frac{x_{D2} + a^2x_{D0}}{x_{D2}+x_{D0}} \right]\dot{I}_{D1} \end{aligned} \right\} \tag{6.188}$$

各种短路的故障点短路电流有效值也可统一表示为

$$I_D = MI_{D1} \tag{6.189}$$

系数 M 见表6.7。表中两相接地短路的系数是指金属性短路，而且不计零序、负序网电阻的表达式，可由式(6.188)导出。

式(6.184)和(6.189)对三相短路也同样适用，但系数 $M=1$，$\Delta Z=0$（金属性短路）。

式(6.184)表示，电力网中某点发生不对称短路时，故障点的正序电流与在同一点经阻抗 ΔZ 发生三相短路时的短路电流相等，如图6.67所示。这一规律称为正序等效定则，图6.67称为正序增广网络。因此，可以应用计算三相短路电流（周期分量）的方法来计算不对称短路的正序电流和正序电压。

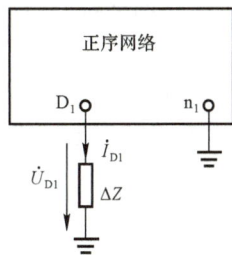

图 6.67　正序增广网络

【例 6.14】　如图6.68所示的系统中，变压器 T-2 高压母线发生各种金属性不对称短路，试分别计算短路瞬间故障点的短路电流和各相电压，并绘制相量图。已知数据如下：

发电机 G：120MVA，10.5(kV)，$x_d'' = x_2 = 0.14$；

变压器：T-1 和 T-2 相同，60MVA，$U_k\% = 10.5$；

线路 l：平行双回路，105(km)，每回路 $x_1 = 0.4(\Omega/km)$，$x_0 = 3x_1$；

负荷：L-1 为 60MVA，L-2 为 40MVA，正序电抗取 1.2，负序电抗取 0.35。

各元件的电阻均不计。故障前 D 点电压 $U_{D(0)} = 109(kV)$。

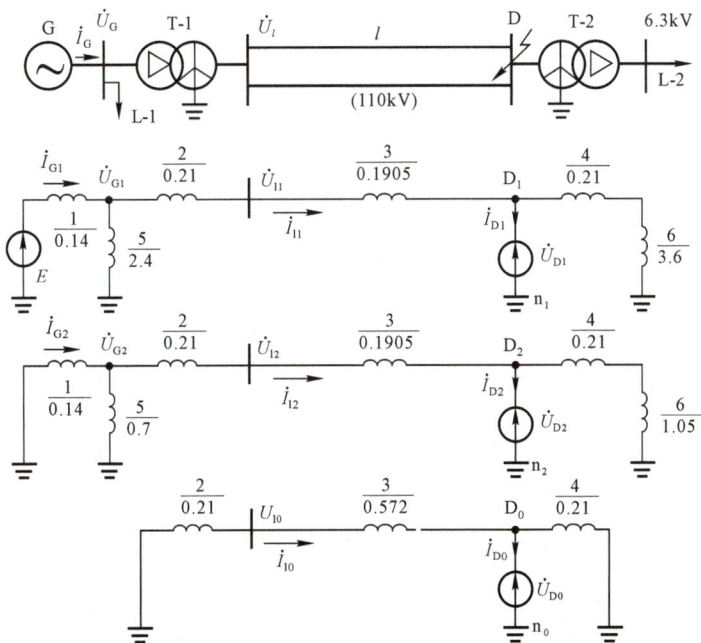

图 6.68　例 6.14 的系统及各序网络

【解】　对应于短路点 D 的各序网络，如图6.68所示。取 $S_B = 120MVA$，U_B 取各级平均额定电压。各元件电抗标么值用平均额定电压近似计算，已标在图中（请读者核算）。

正序网络短路点的等值电抗：

$$x_{D1} = [(x_1 /\!/ x_5) + x_2 + x_3] /\!/ [x_4 + x_6] = 0.468$$

负序网络对 D_2 点的等值电抗：

$$x_{D2} = [(x_1 /\!/ x_5) + x_2 + x_3] /\!/ [x_4 + x_6] = 0.367$$

零序网络对 D_0 点的等值电抗：

$$x_{D0} = (x_2 + x_3) /\!/ x_4 = 0.166$$

D 点正常电压 $\quad U_{D(0)} = 109/115 = 0.948$

（1）单相接地短路

$$\Delta x = x_{D2} + x_{D0} = 0.367 + 0.166 = 0.533$$

$$I_{D1} = \frac{U_{D(0)}}{x_{D1} + \Delta x} = \frac{0.948}{0.468 + 0.533} = 0.947$$

$$U_{D1} = I_{D1} \Delta x = 0.947 \times 0.533 = 0.505$$

$$U_{D2} = -I_{D1} x_{D2} = -0.947 \times 0.367 = -0.348$$

$$U_{D0} = -I_{D1} x_{D0} = -0.947 \times 0.166 = -0.157$$

D 点故障相短路电流 $\quad I_D = 3I_{D1} = 2.84$

各序网的电阻均忽略不计时，（特殊相）各序电流的相位均比 $U_{D(0)}$ 滞后 $90°$，正序电压与 $U_{D(0)}$ 同相，负序和零序电压的相位则与 $U_{D(0)}$ 相差 $180°$。

设 b 相发生接地短路，短路点各相电压（以特殊相为基准）为

$$\dot{U}_{Db} = \dot{U}_{D1} + \dot{U}_{D2} + \dot{U}_{D0} = 0.505 - 0.348 - 0.157 = 0$$

$$\dot{U}_{Dc} = a^2 \dot{U}_{D1} + a \dot{U}_{D2} + \dot{U}_{D0} = 0.505\angle 240° - 0.348\angle 120°$$
$$- 0.157 = 0.775\angle -107.7°$$

$$\dot{U}_{Da} = a \dot{U}_{D1} + a^2 \dot{U}_{D2} + \dot{U}_{D0} = 0.775\angle 107.7°$$

短路点电流和电压的相量图绘于图 6.69。

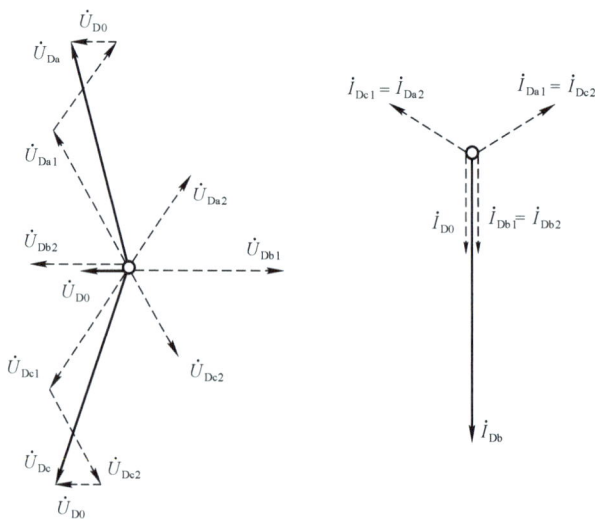

图 6.69　例 6.14　b 相接地短路相量图

短路点短路电流和相电压的有效值为

$$I_{Db} = 2.84 \times \frac{120}{\sqrt{3} \times 115} = 1.71 (kA)$$

$$U_{Da} = U_{Dc} = 0.775 \times 115/\sqrt{3} = 51.5 (kV)$$

(2) 两相短路

$$\Delta x = x_{D2} = 0.367$$

$$I_{D1} = \frac{U_{D(0)}}{x_{D1} + \Delta x} = \frac{0.948}{0.468 + 0.367} = 1.135$$

$$I_{D2} = -I_{D1} = -1.135$$

$$U_{D1} = U_{D2} = I_{D1} \Delta x = 0.417$$

D 点故障相短路电流 $I_D = \sqrt{3} I_{D1} = 1.966$

设 a、c 两相短路，短路点各相电压（以特殊相 b 相为基准）为

$$\dot{U}_{Db} = \dot{U}_{D1} + \dot{U}_{D2} = 2\dot{U}_{D1} = 2 \times 0.417 = 0.834$$

$$\dot{U}_{Dc} = a^2 \dot{U}_{D1} + a \dot{U}_{D2} = (a^2 + a)\dot{U}_{D1} = -0.417$$

$$\dot{U}_{Da} = (a + a^2)\dot{U}_{D1} = -0.417$$

D 点电压和电流的相量图见图 6.70。

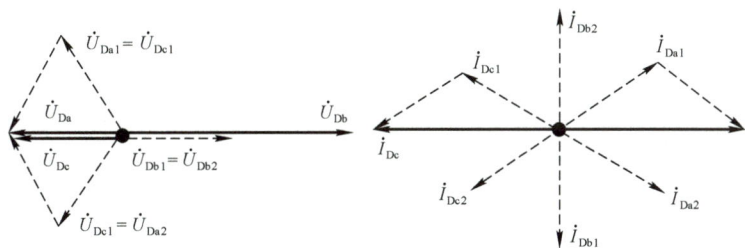

图 6.70 例 6.14 中 a、c 两相短路相量图

短路点电流和电压的有效值：

$$I_{Da} = I_{Dc} = 1.966 \times 120/(\sqrt{3} \times 115) = 1.184 (kA)$$

$$U_{Da} = U_{Dc} = 0.417 \times 115/\sqrt{3} = 27.7 (kV)$$

$$U_{Db} = 2 \times 27.7 = 55.4 (kV)$$

(3) 两相接地短路

$$\Delta x = \frac{x_{D2} x_{D0}}{x_{D2} + x_{D0}} = 0.1143$$

$$I_{D1} = \frac{U_{D(0)}}{x_{D1} + \Delta x} = 1.629$$

$$I_{D2} = -\frac{\Delta x}{x_{D2}} I_{D1} = -0.507$$

$$I_{D0} = -\frac{\Delta x}{x_{D0}} I_{D1} = -1.122$$

$$U_{D1} = U_{D2} = U_{D0} = \Delta x I_{D1} = 0.1862$$

设 a、c 两相发生故障，以特殊 b 相为基准时，故障点短路电流为

$$\dot{I}_{Db} = \dot{I}_{D1} + \dot{I}_{D2} + \dot{I}_{D0} = -j1.629 + j0.507 + j1.122 = 0$$

$$\dot{I}_{Dc} = a^2 \dot{I}_{D1} + a \dot{I}_{D2} + \dot{I}_{D0}$$
$$= 1.629 \angle (240° - 90°) + 0.507 \angle (120° + 90°)$$
$$+ j1.122 = 2.5 \angle 137.7°$$

$$\dot{I}_{Da} = a \dot{I}_{D1} + a^2 \dot{I}_{D2} + \dot{I}_{D0} = 2.5 \angle 42.3°$$

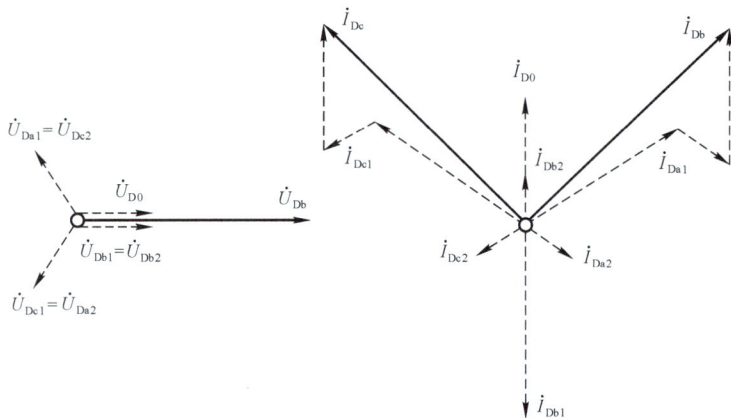

图 6.71 例 6.14 中 a、c 两相短路接地相量图

故障点各相电压：

$$\dot{U}_{Db} = \dot{U}_{D1} + \dot{U}_{D2} + \dot{U}_{D0} = 3\dot{U}_{D1} = 0.559$$
$$U_{Dc} = U_{Da} = 0$$

D 点电压及电流相量图见图 6.71。短路点电流和电压的有效值为

$$I_{Da} = I_{Dc} = 2.5 \times 120 / (\sqrt{3} \times 115) = 1.51 \text{(kA)}$$
$$U_{Db} = 0.559 \times 115 / \sqrt{3} = 37.1 \text{(kV)}$$

▶▶▶ 6.6.2　不对称短路时网络中电流和电压的分布

　　为了计算不对称短路时网络中任一支路的电流，必须先分别从正序、负序和零序网络中求出该支路的正序、负序和零序电流（它们的参考方向必须相同），然后用式(6.152)计算各相电流。同理，计算网络中任一节点的各相电压，也要先分别从各序网络求出该节点三序电压，然后合成三相电压。

　　对于正序网络，各电源电势已知，短路点电压和电流确定后，就可用一般电路的计算方法求出正序电流和电压的分布。如果短路前网络中的正常电流和电压已知，则用叠加原理计算更为方便。计算方法如图 6.72 所示，图 6.72(a)为短路时的正序网络，短路点的正序

电压 $\dot{U}_{D1}$ 用两个串联的理想电压源代替，其中一个电压为正常时的电压 $\dot{U}_{D(0)}$，另一电压为 $\Delta\dot{U}_{D1}=\dot{U}_{D1}-\dot{U}_{D(0)}$，称为短路点正序电压的故障分量。应用叠加原理把图 6.72(a) 分为图(b)和(c)两种情况：图(b)为短路前的正常运行状态，各电压和电流均已知；图(c)为计算正序故障分量的网络，其中各电源的电势均短接，只有短路点加着电压为 $\Delta\dot{U}_{D1}$ 的电源，可以方便地求出正序电流、电压故障分量的分布情况。网络中实际的正序电流和电压，为相应的正常分量和正序故障分量的相量和。

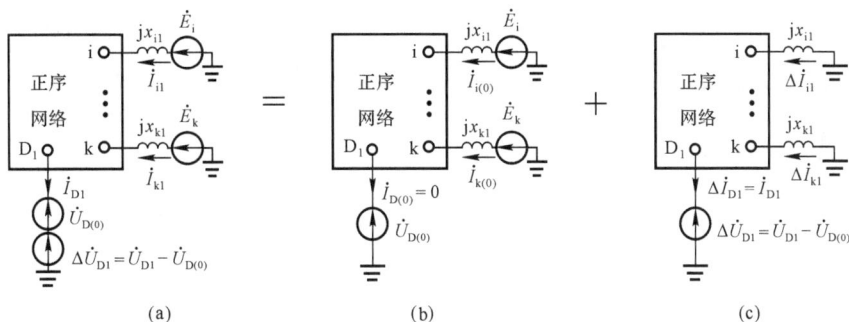

图 6.72　应用叠加原理计算正序电流和电压的分布

在负序及零序网络中，只有短路点存在负序或零序的电压源。当短路点负序及零序电流和电压求出后就不难计算出它们的分布情况。负序和零序电压在网络中的分布，以短路点的有效值最大，离短路点愈远则愈小，这与正序电压的分布不同，后者在发电机处有效值最大，由发电机向短路点逐渐下降。

用已知的各序电流、电压计算各相电流、电压时，还必须考虑各序分量通过变压器后可能发生不同的相位变化。现以常用的 Y/$\triangle$-11 接法的变压器为例讨论这一问题。在电力系统分析中，实际变压器是用它的等值电路和理想变压器串联来处理的，所以这里只考虑各序分量通过理想变压器的相位变化。

图 6.73(a) 为 Y/$\triangle$-11 变压器绕组布置和连接方式的示意，当加以正序电压和正序电流时，相量图见图 6.73(b)。可知 $\triangle$ 侧正序电压和电流的相位都比 Y 侧的超前 $30°$。用标幺值表示时，两侧电压和电流的关系为

$$\dot{U}_{a1}=\dot{U}_{A1}\,\mathrm{e}^{\mathrm{j}30°}\qquad\dot{I}_{a1}=\dot{I}_{A1}\,\mathrm{e}^{\mathrm{j}30°}$$

b 相和 c 相的关系也相同。

Y/$\triangle$-11 变压器在负序电压和电流作用下，根据图 6.73(a) 作出的相量图如图 6.74 所示。$\triangle$ 侧负序电压和电流的相位都比 Y 侧的滞后 $30°$，用标幺值表示时：

$$\dot{U}_{a2}=\dot{U}_{A2}\,\mathrm{e}^{-\mathrm{j}30°}\qquad\dot{I}_{a2}=\dot{I}_{A2}\,\mathrm{e}^{-\mathrm{j}30°}$$

b 相和 c 相的关系也相同。

以上讨论说明，由 Y 侧变换到 $\triangle$ 侧时，正序相量逆时针方向转过 $30°$，负序相量则顺时针方向转过 $30°$。相应地，由 $\triangle$ 侧变换到 Y 侧时，正序相量顺时针转过 $30°$，负序相量逆时针转过 $30°$。

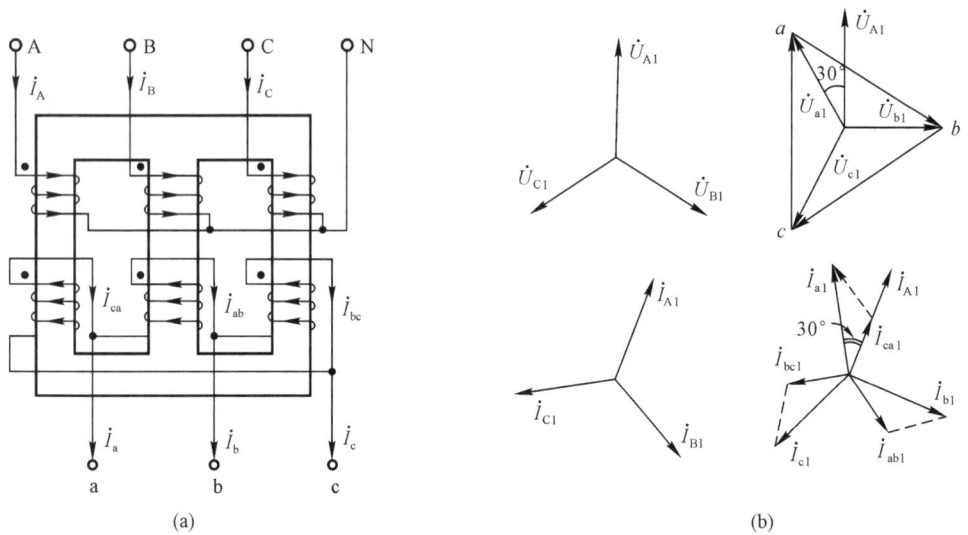

(a)   (b)

图 6.73　Y/Δ-11 变压器及正序电压和电流相量图

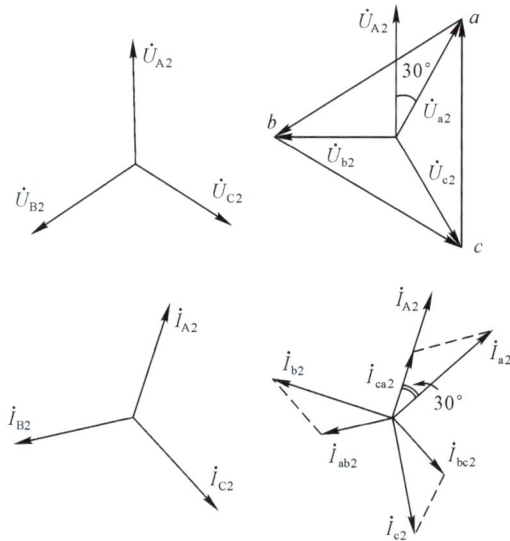

图 6.74　Y/Δ-11 负序电压、电流相量图

电力系统常用的另一种变压器接法为 Y/Y-12 接法，它两侧的正序、负序电压和电流都没有相位差。如果两侧中性点都接地，则零序电压、电流通过时也不会发生相位移动。

【例 6.15】　续例 6.14，试计算 D 点发生金属性单相接地瞬间，线路 l 和发电机的各相电流，线路始端和发电机端各相电压。已知正常运行时 D 点电压 $\dot{U}_{D(0)}=109\angle0°\text{kV}$；线路始端电压 $\dot{U}_{l(0)}=112\angle3°\text{kV}$，输电功率 $36+\text{j}23\text{MVA}$；发电机电压 $\dot{U}_{G(0)}=10.3\angle7°\text{kV}$，发电功率 $87+\text{j}58.3\text{MVA}$。变压器 T-1 为 Y/Δ-11 接法。

【解】　例 6.14 已求出单相接地短路时短路点的各序电流和电压，现用相量表示如下：

取$\dot{U}_{D(0)}=0.948\angle 0°$,则 $\dot{I}_{D1}=\dot{I}_{D2}=\dot{I}_{D0}=-\text{j}0.947,\dot{U}_{D1}=0.505,\dot{U}_{D2}=-0.348,\dot{U}_{D0}=-0.157$。

先计算所求电流和电压的各序分量。各序电流的参考方向已标在图 6.68 中,各电压的参考方向均取节点至"中性点"。

(1)正序电压和电流分布

用叠加原理计算。有关电压和电流的正常分量为

$$\dot{U}_{I(0)}=\frac{112\angle 3°}{115}=0.974\angle 3°$$

$$\dot{I}_{l1(0)}=\frac{36-\text{j}23}{120\times 0.974\angle -3°}=0.318-\text{j}0.18$$

$$\dot{U}_{G(0)}=\frac{10.3\angle 7°}{10.5}=0.981\angle 7°$$

$$\dot{I}_{G(0)}=\frac{87-\text{j}58.3}{120\times 0.981\angle -7°}=0.794-\text{j}0.401$$

正序故障分量根据图 6.75 的正序网络计算。

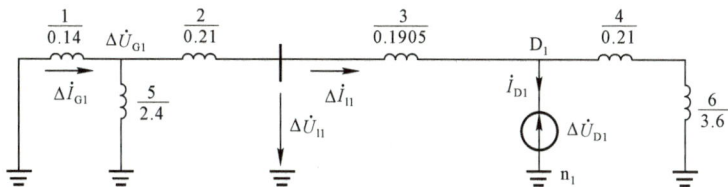

图 6.75　例 6.15 计算故障分量的正序网络

$$\Delta\dot{U}_{D1}=\dot{U}_{D1}-\dot{U}_{D(0)}=0.505-0.948=-0.443$$

$$\Delta\dot{I}_{l1}=\dot{I}_{D1}+\frac{\Delta\dot{U}_{D1}}{\text{j}(x_4+x_6)}=-\text{j}0.947+\frac{-0.443}{\text{j}(0.21+3.6)}=-\text{j}0.831$$

$$\begin{aligned}\Delta\dot{U}_{l1}&=\Delta\dot{U}_{D1}+\text{j}x_3\Delta\dot{I}_{l1}\\&=-0.443+\text{j}0.1905\times(-\text{j}0.831)=-0.285\end{aligned}$$

$$\Delta\dot{U}_{G1}=\Delta\dot{U}_{D1}+\text{j}(x_2+x_3)\Delta\dot{I}_{l1}=-0.11$$

$$\Delta\dot{I}_{G1}=-\frac{\Delta\dot{U}_{G1}}{\text{j}x_1}=\frac{0.11}{\text{j}0.14}=-\text{j}0.786$$

正序电压和电流:

$$\dot{U}_{l1}=\dot{U}_{I(0)}+\Delta\dot{U}_{l1}=0.974\angle 3°-0.285=0.69\angle 4.2°$$

$$\dot{I}_{l1}=\dot{I}_{l1(0)}+\Delta\dot{I}_{l1}=0.318-\text{j}1.011=1.06\angle -72.5°$$

$$\dot{U}_{G1}=\dot{U}_{G(0)}+\Delta\dot{U}_{G1}=0.981\angle 7°-0.11=0.872\angle 7.9°$$

$$\begin{aligned}\dot{I}_{G1}&=\dot{I}_{G(0)}+\Delta\dot{I}_{G1}=0.794-\text{j}0.401-\text{j}0.786\\&=1.466\angle -57.2°\end{aligned}$$

（2）负序电压和电流分布

由图 6.68 负序网络求得：

$$\dot{I}_{l2}=\dot{I}_{D2}+\frac{\dot{U}_{D2}}{\mathrm{j}(\mathrm{x}_4+\mathrm{x}_6)}=-\mathrm{j}0.947+\frac{-0.248}{\mathrm{j}(0.21+1.05)}$$
$$=-\mathrm{j}0.672$$

$$\dot{U}_{l2}=\dot{U}_{D2}+\mathrm{j}x_3\dot{I}_{l2}=-0.348+\mathrm{j}0.1905\times(-\mathrm{j}0.672)$$
$$=-0.22$$

$$\dot{U}_{G2}=-0.22+\mathrm{j}0.21\times(-\mathrm{j}0.672)=-0.079$$

$$\dot{I}_{G2}=-\frac{\dot{U}_{G2}}{\mathrm{j}0.14}=-\mathrm{j}0.564$$

（3）零序电压和电流分布

由图 6.68 零序网络求得：

$$\dot{I}_{l0}=-\frac{\dot{U}_{D0}}{\mathrm{j}(0.21+0.572)}=\frac{0.157}{\mathrm{j}0.782}=-\mathrm{j}0.201$$

$$\dot{U}_{l0}=-\mathrm{j}0.21\times\dot{I}_{l0}=-\mathrm{j}0.21\times(-\mathrm{j}0.201)=-0.0422$$
$$I_{G0}=0,U_{G0}=0$$

（4）发电机和线路始端各相的电压和电流

设 D 点发生 b 相接地短路。线路 l 各相的电流为

$$\dot{I}_{lb}=\dot{I}_{l1}+\dot{I}_{l2}+\dot{I}_{l0}=(0.318-\mathrm{j}1.011)-\mathrm{j}0.672-\mathrm{j}0.201$$
$$=1.91\angle-80.4°$$

$$\dot{I}_{lc}=a^2\dot{I}_{l1}+a\dot{I}_{l2}+\dot{I}_{l0}=1.06\angle(240°-72.5°)$$
$$+0.672\angle(120°-90°)-\mathrm{j}0.201=0.581\angle141.2°$$

$$\dot{I}_{la}=a\dot{I}_{l1}+a^2\dot{I}_{l2}+\dot{I}_{l0}=0.926\angle81.7°$$

线路始端各相电压：

$$\dot{U}_{lb}=\dot{U}_{l1}+\dot{U}_{l2}+\dot{U}_{l0}=0.69\angle4.2°-0.22-0.0422$$
$$=0.429\angle6.8°$$

$$\dot{U}_{lc}=0.69\angle(4.2°+240°)-0.22\angle120°-0.0422$$
$$=0.844\angle-106°$$

$$\dot{U}_{la}=0.69\angle(4.2°+120°)-0.22\angle240°-0.0422$$
$$=0.826\angle112.8°$$

发电机各相电流：

$$\dot{I}_{Gb}=\dot{I}_{G1}\mathrm{e}^{\mathrm{j}30°}+\dot{I}_{G2}\mathrm{e}^{-\mathrm{j}30°}$$
$$=1.466\angle(-57.2°+30°)-\mathrm{j}0.564\angle-30°$$
$$=1.545\angle-48.6°$$

$$\dot{I}_{Gc}=a^2\dot{I}_{G1}e^{j30°}+a\dot{I}_{G2}e^{-j30°}=1.038\angle-130.1°$$

$$\dot{I}_{Ga}=a\dot{I}_{G1}e^{j30°}+a^2\dot{I}_{G2}e^{-j30°}=1.984\angle100.3°$$

发电机端三相电压：

$$\dot{U}_{Gb}=\dot{U}_{G1}e^{j30°}+\dot{U}_{G2}e^{-j30°}$$
$$=0.872\angle(7.9°+30°)-0.079\angle-30°$$
$$=0.845\angle42.9°$$

$$\dot{U}_{Gc}=a^2\dot{U}_{G1}e^{j30°}+a\dot{U}_{G2}e^{-j30°}=0.95\angle-82.8°$$

$$\dot{U}_{Ga}=a\dot{U}_{G1}e^{j30°}+a^2\dot{U}_{G2}e^{-j30°}=0.826\angle153.6°$$

▶▶▶ 6.6.3 复杂电力系统简单不对称短路电流的计算

复杂电力系统的不对称短路电流一般应用节点导纳矩阵的计算方法进行计算。计算的主要步骤如下：

(1)进行潮流计算,求出各节点的正常电压。在简化计算中,假定各节点正常电压相位相同,大小取各自的平均额定电压,可省去潮流计算。

(2)形成各序网络的节点导纳矩阵。

正序网络的节点导纳矩阵和计算三相短路故障分量用的相同。

在负序网络中,各发电机和负荷用负序阻抗的接地支路表示,其他部分和潮流计算的网络相同。因此,可利用潮流计算的节点导纳矩阵,对各发电机和负荷节点的自导纳加以修正,即得到负序网络的节点导纳矩阵。

零序网络的结构和参数与正序网络不同,它的节点导纳矩阵要单独形成。

必须注意的是,当短路点在线路中的某点时,应该首先在该点处增加一节点,再形成各序网的节点导纳矩阵。

(3)求各序网络短路点的自阻抗和有关的互阻抗。

用短路点注入单位电流法[见式(6.147)],从正序网络节点导纳矩阵求出短路点 D 对应的一列节点阻抗矩阵元素：$Z_{1D1},Z_{2D1},\cdots,Z_{DD1}$(即 Z_{D1}),$\cdots,Z_{nD1}$;再用同样方法分别求出负序和零序网络节点阻抗矩阵的第 D 列元素。

(4)计算短路节点各序电流。按照式(6.184)计算 $\dot{I}_{D1}$,并根据不对称故障的边界条件求 $\dot{I}_{D2}$ 和 $\dot{I}_{D0}$。

(5)计算各节点正序电压和各支路正序电流。

先求各节点正序电压故障分量,其方法和计算三相短路的电压故障分量相同,即在正序网络短路点注入$-\dot{I}_{D1}$,其他节点注入零电流,求出各节点的电压故障分量。计算式为

$$\Delta\dot{U}_{i1}=-Z_{iD1}\dot{I}_{D1}\quad(i=1,2,\cdots,D,\cdots,n)$$

再用下式求各节点正序电压：

$$\dot{U}_{i1}=\dot{U}_{i(0)}+\Delta\dot{U}_{i1}\quad(i=1,2,\cdots,n)$$

任一支路 i-j 的正序电流为

$$\dot{I}_{ij1}=\frac{\dot{U}_{i1}-\dot{U}_{j1}}{Z_{ij1}}$$

式中，Z_{ij1} 为支路 i-j 的正序阻抗。

（6）计算各节点负序电压和各支路负序电流。

在负序网络短路点注入 $-\dot{I}_{D2}$，其他节点注入零电流，可得

$$\dot{U}_{i2}=-Z_{iD2}\dot{I}_{D2}\quad(i=1,2,\cdots,n)$$

任意支路的负序电流为

$$\dot{I}_{ij2}=\frac{\dot{U}_{i2}-\dot{U}_{j2}}{Z_{ij2}}$$

（7）计算各节点零序电压和各支路零序电流。

$$\dot{U}_{i0}=-Z_{iD0}\dot{I}_{D0}\quad(i=\text{零序网络各节点号})$$

$$\dot{I}_{ij0}=\frac{\dot{U}_{i0}-\dot{U}_{j0}}{Z_{ij0}}$$

（8）计算各节点三相电压和各支路三相电流。必须计及经过 Y/△-11 变压器时正、负序电流和电压的相位移动。

▶▶▶ 6.6.4　应用运算曲线计算任意时刻的不对称短路电流

正序等效定则表明，不对称短路时短路点的正序电流与该点经 ΔZ 发生三相短路的电流周期分量相等，还可以证明，它们随时间变化的规律也近似相同，亦即可认为在短路过程中任意时刻正序等效定则都适用。因此，可以利用三相短路运算曲线计算不对称短路后任意时刻的正序电流值。

应用运算曲线计算不对称短路电流时，各元件的各序电阻均忽略不计，各序电抗的标么值用平均额定电压近似计算。在正序网络中，各个发电机电抗用 x''_d 表示，所有负荷都忽略不计。在负序网络中，各负荷仍须用负序电抗（标么值可取 0.35）表示，但近似计算时全部负荷也可略去不计，同时取发电机 $x_2=x''_d$，这样，正序和负序网络相应元件的电抗相等，因而 $x_{D2}=x_{D1}$，可省去制订负序网络。

作出三序网络和求出 x_{D2} 及 x_{D0} 后，根据短路类型计算 Δx，然后作出正序增广网络，即可应用运算曲线求得任意时刻短路点的正序电流值。最后，按式（6.189）计算该时刻短路点的故障相短路电流。如果还要求计算该时刻短路点附近的支路电流和节点电压，则可根据边界条件或复合序网，求出短路点各序电压和负、零序电流，然后用 6.6.2 节所述的方法进行计算。

【例 6.16】　试用运算曲线法计算例 6.14 中的系统（见图 6.68）D 点发生各种不对称短

路,0s 及 0.2s 时的短路电流(G 为汽轮发电机)。

【解】 基准值同例6.14,$S_B=120MVA$。各序网络见图 6.68。但正序网络中负荷支路 5 和 6 应除去,变压器T-2也不必考虑。这样,$x_{D1}=x_1+x_2+x_3=0.54$。例6.14已求得 $x_{D2}=0.367,x_{D0}=0.166$。正序增广网络如图 6.76 所示。

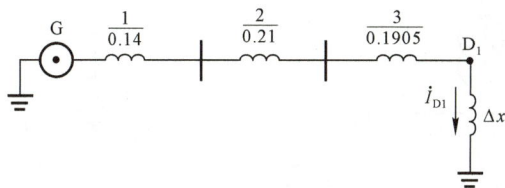

图 6.76 例 6.15 的正序增广网络

(1)单相接地短路

$$\Delta x=x_{D2}+x_{D0}=0.533$$

计算电抗 $x_{js}=(x_{D1}+\Delta x)\dfrac{S_G}{S_B}=1.07\times\dfrac{120}{120}=1.07$

由附图 3 汽轮发电机的运算曲线查得:

$$I''_{D1}=0.95 \quad I_{D1(0.2)}=0.88$$

故障相短路电流:

$$I''_D=MI''_{D1}I_B=3\times0.95\times\frac{120}{\sqrt{3}\times115}$$
$$=3\times0.95\times0.602=1.72(kA)$$
$$I_{D(0.2)}=3\times0.88\times0.602=1.59(kA)$$

(2)两相短路

$$\Delta x=x_{D2}=0.367$$
$$x_{js}=x_{D1}+\Delta x=0.907$$

由附图 3 查得:

$$I''_{D1}=1.14 \quad I_{D1(0.2)}=1.03$$

故障相短路电流:

$$I''_D=\sqrt{3}\times1.14\times0.602=1.19(kA)$$
$$I_{D(0.2)}=\sqrt{3}\times1.03\times0.602=1.07(kA)$$

(3)两相短路接地

$$\Delta x=x_{D2}/\!/x_{D0}=0.367/\!/0.166=0.114$$
$$x_{js}=x_{D1}+\Delta x=0.654$$

由附图 3 查得:

$$I''_{D1}=1.6, \quad I_{D1(0.2)}=1.4$$

故障相短路电流:

$$M=\sqrt{3}\sqrt{1-\frac{0.367\times0.166}{(0.367+0.166)^2}}=1.535$$
$$I''_D=1.535\times1.6\times0.602=1.48(kA)$$
$$I_{D(0.2)}=1.535\times1.4\times0.602=1.29(kA)$$

【**例 6.17**】 如图 6.77(a)所示的系统,在 D 点发生金属性单相接地短路,试求 $t=0.4\text{s}$ 时短路点的短路电流和非故障相电压。

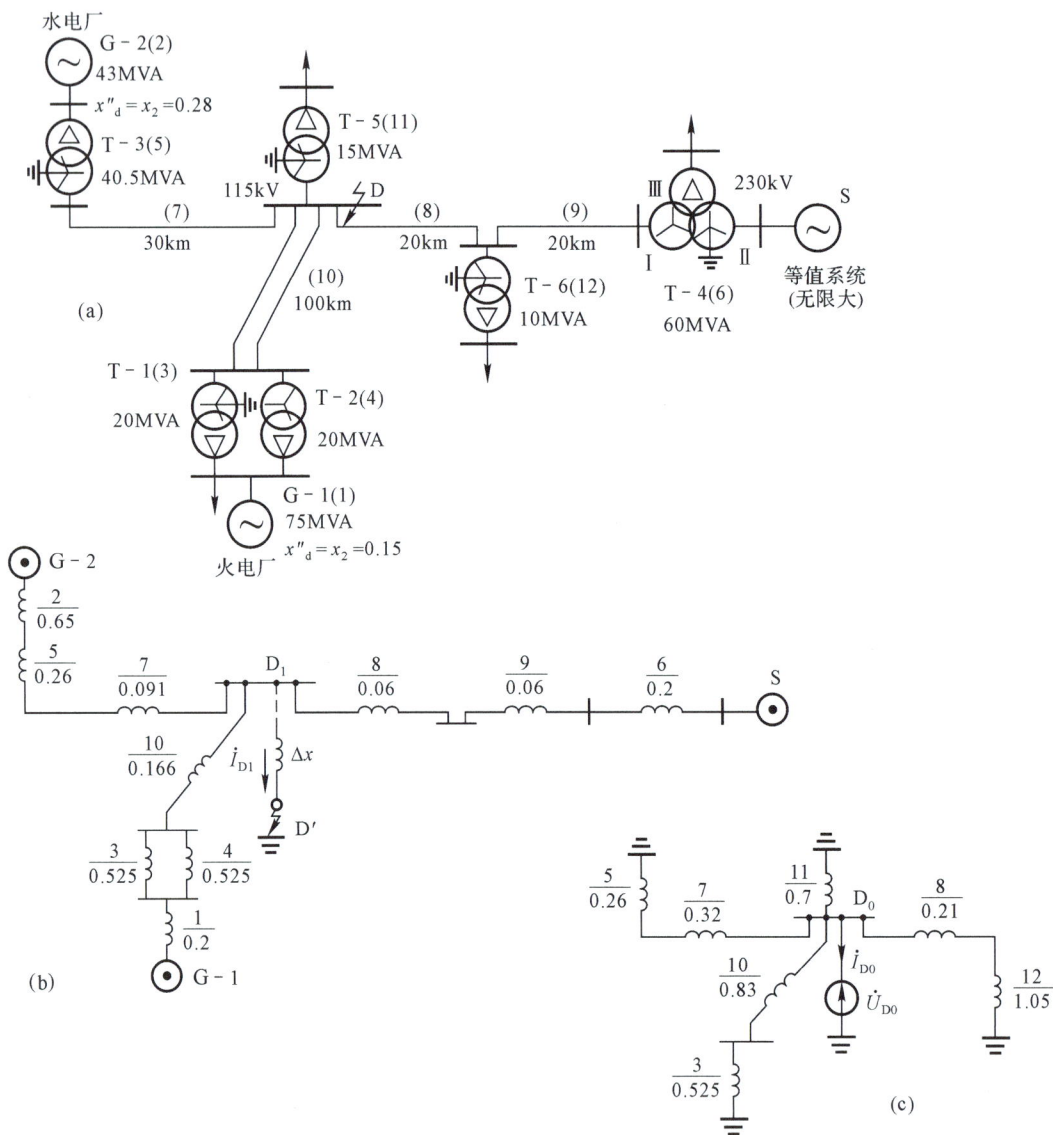

图 6.77　例 6.17 的系统和等值网络

图 6.77 中各双绕组变压器 $U_\text{K}\%=10.5$;三绕组变压器 $U_\text{K I}\%=12,U_\text{K II}\%=0,U_\text{K III}\%=6$;各架空线路 $x_1=0.4\Omega/\text{km},x_0=3.5x_1$,双回线路 $x'_0=5.5x_1$。

【**解**】 取 $S_\text{B}=100\text{MVA}$,各级 U_B 取平均额定电压。作正序网络[见图 6.77(b)],计算各元件的电抗标幺值(略),负序网络各元件参数同正序网络。零序网络见图 6.77(c)。

在正序网络中,发电机 G-1 至 D_1 点的电抗为

$$x_\text{A}=x_1+x_3/2+x_{10}=0.629$$

发电机 G-2 至 D_1 点的电抗为

$$x_B = x_2 + x_5 + x_7 = 1.0$$

系统至 D_1 点的电抗为

$$x_S = x_6 + x_9 + x_8 = 0.32$$

$$x_{D1} = x_{D2} = x_A /\!/ x_B /\!/ x_S = 0.175$$

在零序网络中，$x_{D0} = 0.215$

单相接地短路的附加电抗：

$$\Delta x = x_{D2} + x_{D0} = 0.39$$

正序网络［见图 6.77(b)］中 D_1 点与"地"间接入 Δx 即成为正序增广网络，I_{D1} 相当于 Δx 后 D' 点的三相短路电流。由于 Δx 较大，使发电机 G-1 和 G-2 对 D' 的电气距离增加，所以可以合并作为一台汽轮发电机处理，总容量 $S_G = 43 + 75 = 118(\mathrm{MVA})$。

等值发电机至 D_1 点的电抗：$x_{GD1} = x_A /\!/ x_B = 0.386$

计算电抗

$$x_{js} = \left(x_{GD1} + \Delta x + \frac{x_{GD1}\Delta x}{x_S} \right) \frac{S_G}{S_B} = \left(0.386 + 0.39 + \frac{0.386 \times 0.39}{0.32} \right) \frac{118}{100}$$

$$= 1.246 \times \frac{118}{100} = 1.47$$

由附图 4 运算曲线查得 0.4s 时（在 $t = 0.2$s 和 $t = 0.6$s 两曲线之间内插），$I_{G1} = 0.68$。

等值系统至 D' 的转移电抗

$$x_{SD'} = x_S + \Delta x + \frac{x_S \Delta x}{x_{GD1}} = 1.03$$

等值系统提供的正序电流为

$$I_{S1} = \frac{1}{1.03} = 0.97$$

$t = 0.4$s 时，短路点故障相电流为

$$I_{D(0.4)} = 3\left(0.68 \times \frac{118}{\sqrt{3} \times 115} + 0.97 \times \frac{100}{\sqrt{3} \times 115} \right)$$

$$= 2.67(\mathrm{kA})$$

归算到 $S_B = 100\mathrm{MVA}$ 的短路点正序电流标么值为

$$I_{D1} = 0.68 \times \frac{118}{100} + 0.97 = 1.77$$

取 $\dot{I}_{D1} = -\mathrm{j}1.77$，0.4s 时短路点各序电压为

$$\dot{U}_{D1} = \mathrm{j}\Delta x \dot{I}_{D1} = 0.390 \times 1.77 = 0.69$$

$$\dot{U}_{D2} = -\mathrm{j}x_{D2} \dot{I}_{D1} = -0.175 \times 1.77 = -0.31$$

$$\dot{U}_{D0} = -\mathrm{j}x_{D0} \dot{I}_{D1} = -0.215 \times 1.77 = -0.38$$

设 a 相发生短路，0.4s 时 D 点 b、c 相电压为

$$\dot{U}_{Db} = a^2 \dot{U}_{D1} + a \dot{U}_{D2} + \dot{U}_{D0}$$

$$= 0.69 \angle 240° - 0.31 \angle 120° - 0.38$$

$$= 1.037 \angle -123°$$

$$\dot{U}_{Dc}=0.69\angle 120°-0.31\angle 240°-0.38=1.037\angle 123°$$

6.7 电力系统非全相运行

电力系统某些元件一相或两相断开的非正常运行状态称为非全相运行。造成非全相运行的主要原因是,装有分相操作断路器的架空线路,断路器一相或两相跳闸所致。这种情况常伴随短路故障而出现,例如采用单相自动重合闸的架空线路,发生单相短路时,该相导线两端的断路器相继跳闸,并先后重合闸。在这过程中就出现单相短路、一相断开和两者同时存在的情况。此外,也包括架空线路一相或两相导线断线,但断线落地也同时造成接地短路。因此,非全相和短路大多同时存在,形成多重故障或复杂故障。本节仅讨论系统中一个地点非全相断开的分析方法,它是分析复杂故障的基础。

图 6.78(a)、(b)表示电力系统某处发生一相和两相断开的情况。在断口 F-F′之间三相压降是不对称的,非断开相压降为零,断开相有一定的电压;三相电流显然也是不对称的。这是一种纵向的三相不对称,与不对称短路不同,后者是三相对地之间横向的不对称。

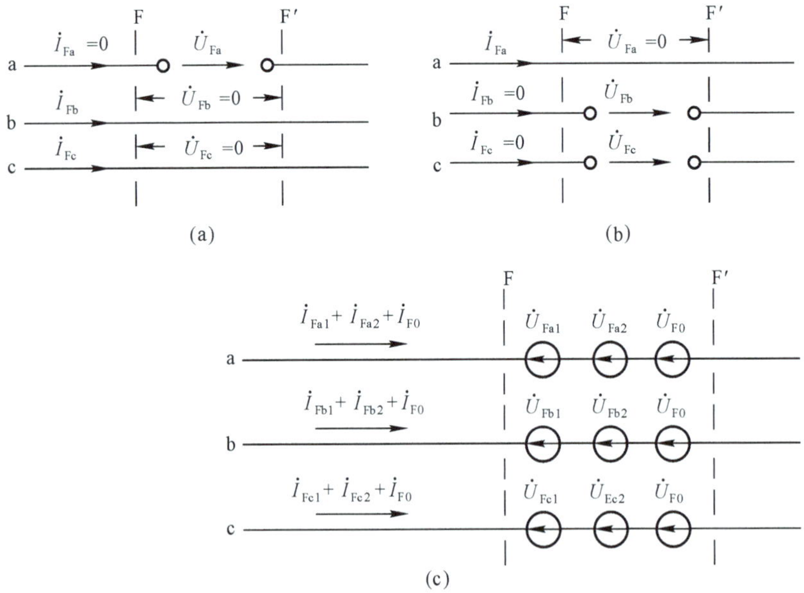

(a)

(b)

(c)

图 6.78 一相和两相断开示意

断口处三相不对称的电压,可以分解为正序、负序和零序电压分量,并用理想的电压源代替,如图 6.78(c)所示。由于系统其他地方参数都是三相对称的,所以可以像处理不对称短路一样,应用叠加原理作出正序、负序和零序网络,如图 6.79 所示。正序网络包含发电机电势,是有源一端口网络,可用戴维宁电势 E_F 和阻抗 Z_{F1} 等值,见图 6.79(a);负序和零序网络[见图 6.79(b)、(c)]都是无源单口网络,可以分别用阻抗 Z_{F2} 和 Z_{F0} 等值。

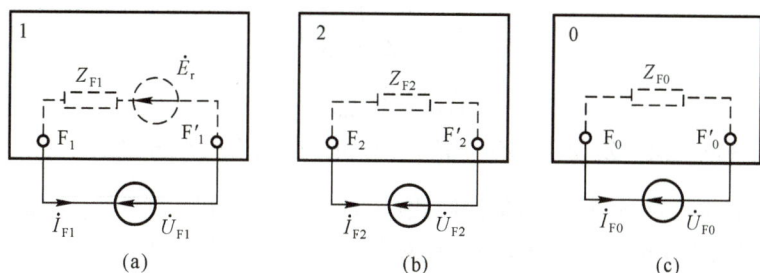

图 6.79 非全相运行的正序(a)、负序(b)和零序(c)网络

各序网络的方程可表示为

$$\left.\begin{array}{l} \dot{U}_{F1} = \dot{E}_F - Z_{F1}\,\dot{I}_{F1} \\[2mm] \dot{U}_{F2} = -Z_{F2}\,\dot{I}_{F2} \\[2mm] \dot{U}_{F0} = -Z_{F0}\,\dot{I}_{F0} \end{array}\right\} \tag{6.190}$$

根据断口的边界条件,还可列出三个方程,与上式联立求解,就可得到断口电压和电流的各序分量。

一相(a 相)开断和两相(b、c 相)开断[见图 6.78(a)、(b)]的边界条件见表 6.8,其中对称分量是以特殊相 a 相为基准。根据边界条件作出的复合序网见图 6.80。

表 6.8 非全相开断的边界条件

	实际电流、电压关系	各序电流关系	各序电压关系
一相开断	$\dot{I}_{Fa}=0$, $\dot{U}_{Fb}=\dot{U}_{Fc}=0$	$\dot{I}_{F1}+\dot{I}_{F2}+\dot{I}_{F0}=0$	$\dot{U}_{F1}=\dot{U}_{F2}=\dot{U}_{F0}$
两相开断	$\dot{I}_{Fb}=\dot{I}_{Fc}=0$, $\dot{U}_{Fa}=0$	$\dot{I}_{F1}=\dot{I}_{F2}=\dot{I}_{F0}$	$\dot{U}_{F1}+\dot{U}_{F2}+\dot{U}_{F0}=0$

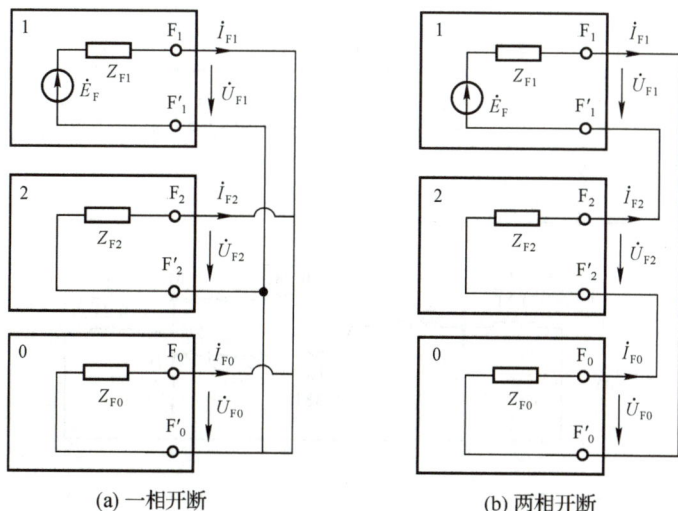

(a) 一相开断   (b) 两相开断

图 6.80 非全相开断的复合序网

由复合序网可得：

$$\dot{I}_{F1} = \frac{\dot{E}_F}{Z_{F1} + \Delta Z} \tag{6.191}$$

$$\dot{U}_{F1} = \dot{I}_{F1} \Delta Z \tag{6.192}$$

对于一相开断，$\Delta Z = Z_{F2} Z_{F0}/(Z_{F2} + Z_{F0})$；两相开断，$\Delta Z = Z_{F2} + Z_{F0}$。

$\dot{I}_{F1}$ 和 $\dot{U}_{F1}$ 确定后，就可从边界条件和式(6.190)或复合序网求得负、零序电流和电压，进而计算各序网络中的电流和电压分布，以及各处的三相电流和电压。也可以应用图 6.81 的正序增广网络计算任意支路的正序电流和各节点的正序电压。

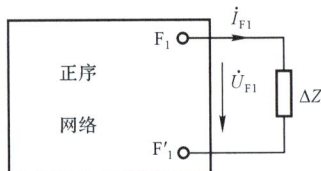

图 6.81 非全相运行的正序增广网络

【例 6.18】 例 6.14 的电力系统[重画于图 6.82 (a)]，设双回路架空线之一的末端发生非全相开断。试分别计算一相开断和两相开断瞬间，故障线路各相电流和线路末端母线 M 的各相电压。已知发电机次暂态电势 $E'' = 11\text{kV}$；双回路架空线不考虑回路间零序互感时，$x_0 = 2x_1$，计及零序互感时，$x'_0 = 3x_1$；其他参数见例 6.14。

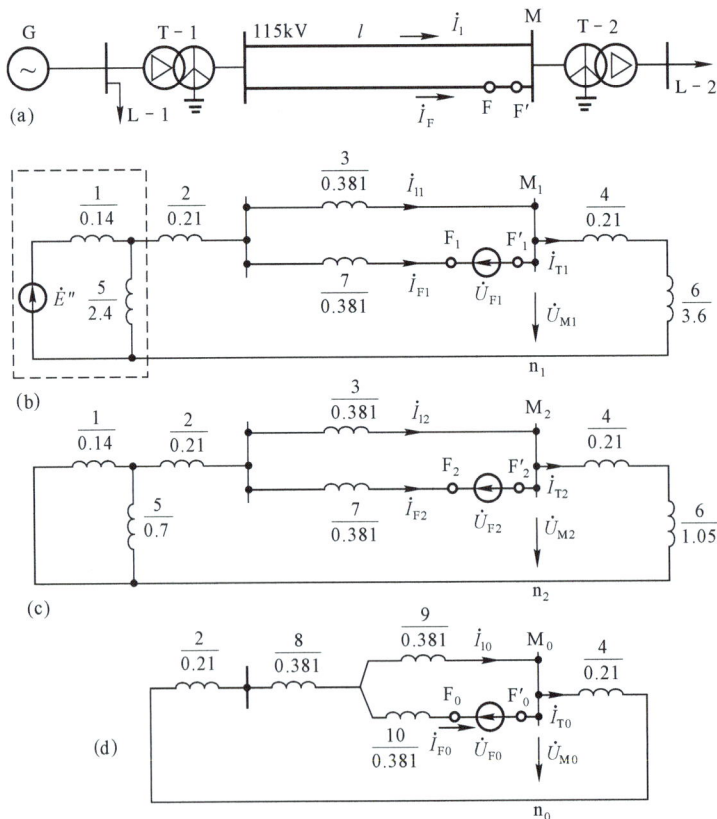

图 6.82 例 6.18 的系统和各序网络

【解】　基准值同例 6.14(S_B＝120MVA，U_B＝平均额定电压)。

作正序网络见图 6.82(b)，各元件电抗标么值同例 6.14。正序网络的等值电势 $\dot{E}_F$ 等于断口 F_1-F'_1 开路时的电压，即 F_1-F'_1 开路时，电抗 x_3 上的电压降。

发电机 E'' 的标么值：E''＝11/10.5＝1.05，取 $\dot{E}''$＝1.05∠0°。图 6.82(b)中虚线框内(即发电机支路和支路 5)用等值电势 $\dot{E}_{eq}$ 和 x_{eq} 表示，即

$$\dot{E}_{eq}=\frac{\dot{E}''x_5}{x_1+x_5}=\frac{1.05\times2.4}{0.14+2.4}=0.992$$

$$x_{eq}=x_1 /\!/ x_5=0.132$$

正序网络戴维宁等值电势：

$$\dot{E}_F=\frac{\dot{E}_{eq}}{x_{eq}+x_2+x_3+x_4+x_6}x_3=0.0834$$

等值电抗：

$$x_{F1}=\left[(x_{eq}+x_2+x_4+x_6) /\!/ x_3\right]+x_7=0.73$$

负序网络见图 6.82(c)，端口 F_2-F'_2 的等值电抗：

$$x_{F2}=\{\left[(x_1 /\!/ x_5)+x_2+x_4+x_6\right] /\!/ x_3\}+x_7=0.688$$

零序网络见图 6.82(d)，其中，双回线路 $x_0=2x_1=2\times0.4=0.8(\Omega/km)$，$x'_0=3x_1=3\times0.4=1.2(\Omega/km)$，两回路间零序互感抗 $x_{\text{Ⅰ-Ⅱ}0}=x'_0-x_0=0.4(\Omega/km)$。

各回路零序漏抗　$x_{\sigma0}=x_0-x_{\text{Ⅰ-Ⅱ}0}=0.8-0.4=0.4(\Omega/km)$

双回路零序等值电路中，

$$x_8=x_{\text{Ⅰ-Ⅱ}0}\times105\times\frac{S_B}{U_B^2}=0.4\times105\times\frac{120}{115^2}=0.381$$

$$x_9=x_{10}=x_{\sigma0}\times105\times\frac{120}{115^2}=0.381$$

端口 F_0-F'_0 的等值电抗：

$$x_{F0}=\left[(x_2+x_8+x_4) /\!/ x_9\right]+x_{10}=0.639$$

(1)一相开断(a 相)

$$\Delta x=x_{F2} /\!/ x_{F0}=0.688 /\!/ 0.639=0.331$$

$$\dot{I}_{F1}=\frac{\dot{E}_F}{j(x_{D1}+\Delta x)}=\frac{0.0834}{j(0.73+0.331)}=-j0.0786$$

$$\dot{I}_{F2}=-\frac{\Delta x}{x_{D2}}\dot{I}_{F1}=-\frac{0.331}{0.688}(-j0.0786)=j0.0378$$

$$\dot{I}_{F0}=-\frac{\Delta x}{x_{D0}}\dot{I}_{F1}=-\frac{0.331}{0.639}(-j0.0786)=j0.0408$$

$$\dot{U}_{F1}=\dot{U}_{F2}=\dot{U}_{F0}=\dot{I}_{F1}\times(j\Delta x)=0.026$$

由正序网络求得：

$$\dot{I}_{l1}=\frac{\dot{U}_{F1}+jx_7\dot{I}_{F1}}{jx_3}=-j0.147$$

$$\dot I_{T1} = \dot I_{l1} + \dot I_{F1} = -j0.225$$

$$\dot U_{M1} = j(x_4 + x_6)\dot I_{T1} = 0.857$$

由负序网络求得：

$$\dot I_{l2} = \frac{\dot U_{F2} + jx_7 \dot I_{F2}}{jx_3} = -j0.0304$$

$$\dot I_{T2} = \dot I_{l2} + \dot I_{F2} = -j0.0074$$

$$\dot U_{M2} = j(x_4 + x_6)\dot I_{T2} = -0.0093$$

由零序网络求得：

$$\dot I_{l0} = \frac{\dot U_{F0} + jx_{10}\dot I_{F0}}{jx_9} = -j0.0274$$

$$\dot I_{T0} = \dot I_{l0} + \dot I_{F0} = j0.0134$$

$$\dot U_{M0} = jx_4 \dot I_{T0} = -0.0028$$

故障线路 b 相和 c 相电流为

$$\dot I_{Fb} = a^2 \dot I_{F1} + a \dot I_{F2} + \dot I_{F0}$$
$$= 0.0786\angle(240° - 90°) + 0.0378\angle(120° + 90°)$$
$$+ j0.0408 = 0.118\angle 148.7°$$

$$\dot I_{Fc} = 0.0786\angle(120° - 90°) + 0.0378\angle(240° + 90°)$$
$$+ j0.0408 = 0.118\angle 31.3°$$

母线 M 各相电压为

$$\dot U_{Ma} = \dot U_{M1} + \dot U_{M2} + \dot U_{M0} = 0.857 - 0.0093 - 0.0028 = 0.845$$

$$\dot U_{Mb} = 0.857\angle 240° - 0.0093\angle 120° - 0.0028 = 0.863\angle -119.6°$$

$$\dot U_{Mc} = 0.857\angle 120° - 0.0093\angle 240° - 0.0028 = 0.863\angle 119.6°$$

（2）两相开断（b、c 两相）

正序电流和电压改用正序增广网络（见图 6.83）计算。图中 $\Delta x = x_{F2} + x_{F0} = 0.688 + 0.639$
$= 1.327$。虚线框中支路 1 和 5 用串联的 $\dot E_{eq}$ 和 x_{eq} 代替，前已求得 $\dot E_{eq} = 0.992$，$x_{eq} = 0.132$。

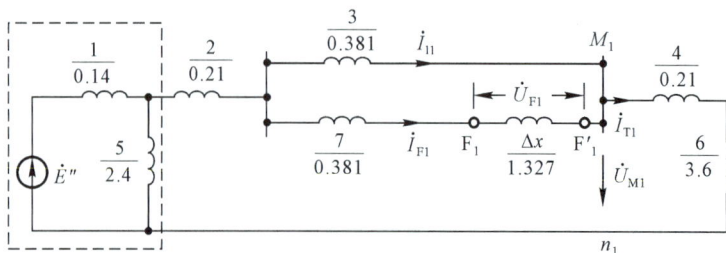

图 6.83　例 6.18 的正序增广网络

$$\dot{I}_{T1} = \frac{\dot{E}_{eq}}{j\{x_{eq} + x_2 + [x_3 // (x_7 + \Delta x)] + x_4 + x_6\}} = \frac{0.992}{j4.46} = -j0.222$$

$$\dot{I}_{F1} = \frac{x_3}{x_3 + x_7 + \Delta x} \dot{I}_{T1} = -j0.041$$

$$\dot{U}_{M1} = j(x_4 + x_6) \dot{I}_{T1} = 0.846$$

根据边界条件：$\dot{I}_{F1} = \dot{I}_{F2} = \dot{I}_{F0} = -j0.041$。而

$$\dot{U}_{F2} = -jx_{F2} \dot{I}_{F2} = -j0.688 \times (-j0.041) = -0.028$$

$$\dot{U}_{F0} = -jx_{F0} \dot{I}_{F0} = -j0.639 \times (-j0.041) = -0.026$$

由负序网络[见图 6.82(c)]求得：

$$\dot{I}_{l2} = \frac{\dot{U}_{F2} + jx_7 \dot{I}_{F2}}{jx_3} = j0.033$$

$$\dot{I}_{T2} = \dot{I}_{F2} + \dot{I}_{l2} = -j0.041 + j0.033 = -j0.008$$

$$\dot{U}_{M2} = j(x_4 + x_6) \dot{I}_{T2} = 0.0101$$

由零序网络[见图 6.82(d)]求得：

$$\dot{I}_{l0} = \frac{\dot{U}_{F0} + jx_{10} \dot{I}_{F0}}{jx_9} = j0.027$$

$$\dot{I}_{T0} = \dot{I}_{F0} + \dot{I}_{l0} = -j0.041 + j0.027 = -j0.014$$

$$\dot{U}_{M0} = jx_4 \dot{I}_{T0} = j0.21 \times (-j0.014) = 0.0029$$

故障线路电流为

$$\dot{I}_{Fa} = \dot{I}_{F1} + \dot{I}_{F2} + \dot{I}_{F0} = 3\dot{I}_{F1} = -j0.041 \times 3 = -j0.123$$

$$I_{Fb} = I_{Fc} = 0$$

母线 M 各相电压为

$$\dot{U}_{Ma} = \dot{U}_{M1} + \dot{U}_{M2} + \dot{U}_{M0} = 0.846 + 0.0101 + 0.0029 = 0.859$$

$$\dot{U}_{Mb} = 0.846\angle 240° + 0.0101\angle 120° + 0.0029 = 0.84\angle -120.4°$$

$$\dot{U}_{Mc} = 0.846\angle 120° + 0.0101\angle 240° + 0.0029 = 0.84\angle 120.4°$$

6.8 电力系统复杂故障分析概述

电力系统中两处或两处以上地点同时发生故障称为多重故障或复杂故障,它的分析方法也是以对称分量法和叠加原理为基础。现以双重故障为例,说明分析的基本方法。

图 6.84 表示电力系统在 D 点发生不对称短路，同时在 F 处发生非全相开断的情况。

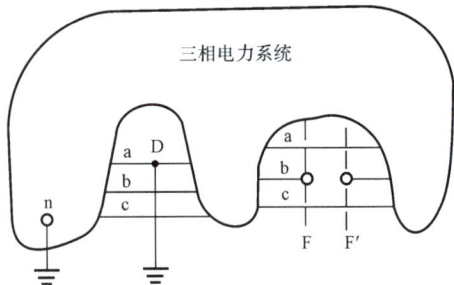

图 6.84　双重故障示意

和简单不对称故障一样，也可用正序、负序和零序网络分别求解三序电流和电压分量，不同之处是，各序网络都有两个端口，如图 6.85 所示。正序网络含有全部发电机的电势，是有源的双口网络，负序和零序网络则都是无源的双口网络。各序网络可用 Y 参数、Z 参数或 H（混合）参数表示的双口网络方程描述。例如，用 H 参数表示的各序网方程如下所列。

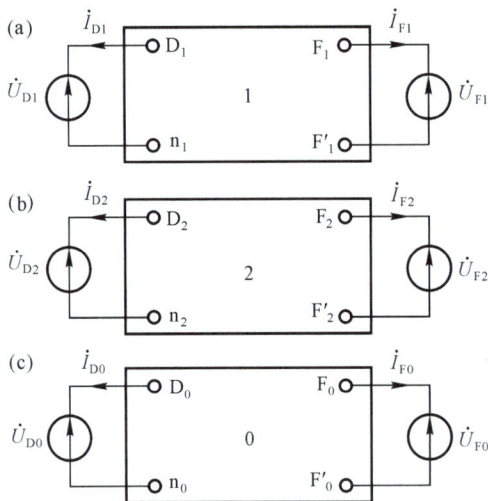

图 6.85　双重故障示意

正序网络方程：

$$\begin{bmatrix} \dot{U}_{D1} \\ \dot{I}_{F1} \end{bmatrix} = \begin{bmatrix} H_{11(1)} & H_{12(1)} \\ H_{21(1)} & H_{22(1)} \end{bmatrix} \begin{bmatrix} \dot{I}_{D1} \\ \dot{U}_{F1} \end{bmatrix} + \begin{bmatrix} \dot{U}_{D(0)} \\ \dot{I}_{F(0)} \end{bmatrix} \tag{6.193}$$

式中，$\dot{U}_{D(0)}$ 为端口 D_1-n_1 开路、端口 F_1-F_1' 短路时，端口 D_1-n_1 的开路电压；$\dot{I}_{F(0)}$ 为同样情况下端口 F_1-F_1' 的短路电流。它们就是正常运行时 D 点的相电压和流过 F 处的电流。

负序网络方程：

$$\begin{bmatrix} \dot{U}_{D2} \\ \dot{I}_{F2} \end{bmatrix} = \begin{bmatrix} H_{11(2)} & H_{12(2)} \\ H_{21(2)} & H_{22(2)} \end{bmatrix} \begin{bmatrix} \dot{I}_{D2} \\ \dot{U}_{F2} \end{bmatrix} \tag{6.194}$$

零序网络方程：

$$\begin{bmatrix} \dot{U}_{D0} \\ \dot{I}_{F0} \end{bmatrix} = \begin{bmatrix} H_{11(0)} & H_{12(0)} \\ H_{21(0)} & H_{22(0)} \end{bmatrix} \begin{bmatrix} \dot{I}_{D0} \\ \dot{U}_{F0} \end{bmatrix} \tag{6.195}$$

用 Y 参数或 Z 参数的双口网络方程在此不再列出。用何种参数表示，视解题方便而定。

另外，根据具体故障的边界条件还可列出 6 个方程。例如，设 D 点发生 a 相直接接地短路，F 处发生 b 相开断，以 a 相为基准的短路点边界条件为

$$\left. \begin{aligned} \dot{I}_{D1} &= \dot{I}_{D2} \\ \dot{I}_{D1} &= \dot{I}_{D0} \\ \dot{U}_{D1} + \dot{U}_{D2} + \dot{U}_{D0} &= 0 \end{aligned} \right\} \tag{6.196}$$

以 a 相为基准的 F 处 b 相开断的边界条件为

$$\dot{I}_{Fb} = a^2 \dot{I}_{F1} + a\dot{I}_{F2} + \dot{I}_{F0} = 0$$

$$\dot{U}_{Fa} = \dot{U}_{F1} + \dot{U}_{F2} + \dot{U}_{F0} = 0$$

$$\dot{U}_{Fc} = a \dot{U}_{F1} + a^2 \dot{U}_{F2} + \dot{U}_{F0} = 0$$

经简单推导可得：

$$\left. \begin{aligned} a^2 \dot{I}_{F1} + a\dot{I}_{F2} + \dot{I}_{F0} &= 0 \\ a^2 \dot{U}_{F1} &= \dot{U}_{F0} \\ a \dot{U}_{F2} &= \dot{U}_{F0} \end{aligned} \right\} \tag{6.197}$$

因为一个三相网络只能指定某一相为基准，所以上式边界条件出现复数系数 a 和 a^2。式(6.193)至(6.197)12 个方程联立求解即可得到 12 个变量。至于具体求解的技巧以及各序网络参数的计算，这里不作讨论。

复杂故障也可以应用复合序网进行分析计算。例如，D 点 a 相短路，F 处 b 相开断的情况，根据边界条件式(6.196)和(6.197)可作出如图 6.86 所示的复合序网。图中 F-F′ 侧采用变比为 $1：a$ 和 $1：a^2$ 的理想移相变压器，是为了满足边界条件式(6.197)；而 D-n 侧采用 1：1 的理想变压器，是为了保证各序网络端口 D 点流出的电流与流入 n 点的电流相等。

关于其他不同故障组合的情况，这里就不一一加以讨论了。

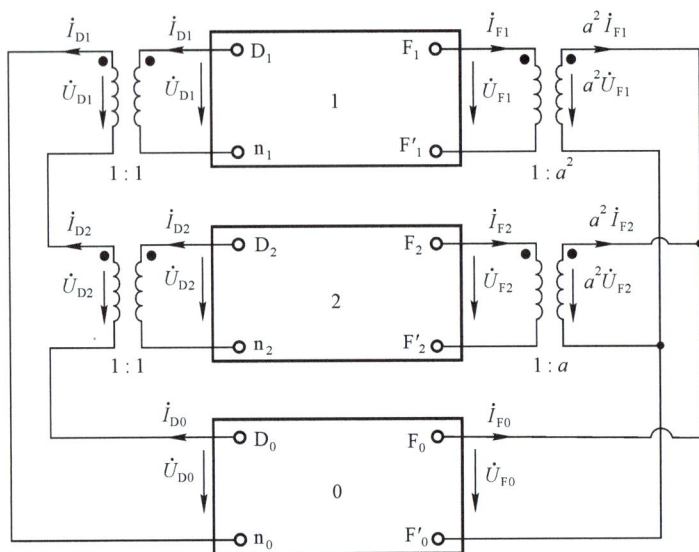

图 6.86　a 相接地短路及另一处 b 相开断的复合序网

本章习题

第 6 章习题及解析

第7章
电力系统稳定性

7.1 动态系统稳定性的基本概念

在学习电力系统稳定性之前，我们先学习一般动态系统稳定性的基本概念。稳定性是控制系统最重要的特性之一。系统只有在稳定的前提下，才能正常工作。任何一个动态系统，不管是物理系统，还是社会系统、经济系统，只有在稳定的前提下，才能进一步对其他性能指标提出要求。

李雅普诺夫奠定了动态系统稳定性的理论基础。1892年，俄国数学力学家李雅普诺夫在他的博士论文《运动稳定性的一般问题》中，给出了动态系统运动稳定性的严格的、精确的数学定义和一般方法。李雅普诺夫稳定性理论是研究系统稳定性的普遍方法，对线性系统和非线性系统都适用。李雅普诺夫首次提出系统的稳定性是相对系统的平衡状态而言的。对于线性系统，我们并不严格区分是系统稳定还是系统在哪个平衡状态稳定，这是由于线性系统通常只有一个平衡状态，如果系统在这个平衡状态是稳定的，那么这个系统就是稳定的。而对于非线性系统，通常有多个平衡状态。同一个非线性系统，在某个平衡状态是稳定的，在另一个平衡状态可能就是不稳定的。

所谓系统的平衡状态是指，对于一个不受外力作用的系统，则有

$$\dot{\boldsymbol{x}} = \boldsymbol{f}(\boldsymbol{x}, t), \boldsymbol{x}(t_0) = \boldsymbol{x}_0, t \geqslant t_0 \tag{7.1}$$

如果存在某个状态 $\boldsymbol{x}_e$，使得 $\dot{\boldsymbol{x}}_e = \boldsymbol{f}(\boldsymbol{x}_e, t) = \boldsymbol{0}$，在 $\forall t \geqslant t_0$ 时成立，则称 $\boldsymbol{x}_e$ 为系统的一个平衡状态。系统的状态对时间的导数等于零，即系统状态方程右侧的函数向量等于零，表明系统的平衡状态指的是系统不随时间变化的状态。需要注意的是，平衡状态不是静止状态，而是以某个常数匀速运动的状态。

对于一个不受外力作用的线性定常系统，其状态方程可表示为

$$\dot{\boldsymbol{x}} = \boldsymbol{A}\boldsymbol{x}, \boldsymbol{x}(t_0) = \boldsymbol{x}_0, t \geqslant t_0 \tag{7.2}$$

系统的平衡状态就是齐次代数方程：

$$\boldsymbol{A}\boldsymbol{x} = \boldsymbol{0} \tag{7.3}$$

的解。由齐次代数方程解的性质，当系统矩阵 $\boldsymbol{A}$ 非奇异时，则系统只有唯一的一个平衡状态 $\boldsymbol{x}_e = \boldsymbol{0}$；而当系统矩阵 $\boldsymbol{A}$ 奇异时，则存在无穷多个平衡状态。通常系统的系统矩阵是非奇异的，也就是说线性系统通常只存在一个平衡状态。

对于非线性系统通常存在多个平衡状态。例如，对于非线性系统，则有

$$\begin{cases} \dot{x}_1 = -x_1 \\ \dot{x}_2 = x_1 + x_2 - x_2^3 \end{cases}$$

其平衡状态为方程 $\begin{cases} -x_1 = 0 \\ x_1 + x_2 - x_2^3 = 0 \end{cases}$ 的解。求解非线性代数方程，可以得到系统有三个平衡状态：

$$\boldsymbol{x}_{e_1} = \begin{bmatrix} 0 \\ 0 \end{bmatrix}, \boldsymbol{x}_{e_2} = \begin{bmatrix} 0 \\ 1 \end{bmatrix}, \boldsymbol{x}_{e_3} = \begin{bmatrix} 0 \\ -1 \end{bmatrix},$$

这三个平衡状态是彼此孤立的，即在某一个平衡状态的任意小的领域内都不存在其他的平衡状态，我们把这样的平衡状态称为孤立平衡状态。

在电力系统分析中，我们通常把平衡状态称为系统的稳态运行方式。例如，我们称电力系统运行在"夏大方式"，指的是系统运行在夏季高峰负荷下的一个平衡状态。

李雅普诺夫稳定性理论针对的是自治系统（不受外力作用的系统），在孤立平衡状态的稳定性（见图7.1）。李雅普诺夫给出了系统稳定性的四个定义。

图 7.1　系统的孤立平衡状态

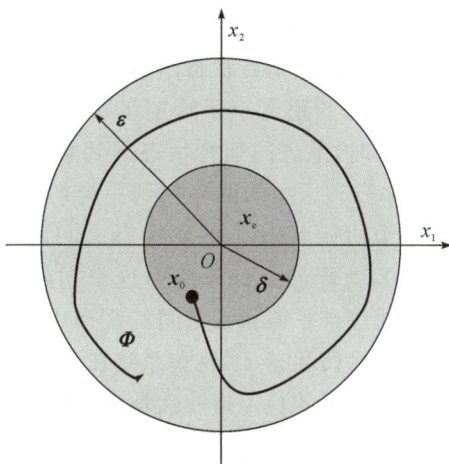

1. 李雅普诺夫意义下的稳定

若式(7.1)描述的系统，对任意选定的实数 $\varepsilon > 0$，都存在另一实数 $\delta(\varepsilon, t_0) > 0$，使得由满足不等式

$$\| \boldsymbol{x}_0 - \boldsymbol{x}_e \| < \delta(\varepsilon, t_0) \qquad (7.4)$$

的任一初始状态出发的受扰运动都满足不等式

$$\| \boldsymbol{\Phi}(t; \boldsymbol{x}_0, t_0) - \boldsymbol{x}_e \| < \varepsilon, t \geqslant t_0 \qquad (7.5)$$

则称孤立平衡状态 $\boldsymbol{x}_e$ 为李雅普诺夫意义下的稳定状态（见图7.2）。若 δ 的取值与 t_0 无关，则称这个孤立平衡状态是一致稳定的。

式(7.4)中的距离范数 $\| \boldsymbol{x}_0 - \boldsymbol{x}_e \|$ 表示系统初始状态 $\boldsymbol{x}_0$ 与平衡状态之间的距离；式(7.5)中 $\boldsymbol{\Phi}(t; \boldsymbol{x}_0, t_0)$ 表示系统在初始状态作用下的运动轨迹。

图 7.2　李雅普诺夫意义下的稳定

李雅普诺夫意义下的稳定指的是能否找到一个初始状态 $\boldsymbol{x}_0$，使系统在这个初始状态作用下的运动轨迹与平衡状态之间的距离小于给定实数 ε。如果能够找到一个初始状态 $\boldsymbol{x}_0$，只要这个初始状态与平衡状态之间的距离小于 $\delta(\varepsilon, t_0)$，就能够保证系统由这个初始状态出发的运动轨迹与平衡状态之间的距离小于 ε，我们就称系统在孤立平衡状态 $\boldsymbol{x}_e$ 是李雅普诺夫意义下的稳定。通常情况下，ε 越小，δ 也越小。

例如，对于运行在某个平衡状态 $\boldsymbol{x}_e$ 下的电力系统，某条输电线路发生短路故障，此时，相当于给系统一个很大的扰动，整个系统中的发电机有的加速、有的减速，即系统的运行状态偏离了平衡状态。若故障不切除，系统运行状态与平衡状态之间的距离就会越来越远；当保护动作，故障切除，并且假定自动重合闸重合成功，此时，系统的接线方式又恢复到故障前的情形，外界扰动也已消失，但是系统的运行状态已偏离了平衡状态。我们把自动重合闸重合成功的时刻定义为 t_0 时刻，t_0 时刻系统的运行状态定义为初始状态 $\boldsymbol{x}_0$。若系统在初始状态 $\boldsymbol{x}_0$ 作用下的运动轨迹与平衡状态之间的距离小于某个给定的值，如系统中任意两台发电机之间的最大相对摇摆角小于 $180°$，我们就称这个电力系统在平衡状态 $\boldsymbol{x}_e$ 是李雅普

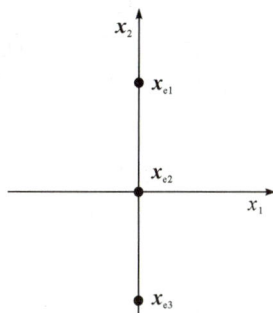

诺夫意义下的稳定。

李雅普诺夫意义下的稳定并没有要求系统的运动轨迹最终回到系统的平衡状态，而是只要运动轨迹与平衡状态之间的距离小于给定实数 ε，就认为是李雅普诺夫意义下的稳定。例如，电力系统中可能出现低频振荡和次同步振荡，都是李雅普诺夫意义下的稳定。而在工程中，认为这两种振荡形式都是不稳定的。因此，在李雅普诺夫意义下的稳定的基础上又给出了渐近稳定的定义。

2. 渐近稳定

若方程式(7.1)描述的系统，在孤立平衡状态 x_e 是李雅普诺夫意义下的稳定状态，且满足

$$\lim_{t \to \infty} \| \boldsymbol{\Phi}(t; \boldsymbol{x}_0, t_0) - \boldsymbol{x}_e \| = 0 \qquad (7.6)$$

则称系统在孤立平衡状态 x_e 为渐近稳定的。

渐近稳定指的是能否找到一个初始状态 x_0，使系统在这个初始状态作用下的运动轨迹与平衡状态之间的距离小于给定实数 ε，并且当时间趋于无穷时，系统的运行状态回到系统的平衡状态（见图 7.3）。如果能够找到一个初始状态 x_0，只要这个初始状态与平衡状态之间的距离小于 $\delta(\varepsilon, t_0)$，就能够保证系统由这个初始状态出发的运动轨迹与平衡状态之间的距离小于 ε，并且系统的运行状态最终回到平衡状态 x_e，则称系统在孤立平衡状态 x_e 是渐近稳定的。工程意义下的稳定指的就是渐近稳定。

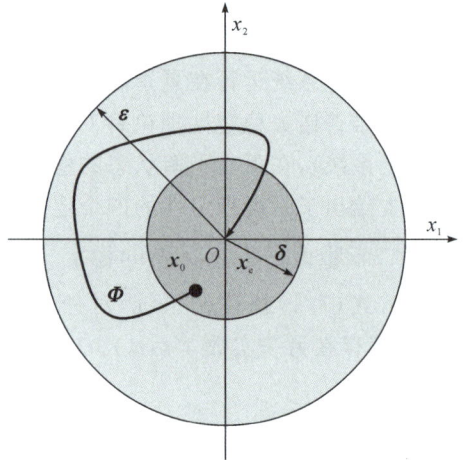

图 7.3 渐近稳定

3. 大范围渐近稳定

若方程式(7.1)描述的系统，在孤立平衡状态 x_e 是李雅普诺夫意义下的稳定状态，且对系统的任一非平衡初始状态均满足

$$\lim_{t \to \infty} \| \boldsymbol{\Phi}(t; \boldsymbol{x}_0, t_0) - \boldsymbol{x}_e \| = 0$$

则称系统在孤立平衡状态 x_e 为大范围渐近稳定的（见图 7.4）。

大范围渐近稳定指的是不管初始状态与平衡状态之间的距离有多远，系统的运动轨迹最终都会回到平衡状态。

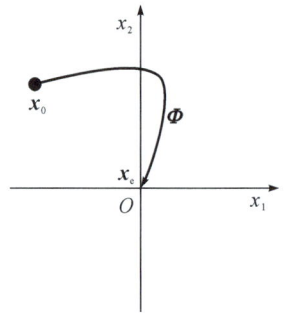

图 7.4 大范围渐近稳定

4. 不稳定

若一个由方程式(7.1)描述的不受外力作用的系统（自治系统），对于不管取多大的有限实数 ε>0，都不可能找到相应的实数 $\delta(\varepsilon, t_0)>0$，使得由满足不等式：

$$\| \boldsymbol{x}_0 - \boldsymbol{x}_e \| < \delta(\varepsilon, t_0)$$

的任一初始状态出发的受扰运动满足不等式：

$$\| \boldsymbol{\Phi}(t; \boldsymbol{x}_0, t_0) - \boldsymbol{x}_e \| < \varepsilon, t \geq t_0$$

则称系统在孤立平衡状态 x_e 是不稳定的。

不稳定指的是只要系统的运行状态偏离了平衡状态，不管偏离多小，系统的运动轨迹与平衡状态之间的距离都会大于给定的非常大的有限实数 ε（见图 7.5）。

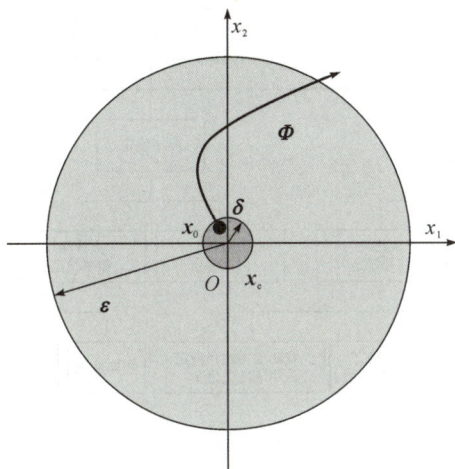

图 7.5　不稳定

7.2　电力系统稳定性概述

一个动态物理系统在数学上一般可以用如下形式的微分−代数方程组来描述：

$$\left.\begin{aligned}\frac{\mathrm{d}\boldsymbol{x}}{\mathrm{d}t}&=\boldsymbol{f}(\boldsymbol{x},\boldsymbol{y})\\0&=\boldsymbol{g}(\boldsymbol{x},\boldsymbol{y})\end{aligned}\right\}\tag{7.7}$$

式中，$\boldsymbol{x}$ 代表描述系统动态特性的状态向量，$\boldsymbol{y}$ 代表系统的非状态变量（或运行变量）向量。系统的平衡状态，是指存在 $\boldsymbol{x}_\mathrm{e}$ 和 $\boldsymbol{y}_\mathrm{e}$，使

$$\left.\begin{aligned}\frac{\mathrm{d}\boldsymbol{x}}{\mathrm{d}t}&=f(\boldsymbol{x}_\mathrm{e},\boldsymbol{y}_\mathrm{e})=0\\0&=\boldsymbol{g}(\boldsymbol{x},\boldsymbol{y})\end{aligned}\right\}\tag{7.8}$$

式(7.8)成立，意味着系统在平衡状态的状态变量和运行变量均不随时间变化而变化。

电力系统是典型的大规模、非线性、时变动态系统。一般取发电机功角 δ、转速 ω 等为状态变量 $\boldsymbol{x}$，网络节点电压 U、有功功率 P 和无功功率 Q 或节点注入电流 I 等非状态变量为运行变量 $\boldsymbol{y}$。电力系统稳定性是系统受到扰动后保持稳定运行的能力。电力系统稳定分析就是研究这样一个大规模非线性微分−代数方程组所描述的系统。在给定的平衡状态下，受到物理扰动后，系统能够重新获得运行平衡点，即系统内所有运行发电机保持同步运行，系统中枢点电压保持在允许范围内的能力。

中华人民共和国国家标准《电力系统安全稳定导则》(GB 38755—2019)根据电力系统失稳的物理特性、受扰动的大小及其研究稳定问题应考虑的设备、过程和时间框架，将电力系统稳定性分为功角稳定、频率稳定和电压稳定三大类以及众多子类，如图 7.6 所示。

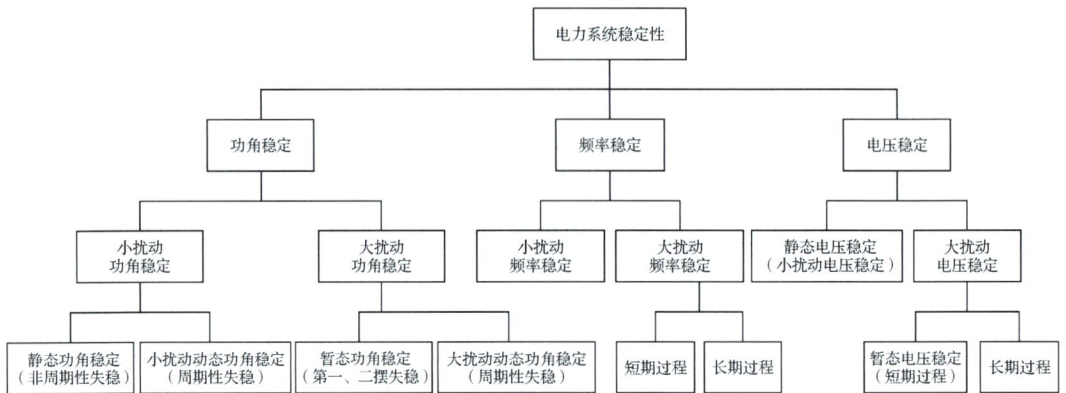

图 7.6　电力系统稳定性分类

1.功角稳定

功角稳定指的是同步互联电力系统中的同步发电机受到扰动后保持同步运行的能力。同步运行是指所有并联运行的发电机都以相同的电角速度同步旋转。

在稳态运行时,施加在每台发电机转子上的机械功率等于发电机输出的电磁功率,系统中所有发电机保持同步匀速旋转。当系统受到扰动后,施加在发电机转子上的机械转矩与电磁转矩产生不平衡,有些发电机组加速,有些发电机组减速。

现以图 7.7 的单机无穷大系统为例,分析系统中的发电机转速不同步,对系统运行会造成什么样的影响。

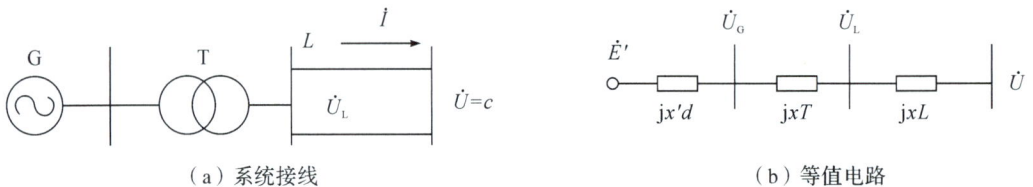

（a）系统接线　　　　　　　　　　　　　　（b）等值电路

图 7.7　简单电力系统

如图 7.7 所示,简单电力系统为一台发电机经变压器和输电线路接至无穷大电源母线,发电机采用 E'_q 恒定模型。图 7.8、图 7.9 分别为系统稳态和暂态运行的相量图。图中,dq

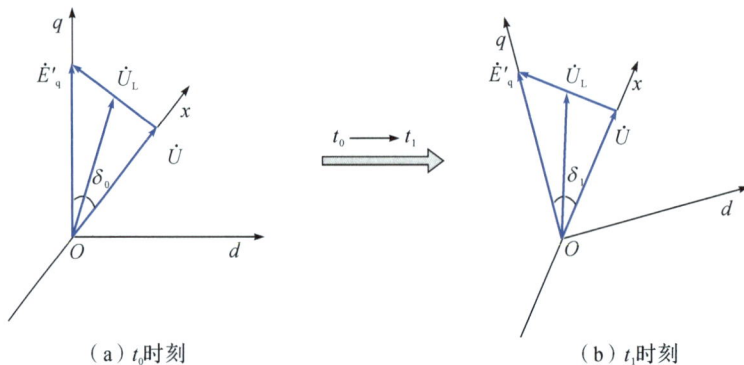

（a）t_0 时刻　　　　　　　　　　　　　　（b）t_1 时刻

图 7.8　稳态运行相量图

坐标为同步发电机各变量的参考坐标系,电力系统中每台发电机均有各自独立的 dq 坐标系,发电机内电势 $\dot{E}'_q$ 的相位与坐标系的 q 轴相位相同。每台发电机 dq 坐标系的旋转速度与转子的电气转速相同。xy 为系统各变量的参考坐标系,不论系统是稳态运行,还是暂态运行,xy 坐标系始终以系统的同步频率匀速旋转。无穷大母线电压 $\dot{U}$ 的相位与参考坐标系 x 轴的相位相同。

稳态运行时,dq 坐标系与 xy 坐标系均以系统的额定频率匀速旋转。从 t_0 到 t_1 时刻 dq 坐标系与 xy 坐标系转过的角度是相同的,发电机内电势 $\dot{E}'_q$ 与无穷大母线电压 $\dot{U}$ 的相位差保持不变,输电线路母线电压 $\dot{U}_L$ 等系统各运行变量的幅值保持恒定。

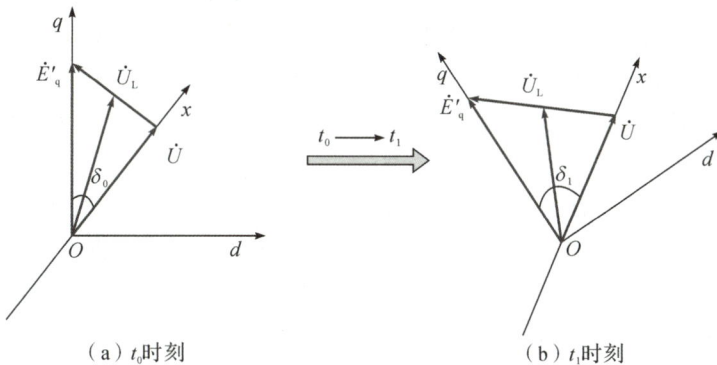

图 7.9　暂态运行相量图

当系统受到大的扰动,发电机的转速将发生变化,即 dq 坐标系的转速与 xy 坐标系的转速不一致,发电机内电势 $\dot{E}'_q$ 与无穷大母线电压 $\dot{U}$ 的相角差 δ(功角)将不断变化。输电线路母线电压、输送功率等系统各运行变量也不断变化、振荡,以致系统不能正常工作。

根据受到扰动的大小以及导致功角不稳定的主导因素不同(同步转矩不足和阻尼转矩不足),又将功角稳定分为以下 3 个子类:静态功角稳定、暂态功角稳定和动态功角稳定。

静态功角稳定在实际运行分析中,是指系统受到小扰动后,不发生非周期性失步,自动恢复到起始状态的能力,其物理特性是指与同步力矩相关的小干扰动态稳定性。主要用以分析系统正常运行和事故后运行方式下的静态稳定储备情况。

暂态功角稳定主要指系统受到大扰动后,各同步发电机保持同步运行并过渡到新的或恢复到原来稳态运行方式的能力。通常只保持第一、第二摇摆不失步的功角稳定性,用以确定系统暂态稳定极限和稳定措施,其物理特性是指与同步力矩相关的暂态稳定性。

动态功角稳定是指系统受到小扰动或大扰动后,在自动调节和控制装置的作用下,保持长过程功角稳定的能力。动态功角稳定根据扰动量的大小,又可分为小扰动动态功角稳定和大扰动动态功角稳定。

小干扰动态功角稳定是指系统受到小扰动后,在自动调节和控制装置的作用下,不发生发散振荡或持续振荡,保持功角稳定的能力。其物理特性是指与阻尼力矩相关的小干扰动态稳定性。它主要用于分析系统正常运行和事故后运行方式下的阻尼特性。

大干扰动态功角稳定主要指系统受到大扰动后,在自动调节和控制装置的作用下,保持长过程功角稳定的能力,其物理特性是指与阻尼力矩相关的大干扰动态稳定性。它主要用于分析系统暂态稳定后的动态稳定性,在计算分析中必须考虑详细的动态元件和控制装置的模型,如励磁系统及其附加控制、原动机调速器、电力电子装置等。

2. 电压稳定

电压稳定是指电力系统受到小扰动或大扰动后,系统电压能够保持或恢复到允许的范围内,不发生电压崩溃的能力。根据受到扰动的大小,电压稳定又可分为静态电压稳定和暂态电压稳定。

静态电压稳定是指系统受到小扰动后,系统所有母线保持稳定电压的能力。它主要用于分析系统正常运行和事故后运行方式下的电压静态稳定储备情况。

暂态电压稳定是指系统受到大扰动后,系统所有母线保持稳定电压的能力。暂态电压稳定主要用于分析系统受到大扰动后的暂态和动态过程中,负荷母线电压能否恢复到规定的电压水平上。在分析详细暂态电压稳定时,模型中应包括负荷特性、无功补偿装置动态特性、带负荷自动调压变压器的分接头动态特性、发电机定子和转子过流和低励限制、发电机强励定子特性等。

电压不稳定现象并不总是孤立地发生。功角不稳定与电压不稳定常常交织在一起发生,一般情况下,其中一种占据主导地位,但并不容易区分。然而,功角稳定和电压稳定的区分,对于充分了解系统的稳定特性和不稳定的原因,进而合理安排系统的运行方式、制定稳定控制策略、规划电网结构都是非常重要的。

3. 频率稳定

频率稳定是指电力系统受到小扰动或大扰动后,系统频率能够保持或恢复到允许范围内,不发生频率崩溃的能力。它主要用于研究系统的旋转备用容量,以及较大的有功功率扰动造成系统频率大范围波动时的低频减载、高周切机等频率稳定控制策略。

为了保证电力系统能够安全稳定的运行,在系统规划、设计和运行过程中都需要进行各种类型的稳定计算分析。电力系统稳定计算的目的在于确定系统受到各种不同的预想扰动后,各发电机组是否能维持同步运行,电压和频率能否恢复到允许范围内,分析影响电力系统稳定的各种因素,并在此基础上研究提高电力系统稳定性的措施。即当稳定性不满足规定要求时,若在规划设计阶段,则需修改规划设计;若在运行方式安排时,则需进行安全稳定预防控制及紧急控制策略的计算,调整系统运行方式或提出紧急控制措施。另外,在系统发生稳定性破坏事故以后,往往需要通过稳定计算进行事故分析,找出稳定被破坏的原因,并研究相应的对策。电力系统稳定的计算、分析和控制是电力系统必须解决的关键问题。

电力系统稳定分析的方法根据干扰的大小而异。

对于小干扰,将式(7.7)在平衡点线性化,得到 Δx 的一阶线性微分方程组

$$\frac{\mathrm{d}\Delta x}{\mathrm{d}t} = A\Delta x \tag{7.9}$$

求解 A 矩阵的特征值,如果所有特征值的实部均位于根的左半平面,则系统就是小干扰稳定的。这就是小干扰法,也称小信号法,或小振荡法。

对于大干扰,由于不能进行线性化,所以一般采用数值积分(如欧拉法、隐式梯形积

分法)的时域分析方法,将计算结果绘出运行参数(如功角 δ)对时间的曲线,用以判断稳定性。

关于电力系统稳定分析的详细方法,本章将详细论述。

7.3 同步发电机的机电模型

本节介绍同步发电机组的转子运动方程和电磁功率表达式,至于调速系统和励磁调节系统模型,本书已分别在第 4 章和第 5 章作过论述。

▶▶▶ 7.3.1 同步发电机的转子运动方程

电力系统稳定问题主要是研究电力系统中同步发电机转子间的相对运动。这里将介绍发电机的转子运动方程,它是研究电力系统稳定问题的基础。

根据刚体旋转的牛顿第二定理,表示同步发电机组转子间的机械角加速度与作用在转子轴上的不平衡转矩之间关系的转子运动方程为

$$J\alpha = \Delta M \tag{7.10}$$

式中,J 为发电机及原动机转子的转动惯量,kg·m²;ΔM 为作用在转子上的不平衡转矩,是原动机的机械转矩 M_T 和发电机的电磁转矩 M_E 之差,N·m;α 为转子的机械角加速度($\alpha = d\Omega/dt$,rad/s²),Ω 为转子的机械角速度,rad/s。

由于在暂态稳定和静态稳定计算中需要计算各发电机转子间电的相对转速和相对角度,所以,对式(7.10)可作一些变换。

机械角速度 Ω 和电角速度 ω 有如下关系:

$$\Omega = \frac{\omega}{p} \tag{7.11}$$

式中,p 为同步电机转子磁极的极对数。

如图 7.10 所示的角度间的关系中,a 是空间静止的固定参考轴线,同步参考轴线是以同步角速度 ω_0 在空间旋转的轴线。转子 q 轴以角速度 ω 在空间旋转。

由图 7.10 可知,转子 q 轴与固定参考轴间的角

$$\theta = \int_0^t \omega dt + \theta_0$$

同步参考轴与固定参考轴间的角度 $\gamma = \omega_0 t + \gamma_0$

转子 q 轴与同步参考轴间的角度 $\delta = \theta - \gamma$

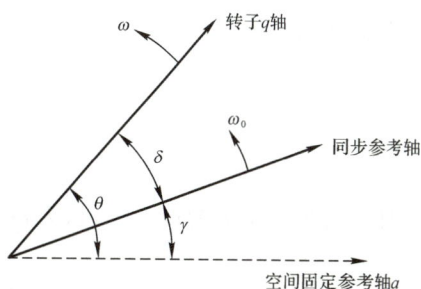

图 7.10 同步电机转子的相对角

所以

$$\theta = \delta + \gamma = \delta + \omega_0 t + \gamma_0$$

转子的电角速度

$$\omega = \frac{\mathrm{d}\theta}{\mathrm{d}t} = \frac{\mathrm{d}\delta}{\mathrm{d}t} + \omega_0 \tag{7.12}$$

即

$$\frac{\mathrm{d}\delta}{\mathrm{d}t} = \omega - \omega_0 \tag{7.13}$$

转子的电角加速度

$$\frac{\mathrm{d}\omega}{\mathrm{d}t} = \frac{\mathrm{d}\theta^2}{\mathrm{d}t} = \frac{\mathrm{d}\delta^2}{\mathrm{d}t} \tag{7.14}$$

这样,转子运动方程式(7.10)就可以改写为

$$J\alpha = J\frac{\mathrm{d}\Omega}{\mathrm{d}t} = J\frac{\mathrm{d}\omega}{p\,\mathrm{d}t} = J\frac{\mathrm{d}\delta^2}{p\,\mathrm{d}t} = \Delta M \tag{7.15}$$

取发电机额定矩阵 M_N 作为转矩的基准值 M_B:

$$M_\mathrm{B} = M_\mathrm{N} = \frac{S_\mathrm{N}}{\Omega_0} = \frac{S_\mathrm{N}}{\omega_0/p} = \frac{pS_\mathrm{N}}{\omega_0} \tag{7.16}$$

式中, S_N 为发电机额定容量,VA 或 N·m/s; p 为极对数。

用基准转矩 M_B 去除式(7.15)的两边得:

$$\frac{J\omega_0^2}{p^2 S_\mathrm{N}}\frac{1}{\omega_0}\frac{\mathrm{d}\delta^2}{\mathrm{d}t} = \frac{T_\mathrm{J}}{\omega_0}\frac{\mathrm{d}\omega}{\mathrm{d}t} = T_\mathrm{J}\frac{\mathrm{d}\omega_*}{\mathrm{d}t} = \Delta M_* \tag{7.17}$$

式中, $T_\mathrm{J} = \dfrac{J\omega_0^2}{p^2 S_\mathrm{N}}$ 的单位为 s,称为电机的惯性时间常数。

由式(7.13)和式(7.17)转子运动方程可以进一步表示为

$$\left. \begin{aligned} \frac{\mathrm{d}\delta}{\mathrm{d}t} &= \omega - \omega_0 = (\omega_* - 1)\omega_0 \\ \frac{\mathrm{d}\omega_*}{\mathrm{d}t} &= \frac{1}{T_\mathrm{J}}\Delta M_* = \frac{1}{T_\mathrm{J}}(M_{\mathrm{T}^*} - M_{\mathrm{E}^*}) \end{aligned} \right\} \tag{7.18}$$

而转矩可表示为

$$\Delta M_* = \frac{\Delta M}{M_\mathrm{B}} = \frac{\Delta M\Omega_0}{S_\mathrm{B}} = \frac{\Delta M\Omega}{S_\mathrm{B}}\frac{\Omega_0}{\Omega} = \frac{\Delta P}{S_\mathrm{B}}\frac{1}{\omega_*} = \frac{P_\mathrm{T} - P_\mathrm{E}}{S_\mathrm{B}}\frac{1}{\omega_*} = \frac{P_{\mathrm{T}^*}}{\omega_*} - \frac{P_{\mathrm{E}^*}}{\omega_*} \tag{7.19}$$

省略标么值下标 $*$,转子运动方程为

$$\left. \begin{aligned} \frac{\mathrm{d}\delta}{\mathrm{d}t} &= (\omega - 1)\omega_0 \\ \frac{\mathrm{d}\omega}{\mathrm{d}t} &= \frac{1}{T_\mathrm{J}}\left(\frac{P_\mathrm{T}}{\omega} - \frac{P_\mathrm{E}}{\omega}\right) \end{aligned} \right\} \tag{7.20}$$

在加速度变换不大的情况下,认为 $\omega \approx 1$,转子运动方程为

$$\left. \begin{aligned} \frac{\mathrm{d}\delta}{\mathrm{d}t} &= (\omega - 1)\omega_0 \\ \frac{\mathrm{d}\omega}{\mathrm{d}t} &= \frac{1}{T_\mathrm{J}}(P_\mathrm{T} - P_\mathrm{E}) \end{aligned} \right\} \tag{7.21}$$

分析上式可知,在稳态运行时, $P_\mathrm{T} = P_\mathrm{E}$,所以 $\dfrac{\mathrm{d}\omega}{\mathrm{d}t} = 0$,即 $\omega = 1$,从而 $\dfrac{\mathrm{d}\delta}{\mathrm{d}t} = 0$,即 δ 不变。在

暂态过程中，P_T、P_E 均会变化，因而，角速度 ω 和功角 δ 也要发生变化。

电机的惯性时间常数的物理意义可以解释如下：

令 $P_E = 0$，$M_T = \dfrac{P_T}{\omega} = 1$，则有

$$T_J \, d\omega = dt \tag{7.22}$$

对上式两边从 0 到 t 积分，可得：

$$T_J [\omega(t) - \omega(0)] = t \tag{7.23}$$

令 $\omega(t) = 1$，$\omega(0) = 0$，可得：$T_J = t$。

故惯性时间常数的物理意义就是：发电机空载时，输入单位转矩，转子由静止状态到达额定转速所需的时间。

▶▶▶ 7.3.2　同步发电机的电磁功率

发电机电磁转矩的计算公式为

$$M_E = i_q \psi_d - i_d \psi_q \tag{7.24}$$

式中，i_d、i_q、ψ_d、ψ_q 分别表示发电机 dq 轴的电流和磁链。

在稳定性分析时主要是研究转子的运动变化，对发电机的电磁暂态过程作了合理的简化，在电磁功率计算时假定满足如下条件：

（1）机组的转速接近同步转速，在定子电压方程中认为，$\omega = \omega_0 = 1$。

（2）不计定子绕组的电磁暂态过程，即 $\dfrac{d\psi_d}{dt} = \dfrac{d\psi_q}{dt} = 0$。

（3）忽略定子绕组的电阻，即 $r = 0$。

（4）不计阻尼绕组的影响。

根据假定条件（1），可得 $P_E = M_E \omega = M_E$，故发电机的电磁功率计算公式为

$$P_E = i_q \psi_d - i_d \psi_q \tag{7.25}$$

由定子电压方程式（6.30）可得：

$$\left. \begin{aligned} u_d &= \frac{d\psi_d}{dt} - \omega \psi_q - r i_d \\ u_q &= \frac{d\psi_q}{dt} + \omega \psi_d - r i_q \end{aligned} \right\} \tag{7.26}$$

考虑假定条件（1）～（3），得到定子 d、q 轴绕组电压的简化表达式为

$$\left. \begin{aligned} u_d &= -\psi_q \\ u_q &= \psi_d \end{aligned} \right\} \tag{7.27}$$

这样，发电机的电磁功率方程可表示为

$$P_E = i_q u_q + i_d u_d \tag{7.28}$$

上式电磁功率方程在稳态和暂态过程中都是适用的，稳态时定子 dq 轴的电压、电流分别用大写字母 U_d、U_q 和 I_d、I_q 表示。

现以单机无穷大系统为例，分别说明以空载电势 E_q、暂态电势 E_q' 和暂态电抗后电势 E' 表示的同步发电机电磁功率表达式。图 7.11 为同步发电机经变压器和高压输电线路接

至无穷大功率电源母线的简单系统及其阻抗。

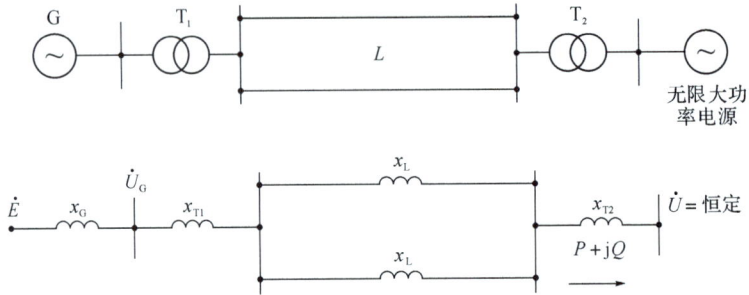

图 7.11　简单电力系统及其阻抗

图 7.11 中，$\dot{U}$ 为无穷大功率电源的电压，其幅值恒定，且以同步角速度 ω_0 旋转；$\dot{E}$ 为发电机的等值电势（可以为 $\dot{E}_q$、$\dot{E}'_q$ 或 $\dot{E}'$），$\dot{E}_q$、$\dot{E}'_q$ 与 $\dot{U}$ 之间的相角差为 δ，称为功角，而 $\dot{E}'$ 与 $\dot{U}$ 之间的相角差为 δ'；x_G 表示发电机的同步电抗（x_d、x_q）或暂态电抗（x'_d）；x_e 为外接电抗（包括变压器 T_1、T_2 和输电线路的电抗），$x_e = x_{T_1} + x_L/2 + x_{T_2}$。

令 $x_{d\Sigma} = x_d + x_e$，$x_{q\Sigma} = x_q + x_e$，$x'_{d\Sigma} = x'_d + x_e$。同步发电机稳态运行相量图如图 7.12 所示。

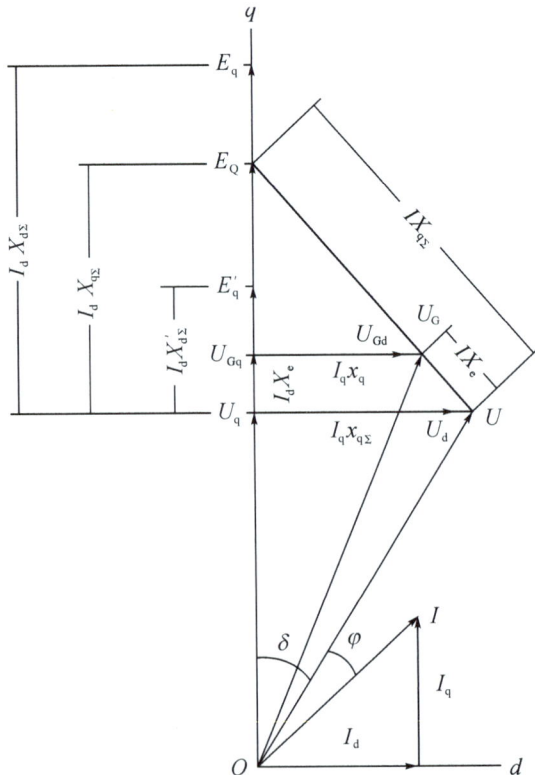

图 7.12　同步发电机稳态运行相量图

由第 6 章式（6.44）、（6.45）可得，忽略定子绕组电阻时的磁链和简化电压方程

$$\left.\begin{aligned}
\psi_d &= -x_{d\Sigma} I_d + x_{ad} I_f \\
\psi_q &= -x_{q\Sigma} I_q \\
\psi_f &= -x_{ad} I_d + x_f I_f \\
U_d &= -\psi_q \\
U_q &= \psi_d
\end{aligned}\right\} \tag{7.29}$$

1. 以空载电势 E_q 和同步电抗表示的功率表达式

由式(7.29)可得定子电压方程为

$$\left.\begin{aligned}
U_d &= x_{q\Sigma} I_q \\
U_q &= E_q - x_{d\Sigma} I_d
\end{aligned}\right\} \tag{7.30}$$

式中，$E_q = x_{ad} I_f$ 为同步电机空载电势。

稳态运行时，由定子电压方程式(7.30)可得：

$$\left.\begin{aligned}
I_d &= (E_q - U_q)/x_{d\Sigma} \\
I_q &= U_d/x_{q\Sigma}
\end{aligned}\right\} \tag{7.31}$$

代入功率方程式(7.28)可得以空载电势和同步电抗表示的电磁功率表达式为

$$P_{E_q} = \frac{E_q U}{x_{d\Sigma}} \sin\delta + \frac{U^2}{2} \frac{x_d - x_q}{x_{d\Sigma} x_{q\Sigma}} \sin 2\delta \tag{7.32}$$

对于隐极机有 $x_d = x_q$，则电磁功率为

$$P_{E_q} = \frac{E_q U}{x_{d\Sigma}} \sin\delta \tag{7.33}$$

由式(7.31)和式(7.32)可见，发电机电磁功率 P_{E_q} 是 E_q 和 δ 的二元函数，当 E_q 为某一数值且保持恒定时，P_{E_q} 的曲线如图 7.13 所示。电磁功率最大值可由 $\dfrac{\mathrm{d}P_{E_q}}{\mathrm{d}\delta} = 0$ 的条件求出，对于隐极机电磁功率极大值出现在 $\delta = 90°$ 时，最大功率为 $P_m = \dfrac{E_q U}{x_{d\Sigma}}$。对于凸极机 d 轴和 q 轴同步电抗不相等，功率中出现了一个按两倍功角的正弦变化分量。它使功角特性曲线畸变，功率极限略有增加，并且极限值出现在功角小于 90°处。

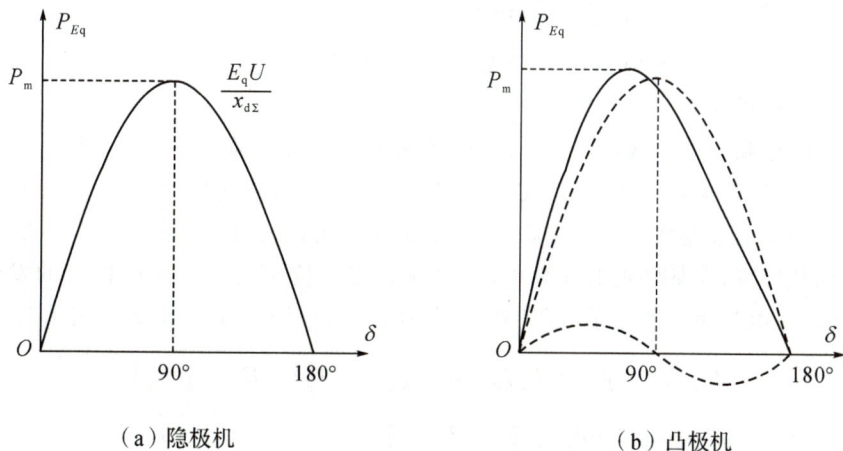

（a）隐极机　　　　　　　（b）凸极机

图 7.13　E_q 为常数时发电机的有功功率的功—角特性

2. 以暂态电势 E'_q 和暂态电抗表示的功率表达式

空载电势表示的发电机电磁功率通常只运用于稳态运行时发电机电磁功率的计算。当系统发生扰动瞬间，励磁电流不会突变，但是励磁电流中的直流分量会发生突变。而发电机空载电势 E_q 是与励磁电流的直流分量成正比的，故也会发生突变。这样，在暂态计算时，若以空载电势计算发电机电磁功率会使计算复杂化。而暂态电势 E'_q 与励磁绕组的总磁链成正比，在扰动前后瞬间励磁绕组的总磁链不能突变，因而 E'_q 也不能突变，即扰动后瞬间，它将保持扰动前的数值。由此，通常采用以暂态电势 E'_q 表示的发电机的电磁功率表达式。

由相量图 7.12 可知，发电机采用 E'_q、x'_d 模型时，定子电压回路方程可表示为

$$\left.\begin{array}{l} U_d = x_{q\Sigma} I_q \\ U_q = E'_q - x'_{d\Sigma} I_d \end{array}\right\} \tag{7.34}$$

由定子电压方程式(7.34)可得：

$$\left.\begin{array}{l} I_d = (E'_q - U_q)/x'_{d\Sigma} \\ I_q = U_d/x_{q\Sigma} \end{array}\right\} \tag{7.35}$$

代入式(7.28)可得电磁功率表达式为

$$P_{E'_q} = \frac{E'_q U}{x'_{d\Sigma}} \sin\delta - \frac{U^2}{2} \frac{x_q - x'_d}{x'_{d\Sigma} x_{q\Sigma}} \sin2\delta \tag{7.36}$$

因为 $x_q > x'_d$，所以式(7.36)中出现了一个按两倍功角正弦变化的分量。由于它的存在，功角特性曲线发生了畸变，使极限功率略有增加。当 E'_q 为某一数值且保持恒定时，则发电机的电磁功率也仅是功角 δ 的函数，其功率特性曲线如图 7.14 所示。需要注意的是，由于同步发电机参数 $x_d \geqslant x_q$，$x_q > x'_d$，故式(7.36)与式(7.32)中两倍功角正弦项的符号相反。暂态电势表示的发电机电磁功率极限出现在功角大于 $90°$ 处。

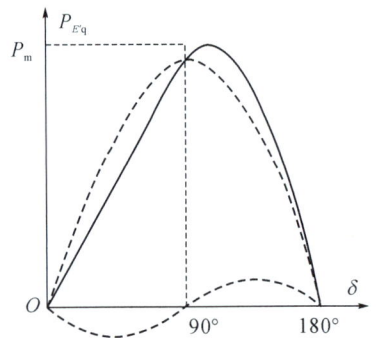

图 7.14　E'_q 为常数时发电机的
有功功率功—角特性

3. 以暂态电抗后电势 E' 表示的功率方程

当以暂态电势表示发电机电磁功率时，电磁功率是功角及节点电压的函数，由此求得的发电机节点注入电流也是节点电压和功角的函数，且注入电流表达中存在功角函数与节点电压的乘积项。这样，在暂态稳定计算求解网络方程 $YU = I(U, \delta)$ 时，或者需要迭代计算，或者在每一积分步均需要随着功角的改变修改导纳矩阵，这是数值积分法暂态稳定计算量大的主要原因。

为了简化计算，在某些近似计算中，可采用暂态电抗 x'_d 后电势 E' 恒定的发电机经典模型，将用暂态电势表示的定子电压回路方程式(7.34)写成向量的形式可表示为

$$\dot{U} = U_d + jU_q = x_{q\Sigma}I_q + j(\dot{E}'_q - x'_{d\Sigma}I_d) = \dot{E}'_q - jx'_{d\Sigma}\dot{I}$$

式中，$\dot{I} = I_d + jI_q$ 为发电机定子电流；$\dot{E}' = jE'_q - j(x_{q\Sigma} - x'_{d\Sigma})(jI_q) = \dot{E}'_q - j(x_{q\Sigma} - x'_{d\Sigma})\dot{I}_q$ 称为暂态电抗后电势，假定 $x_q = x'_d$，则有 $E' = E'_q$。

以暂态电抗后电势表示的发电机等值电路及相量图如图 7.15 所示。

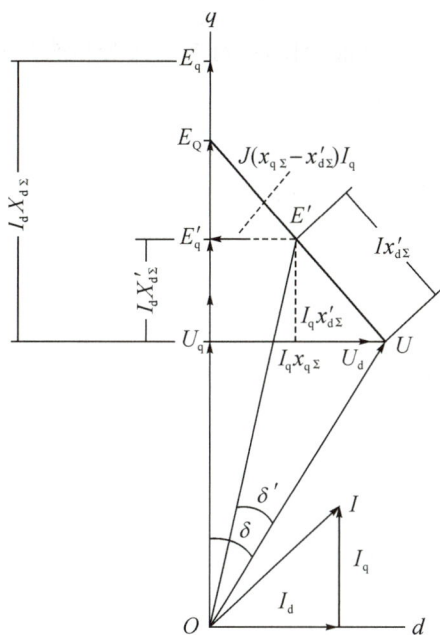

图 7.15　以暂态电抗后电势表示的
同步电机相量图

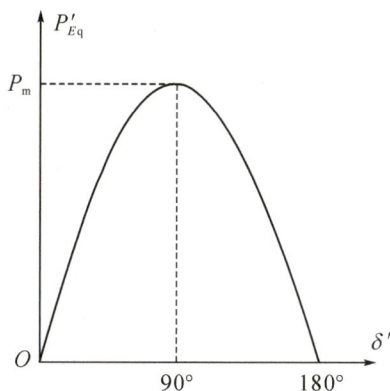

图 7.16　E'、x'_d 模型的发电机的
有功功率的功—角特性

由式(7.36)，当假定 $x_q = x'_d$ 时，有 $E'_q = E'$，则以暂态电抗后电势表示的电磁功率为

$$P_{E'} = \frac{E'U}{x'_{d\Sigma}}\sin\delta' \qquad (7.37)$$

应注意的是，式(7.37)中，功角是 δ'，而不是实际的功角 δ，也就是说，E' 不在 q 轴上，所以 δ' 不是发电机转子相对位置角，但它的变化仍可近似地反映发电机转子相对运动的性质。

采用 E' 恒定的简化方法表示发电机的电磁功率，使得发电机节点的注入电流仅是功角的函数，而与发电机节点电压无关，这样暂态稳定计算中求解网络方程时就无须迭代，可节省暂态稳定计算量。但无论是隐极机还是凸极机，假定 $x_q = x'_d$ 都会带来较大的误差，只有在精度要求不高的电力系统规划稳定计算中采用。$P_{E'}$ 的曲线如图 7.16 所示。

【例 7.1】　如图 7.11 所示的电力系统，试分别写出发电机用 E_q、E'_q、E' 表示的电磁功率表达式。各元件的参数及运行条件如下。

发电机：$S_{GN} = 352.5\text{MVA}$；$P_{GN} = 300\text{MW}$；$U_{GN} = 10.5\text{kV}$；$x_d = 1.0$；
　　　　$x_q = 0.6$；$x'_d = 0.25$；$T_J = 8\text{s}$

变压器：T_1：　$S_{TN} = 360\text{MVA}$；$U_k\% = 14.0$；额定电压之比为 10.5kV/242kV
　　　　T_2：　$S_{TN} = 360\text{MVA}$；$U_k\% = 14.0$；额定电压之比为 220kV/121kV

线路：$l = 250\text{km}$；$x = 0.41(\Omega/\text{km})$

运行条件：$U_0 = 115\text{kV}$，$P_0 = 250\text{MW}$，$\cos\varphi_0 = 0.95$（滞后），变压器在额定分接头位置。
各运行参数加下标 0 表示正常运行值或干扰前的稳态值，下同。

【解】 （1）网络参数及运行参数的计算

取 $S_B=250MVA,U_B=115kV$，为使变压器不出现非标准变比，所有参数按分接头位置归算到 110kV 电压级。

各元件参数标么值为

$$x_d=1.0\times\frac{10.5^2}{352.5}\times\frac{242^2}{10.5^2}\times\frac{121^2}{220^2}\times\frac{250}{115^2}=0.95$$

$$x_q=\frac{0.6}{1.0}\times0.95=0.57$$

$$x'_d=\frac{0.25}{1.0}\times0.95=0.24$$

$$x_{T1}=0.14\times\frac{242^2}{360}\times\frac{121^2}{220^2}\times\frac{250}{115^2}=0.13$$

$$x_{T2}=0.14\times\frac{121^2}{360}\times\frac{250}{115^2}=0.11$$

$$x_L=0.5\times0.41\times250\times\frac{121^2}{220^2}\times\frac{250}{115^2}=0.29$$

$$x_{d\Sigma}=x_d+x_{T1}+x_L+x_{T2}=1.48$$
$$x_{q\Sigma}=x_q+x_{T1}+x_L+x_{T2}=1.10$$
$$x'_{d\Sigma}=x'_d+x_{T1}+x_L+x_{T2}=0.77$$

运行参数的计算：

$$U_0=\frac{115}{115}=1.0,\quad\varphi_0=\arccos0.95=18.19°$$

$$P_0=\frac{250}{250}=1.0,\quad Q_0=P_0\tan\varphi_0=0.33$$

$$E_{Q0}=\sqrt{\left(U_0+\frac{Q_0x_{q\Sigma}}{U_0}\right)^2+\left(\frac{P_0x_{q\Sigma}}{U_0}\right)^2}$$
$$=\sqrt{(1+0.33\times1.10)^2+(1\times1.10)^2}$$
$$=\sqrt{1.36^2+1.10^2}=1.75$$

$$\delta_0=\arctan\frac{1.10}{1.36}=38.97°$$

$$I_0=\frac{\sqrt{P_0^2+Q_0^2}}{U_0}=\sqrt{1+0.33^2}=1.05$$

$$I_{d0}=I_0\sin(\delta_0+\varphi_0)=1.05\sin(38.97°+18.19°)=0.88$$
$$U_{d0}=U_0\cos\delta_0=1\times\cos38.95°=0.778$$
$$E_{q0}=E_{Q0}+I_{d0}(x_{d\Sigma}-x_{q\Sigma})$$
$$=1.75+0.88(1.48-1.10)$$
$$=2.08$$
$$E'_{q0}=E_{Q0}-I_{d0}(x_{q\Sigma}-x'_{d\Sigma})$$
$$=1.75-0.88(1.10-0.77)$$
$$=1.46$$

$$E'_0 = \sqrt{\left(U_0 + \frac{Q_0 x'_{d\Sigma}}{U_0}\right)^2 + \left(\frac{P_0 x'_{d\Sigma}}{U_0}\right)^2}$$

$$= \sqrt{(1 + 0.33 \times 0.77)^2 + (1 \times 0.77)^2}$$

$$= \sqrt{1.25^2 + 0.77^2} = 1.47$$

$$\delta'_0 = \arctan\frac{0.77}{1.25} = 31.63°$$

(2)用 E_q 表示的功率表达式

$$P_{E_q} = \frac{E_q U_0}{x_{d\Sigma}}\sin\delta + \frac{U_0^2}{2}\frac{x_{d\Sigma} - x_{q\Sigma}}{x_{d\Sigma} x_{q\Sigma}}\sin 2\delta$$

$$= \frac{E_q}{1.48}\sin\delta + \frac{1}{2} \times \frac{1.48 - 1.10}{1.48 \times 1.10}\sin 2\delta$$

$$= 0.68 E_q\sin\delta + 0.12\sin 2\delta$$

如果发电机输出功率变化时，$E_q = E_{q0} = 2.08$ 保持不变，则

$$P_{E_q} = 1.41\sin\delta + 0.12\sin 2\delta$$

$$\frac{\mathrm{d}P_{E_q}}{\mathrm{d}\delta} = 0,\quad 即\quad 1.41\cos\delta + 0.24\cos 2\delta = 0$$

解得：

$$\cos\delta = 0.16\ 和\ -3.10$$

取正值得：

$$\delta_{E_{qm}} = 80.74°$$

功率最大值

$$P_{E_{qm}} = 1.41\sin 80.74° + 0.12\sin(2 \times 80.74°) = 1.43$$

(3)用 E'_q 表示的功率表达式

$$P_{E'_q} = \frac{E'_q U_0}{x'_{d\Sigma}}\sin\delta - \frac{U_0^2}{2}\frac{x_{q\Sigma} - x'_{d\Sigma}}{x'_{d\Sigma} x_{q\Sigma}}\sin 2\delta$$

$$= \frac{E'_q}{0.77}\sin\delta - \frac{1}{2}\left(\frac{1.10 - 0.77}{0.77 \times 1.10}\right)\sin 2\delta$$

$$= 1.30 E'_q\sin\delta - 0.19\sin 2\delta$$

如果 P 增大时，$E'_q = E'_{q0} = 1.46$ 保持不变，则

$$P_{E'_q} = 1.90\sin\delta - 0.19\sin 2\delta$$

$$\frac{\mathrm{d}P_{E'_q}}{\mathrm{d}\delta} = 0,\quad 即\quad 1.90\cos\delta - 2 \times 0.19\cos 2\delta = 0$$

可得：

$$\delta_{E'_{qm}} = 100.73°$$

功率最大值

$$P_{E'_{qm}} = 1.90\sin 100.73° - 0.19\sin(2 \times 100.73°) = 1.94$$

(4)用 E' 表示的功率表达式

$$P_{E'} = \frac{E'U_0}{x'_{d\Sigma}}\sin\delta' = \frac{E'}{0.77}\sin\delta' = 1.30 E'\sin\delta'$$

设 P 变化时，$E' = E'_0 = 1.47$ 保持不变，则

$$P_{E'} = 1.91\sin\delta'$$

当 $\delta'_m = 90°$ 时，

$$P_{E'_m} = 1.91$$

由上述计算结果可知，$P_{E'_m}$ 与 $P_{E'_{qm}}$ 的差别很小。

功率曲线 P_{E_q}、$P_{E'_q}$ 和 $P_{E'}$ 如图 7.17 所示，它们是分别以正常运行条件下的发电机电势 E_q、E'_q 和 E' 保持恒定条件下求得的。实际上，当发电机输出功率变化时，将引起发电机机端电压变化，发电机自动励磁调节装置将调节励磁电压，引起励磁电流变化，进而使得发电机电势发生变化，因此，电磁功率也不再沿着上述曲线行走。

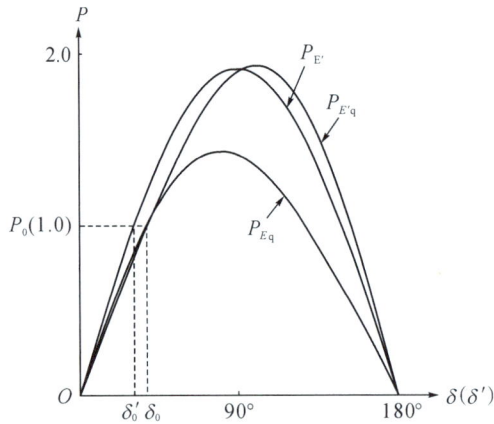

图 7.17　功率曲线 P_{E_q}、$P_{E'_q}$ 和 $P_{E'}$

4. 多机电力系统发电机电磁功率的计算

对于复杂电力系统，各发电机输出的电磁功率由发电机机端电压和发电机定子电流求得，即

$$P_E = i_q u_q + i_d u_d = U_{Gx} I_{Gx} + U_{Gy} I_{Gy} \tag{7.38}$$

式中，U_{Gx}、U_{Gy}、I_{Gx}、I_{Gy} 分别表示发电机电压、电流在同步旋转坐标参考轴下的 x、y 分量。

当各发电机的状态变量 $(E'、E'_q、\delta)$ 确定以后，发电机的机端电压和定子电流可通过求解网络方程获得。将各节点的网络方程 $Y\dot{U} = \dot{I}$ 写成如下实数形式：

$$
\begin{bmatrix}
\begin{pmatrix} -B_{11} & G_{11} \\ G_{11} & B_{11} \end{pmatrix} & \cdots & \begin{pmatrix} -B_{1i} & G_{1i} \\ G_{1i} & B_{1i} \end{pmatrix} & \cdots & \begin{pmatrix} -B_{1n} & G_{1n} \\ G_{1n} & B_{1n} \end{pmatrix} \\
& \vdots & & \vdots & & \vdots \\
\begin{pmatrix} -B_{i1} & G_{i1} \\ G_{i1} & B_{i1} \end{pmatrix} & \cdots & \begin{pmatrix} -B_{ii} & G_{1i} \\ G_{ii} & B_{ii} \end{pmatrix} & \cdots & \begin{pmatrix} -B_{in} & G_{in} \\ G_{in} & B_{in} \end{pmatrix} \\
& \vdots & & \vdots & & \vdots \\
\begin{pmatrix} -B_{n1} & G_{n1} \\ G_{n1} & B_{n1} \end{pmatrix} & \cdots & \begin{pmatrix} -B_{ni} & G_{ni} \\ G_{ni} & B_{ni} \end{pmatrix} & \cdots & \begin{pmatrix} -B_{nn} & G_{nn} \\ G_{nn} & B_{nn} \end{pmatrix}
\end{bmatrix}
\begin{bmatrix} \begin{pmatrix} U_{y1} \\ U_{x1} \end{pmatrix} \\ \vdots \\ \begin{pmatrix} U_{yi} \\ U_{xi} \end{pmatrix} \\ \vdots \\ \begin{pmatrix} U_{yn} \\ U_{xn} \end{pmatrix} \end{bmatrix}
=
\begin{bmatrix} \begin{pmatrix} I_{x1} \\ I_{y1} \end{pmatrix} \\ \vdots \\ \begin{pmatrix} I_{xi} \\ I_{yi} \end{pmatrix} \\ \vdots \\ \begin{pmatrix} I_{xn} \\ I_{yn} \end{pmatrix} \end{bmatrix}
\tag{7.39}
$$

式中，G_{ij}、B_{ij} 分别表示网络导纳矩阵元素 Y_{ij} 的实部和虚部；注意，将节点电压向量表示为 $[U_{yi} \quad U_{xi}]^{\mathrm{T}}$ 的形式是为了使导纳矩阵对角元均为非零元。

假定负荷用恒定阻抗表示并归并至导纳矩阵中,则电流相量 $\dot{I}$ 中,仅发电机节点的注入电流不为 0,而负荷节点和联络节点的注入电流均为 0。

发电机定子电压方程式(7.34)可写成如下矩阵形式:

$$\begin{bmatrix} U_d \\ U_q \end{bmatrix} = \begin{bmatrix} 0 \\ E'_q \end{bmatrix} - \begin{bmatrix} 0 & -x_q \\ x'_d & 0 \end{bmatrix} \begin{bmatrix} I_d \\ I_q \end{bmatrix} \tag{7.40}$$

发电机的机端电压和电流在其 dq 坐标下的分量分别为 U_d、U_q 和 I_d、I_q,而在同步旋转坐标系 xy 下的分量分别为 U_{Gx}、U_{Gy}。考虑到 dq 坐标系与同步旋转坐标系 xy 的角度为 δ,将 dq 坐标下的发电机节点电压和定子电流分量变换到同步旋转坐标系 xy 下,有

$$\begin{bmatrix} U_d \\ U_q \end{bmatrix} = \begin{bmatrix} U_{Gx} \\ U_{Gy} \end{bmatrix} \begin{bmatrix} \sin\delta & -\cos\delta \\ \cos\delta & \sin\delta \end{bmatrix} \tag{7.41}$$

$$\begin{bmatrix} I_d \\ I_q \end{bmatrix} = \begin{bmatrix} I_{Gx} \\ I_{Gy} \end{bmatrix} \begin{bmatrix} \sin\delta & -\cos\delta \\ \cos\delta & \sin\delta \end{bmatrix} \tag{7.42}$$

将式(7.41)和(7.42)代入式(7.40),得:

$$\begin{bmatrix} \sin\delta & -\cos\delta \\ \cos\delta & \sin\delta \end{bmatrix} \begin{bmatrix} U_{Gx} \\ U_{Gy} \end{bmatrix} = \begin{bmatrix} 0 \\ E'_q \end{bmatrix} - \begin{bmatrix} 0 & -x_q \\ x'_d & 0 \end{bmatrix} \begin{bmatrix} \sin\delta & -\cos\delta \\ \cos\delta & \sin\delta \end{bmatrix} \begin{bmatrix} I_{Gx} \\ I_{Gy} \end{bmatrix} \tag{7.43}$$

以上就是所谓的"机网转换",即将每台发电机在 dq 坐标系下的变量变换到系统同步旋转的 xy 坐标系下。

对式(7.43)求解得发电机节点注入电流:

$$\begin{bmatrix} I_{Gx} \\ I_{Gy} \end{bmatrix} = \begin{bmatrix} G_x & B_x \\ B_y & G_y \end{bmatrix} \begin{bmatrix} E'_q\cos\delta \\ E'_q\sin\delta \end{bmatrix} - \begin{bmatrix} G_x & B_x \\ B_y & G_y \end{bmatrix} \begin{bmatrix} U_{Gx} \\ U_{Gy} \end{bmatrix} = \begin{bmatrix} I'_{Gx} \\ I'_{Gy} \end{bmatrix} - \begin{bmatrix} G_x & B_x \\ B_y & G_y \end{bmatrix} \begin{bmatrix} U_{Gx} \\ U_{Gy} \end{bmatrix} \tag{7.44}$$

式中,

$$\left. \begin{aligned} G_x &= \left[(x_q - x'_d)\sin2\delta \right]/(2x'_d x_q) \\ B_x &= \left[(x_q + x'_d) - (x_q - x'_d)\cos2\delta \right]/(2x'_d x_q) \\ B_y &= -\left[(x_q + x'_d) + (x_q - x'_d)\cos2\delta \right]/(2x'_d x_q) \\ G_y &= -\left[(x_q - x'_d)\sin2\delta \right]/(2x'_d x_q) \end{aligned} \right\} \tag{7.45}$$

$$\begin{bmatrix} I'_{Gx} \\ I'_{Gy} \end{bmatrix} = \begin{bmatrix} G_x & B_x \\ B_y & G_y \end{bmatrix} \begin{bmatrix} E'_q\cos\delta \\ E'_q\sin\delta \end{bmatrix} \tag{7.46}$$

由(7.38)计算每台发电机注入电网的电磁功率,需要求解网络方程式(7.39),即给定发电机注入电网的电流 I_{Gx}、I_{Gy},求出发电机节点电压 U_{Gx}、U_{Gy}。

当发电机采用 E'_q 恒定或变化模型时,注入电网电流见式(7.44),其中包含待求的节点电压,这给求解网络方程带来困难。

对于网络方程式(7.39)的求解方法有 2 种,一种是直接求解,另一种是迭代求解。直接求解就是将发电机节点注入电流中与发电机节点电压有关导纳矩阵元素归并至网络导纳矩阵 Y 中。假定节点 i 为发电机节点,则将式(7.39)中与节点 i 相关的自导纳修正为

$$\begin{pmatrix} -B_{ii} + B_y & G_{ii} + G_y \\ G_{ii} + G_x & B_{ii} + B_x \end{pmatrix} \tag{7.47}$$

这样,发电机节点的注入电流变为 $\begin{bmatrix} I'_{Gx} & I'_{Gy} \end{bmatrix}^{\mathrm{T}}$。因此,网络方程式(7.39)中注入电流

不再含有节点电压变量,在发电机状态变量 E'_q、δ 确定时,就可对网络方程直接求解。这种方法的缺点是,网络导纳矩阵 $\mathbf{Y}$ 中的发电机节点自导纳为式(7.47),其随着发电机功角的变化而变化。这样,在暂态稳定计算的每一积分步都要修正网络导纳矩阵,重新进行因子表分解,计算量很大。目前,在电力系统暂态稳定计算中已较少采用。

第二种方法,将发电机节点注入电流式(7.43)改写为

$$
\begin{aligned}
\begin{bmatrix} I_{Gx} \\ I_{Gy} \end{bmatrix} &= \begin{bmatrix} G_x & B_x \\ B_y & G_y \end{bmatrix} \begin{bmatrix} E'_q\cos\delta \\ E'_q\sin\delta \end{bmatrix} - \begin{bmatrix} G_x & B'_x+B''_x \\ B'_y+B''_y & G_y \end{bmatrix} \begin{bmatrix} U_{Gx} \\ U_{Gy} \end{bmatrix} \\
&= \begin{bmatrix} G_x & B_x \\ B_y & G_y \end{bmatrix} \begin{bmatrix} E'_q\cos\delta \\ E'_q\sin\delta \end{bmatrix} - \begin{bmatrix} G_x & B''_x \\ B''_y & G_y \end{bmatrix} \begin{bmatrix} U_{Gx} \\ U_{Gy} \end{bmatrix} - \begin{bmatrix} 0 & B'_x \\ B'_y & 0 \end{bmatrix} \begin{bmatrix} U_{Gx} \\ U_{Gy} \end{bmatrix} \\
&= \begin{bmatrix} I''_{Gx} \\ I''_{Gy} \end{bmatrix} - \begin{bmatrix} 0 & B'_x \\ B'_y & 0 \end{bmatrix} \begin{bmatrix} U_{Gx} \\ U_{Gy} \end{bmatrix}
\end{aligned} \tag{7.48}
$$

式中,

$$
\left.
\begin{aligned}
B'_x &= (x_q+x'_d)/(2x'_d x_q) \\
B''_x &= -[(x_q-x'_d)\cos2\delta]/(2x'_d x_q) \\
B'_y &= -(x_q+x'_d)/(2x'_d x_q) \\
B''_y &= -[(x_q-x'_d)\cos2\delta]/(2x'_d x_q)
\end{aligned}
\right\} \tag{7.49}
$$

同样,将式(7.48)中与节点电压相关且与状态变量无关的导纳矩阵元素 B'_x、B'_y 归并到网络导纳矩阵,网络方程发电机节点的注入电流将变为

$$
\begin{bmatrix} I'_{Gx} \\ I'_{Gy} \end{bmatrix} = \begin{bmatrix} G_x & B_x \\ B_y & G_y \end{bmatrix} \begin{bmatrix} E'_q\cos\delta \\ E'_q\sin\delta \end{bmatrix} - \begin{bmatrix} G_x & B''_x \\ B''_y & G_y \end{bmatrix} \begin{bmatrix} U_{Gx} \\ U_{Gy} \end{bmatrix} \tag{7.50}
$$

式中,$I''_G = I''_{Gx} + jI''_{Gy}$ 称为发电机的虚拟注入电流。由于虚拟注入电流与发电机节点电压有关,由此网络方程的求解需要采用迭代法。

在一般时段的每一积分步中需 $2\sim3$ 次迭代便可收敛。这种方法尽管需要迭代求解网络方程,但由于网络方程的导纳矩阵与发电机状态变量无关,因此,在整个暂态稳定计算中只需进行一次因子表分解,总计算量要比直接求解法小,是目前普遍采用的方法。

将发电机节点的虚拟导纳矩阵元素 B'_x、B'_y 并入网络导纳矩阵,可以减少求解网络方程的迭代次数。

暂态稳定计算的主要计算量在于迭代求解网络方程。在用于规划的某些近似计算中,可采用暂态电抗 x'_d 后电势 E' 恒定的发电机经典模型。此时,假定 $x_q=x'_d$。这样,发电机注入电流式(7.44)中,与节点电压相关的系数 G_x、B_x、G_y、B_y 就与功角无关。将这些导纳并入节点导纳矩阵 $\mathbf{Y}$ 中,$\mathbf{Y}$ 仍然为常阵,而注入电流也与节点电压无关。网络方程式(7.39)的求解既无须在每一积分步都对节点导纳矩阵进行因子表分解,也无须迭代,这极大地减少了计算量。

求解网络方程得到各发电机节点的电压和定子电流就可由式(7.39)计算各发电机节点的电磁功率。

7.4　电力系统静态稳定

▶▶▶ 7.4.1　静态稳定分析的基本方法

1.简单系统静态稳定性分析的同步功率系数法

现以简单电力系统为例来说明同步功率系数法的基本概念和分析方法。如图 7.7 所示的系统,为方便起见,认为 $x_d = x_q$,即发电机是一台隐极机。其电磁功率方程为

$$P_E = \frac{E_q U}{x_{d\Sigma}} \sin \delta \tag{7.51}$$

式中,δ 为发电机空载电势 $\dot{E}_q$ 与无穷大母线电压 $\dot{U}$ 之间的相位角,称为功角。因 U 恒定,给定 E_q 并假设其保持不变,则发电机的功角特性曲线如图 7.18 所示。

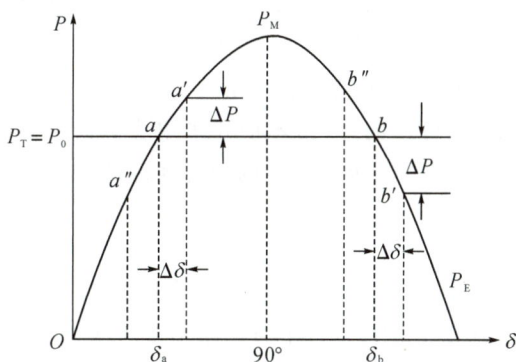

图 7.18　简单电力系统功角特性

若不计原动机调速器的作用,则原动机的机械功率 P_T 不变。在稳态运行时,原动机的机械功率 P_T 与发电机的电磁功率 P_E 平衡,系统的运行点如图 7.18 中 a 点所示,相应的功率角为 δ_a。当系统中出现某一微小的干扰,使功角 δ_a 出现一微小的增量 $\Delta\delta$,发电机输出的电磁功率将与 a' 相对应,发生 ΔP 的变化。由于原动机功率不变,因此电磁功率大于原动机功率,使发电机转子减速,δ 将减小,运行点向原始点 a 运动。同样,如果小干扰使 δ_a 减少 $\Delta\delta$,这时电磁功率与 a'' 对应,小于原动机功率,转子将加速,δ 将增大,运行点同样会由 a'' 向原始点 a 返回。由此可见,在 a 点,当系统受到小干扰时均能自行恢复到原始平衡状态,称 a 点为稳定平衡点,在 a 点电力系统运行在稳定平衡状态,系统是静态稳定的。

在图 7.18 中的 b 点(相应的功率角为 $\delta_b = 180° - \delta_a$),发电机组输入的原动机功率和输出的电磁功率也是相互平衡的。但是,当系统中出现一个小的干扰使发电机功角 δ_b 产生一

个 $\Delta\delta$ 增量时，发电机输出的电磁功率与 b' 对应，由于电磁功率减小，使发电机转子加速，功角 δ 将继续增大，以致发电机失去同步，即系统失去功角稳定。同样地，如果小干扰使 δ 减小，由于电功率大于原动机功率而使转子减速，其结果是运行点向 a 点趋近，达到新的平衡。所以，在 b 点，无论受到多小的扰动，系统的运行状态都将远离原始平衡状态，称 b 点为不稳定平衡点，运行在此点的电力系统是静态不稳定的。

由以上分析可知，电力系统静态稳定性是指电力系统受到小干扰后，能恢复到原来运行状态的能力。在 a 点运行时，随着功角 δ 的增大电磁功率也增大，随着功角 δ 的减小电磁功率也减少。在 a 点 ΔP 与 $\Delta\delta$ 的符号相同，即 $\Delta P_{\mathrm{E}}/\Delta\delta>0$ 或 $\mathrm{d}P_{\mathrm{E}}/\mathrm{d}\delta>0$。在 b 点运行时，随着功角 δ 的增大电磁功率反而减小，随着功角 δ 的减小电磁功率反而增大。在 b 点，ΔP 与 $\Delta\delta$ 的符号相反，即 $\Delta P_{\mathrm{E}}/\Delta\delta<0$ 或 $\mathrm{d}P_{\mathrm{E}}/\mathrm{d}\delta<0$。

综上所述，可根据 $\mathrm{d}P_{\mathrm{E}}/\mathrm{d}\delta$ 的符号来判断系统的静态稳定性。对于所讨论的简单电力系统，其静态稳定的实用判据为

$$\frac{\mathrm{d}P_{\mathrm{E}}}{\mathrm{d}\delta}>0 \tag{7.52}$$

式中，$\mathrm{d}P_{\mathrm{E}}/\mathrm{d}\delta$ 称为同步功率系数，其大小可以说明发电机同步运行的能力，即说明静态稳定的程度。由功率方程（7.51）可得：

$$\frac{\mathrm{d}P_{\mathrm{E}}}{\mathrm{d}\delta}=\frac{E_{\mathrm{q}}U}{x_{\mathrm{d}\Sigma}}\cos\delta \tag{7.53}$$

在某一运行状态（$\delta=\delta_0$）下，$\mathrm{d}P_{\mathrm{E}}/\mathrm{d}\delta$ 越大，静态稳定程度就越高。当 $\delta=90°$ 时，$\mathrm{d}P_{\mathrm{E}}/\mathrm{d}\delta=0$，是稳定与不稳定的临界点，称为静态稳定极限。对于所讨论的简单电力系统，静态稳定极限所对应的功角正好与最大电磁功率的功角一致。

为了保证电力系统安全、可靠的运行，不但要求电力系统在正常运行及事故后的稳态情况下必须是静态稳定的，而且还要求有一定的静态稳定储备，其储备系数定义为

$$K_{\mathrm{p}}=\frac{P_{\max}-P_0}{P_0} \tag{7.54}$$

式中，$P_{\max}$ 为静态稳定功率极限；P_0 为某一运行方式下的输出功率。我国现行的《电力系统安全稳定导则》规定：系统在正常运行方式下，K_{p} 应不小于 $15\%\sim20\%$；在事故后的运行方式下，K_{p} 应不小于 10%。

2. 小干扰法

电力系统是一个典型的大规模非线性系统，分析复杂电力系统静态稳定性的一般方法是将描述电力系统动态过程的非线性微分方程组，在某一给定的稳态运行方式下线性化，得到描述电力系统在稳态运行方式附近状态变量增量的线性微分方程组，求出系统的特征值，进而根据系统特征值在根平面上的分布情况，判断系统的稳定性。

对于式（7.7）所描述的电力系统，在稳态运行点 $\boldsymbol{x}_{\mathrm{e}}$、$\boldsymbol{y}_{\mathrm{e}}$ 上施加一小扰动，使得：

$$\boldsymbol{x}=\boldsymbol{x}_{\mathrm{e}}+\Delta\boldsymbol{x}, \quad \boldsymbol{y}=\boldsymbol{y}_{\mathrm{e}}+\Delta\boldsymbol{y} \tag{7.55}$$

代入式（7.7）可得：

$$\left.\begin{array}{l}\dfrac{\mathrm{d}\boldsymbol{x}_{\mathrm{e}}}{\mathrm{d}t}+\dfrac{\mathrm{d}\Delta\boldsymbol{x}}{\mathrm{d}t}=\boldsymbol{f}(\boldsymbol{x}_{\mathrm{e}}+\Delta\boldsymbol{x},\boldsymbol{y}_{\mathrm{e}}+\Delta\boldsymbol{y})\\[2mm]\boldsymbol{0}=\boldsymbol{g}(\boldsymbol{x}_{\mathrm{e}}+\Delta\boldsymbol{x},\boldsymbol{y}_{\mathrm{e}}+\Delta\boldsymbol{y})\end{array}\right\} \tag{7.56}$$

对式(7.56)在稳态运行点用泰勒级数展开,因为是小扰动,即 Δx、Δy 非常小,故可忽略其二次及以上项得:

$$
\left.
\begin{aligned}
\frac{\mathrm{d} x_{\mathrm{e}}}{\mathrm{d} t}+\frac{\mathrm{d} \Delta x}{\mathrm{d} t} &= f(x_{\mathrm{e}}, y_{\mathrm{e}})+\left.\frac{\partial f(x, y)}{\partial x}\right|_{\substack{x=x_{\mathrm{e}} \\ y=y_{\mathrm{e}}}} \Delta x+\left.\frac{\partial f(x, y)}{\partial y}\right|_{\substack{x=x_{\mathrm{e}} \\ y=y_{\mathrm{e}}}} \Delta y \\
\boldsymbol{0} &= g(x_{\mathrm{e}}+\Delta x, y_{\mathrm{e}}+\Delta y)=g(x_{\mathrm{e}}, y_{\mathrm{e}})+\left.\frac{\partial g(x, y)}{\partial x}\right|_{\substack{x=x_{\mathrm{e}} \\ y=y_{\mathrm{e}}}} \Delta x+\left.\frac{\partial g(x, y)}{\partial y}\right|_{\substack{x=x_{\mathrm{e}} \\ y=y_{\mathrm{e}}}} \Delta y
\end{aligned}
\right\}
\tag{7.57}
$$

因为稳态时,$\dfrac{\mathrm{d} x_{\mathrm{e}}}{\mathrm{d} t}=f(x_{\mathrm{e}}, y_{\mathrm{e}})=\boldsymbol{0}$,$g(x_{\mathrm{e}}, y_{\mathrm{e}})=\boldsymbol{0}$,则系统在稳态运行点的线性化方程为

$$
\left.
\begin{aligned}
\frac{\mathrm{d} \Delta x}{\mathrm{d} t} &= \widetilde{A} \Delta x+\widetilde{B} \Delta y \\
\boldsymbol{0} &= \widetilde{C} \Delta x+\widetilde{D} \Delta y
\end{aligned}
\right\}
\tag{7.58}
$$

式中,

$$
\widetilde{A}=\left.\frac{\partial f(x, y)}{\partial x}\right|_{\substack{x=x_{\mathrm{e}} \\ y=y_{\mathrm{e}}}} \qquad\qquad \widetilde{B}=\left.\frac{\partial f(x, y)}{\partial y}\right|_{\substack{x=x_{\mathrm{e}} \\ y=y_{\mathrm{e}}}}
$$

$$
\widetilde{C}=\left.\frac{\partial g(x, y)}{\partial x}\right|_{\substack{x=x_{\mathrm{e}} \\ y=y_{\mathrm{e}}}} \qquad\qquad \widetilde{D}=\left.\frac{\partial g(x, y)}{\partial y}\right|_{\substack{x=x_{\mathrm{e}} \\ y=y_{\mathrm{e}}}}
$$

由式(7.58)第 2 式求得 Δy,代入第 1 式,消去运行变量 Δy,得到系统的线性化状态变量的增量方程为

$$
\frac{\mathrm{d} \Delta x}{\mathrm{d} t}=A \Delta x
\tag{7.59}
$$

式中,$A=\widetilde{A}-\widetilde{B} \widetilde{D}^{-1} \widetilde{C}$。

由式(7.59)所描述的系统的特征值,就是系统矩阵 A 的特征根,即特征方程

$$
|\lambda \boldsymbol{I}-A|=0
\tag{7.60}
$$

的根。对于 n 阶系统可以得到 n 个特征根 $\lambda_1, \lambda_2, \cdots, \lambda_n$。若系统的 n 个特征根是两两互异的,则 $\Delta x_i(t)$ 可以表达为

$$
\Delta x_i(t)=K_{i1} e^{\lambda_1 t}+\cdots+K_{ik} e^{\lambda_k t}+\cdots+K_{in} e^{\lambda_n t}
$$

式中,系数 $K_{i1} \cdots K_{ik} \cdots K_{in}$ 由初始条件确定。

特征值可以是实数或共轭复数,系统的稳定性由其特征值决定,具体描述如下:

(1)一个实数特征值对应于一个非振荡模态。负的实数特征值表示衰减模态,其绝对值越大,则衰减越快;正的实数特征值表示发散模态,当时间趋于无穷大时,其相关项也将趋于无穷大,自然 $\Delta x_i(t)$ 也将趋于无穷大,系统将失去稳定。

(2)如特征值为一对共轭复数 $\sigma_{\mathrm{k}} \pm j \omega_{\mathrm{k}}$,其系数分别为 K_{ik} 和 $K_{i(k+1)}$,因为 $\Delta x_i(t)$ 为实数,故系数 K_{ik} 和 $K_{i(k+1)}$ 也必为一对共轭复数,记 $a+jb$ 和 $a-jb$。相应两项和为

$$
(a+jb) e^{(\sigma_{\mathrm{k}}+j \omega_{\mathrm{k}}) t}+(a-jb) e^{(\sigma_{\mathrm{k}}-j \omega_{\mathrm{k}}) t}=2 e^{\sigma_{\mathrm{k}} t}(a \cos \omega_{\mathrm{k}} t-b \sin \omega_{\mathrm{k}} t)=2 c e^{\sigma_{\mathrm{k}} t} \sin (\omega_{\mathrm{k}} t-\varphi)
$$

$$
\tag{7.61}
$$

式中,$c=\sqrt{a^2+b^2}$,$\varphi=\arctan a/b$。

由式(7.61)可知,特征值 $\sigma_{\mathrm{k}} \pm j \omega_{\mathrm{k}}$ 代表一种振荡模式,振荡的角频率为 ω_{k},σ_{k} 表征其振荡衰减的速度。负实部表示衰减振荡,正实部表示增幅振荡,而零实部表示等幅振荡。振荡频率(Hz)为

$$f_k = \frac{\omega_k}{2\pi} \tag{7.62}$$

通常以阻尼比 ξ_k 来具体衡量振荡模态衰减的指标：

$$\xi_k = \frac{-\sigma_k}{\sqrt{\sigma_k^2 + \omega_k^2}} \tag{7.63}$$

ξ_k 越大，表明该振荡模式阻尼越强，即该振荡模式衰减得越快，阻尼比 $\xi_k < 0.03$ 的振荡模式一般被认为是弱阻尼振荡模式，应当采取措施，加以改善。

图 7.19 给出了不同特征值模式的特性曲线。

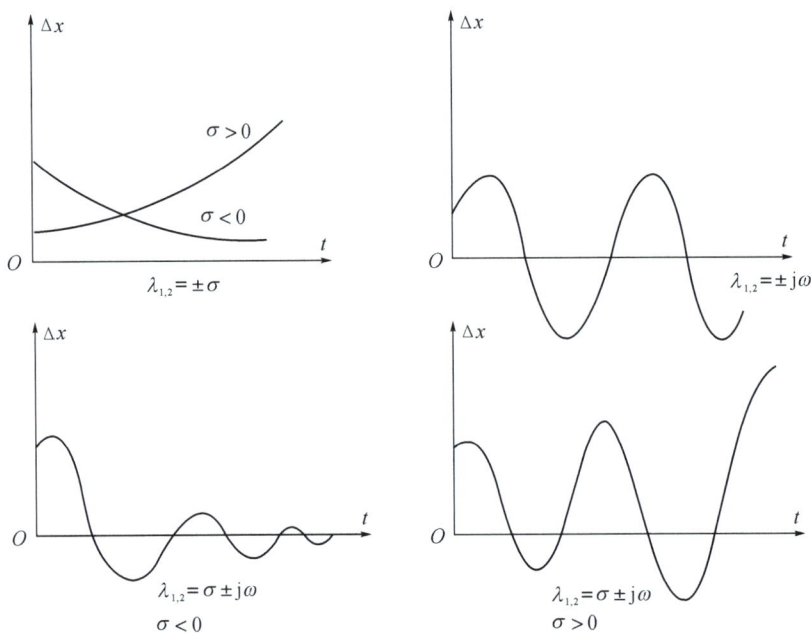

图 7.19　不同特征根时的暂态过程特性曲线

复杂电力系统静态稳定分析的一般步骤可归结为：

（1）计算给定稳态运行方式下各变量的稳态值。

（2）对描述系统动态过程的非线性微分－代数方程组在稳态值附近线性化，得到增量的线性微分－代数方程。

（3）消去线性微分－代数方程的运行变量，得到系统状态变量增量的线性化状态方程，根据状态方程特征值的性质判断系统的稳定性。

对于系统矩阵特征值计算的主要方法可分为两类：一类是计算矩阵的全部特征值；另一类是只计算满足某种特征的部分特征值，如振荡频率在某一指定范围内的部分特征值、实部最大的特征值等。

全部特征值方法利用 QR 算法一次性求出全部特征值，得到系统的所有模态，但其计算量大，占内存多，计算速度慢。

部分特征值方法主要包括：AESOPS 算法、选择模态算法（SMA）、Rayleigh 商迭代法（RQI）、同时迭代法、Arnoldi 法等。这些方法只计算一部分对稳定性判别有关键影响的特征值，以确保计算精度和速度都可以满足大规模电力系统的要求，但不能保证某些关键特征值不被遗漏。

▶▶▶ 7.4.2 简单电力系统的静态稳定分析

利用上述小干扰法分析如图 7.20 所示简单系统的静态稳定性。设原始运行时的运行工况为：$P_T = P_E = P_{E0}$，$\delta = \delta_0$，$\omega = \omega_0 = 1$，$E'_q = E'_{q0}$。

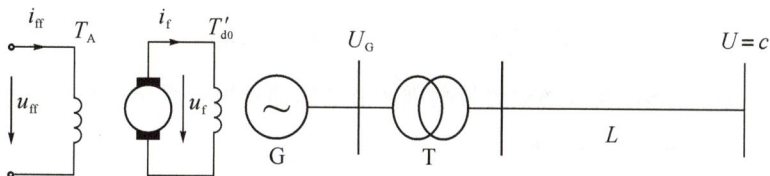

图 7.20 简单电力系统

1. 系统的状态方程

由式(7.21)，考虑阻尼时，发电机转子运动方程为

$$\frac{d\delta}{dt} = (\omega - 1)\omega_0 \tag{7.64}$$

$$\frac{d\omega}{dt} = \frac{1}{T_J}[P_T - P_E - D(\omega - 1)] \tag{7.65}$$

式中，D 为阻尼系数，$D(\omega - 1)$ 表示转子机械阻尼和电气阻尼而产生的阻尼转矩。机械功率 P_T，假定为常数。P_E 用 $P_{E'_q}$ 表示，即

$$P_E = P_{E'_q} = \frac{E'_q U}{x'_{d\Sigma}} \sin \delta - \frac{U^2}{2} \frac{x_q - x'_d}{x'_{d\Sigma} x_{q\Sigma}} \sin 2\delta \tag{7.66}$$

由发电机励磁绕组的电压方程式

$$u_f = r_f i_f + \frac{d\psi_f}{dt}$$

用 x_{ad}/r_f 乘上式等号两边得：

$$\frac{x_{ad}}{r_f} u_f = x_{ad} i_f + \frac{x_f}{r_f} \frac{d\left(\dfrac{x_{ad}}{x_f}\psi_f\right)}{dt}$$

改写上式，可得：

$$T'_{d0} \frac{dE'_q}{dt} = E_{qe} - E_q \tag{7.67}$$

式中，$E'_q = \dfrac{x_{ad}}{x_f}\psi_f$，实际上，式(7.67)就是描绘励磁绕组磁链变化的方程；$T'_{d0} = \dfrac{x_f}{r_f}$，为定子开路时励磁绕组本身的时间常数；$E_{qe} = x_{ad}\dfrac{u_f}{r_f}$，为由励磁电流的强制分量 $\dfrac{u_f}{r_f}$ 产生的强制空载电势，在不计饱和的假设下，x_{ad} 为常数，则 E_{qe} 与 u_f 成正比；$E_q = x_{ad} i_f$，为空载电势。

比例型励磁调节系统简化框图如图 7.21 所示。

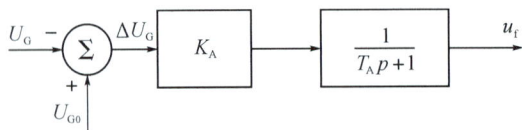

图 7.21　励磁调节系统传递函数

图 7.21 中，U_G 为发电机机端电压，U_{G0} 为调节器的电压整定值，u_f 为励磁电压（即 E_{qe}），K_A 为调节器的放大系数，T_A 为调节器的时间常数。励磁调节系统的方程如下：

$$T_A \frac{dE_{qe}}{dt} = -E_{qe} + K_A(U_{G0} - U_G) \tag{7.68}$$

式(7.64)、(7.65)、(7.67)和(7.68)为带励磁调节器的简单电力系统的状态方程组。

2. 系数 K_1、K_2、K_3、K_4、K_5、K_6

在小干扰法的叙述中，从式(7.58)第 2 式中解出 Δy，即 Δy 的 Δx 线性表达式，代入第 1 式，消去 Δy，得到状态变量 Δx 的微分方程式(7.59)。

在式(7.64)、(7.65)、(7.67)和(7.68)中，δ、ω、E'_q 和 E_{qe} 为状态变量，而 $P_{E'_q}$、E_q 和 U_G 为非状态变量，因此，必须求出两者增量之间的关系式，它们的系数分别是 K_1、K_2、K_3、K_4、K_5、K_6。

(1) K_1、K_2

用 E'_q 表示的功率表达式见式(7.66)，取其全微分，得：

$$\Delta P_{E'_q} = \frac{\partial P_{E'_q}}{\partial \delta} \Delta \delta + \frac{\partial P_{E'_q}}{\partial E'_q} \Delta E'_q = K_1 \Delta \delta + K_2 \Delta E'_q \tag{7.69}$$

式中，

$$K_1 = S_{E'_q} \triangleq \frac{\partial P'_{E_q}}{\partial \delta} = \frac{E'_q U}{x'_{d\Sigma}} \cos \delta - U^2 \frac{x_q - x'_d}{x'_{d\Sigma} x_{q\Sigma}} \cos 2\delta \tag{7.70}$$

K_1（或 $S_{E'_q}$）称同步功率系数。

$$K_2 \triangleq \frac{\partial P_{E'_q}}{\partial E'_q} = \frac{U}{x'_{d\Sigma}} \sin \delta \tag{7.71}$$

此外，还可以定义以 E_q 表示的功率表达式(7.32) P_{E_q} 对功角 δ 的偏导数

$$S_{E_q} \triangleq \frac{\partial P_{E_q}}{\partial \delta} = \frac{E_q U}{x_{d\Sigma}} \cos \delta + U^2 \frac{x_d - x_q}{x_{d\Sigma} x_{q\Sigma}} \cos 2\delta \tag{7.72}$$

对于隐极机，$x_d = x_q$，则

$$S_{E_q} = \frac{E_q U}{x_{d\Sigma}} \cos \delta \tag{7.73}$$

(2) K_3、K_4

由图 7.4 可知，

$$E_q = U_q + I_d x_{d\Sigma}$$
$$E'_q = U_q + I_d x'_{d\Sigma}$$

在上二式中消去 I_d 得：

$$E_q = \frac{x_{d\Sigma}}{x'_{d\Sigma}} E'_q - \frac{x_d - x'_d}{x'_{d\Sigma}} U \cos \delta \tag{7.74}$$

所以

$$\Delta E_q = \frac{\partial E_q}{\partial E'_q} \Delta E'_q + \frac{\partial E_q}{\partial \delta} \Delta\delta = \frac{1}{K_3}\Delta E'_q + K_4 \Delta\delta \tag{7.75}$$

式中，

$$\frac{1}{K_3} \triangleq \frac{\partial E_q}{\partial E'_q} = \frac{x_{d\Sigma}}{x'_{d\Sigma}} \tag{7.76}$$

$$K_4 \triangleq \frac{\partial E_q}{\partial \delta} = \frac{x_d - x'_d}{x'_{d\Sigma}} U \sin\delta \tag{7.77}$$

(3) K_5、K_6

由图 7.4 可知，

$$U_d = I_q x_{q\Sigma}$$

$$U_{Gd} = I_q x_q = \frac{U_q}{x_{q\Sigma}} x_q = U \frac{x_q}{x_{q\Sigma}} \sin\delta \tag{7.78}$$

$$U_{Gq} = U_q + I_d(x_{d\Sigma} - x_d) = U_q + \frac{E'_q - U_q}{x'_{d\Sigma}}(x_{d\Sigma} - x_d)$$

$$= \frac{x'_d}{x'_{d\Sigma}} U\cos\delta + \frac{E'_q}{x'_{d\Sigma}}(x_{d\Sigma} - x_d) \tag{7.79}$$

而

$$U_G^2 = U_{Gd}^2 + U_{Gq}^2$$

有

$$\Delta U_G = \frac{\partial U_G}{\partial \delta}\Delta\delta + \frac{\partial U_G}{\partial E'_q}\Delta E'_q = K_5\Delta\delta + K_6\Delta E'_q \tag{7.80}$$

式中，

$$K_5 \triangleq \frac{\partial U_G}{\partial \delta} = \frac{U_{Gd}}{U_G}\frac{x_q}{x_{q\Sigma}}U\cos\delta - \frac{U_{Gq}}{U_G}\frac{x'_d}{x'_{d\Sigma}}U\sin\delta \tag{7.81}$$

$$K_6 \triangleq \frac{\partial U_G}{\partial E'_q} = \frac{U_{Gq}}{U_G}\frac{(x_{d\Sigma} - x_d)}{x'_{d\Sigma}} \tag{7.82}$$

3. 静态稳定性分析

假定机械功率 P_T 不变。分以下几种情况，由简单到复杂分别予以讨论。

(1) 不考虑自动励磁调节器

不考虑自动励磁调节器的情况下，励磁电压 u_f（或 E_{qe}）恒定，即

$$\frac{dE_{qe}}{dt} = 0$$

故方程式(7.68)略去。

① 不计励磁绕组的电磁暂态过程

不计励磁绕组的电磁暂态过程，认为 E'_q 恒定，即

$$\frac{dE'_q}{dt} = 0$$

故方程式(7.67)略去。

这样，状态方程组只剩下发电机的运动方程式(7.64)和(7.65)，即

$$\left.\begin{array}{l} \dfrac{\mathrm{d}\delta}{\mathrm{d}t}=(\omega-1)\omega_0 \\[3mm] \dfrac{\mathrm{d}\omega}{\mathrm{d}t}=\dfrac{1}{T_{\mathrm{J}}}\big[P_{\mathrm{T}}-P_{E'_{\mathrm{q}}}-D(\omega-1)\big] \end{array}\right\} \tag{7.83}$$

A. 不计发电机的阻尼作用

不计阻尼，即 $D=0$。

由式(7.69)得：

$$\Delta P_{E'_{\mathrm{q}}}=K_1\Delta\delta+K_2\Delta E'_{\mathrm{q}}$$

又因为 $\Delta E'_{\mathrm{q}}=0$，所以

$$\Delta P_{E'_{\mathrm{q}}}=K_1\Delta\delta$$

式(7.83)的增量方程为

$$\begin{bmatrix} \dfrac{\mathrm{d}\Delta\delta}{\mathrm{d}t} \\[3mm] \dfrac{\mathrm{d}\Delta\omega}{\mathrm{d}t} \end{bmatrix}= \begin{bmatrix} 0 & \omega_0 \\[2mm] -\dfrac{K_1}{T_{\mathrm{J}}} & 0 \end{bmatrix} \begin{bmatrix} \Delta\delta \\ \Delta\omega \end{bmatrix}= \boldsymbol{A}\begin{bmatrix} \Delta\delta \\ \Delta\omega \end{bmatrix} \tag{7.84}$$

其特征方程式为

$$\begin{vmatrix} -\lambda & \omega_0 \\[2mm] -\dfrac{K_1}{T_{\mathrm{J}}} & -\lambda \end{vmatrix}=0 \tag{7.85}$$

求得方程的特征值 λ 为

$$\lambda_{1,2}=\pm\sqrt{-\dfrac{\omega_0 K_1}{T_{\mathrm{J}}}} \tag{7.86}$$

当 $K_1>0$ 时，特征值为一对共轭复数

$$\lambda_{1,2}=\pm\mathrm{j}\omega \tag{7.87}$$

式中，$\omega=\sqrt{\dfrac{\omega_0 K_1}{T_{\mathrm{J}}}}$ 为自由振荡角频率，相应的自由振荡频率为 $f_{\mathrm{e}}=\dfrac{\omega}{2\pi}$。

系统受到小扰动后，状态变量 $\Delta\delta$ 和 $\Delta\omega$ 将不断地作等幅振荡。若系统中存在正的阻尼，振荡将是衰减的，系统是静态稳定的。

当 $K_1<0$ 时，特征值存在一个正的实根，状态变量将单调增加，系统非周期性地失去稳定。

B. 计及发电机的阻尼作用

发电机的阻尼作用包括机械阻尼和电气阻尼两种。机械阻尼主要由轴承摩擦及转子风阻产生的；电气阻尼的产生是由于系统发生振荡时，定子旋转磁场对于发电机转子有相对运动，从而在转子的励磁绕组和阻尼绕组中感应电流而形成阻尼转矩（功率）。总的阻尼功率可近似地表示为阻尼系数 D 与相对角速度 $\omega-1$ 的乘积，即

$$P_{\mathrm{D}}=D(\omega-1)$$

一般情况下，阻尼系数为正值，但在某些情况下阻尼系数也可能变为负值。考虑阻尼转矩 $D\neq0$，式(7.83)的增量方程式可表示为

$$\begin{bmatrix} \dfrac{\mathrm{d}\Delta\delta}{\mathrm{d}t} \\[3mm] \dfrac{\mathrm{d}\Delta\omega}{\mathrm{d}t} \end{bmatrix}= \begin{bmatrix} 0 & \omega_0 \\[2mm] -\dfrac{K_1}{T_{\mathrm{J}}} & -\dfrac{D}{T_{\mathrm{J}}} \end{bmatrix} \begin{bmatrix} \Delta\delta \\ \Delta\omega \end{bmatrix}= \boldsymbol{A}\begin{bmatrix} \Delta\delta \\ \Delta\omega \end{bmatrix} \tag{7.88}$$

上式的特征方程式为

$$\begin{vmatrix} -\lambda & \omega_0 \\ -\dfrac{K_1}{T_J} & -\dfrac{D}{T_J}-\lambda \end{vmatrix}=0$$

方程的特征值为

$$\lambda_{1,2}=-\frac{D}{2T_J}\pm\frac{1}{2T_J}\sqrt{D^2-4\omega_0 T_J K_1}$$

下面就同步转矩系数 K_1 和阻尼系数 D 取不同范围值时,对特征值的性质进行讨论。

a. 当发电机阻尼系数为正值,即 $D>0$

当 $K_1>0$,且 $D^2>4\omega_0 T_J K_1$ 时,$\sqrt{D^2-4\omega_0 T_J K_1}<D$,故特征值为两个负的实根,状态变量将单调衰减到零,系统静态稳定。

当 $K_1>0$,且 $D^2<4\omega_0 T_J K_1$ 时,特征值为一对具有负实部的共轭复根,状态变量将振荡衰减到零,系统静态稳定。

当 $K_1<0$ 时,$\sqrt{D^2-4\omega_0 T_J K_1}>D$,特征值中存在一个正的实根,状态变量单调增加,系统将失去静定稳定。

b. 当发电机阻尼系数为负值,即 $D<0$

此时,不论 K_1 为何值,特征值中至少存在一个实部为正的根,状态变量或单调发散或振荡发散,系统将失去静定。

综上所述,考虑发电机阻尼作用时,简单系统的静态稳定判据为:$D>0$ 且 $K_1>0$。

为了进一步理解阻尼的作用,下面从物理意义方面予以解释。由 $P_D=D(\omega-1)$ 可知,如果 $D>0$,则当转子转速大于同步转速时,即 $\omega>1$ 时,阻尼功率为正,它将阻止转子转速升高,从而阻止 δ 的增大。当 $\omega<1$ 时,即转子转速低于同步转速时,阻尼功率为负,阻止转速进一步下降。当 $D<0$,则情况完全相反,阻尼转矩会促使系统振荡失步。

②计及励磁绕组的电磁暂态过程

在不考虑自动励磁调节器,但计及励磁绕组的电磁暂态过程的情况下,如不计阻尼,方程式(7.64)、(7.65)和(7.67)有如下形式:

$$\left.\begin{aligned} \frac{\mathrm{d}\delta}{\mathrm{d}t}&=(\omega-1)\omega_0 \\ \frac{\mathrm{d}\omega}{\mathrm{d}t}&=\frac{1}{T_J}(P_T-P_{E'_q}) \\ T'_{d0}\frac{\mathrm{d}E'_q}{\mathrm{d}t}&=E_{qe}-E_q \end{aligned}\right\} \tag{7.89}$$

由于不计励磁调节,E_{qe} 不变,故 $\Delta E_{qe}=0$,式(7.89)的增量方程有如下形式:

$$\begin{bmatrix} \Delta\dot{\delta} \\ \Delta\dot{\omega} \\ \Delta\dot{E'}_q \end{bmatrix}=\begin{bmatrix} 0 & \omega_0 & 0 \\ -\dfrac{K_1}{T_J} & 0 & -\dfrac{K_2}{T_J} \\ -\dfrac{1}{T'_{d0}}K_4 & 0 & -\dfrac{1}{T'_{d0}K_3} \end{bmatrix}\begin{bmatrix} \Delta\delta \\ \Delta\omega \\ \Delta E'_q \end{bmatrix}=\boldsymbol{A}\begin{bmatrix} \Delta\delta \\ \Delta\omega \\ \Delta E'_q \end{bmatrix}$$

求系数矩阵 $\boldsymbol{A}$ 的特征值,根据它们实部的正负判断系统的稳定性。

（2）考虑自动励磁调节器

考虑了如图 7.21 所示的比例型自动励磁调节器后，在不计阻尼的情况下，系统的状态方程组如下：

$$\left.\begin{aligned}
\frac{\mathrm{d}\delta}{\mathrm{d}t} &= (\omega-1)\omega_0 \\
\frac{\mathrm{d}\omega}{\mathrm{d}t} &= \frac{1}{T_J}(P_T - P_{E'_q}) \\
T'_{d0}\frac{\mathrm{d}E'_q}{\mathrm{d}t} &= E_{qe} - E_q \\
T_A\frac{\mathrm{d}E_{qe}}{\mathrm{d}t} &= -E_{qe} + K_A(U_{G0} - U_G)
\end{aligned}\right\} \tag{7.90}$$

式中，T_A 为调节器的时间常数，如果 $T_A=0$，称快速励磁，是真正意义上的比例型励磁调节器。下面分两种情况予以讨论。

第一种情况，$T_A=0$

如果 $T_A=0$，则式（7.90）第 4 式退化为代数方程

$$E_{qe} = K_A(U_{G0} - U_G)$$

其增量方程为

$$\Delta E_{qe} = -K_A\Delta U_G = -K_A(K_5\Delta\delta + K_6\Delta E'_q) \tag{7.91}$$

写出式（7.90）前 3 式的增量方程，并将式（7.91）代入，得：

$$\begin{bmatrix} \dot{\Delta\delta} \\ \dot{\Delta\omega} \\ \dot{\Delta E'_q} \end{bmatrix} = \begin{bmatrix} 0 & \omega_0 & 0 \\ -\dfrac{K_1}{T_J} & 0 & -\dfrac{K_2}{T_J} \\ -\dfrac{1}{T'_{d0}}(K_4 + K_A K_5) & 0 & -\dfrac{1}{T'_{d0}}\left(\dfrac{1}{K_3} + K_A K_6\right) \end{bmatrix} \begin{bmatrix} \Delta\delta \\ \Delta\omega \\ \Delta E'_q \end{bmatrix} \tag{7.92}$$

其实，只要求出式（7.92）中系数矩阵的特征值，就可以判断系统的稳定性。下面，我们使用赫尔维茨判据对系统的稳定域和有关参数对稳定的影响作详细的讨论。

式（7.92）的特征方程式为

$$\begin{vmatrix} -\lambda & \omega_0 & 0 \\ -\dfrac{K_1}{T_J} & -\lambda & -\dfrac{K_2}{T_J} \\ -\dfrac{1}{T'_{d0}}(K_4 + K_A K_5) & 0 & -\dfrac{1}{T'_{d0}}\left(\dfrac{1}{K_3} + K_A K_6\right) -\lambda \end{vmatrix} = 0 \tag{7.93}$$

将上式行列式展开，可得：

$$\lambda^3 + \frac{1 + K_3 K_A K_6}{T'_{d0} K_3}\lambda^2 + \frac{\omega_0 K_1}{T_J}\lambda + \frac{\omega_0}{T'_{d0} T_J}\left[\left(\frac{K_1}{K_3} - K_2 K_4\right) + K_A(K_1 K_6 - K_2 K_5)\right] = 0 \tag{7.94}$$

或 $a_0\lambda^3 + a_1\lambda^2 + a_2\lambda + a_3 = 0$

根据赫尔维茨判据，此三阶系统稳定的条件为：特征方程所有系数和行列式 $\Delta_2 =$

$\begin{vmatrix} a_1 & a_3 \\ a_0 & a_2 \end{vmatrix}$ 均为正值，即下式成立：

$$\left.\begin{aligned} a_1 &= \frac{1+K_3 K_A K_6}{T'_{d0} K_3} > 0 \\ a_2 &= \frac{\omega_0 K_1}{T_J} > 0 \\ a_3 &= \frac{\omega_0}{T'_{d0} T_J} \left[\left(\frac{K_1}{K_3} - K_2 K_4 \right) + K_A (K_1 K_6 - K_2 K_5) \right] > 0 \\ \Delta_2 &= a_1 a_2 - a_0 a_3 = \frac{\omega_0 K_2}{T'_{d0} T_J}(K_4 + K_A K_5) > 0 \end{aligned}\right\} \tag{7.95}$$

式中，K_A、K_3 和 K_6 均为正值。当 δ_0 在 $0° \sim 180°$ 范围内时，K_2 和 K_4 也为正值。K_5 是发电机端电压对功角的偏导数，在 E'_q 不变时，当功角增大，即输出的电磁功率增加时，发电机端电压 U_G 将降低，所以 K_5 总是负的。K_1 是电磁功率 $P_{E'_q}$ 对功角的偏导数，在 $P_{E'_q} \sim \delta$ 曲线的上升段 K_1 为正，下降段为负。

根据以上对系数 $K_1 \sim K_6$ 和 K_A 的讨论，可知静态稳定判据式(7.95)中，a_1 为正值成立，而 a_2、a_3 和 Δ_2 的符号则是随功角和放大系数 K_A 的变化而变化的。现在就这三个关系式求出静态稳定的条件。

$a_2 > 0$ 的条件为 $K_1 > 0$。由 K_1 定义，功角应处于 $P_{E'_q} \sim \delta$ 曲线的上升段。

$a_3 > 0$ 的条件为

$$(K_1 - K_2 K_3 K_4) + K_A K_3 (K_1 K_6 - K_2 K_5) > 0 \tag{7.96}$$

因为在 $P_{E'_q} \sim \delta$ 曲线的上升段，$K_1 > 0$，而 $K_2 > 0$，$K_6 > 0$，$K_5 < 0$，所以上式中 $K_1 K_6 - K_2 K_5 > 0$，要满足 $a_3 > 0$，K_A 满足如下列条件

$$K_A > -\frac{K_1 - K_2 K_3 K_4}{K_3 (K_1 K_6 - K_2 K_5)} = K_{Amin} \tag{7.97}$$

式中，K_{Amin} 为励磁调节器放大倍数的下限值。

由 $\Delta_2 > 0$ 的条件，即 $K_4 + K_A K_5 > 0$。因为 K_5 总为负值，所以 K_A 必须满足另一条件

$$K_A < -\frac{K_4}{K_5} = K_{Amax} \tag{7.98}$$

式中，K_{Amax} 为励磁调节器放大倍数的上限值。

综上所述，在发电机上装有比例型励磁调节装置的快速励磁系统时，简单系统的静态稳定判据为

$$K_1 > 0 \tag{7.99}$$

$$K_{Amin} \leqslant K_A \leqslant K_{Amax} \tag{7.100}$$

图 7.22 为励磁放大倍数 K_A 与功角的变化关系曲线，图中曲线 1 和曲线 2 分别为隐极机 K_{Amax} 和 K_{Amin} 随功角 δ 变化的曲线。曲线 1 和曲线 2 相交于 a 点，不难证明，在 δ_a 处 $K_1 = 0$，因此，δ_a 就是 $T_A = 0$ 时的静稳定极限角。

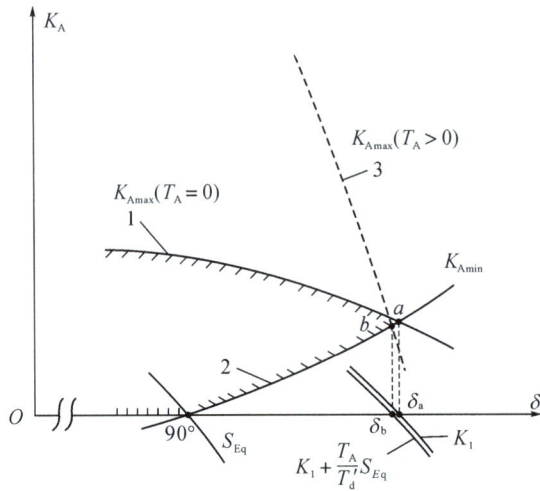

图 7.22 励磁放大倍数 K_A 与功角的变化关系

图 7.23 表示简单系统的功率曲线及系统的静态稳定区。在图 7.23 中，当发电机在①点运行时，电磁功率为 P_1，此时将发电机端电压调整为额定值，即 $U_G(\approx U_{Gq})=1$，功率角为 δ_1，求出此时的 $E_q^{(1)}$ 和 $E_q'^{(1)}$。用 $E_q^{(1)}$ 和 $E_q'^{(1)}$ 分别作功率曲线 $P_{E_q}^{(1)}$ 和 $P_{E_q'}^{(1)}$，并分别求它们对 δ 的偏导数 $K_1^{(1)}$ 和 $S_{E_q}^{(1)}$，可见，此时 $K_1^{(1)}>0$，$S_{E_q}^{(1)}>0$，只要放大倍数 K_A 符合式(7.97)和式(7.98)的条件，则发电机在①点是静态稳定的。

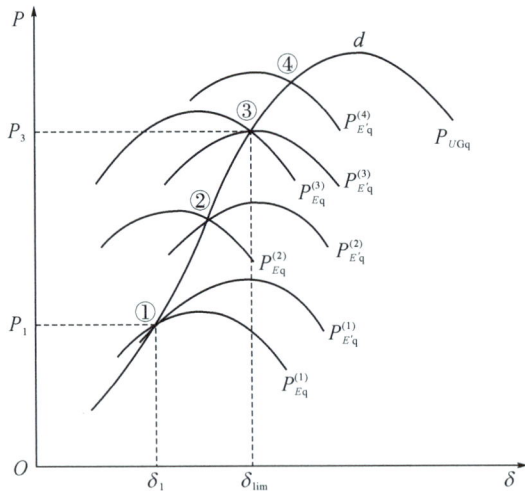

图 7.23 功率曲线及系统的静态稳定区

增大发电机有功出力，使运行点移到②点，此时仍将发电机端电压调整为额定值。在②点，同样求出此时的 $E_q^{(2)}$ 和 $E_q'^{(2)}$。用 $E_q^{(2)}$ 和 $E_q'^{(2)}$ 分别作功率曲线 $P_{E_q}^{(2)}$ 和 $P_{E_q'}^{(2)}$，并分别求它们对 δ 的偏导数 $K_1^{(2)}$ 和 $S_{E_q}^{(2)}$，此时 $S_{E_q}^{(2)}$ 已为负值，但 $K_1^{(2)}>0$，只要放大倍数 K_A 符合条件，则发电机在②点仍然是静态稳定的。

再增大发电机有功出力，使运行点移到③点，此时仍将发电机端电压调整为额定值。

在③点，同样求出此时的 $E_q^{(3)}$ 和 $E_q'^{(3)}$。用 $E_q^{(3)}$ 和 $E_q'^{(3)}$ 分别作功率曲线 $P_{E_q}^{(3)}$ 和 $P_{E_q'}^{(3)}$，并分别求它们对 δ 的偏导数 $K_1^{(3)}$ 和 $S_{E_q}^{(3)}$，此时 $S_{E_q}^{(3)}$ 为负值，而 $K_1^{(3)}=0$，系统达到了静稳极限，这时的功角 δ_{lim} 为极限稳定角。

若再增大发电机出力，使运行点移到④点，在④点 $S_{E_q}^{(4)}<0$，$K_1^{(4)}<0$，系统不能保持稳定运行。可见，在运行点③左边的区域内，只要放大倍数 K_A 在允许的范围内，系统都是稳定的。

应当指出的是，上述运行方式的改变是按 $U_G(\approx U_{Gq})=1$ 为条件的。因此，以 $U_G(\approx U_{Gq})$ 恒定的功率曲线 $P_{U_G}(\approx P_{U_{Gq}})$ 必将经过①②③④点，事实上，③以后的点都是不稳定的，也是不存在的。

【例 7.2】 如图 7.11 所示的简单电力系统，设发电机为隐极机，用标幺值表示的参数如下：

$$x_d=x_q=1.0, x_d'=0.35, x_e=0.5,$$
$$x_{d\Sigma}=x_{q\Sigma}=1.5, x_{d\Sigma}'=0.85,$$

正常运行时，$P_0=1.0$，$E_{q0}=2.0$，$U=1.0$，$\delta_0=48.6°$。设发电机具有按端电压偏移调节的比例型励磁调节器。试计算放大倍数 K_A 取多少是合适的。

【解】 （1）求正常运行时 K_{Amin} 和 K_{Amax}

计算常数 $K_1, K_2, K_3, K_4, K_5, K_6$

$$I_{d0}=\frac{E_{q0}-U\cos\delta_0}{x_{d\Sigma}}=\frac{2.0-\cos48.6°}{1.5}=0.892$$

$$I_{q0}=\frac{U\sin\delta}{x_{d\Sigma}}=\frac{\sin48.6°}{1.5}=0.500$$

$$U_{Gq0}=U\cos\delta+I_{d0}x_e=\cos48.6°+0.892\times0.5=1.107$$

$$U_{Gd0}=I_{q0}x_q=0.500\times1=0.500$$

$$U_{G0}=\sqrt{U_{Gq0}^2+U_{Gd0}^2}=\sqrt{1.107^2+0.500^2}=1.215$$

$$E_{q0}'=U\cos\delta_0+I_{d0}x_d'=\cos48.6°+0.892\times0.85=1.420$$

$$K_1=S_{E_q'}=\frac{E_q'U}{x_{d\Sigma}'}\cos\delta+U^2\frac{x_{d\Sigma}'-x_{q\Sigma}}{x_{d\Sigma}'x_{q\Sigma}}\cos2\delta$$

$$=\frac{1.420\times1}{0.85}\cos48.6°+\frac{0.85-1.5}{0.85\times1.5}\cos(2\times48.6°)$$

$$=1.165$$

$$K_2=\frac{U}{x_{d\Sigma}'}\sin\delta=\frac{1}{0.85}\sin48.6°=0.882$$

$$K_3=\frac{x_{d\Sigma}'}{x_{d\Sigma}}=\frac{0.85}{1.5}=0.567$$

$$K_4=\frac{x_{d\Sigma}-x_{d\Sigma}'}{x_{d\Sigma}'}U\sin\delta=\frac{1.5-0.85}{0.85}\sin48.6°=0.574$$

$$K_5=\frac{U_{Gd0}Ux_q\cos\delta_0}{U_{G0}x_{q\Sigma}}-\frac{U_{Gq0}Ux_d'\sin\delta_0}{U_{G0}x_{d\Sigma}'}$$

$$=\frac{0.500\times1\times1\times\cos48.6°}{1.215\times1.5}-\frac{1.107\times0.35\times\sin48.6°}{1.215\times0.85}$$

$$=0.181-0.281=-0.100$$

$$K_6 = \frac{U_{Gq0}}{U_{G0}}\left(\frac{x_{d\Sigma}-x_d}{x'_{d\Sigma}}\right) = \frac{1.107\times0.5}{1.215\times0.85} = 0.536$$

$$K_{Amax} = -\frac{K_4}{K_5} = \frac{0.574}{0.100} = 5.740$$

$$K_1 - K_2 K_3 K_4 = 1.166 - 0.882\times0.567\times0.574$$

$$= 0.879 > 0$$

所以 $$K_{Amin} < 0$$

在正常运行时，励磁调节器的放大倍数取值范围是

$$0 \leqslant K_A \leqslant 5.74$$

(2)选取实际的 K_A 值

实际的 K_A 值不能按某一功率角 δ 时的最大值选取，因为当运行条件改变时，相应的最大值是变化的。如图 7.22 所示，K_{Amax} 随功率角 δ 的增大而减小，在极限情况时($K_1=0$)为最小。设在极限角时，$E'_q = E'_{q0} = 1.42$，由 $K_1 = 0$ 确定极限角度的近似值

$$\frac{1.42}{0.85}\cos\delta + \frac{0.85-1.5}{0.85\times1.5}\cos2\delta = 0$$

解得： $$\delta = 105.25°$$

此时， $$K_4 = \frac{1.5-0.85}{0.85}\sin105.25° = 0.738$$

按式(7.74)可得 $\delta = 105.25°$ 时的电势 E_q 为

$$E_q = \frac{x_{d\Sigma}}{x'_{d\Sigma}}E'_q - \frac{x_d - x'_d}{x'_{d\Sigma}}U\cos\delta$$

$$= \frac{1.5}{0.85}\times1.42 - \frac{1.0-0.35}{0.85}\times\cos105.25°$$

$$= 2.506 + 0.201 = 2.707$$

$$U_{Gd} = U\sin\delta\frac{x_q}{x_{q\Sigma}} = \frac{1}{1.5}\sin105.25° = 0.643$$

$$U_{Gq} = E_q - \frac{x_d}{x_{d\Sigma}}(E_q - U\cos\delta)$$

$$= 2.707 - \frac{1}{1.5}(2.707 - \cos105.25°)$$

$$= 2.707 - \frac{2.970}{1.5} = 2.707 - 1.980 = 0.727$$

$$U_G = \sqrt{U_{Gq}^2 + U_{Gd}^2} = \sqrt{0.727^2 + 0.643^2} = 0.971$$

于是，

$$K_5 = \frac{U_{Gd}Ux_q\cos\delta}{U_G x_{q\Sigma}} - \frac{U_{Gq}Ux'_d\sin\delta}{U_G x'_{d\Sigma}}$$

$$= \frac{0.643\times1\times1\times\cos105.25°}{0.971\times1.5}$$

$$- \frac{0.725\times1\times0.35\times\sin105.25°}{0.971\times0.85}$$

$$= -0.116 - 0.297 = -0.413$$

所以 $\delta = 105.25°$ 时, $K_{Amax} = \dfrac{K_4}{-K_5} = \dfrac{0.738}{0.413} \approx 1.8$, 即发电机励磁调节器的放大倍数应取 $K_A = 1.8$。

计算系统在不同 δ 角运行时, E_q、U_G、E'_q、P、K_1、K_{Amax} 和 K_{Amin} 的值。发电机端电压的计算式为

$$U_{Gd} = \frac{x_q}{x_{q\Sigma}} U \sin\delta, \quad U_{Gq} = \frac{x_e}{x_{d\Sigma}} E_q + \frac{x_d}{x_{d\Sigma}} U \cos\delta$$

$$U_G^2 = U_{Gd}^2 + U_{Gq}^2$$

自动励磁调节系统的稳态方程为

$$E_q = E_{q0} - K_A(U_G - U_{G0}) = 2.0 - 1.8(U_G - 1.215)$$

由上面四式可解得:

$$U_G = \frac{A(B+C) - \sqrt{(B+C)^2 - (A^2-1)U_{Gd}^2}}{A^2 - 1}$$

式中,
$$A = K_A \frac{x_e}{x_{d\Sigma}}; B = (E_{q0} + K_A U_{G0})\frac{x_e}{x_{d\Sigma}}; C = \frac{x_d}{x_{d\Sigma}} U \cos\delta$$

对于给定的 δ 角,可由上面各式求得 U_G、U_{Gd}、U_{Gq} 和 E_q;将 E_q 代入式(7.74)求出 E'_q,由式(7.36)求出 P 值。再从有关计算式中算出该 δ 角的 $K_1 \sim K_6$ 及 K_{Amax}、K_{Amin} 各值。对于不同的 δ 角,计算结果见表 7.1。

表 7.1 不同 δ 角的计算结果

$\delta/°$	48.6	60	70	80	90	100	105.55	110
E_q	2.000	2.072	2.148	2.238	2.340	2.456	2.526	2.584
U_G	1.215	1.175	1.133	1.083	1.026	0.962	0.923	0.895
E'_q	1.420	1.391	1.366	1.343	1.326	1.317	1.315	1.316
P	1.000	1.196	1.346	1.469	1.560	1.613	1.622	1.619
K_1	1.169	1.073	0.940	0.755	0.510	0.210	0.022	−0.139
K_{Amax}	5.73	4.51	3.66	2.98	2.44	2.01	1.80	1.65
K_{Amin}	−2.18	−1.74	−1.275	−0.709	0.000	0.956	1.684	2.457

由表 7.1 可见,随着输电功率的增加,机端电压 U_G 明显下降,而 E'_q 也略有降低。当 $\delta = 105.55°$ 时,虽然 $K_1 = 0.022 > 0$,但 $K_{Amax} = K_A = 1.8$,所以达到静态稳定极限,极限功率 $P_{max} = 1.622$。该简单系统静态稳定储备系数 $K_p = \dfrac{1.622 - 1.0}{1.0} \times 100 = 62.2\%$。

第二种情况,$T_A > 0$

对于一般的励磁系统,励磁机的时间常数 $T_A > 0$。则式(7.90)的增量微分方程如下:

$$\begin{bmatrix} \Delta\dot{\delta} \\ \Delta\dot{\omega} \\ \Delta\dot{E}'_q \\ \Delta\dot{E}_{qe} \end{bmatrix} = \begin{bmatrix} 0 & \omega_0 & 0 & 0 \\ -\dfrac{K_1}{T_J} & 0 & -\dfrac{K_2}{T_J} & 0 \\ -\dfrac{K_4}{T'_{d0}} & 0 & -\dfrac{1}{K_3 T'_{d0}} & \dfrac{1}{T'_{d0}} \\ -\dfrac{K_A K_5}{T_A} & 0 & -\dfrac{K_A K_6}{T_A} & -\dfrac{1}{T_A} \end{bmatrix} \begin{bmatrix} \Delta\delta \\ \Delta\omega \\ \Delta E'_q \\ \Delta E_{qe} \end{bmatrix} = \mathbf{A} \begin{bmatrix} \Delta\delta \\ \Delta\omega \\ \Delta E'_q \\ \Delta E_{qe} \end{bmatrix} \qquad (7.101)$$

同样，求上式系数矩阵 $\mathbf{A}$ 的特征值，可判断系统的稳定性，也可以用赫尔维茨判据进行进一步的分析，以隐极机为例，可得到稳定的条件为

$$K_1 + \frac{T_A}{T'_d} S_{E_q} > 0 \qquad (7.102)$$

$$K_{A\min} \leqslant K_A \leqslant K_{A\max} \qquad (7.103)$$

这里，$K_{A\min}$ 仍与式(7.97)相同，而 $K_{A\max}$ 为

$$K_{A\max} = -\frac{K_4}{K_5} \frac{1 + \dfrac{\omega_0 T_A^2}{T_J(T'_d + T_A)}(T'_d K_1 + T_A S_{E_q})}{1 + \dfrac{T_A}{T'_d}\left(1 - \dfrac{K_3 K_4 K_6}{K_5}\right)} \qquad (7.104)$$

式中，

$$T'_d = K_3 T'_{d0}$$

图 7.22 中曲线 3 为 $K_{A\max}(T_A>0)$，它与曲线 2 相交于 b 点，可以证明 b 点的垂足 δ_b 处 $K_1 + \dfrac{T_A}{T'_d} S_{E_q} = 0$，因此，$\delta_b$ 就是 $T_A>0$ 时的静稳极限角。在 δ_b 点，S_{E_q} 已为负值，故 $K_1 = -\dfrac{T_A}{T'_d} S_{E_q} > 0$，即 $T_A>0$ 时的极限角比 $T_A=0$ 时的要小，这正是惯性时间常数 T_A 所致。

【例 7.3】 同例 7.2，但励磁机时间常数 $T_A=1\text{s}$。试计算 $K_A=25$ 时的静态稳定极限功率（发电机 $T_J=6\text{s}$，$T'_{d0}=5\text{s}$）。

【解】 给定不同的 δ 角，分别计算 U_G、E_q、E'_q、P、$S = K_1 + (T_A/T'_d)S_{E_q}$、$K_{A\max}$ 及 $K_{A\min}$。计算方法同例 7.2，只是 $K_{A\max}$ 不同。

本例中 $T'_d = T'_{d0} x'_{d\Sigma}/x_{d\Sigma} = 5 \times 0.85/1.5 = 2.83\text{s}$

$$K_{A\max} = -\frac{K_4}{K_5} \frac{1 + \dfrac{314.2 \times 1^2}{6(1+2.83)}(2.83 K_1 + S_{E_q})}{1 + \dfrac{1}{2.83}\left(1 - \dfrac{K_3 K_4 K_6}{K_5}\right)}$$

计算结果见表 7.2。

表 7.2 不同 δ 角的计算结果

$\delta/°$	48.6	60	70	80	91.57	99.78
U_G	1.215	1.208	1.200	1.190	1.177	1.166
E_q	2.000	2.183	2.386	2.630	2.964	3.230
E'_q	1.420	1.454	1.500	1.566	1.668	1.757
P	1.000	1.260	1.495	1.727	1.975	2.122

$\delta/°$	48.6	60	70	80	91.57	99.78
S	4.190	3.87	3.36	2.57	1.23	0.000
K_{Amax}	170.1	129.3	94.5	61.2	25.02	1.229
K_{Amin}	−2.18	−1.76	−1.31	−0.76	0.151	1.229

由表 7.2 可见，P 由 1.0 上升至 1.727（$\delta=80°$）时，U_G 下降 2%，所以 $K_A=25$ 已能基本保持 U_G 不变。由于 K_A 较大，所以 E'_q 随 δ 增加而增大。当 $\delta=91.57°$ 时，$K_{Amax}=K_A=25$，达到静态稳定极限，$P_{max}=1.975$，稳定储备系数 $K_p=97.5\%$，大于例 7.2。

▶▶▶ 7.4.3　多机电力系统的静态稳定分析

这里仅介绍发电机采用 E' 恒定，电抗为 x'_d 的二阶模型的多机系统的静态稳定分析方法。

在不计阻尼的情况下，第 i 台发电机的运动方程如下：

$$\frac{\mathrm{d}\delta_i}{\mathrm{d}t}=(\omega_i-1)\omega_0$$

$$\frac{\mathrm{d}\omega_i}{\mathrm{d}t}=\frac{1}{T_{Ji}}(P_{Ti}-P_{Ei}) \qquad (i=1,2,\cdots,m) \tag{7.105}$$

写成二阶形式

$$\frac{\mathrm{d}^2\delta_i}{\mathrm{d}t^2}=\frac{1}{T_{Ji}}(P_{Ti}-P_{Ei}) \qquad (i=1,2,\cdots,m) \tag{7.106}$$

式中，δ_i 为第 i 台发电机的 $\dot{E}'_i$ 相对于同步轴的夹角，ω_i、T_{Ji}、P_{Ti}、P_{Ei} 分别为该机的角速度、惯性时间常数、机械功率和电磁功率，ω_0 为同步角速度。

多机电力系统的电磁功率表达式为

$$P_i=E_i^2 G_{ii}+E_i\sum_{\substack{j=1\\j\neq i}}^{m}E_j|Y_{ij}|\sin(\delta_{ij}+\beta_{ij})$$

式中，E_i，E_j 为第 i 台和第 j 台发电机电势的幅值；$\delta_{ij}=\delta_i-\delta_j$ 为第 i 台和第 j 台发电机电势相量间的夹角；$Y_{ij}=G_{ij}+\mathrm{j}B_{ij}$ 为第 i 台发电机节点间的互导纳，$\beta_{ij}=90°-\arctan\dfrac{\beta_{ij}}{G_{ij}}$ 为导纳角的余角。

假设机械功率不变，则式（7.106）的增量方程为

$$\frac{\mathrm{d}^2\Delta\omega_i}{\mathrm{d}t^2}=\frac{1}{T_{Ji}}(-\Delta P_{Ei}) \qquad (i=1,2,\cdots,m)$$

由于 E' 恒定，电磁功率 P_{Ei} 的全微分为

$$\Delta P_{Ei}=\frac{\partial P_{Ei}}{\partial\delta_i}\Delta\delta_i+\sum_{\substack{j=1\\j\neq i}}^{m}\frac{\partial P_{Ei}}{\partial\delta_j}\Delta\delta_j=K_{ii}\Delta\delta_i+\sum_{\substack{j=1\\j\neq i}}^{m}K_{ij}\Delta\delta_j$$

式中，

$$K_{ii} \triangleq \frac{\partial P_{Ei}}{\partial \delta_i}, K_{ij} \triangleq \frac{\partial P_{Ei}}{\partial \delta_j}$$

它们也称为同步功率系数。

将增量方程写成矩阵形式如下：

$$\begin{bmatrix} \dfrac{d^2 \Delta \delta_1}{dt} \\ \vdots \\ \dfrac{d^2 \Delta \delta_i}{dt} \\ \vdots \\ \dfrac{d^2 \Delta \delta_m}{dt} \end{bmatrix} = \begin{bmatrix} -\dfrac{\omega_0}{T_{J1}}K_{11} & \cdots & -\dfrac{\omega_0}{T_{J1}}K_{1j} & \cdots & -\dfrac{\omega_0}{T_{J1}}K_{1m} \\ & & \vdots & & \vdots \\ -\dfrac{\omega_0}{T_{Ji}}K_{i1} & \cdots & -\dfrac{\omega_0}{T_{Ji}}K_{ij} & \cdots & -\dfrac{\omega_0}{T_{Ji}}K_{im} \\ & & \vdots & & \\ -\dfrac{\omega_0}{T_{Jm}}K_{m1} & \cdots & -\dfrac{\omega_0}{T_{Jm}}K_{mj} & \cdots & -\dfrac{\omega_0}{T_{Jm}}K_{mm} \end{bmatrix} \begin{bmatrix} \Delta \delta_1 \\ \vdots \\ \Delta \delta_j \\ \vdots \\ \Delta \delta_m \end{bmatrix} \qquad (7.107)$$

或

$$\Delta \ddot{\boldsymbol{\delta}} = \boldsymbol{A} \Delta \delta$$

求特征方程式 $|\boldsymbol{A} - \lambda^2 \boldsymbol{I}| = 0$ 的根，根据 λ 的实部可判断多机系统的静态稳定性。

7.5　电力系统暂态稳定

电力系统遭受大的扰动后，引起系统的结构或参数发生变化，使系统潮流和各发电机组的输出功率也随之发生变化，从而破坏了原动机和发电机之间的功率平衡，在发电机组轴上产生不平衡转矩，使它们开始加速或减速。通常情况下，扰动引起的各发电机转速变化并不相同，使得各发电机组转子间的相对角度发生变化，从而引起电力网络各节点电压发生变化，结果使得网络中各负荷节点的负荷发生变化，进一步又反过来影响各发电机的输出功率，从而使各发电机的功率、转速和转子相对角度继续发生变化。电力系统暂态稳定就是研究系统在某一运行方式下，遭受大扰动后，并联运行的同步发电机间能否保持同步运行、负荷能否正常运行的问题。在各种大扰动中，以短路故障最为严重，所以通常都以此来检验系统的暂态稳定性。

由于扰动后系统的暂态过程非常复杂，为了简化电力系统暂态稳定的计算，同时又要抓住问题的主要方面，在计算中一般采用以下简化：

（1）忽略发电机定子绕组和电力网中电磁暂态过程的影响，只考虑交流系统中基波分量电压、电流和功率以及发电机转子绕组中非周期分量的变化。这样交流电力网中各元件的数学模型可以简单地用它们的基波阻抗电路来描述，电力网络可用代数方程表述。

（2）在不对称故障或非全相运行期间，略去发电机定子回路基波负序分量电压、电流对电磁转矩的影响。至于基波零序分量电流，由于一般不能流过定子绕组，故无须考虑。因此，在发生不对称故障时，电力网可用正序增广网络表示。

除了以上简化外，根据对稳定计算的不同精度要求，对系统主要元件的数学模型可采取以下不同程度的简化：

（1）发电机采用 E'_q 恒定或 E' 恒定模型。由于受到大扰动时，发电机励磁绕组的磁链不会突变，与其成正比的 E'_q 也不会突变，且在短时间内衰减很小，所以在励磁调节器的作用下，可近似地认为，E'_q 在暂态过程中保持常数。由于 E' 与 E'_q 差别不大且变化规律相同，在实用计算中，可以进一步假定 E' 恒定。E'、x'_d 是隐极机模型，它避免了计算中的发电机运行参数的 d-q 分解，使计算量显著减少。但必须注意的是，这种近似的模型有时会带来较大的误差。

（2）假定原动机输入机械功率恒定。由于调速器惯性大，在短过程的暂态稳定计算中，可近似地认为，调速器不动作，从而可假定机械功率保持不变。

（3）负荷以恒定阻抗表示。不同的负荷模型对暂态稳定的计算结果影响显著，恒阻抗负荷模型可减少暂态稳定的计算量，但通常会使计算结果偏于乐观。

▶▶▶ 7.5.1 简单系统暂态稳定分析的等面积定则

1. 物理过程分析

以图 7.24(a)的简单电力系统来说明电力系统暂态稳定的基本概念。正常运行时，发电机经过变压器和双回输电线路向无穷大系统送电，其等值电路如图 7.24(b)所示。如果发电机用 E' 恒定模型表示，则电动势 $\dot{E'}$ 与无穷大系统间的电抗 x_I 为

$$x_I = x'_d + x_{T_1} + x_L/2 + x_{T_2}$$

发电机输出的电磁功率为

$$P_I = \frac{E'U}{x_I}\sin\delta = P_{Im}\sin\delta \tag{7.108}$$

其功率特性曲线如图 7.25(a)中 P_I 所示。

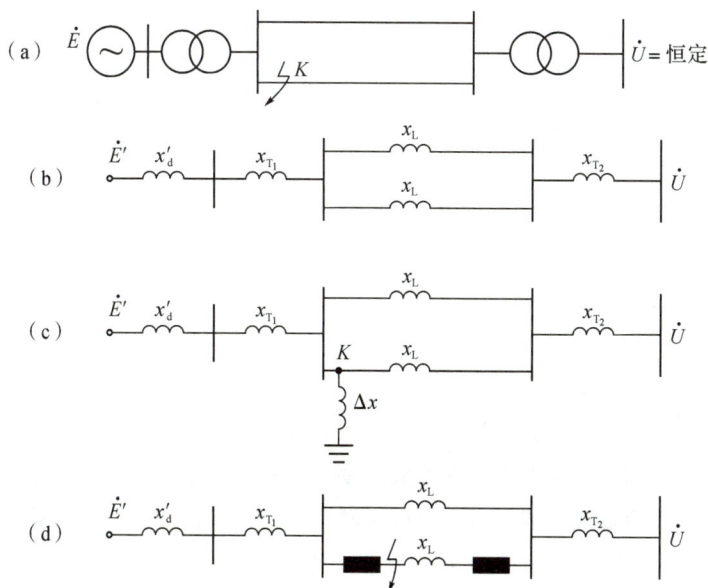

图 7.24 简单系统在各种运行情况下的等值电路

如果突然在一回线路始端发生不对称故障，如图 7.25(a) 所示。电力系统正序分量电流可以用正序增广网络求得，即在正序网的故障点接上一附加电抗 Δx，该电抗因故障形式不同而异。此时，系统的等值电路如图 7.24(c) 所示。

这时，电动势 $\dot{E}'$ 与无穷大系统间的电抗 x_{II}，可由星形网络化为三角形网络而得：

$$x_{\text{II}} = (x'_\text{d} + x_{T_1}) + (x_\text{L}/2 + x_{T_2}) + \frac{(x'_\text{d} + x_{T_1})(x_\text{L}/2 + x_{T_2})}{\Delta x}$$

故障时的电抗 x_{II} 总是大于正常运行时的电抗 x_I。如果是三相金属性短路，则 Δx 为零，x_{II} 为无穷大，则发电机向系统输送的功率为零。故障情况下，发电机向系统输出的电磁功率为

$$P_{\text{II}} = \frac{E'U}{x_{\text{II}}} \sin \delta = P_{\text{II m}} \sin\delta \tag{7.109}$$

其功率特性曲线如图 7.25(a) 中 P_{II} 所示。

在故障发生后的 t_c 时刻，继电保护装置断开故障线路两端的断路器，这时系统的等值电路如图 7.24(d) 所示。电动势 $\dot{E}'$ 与无穷大系统间的电抗 x_{III} 为

$$x_{\text{III}} = x'_\text{d} + x_{T_1} + x_\text{L} + x_{T_2}$$

故障线路切除后，发电机向系统输出的电磁功率为

$$P_{\text{III}} = \frac{E'U}{x_{\text{III}}} \sin \delta = P_{\text{III m}} \sin\delta \tag{7.110}$$

由于 $x_\text{I} < x_{\text{III}} < x_{\text{II}}$，因此，三种情况下 $P_{\text{I m}} > P_{\text{III m}} > P_{\text{II m}}$，故障切除后的功率特性曲线如图 7.25(a) 中 P_{III} 所示。

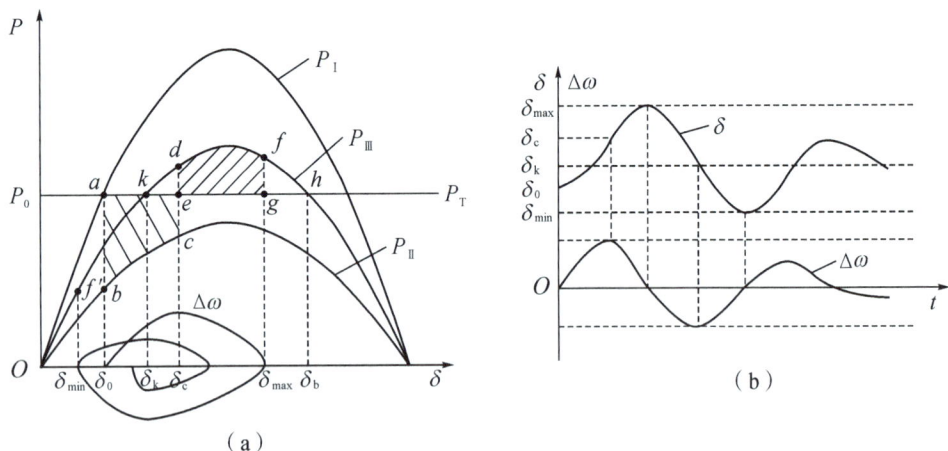

图 7.25　简单电力系统故障及时切除后系统稳定时的暂态过程

下面分析整个扰动过程发电机转子的运动情况。

(1) 在正常运行时，原动机输入的机械功率 P_T 等于发电机输出电磁功率，系统运行在平衡状态，即运行在电磁特性曲线 P_I 与机械功率曲线 P_T 的交点 a 上，对应的电磁功率和功角为 P_0 和 δ_0。此时，发电机的转速 ω 为额定转速 ω_0。

(2) 在故障发生瞬间，发电机输出的电磁功率立即降为 P_{II}，而输入的机械功率则保持

不变,故发电机产生较大的过剩转矩,但由于转子具有较大的机械惯性,所以功角 δ 的值保持不变,发电机的运行点由 a 点突然变至 b 点。此后,发电机在过剩转矩的作用下,开始加速,发电机的转速 ω 开始大于额定转速 ω_0,相对角速度 $\Delta\omega = \omega_G - \omega_0$ 为正,功角 δ 开始增大,发电机的工作点将沿着功率特性曲线 P_{II} 由 b 点向 c 点运动,同时发电机输出的电磁功率也开始增加。但如果故障不切除,则始终存在过剩转矩,发电机将不断加速,最终与无穷大系统失去同步。

(3)假定运行到 c 点,保护及时动作将故障线路切除,则发电机的电磁功率特性变为 P_{III},发电机的运行点由 c 点突变至 d 点。此时,发电机输出的电磁功率大于原动机输入的机械功率,转子受到制动,发电机开始逐渐减速,$\Delta\omega$ 逐渐变小。但由于此时发电机转速仍大于同步转速,功角 δ 继续增大,发电机的工作点将沿着功率特性曲线 P_{III} 由 d 点向 f 点运动。

假定运行到 f 点发电机转速才回到同步转速,$\Delta\omega$ 在 f 点等于零,功角 δ 不再增大。但是,由于在 f 点发电机输出的电磁功率大于原动机输入的机械功率,发电机并不能在 f 点持续运行。发电机在制动转矩的作用下,转速将继续减小,相对角速度 $\Delta\omega = \omega_G - \omega_0$ 为负,功角 δ 开始减小,工作点沿着功率特性曲线 P_{III} 由 f 点向 d、k 点运动。在到达 k 点以前转子一直减速,在 k 点虽然机械功率与电磁功率平衡,但由于此时转子转速低于同步转速,功角 δ 继续减小。

在越过 k 点后,机械功率大于电磁功率,发电机开始加速。假定运行到 f' 点发电机转速回到同步转速,发电机功角 δ 不再减小。此后,发电机在过剩转矩作用下,功角 δ 逐渐增大,发电机的工作点沿功率特性曲线 P_{III} 由 f' 点向 k 点运动。这样反复振荡,由于系统的阻尼作用,最后到达稳定平衡点 k。图 7.25(b)表示了 δ 和 $\Delta\omega$ 随时间振荡的波形。

(4)假定故障切除时间过长,以致故障切除后发电机的工作点沿功率特性曲线 P_{III} 运动到 h 点,发电机转速仍大于同步转速,则工作点将越过 h,发电机又开始加速,而且加速度越来越大,δ 将不断增大,发电机和无穷大系统之间最终失去同步。这种情况的暂态过程如图 7.26 所示。

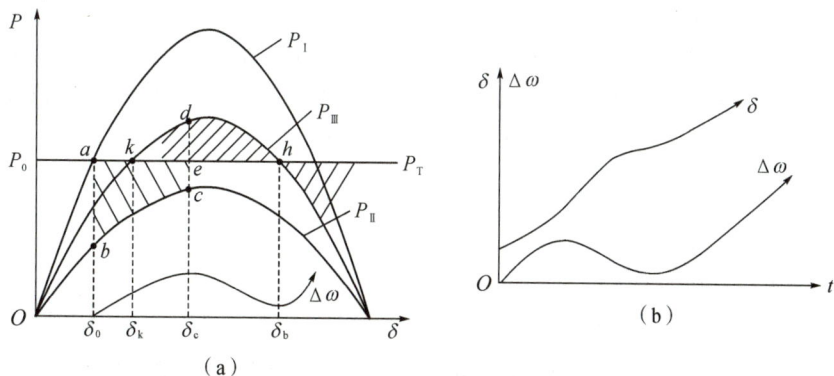

图 7.26　简单电力系统故障切除时间过长系统失稳时的暂态过程

由以上分析可知,电力系统受到大扰动后的暂态过程有两种结局:一种是发电机功角 δ 振荡衰减,逐渐趋于平衡状态,此时系统是暂态稳定的;另一种是发电机功角 δ 不断增大,最终失去同步,系统是暂态不稳定的。系统受到大扰动后能否保持稳定与系统的稳态运行方式及扰动情况（扰动类型、扰动持续时间）直接相关。为了准确判断系统在某个运行方式下，受到某种扰动后能否保持暂态稳定，必须通过定量的分析计算，得到系统中发电机功角在暂态过程中的变化曲线。

2. 等面积定则

对于单机无穷大系统，当不考虑振荡时的能量损耗，可以根据等面积定则确定最大摇摆角 $\delta_{\max}$，进而判定系统的暂态稳定性。从图 7.25 和图 7.26 的暂态过程分析可知，发电机功角由故障初始时刻 δ_0 变化到故障切除时刻 δ_c 的过程中，机械功率大于电磁功率，使发电机加速，多余的能量转换为转子的动能而储存在转子中；但当功角由 δ_c 向 $\delta_{\max}$ 的增大过程中，发电机的电磁功率大于机械功率，使转子减速，并释放转子储存的动能。

由图 7.25，转子由 δ_0 到 δ_c 变动时，过剩转矩所做的功为

$$A_{\mathrm{a}} = \int_{\delta_0}^{\delta_c} \Delta M_{\mathrm{a}} \mathrm{d}\delta = \int_{\delta_0}^{\delta_c} \frac{\Delta P_{\mathrm{a}}}{\omega} \mathrm{d}\delta$$

考虑到 ω 接近 ω_0，上式中设 $\omega = \omega_0 = 1$，所以

$$A_{\mathrm{a}} = \int_{\delta_0}^{\delta_c} \Delta P_{\mathrm{a}} \mathrm{d}\delta = \int_{\delta_0}^{\delta_c} (P_{\mathrm{T}} - P_{\mathrm{II}}) \mathrm{d}\delta = \int_{\delta_0}^{\delta_c} P_{\mathrm{T}} \mathrm{d}\delta - \int_{\delta_0}^{\delta_c} P_{\mathrm{II}} \mathrm{d}\delta = \text{面积 } abcea \quad (7.111)$$

式中，面积 $abcea$ 称为加速面积，即为转子动能的增量。

当转子由 δ_c 变动到 $\delta_{\max}$ 时，转子过剩转矩所做的功为

$$A_{\mathrm{a}} = \int_{\delta_c}^{\delta_{\max}} \Delta P_{\mathrm{a}} \mathrm{d}\delta = \int_{\delta_c}^{\delta_{\max}} (P_{\mathrm{T}} - P_{\mathrm{III}}) \mathrm{d}\delta = \int_{\delta_c}^{\delta_{\max}} P_{\mathrm{T}} \mathrm{d}\delta - \int_{\delta_c}^{\delta_{\max}} P_{\mathrm{III}} \mathrm{d}\delta = \text{面积 } edfge$$

$$(7.112)$$

由于 $P_{\mathrm{T}} - P_{\mathrm{III}} < 0$，所以上述积分为负值，即动能增量为负值，说明转子动能减少，转速下降。

当功角到达 $\delta_{\max}$ 时，转子转速为同步转速，说明在加速期间积蓄的动能增量全部耗尽，即加速面积等于减速面积

$$\text{面积 } abcea = \text{面积 } edfge$$

由图 7.25 可以看出，最大减速面积为 $edfhe$，如果该面积小于加速面积 $abcea$ 时，功角将越过 h 点，系统就要失去稳定。减速面积的大小与故障切除角 δ_c 有很大关系，δ_c 越小，减速面积就越大。当在某个角度 δ_{cm} 切除故障时，最大可能减速面积刚好等于减速面积，则 δ_{cm} 称为极限切除角。利用等面积定则很容易求出极限切除角 δ_{cm}，即

$$\int_{\delta_0}^{\delta_{cm}} (P_{\mathrm{T}} - P_{\mathrm{II}}) \mathrm{d}\delta = \int_{\delta_{cm}}^{\delta_h} (P_{\mathrm{III}} - P_{\mathrm{T}}) \mathrm{d}\delta \quad (7.113)$$

式中，$\delta_{\mathrm{h}} = \pi - \arcsin \dfrac{P_{\mathrm{T}}}{P_{\mathrm{III m}}} (\mathrm{rad})$

由上式可得：

$$\delta_{cm} = \arccos \frac{P_{\mathrm{T}}(\delta_{\mathrm{h}} - \delta_0) + P_{\mathrm{III m}} \cos \delta_{\mathrm{h}} - P_{\mathrm{II m}} \cos \delta_0}{P_{\mathrm{III m}} - P_{\mathrm{II m}}} \quad (7.114)$$

为了保证系统稳定，要求实际切除角小于 δ_{cm}，但是在继电保护装置整定时，需要知道与 δ_{cm} 所对应的切除时间 t_{cm}，要知道 t_{cm}，需要求解转子运动方程。

▶▶▶ 7.5.2　暂态稳定分析的数值积分法

暂态稳定是研究电力系统受到大干扰后的行为,由于干扰前后的运行状态变量偏差较大,所以不能像静态稳定那样采用小干扰法,把方程线性化,而只能采用积分的方法。不幸的是,函数往往是不可积的,所以只能采用数值积分的方法。

用数值积分法求解非线性微分方程

$$\frac{\mathrm{d}x}{\mathrm{d}t} = f(x) \tag{7.115}$$

就是从已知的初始状态($t = t_0, x = x_0$)开始,离散地逐点求出和某一时间序列 $t_0, t_1, \cdots, t_m$ 相对应的近似值 $x_0, x_1, \cdots, x_m$,也称为逐步积分法。一般 $t_0, t_1, \cdots, t_m$ 间取成等步长,即 $t_1 - t_0 = t_2 - t_1 = \cdots = h$,$h$ 为步长。

数值积分法是电力系统暂态稳定分析中最成熟、应用最广泛的方法。其基本思想是:用数值积分方法求出描述电力系统暂态过程的微分－代数方程组,在某一给定初始条件下的解,即求出系统状态变量和运行变量随时间变化的曲线,然后根据各发电机转子间相对角度的变化判断系统的暂态稳定性。数值积分法有很强的模型处理能力,能够处理电力系统中各类动态元件不同详细程度的数学模型,且分析结果准确、可靠,并一直作为一种标准算法来考察其他算法(如各种直接法)的正确性和精度。

由于描述电力系统暂态过程的微分－代数方程组的维数非常高,且各动态元件的时间常数相差很大,即为刚性微分方程。因此,在保证数值解法的稳定性、准确性的前提下,减少计算量,提高计算速度,以满足电力系统暂态稳定分析与控制的要求是选取数值积分算法的依据。

微分方程的数值解法可分为显式积分法和隐式积分法两大类。方法的数学基础、误差分析及算法的稳定性在有关的数学书中有详细的阐述,这里仅就其在电力系统中的应用作简单的介绍。

1. 显式积分算法

(1) 欧拉法

已知一阶微分方程 $\dfrac{\mathrm{d}x}{\mathrm{d}t} = f(x)$,当 $t = 0$ 时 $x = x_0$,求 $x = g(t)$。如图 7.27 所示,$x = g(t)$ 为方程的正确解。

如已知 t_n 时刻的 x 值为 x_n,要求下一个时刻 t_{n+1} 的 x 值 x_{n+1}。当 h 取得很小时,可以用泰勒级数表示:

$$x_{n+1} = x_n + hf(x_n) + \frac{h^2}{2!}f'(x_n) + \frac{h^3}{3!}f''(x_n) + \cdots \tag{7.116}$$

忽略二次及以上的高次项得 x_{n+1} 的近似值

$$x_{n+1}^* = x_n + hf(x_n) \tag{7.117}$$

由图 7.27 可见,x_{n+1}^* 的近似值与 x_{n+1} 的正确值之间存在误差,这是忽略了 h^2 以后各项引起的。设在整个计算区间$[0,t_m]$内，$\dfrac{\mathrm{d}^2 x}{\mathrm{d}t^2}=f'(t)$的最大值为$M$，则从$n$点推算到$n+1$点引起的局部截段误差

$$E_{n+1}\leqslant \frac{M}{2}h^2 \tag{7.118}$$

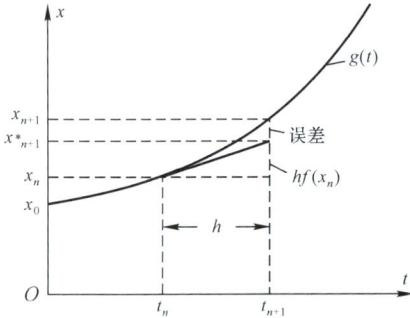

图 7.27　欧拉法求解示意

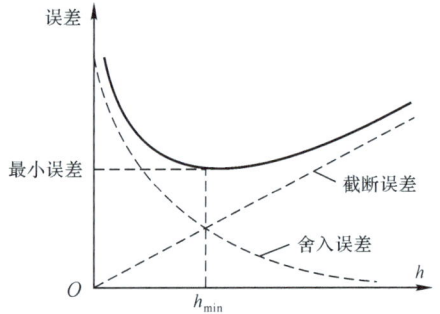

图 7.28　误差与步长的关系

应该指出的是，在计算x_{n+1}之前，x_n本身已带有误差，因此，除了局部截断误差外，还应加上x_n本身误差。这个误差叫作全局截断误差，可以证明它与步长h成正比。可见，选择较小的步长h可以减少误差。但是，由于取小步长后，将使计算机的运算工作量与步长成反比增加，而计算机有效位数的限制引起的舍入误差也会增加。图7.28表示误差与步长的关系。

欧拉法的特点是，用一系列折线来逼近精确解，算式简单，计算量少，但不够精确，一般不能满足工程计算的精度。为此，下面进一步介绍改进欧拉法。

（2）改进欧拉法

如取式(7.116)的前三项，而忽略h^3及以上项，则可得：

$$
\begin{aligned}
x_{n+1}&=x_n+hf(x_n)+\frac{h^2}{2!}f'(x_n)\\
&=x_n+hf(x_n)+\frac{h^2}{2!}\frac{\Delta f}{\Delta t}\\
&=x_n+hf(x_n)+\frac{h^2}{2!}\left[\frac{f(x_{n+1})-f(x_n)}{h}\right]\\
&=x_n+h\frac{f(x_n)+f(x_{n+1})}{2}
\end{aligned} \tag{7.119}
$$

式(7.119)右端的未知数x_{n+1}用欧拉法近似计算。其步骤如下：

①用欧拉法估计一个$x_{n+1}^{(0)}$

$$x_{n+1}^{(0)}=x_n+hf(x_n)$$

②用改进欧拉法计算x_{n+1}

$$x_{n+1}=x_n+\frac{h}{2}\left[f(x_n)+f(x_{n+1}^{(0)})\right]$$

改进欧拉法计算精度有所提高，但计算量增加。每一积分步需求解 2 次微分方程右侧函数值，即需求解 2 次网络代数方程。

以简单电力系统为例，说明欧拉法和改进欧拉法的具体应用。发电机采用 E' 恒定的二阶经典模型。

（1）欧拉法

对于简单电力系统，转子运动方程式为

$$\frac{T_J}{\omega_0}\frac{\mathrm{d}^2\delta}{\mathrm{d}t^2} = P_T - P_E$$

或

$$\frac{\mathrm{d}^2\delta}{\mathrm{d}t^2} = \frac{\omega_0}{T_J}(P_T - P_m\sin\delta) \tag{7.120}$$

式中，$\dfrac{\mathrm{d}^2\delta}{\mathrm{d}t^2} = \alpha$ 为角加速度，P_m 的大小在正常运行、短路运行和切除故障后是不同的。

应用分段计算法时，先将发电机摇摆过程分成一系列时间小段 Δt，再逐一计算每段时间内角度增量 $\Delta\delta$。

在刚短路时，发电机产生了过剩功率 $\Delta P_{(0)}$。在时间段取得较小时，可以假设在一个时间段内过剩功率 $\Delta P_{(0)}$ 恒定不变，因而该时段内的角加速度 $\alpha_{(0)} = \dfrac{\omega_0}{T_J}\Delta P_{(0)}$ 也认为是恒定不变的。依照等加速运动的算式，可以求得第一时段末发电机的速度和角度的增量 $\Delta\omega_{(1)}$ 和 $\Delta\delta_{(1)}$。

$$\Delta\omega_{(1)} = \Delta\omega_{(0)} + \alpha_{(0)}\Delta t$$

$$\Delta\delta_{(1)} = \Delta\omega_{(0)}\Delta t + \frac{1}{2}\alpha_{(0)}\Delta t^2$$

在突然短路时，发电机的速度不会突变，所以 $\Delta\omega_{(0)} = 0$，于是

$$\Delta\omega_{(1)} = \alpha_{(0)}\Delta t \tag{7.121}$$

$$\Delta\delta_{(1)} = \frac{1}{2}\alpha_{(0)}\Delta t^2 = \frac{1}{2}\frac{\omega_0}{T_J}\Delta P_{(0)}\Delta t^2 \tag{7.122}$$

在式（7.122）中，$\omega_0 = 2\pi f(\mathrm{rad})$，$\Delta P_{(0)}$ 是标幺值，T_J、t、Δt 的单位是 s，而在实际计算中，角度通常用度来表明，所以式（7.122）可改写为

$$\Delta\delta_{(1)} = \frac{1}{2}\frac{360f}{T_J}\Delta P_{(0)}\Delta t^2 = \frac{1}{2}K\Delta P_{(0)} \tag{7.123}$$

式中，$K = \dfrac{360f}{T_J}\Delta t^2$，是一个常数。

知道了第一个时间段中角度的增量，即可求出第一个时段末时，也即第二个时间段开始时的角度值。

$$\delta_{(1)} = \delta_0 + \Delta\delta_{(1)}$$

有了新的 $\delta_{(1)}$ 的值后，即可以确定第二个时间段中的过剩功率

$$\Delta P_{(1)} = P_T - P_m\sin\delta_{(1)}$$

在第二个时间段内的角加速度为 $\alpha_{(1)} = \dfrac{\omega_0}{T_J}\Delta P_{(1)}$，这样就可求出第二个时间段（或以后时间段）末的角度增量，即

$$\Delta\delta_{(2)} = \Delta\omega_{(1)}\Delta t + \frac{1}{2}\alpha_{(1)}\Delta t^2 \tag{7.124}$$

式中，$\Delta\omega_{(1)}$是按$\alpha_{(0)}$求得的。因为在第一时段内的$\Delta P_{(0)}$是在变化着的，因而$\alpha_{(0)}$也是略有变化的。为了提高计算精度，取时间段初和时间段末的加速度的平均值$\alpha_{(0)av}$来求第一时段末的速度，即

$$\Delta\omega_{(1)} = \alpha_{(0)av}\Delta t = \frac{\alpha_{(0)}+\alpha_{(1)}}{2}\Delta t \tag{7.125}$$

将式(7.125)代入式(7.124)，得：

$$\Delta\delta_{(2)} = \frac{\alpha_{(0)}+\alpha_{(1)}}{2}\Delta t^2 + \frac{1}{2}\alpha_{(1)}\Delta t^2 = \Delta\delta_{(1)} + K\Delta P_{(1)}$$

第二个时间段末的角度为

$$\delta_{(2)} = \delta_{(1)} + \Delta\delta_{(2)}$$

求出$\delta_{(2)}$后，可以求得$\Delta P_{(2)}$，并求出第三时间段的角度增量，即

$$\Delta\delta_{(3)} = \Delta\delta_{(2)} + K\Delta P_{(2)}$$

如果故障在第k个时段开始（第$k-1$个时间段末）时切除，此时，电磁功率曲线由P'突然变为P''，因此，过剩功率从$\Delta P'_{(k-1)} = P_0 - P'_m\sin\delta_{(k-1)}$突然变为$\Delta P''_{(k-1)} = P_0 - P''_m\sin\delta_{(k-1)}$，如图7.29所示。此时，可取过剩功率的平均值作为计算第k个时间段的角增量，即

$$\Delta\delta_{(k)} = \Delta\delta_{(k-1)} + K\frac{\Delta P'_{(k-1)}+\Delta P''_{(k-1)}}{2} \tag{7.126}$$

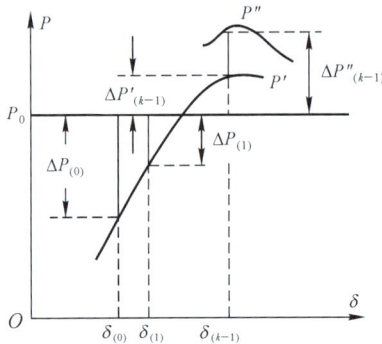

图 7.29 电磁功率突变

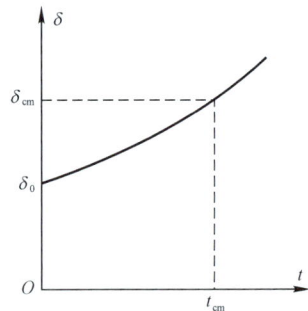

图 7.30 极限切除时间的计算

根据上述计算方法可作出角度随时间变化曲线，如图7.30所示，再由极限切除角δ_{cm}，求出相应的极限切除时间t_{cm}。实际切除时间必须小于t_{cm}才能保证稳定。

(2)改进欧拉法

对于简单电力系统发电机转子运动方程式，一般用两个一阶微分方程来描述，可以同时对两个一阶微分方程式求解。图7.31给出了用改进欧拉法求解发电机转子运动方程的计算机流程框图。图中$\dot{\delta} = \dfrac{d\delta}{dt}$， $\dot{\omega} = \dfrac{d\omega}{dt}$， 步长$h = \Delta t$。

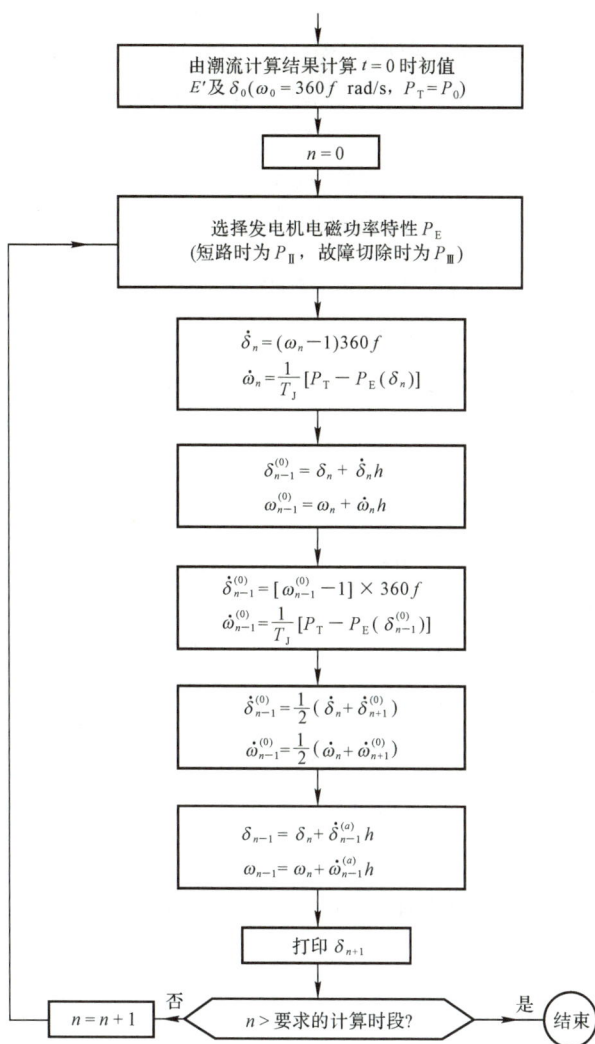

图 7.31　用改进欧拉法计算 $\delta = f(t)$ 曲线

【例 7.4】　如图 7.24(a) 所示,简单系统短路故障后的电磁功率特性表示式为 $P_E = 0.504\sin\delta$,$T_J = 8.18\text{s}$,$P_T = P_0 = 1$,$\delta_0 = 34.53°$,试用改进欧拉法计算 $\delta = f(t)$ 曲线(计算三个时段,取 $h = 0.05\text{s}$)。

【解】　令 $\Delta\omega = \dfrac{\mathrm{d}\delta}{\mathrm{d}t}$,$\alpha = \dfrac{\mathrm{d}\omega}{\mathrm{d}t}$。已知 $t = 0$ 时,$\omega = \omega_{(0)} = 1$。

(1)计算第一时段末(即 $t = 0.05\text{s}$ 时)的角度

第一时段开始时的 δ 和 ω 的变化率为

$$\Delta\omega_0 = (\omega_{(0)} - 1) \times 360f = 0$$

$$\alpha_0 = \frac{1}{T_J}(P_T - P_m\sin\delta_0)$$

$$= \frac{1}{8.18}(1 - 0.504\sin34.53°) = 0.0873$$

第一时段末 δ 和 ω 的估计值为

$$\delta_1^{(0)} = \delta_0 + \Delta\omega_0 h = 34.53° + 0 = 34.53°$$

$$\omega_1^{(0)} = \omega_{(0)} + \alpha_0 h = 1 + 0.0873 \times 0.05 = 1.00436$$

相应于 $\delta_1^{(0)}$ 和 $\omega_1^{(0)}$ 时的变化率为

$$\Delta\omega_1^{(0)} = (\omega_1^{(0)} - 1) \times 360 f$$
$$= (1.00436 - 1) \times 18000 = 78.48$$

$$\alpha_1^{(0)} = \frac{1}{8.18}(1 - 0.504\sin 34.53°) = 0.0873$$

第一时段中 δ 和 ω 的平均变化率为

$$\Delta\omega_1^{(a)} = 0.5(\Delta\omega_0 + \Delta\omega_1^{(0)}) = 0.5(0 + 78.48) = 39.24$$

$$\alpha_1^{(a)} = 0.5(\alpha_0 + \alpha_1^{(0)}) = 0.5(0.0873 + 0.0873) = 0.0873$$

所以，第一时段末的 δ 和 ω 值为

$$\delta_1 = \delta_0 + \Delta\omega_1^{(a)} h = 34.53° + 39.24 \times 0.05 = 36.49°$$

$$\omega_1 = \omega_0 + \alpha_1^{(a)} h = 1 + 0.0873 \times 0.05 = 1.00436$$

（2）计算第二时间段末的角度 δ_2

$$\Delta\omega_1 = (\omega_1 - 1) \times 18000 = (1.00436 - 1) \times 18000 = 78.48$$

$$\alpha_1 = \frac{1}{8.18}(1 - 0.504\sin 36.49°) = 0.0856$$

$$\delta_2^{(0)} = \delta_1 + \Delta\omega_1 h = 36.49° + 78.48 \times 0.05 = 40.41°$$

$$\omega_2^{(0)} = \omega_1 + \alpha_1 h = 1.00436 + 0.0856 \times 0.05 = 1.00864$$

$$\Delta\omega_2^{(0)} = (\omega_2^{(0)} - 1) \times 18000 = (1.00864 - 1) \times 18000 = 155.52$$

$$\alpha_2^{(0)} = \frac{1}{8.18}(1 - 0.504\sin 40.41°) = 0.0823$$

$$\Delta\omega_2^{(a)} = 0.5(78.48 + 155.52) = 117$$

$$\alpha_2^{(a)} = 0.5(0.0856 + 0.0823) = 0.08395$$

$$\delta_2 = \delta_1 + \Delta\omega_2^{(a)} h = 36.49° + 117 \times 0.05 = 42.34°$$

$$\omega_2 = \omega_1 + \alpha_2^{(a)} h = 1.00436 + 0.08395 \times 0.05 = 1.00856$$

（3）计算第三时段末的角度 δ_3

$$\Delta\omega_2 = (\omega_2 - 1) \times 18000 = (1.00856 - 1) \times 18000 = 154.08$$

$$\alpha_2 = \frac{1}{8.18}(1 - 0.504\sin 42.34°) = 0.081$$

$$\delta_3^{(0)} = 42.34 + 154.08 \times 0.05 = 50.044°$$

$$\omega_3^{(0)} = 1.00856 + 0.081 \times 0.05 = 1.0126$$

$$\Delta\omega_3^{(0)} = (1.0126 - 1) \times 18000 = 226.8$$

$$\alpha_3^{(0)} = \frac{1}{8.18}(1 - 0.504\sin 50.044°) = 0.07502$$

$$\Delta\omega_3^{(a)} = 0.5(154.08 + 226.80) = 190.44$$

$$\alpha_3^{(a)} = 0.5(0.081 + 0.0752) = 0.07801$$

$$\delta_3 = 42.34° + 190.44 \times 0.05 = 51.86°$$

$$\omega_3 = 1.00856 + 0.07801 \times 0.05 = 1.0125$$

除欧拉法和改进欧拉法外，还有龙格－库塔法等，这里不一一赘述。

2. 隐式梯形积分算法

显式积分算法的缺点是数值稳定性差，特别是求解刚性微分方程，需要很小的积分步长，才能够保证较长的仿真时间计算而不失去数值稳定性。一般地说，在采用显式积分法时，步长的选择要受到微分方程中最小时间常数的限制，否则就会导致错误的计算结果。隐式积分法的步长则没有这个限制，容许选择较大的积分步长。因此，目前在主流电力系统暂态稳定分析程序中，已很少采用显式数值积分算法，而通常采用隐式梯形积分算法。

与显式积分法相比，隐式梯形积分算法具有良好的数值稳定性和对刚性微分方程组的适应性，从而可以采用较大的积分步长，并可模拟时间常数较小的环节。现在我们来简单介绍隐式梯形积分算法。

对于非线性微分方程(7.115)，当 t_n 时刻的函数值 x_n 已知时，对方程两边从 t_n 到 t_{n+1} 取积分，可求出 $t_{n+1} = t_n + h$ 处的函数值 x_{n+1}：

$$x_{n+1} = x_n + \int_{t_n}^{t_{n+1}} f(x)\mathrm{d}t \tag{7.127}$$

式中的定积分相当于求图 7.32 中阴影部分的面积。当步长足够小时，函数 $f(x)$ 从 t_n 到 t_{n+1} 之间的曲线可以近似地用直线来代替，如图 7.32 中虚线所示。这样，阴影部分的面积就可近似为梯形 $ABDC$ 的面积，因此，式(7.127)可以改写为

$$x_{n+1} = x_n + \frac{h}{2}[f(x_n) + f(x_{n+1})] \tag{7.128}$$

这就是微分方程 $\dfrac{\mathrm{d}x}{\mathrm{d}t} = f(x)$ 的差分公式。

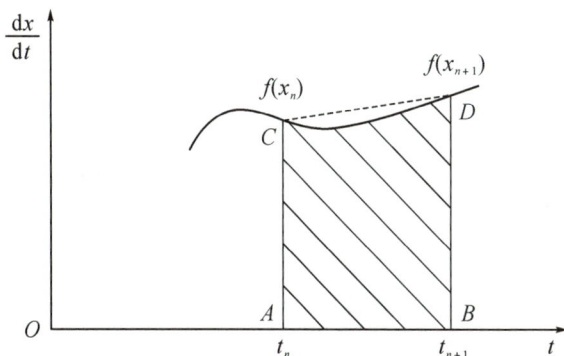

图 7.32　梯形积分法的几何解释

从式(7.128)可以看出，方程的右边也含有待求变量 x_{n+1}，因此，已不能简单地利用递推运算求出 x_{n+1}，而必须对式(7.128)采用求解代数方程的方法去计算 x_{n+1}。对于暂态稳定计算，$f(x)$ 为一非线性函数，通常采用迭代求解。由第 n 积分步的值 x_n，计算第 $n+1$ 积分步的值 x_{n+1} 的计算步骤如下：

(1)给定一个初始估计值 $x_{n+1}^{(0)}$，置迭代次数 $k=1$，迭代精度 ε。

（2）计算修正值

$$x_{n+1}^{(k)} = x_n + \frac{h}{2}\left[f(x_n) + f(x_{n+1}^{(k-1)})\right]$$

（3）若$\left|x_{n+1}^{(k)} - x_{n+1}^{(k-1)}\right| > \varepsilon$，则令$k = k+1$，转向（2）；否则，停止迭代，得到$x_{n+1} = x_{n+1}^{(k)}$。

3. 微分—代数方程组的数值解法

电力系统的暂态过程是用微分—代数方程组（7.7）描述的，在进行暂态稳定分析时，寻求的是微分—代数方程组的联立解。这里的关键问题是，微分方程组和代数方程组的交接处理。当用隐式梯形积分公式求解微分方程组时，整个计算工作的每一步都要求解如下方程的联立解：

$$x_{n+1} = x_n + \frac{h}{2}\left[f(x_n, y_n) + f(x_{n+1}, y_{n+1})\right] \tag{7.129}$$

$$0 = g(x_{n+1}, y_{n+1}) \tag{7.130}$$

即给定上一积分步的状态变量和运行变量值x_n、y_n，由方程式（7.129）、（7.130）求解当前积分步的值x_{n+1}、y_{n+1}。求解的方法有两种，一种是联立求解法，另一种是交替求解法。

联立求解法就是对式（7.129）和式（7.130）联立求解。这是一个非线性代数方程组，一般采用牛顿法求解，因此，在每一积分步都要重新形成雅可比矩阵，并作消去运算，经多次迭代才能得到联立解。这种求解方法不存在交接误差，但计算量较大。

交替求解法就是应用式（7.129）和式（7.130）交替迭代求解状态变量x_{n+1}和运行变量y_{n+1}，其计算步骤为：

（1）给定运行变量y_{n+1}的初始估计值$y_{n+1}^{(0)}$，置迭代次数$k = 1$，迭代精度ε。

（2）计算状态变量的修正值$x_{n+1}^{(k)}$

$$x_{n+1}^{(k)} = x_n + \frac{h}{2}\left[f(x_n, y_n) + f(x_{n+1}^{(k-1)}, y_{n+1}^{(k-1)})\right]$$

（3）计算运行变量的修正值$y_{n+1}^{(k)}$

$$0 = g(x_{n+1}^{(k)}, y_{n+1}^{(k)})$$

（4）若$\left|y_{n+1}^{(k)} - y_{n+1}^{(k-1)}\right| > \varepsilon$，则令$k = k+1$，转向（2）；否则，停止迭代，得到$x_{n+1} = x_{n+1}^{(k)}$，$y_{n+1} = y_{n+1}^{(k)}$。

初始估计值$y_{n+1}^{(0)}$可以取前一积分步的值，也可用前几步的值经过外推或预测得到。显然，估计值越准确，迭代次数就越少，计算量也就小。交替迭代法的一个缺点就是，存在交接误差，即得到的解x_{n+1}、y_{n+1}不会以相同的精度同时满足式（7.129）和式（7.130）。只要迭代精度ε给的足够小，计算精度就能够满足要求。

4. 数值积分法暂态稳定计算的基本流程

在各种应用数值解法计算暂态稳定的程序中，除了求解微分—代数方程组、微分方程和代数方程的求解方法有所不同外，其他部分基本相同，其基本流程，如图7.33所示。

在暂态稳定计算前先要进行潮流计算，以便得出扰动前系统的稳态运行状态。由潮流计算结果得到各节点电压及注入功率，然后算出系统的运行变量$y_{(0)}$，并由此计算出状态变量的初始值$x_{(0)}$，见图7.33中框①、②的内容。

① 输入原始数据和信息
扰动前系统的潮流计算，计算初值 $y_{(0)}$

② 计算状态变量初值 $x_{(0)}$

③ 形成微分方程和代数方程

④ 置 $t=0$

⑤ 有无故障或操作　　无

⑥ 修改微分方程或代数方程

⑦ 是否网络故障或操作　　否

⑧ 解网络方程并重新计算 $y(t)$

⑨ 计算 $y(t+h)$、$x(t+h)$

⑩ 判断系统是否稳定　　否

⑪ 置 $t=t+h$

⑫ $t \geq t_{max}$　　否

⑬ 输出计算结果并停止

有　是　是　否

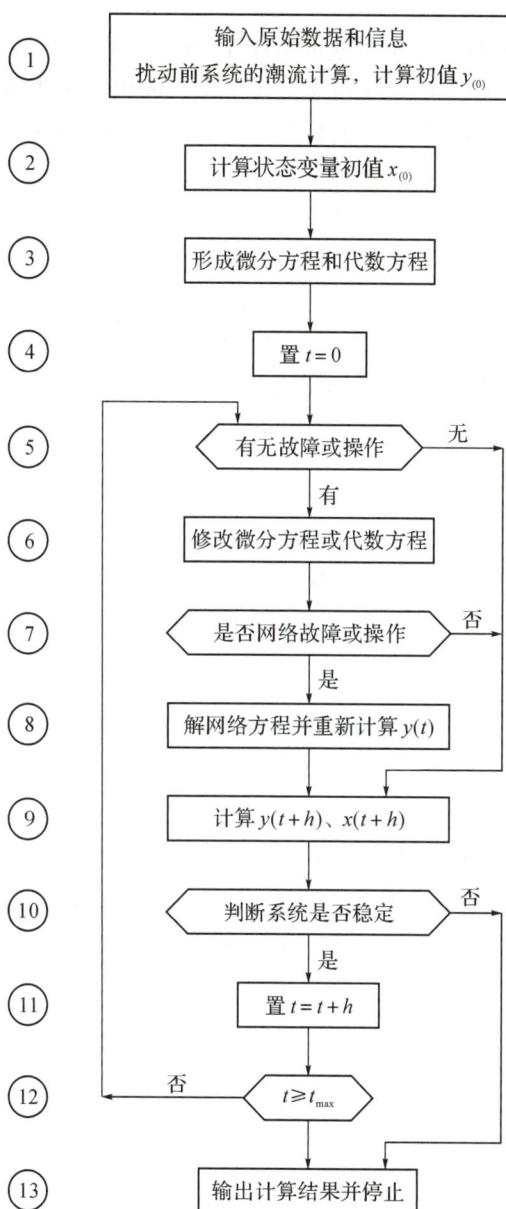

图 7.33　暂态稳定数值解法的基本流程

　　框③是根据各元件所采用的数学模型形成相应的微分方程，并根据相应的网络求解方法形成相应的代数方程。

　　从框④开始，进入暂态过程计算。在一般暂态稳定计算程序中，积分步长 h 取为固定的常数。假定暂态过程计算已进行到 t 时刻，这时 $x_{(t)}$ 和 $y_{(t)}$ 为已知量。在计算 $x_{(t+h)}$ 和 $y_{(t+h)}$ 时，应首先检查在 t 时刻系统是否发生故障或操作（框⑤）。如果发生，则需根据故障或操作的具体内容修改微分方程或代数方程（框⑥）。当故障或操作发生在电力系统内时，系统的运行变量 $y_{(t)}$ 将在故障瞬间发生突变，由此必须重新求解网络方程，以得到故障或操作后的运行变量 $y_{(t+0)}$（框⑦、⑧）。由于状态变量不会突变，因此故障或操作前后瞬间的状

态变量相同 $x_{(t+0)} = x_{(t)}$。

框⑨是微分－代数方程组一个积分步的计算，根据 t 时刻的值 $x_{(t)}$ 和 $y_{(t)}$，计算 $t+h$ 时刻的值。然后，在框⑩中进行稳定性判断。如果已判断出系统为不稳定，便可以停止计算并输出计算结果（框⑬）；否则，经过框⑪将时间向前推进 h，进行下一步的计算，直至达到预定的时刻 t_{max} 为止（框⑫）。

t_{max} 大小与所研究的问题有关。当仅关心发电机功角第一摇摆周期系统的稳定性时，通常取 $t_{max} = 1 \sim 1.5s$。此时，暂态稳定计算可以采用较多的简化。例如，可以忽略调速器的作用而假定原动机的机械功率保持不变；可以把励磁调节器的作用近似等效为发电机暂态电势不变，即采用 E'_q 恒定的发电机模型。若希望判断第二、第三摇摆周期的稳定性，则取 $t_{max} = 3 \sim 5s$，此时，励磁、调速器的暂态过程均要较详细的模拟。至于框⑩中的稳定性判据，目前工程上普遍采用任意两台发电机转子间的相对摇摆角超过某一给定值，例如 $180°$，作为失去稳定的判据。

▶▶▶ 7.5.3　暂态稳定分析的李雅普诺夫直接法浅述

1. 直接法的概念

李雅普诺夫直接法（简称直接法）是从一个古典的力学概念发展而来的。该概念指出："对于一个自由的（无外力作用的）动态系统，若系统的总能量 $V[V(\boldsymbol{X}) > 0, \boldsymbol{X}$ 为系统状态向量]随时间的变化率恒为负，则系统总能量不断减少直至最终达到一个最小值，即平衡状态，则此系统是稳定的。"李雅普诺夫据此发展了一个严密的数学工具，即李雅普诺夫直接法判别动态系统的稳定性。由于该方法不是从时域的系统运动轨迹去看稳定问题，而是从系统能量及其转化的角度去看稳定问题，因此，可快速进行系统稳定性分析。该方法的研究在近二三十年得到了迅速的发展。

可以用一个简单的运动学例子来说明直接法的原理。如图 7.34 所示的滚球系统在无扰动时，球位于稳定平衡点（stable equilibrium point，SEP），受扰后，设小球在扰动结束时位于高度 h 处（以 SEP 为参考点），并具有速度 v，则质量为 m 的小球总能量 V 由动能 $\frac{1}{2}mv^2$ 及势能 mgh（g 为重力加速度）的和组成，即有

$$V = \frac{1}{2}mv^2 + mgh > 0$$

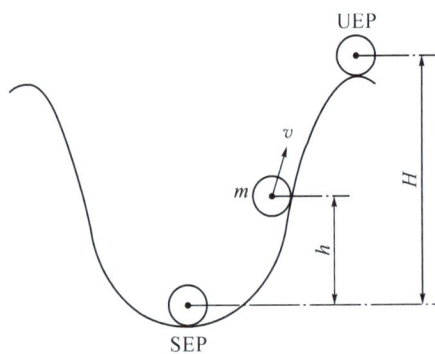

图 7.34　滚球系统

若小球壁有摩擦力，则受扰后系统总能量在摩擦力作用下逐步减少。设小球所在容器的壁高为 H，也以 SEP 为参考点，则当小球位于壁沿上且速度为零时，亦即处于不稳定平衡状态时，相应的势能为 mgH，称此位置为不稳定平衡点（unstable equilibrium point，UEP），相应的势能称为系统的临界能量 V_{cr}，从而

$$V_{cr} = mgH$$

根据运动学原理,若忽略容器壁的摩擦,则在扰动结束时小球的总能量 V 大于临界能量 V_{cr},小球将最终滚出容器而失去稳定性;反之,若扰动结束时 $V < V_{cr}$,则小球在摩擦力作用下能量逐步减少,最终静止于 SEP。显然,在 $V = V_{cr}$ 时,系统为临界状态。通常可根据 $(V_{cr} - V)$ 的值判别稳定裕度。

对于一个实际的动态系统,需要解决的两个关键问题是:①对于该实际动态系统应该如何构造或定义一个合理的李雅普诺夫函数,当其为能量型函数时,又称之为暂态能量函数,如上例中的 $V = \frac{1}{2}mv^2 + mgh$,它的大小应能正确地反映系统失去稳定的严重性;②如何确定和系统临界稳定相对应的李雅普诺夫函数临界值或暂态能量函数临界值,即临界能量,以便可根据扰动结束时的李雅普诺夫函数值(即上例中的 $\frac{1}{2}mv^2 + mgh$)和临界值(即上例中的 mgH)的差来判别系统的稳定性。这种判别稳定的方法统称为李雅普诺夫直接法(简称直接法)或暂态能量函数法(transient energy function,TEF)。它的特点是从能量的观点来判别稳定性,而不是从系统的运动轨迹或者系统中物理量随时间的变化曲线来判别稳定性,所以计算量小、速度快,还可获得稳定裕度或者说能量裕度(energy margin)的定量信息,例如上例中的 $(V_{cr} - V)$,从而可对不同扰动下系统的稳定裕度作"排队",便于进行系统动态安全分析。

将直接法用于电力系统暂态稳定分析的研究已有几十年,随着计算机的广泛应用,这一领域的研究取得了重大进展。本节仅介绍将直接法应用于单机无穷大系统的暂态稳定性分析,将之与传统的等面积定则比较。至于将直接法应用于多机电力系统暂态稳定性分析已超过本书的范围,有兴趣的读者可阅读相关的著作。

2. 简单系统的直接法暂态稳定分析

当发电机采用经典二阶模型时,简单系统的数学模型为

$$\frac{\mathrm{d}\delta}{\mathrm{d}t} = \Delta\omega$$

$$T_J \frac{\mathrm{d}\omega}{\mathrm{d}t} = P_m - P_e \tag{7.131}$$

式中,$\Delta\omega = \omega - \omega_0$ 为转子角速度和同步角速度的偏差,稳态时值为零。$P_e = \frac{E'U}{x}\sin\delta$,$x$ 在扰动前、扰动时及扰动后具有不同的值,故相应的发电机电磁功率 P_e 与转子角 δ 间的功角特性也不同。

我们仍采用图 7.24 的系统为例,图 7.35 中 $P_e^{(1)}$ 表示故障前的功角特性,稳态时 $P_m = P_e^{(1)}$,$\delta = \delta_0$。设 $t = 0$ 时,线路上发生故障扰动,功角特性变为 $P_e^{(2)}$,此时,由于 $P_m > P_e^{(2)}$,发电机转子加速,转子角 δ 增加,直到 $t = t_c$,$\delta = \delta_c$ 时,将故障线路切除,功角特性变为 $P_e^{(3)}$。

要求研究的问题是:如何用直接法判别故障切除后系统的第一摇摆稳定性。这个问题很容易用等面积定则予以解决。下面我们用直接法来解决这一问题,并和等面积定则作一比较。对于故障切除后的系统,设其稳定平衡点为 S 点,相应转子角为 δ_S,不稳定平衡点为 U 点,相应转子角为 δ_U,在这两点上均有发电机机械功率和电磁功率平衡,即 $P_e^{(3)} = P_m$。用

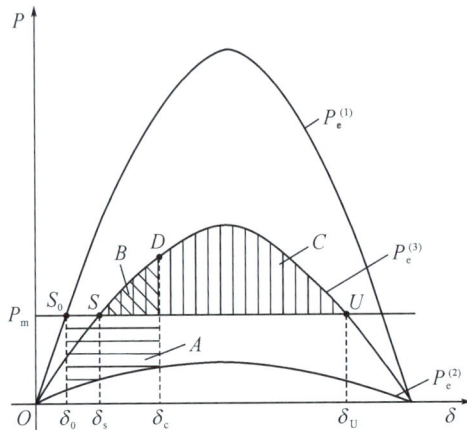

图 7.35　单机无穷大系统直接法分析

直接法作暂态分析时，先定义系统的暂态能量函数，通常设系统动能 V_k 为

$$V_k \equiv \frac{1}{2} T_J (\Delta\omega)^2 \tag{7.132}$$

显然，稳态时 $V_k = 0$，而故障切除时系统的动能为 $V_k|_c$。考虑到 $\int_0^{\Delta\omega_c} \Delta\omega \mathrm{d}\Delta\omega = \frac{1}{2}(\Delta\omega_c)^2$

及 $\dfrac{\mathrm{d}\delta}{\mathrm{d}t} = \Delta\omega$，可通过对式(7.131)的第二式两边对 δ 积分而求得，即

$$左边 = \int_{\delta_0}^{\delta_c} T_J \frac{\mathrm{d}\Delta\omega}{\mathrm{d}t} \mathrm{d}\delta = \int_0^{\Delta\omega_c} T_J \Delta\omega \mathrm{d}\Delta\omega = \frac{1}{2} T_J (\Delta\omega_c)^2 = V_k|_c$$

$$右边 = \int_{\delta_0}^{\delta_c} (P_m - P_e^{(2)}) \mathrm{d}\delta = S_A$$

式中，S_A 为加速面积。

若定义系统的势能 V_p 为以故障切除后系统的稳定平衡点 S 为参考点的减速面积，它反映了系统吸收转子动能的性能，则故障切除时系统的势能为

$$V_p|_c = \int_{\delta_0}^{\delta_c} (P_e^{(3)} - P_m) \mathrm{d}\delta = S_B \tag{7.133}$$

从而系统在扰动结束时的总暂态能量为

$$V_c = V_k|_c + V_p|_c = \frac{1}{2} T_J (\Delta\omega_c)^2 + \int_{\delta_0}^{\delta_c} (P_e^{(3)} - P_m) \mathrm{d}\delta = S_{(A+B)} \tag{7.134}$$

式中，$S_{(A+B)}$ 为面积 S_A 与面积 S_B 之和，此值相当于前述滚球系统例中的暂态能量 $\frac{1}{2} mv^2 +$ mgh。若将系统处于不稳定平衡点 U 点时的势能设为临界能量 V_{cr}，则有

$$V_{cr} = \int_{\delta_S}^{\delta_U} (P_e^{(3)} - P_m) \mathrm{d}\delta = S_{(B+C)} \tag{7.135}$$

式中，$S_{(B+C)}$ 为面积 S_B 与面积 S_C 之和，此值相当于滚球系统中的 $V_{cr} = mgH$。

和滚球系统相似，可以对故障切除后的系统暂态稳定性判别如下：若 $V_c < V_{cr}$，即图 7.35 中 $S_{(A+B)} < S_{(B+C)}$，或者说 $S_A < S_C$ 时，则系统是稳定的；反之，若 $V_c > V_{cr}$，则系统是不稳定的；若 $V_c = V_{cr}$，则系统为临界状态。这里假定系统有足够的阻尼，若发电机转子第一摇摆稳定，则以后将作衰减振荡，趋于 S 点。显然这一结论和等面积定则是完全一致的。

以上仅介绍了直接法在简单系统中的应用,下面对于直接法在电力系统中的实际应用再作一些说明。

(1)从上面的分析可知,为了判别一个实际动态系统的稳定性,最关键的是如何构造或定义一个反映系统稳定性的暂态能量函数(李雅普诺夫函数),以及如何确定系统的临界能量(李雅普诺夫函数的临界值),并以此为稳定判别的标准。临界能量的正确与否对稳定判别影响很大:此值若偏小,则结果会偏于保守;此值若偏大,则结果过于乐观。由于李雅普诺夫直接法没有给出对于一个复杂系统如何定义李雅普诺夫函数的一般方法,因此初期的直接法应用研究大量集中在对于电力系统怎样构造一个合理的李雅普诺夫函数这个问题上。近年来,李雅普诺夫函数的定义一般都基于发电机转子运动方程式(7.131)对转子角的一阶积分基础上,而研究重点则侧向于如何快速、正确、可靠地确定临界能量这一问题上。目前,这一研究还在深入,并进一步计及元件的复杂模型,以便将直接法应用于实际电力系统的暂态稳定分析和控制中去。

(2)从直接法暂稳分析过程可以看到,对实际系统不必求取整个过渡过程中的发电机转子摇摆曲线 $\delta(t)$,而只需求出故障切除(扰动结束)时的 δ_c 和 ω_c。据此计算系统总能量 V_c,并设法确定临界能量 V_{cr},再通过比较 V_c 和 V_{cr} 来判别稳定性,从而计算工作量可大大减少,速度可大大加快。

(3)可以用 $V_{cr}-V_c$ 作为系统稳定度的定量描述,从而对事故严重性进行排序,以便用于动态安全分析。实际系统中使用的是规格化的稳定度 ΔV_n,通常定义为

$$\Delta V_n \equiv \frac{V_{cr}-V_c}{V_k|_c} \tag{7.136}$$

其值相当于图 7.35 中 (S_C-S_A) 和 S_A 的比值。

(4)在上面的讨论中,均假定发电机采用经典二阶模型,并假定发电机机械功率恒定。若要计及励磁系统动态过程和采用高阶发电机模型,并计及调速系统的动态行为,则系统模型将远比式(7.131)复杂。同时,相应的暂态能量函数也应考虑高阶元件模型而重新定义,临界能量在高阶模型下也难以快速、正确、可靠地确定,故直接法暂态稳定分析对元件模型的适应性较差,这是它的一个缺点。

(5)在分析中,由于忽略了转子的机械阻尼,所以会使结果保守一些。目前,直接法主要用于第一摇摆稳定分析,而对于多摇摆稳定问题,在暂态能量函数中精细计及各种阻尼因素,尚待进一步研究。

7.6　提高电力系统稳定性的措施

电力系统从设计到运行必须保证其运行的可靠性、合格的电能质量和经济性三项指标。随着电力系统的扩大,大容量发电厂的建立和输电距离不断增加,如何提高系统的输送容量以及在任何运行方式下保证系统的静态稳定和暂态稳定,是电力工作者必须研究的重要课题。一般可以从以下几个方面采取措施来提高电力系统稳定性:

（1）改善电力系统元件的特性和参数，如原动机及其调节系统、发电机和励磁系统、变压器、输电线路、开关设备、补偿设备等电力系统基本元件特性和参数的改善。

（2）用附加装置提高电力系统稳定性，如输电线设置中间开关站，输电线的串联补偿和发电机电气制动等。

（3）改善运行方式及其他措施，通过合理选择电力系统接线方式和运行方式，正确安排功率潮流，提高系统运行电压以及故障切机、切负荷等，可以提高运行的稳定性。此外，当系统失去稳定时，应尽快采取措施使系统尽快恢复同步运行和正常供电。

下面将就目前电力系统中常用的一些提高稳定性的措施作简要介绍。

▶▶▶ 7.6.1　发电机励磁调节系统

从前面章节的分析可知，自动励磁调节器对提高系统静态稳定功率极限和扩大稳定区有很好的作用。采用比例型调节装置时，可以近似地维持 E'_q（或 E'）恒定，相当于把发电机的电抗从 x_d 减小到 x'_d；而采用电力系统稳定器（PSS）能抑制系统的低频振荡，提高系统的小干扰稳定性。由于自动励磁调节器的价格相对于电力系统本身的投资来说是很小的，所以应尽可能使用新型励磁系统和励磁调节器。

▶▶▶ 7.6.2　原动机的调节特性

电力系统受到干扰后，电磁功率急剧变化，而原动机功率由于调速器具有较大的机械惯性和存在失灵区，所以其调节作用有一定时延。同时，从调节开始到输出转矩发生变化也有一定时间，所以在暂态稳定的第一个摇摆周期内原动机功率基本不变。因此，在发电机转子轴上出现不平衡转矩，使转子加速或减速。目前，已有根据故障情况来快速调节原动机功率的装置，如在汽轮机上采用快速动作的汽门，能根据发电机功率变化情

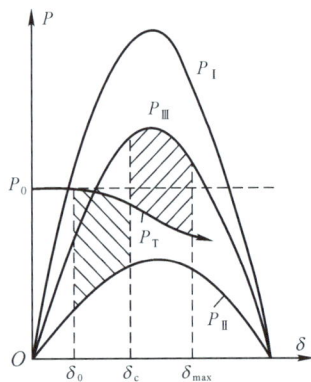

图 7.36　快速调节汽门的作用

况，快速关闭汽门，以使发电机轴上不平衡转矩达到最小，加快振荡的衰减（见图 7.36）。

▶▶▶ 7.6.3　开关设备和继电保护

在超高压远距离输电线上快速切除故障对于提高系统的暂态稳定性有着决定性的意义，它可以减小加速面积，增加减速面积。图 7.37 表示不同切除故障时间对暂态稳定的影响。图 7.37（c）中切除故障的时间短，使减速面积大于加速面积，系统稳定；图 7.37（b）中切除故障的时间稍长，则可能使减速面积等于加速面积，系统稳定达临界状态；当切除故障的时间较长，使最大减速面积小于加速面积时，系统不能维持暂态稳定[见图 7.38（a）]。故障切除时间包括继电保护动作时间和开关从收到跳闸脉冲起到触头分开消弧后为止的两部

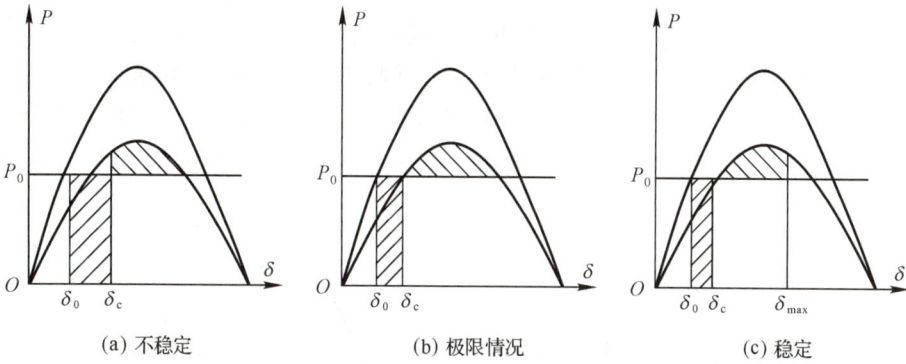

图 7.37　切除故障快慢对暂态稳定的影响

分时间。在 220kV 以上的线路中,继电保护采用高频或差动保护,其动作时间为 $0.02 \sim 0.04s$,在使用空气开关时,动作时间为 $0.06 \sim 0.08s$,因此,总的动作时间为 $0.08 \sim 0.12s$。

切除故障时间缩短以后,系统暂态稳定得以提高,就能输送更大的功率。图 7.38 表示在某一系统中不同类型故障、不同切除故障时间时能保持暂态稳定的输电功率 P_0。例如,当切除时间从 $0.2s$ 减小到 $0.1s$ 时,三相短路的 P_0 从 45% 增大到 82%。

由于架空输电线上大多数短路都是暂时性的,所以在输电线路上广泛采用自动重合闸装置来提高系统的暂态稳定性。图 7.39(a)、(b)分别表示单回路和双回路电力系统中采用三相自动重合闸后,对系统稳定性的影响。图中 δ_0 表示发生故障时的角度,δ_c 表示切除故障时的角度,δ_R 表示重合闸时的角度。

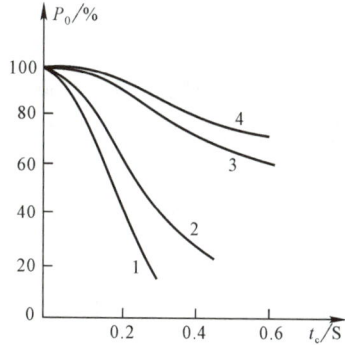

图 7.38　传输功率极限与切除时间的关系
1—三相短路;2—两相短路接地;
3—两相短路;4—单相接地短路

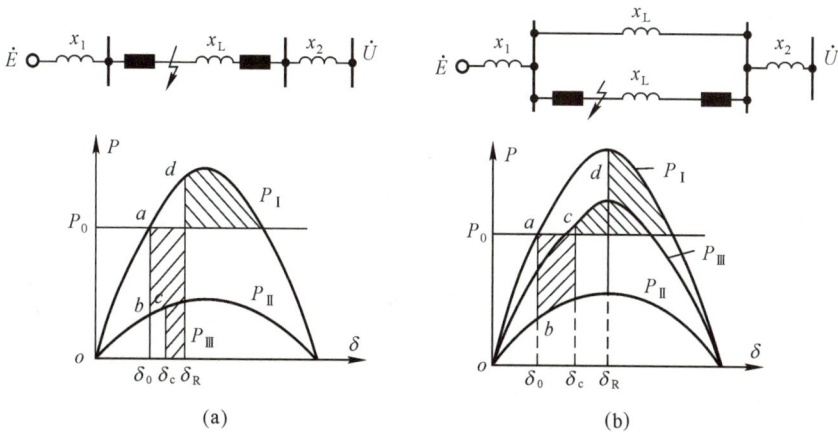

(a)　　　　　　　　　　　(b)

图 7.39　自动重合闸对暂态稳定的影响

大多数电力系统故障是瞬时性单相短路故障,因此,一般不需要把三相都切除,而只需切除故障相,然后进行重合闸,这样可以更好地提高电力系统的暂态稳定。这对于单回的输电线路有特别重要的意义,因为一相断开后仍有两相与系统相连,并送出一定的电磁功率,所以比三相切除时的加速面积要小得多,图7.40(a)表示单相故障,δ_c 时切除三相,δ_R 时三相重合成功。图7.40(b)表示单相故障,δ_c 时切除故障相,δ_R 时故障相重合成功。

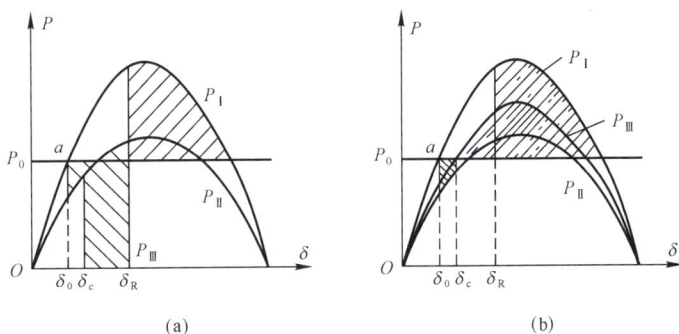

图 7.40　单相重合闸的作用

330kV 及更高电压的架空输电线路采用单相重合闸的主要问题是,在切除一相以后,由于其他两相仍带电,会通过相间电容耦合向短路点提供电流(简称潜供电流),使故障相的电弧不易熄灭。在一定情况下,电弧来不及熄灭,会导致重合闸失败。所以必须采取措施减小潜供电流,以提高单相重合闸的成功率。

▶▶▶ 7.6.4　输电线

电力系统总电抗中,输电线电抗占相当大的比例。因此,减小输电线的电抗,对提高输电系统静态和暂态稳定都有很大作用。

1. 提高输电线额定电压

简单电力系统的功率曲线的最大值可近似用下式表示:

$$P_m = \frac{EU}{x_G + x_T + x_L} \tag{7.137}$$

式中,x_G、x_T 和 x_L 分别表示发电机、变压器和线路的电抗。

在标幺值计算时,如采用平均额定电压作为基准电压,变压器变比近似用平均额定电压之比表示,则 x_G、x_T、x_L 的标幺值为

$$x_G = \frac{x_G\%}{100} \times \frac{S_B}{S_{GN}}$$

$$x_T = \frac{U_k\%}{100} \times \frac{S_B}{S_{TN}}$$

$$x_L = x_{L(\Omega)} \times \frac{S_B}{U_B^2} \approx x_{L(\Omega)} \times \frac{S_B}{U_N^2}$$

可见,发电机电抗标幺值和变压器电抗标幺值与线路电压无关,但输电线路电抗标幺值与

线路额定电压的平方成反比。现把式(7.137)改写为

$$P_{\mathrm{m}} = \frac{EU}{a + \dfrac{b}{U_{\mathrm{N}}^2}} \tag{7.138}$$

式中，$a = x_{\mathrm{G}} + x_{\mathrm{T}}$；$b = x_{\mathrm{L}(\Omega)} S_{\mathrm{B}}$。

当发电机电势 E，受端电压 U 及发电机、变压器的阻抗一定时，P_{m} 将随输电线额定电压的变化而变化，极限情况为 $U_{\mathrm{N}} \rightarrow \infty$，$P_{\mathrm{m}} \rightarrow EU/a$。图 7.41 表示不同线路长度时 P_{m} 与 U_{N} 的关系。

由图 7.41 可见，对应一定长度的输电线，当电压达到一定值时，P_{m} 增加已不大。另外，输电线电压等级的上升将提高对电气设备制造和绝缘材料的要求，造价也急剧升高，因此，线路电压的确定是一个综合的经济技术比较问题。

2. 采用分裂导线

第 2 章已讨论过，架空线路采用分裂导线可以减小输电线路的电抗和电晕损耗。所以，超高压远距离输电线绝大多数采用分裂导线。以 500kV 输电线为例，当每相采用单导线时，每公里电抗为 0.42Ω；2 分裂时为 $0.32\Omega/\mathrm{km}$；3 分裂时为 $0.30\Omega/\mathrm{km}$；4 分裂时降为 $0.29\Omega/\mathrm{km}$。我国一般 220kV 采用 2 分裂，500kV 采用 4 分裂，而 1000kV 试验线路则采用 8 分裂。

3. 采用串联电容补偿

在超高压架空输电线上串联适当的电容器用以补偿线路的感抗，减小输电线总的阻抗。关于串联补偿原理不再详细介绍，这里仅就补偿度和补偿装置位置的选择问题作简单介绍。

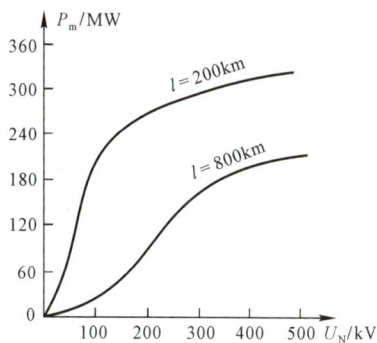

图 7.41　P_{m} 与 U_{N} 的关系

(1) 补偿度选择

接入串联电容器以后，输电线路的等值电抗为

$$x_{\mathrm{Leq}} = x_{\mathrm{L}} - x_{\mathrm{C}} = x_{\mathrm{L}}\left(1 - \frac{x_{\mathrm{C}}}{x_{\mathrm{L}}}\right) = x_{\mathrm{L}}(1 - K_{\mathrm{C}}) \tag{7.139}$$

式中，$K_{\mathrm{C}} = x_{\mathrm{C}}/x_{\mathrm{L}}$ 称为串联补偿度。一般来说，K_{C} 越大线路等值电抗越小，对提高稳定性越有利。但是 K_{C} 增大要受到很多条件的限制。K_{C} 过大时，在某些地方短路时会使短路电流超过发电机机端短路电流，而且，短路电流还可能是容性电流，这会引起继电保护误动作。此外，补偿度过大时，系统可能出现低频自发振荡和"自励磁"现象。所以，一般补偿度不应超过 0.5。

(2) 补偿装置位置的选择

串联电容器都是集中安装的，如分散安装在线路上则会给维护、检修带来困难。一般都安装在线路中间的变电所内。串联电容器安装后还有过电压保护和线路继电保护等一些问题，这里不作进一步讨论。

4. 输电线并联电抗补偿

输电线路越长,线路的对地等值电容也越大,由于电压较高,所以输电线电容会产生大量无功功率,使在空载或轻载时引起线路末端电压升高,同时也使发电机功率因数升高。为使系统电压保持在规定范围内,就要降低发电机电势,因而在发电功率一定时,将使运行角度增大,对系统稳定是不利的。

为了解决这些问题,提高系统稳定性,可在超高压线路上并联接入电抗器,用以吸收线路电容所产生的无功功率,并可使发电机在较低的滞后功率因数下运行,使发电机电势大为提高,从而提高了系统的稳定性。

5. 输电线路设置开关站

故障后,双回输电线路被切除一回线,线路阻抗将增大一倍,使故障后的功率曲线的最大值降低。如果在线路上设置一些开关站(见图 7.42),把整个输电线分为几段。这样,故障时仅切除其中一段,而使线路阻抗增加较少,故障后的功率曲线的最大值较高,从而明显地提高暂态稳定。但是,开关站不宜太多,一般按每 300~500km 输电线设置一个开关站。通常开关站应和串联电容补偿和并联电抗补偿的分布统一考虑。

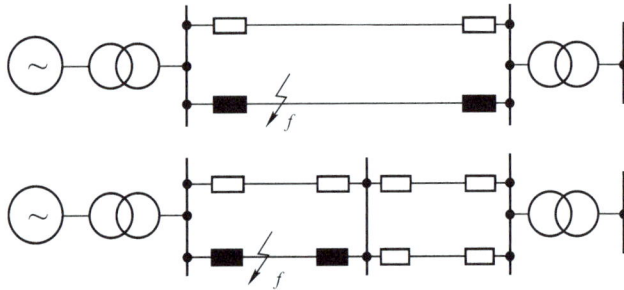

图 7.42 输电线路设置开关站

▶▶▶ 7.6.5 改善系统的结构和采用中间补偿设备

不少远距离输电线经过的地区有工业区及地区电力系统,如果用降压变压器将输电线与这些系统连接起来,可以提高供电可靠性和经济性。这些降压变电所还起着开关站的作用。如果在降压变电站内安装适当容量的无功静止补偿器或无功发生器,并维持线路中间的电压恒定,则可以提高输电线的静态、暂态稳定性和输电能力。下面以图 7.43 中简单系统加以说明。当未装中间降压变电所时,输电系统的功率极限为

$$P_{\mathrm{m}} = \frac{EU}{x_{\mathrm{a}} + x_{\mathrm{b}}}$$

如果装设无功静止补偿器或无功发生器后,能维持变电所高压母线电压为恒定,那么相当于在线路中间接入一无限大功率的电源,因而把整个输电线在静态稳定问题上分为两个互相分开的系统。这时线路的功率极限就由

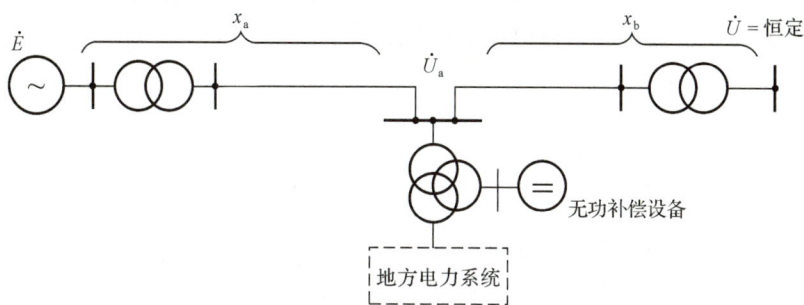

图 7.43 有中间无功补偿设备的输电系统

$$P_{1m} = \frac{E'U_a}{x_a} \quad \text{和} \quad P_{2m} = \frac{U_aU}{x_b}$$

中较小的一个决定。一般 E'、U_a 和 U 相差不多,但电抗远小于总电抗,所以可以大大提高功率极限。

▶▶▶ 7.6.6 变压器中性点经小电阻接地

为了提高接地短路时的暂态稳定,在中性点直接接地的系统中变压器中性点可经小电阻接地。如图 7.44 所示的系统,变压器中性点经一电阻 R_g 接地后,当在 f 点发生单相接地短路故障时,在零序网中将增加 $3R_{g1}$ 和 $3R_{g2}$ 两支路,零序电流通过这些支路所产生的功率损耗也相当于增加了发电机的电磁功率。从正序增广网络看,由于附加阻抗 ΔZ 的存在,使转移阻抗 Z_{12} 减小,从而提高了功率极限,对暂态稳定有利。

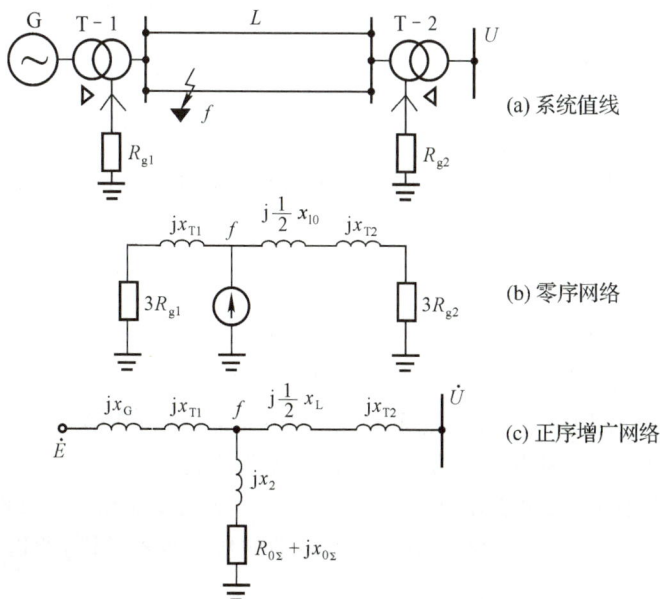

图 7.44 变压器中性点经小电阻接地

变压器中性点接地电阻的大小要适当选择。电阻过小时，消耗功率太小，作用不大；电阻过大时，当短路电流通过时会使中性电压升高过多。

▶▶▶ 7.6.7 电气制动

输电线路上发生短路故障后，如在远方发电厂尽快投入一接于发电机端的专用电阻，消耗一部分有功功率，可以增加发电机的电磁功率，产生制动作用，因而达到提高暂态稳定的目的，这种方法称为电气制动，接入的电阻称为制动电阻。

电气制动的原理如图 7.45 所示。从制动电阻的投入到制动电阻的切除之间的间隔 Δt_b 称为制动时间。

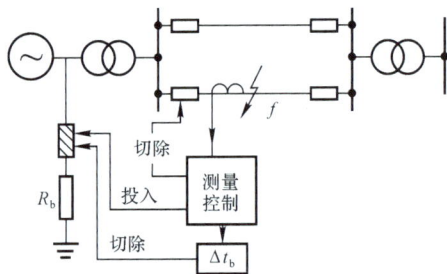

图 7.45 电气制动原理

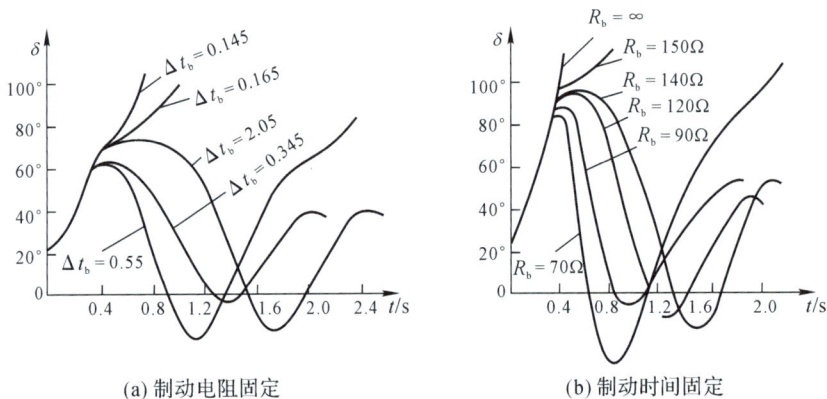

(a) 制动电阻固定

(b) 制动时间固定

图 7.46 电气制动参数对暂态稳定的影响

制动电阻 R_b 的大小，通常用额定制动容量表示。并联接入的制动电阻的额定制动容量定义为

$$\Delta P_{bN} = \frac{U_N^2}{R_b} \tag{7.140}$$

式中，U_N 为制动电阻接入点的额定电压；R_b 为每相电阻值。

制动电阻过小或过大，制动时间 Δt_b 过长或过短均对暂态稳定不利。从图 7.46(a) 中可以看出，当制动电阻固定时，制动时间 $\Delta t_b \leqslant 0.16s$ 时，发电机在第一个摇摆周期失去暂态稳定；而当 $\Delta t_b \geqslant 0.5s$ 时，发电机在第二个摇摆周期失去稳定。图 7.46(b) 表明，当制动时间固定时，$R_b \geqslant 150\Omega$ 时，发电机在第一个摇摆周期失去稳定；当 $R_b \leqslant 70\Omega$ 时，发电机在第二个摇摆周期失去稳定。另外，短路类型不同时制动的作用也不相同，所以要通过综合分析选择最适宜的电阻值和制动时间。

▶▶▶ 7.6.8 切除部分发电机及部分负荷

前面介绍了通过快速关闭汽门措施来减小送端电厂汽轮机的出力,以提高暂态稳定。但是,水轮发电机由于水锤现象不允许快速关闭导水翼,因此,当与远方水电厂相连的输电线路送端发生短路故障,而使大量功率送不出时,可以在切除短路时连锁切除一部分发电机,以减小原动机的机械功率,增大减速面积,保持系统暂态稳定。

图 7.47 表示有 3 台发电机的发电厂,当线路送端发生三相短路时电磁功率为零,切除一回线路,减速面积小于加速面积,系统不稳定[见图 7.47(a)]。如在切除故障线路后接着切除 1 台发电机,使原动机功率减小 1/3(由 P_T 减为 P'_T),发电机电磁功率由 P_{III} 变为 P'_{III}(等值电抗增加),增大了可能的减速面积,使系统保持稳定[见图 7.47(b)]。

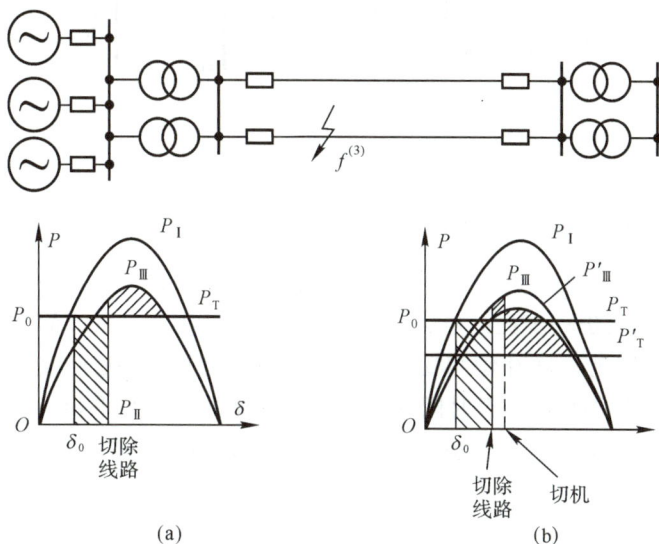

图 7.47 切除发电机对暂态稳定的影响

当系统有功备用不足时,为了保持系统频率和电压水平,可以同时切除一部分不重要的负荷。

▶▶▶ 7.6.9 直流输电和柔性交流输电装置对稳定性的影响

1. 高压直流输电(HVDC)

电力系统稳定性是指交流系统中同步发电机保持同步运行的能力。如果远方发电厂与系统,或系统与系统之间用直流输电方式连接,就不存在交流系统所特有的功角稳定问题。我国大西南水电送到华东地区采用的就是特高压直流输电方式,华东电网与周边电网的联系也仅采用多条高压直流输电线路连接,西北电网与华中电网的互联是在灵宝变电站通过"背靠背",即"交流-直流-交流"的方式实现的。以上输电方式的采用,稳定问题是其考虑的重要因素之一。

另外,在交、直流混合电力系统中,通过直流线路的调制,也就是快速改变直流输电线路的传输功率能达到稳定控制的目的。图 7.48(a)为 A、B 两个子系统通过交、直流混合输电线路连接的系统示意。直流线路传输功率为 P_d,忽略直流线路功率损耗,等价于在整流侧和逆变侧分别接入一个 P_d 和 $-P_d$ 的负荷[见图 7.48(b)]。当系统发生故障或扰动,造成子系统 A 的发电机加速、子系统 B 的发电机减速时,快速增加直流输电线路的传输功率 P_d,等价于增加子系统的负荷和增加子系统 B 发电机的出力,从而快速抑制子系统 A 发电机的加速、子系统 B 发电机的减速趋势,反之亦然。通过直流输电装置快速的调制可明显改善交、直流混合系统的暂态稳定性,抑制交流系统的功率振荡和电压波动。

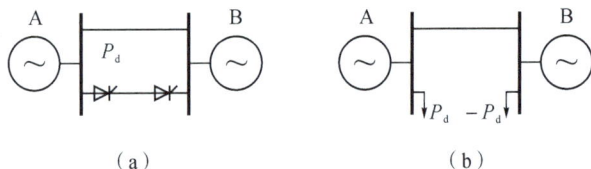

图 7.48　交、直流混合输电系统示意

2. 可控串联补偿装置(TCSC)

可控串联补偿装置通过改变晶闸管的触发角来调节串联阻抗,实现对串联补偿等效阻抗的动态控制,从而可进一步提高电力系统的稳定性,抑制电力系统低频振荡和次同步谐振。与相同容量的固定串联补偿相比,TCSC 可以扩大电力系统的暂态稳定裕度。通过 TCSC 控制,在故障切除后的短暂时间内快速提高线路的补偿水平,减小系统的联络电抗,增加同步转矩,从而提高系统的暂态稳定性。在动态过程中,根据系统的振荡情况,实时调整 TCSC 的等效阻抗,可以有效抑制系统的振荡。

3. 静止无功补偿器(SVC)和静止无功发生器(SVG)

SVC 和 SVG 同属静止无功补偿设备,在本书 2.4.3 节中已有介绍。

在稳态情况下,通过改变晶闸管的触发角来改变向系统输入或吸收的无功功率,起到稳定系统电压的作用。由于装置是由电力电子器件组成,其反应和调节速度快,在动态过程中,能有效地抑制系统的功率振荡。

在故障期间或故障后,能快速增加向系统输入的无功功率,提高节点电压,从而提高功率特性曲线的幅值,增大系统传输容量,提高暂态稳定性。

▶▶▶ 7.6.10　系统暂态稳定破坏后的应对措施

虽然在设计和运行中采取了一系列措施,但是系统仍可能在遭受严重故障时失去稳定,所以,必须考虑系统失稳后的应对措施。

1. 系统解列

所谓系统解列,即在已失去同步的电力系统的适当地点断开,将电力系统分为几个独立的子系统。要尽量做到每个子系统的电源和负荷基本平衡,保证各个独立子系统本身的同步运行,其频率和电压接近正常值。在故障消除后,经过功率和频率的调整,再把各子系统并列起来。解列点的选择是一个重要的问题。

2. 允许短时间异步运行

以单机无穷大系统为例来说明异步运行的概念。发电机与系统失去同步后,由于功角不断增大,其同步功率随时间振荡,即一部分时间为发电机状态,另一部分时间为电动机状态,所以其平均值几乎为零。由于原动机输出功率调整较慢,使发电机继续加速,转差 $S = \dfrac{\omega - \omega_0}{\omega_0}$ 变大。发电机转速大于同步转速而处于异步运行状态时,发电机将发出异步功率 P_{as},并随着转差的增加而使异步功率逐渐增加,同时由于调速器的动作使机械功率 P_T 减小,当与 P_T 达到平衡时,发电机有可能进入一个稳态异步运行状态。上述发电机由失步转入稳态异步运行过程可以用图 7.49 定性地说明。

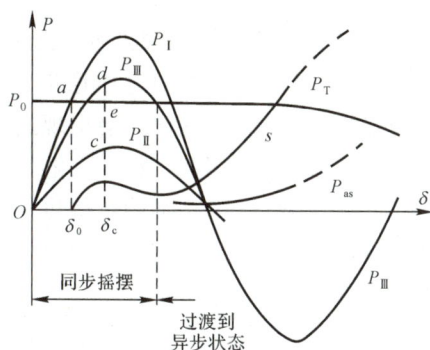

图 7.49　发电机失步到异步运行过程

同步发电机在异步运行时发出异步功率的原理与异步发电机类似,即定子旋转磁场切割转子,在转子绕组和铁心内产生感应电流,这个感应电流的磁场与定子磁场间相互作用产生异步转矩,使发电机发出异步功率。异步转矩由于转子绕组的不对称而且是脉动的,所以其平均值与端电压平方成正比,且是转差的函数。图 7.50 表示几种发电机组的平均异步转矩曲线。

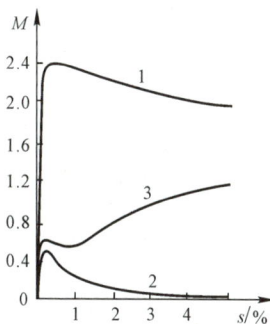

图 7.50　发电机平均异步转矩特性
1—汽轮发电机;2—无阻尼绕组水轮发电机;3—有阻尼绕组水轮发电机

发电机异步运行时将给发电机本身和系统带来一些严重问题。

(1)定子和转子电流增大引起发热和过大应力,造成发电机损伤。

(2)异步运行时,从系统吸收大量无功功率,当系统无功功率备用不足时,可能导致"电压崩溃"的现象。

(3)异步运行时,由于发电机电磁功率、定子电流和励磁电流随角度而发生波动,所以有些地方电压极低,使该地区电动机停止转动而脱离系统。

(4)电流、电压变化情况复杂,导致继电保护误动作,进一步扩大事故。

水轮发电机异步功率很小,一般不允许异步运行。所以,在系统有充足的无功功率储备,且有功功率电源不足的条件下,可以考虑某些汽轮发电机作短期的异步运行。进入异步运行后应采取措施使它牵入同步,或将有功功率转移给其他发电机后将它切除。

7.7　电力系统电压稳定

在电力系统运行的稳定性问题中,除了上述维持发电机同步运行的稳定性外,广义而言,还包括负荷节点的电压稳定性。在电力需求增加和电源远离负荷中心的情况下,以及输电系统带重负荷时,会出现这种不稳定的现象。如图 7.51 所示,由于在电力系统中切除一部分无功电源,在 a 点电压开始下降,到 b 点时开始电压崩溃,到 c 点局部电力系统瓦解。现以图 7.52 的单机供电系统来说明,如电源点的电压为 $U_1 \angle 0°$,经过阻抗为 $Z_1 \angle \theta$ 的线路,对一功率为 $P+jQ$ 的负荷供电,这时负荷端的电压为 $U_2 \angle \delta$,可写出供电功率方程式:

$$P = \frac{U_1 U_2}{Z_1}\cos(\delta+\theta) - \frac{U_2^2}{Z_1}\cos\theta \tag{7.141}$$

$$Q = \frac{U_1 U_2}{Z_1}\sin(\delta+\theta) - \frac{U_2^2}{Z_1}\sin\theta \tag{7.142}$$

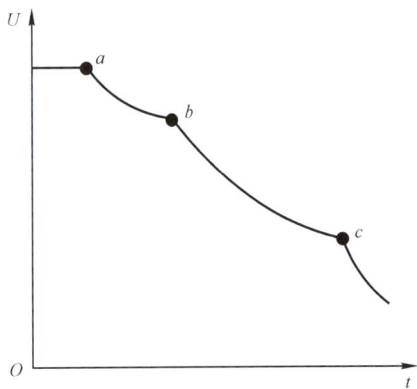

图 7.51　电压崩溃过程

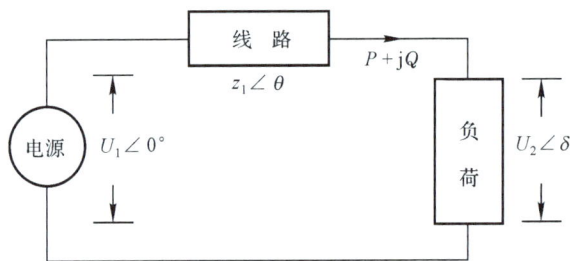

图 7.52　简单电力系统示意

在 P、Q 给定的情况下,从上两式中消去 δ 角,可得:

$$U_2^4 + U_2^2(2PZ_1\cos\theta + 2QZ_1\sin\theta - U_1^2) + (P^2+Q^2)Z_1^2 = 0 \tag{7.143}$$

从上式可解出 U_2 与 P 和 Q 的关系

$$U_2^2 = \frac{1}{2}\left[-B \pm \sqrt{B^2-4C}\right] \tag{7.144}$$

式中,
$$B = 2PZ_1\cos\theta + 2QZ_1\sin\theta - U_1^2$$
$$C = (P^2+Q^2)Z_1^2$$

因为电压幅值 U_2 不可能为负值和虚数,所以 U_2 只有上式所示的两个解。在分别给定 P、Q 或负荷功率因数的情况下,可以得到如图 7.53 所示的三组曲线。

与考虑发电机同步运行时的稳定性相似,在同一负荷情况下,可得到两个不同的负荷

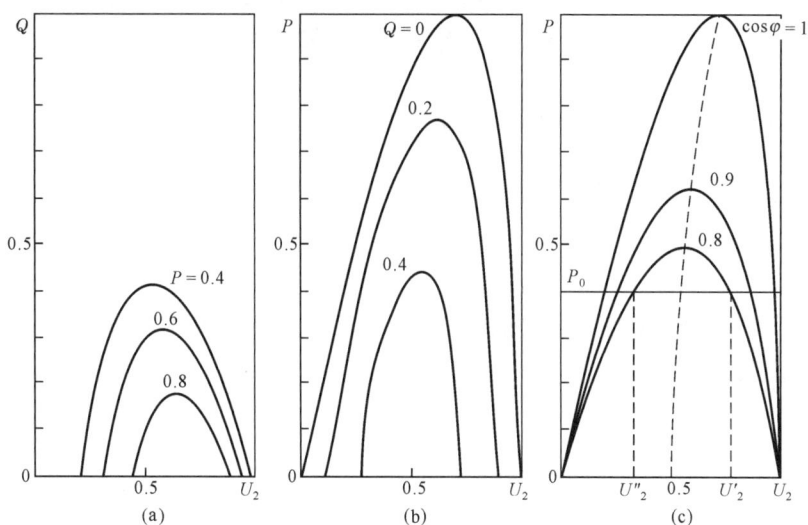

图 7.53　负荷与电压的关系

端电压值,如图 7.53(c)所示,其中一个为较大的电压值 U'_2,是属于静态稳定的;另一个较小的电压值 U''_2 是静态不稳定的。随着负荷的增加,U'_2 相应减少,而 U''_2 增大,这两电压值逐渐趋近。当功率达到极限值 P_{max}(或 Q_{max})时,$U'_2 = U''_2$,这时对应的负荷端功率对电压的导数 $\dfrac{dP}{dU_2} = 0$ 或 $\dfrac{dQ}{dU_2} = 0$,这就是静态稳定的判据。

这个极限情况相应于式(7.144)中 $B^2 - 4C = 0$,即

$$U_1^4 - 4U_1^2 Z_1(P\cos\theta + Q\sin\theta) + 4Z_1^2(P^2\cos^2\theta$$
$$+ Q^2\sin^2\theta + 2PQ\sin\theta\cos\theta - P^2 - Q^2) = 0 \tag{7.145}$$

在给定 P(或 Q)的情况下,可以自上式求出极限情况的 Q(或 P),然后可得极限情况时的负荷端电压

$$U_{2c}^2 = -\frac{B}{2} = \frac{U_1^2}{2} - Z_1(P\cos\theta + Q\sin\theta) \tag{7.146}$$

假定负荷的功率因数 $\cos\varphi$ 为给定值,则式(7.145)可求得:

$$P_{max} = \frac{U_1^2}{Z_1} \frac{\cos\varphi}{2[1 + \cos(\theta - \varphi)]} \tag{7.147}$$

相应的有

$$U_{2c} = \frac{U_1}{\sqrt{2[1 + \cos(\theta - \varphi)]}} = \sqrt{\frac{P_{max} Z_1}{\cos\varphi}} \tag{7.148}$$

在图 7.53(c)中的虚线即表示不同 $\cos\varphi$ 情况下的极限情况曲线,虚线右侧所示的区域是电压稳定的区域,而左侧是不稳定的区域。

从上述简单情况可知,在给定电力系统电源配置和网络结构的情况下,随着节点负荷的增长,会出现节点电压下降,以至达到一个极限点,超越这一极限就不能维持一个稳定的运行方式,即出现所谓的"电压崩溃"现象。

在上述讨论中,并没有涉及负荷本身与电压的关系。一般的电力系统研究中把负荷看

作一个静态元件,其吸收的有功和无功功率与电压呈固定的关系。但是在实际的电力系统中,负荷的功率与电压呈非线性关系(如变压器的励磁功率)。同时,作为负荷中主要成分的异步电动机又是非静态元件。

异步电动机的简化等值电路如图 7.54 所示,其电磁转矩为

$$M_E = \frac{U^2 r'_2 S}{\omega_0 (r'^2_2 + x_S^2 S^2)} = \frac{2M_{Emax}}{S/S_c + S_c/S} \tag{7.149}$$

式中,r'_2、x_S 为异步电机的等值电阻和电抗,S 和 $S_c = \dfrac{r'_2}{x_S}$ 为异步电机的转差和临界转差;

$M_{Emax} = \dfrac{U^2}{2x_S\omega_0}$ 为最大转矩,它与电动机的端电压平方成正比。图 7.55表示异步电动机的转矩-转差特性。

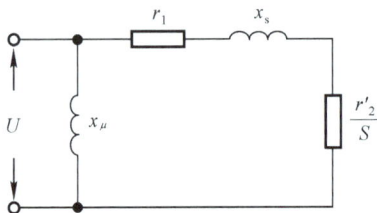

图 7.54 异步电动机等值电路

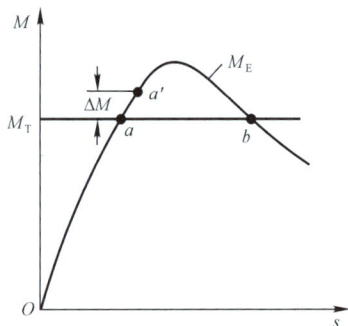

图 7.55 异步电动机特性曲线

在正常运行时,电动机的电磁转矩 M_E 与负荷的机械转矩 M_T 相互平衡,电动机保持恒定的转差运行。从图 7.55 可以看到,有两个平衡点 a 和 b,在 a 点运行时,如果有某个干扰使转差有一个很小的增量 ΔS,对应于转矩特性曲线上的 a' 点。此时,电磁转矩大于机械转矩,出现一个使电动机加速的转矩增量 ΔM,这样转差将减小,恢复到原始运行点 a;当出现负的转差增量时,电动机同样可恢复到 a 点,所以,a 点是稳定的。在 b 点运行时,干扰产生的正 ΔS 将使电动机转速下降,转差继续增大,最后使电动机停止转动,所以 b 点是不稳定的。

由于上述负的特性,使节点负荷的功率随电压的变化有很大的增减,特别是无功功率的变化更为明显。负荷无功功率与电压的关系曲线 1,如图 7.56 所示,当电压偏离额定值 U_0 时,电压的增大将使电动机及变压器所消耗的励磁无功功率随电压的增大而急剧增加。但当电压下降时,由于铁心吸收励磁功率减少,负荷的无功功率相应减少。但当电压进一步下降时,由于电动机转差增大而使电流增大,因而电动机漏抗中消耗的无功功率急剧增大,当电动机因不稳定而停止转动时,将吸收大量无功功率。在图 7.56 中同时示出根据电源确定的节点无功电源特性曲线 2。在正常时,曲线 1 和曲线 2 相交于 a 点和 b 点,其中 a 点是稳定的运行点。当系统电压发生变化时(假定电压减小),发出的无功功率增大,而负荷吸收的无功功率减少,这就使节点的无功功率供大于需,所以使节点电压上升,恢复到原来的运行情况。相应的稳定条件是:

$$\frac{d\Delta Q}{dU} = \frac{d(Q_1 - Q_2)}{dU} < 0 \tag{7.150}$$

反之,在 b 点,当电压减小时,发出的无功功率减小,而负荷吸收的无功功率增大,所以电压将进一步减小,这时 $\frac{\mathrm{d}\Delta Q}{\mathrm{d}U}>0$,所以是不稳定的。

当改变节点无功功率的供需特性(图 7.56 中的曲线 1′和曲线 2′),使两者相切,即 $\frac{\mathrm{d}\Delta Q}{\mathrm{d}U}$ $=0$ 时,即为极限情况。

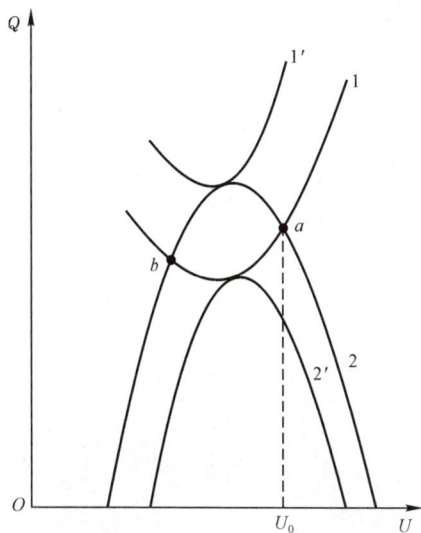

图 7.56   无功功率与电压变化的关系

本章习题

第 7 章习题及解析

参考书目

［1］陈珩.电力系统稳态分析［M］.北京：水利电力出版社，1985.

［2］李光琦.电力系统暂态分析［M］.北京：水利电力出版社，1985.

［3］何仰赞，等.电力系统分析（上）、（下）［M］.武汉：华中理工大学出版社，1987.

［4］西安交通大学，清华大学，浙江大学，等.电力系统计算［M］.北京：水利电力出版社，1978.

［5］西安交通大学，西北电力设计院，西北勘测设计院.短路电流实用计算方法［M］.北京：电力工业出版社，1982.

［6］查理士·康柯蒂亚.同步电机理论与行为［M］.曾继铎，译.北京：高等教育出版社，1958.

［7］P. M. 安德逊，A. A. 佛阿德.电力系统的控制与稳定［M］.北京：水利电力出版社，1979.

［8］O. I. Elgerd. Electric Energy System Theory-An Introduction［M］. McGraw-Hill Book Co. ,1982.

［9］J. Arrillaga，C. P. Arnold，B. J. Harker. Computer Modelling of Electrical Power Systems［M］. John Wiley & Sons. 1983.

［10］С. А. Ульянов. Злектромагнитные Переходные Процессы в Злектрицескмх Системах ［М］. Издательство《Знергия》，1964.

［11］В. А. Веников. Злектромеханицеские Переходные Процессы в Злектрических Системах［М］. Издательство《Высшая Щкола》，1985.

［12］韩祯祥.电力系统自动控制［M］.北京：水利电力出版社，1997.

［13］杨冠城.电力系统自动装置原理［M］.北京：中国电力出版社，2005.

［14］傅书逷，等.直接法稳定分析［M］.北京：中国电力出版社，1999.

附录
短路电流运算曲线

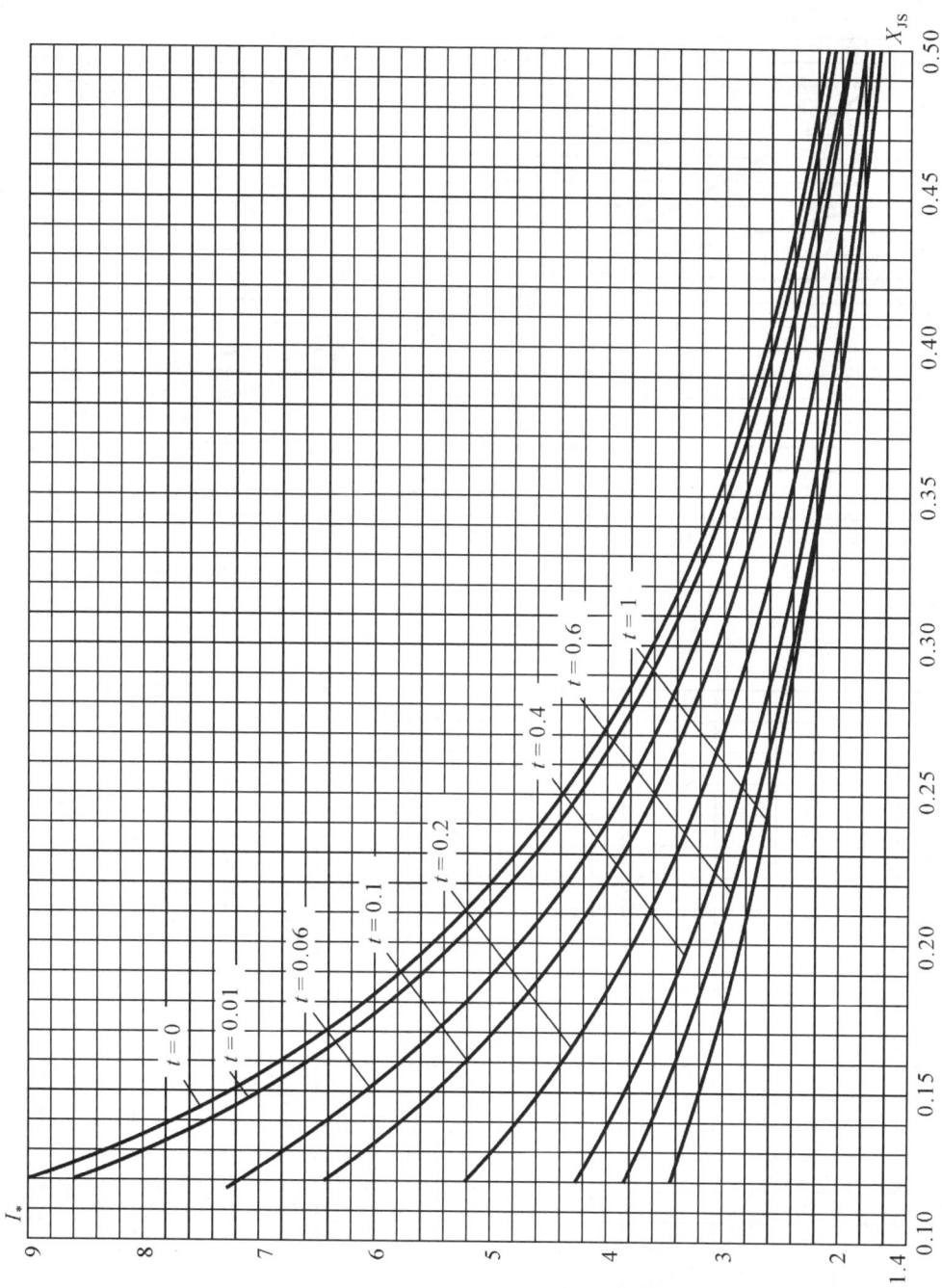

附图 1　汽轮发电机运算曲线（一）（$X_{JS} = 0.12 \sim 0.50$）

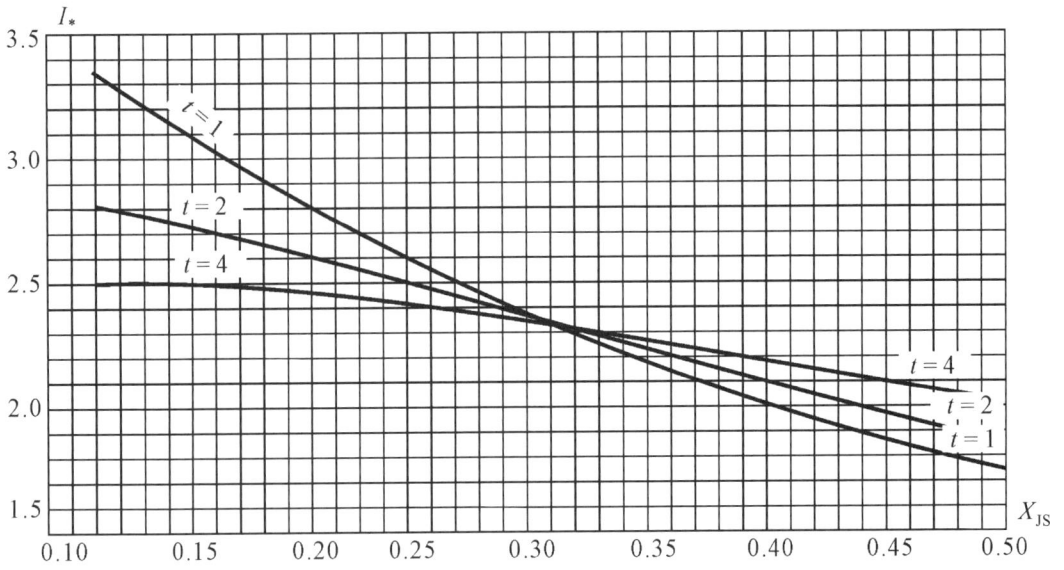

附图 2　汽轮发电机运算曲线（二）（$X_{JS}=0.12\sim0.50$）

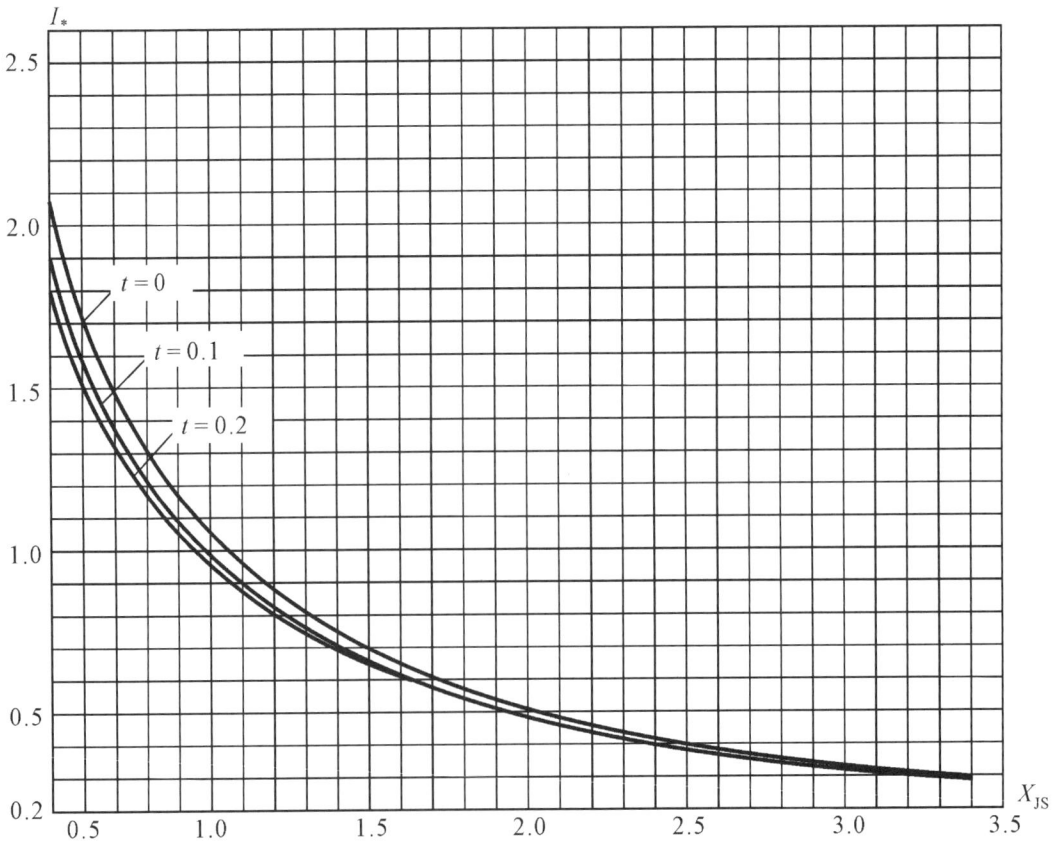

附图 3　汽轮发电机运算曲线（三）（$X_{JS}=0.50\sim3.45$）

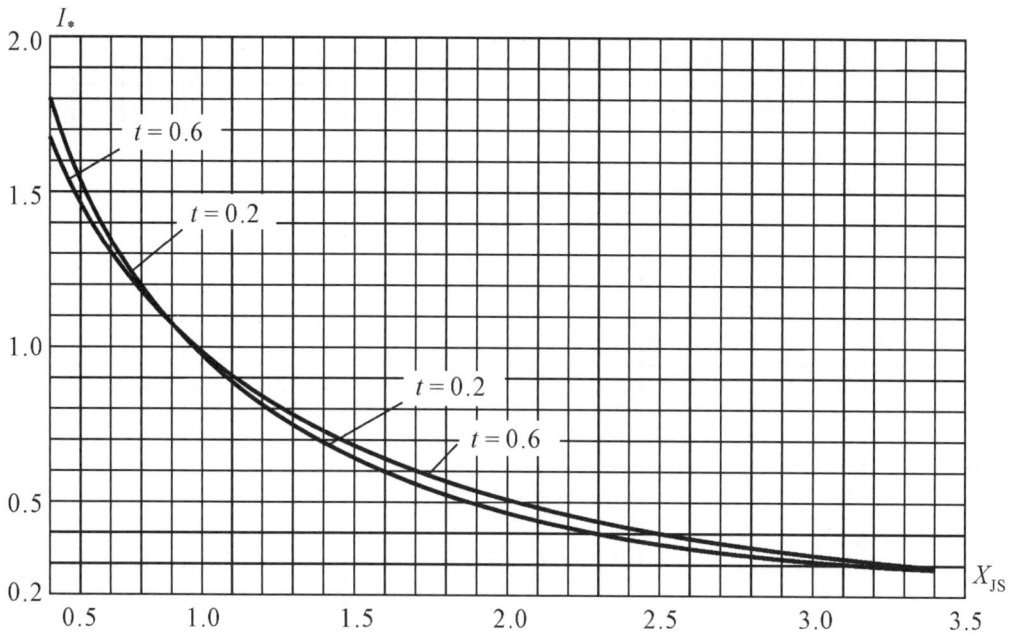

附图 4　汽轮发电机运算曲线（四）（$X_{JS}=0.50\sim3.45$）

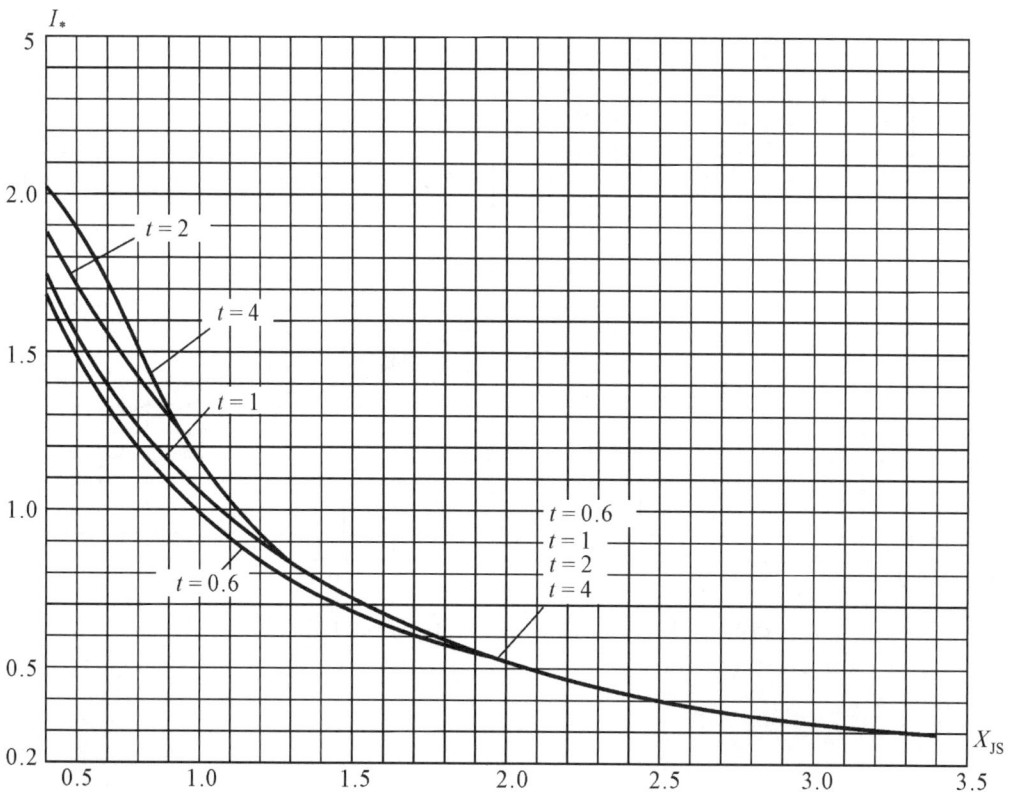

附图 5　汽轮发电机运算曲线（五）（$X_{JS}=0.50\sim3.45$）

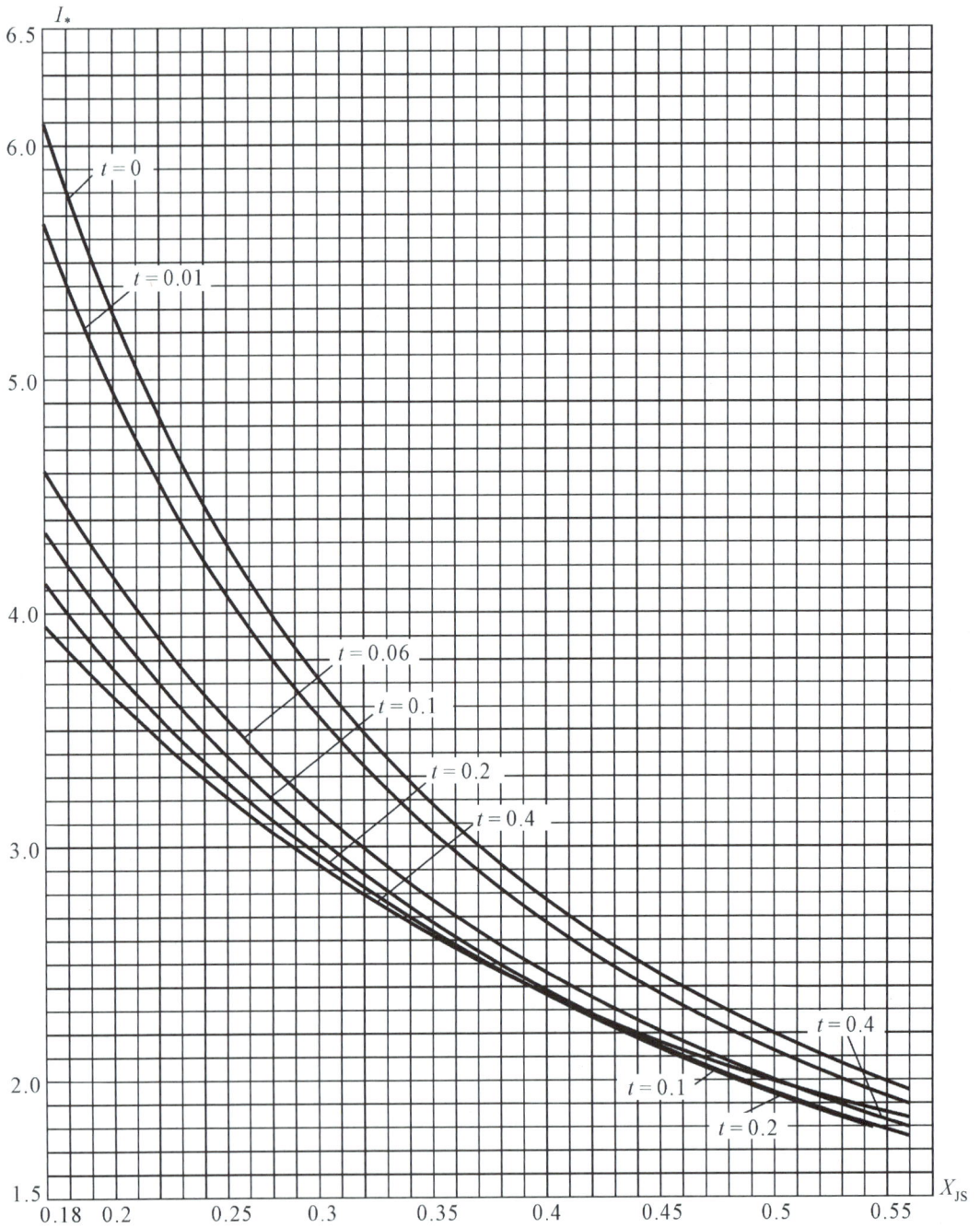

附图 6　水轮发电机运算曲线（一）（$X_{JS}=0.18\sim0.56$）

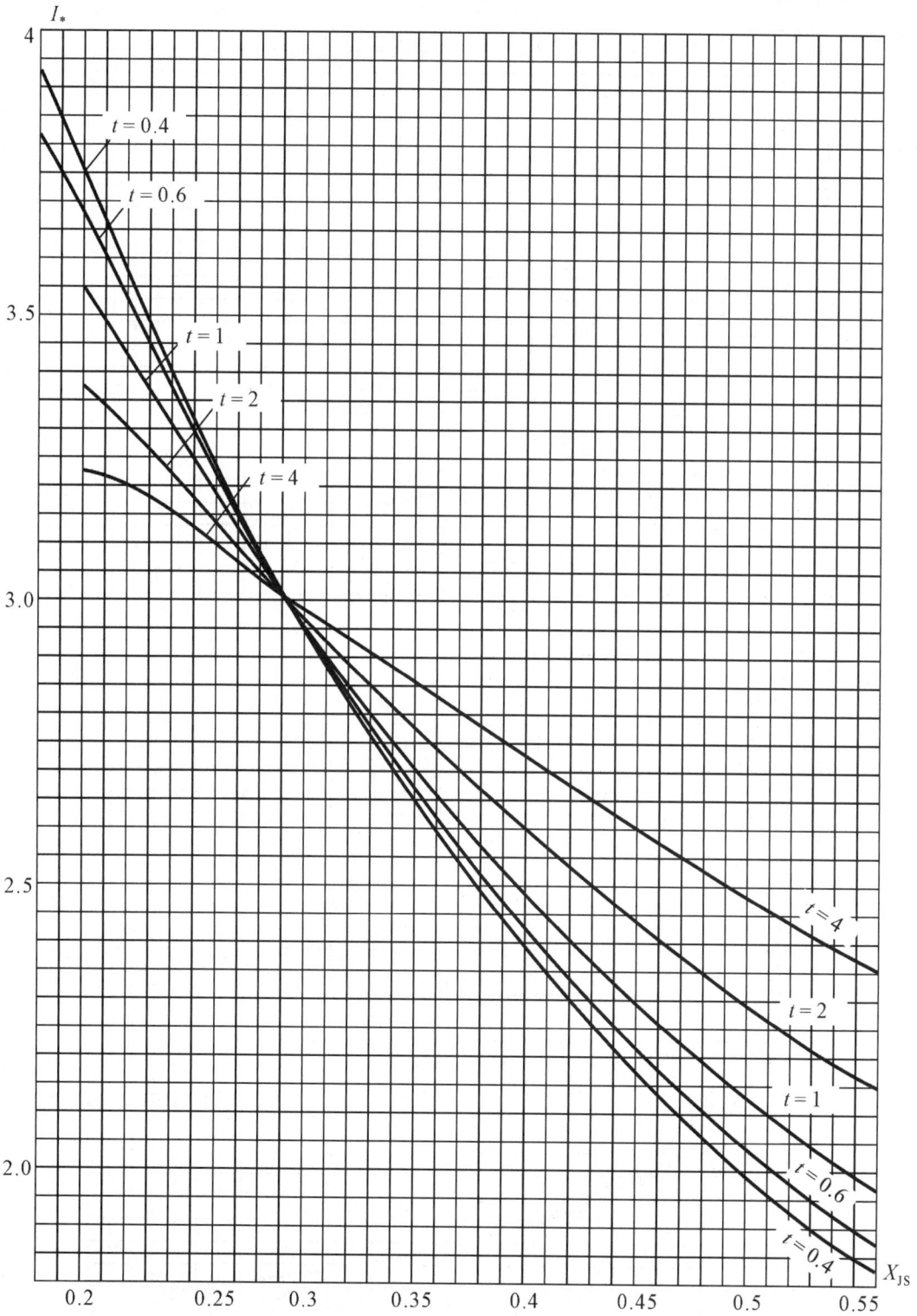

附图 7　水轮发电机运算曲线(二)(X_{JS}＝0.18～0.56)

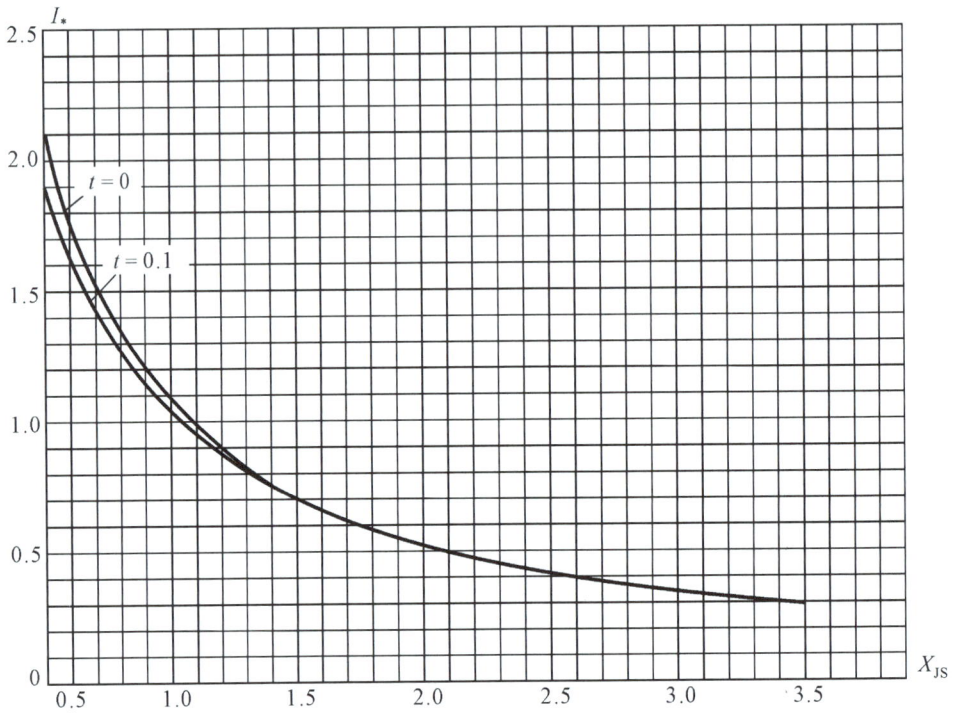

附图 8　水轮发电机运算曲线（三）（$X_{JS}=0.50\sim3.50$）

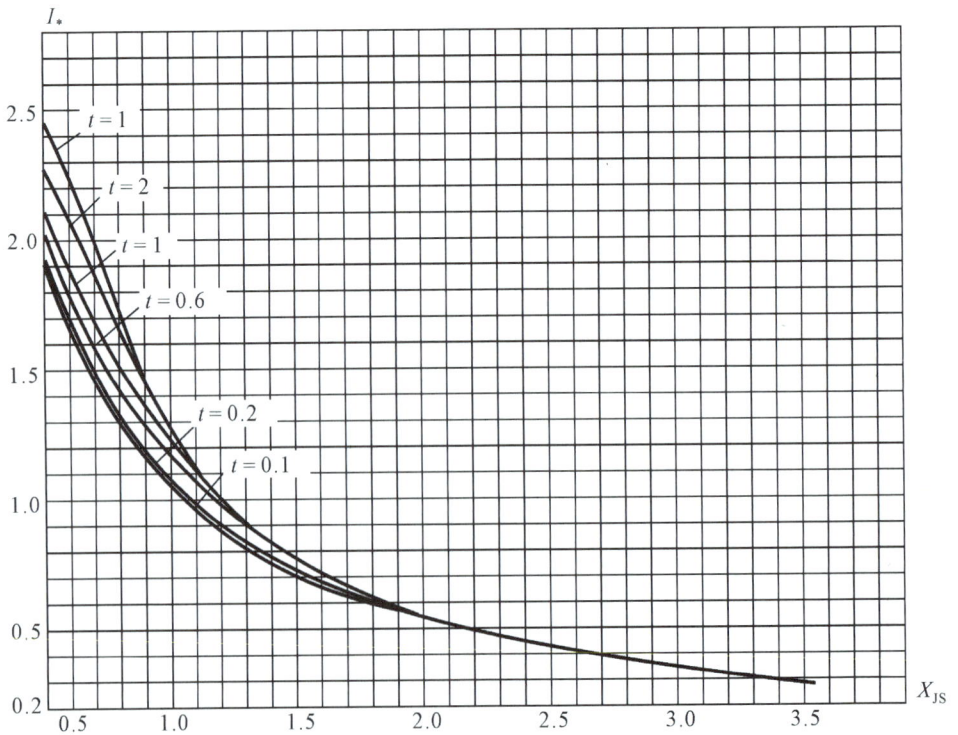

附图 9　水轮发电机运算曲线（四）（$X_{JS}=0.50\sim3.50$）